ERGEBNISSE DER BIOLOGIE

HERAUSGEGEBEN

VON

K. v. FRISCH · W. RUHLAND
MÜNCHEN LEIPZIG

W. VOGT · F. v. WETTSTEIN
MÜNCHEN BERLIN

REDIGIERT VON

W. RUHLAND
LEIPZIG

VIERZEHNTER BAND

MIT 140 ABBILDUNGEN

BERLIN
VERLAG VON JULIUS SPRINGER
1937

ISBN-13:978-3-642-89199-1 e-ISBN-13:978-3-642-91055-5
DOI: 10.1007/978-3-642-91055-5

SOFTCOVER REPRINT OF THE HARDCOVER 1ST EDITION 1937

Inhaltsverzeichnis.

Der Erregungsvorgang bei höheren Pflanzen.

Von **KARL UMRATH**, Graz.

Mit 53 Abbildungen.

Inhaltsübersicht.

I. Einleitung.

1. Allgemeines.

Seitdem ich es vor 7 Jahren übernommen habe einen Artikel über den Erregungsvorgang bei höheren Pflanzen zu schreiben, war ich nicht nur bemüht, mir durch eigene Untersuchungen ein möglichst vollständiges Bild des Gegenstandes zu verschaffen, sondern ich habe, wenn mir das irgend möglich war, auch die Angaben in der Literatur soweit nachgeprüft und durch weitere Experimente ergänzt, als es mir zu einer kritischen Stellungnahme notwendig erschien. Diese Nachprüfung erstreckt sich auch auf meine eigenen Arbeiten und hat zur Umarbeitung und Ergänzung vieler Tabellen und sonstigen Zahlenmaterials und zur Revision mancher Ansichten geführt. Bei Literaturhinweisen ist der Name des Autors und die Nummer unter der die betreffende Arbeit im Literaturverzeichnis aufgenommen ist, angegeben. Eigene, sonst nicht veröffentlichte Befunde sind als „UMRATH (0)“ gekennzeichnet.

Die Beschränkung des vorliegenden Artikels auf den Erregungsvorgang bei *höheren* Pflanzen halte ich deshalb für zweckmäßig, weil bei den höheren Pflanzen manche Verhältnisse und Besonderheiten vorliegen, die für die Botanik von speziellem Interesse sind. Trotzdem ist bei ihnen manches, insbesondere der Zusammenhang von Erregungsleitung und Erregungssubstanz, von allgemeinphysiologischem Interesse. Die Untersuchungen über den Erregungsvorgang von Algenzellen betreffen in höherem Maße Fragen der allgemeinen Physiologie und der physikalischen Chemie der Zelle. Solche Fragen behandle ich nicht ausführlich, da vor wenigen Jahren ein Artikel von E. TH. BRÜCKE über die vergleichende Physiologie des Erregungsvorgangs in diesen Ergebnissen erschienen ist und ich mich erst nach weiteren experimentellen Arbeiten einmal zusammenfassend über die allgemeine Physiologie des Erregungsvorgangs äußern möchte. Gewisse Leitungsvorgänge bei Pflanzen, bei denen Erregungsvorgänge, wie noch des Näheren auszuführen sein wird, keine Rolle spielen, bei denen aber ein eventuelles Vorkommen lokaler Erregungsvorgänge meiner Ansicht nach noch zu untersuchen wäre, sind in diesen Ergebnissen von STARK und von DU BUY und NUERNBERGK behandelt worden. In allerletzter Zeit ist eine zusammenfassende Arbeit von BÜNNING (9) über die Variationsbewegungen bei Pflanzen und eine von COLLA über die kontraktile Zelle der Pflanzen erschienen. Die beiden Autoren vertreten über denselben Gegenstand grundverschiedene Ansichten, zwischen denen mir eine Entscheidung erst durch weitere experimentelle Forschung möglich erscheint. Bei dieser Sachlage empfinde ich es als besonders angenehm, daß ich im wesentlichen nur über den Erregungsvorgang zu schreiben habe, der nur in manchen Zellen eine Bewegungsreaktion bedingt, die aber dann erst Folge des Erregungsvorgangs ist, so daß ich auf sie nur in allerkürzester Form einzugehen brauche. Schließlich verdanken wir RICCA (3) eine zusammenfassende Darstellung über die Erregungssubstanz und ihre Rolle bei pflanzlichen Reizleitungsvorgängen. Auf diese Ausführungen RICCAs werde ich noch ausführlicher zu sprechen kommen.

Auf die historische Betrachtung meines Gegenstandes will ich mich nur ganz kurz einlassen. J. BURDON-SANDERSON (1, 2, 3, 4) hat das große Verdienst 1872 als erster gezeigt zu haben, daß es bei einer Pflanze, und zwar bei *Dionaea*, einen Erregungsvorgang mit elektrischen Veränderungen gibt, wie er damals von tierischen Nerven und Muskeln schon bekannt war. Die ganzen Untersuchungen, einschließlich der Methodik, waren vollkommen auf der Höhe der Zeit. Die folgenden ausgedehnten Arbeiten von BOSE (1, 2, 3), sowie eine kleinere von MOTEMARTINI haben die weite Verbreitung des Erregungsvorgangs bei Pflanzen gezeigt. Die von diesen beiden Autoren angewandte Methodik bedeutet aber einen starken Rückschritt gegenüber der von BURDON-SANDERSON. Erst in neuerer Zeit ist wieder eine größere Anzahl von Arbeiten erschienen, die ich aber in diesen historischen Überblick nicht mehr einbegreifen will.

Der Erregungsvorgang gehört in das Gebiet der Reizphysiologie. Seine Abgrenzbarkeit gegenüber anderen Erscheinungen dieses Gebietes ist eine Erfahrungstatsache. Eine Definition dessen, was als Erregungsvorgang zu betrachten ist, würde diesen Sachverhalt nur verschleiern. Tatsächlich hat man den Erregungsvorgang zunächst an besonders günstigen Objekten, vor allem an tierischen Nerven und Muskeln, untersucht und gefunden, daß er immer von einer typischen Veränderung des elektrischen Potentials, dem sog. Aktionsstrom, begleitet ist, daß er in der einzelnen Zelle dem Alles-oder-Nichts-Gesetz folgt, daß er von einer Stoffwechseländerung und Wärmeproduktion begleitet ist, daß er mit einem Refraktärstadium, in dessen absolutem Teil die Erregbarkeit erloschen und in dessen relativem sie herabgesetzt ist, verbunden ist und daß er an gewissen Objekten eine für diese spezifische Reaktion bedingt, wie z. B. am Muskel die Kontraktion. Ich will nun die Bedeutung dieser verschiedenen Begleiterscheinungen für die Erkennung des Erregungsvorgangs bei Pflanzen kurz besprechen.

Der Aktionsstrom ist bei Pflanzen in vielen Fällen nachweisbar; in erregbaren Geweben ohne Erregungsleitung oder doch ohne Erregungsleitung über eine genügende Entfernung bestehen allerdings, worauf ich noch zurückkommen werde, prinzipielle Schwierigkeiten des Aktionsstromnachweises. In manchen Fällen von Erregungsleitung, in denen ein Aktionsstrom nicht oder nicht sicher nachweisbar ist, hat man Grund zu der Annahme, daß der Erregungsvorgang so wenige Zellen des untersuchten Pflanzenteils betrifft, daß ihr Aktionsstrom durch den von den inaktiven Zellen gebildeten Nebenschluß unter die Grenze der Nachweisbarkeit herabgedrückt wird.

Das Alles-oder-Nichts-Gesetz besagt, daß der Erregungsvorgang durch einen unterschwelligen Reiz gar nicht und durch alle überschwelligen Reize in seiner maximalen Intensität ausgelöst wird. An der Reizstelle selbst bewirken allerdings oft schon unterschwellige Reize Schädigungen oder sonstige direkte Veränderungen, die mit der Reizstärke kontinuierlich zunehmen; von diesen muß man bei Beurteilung des von der Reizstärke in diskontinuierlicher Weise abhängigen Erregungsvorgangs abstrahieren. Das Alles-oder-Nichts-Gesetz scheint bei den bisher auf Erregungsvorgang und Aktionsstrom untersuchten Algenzellen von *Nitella, Vaucheria* und *Spirogyra* zu gelten [UMRATH (13, 14)]. An höheren Pflanzen hat COLLA die Bewegungsreaktionen einzelner Zellen aus *Berberis*-Staubfäden nach dem Alles-oder-Nichts-Typ ablaufend gefunden. Sonst liegen keine entsprechenden Beobachtungen einzelner Zellen eines Gewebes vor; es erfolgen aber auch die Reaktionen mancher Bewegungsgewebe und die Erregungsleitung in gewissen Teilen mancher Sensitiven und Insektivoren als ganze nach dem Alles- oder-Nichts-Gesetz. In diesen Fällen, in denen das Alles-oder-Nichts-Gesetz im ganzen Organ durch funktionelle Zusammenfassung sehr vieler Zellen wieder zum Ausdruck kommt, macht es in leicht kenntlicher Weise das Vorhandensein eines Erregungsvorgangs wahrscheinlich.

Über Stoffwechseländerungen und Wärmeproduktion während der Erregung ist von Pflanzen noch sehr wenig bekannt. Nach vorläufigen Befunden von BÜNNING (7) scheint es, als ob die Wärmeproduktion bei Pflanzen leichter nachweisbar wäre, als es nach den Erfahrungen vom tierischen Nerven zu erwarten war. Ein abschließendes Urteil läßt sich auch aus den Untersuchungen von DRAWERT nicht gewinnen. Seine Wärmemessungen sind vor allem an Zwiebelschuppen von *Allium cepa* ausgeführt, und für die Oberepidermis dieser Schuppen hat DRAWERT gezeigt, daß eine Vakuolenfärbung mit Neutralrot durch elektrische Reize in eine Membranfärbung übergeführt werden kann. Ich (20) habe nun zeigen können, daß sich an diesen Epidermen von *Allium cepa* ein maximaler Aktionsstrom schon durch einen schwächeren elektrischen Reiz (Öffnungsinduktionsstrom) auslösen läßt als die Membranfärbung und daß diese mit einem lang dauernden, positiven elektrischen Ausschlag, welcher den Aktionsstrom mehr oder weniger verdecken kann, verbunden ist. Bei dem nicht allzu großen Unterschied in den Reizschwellen ist es wahrscheinlich, daß bei den Wärmemessungen DRAWERTs durch die elektrischen Reize nicht nur Erregungsvorgänge mit Aktionsströmen, sondern auch diejenigen reizbedingten Veränderungen ausgelöst wurden, die zur positiven Potentialschwankung und an gefärbten Zellen zur Membranfärbung führen. Welchen Beitrag jeder dieser Vorgänge zur gemessenen Wärme lieferte, läßt sich nicht abschätzen.

Das Refraktärstadium nach einem Erregungsvorgang ist nur dann nachweisbar, wenn man den Erregungsvorgang schon auf andere Art nachweisen kann und zudem muß ein nicht merklich schädigender, wiederholbarer, somit mäßig starker Einzelreiz eine maximale Reaktion des ganzen untersuchten Organs auslösen.

Besondere, für das betreffende System charakteristische Reaktionen treten nicht überall auf, z. B. fehlen sie in allen typischen Leitungssystemen. Wo sie auftreten, können sie für die Erkennung des Erregungsvorgangs wertvoll sein, so die Strömungsstillstände der Characeen, die Turgorbewegungen vieler Sensitivengelenke und reizbarer Staubfäden. Meist verlaufen derartige Reaktionen gegenüber dem zugehörigen Aktionsstrom sehr langsam, so daß ein zweiter, früher Erregungsvorgang am Aktionsstrom leicht, an der sonstigen Reaktion vielleicht nur durch eine geringfügige Verlängerung derselben kenntlich sein kann. Bei *Dionaea* wird die Bewegungsreaktion unter ungünstigen Bedingungen erst durch mehrere, an den Aktionsströmen kenntliche Erregungsvorgänge ausgelöst [BURDON-SANDERSON (3)], so daß sich ein einzelner Erregungsvorgang nicht in einer Bewegungsreaktion zu äußern braucht. Der Zusammenhang der Erregungsvorgänge mit den Wachstumsbewegungen der *Drosera*-Tentakel und der Ranken dürfte ein noch komplizierterer sein.

Wenn es auch in manchen der eben besprochenen Fälle sehr nützlich und ganz unbedenklich sein kann, die dem besonderen System eigentümliche Reaktion als Zeichen des Erregungsvorgangs zu betrachten, so sollte man dies doch nur dann tun, wenn ein eindeutiger Zusammenhang zwischen dieser Reaktion und dem Aktionsstrom experimentell sichergestellt ist oder wenn sonstige Beobachtungen dafür sprechen, daß die Reaktion wirklich Folge des Erregungsvorgangs ist. Als warnendes

Beispiel erwähne ich nur die Chloroplastenkontraktion bei *Spirogyra,* die von namhaften Autoren als Zeichen des Erregungsvorgangs angesehen wurde, während eine genaue Untersuchung ergab, daß sie erst durch stärkere elektrische Reize (Öffnungsinduktionsschläge) als der Aktionsstrom ausgelöst wird und daß diese Reize die Zellen schon schädigen, wenn vielleicht auch noch in reversibler Weise [UMRATH (14)].

BÜNNING verwendet in vielen seiner Arbeiten, ganz im Gegensatz zu dem sonst in der Physiologie üblichen Gebrauch, das Wort „Erregungsvorgang" synonym mit „Bewegungsreaktion" oder er unterscheidet doch nicht genügend zwischen diesen beiden, begrifflich wenigstens ganz verschiedenen Vorgängen. Zur Erregung werden überlicherweise nur diejenigen Vorgänge gerechnet, die an allen erregbaren Systemen, insbesondere auch an denen, deren eigentliche Funktion die Erregungsleitung ist, in ähnlicher Weise auftreten. Wie schon oben erwähnt, hat der Erregungsvorgang an manchen Systemen noch besondere Reaktionen zur Folge, die aber von System zu System verschieden sind und nicht mehr zum Erregungsvorgang selbst gehören. Da die genauere Besprechung solcher besonderer Reaktionen außerhalb des Rahmens dieser Abhandlung liegt, brauche ich auf die Frage, ob es BÜNNING gelungen ist, bei seismonastischen Bewegungen eine Permeabilitätszunahme nachzuweisen, hier nicht einzugehen; sollte er eine Permeabilitätszunahme wirklich nachgewiesen haben, so folgt daraus noch nicht, daß der Erregungsvorgang mit einer Permeabilitätsänderung verbunden ist, denn diese könnte ja auch nur mit der Bewegungsreaktion zusammenhängen. AMLONG und BÜNNING glauben an Wurzeln bei elektrischer Reizung eine Widerstandsabnahme und damit eine Permeabilitätszunahme nachgewiesen zu haben. Wegen der großen prinzipiellen Bedeutung, die ein solcher einwandfrei geführter Nachweis hätte, und wegen der Leichtfertigkeit, mit der vielfach auf Permeabilitätszunahmen geschlossen wird, muß ich etwas näher auf den Fall eingehen. Elektrische Reize sollen an pflanzlichen Geweben vielfach einen Flüssigkeitsaustritt in die Interzellularen bedingen, so besonders auch an jungen Wurzeln. AMLONG und BÜNNING glauben selbst, daß die von ihnen beobachtete lang dauernde Widerstandsabnahme eine Folge der durch den Flüssigkeitsaustritt aus den Zellen erhöhten Leitfähigkeit der Zellwände und Interzellularen ist. Sie glauben aber aus einer rascher ablaufenden, soweit man sehen kann, dem zeitlichen Verlauf nach dem Aktionsstrom entsprechenden Widerstandsabnahme auf eine Permeabilitätserhöhung schließen zu können. Bei ihrer Versuchsanordnung wurden dieselben Elektroden für die Reizung und zur Zuleitung des Prüfstroms verwandt und dabei zeigte es sich, daß, entweder durch eine stärkere Reizwirkung an der Kathode oder infolge Verschiedenheit des Aktionsstroms an der der Wurzelspitze und an der der Basis näher gelegenen Ableitungsstelle, der Aktionsstrom von wesentlichem Einfluß auf die Stärke des Prüfstroms war. Diesen Einfluß der Unsymmetrie in ihrer Anordnung haben AMLONG und BÜNNING dadurch eliminiert, daß sie den Prüfstrom in einer Versuchsreihe in akropetalem, in einer in basipetalem Sinn durch die Wurzel fließen ließen und aus dem Mittel der Galvanometerausschläge beider Versuchsreihen auf die Widerstandsänderung schlossen. Daß sie glauben, dadurch meine (13) seinerzeitigen Einwände gegen Widerstandsmessungen während des Erregungsvorgangs berücksichtigt zu haben, zeigt, daß sie meine Ausführungen nicht verstanden haben. Ich will mich bemühen, sie hier verständlicher darzulegen. Der Aktionsstrom besteht in einem vorübergehenden Rückgang des Potentialsprungs zwischen Zellinnerem und Außenmedium. Leitet man durch eine in die Zelle eingestochene und eine außerhalb befindliche Elektrode einen elektrischen Strom so durch die Zelle, daß er den Potentialsprung an der Zellgrenzfläche erhöht, so kann man unter Umständen den Aktionsstrom vergrößern, leitet man den Strom so, daß er den Potentialsprung herabsetzt, so kann man den Aktionsstrom unter Umständen verringern. Diese Veränderungen des Aktionsstroms lassen sich aber nicht als Widerstandsänderungen deuten, denn sie sind keineswegs der Stromstärke des Prüfstroms proportional. Im Gegenteil, Aktionsströme, die normalerweise den Potentialsprung an der Zellgrenzfläche vollständig rückgängig machen, lassen sich durch Erhöhung desselben nur bis auf einen gewissen Betrag steigern und solche, die normalerweise den Potentialsprung an der Zellgrenzfläche nur zu einem Teil rückgängig machen, lassen sich gar nicht steigern und werden erst dann vermindert, wenn der Potentialsprung an der Zellgrenzfläche unter den normalen Betrag des Aktionsstroms herabgedrückt wird. Wenn der Prüfstrom nun, wie es in Versuchen an ganzen Geweben immer der Fall ist, in eine Zelle an einer Stelle ihrer Grenzfläche ein- und an einer anderen austritt, so kann er an diesen beiden Stellen den Aktionsstrom in entgegengesetzter Weise beeinflussen, so daß eine Zunahme des Prüfstroms resultiert. Daher erscheint mir der Schluß von AMLONG und BÜNNING auf eine Permeabilitätszunahme nicht gesichert, abgesehen davon, daß die scheinbare Widerstandszunahme in ihren Versuchen, soweit sie nicht dem Flüssigkeitsaustritt in die Interzellularen zugeschrieben wurde, gering war und aus der Differenz zweier viel größerer Werte berechnet wurde. Ob es möglich ist bei Widerstandsmessungen an Geweben die ungleiche Beeinflussung des Aktionsstroms an beiden Enden jeder Zelle zu vermeiden, können erst künftige Untersuchungen zeigen.

AMLONG und BÜNNING schließen auch aus dem Flüssigkeitsaustritt in die Interzellularen, den sie nachgewiesen zu haben glauben, auf eine Permeabilitätszunahme. Die zu dieser Schlußfolgerung führenden Annahmen lassen aber die Möglichkeit der Synärese im Zellsaft und des Einflusses der elektrischen Ladung der Zellgrenzfläche auf die Wasserbewegung außer acht und bieten meiner Ansicht nach deshalb auch keine brauchbaren Erklärungsmöglichkeiten für Reizplasmolyse und Säureplasmoptyse. Aber selbst der Flüssigkeitsaustritt an sich erscheint mir nicht sichergestellt, denn während BÜNNING (9) ihn bei Turgorbewegungen annimmt, führt COLLA diese auf Formänderungen der Zellen bei konstantem Volumen, ohne Flüssigkeitsaustritt zurück; unter Verkürzung und Verbreiterung der Zellen sollen die Interzellularen verschwinden. Hierdurch könnte übrigens eine Widerstandsabnahme ohne Permeabilitätszunahme bedingt sein.

Meine (13, 14) Versuche an Algenzellen ließen keine Veränderungen der Protoplasmaviskosität, des Oxydations-Reduktionspotentials des Protoplasmas oder der Permeabilität während des Erregungsvorgangs erkennen. Auch SUOLAHTI hat bei nicht schädigender elektrischer Durchströmung von *Chara*-Zellen keine Permeabilitätszunahme nachweisen können.

2. Erregungsvorgang und Erregungssubstanz.

RICCA (1, 2) hat im Jahre 1916 gefunden, daß sich aus *Mimosa* ein Extrakt gewinnen läßt, der an abgeschnittenen *Mimosa*-Sprossen oder -Blättern Reizreaktionen auslöst, wenn er, durch die untere Schnittfläche dargeboten, mit dem Saftstrom in ihnen aufsteigt. Weiter zeigte er, daß, wenn von zwei durch eine wassergefüllte Glasröhre miteinander verbundenen Sproßstücken das untere stark gereizt wird, auch im oberen Reizreaktionen auftreten, wenn die an der Reizstelle gebildete Erregungssubstanz das wassergefüllte Verbindungsstück mit dem Saftstrom passiert hat. Insbesondere SNOW (1) hat gezeigt, daß in abgeschnittenen Mimosensprossen die nach dem Eintritt der Gelenksreaktionen beurteilte Transportgeschwindigkeit der Erregungssubstanz im Stamm vollkommen mit der Geschwindigkeit des Aufsteigens von Farblösungen übereinstimmt. Auch in intakten Pflanzen besteht die Reizleitung im Stamm sicher vielfach im Transport von Erregungssubstanz mit dem Saftstrom. Von der langsamen und der raschen Erregungsleitung im Stamm und ihrer Abgrenzung von dem meist viel langsameren Transport von Erregungssubstanz mit dem Saftstrom wird noch im folgenden ausführlich die Rede sein. Demgegenüber kann man, wie auch vor allem SNOW (1, 2) gezeigt hat, an Blättern von *Mimosa pudica* und *M. Spegazzinii* normalerweise nur Erregungsleitung beobachten. Erst wenn eine Strecke des Blattstiels etwa durch Behandlung mit Dampf abgetötet ist, kann sich der viel langsamere Transport von Erregungssubstanz mit dem Saftstrom im Blatt bemerkbar machen. Die einzelnen Sensitiven verhalten sich aber diesbezüglich sicher sehr verschieden, und ich halte es z. B. für sehr wahrscheinlich, daß die Leitung im primären Blattstiel von *Mimosa invisa* hauptsächlich durch Transport von Erregungssubstanz mit dem Saftstrom bewirkt wird.

Meine (4, 9) Untersuchungen über die Spezifität der Erregungssubstanz und die von UMRATH und SOLTYS an Papilionaceen haben es wahrscheinlich gemacht, daß jeder größeren Gruppe von Pflanzen, etwa vom Rang einer Familie oder Unterfamilie, eine eigene Erregungssubstanz zukommt. An *Mimosa pudica, M. Spegazzinii* und *Neptunia plena*[1] sind Extrakte der jeweils beiden anderen Arten ganz gleich wirksam wie der der jeweils eigenen Art, so daß offenbar diesen drei Pflanzen dieselbe wirksame Substanz zukommt. Aber auch alle geprüften Extrakte aus nicht sensitiven Mimosaceen sind an den genannten Pflanzen stark wirksam; ebenso sind die geprüften Papilionaceenextrakte an *Aeschynomene,* die Oxalidaceenextrakte an *Biophytum* und die Extrakte aus *Phyllanthus* an *Phyllanthus urinaria* wirksam. Hingegen sind unter den Extrakten von Pflanzen, die weniger nah mit der betreffenden Testpflanze verwandt sind, viele wenig und einige fast gar nicht wirksam. Zwischen Mimosaceen und Oxalidaceen besteht kaum eine gegenseitige Wirkung; gereinigte Papilionaceenerregungssubstanz ist an *Mimosa* unwirksam, während die Wirksamkeit der Mimosaceenerregungssubstanz an *Aeschynomene* der der Papilionaceenerregungssubstanz nicht weit nachzustehen scheint.

Die Erregungssubstanz der Mimosaceen ist von Soltys und Umrath weitgehend gereinigt und als Oxysäure erkannt worden. Später haben Umrath und Soltys die Erregungssubstanz der Papilionaceen auf dieselbe Art gereinigt und gefunden, daß es sich um eine in ihrem chemischen Verhalten der vorigen sehr ähnliche Oxysäure handelt. Weil *Mimosa pudica* die günstigste Testpflanze ist, ist die Erregungssubstanz der Mimosaceen am besten bekannt. Ihr Molekulargewicht ist wahrscheinlich von der Größenordnung 500 und der Sauerstoff scheint auf zwei Karboxyl- und mehrere Hydroxylgruppen verteilt zu sein. Die besten Präparate waren noch in sehr hoher Verdünnung, etwa $1:10^8$, wirksam, die Substanz war aber bei diesem Reinheitsgrad so instabil, daß sowohl eine weitere Reinigung als auch eine Untersuchung sonstiger physiologischer Effekte mit diesen Präparaten bisher nicht möglich war.

Da man Erregungssubstanz auch aus plötzlich mit kochendem Wasser übergossenen Blättern extrahieren kann, hat Fitting (2, S. 718) die Ansicht vertreten, daß die Erregungssubstanz schon vor der Reizung vorhanden sei. Ich halte diese Ansicht nicht für bewiesen, da mir 1. die Zeit, in der die Blätter durch Hitze abgetötet werden, zur Bildung der Erregungssubstanz lange genug erscheint und 2. ihre Bildung auch noch in den absterbenden oder abgestorbenen Zellen erfolgen könnte. Da *Mimosa* im allgemeinen keine spontanen Reizbewegungen ausführt, müßte man ja doch wieder annehmen, daß in der ungereizten Pflanze entweder nur eine Vorstufe der Erregungssubstanz vorhanden ist oder ihre Lokalisation die Wirksamkeit beeinträchtigt, indem sie etwa, wie Bünning (2) meint, im Zellsaft enthalten wäre. Ich glaube aber, daß eine

[1] In meinen Arbeiten bis 1931, in denen von *Neptunia oleracea* die Rede ist, müßte es richtig *Neptunia plena* heißen. Es ließ sich erst, als ich neben ihr die sehr ähnliche *N. oleracea* aus Samen von Ceylon zog, erkennen, daß ich bisher *N. plena* kultiviert hatte. Soweit ich gesehen habe, sind auch die Erregungserscheinungen bei beiden Pflanzen ganz ähnlich.

Konzentration von Erregungssubstanz im Zellsaft, die etwa 200mal so hoch sein müßte, als die, die von den Gefäßen aus dargeboten Erregungsvorgänge auslöst, ohne bessere experimentelle Beweise nicht ernstlich in Betracht zu ziehen ist. Ich will daher im folgenden immer davon sprechen, daß ein Reiz die Bildung von Erregungssubstanz auslöst oder auch davon, daß mit dem Erregungsvorgang die Bildung von Erregungssubstanz verbunden ist.

Daß umgekehrt die Erregungssubstanz Erregungsvorgänge auslöst, zeigt jeder Versuch, bei dem ein Sproß von *Mimosa pudica* eine entsprechend verdünnte Lösung von Erregungssubstanz aufnimmt. Meist beginnt die Reaktion dann an irgendwelchen Tertiärgelenken. Entweder wird die Lösung durch die Transpiration im Blättchen konzentriert oder das Blättchen, das Tertiärgelenk oder der sekundäre Blattstiel sind besonders empfindlich. Von den zuerst reagierenden Tertiärgelenken aus tritt meist Erregungsleitung über den ganzen sekundären Blattstiel ein, die an der für sie charakteristischen Ausbreitungsgeschwindigkeit kenntlich ist, und in sehr vielen Fällen auch Erregungsleitung über das ganze Blatt. Nur verhältnismäßig konzentrierte Lösungen von Erregungssubstanz bewirken schon ehe sie im Blatt weiter aufsteigen, die Reaktion des Hauptgelenkes und bedingen dann erst Erregungsleitung in den sekundären Blattstielen. HOUWINK glaubt gezeigt zu haben, daß auch in Geweben, deren Zellen sich nicht aktiv an der Leitung beteiligen, mit dem Saftstrom aufsteigende Erregungssubstanz eine elektrische Negativität bedingt, die er „the variation" nennt. Ich werde weiter unten zeigen, daß in den von ihm untersuchten Fällen die Leitung doch sehr stark auf der Aktion lebender Zellen beruht. Allerdings ist es von vornherein sehr wahrscheinlich, daß lebende Zellen, auch wenn sie an der Leitung keinen Anteil haben, durch Erregungssubstanz erregt werden und dann auch einen Aktionsstrom zeigen. Anders steht es aber mit dem experimentellen Nachweis. Durch das freundliche Entgegenkommen von Herrn Professor NIGEL G. BALL konnte ich (o) im März und April 1930 im Botanischen Institut der Universität Colombo auf Ceylon entsprechende Versuche anstellen. Von abgeschnittenen, zunächst in Wasser tauchenden Sprossen von *Mimosa pudica* habe ich vom Stamm und von einem einige Zentimeter höher inserierten Blattstiel zu einem Kapillarelektrometer abgeleitet. Wenn ich das Wasser durch Mimosenextrakt (1 g Blätter in 10 oder in 4 ccm Wasser gekocht) ersetzte, wurde die unten in den Stamm eingestochene Elektrode durch 10 Minuten kontinuierlich elektrisch negativer gegenüber der anderen. Da aber ein Extrakt aus einer Papilionacee (1 g Blätter in 4 ccm Wasser gekocht), sowie auch 0,1 n KCl-Lösung ungefähr dieselbe Wirkung hatten, so hat wahrscheinlich hierbei in allen Lösungen der Effekt der Salze dominiert. Die Frage nach der Wirkung der Erregungssubstanz auf das elektrische Potential nicht zur Erregungsleitung fähiger Zellen wird sich daher erst durch Verwendung gereinigter Extrakte beantworten lassen, die HOUWINK auch nicht angewandt hat. Wenn in meinen Versuchen bei Anwendung von Mimosenextrakt das Blatt, in das die zweite Elektrode eingestochen war, reagierte, so war an dieser ein Potentialrückgang zu beobachten, ganz entsprechend dem normalen Aktionsstrom im primären Blattstiel. Auch wenn nur aus der Reaktion von tiefer und von höher inserierten Blättern auf einen Leitungsvorgang im Stamm geschlossen werden konnte, zeigte sich ein Potentialrückgang an der in den Blattstiel eingestochenen Elektrode; hier wirkte wohl der Blattstiel wie eine Verlängerung der ableitenden Elektrode, so daß Aktionsströme vom Stamm beobachtet wurden. Es ist wahrscheinlich, daß es sich dabei um die noch zu besprechende langsame Erregungsleitung im Stamm handelte.

Über die chemische Natur der Substanzen, die an *Vallisneria*-Blättern Protoplasmaströmung auslösen, sind wir durch Untersuchungen von FITTING (3, 4, 5) gut orientiert. In besonders hohen Verdünnungen lösen natürlich vorkommende, optisch aktive α-Aminosäuren Strömung aus. Die wirksamsten untersuchten Verbindungen sind das l-Histidin und das l-Methylhistidin, und nur bei diesen beiden fand FITTING (4, 5) gegenseitig und gegenüber Blattextrakten vollständige Abstumpfung. Es ist sehr wahrscheinlich, daß der wirksame Stoff in den Blattextrakten l-Methylhistidin oder eine sehr ähnliche Verbindung ist. Ob der Auslösung der Protoplasmaströmung ein Erregungsvorgang zugrunde liegt und der wirksame Stoff daher als Erregungssubstanz anzusehen ist, ist nicht sicher, doch spricht manches für eine solche Auffassung. Die Protoplasmaströmung wird durch verschiedene Reize, die an anderen Pflanzen sicher zur Erregungsauslösung führen, hervorgerufen. Nach den Untersuchungen von KRETZSCHMAR breitet sich bei *Vallisneria*, *Helodea* und *Hydrocharis* die durch einen Wundreiz ausgelöste Protoplasmaströmung in den Gefäßbündeln über weite Strecken, allerdings mit geringer Leitungsgeschwindigkeit von 0,003—0,05 cm sek^{-1}, aus und von da in das Parenchym. Der basipetale Leitungssinn ist gegenüber dem akropetalen begünstigt, wie wir das noch vielfach als charakteristisch für Erregungsleitung kennenlernen werden. Ich (0) habe versucht bei *Vallisneria* Aktionsströme abzuleiten, doch waren die Potentialänderungen, wenn ich ein Blatt durchschnitt, quetschte oder mit einem heißen Glasstab berührte, so gering, daß sich über die Aktionsströme nichts Sicheres aussagen läßt.

Im Gegensatz zu den vielen Arbeiten, die mit A-Wuchsstoffen, also mit Auxin, Heteroauxin und ähnlich wirkenden Substanzen ausgeführt worden sind, gibt es nur sehr wenige über die Wirkung der Erregungssubstanz, obzwar es nicht unwahrscheinlich ist, daß auch ihr verschiedene physiologische Wirkungen zukommen, so wie die A-Wuchsstoffe neben der Zellstreckung eine Hemmung der Achselknospen, eine Förderung der Wurzelbildung und eine Förderung der kambialen Zellteilungen [SNOW (3)] bewirken. Offenbar sind diesbezügliche Untersuchungen durch das Heteroauxin und ähnliche stabile Verbindungen besonders erleichtert worden.

Cholodny hat meines Wissens als erster auf Grund von Versuchen die Ansicht vertreten, daß bei der Verwundung Stoffe entstehen, die Antagonisten des Wuchsstoffes sind. Es hat zwar Stark schon früher versucht, traumatotrope und haptotrope Reaktionen an Keimlingen mit der Bildung von Hemmungsstoffen zu erklären, aber nach neueren Versuchen, besonders von Weimann, sind gerade diese positiven traumatotropen Reaktionen nur Folgen der Unterbindung des Auxintransportes. Später habe ich (10) gezeigt, daß im Schatten gezogene *Mimosa pudica* bei täglich zwölfmaliger Reizung durch Erschütterung in ihrer Wuchsform typisch verändert wird. Die Länge der Internodien nimmt infolge der Reizung bis auf die von Sonnenpflanzen ab; der sonstige Einfluß ist gering, wahrscheinlich wird die Verzweigung gefördert, vielleicht werden junge Blütenstände vor dem Absterben geschützt. An Sonnenpflanzen ist kein Einfluß der Reizung nachweisbar; ihre Verzweigung ist stärker, auch als die der gereizten Schattenpflanzen. Meine Auffassung war nun die, daß bei der Reizung Erregungssubstanz gebildet wird, die ein Antagonist des Wuchsstoffes ist und somit das Streckungswachstum hemmt und das Austreiben von Achselsprossen fördert. Nachdem Laibach gezeigt hat, daß verdunkelte Pflanzenteile eine Substanz bilden, welche das Reaktionsvermögen auf A-Wuchsstoff erhöht, könnte man sich auch vorstellen, daß die Erregungssubstanz als Antagonist dieser Substanz wirkt, indem sie ihre Bildung oder ihre Wirksamkeit in den belichteten Teilen herabsetzt. In meinen Versuchen an *Mimosa pudica* löst am sonnigen Standort offenbar schon der Lichtreiz genügend Erregungsvorgänge aus, um die maximal wirksame Konzentration von Erregungssubstanz zu bedingen. Über die Auslösung von Erregungsvorgängen durch Licht, die meist nicht zu Reaktionen der Gelenke nach dem Alles-oder-Nichts-Typ führen, wird noch im Abschnitt X die Rede sein. Natürlich wirkt die Besonnung auch durch die erhöhte Assimilation fördernd auf die Verzweigung und auf sonstige Charaktere der Pflanze. Haberlandt (8, 9) hat gezeigt, daß bei Pflanzen zellteilungsauslösende Stoffe vorkommen. Umrath und Soltys haben es sehr wahrscheinlich gemacht, daß die Erregungssubstanz ein wichtiger derartiger Stoff ist, indem sie zeigten, daß eine weitgehend gereinigte Papilionaceenerregungssubstanz an *Phaseolus*-Perikarpien noch stark zellteilungsauslösend wirkt.

Ob die B-Wuchsstoffe, die das Wachstum, wahrscheinlich das Teilungswachstum, von Pilzen fördern und durch ihre geringe Lipoidlöslichkeit den Erregungssubstanzen ähnlicher sind als den A-Wuchsstoffen, der Erregungssubstanz bei höheren Pflanzen entsprechen, läßt sich noch nicht sagen.

Die tropistischen Wachstumsbewegungen der Keimpflanzen werden jetzt fast ausschließlich vom Standpunkt der Wuchsstofftheorie aus betrachtet. Erregungs*leitung* dürfte bei ihnen tatsächlich nicht in Frage kommen, da ich (8) an sehr jungen Keimpflanzen, die aber schon zu tropistischen Bewegungen befähigt waren, auch nach Durchschneiden eines

Keimblattes oder des Hypokotyls und bei sehr kurzer Leitungsstrecke keine Erregungsleitung durch Aktionsströme nachweisen konnte. Es mehren sich aber in letzter Zeit die Angaben, ich verweise nur auf die zusammenfassende Darstellung von DU BUY und NUERNBERGK, daß durch die tropistischen Reize nicht nur die Bildung und Verteilung des A-Wuchsstoffes, sondern auch die Empfindlichkeit der reagierenden Teile verändert wird. Hierbei wäre an die von LAIBACH nachgewiesene, die Empfindlichkeit für A-Wuchsstoff steigernde Substanz zu denken, die im Dunkeln in höherem Maße gebildet wird wie im Licht. Es wäre möglich, daß es die im Licht gebildete Erregungssubstanz ist, die die Bildung oder Wirksamkeit dieser von LAIBACH nachgewiesenen Substanz herabsetzt. Auch hängt der A-Wuchsstofftransport wahrscheinlich von der Protoplasmaströmung ab und der Strömungsstillstand ist möglicherweise auch in diesen Zellen eine Begleiterscheinung des Erregungsvorgangs.

Erst wenn diese und ähnliche Fragen experimentell genauer untersucht sein werden, wird man sich ein abgerundetes Bild über die Bedeutung der Erregungsvorgänge und der Erregungssubstanz bei Pflanzen machen können.

3. Der Aktionsstrom.

Zum besseren Verständnis der folgenden Abschnitte muß ich einiges über den Aktionsstrom und die verschiedenen Möglichkeiten ihn abzuleiten vorausschicken. Wie man schon seit langem weiß und meine (12, 13, 14) Versuche an Algenzellen mit einer eingestochenen und einer im Außenmedium befindlichen Elektrode besonders deutlich zeigen, besteht der Aktionsstrom in einem vorübergehenden, vollständigen oder teilweisen Rückgang des elektrischen Potentialsprungs zwischen dem Zellinneren (Protoplasma) und dem Außenmedium. In der ruhenden Zelle ist das Protoplasma gegenüber dem Außenmedium elektrisch negativ, während des Aktionsstroms wird es weniger negativ, weswegen man den Aktionsstrom bei Ableitung aus dem Zellinneren auch Positivitätswelle nennen kann. Bei den höheren Pflanzen handelt es sich aber fast immer, jedenfalls auch wenn man mit in das Gewebe eingestochenen Nadeln ableitet, um eine Ableitung von außen in bezug auf die Zellen. Als einfachstes Beispiel hierfür kann eine in feuchter Luft über zwei Ableitungselektroden gelegte *Nitella*-Zelle dienen. Das Protoplasma ist gegenüber jeder dieser Elektroden um einen gewissen Betrag, etwa 0,08—0,16 Volt, negativ. Reizt man die Zelle außerhalb der Elektroden, so geht ein Erregungsvorgang von der Reizstelle aus und erreicht erst die eine und dann auch die andere Elektrode. Dadurch, daß er den Potentialsprung zwischen Protoplasma und Außenmedium reduziert, macht er die Elektroden, die er erreicht, vorübergehend negativ und daher kommt die Bezeichnung Negativitätswelle für den Aktionsstrom bei Ableitung von außen. Bei dieser Ableitung von außen werden die zum Meßinstrument ableitbaren elektrischen Spannungsänderungen desto kleiner, je kleiner der Widerstand des umgebenden Mediums gegenüber dem der erregten Zellen ist, also vor allem je kleiner der Widerstand der den Zellen anhaftenden Flüssigkeitshüllen und derjenige eventueller parallelgelagerter nicht erregter Zellen ist. Bei der Untersuchung der Aktionsströme pflanzlicher Gewebe will ich 3 Fälle unterscheiden: 1. die Untersuchung nur einer Zelle im Gewebe, 2. die Untersuchung eines erregbaren Gewebes ohne Erregungsleitung in die Umgebung und 3. die Untersuchung eines erregungsleitenden Gewebes.

Meine Versuche, den Aktionsstrom einer einzelnen Zelle eines Gewebes zu messen (14, 0), hatten nicht den erhofften Erfolg. Bei der an *Tradescantia*-Blattepidermiszellen (0) versuchten Ableitung von außen zeigte sich wegen der an der einzelnen Zelle notwendig kleinen Ableitungsfläche der Widerstand der Kutikula als viel zu groß. Versuche, eine Mikroelektrode in eine Epidermiszelle einzustechen und so das elektrische Potential zu messen, habe ich an *Helodea* (14) und an *Mesembrianthemum crystallinum* (0) angestellt. Es ließ sich zwar der zu erwartende Wert des Potentials zwischen Zellinnerem und Außenmedium messen, es scheinen aber die Zellen des Gewebes, vielleicht durch Plasmodesmen, derart miteinander verbunden zu sein, daß das gemessene Potential nicht nur durch die eine Zelle, sondern durch das ganze Gewebe bedingt wird. Jedenfalls war, im Gegensatz zu dem von *Nitella*-Zellen her bekannten Verhalten, unmittelbar nach dem Einstich, der die eine Zelle doch erregen sollte, kein Aktionsstrom zu verzeichnen. Bei *Mesembrianthemum* waren auch bei elektrischer Reizung der Zelle keine Aktionsströme zu verzeichnen, trotzdem die Reizstärke bis an diejenige heranreichte, die Schädigung und Turgorverlust der Zelle zur Folge hatte. An *Helodea* konnte nicht die einzelne Zelle, sondern nur ein Teil des Gewebes um die untersuchte Zelle elektrisch gereizt werden. Der registrierte Potentialrückgang war nicht, wie man nach den Erfahrungen an Algenzellen den Aktionsstrom einer einzigen Zelle erwarten würde, sondern von geringem, etwas wechselndem Ausmaß und vielfach nur mit sehr verzögertem Rückgang. Man scheint hier den Ausdruck einer Schädigung und vielleicht auch des Aktionsstroms einer je nach der Reizstärke und Elektrodenlage wechselnden Anzahl von Gewebezellen vor sich zu haben. Nach alledem scheint gegenwärtig noch keine rechte Möglichkeit zu bestehen, den Erregungsvorgang an einzelnen Zellen im Gewebeverband zu untersuchen.

In einem erregbaren Gewebe ohne Erregungsleitung werden nur diejenigen Zellen erregt, die selbst vom Reiz in genügender Stärke getroffen werden, diese aber, wenigstens bei momentan einwirkendem Reiz, alle nahezu gleichzeitig, im Reizmoment. Leitet man von zwei Stellen eines solchen Gewebes ab, an denen die Aktionsströme gleiches Ausmaß haben, so heben ihre Effekte einander gegenseitig auf; sind die Aktionsströme an beiden Stellen von ungleichem Betrag, so wirkt nur ihre Differenz auf das Meßinstrument. Wenn nur eine Elektrode an das erregte Gewebe und die andere weiter weg an unerregtes angelegt wird, so macht das auch keinen prinzipiellen Unterschied, denn man kann sich das unerregte Gewebe als eine an das erregte heranreichende Verlängerung der Elektrode vorstellen. Allerdings besteht bei einer solchen unsymmetrischen Ableitung größere Aussicht, daß die Aktionsströme an beiden Ableitungsstellen von verschiedenem Ausmaß sind und einander daher nicht vollständig aufheben. Der Potentialsprung zwischen dem Protoplasma einer Gewebezelle und der die Zelle umgebenden, eventuell nur kapillaren Flüssigkeit dürfte ein verschiedener sein, je nachdem es sich um die Grenzfläche gegen einen auf die Epidermis aufgesetzten Flüssigkeitstropfen, um die gegen eine Nachbarzelle oder um die gegen wasserleitende Gefäße oder gegen sonstige Elemente handelt. Das Ausmaß des Aktionsstroms hängt vom Zustand der Zelle und vom Ausmaß des genannten Potentialsprungs ab, und kann an verschiedenen Stellen einer Zelle verschieden sein. Man verdankt also an erregbaren Geweben ohne Erregungsleitung einen eventuellen Aktionsstromnachweis einer Asymmetrie des Objektes oder der Ableitung. Bei den Versuchen von AMLONG und BÜNNING an Wurzeln spielt die Asymmetrie des Objektes vielleicht eine wichtige Rolle. An reizbaren Staubfäden sind insbesondere bei *Berberis* [BÜNNING (6), UMRATH (0)] die beobachteten Aktionsströme von auffallend geringem Betrag, vielleicht weil es sich nur um die Differenz von zwei in Wahrheit viel größeren Aktionsströmen handelt. Man muß bei allen derartigen Organen, wie reizbaren Staubfäden oder Gelenken, mit der Möglichkeit rechnen, daß sich die Aktionsströme mancher Zellen überhaupt nicht merklich äußern. Auch von der Epidermis der Zwiebelschuppen von *Allium cepa* habe ich (20) nur Aktionsströme von sehr geringem Betrag ableiten können.

Der Fall des erregungsleitenden Systems ist, wenn die beiden Ableitungselektroden entsprechend weit auseinander liegen, besonders einfach. Nimmt der Erregungsvorgang seinen Ursprung außerhalb der Ableitungsstrecke, so erreicht er erst eine Elektrode und macht diese vorübergehend negativ, hat, während er die Strecke zwischen den Elektroden durchläuft, keinen Einfluß auf die abgeleitete Spannung und macht schließlich, wenn er die zweite Elektrode erreicht, diese negativ. Es scheint nämlich aus allen Beobachtungen an leitenden Systemen, die aus kurzen Zellen aufgebaut sind, hervorzugehen, daß sich diese bezüglich des Aktionsstroms ebenso verhalten wie lange Zellen, etwa *Nitella*-Internodialzellen oder tierische Nerven- und Muskelfasern. Vielleicht bestehen Verbindungen durch Plasmodesmen, so daß jedes leitende System ein wirklich einheitliches Gebilde ist; wenn an den senkrecht zur Leitungsrichtung gelegenen Querwänden Potentialänderungen stattfinden, so erfolgen sie wohl an den aneinander grenzenden Wänden nahezu gleichzeitig und in gleicher Weise, so daß sie einander gegenseitig aufheben.

Zwischen der Dauer und der Fortpflanzungsgeschwindigkeit des Aktionsstroms besteht, wie auch aus den Zahlenangaben der folgenden

Abschnitte hervorgeht, allgemein ein solcher Zusammenhang, daß die Anstiegslänge des Aktionsstroms, das ist die Strecke innerhalb deren er in einem Zeitmoment ansteigt, die sich als Leitungsgeschwindigkeit mal Anstiegszeit errechnet, je nach dem Objekt 0,15—10 cm beträgt. Nebenbei sei darauf hingewiesen, daß, wie aus einer Zusammenstellung von BRÜCKE zu ersehen ist, auch die tierischen Leitungssysteme mit ihren sehr verschiedenen Leitungsgeschwindigkeiten diesen Bereich der Anstiegslängen einhalten. Da der Rückgang des Aktionsstroms weniger steil ist als sein Anstieg, ist die Gesamtlänge mehr als doppelt so lang als die Anstiegslänge. Nun kommen bei Pflanzen vielfach Wellengruppen aus mehreren Einzelaktionsströmen vor, so daß es kaum Leitungssysteme gibt, die so lange sind, daß sie die Potentialänderungen von beiden Elektroden nacheinander, ohne gegenseitige Beeinflussung, registrieren lassen. Es ist daher vielfach zweckmäßig, die eben besprochene „diphasische" Ableitung, bei welcher der Erregungsvorgang beide Elektroden erreicht, durch eine „monophasische" zu ersetzen, bei welcher der Aktionsstrom nur eine Elektrode erreicht. Bei dieser ist die wahre Form des Aktionsstroms meist leicht unmittelbar zu erkennen. Die Erfahrung hat gezeigt, daß eine Ableitung, wie zu erwarten, monophasisch ist, wenn der Erregungsvorgang innerhalb des leitenden Systems, zwischen den Elektroden, erlischt. Dies tritt nach Abtöten des Gewebes unter einer Elektrode ein, solange das lebende Protoplasma noch keinen Abschluß gegen das tote bildet, was besonders in den langen Zellen der Characeen und bei Tieren in Nerven- und quergestreiften Muskelfasern lange dauert; ebenso wirkt eine genügend konzentrierte KCl-Lösung an einer Elektrode, indem sie den Aktionsstrom und Erregungsvorgang an dieser unterdrückt. Bei höheren Pflanzen scheint man eine ganz oder nahezu monophasische Ableitung am besten zu erreichen, wenn man die eine Elektrode an dem zu untersuchenden Pflanzenteil anbringt und die andere mit der Erde verbindet, in der die Pflanze wurzelt. Offenbar erlöschen die Erregungsvorgänge meist innerhalb eines leitenden Systems, lange ehe sie das Wurzelsystem der Pflanze erreichen. HOUWINK hat allerdings für diese Ableitung vom primären Blattstiel von *Mimosa pudica* gezeigt, daß sie nicht rein monophasisch ist. Wenn der Erregungsvorgang die Basis des primären Blattstiels erreicht, zeigt sich eine Aktionsstromphase, die aber nur $^1/_5$ oder auch noch weniger von derjenigen beträgt, die der Erregungsvorgang an der Ableitungsstelle selbst bedingt. Je nach der Lage von Reiz- und Ableitungsstelle kann die kleine Aktionsstromphase vor oder nach der großen auftreten; im letzteren Fall ist meist nur im abfallenden Teil der großen Phase ein steileres Stück oder eine Einkerbung zu erkennen. Aus diesen Befunden ist zu schließen, daß nur ein kleiner Teil, etwa $^1/_5$, dieses erregungsleitenden Systems im primären Blattstiel von *Mimosa pudica* an seiner Basis in der Weise endet, daß der Erregungsvorgang nicht innerhalb desselben erlischt, sondern dort, wo es an andere, nichtleitende Zellen grenzt, die wie eine Verlängerung der mit der Erde verbundenen Elektrode wirken. Die Durchsicht meiner sehr zahlreichen Aktionsstromaufnahmen vom primären Blattstiel von *Mimosa pudica*, an denen die kleine Aktionsstromphase im absteigenden Teil der großen zu erwarten ist, zeigt aber, daß es bei Anwendung jeder Reizart viele Fälle gibt, in denen die kleine Aktionsstromphase nicht deutlich ober überhaupt nicht zu erkennen ist; letzteres trifft insbesondere bei leichter Alkoholnarkose zu oder wenn bei einem langen Leitungsweg die große Aktionsstromphase an der Ableitungsstelle durch zeitliches Auseinanderweichen der Erregung in nebeneinander liegenden Zellen verbreitert ist.

Bei der Deutung von Aktionsstromaufnahmen ist zu beachten, daß man Aktionsströme eines leitenden Systems nicht nur direkt von ihm selbst ableiten kann, sondern auch von einem an ihm ansetzenden Pflanzenteil, wenn dieser keine direkte erregungsleitende Verbindung mit ihm hat. So kann man bei Ableitung vom sekundären Blattstiel einer *Mimosa* Aktionsströme aus dem primären Blattstiel registrieren, wenn der Erregungsvorgang entweder aus dem primären oder aus einem anderen sekundären Blattstiel kommt [Umrath (11), Houwink]; es haben offenbar viele Leitungsbahnen, die an der Ansatzstelle eines sekundären Blattstiels vorbeiziehen, keine direkten Fortsetzungen, in ihn, und von diesen Leitungsbahnen erhält man den Aktionsstrom. Houwink hat auch bei Ableitung vom primären Blattstiel allerdings nur stark reduzierte Aktionsströme des Stammes registriert.

Ich komme jetzt noch auf Potentialänderungen an höheren Pflanzen zu sprechen, die wahrscheinlich keine Aktionsströme sind. Man beobachtet sehr häufig bei Ableitung vom primären Blattstiel einer Mimose bei der Hauptgelenksreaktion oder bei Ableitung vom sekundären Blattstiel bei der Sekundärgelenksreaktion einen positiven Ausschlag von geringerem Betrag als der Aktionsstrom [Umrath (5, 11), Houwink]. Der positive Ausschlag tritt sowohl dann auf, wenn das Gelenk direkt mechanisch, ohne Auslösung von Erregungsleitung, gereizt wird, als auch, wenn das Gelenk durch Erregungsleitung erregt wird. Es wäre denkbar, daß der sehr beträchtliche Aktionsstrom im Gelenk gegenüber dem basalen und gegenüber dem apikalen Gewebe nicht in ganz gleicher Stärke verläuft, so daß eine kleine Differenz im positiven Ausschlag zur Geltung käme. Mir scheint die Auffassung, daß es sich um eine Folge der bei der Gelenksreaktion stattfindenden Druckerhöhung in den Gefäßen handelt, mehr für sich zu haben, vor allem, weil bei Ableitung vom sekundären Blattstiel von *Mimosa pudica* mitunter ebenso viele positive Ausschläge erscheinen, als sekundäre Blattstiele reagieren und sich Aktionsströme der Sekundärgelenke benachbarter sekundärer Blattstiele nicht bemerkbar machen können; in Abb. 7, 1—3 erscheint je ein großer positiver Ausschlag, offenbar vom Sekundärgelenk des Blattstiels, von dem abgeleitet wurde, in Abb. 7, 2 drei weitere, kleinere, entsprechend den hier reagierenden Nachbarblattstielen. Der positive Ausschlag ist meist so gering, daß er den Aktionsstrom nicht wesentlich stört; er scheint zu verschiedenen Zeiten, wahrscheinlich in Abhängigkeit von Wasserversorgung und Transpiration, verschieden zu sein und mitunter ganz zu fehlen. An vielen Aufnahmen ist er von einer eventuellen zweiten Aktionsstromphase nicht sicher abzutrennen.

Vielleicht ist das, was BOSE (1, S. 54f.) als „hydropositive effect" beschrieben hat, ähnlich bedingt wie die positiven Ausschläge bei Gelenksreaktionen. Meiner Erfahrung nach geht ein solcher Effekt durchaus nicht dem Erregungsvorgang als solchem voraus und läßt sich auch nicht durch große Leitungsstrecken vor diesem sichtbar machen, wie BOSE das beschreibt. Ich halte es für sehr wahrscheinlich, daß BOSE vielfach Reize angewandt hat, wie starke Erwärmung, Druck oder Torsion des Pflanzenteils, die entweder direkt oder indirekt durch Turgorverlust des betreffenden Gewebes eine Wasserbewegung bedingen. Dabei ist es bei der langsamen Einstellung der von BOSE verwandten Galvanometer verständlich, daß für den Nachweis des positiven Ausschlags ein zeitliches Zurückbleiben oder Erlöschen des Aktionsstroms auf einem langen Leitungsweg günstig oder gar notwendig ist. In seinen späteren Publikationen (2, 3) spricht BOSE übrigens nicht mehr von „hydropositive effect", sondern von „positive impulse" und „positive response", und er hat zum Teil ähnliche Erscheinungen beobachtet wie BÜNNING (6), nämlich, daß ein Bewegungsgewebe mit herabgesetzter Erregbarkeit bei Anwendung starker Reize elektrisch positiv wird und eine Turgorzunahme erfährt. Die bei BOSE allerdings nicht klar ausgesprochene Auffassung der beiden Autoren, daß der normale Erregungsvorgang hier einen entgegengesetzten Effekt bedingt, scheint mir nicht genügend gesichert. Ich halte es für möglich, daß die zur Auslösung des Effektes notwendigen starken Reize einzelne Zellen so schädigen, daß sie Flüssigkeit abgeben; diese Flüssigkeit würde dann einerseits zur elektrischen Positivierung, andererseits zur Turgorzunahme der nicht oder weniger geschädigten Zellen führen. Es ist ja auch der ganze Effekt stark von der Wasserversorgung abhängig.

Es gibt auch Veränderungen des elektrischen Potentials, die sicher direkt durch die angewandten Reize bedingt sind. Beim Anschneiden eines Pflanzenteils mit einer nicht isolierten Schere wird dieser für die Zeit der Berührung auf das Potential der Schere gebracht. Die so bewirkte Potentialänderung ist je nach den Umständen verschieden; bei meinen Versuchen an *Mimosa pudica* bewirkte das Anschneiden des Stammes meist einen positiven Ausschlag, das eines Fiederblättchens einen negativen und das dazwischenliegender Teile einen je nach Umständen verschiedenen, wie das Abb. 12, 13 und 4 zeigen. Diese Verhältnisse erklären sich durch das an den oberirdischen Teilen der Pflanze mit der Entfernung vom Boden zunehmende positive Potential. Wird ein Pflanzenteil in der Nähe der Ableitungsstelle durchschnitten, so entsteht außerdem eine bleibende Verschiebung des elektrischen Potentials nach der negativen Seite, wie das die Abb. 4, 22 und 24 zeigen. Wenn der früher beschriebene positive Ausschlag bei einer Gelenksreaktion proximal der Ableitungsstelle eine Folge des vorübergehend erhöhten Druckes in den Gefäßen ist, so ist vielleicht der negative Ausschlag eine Folge des in den angeschnittenen Gefäßen herabgesetzten Druckes. Es bedingt durchaus nicht jeder starke Reiz direkt eine starke Veränderung des elektrischen Potentials; so hat z. B. in meinen Versuchen das Anbrennen eines Pflanzenteils, wenn es, wie ich es meist vermied, nicht zur Verkohlung führte, nur zu ganz geringen, mitunter gar nicht nachweisbaren direkten Veränderungen des elektrischen Potentials geführt.

Schließlich kommen noch elektrische Potentialschwankungen von verschiedenem Ausmaß und von verschiedener Form ohne Zusammenhang mit den zur Erregungsauslösung angewandten Reizen vor. Bose (4) glaubt, daß sie mit einem das Saftsteigen fördernden Mechanismus in Zusammenhang stehen. Ich (5) habe sie ganz vorwiegend an jungen, noch nicht ganz ausgewachsenen Blättern beobachtet. Vielleicht werden sie durch schlechte Bewurzelung und starke Besonnung gesteigert; ihr genaueres Studium könnte für andere Gebiete der Pflanzenphysiologie von Interesse werden. Auger (2, S. 34f.) hält allerdings die von Bose beobachteten Potentialschwankungen für reizbedingte, rhythmische Aktionsströme.

Obzwar eine ausführliche Beschreibung der Methodik nicht in den Rahmen dieser Abhandlung gehört, seien doch einige Gesichtspunkte methodischer Art wegen der Beurteilung der Zuverlässigkeit der verschiedenen Arbeiten erwähnt. Eine richtige Aufzeichnung des zeitlichen Verlaufes der elektrischen Potentialänderung ist nicht nur nötig, um den wirklichen Verlauf des Aktionsstroms kennenzulernen, sondern, meiner Auffassung nach, auch absolut erforderlich, um die Aktionsströme einigermaßen sicher von den verschiedenen, eben besprochenen Störungen zu unterscheiden. Dazu muß das Meßinstrument eine genügend rasche Einstellung haben oder doch eine solche, aus der sich der wahre zeitliche Verlauf rechnerisch oder graphisch ermitteln läßt. Der Spannungsverlauf in der Pflanze darf nicht durch einen zu geringen Widerstand des Meßkreises verändert werden, und es sollen Spannungen, nicht Stromstärken gemessen werden, damit Widerstandsänderungen in der Pflanze nicht von unmittelbarem Einfluß auf das Meßresultat sind. Durch eine diesen Anforderungen nicht entsprechende Methodik scheint mir der Wert vieler Arbeiten stark herabgesetzt und die Deutung ihrer Ergebnisse sehr erschwert [Bose (1, 2, 3, 4), Montemartini, Buchanan und bis zu einem gewissen Grad Bünning (6)]. Für ein in vielen Beziehungen sehr günstiges Meßinstrument, dessen Einstellungsgeschwindigkeit wahrscheinlich für alle Untersuchungen an Pflanzen ausreicht, halte ich das Lindemann-Elektrometer [angewandt von Umrath (12, 13, 14)]; eine höhere Einstellungsgeschwindigkeit und höhere Empfindlichkeit lassen die in ihrer Handhabung komplizierteren Anordnungen mit Verstärkerröhren zu. Sie wurden in Verbindung mit dem Kapillarelektrometer von mir (5, 6, 7, 8, 11, 15, 16, 17), in Verbindung mit einem einfachen Oszillographen von HOUWINK angewandt; ein Vorteil der letztgenannten Anordnung, den HOUWINK auch ausgenützt hat, ist, daß man leicht mit zwei Instrumenten gleichzeitig registrieren kann.

Wenn kein nennenswerter Strom durch das Meßinstrument fließt, so spielt die Polarisierbarkeit der Elektroden keine Rolle und es scheint auch gleichgültig zu sein, ob sie dem untersuchten Pflanzenteil von außen anliegen oder in ihn eingestochen sind. Man darf sich aber nicht verleiten lassen polarisierbare Elektroden auch dann zu verwenden, wenn ein beträchtlicher Strom, dessen zeitlicher Verlauf nicht verändert werden soll, durch sie fließt, wie etwa bei der Untersuchung der elektrischen Erregbarkeit. HOUWINK hat wahrscheinlich wegen dieses Versehens zu kleine Chronaxiewerte gemessen. Jedenfalls habe ich (1) mit weniger polarisierbaren Elektroden wesentlich größere Chronaxiewerte für *Mimosa pudica* gefunden.

II. Die Erregungsleitung bei sensitiven Pflanzen.

1. Mimosa Spegazzinii.

SNOW (2) hat für das Blatt von *Mimosa Spegazzinii* gezeigt, daß die Reizleitung wesentlich rascher erfolgt, als die Fortbewegung von durch eine Schnittstelle aufgenommenem Farbstoff mit dem Saftstrom und hat aus diesen und noch zu besprechenden anderen Befunden mit Recht geschlossen, daß es sich um Erregungsleitung handelt. Es war auch SNOW schon bekannt, daß man durch Anbrennen eine wesentlich höhere Leitungsgeschwindigkeit auslösen kann als durch die meisten anderen Reize, aber erst meine (3) eingehendere Untersuchung der Leitungsgeschwindigkeit hat gezeigt, daß es, wie ich (2) das schon für *Mimosa pudica* durch umfangreichere Versuche nachgewiesen hatte, auch bei *Mimosa Spegazzinii* Systeme von verschiedener Leitungsgeschwindigkeit gibt; im Blatt kommt eine langsame, eine mittlere und eine rasche Erregungsleitung vor, im Stamm eine langsame und eine rasche. Die mittlere und die rasche Erregungsleitung sind nur durch gewisse Reize, vor allem durch mechanische Verletzungen und durch Anbrennen auslösbar; innerhalb eines leitenden Systems ist aber die Leitungsgeschwindigkeit von der Reizart und von der Reizstärke unabhängig.

In den Fiederblättchen erhält man beim Durchschneiden des Mittelnerven oder eines Randnerven oft eine der beiden höheren Leitungsgeschwindigkeiten, die aber, wegen der Kürze der Leitungsstrecke bis zum Tertiärgelenk, schwer zu messen sind. Um die langsame Erregungsleitung im Blättchen zu messen, habe ich (3) von einer alten Schnittfläche aus 1—2 mm in die Spreite eingeschnitten, und zwar in 10 Versuchen in einem mittleren Abstand von 0,3 cm, in 10 Versuchen in einem mittleren Abstand von 1,4 cm vom Tertiärgelenk, und habe die Zeit zwischen Reiz und Reaktion des Tertiärgelenkes gemessen. Hieraus ergab sich bei 25—29° C eine Leitungsgeschwindigkeit von $0{,}17 \pm 0{,}023$ cm sek^{-1}*.

Im sekundären Blattstiel von *Mimosa Spegazzinii* konnte ich (3) drei Leitungsgeschwindigkeiten feststellen. Da ich schon für *Mimosa pudica* gezeigt hatte, daß innerhalb jedes der drei Systeme die Leitungsgeschwindigkeit von der Art und Stärke des angewandten Reizes unabhängig ist, habe ich mich bei *Mimosa Spegazzinii* auf die Anwendung weniger Reizarten beschränkt. Um die geringe Leitungsgeschwindigkeit zu bestimmen, habe ich ein Fiederblättchen an seiner Spitze unter möglichster Schonung der Nerven angeschnitten. Ich erhielt so im sekundären Blattstiel entweder unmittelbar oder nach einer kurzen Leitung mit höherer Geschwindigkeit die langsame Erregungsleitung, deren Geschwindigkeit ich in je 10 Versuchen zwischen zwei einige Zentimeter voneinander entfernten Blättchen bei 27° C mit folgendem Resultat maß:

bei basipetaler Leitung . . . . . $0{,}39 \pm 0{,}014$ cm sek^{-1},
bei akropetaler Leitung . . . . . $0{,}39 \pm 0{,}015$ cm sek^{-1}.

Man ersieht hieraus die Unabhängigkeit der Leitungsgeschwindigkeit vom Leitungssinn, wie das für gut ausgebildete Erregungsleitung bei Sensitiven die Regel ist. Wäre Transport von Erregungssubstanz durch den Saftstrom auch nur mitbeteiligt, so wäre eine höhere Geschwindigkeit bei Leitung in akropetalem Sinn zu erwarten, während bei weniger gut ausgebildeter Erregungsleitung bei höheren Pflanzen die Leitung in basipetalem Sinn meist mit höherer Geschwindigkeit erfolgt, was aus dem Folgenden vielfach zu ersehen ist.

Das System mittlerer Leitungsgeschwindigkeit ist, insbesondere nach den noch zu besprechenden Versuchen an *Mimosa pudica*, in den Kantenbündeln zu lokalisieren. Im sekundären Blattstiel von *Mimosa Spegazzinii* läßt sich die mittlere Leitungsgeschwindigkeit durch Anschneiden eines Kantenbündels mit einer scharfen Schere oder durch Anbrennen von oben, wobei eben auch das Kantenbündel getroffen wird, auslösen. In beiden Fällen können zu schwache Reize entweder nur die langsame Leitung auslösen oder es kann die mittlere bald erlöschen, wobei dann die durch sie ausgelöste langsame Leitung übrigbleibt. Andererseits können zu starke Reize, etwa ein Einschnitt bis in das Hauptbündel oder ein zu tief reichendes Anbrennen, die rasche Leitung auslösen. Die drei Leitungsgeschwindigkeiten sind im sekundären Blattstiel von *Mimosa Spegazzinii* so verschieden, daß ihre Unterscheidung meist ohne weiteres möglich ist. Bei der Berechnung der unten angeführten Mittelwerte der mittleren Leitungsgeschwindigkeit sind die Fälle, in denen die geringe oder die hohe Leitungsgeschwindigkeit ausgelöst wurde, natürlich ausgeschieden. Auch Durchschneidung eines stärkeren Nerven eines Fiederblättchens bedingt oft die mittlere Leitung im sekundären Blattstiel, wenn auch vielfach nur auf kurze Strecken und mit Überspringen einiger

* Ich gebe hier wie im folgenden immer den wahrscheinlichen Fehler an.

Blättchen oder Blättchenpaare. Die Sekundärgelenke werden von der mittleren Leitung oft noch erreicht, wenn sie nach den Tertiärgelenken beurteilt schon erloschen zu sein scheint. Am sichersten kann man die mittlere Leitung über eine große Strecke eines sekundären Blattstiels erhalten, wenn man den anderen sekundären Blattstiel desselben Blattes stark anbrennt. Es ist aber bemerkenswert und für *Mimosa Spegazzinii* charakteristisch, daß die mittlere Leitung in einem sekundären Blattstiel vielfach auch dann ausgelöst wird, wenn eine, etwa vom Nachbarblattstiel kommende, langsam geleitete Erregung sein Sekundärgelenk erreicht. Ich habe für die mittlere Leitungsgeschwindigkeit folgende Werte gefunden:

Anbrennen des anderen sekundären Blattstiels,
akropetale Leitung . . . . . 31° C 1,08 ± 0,06 cm sek^{-1},
Anschneiden des Kantenbündels,
basipetale Leitung . . . . . 30° C 0,79 ± 0,05 cm sek^{-1},
Anbrennen von oben,
basipetale Leitung . . . . . 30° C 0,84 ± 0,05 cm sek^{-1}.

Die rasche Leitung wird beim Durchschneiden des sekundären Blattstiels meist nur über kurze Strecken ausgelöst, bei genügendem Anbrennen aber meist durch den ganzen sekundären Blattstiel und durch den primären und vielfach weit durch den Stamm. Zwei Versuchsreihen mit je 10 Versuchen haben beim Anbrennen für die hohe Leitungsgeschwindigkeit im sekundären Blattstiel ergeben:

bei basipetaler Leitung . . . 27° C 2,10 ± 0,17 cm sek^{-1},
bei akropetaler Leitung . . 27,5° C 1,75 ± 0,10 cm sek^{-1}.

Alles Bisherige gilt für nicht zu alte Blätter einjähriger Pflanzen unter günstigen Temperatur- und Feuchtigkeitsbedingungen. Obzwar *Mimosa Spegazzinii* gegen niedrige Temperaturen etwas widerstandsfähiger zu sein scheint als *Mimosa pudica,* leidet ihre Erregungsleitung doch unter niederer Temperatur besonders stark. Manche Untersuchungen scheinen unter nicht mehr optimalen Bedingungen ausgeführt worden zu sein, denn während unter günstigen Bedingungen höchstens einige wenige Blättchenpaare an der Basis oder auch noch an der Spitze des sekundären Blattstiels etwas verspätet reagieren, die Leitungsgeschwindigkeit sonst aber konstant ist, geben BORZI und CATALANO für die basipetale Leitung an, daß die Geschwindigkeit in der basalen Hälfte größer sei und SNOW (2) fand bei basipetaler Leitung eine größere Beschleunigung als bei akropetaler; allerdings hat er verschiedene Reize angewandt, im ersteren Fall Durchschneiden des sekundären Blattstiels, im letzteren nur eines Blättchens. Ich (3) habe diese Erscheinung im Oktober an etwas geschädigten Pflanzen und bei schon nicht mehr optimaler Temperatur genauer untersucht. Der Reiz bestand immer im Durchschneiden eines Fiederblättchens, die drei äußersten apikalen und die drei basalen Blättchenpaare wurden, wegen ihrer in dieser Jahreszeit oft trägeren Reaktion, von der Beobachtung ausgeschlossen. Wie die

Tabelle 1. Langsame Leitung im geschädigten sekundären Blattstiel von *Minosa Spegazzinii*. [Aus UMRATH (3).]

Hälfte des Blattstiels	Sinn der Leitung	Durch-schnittenes Blättchen	Leitungsgeschwindigkeit cm sek^{-1} und wahrscheinlicher Fehler	Temp. °C	Datum
basale	basipetal	mittleres	0,10 ± 0,006	24	14. 10. 25
apikale	akropetal	,,	0,13 ± 0,010	24	14. 10. 25
,,	,,	,,	0,14 ± 0,012	22	15. 10. 25
,,	basipetal	3. apikales	0,10 ± 0,007	22	15. 10. 25
,,	,,	3. ,,	0,12 ± 0,005	23	16. 10. 25
basale	,,	3. ,,	0,23 ± 0,060	23	16. 10. 25
,,	akropetal	3. basales	0,11 ± 0,007	23	17. 10. 25
apikale	,,	3. ,,	0,20 ± 0,020	23	17. 10. 25

Tabelle 1 zeigt, in der jede Angabe aus 10 Messungen berechnet ist, ergeben diese Versuche keine deutlich verschiedenen Werte der Leitungsgeschwindigkeit für die basale und die apikale Hälfte des sekundären Blattstiels oder für die basipetale und akropetale Leitung, wohl aber zeigen sie sehr deutlich eine Beschleunigung während der Leitung (Tabelle 1, 4. und 3., 2. und 1. Zeile von unten). Meine Erklärung für die Leitung mit Beschleunigung ist folgende: Das langsam leitende System besteht aus Zellzügen mit etwas verschiedener Leitungsgeschwindigkeit, ähnlich wie das für die Erregungsleitung in der Blattspindel von *Biophytum sensitivum* deutlich nachweisbar ist und im folgenden noch besprochen wird. Unter günstigen Bedingungen sind diese Zellzüge untereinander so verbunden, daß nur die höchste ihrer Leitungsgeschwindigkeiten als die der langsamen Leitung in Erscheinung tritt. Unter ungünstigen Bedingungen leiden die queren Verbindungen, und wenn ein schwacher Reiz zunächst nur langsamer leitende Zellzüge erregt, so beobachtet man zunächst eine besonders langsame Leitung; findet dann irgendwo im Verlauf der Leitung doch ein Übergang auf etwas rascher leitende Zellzüge statt, so entsteht der Eindruck der Leitung mit Beschleunigung. Auch die höchste so durch Beschleunigung erreichte Geschwindigkeit übertrifft die ohne Beschleunigung unter günstigen Bedingungen zu beobachtende nicht. Es stimmt auch mit dieser Auffassung überein, daß bei der Erregungsleitung im sekundären Blattstiel gut reaktionsfähiger Pflanzen die Tertiärgelenke jedes Blättchenpaares ohne erkennbaren zeitlichen Unterschied reagieren, während in meinen Versuchen an etwas geschädigten Blättern, die Leitung mit Beschleunigung zeigten, eine Anzahl von Fiederblättchen an derjenigen Seite des sekundären Blattstiels, an welcher durch Durchschneiden eines Blättchens gereizt worden war, früher reagierten als die gegenüberstehenden; die Zeitdifferenz betrug bis 2 sek. Die quere Leitung war also sichtlich erschwert.

Die Erregungsleitung im primären Blattstiel von *Mimosa Spegazzinii* ist sehr ähnlich der im sekundären. Die Sekundärgelenke reagieren ähnlich gut wie das Hauptgelenk, so daß die Leitungsgeschwindigkeit aus dem Zeitunterschied zwischen den Reaktionen der beiden Gelenke bestimmt werden kann. Im Gegensatz zu dem bekannten und noch genauer zu besprechenden Verhalten von *Mimosa pudica* dauert es bei *Mimosa Spegazzinii* auffallend lang, bis nach dem Durchschneiden des primären Blattstiels das Hauptgelenk reagiert. Manchmal ergibt sich hierbei die geringe Leitungsgeschwindigkeit, meist erhält man aber mehr oder weniger höhere Werte. Offenbar wird, wie im sekundären Blattstiel, zunächst meist die rasche oder die mittlere Leitung ausgelöst, welche aber vielfach bald erlöschen und in die langsame übergehen. Für die geringe Leitungsgeschwindigkeit liegen nur Messungen bei basipetaler Leitung nach Durchschneiden eines Blättchens vor. Einerseits habe ich (3) in 10 Versuchen die Zeit zwischen der sichtbaren Reaktion von Sekundär- und Hauptgelenk bestimmt, wobei sich bei 30° C 0,26 ± 0,013 cm sek^{-1} ergab, andererseits habe ich (0) an 17 Aktionsstromaufnahmen nach Art des ersten Teils von Abb. 2 aus der Zeit zwischen Beginn des Aktionsstroms und des die Gelenksreaktion anzeigenden positiven Ausschlags die Leitungsgeschwindigkeit berechnet, wobei sich bei im Mittel 30° C 0,30 ± 0,019 cm sek^{-1} ergab. Die Übereinstimmung dieser mit ganz verschiedenen Methoden und zu verschiedener Zeit gewonnenen Werte ist befriedigend.

Die mittlere Leitung kann man im primären Blattstiel von *Mimosa Spegazzinii* am besten beobachten, wenn man ein zweites, nicht zu weit unterhalb oder oberhalb inseriertes Blatt stark anbrennt. In zwei Versuchsreihen mit je 10 Versuchen, in denen wegen der zweizeiligen Anordnung der Blätter immer das zweitnächste Blatt angebrannt wurde und in denen die Zeit zwischen Hauptgelenks- und Sekundärgelenksreaktion gemessen wurde, habe ich (3) folgende Leitungsgeschwindigkeiten gefunden:

2. Blatt oberhalb angebrannt . . . 33° C 0,61 ± 0,04 cm sek^{-1},
2. Blatt unterhalb angebrannt . . 30,5° C 0,64 ± 0,04 cm sek^{-1}.

Die rasche Leitung beobachtet man im primären Blattstiel von *Mimosa Spegazzinii* am besten nach Anbrennen des sekundären Blattstiels. Ich habe (3) ihre Geschwindigkeit so in 10 Versuchen nach der sichtbaren Reaktion von Sekundär- und Hauptgelenk bei 27° C zu 1,24 ± 0,09 cm sek^{-1} gefunden und (0) aus 17 Aktionsstromaufnahmen nach Art des zweiten Teils der Abb. 2 bei im Mittel 30° C zu 0,80 ± 0,06 cm sek^{-1}.

Der Verlauf der Aktionsströme ist im sekundären und im primären Blattstiel von *Mimosa Spegazzinii,* wie es auch Abb. 1 und 2 zeigen, ein sehr gedehnter; meist erscheint der Aktionsstrom mehr oder weniger deutlich aus mehreren Einzelwellen zusammengesetzt. Einsenkungen der Kurve können allerdings auch durch die Reaktion von proximal der Ableitungsstelle befindlichen Gelenken bedingt sein, und in den Aufnahmen vom primären Blattstiel zeichnet sich tatsächlich die Hauptgelenksreaktion fast immer deutlich ab; Abb. 2 [UMRATH (5), Abb. 10]. Durchgehend zeigt sich, daß bei der durch Anbrennen ausgelösten raschen Leitung der Aktionsstrom rascher ansteigt, seine Anstiegszeit also kürzer ist, als bei der durch Durchschneiden eines Blättchens ausgelösten langsamen Leitung. Ich (5) habe für die Anstiegszeit sowohl im sekundären als auch im primären Blattstiel von *Mimosa Spegazzinii* seinerzeit Zahlen angegeben, bei deren Gewinnung ich bemüht war, wirklich die erste Welle des Aktionsstroms in je 10—12 Versuchen auszumessen. Jetzt habe ich (0) noch je 17 Versuche am primären Blattstiel ausgeführt, bei denen, wie oben mitgeteilt, auch die Leitungsgeschwindigkeiten aus den Aktionsströmen bestimmt wurden und bei deren Ausmessung der Anstiegszeit, um jeden subjektiven Einfluß möglichst auszuschalten, nicht die erste, an der Aufnahme gar nicht immer wirklich bis zu ihrem Gipfel verfolgbare Welle, sondern das erste Maximum der Kurve

Abb. 1. 26. Juni 1927. 27° C. *Mimosa Spegazzinii.* Ableitung vom sekundären Blattstiel. Reiz, beim ersten Versuch: Anschneiden eines Blättchens; beim zweiten Versuch, einige Zeit nachdem sich das Blatt wieder vollständig ausgebreitet hatte: Anbrennen des sekundären Blattstiels. Zeitmarken 10 sek, Spannungseinheit 0,02 Volt. [Aus UMRATH (5).]

Abb. 2. 2. August 1935. 28° C. *Mimosa Spegazzinii.* Ableitung vom primären Blattstiel, 1,4 cm vom Hauptgelenk entfernt. Reiz, beim ersten Versuch: Durchschneiden eines Blättchens; beim zweiten Versuch, einige Zeit nachdem sich das Blatt wieder vollständig ausgebreitet hatte: Anbrennen des sekundären Blattstiels. Zu Beginn des zweiten Versuchs eine Eichkurve von —0,1 Volt. Die elektronegativen Aktionsströme bilden Erhebungen der Kurven, der elektropositive Ausschlag bei der Hauptgelenksreaktion bildet an jeder Kurve eine scharf einsetzende Einsenkung. Zeitmarken 10 sek. (Original.)

verwendet wurde. Die Einstellungsgeschwindigkeit des mit einer Verstärkerröhre verwendeten Kapillarelektrometers war, wie aus der Eichkurve in Abb. 2 zu ersehen, eine so hohe, daß eine Korrektur der Kurve, wie sie z. B. in Abb. 1 angegeben ist, überflüssig war.

Für die Anstiegszeit der langsamen Leitung ergab sich

im sekundären Blattstiel	27° C	2,3 ± 0,18 sek	im Juni und Juli 1926 und 1927
im primären Blattstiel	28° C	2,2 ± 0,13 sek	
im primären Blattstiel	30° C	2,8 ± 0,15 sek	im August 1935.

Für die Anstiegszeit der raschen Leitung ergab sich

im sekundären Blattstiel	27° C	0,66 ± 0,04 sek	im Juni und Juli 1926 und 1927
im primären Blattstiel	28° C	0,79 ± 0,05 sek	
im primären Blattstiel	30° C	1,35 ± 0,06 sek	im August 1935.

Für die etwas großen Unterschiede in den Werten der Anstiegszeit der raschen Leitung lassen sich folgende 3 Gründe angeben: 1. Im August 1935 dürften die Anstiegszeiten der raschen Leitung wegen der vorgeschrittenen Jahreszeit tatsächlich schon etwas verlängert gewesen sein, wie ja auch die oben angegebene zugehörige Leitungsgeschwindigkeit entsprechend herabgesetzt erscheint. 2. Die oben angegebene, möglichst objektive Ausmessung der Kurven von 1935 hat wahrscheinlich besonders bei der raschen Leitung teilweise zu hohe Werte der Anstiegszeit ergeben. 3. Meine Aktionsstromaufnahmen von 1926, die noch mit Kapillarelektrometer ohne vorgeschalteter Verstärkerröhre gewonnen sind, lassen keine so genaue Analyse kurzer Zeiten zu wie die späteren Aufnahmen; ich habe sie daher schon in meinen früheren Arbeiten größtenteils durch neuere Aufnahmen kontrolliert bzw. ersetzt; nur diese Angaben über *Mimosa Spegazzinii* beruhen noch großenteils auf solchen weniger genauen alten Aufnahmen.

Jedenfalls zeigen obige Zahlen ebenso deutlich wie die abgebildeten Aktionsstromaufnahmen, daß die Anstiegszeit bei der langsamen Leitung 2—3mal so lang ist als bei der raschen. Dies bestätigt die ursprünglich nach den verschiedenen Leitungsgeschwindigkeiten gemachte Unterscheidung der Leitungssysteme und spricht insbesondere dafür, daß es sich in beiden um *Erregungs*leitung handelt. Wie erwähnt, wird beim Durchschneiden eines sekundären Blattstiels meist die rasche Leitung über eine kurze Strecke ausgelöst und in manchen Fällen erreicht sie sogar das Hauptgelenk. Es war hierbei nicht möglich, auch Aktionsströme mit kurzer Anstiegszeit sicher nachzuweisen. Dieser Sachverhalt ist aber nicht verwunderlich, wenn man bedenkt, daß an dieser leicht erlöschenden raschen Leitung wohl nur wenige Zellen beteiligt sind; es ist ja aus der Tierphysiologie bekannt, daß aus einem aus dem Körper herauspräparierten Nerven zum Nachweis des Aktionsstroms in nur einigen Fasern sehr starke Verstärkungen nötig sind, die man an Pflanzen bisher nicht anwenden konnte, wegen zu starker, wahrscheinlich durch die vielen nicht erregungsleitenden Zellen bedingten Störungen.

SNOW (2) hat, durch RICCA darauf aufmerksam gemacht, als erster beschrieben, daß man im sekundären Blattstiel von *Mimosa Spegazzinii* unter ungünstigen Bedingungen eine mehrfache Leitung beobachten kann, indem sich die Fiederblättchen bei der ersten Erregungswelle nur etwas heben, ohne sich ganz aneinander zu legen, während nach einigen Sekunden eine weitere Welle ein neuerliches Heben bedingt; wenn die erste Welle erloschen ist, kann sich die zweite auch weiter, über sie hinaus, fortpflanzen. Diese mehrfachen an den Blättchenreaktionen kenntlichen Wellen in mehreren Sekunden Abstand voneinander entsprechen offenbar den verschiedenen aufeinanderfolgenden Wellen im Aktionsstrombild, die auch in beiden Teilen von Abb. 1 zu sehen sind. Nach starken Reizen habe ich (3, S. 202) an Blättern von Mimosen aber auch neuerliche Reaktionen nach mehreren Minuten, ja sogar im Abstand von 20 Minuten beobachtet und gezeigt, daß sie mit neuerlichen Aktionsströmen verbunden sind.

Noch mehr wie bei der Erregungsleitung im Blatt kommt es bei der im Stamm von *Mimosa Spegazzinii* auf den Zustand der Pflanze an; am günstigsten erscheinen mir junge Pflanzen an genügend sonnigem und nicht zu feuchtem Standort. Schon ein so schwacher Reiz wie das Einschneiden in ein Blättchen kann unter günstigen Bedingungen zur Leitung über weite Strecken im Stamm führen. Ich (3) habe nach solchen Reizen, die im Blatt nur die langsame Leitung auslösten, die Leitungsgeschwindigkeit im Stamm über zwei Internodien gemessen. Es ergaben bei 31° C

7 Versuche bei basipetaler Leitung . . . $0{,}18 \pm 0{,}02$ cm sek^{-1},
10 Versuche bei akropetaler Leitung . . . $0{,}32 \pm 0{,}03$ cm sek^{-1}.

Die Geschwindigkeit der akropetalen Leitung ist nur unbedeutend höher als die höchste von SNOW (1) an *Mimosa pudica* gemessene Geschwindigkeit des Saftsteigens, 0,31 cm sek^{-1}. Ich glaube deshalb und weil die Geschwindigkeit bei Leitung in akropetalem Sinn höher ist als bei der in basipetalem, daß es sich bei der akropetalen Leitung um Transport von Erregungssubstanz mit dem Saftstrom handelt. Die noch zu besprechenden Aktionsstrombefunde machen es allerdings wahrscheinlich, daß nebenbei noch Erregungsleitung vorkommt. Die Geschwindigkeit der basipetalen Leitung ist um 38% größer als die größte von SNOW (1) beobachtete der basipetalen Farbstoffausbreitung, und diese dürfte bei meinen bewurzelten und gut mit Wasser versorgten Pflanzen noch geringer gewesen sein; jedenfalls konnte ich nie eine Reizung einer bewurzelten Pflanze durch Aufbringen von Blattextrakt auf eine apikale Schnittfläche erzielen. Die bei basipetaler Leitung gemessene Geschwindigkeit spricht also für Erregungsleitung. Sichergestellt erscheint mir das Vorkommen der langsamen Erregungsleitung im Stamm von *Mimosa Spegazzinii* unter günstigen Bedingungen durch den von mir (5) geführten Nachweis von Aktionsströmen, die in ihrem zeitlichen Verlauf denen der langsamen Leitung im Blatt entsprechen, wie das Abb. 3 zeigt. Aus 12 solchen Aktionsstromaufnahmen von 1927 habe ich jetzt den Mittelwert der Anstiegszeit zu 3,6 ± 0,33 sek, bei im Mittel 30° C, berechnet. An Pflanzen unter weniger günstigen Bedingungen tritt aber im Stamm wahrscheinlich nur der Transport von Erregungssubstanz mit dem Saftstrom in Erscheinung.

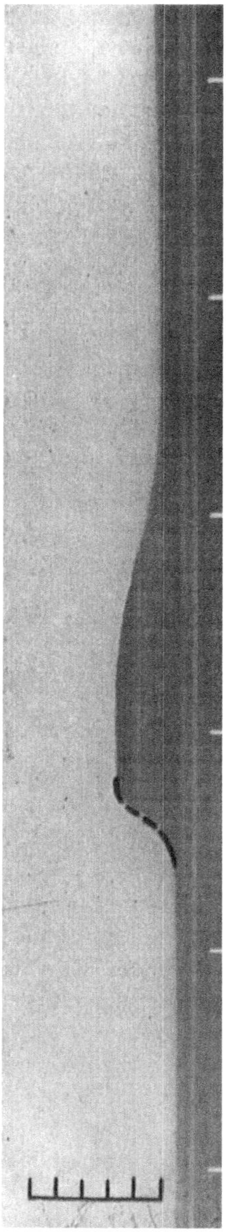

Abb. 3. 10. Juli 1927. 30° C. *Mimosa Spegazzinii*. Ableitung vom Stamm. Reiz: Durchschneiden eines Fiederblättchens an einem 0,8 cm oberhalb der Ableitungsstelle inserierten Blatt. Zeitmarken 10 sek, Spannungseinheit 0,02 Volt. [Aus Umrath (5).]

Eine höhere Leitungsgeschwindigkeit im Stamm kann man beobachten, wenn man ein Blatt anbrennt. Zwei Versuchsserien von je 10 Versuchen, in denen ich (3) die Leitungsgeschwindigkeit wieder über zwei Internodien, diesmal nach starkem Anbrennen eines Blattes gemessen habe, ergaben bei 29° C

bei basipetaler Leitung . $0{,}53 \pm 0{,}04$ cm sek^{-1},
bei akropetaler Leitung . $0{,}42 \pm 0{,}02$ cm sek^{-1}.

Die hohen Werte der Leitungsgeschwindigkeit, insbesondere aber der höhere Wert bei basipetaler Leitung zeigen, daß es sich nicht um Transport von Erregungssubstanz mit dem Saftstrom, sondern um Erregungsleitung handelt. Ich (5) habe bei dieser, durch Anbrennen eines sekundären Blattstiels ausgelösten raschen Leitung Aktionsströme von rascherem Verlauf nachgewiesen und habe jetzt auch den Mittelwert der 1927 bei im Mittel 30° C registrierten Anstiegszeiten zu 1,36 ± 0,14 sek berechnet. Die Anstiegszeiten im Stamm weichen also von den entsprechenden im Blatt nicht stark ab.

Durch vollständiges Entfernen verschiedener Gewebe über etwa 1 cm des Stammes und Ableitung von dieser Stelle konnte ich (5) zeigen, daß sowohl die langsamen Aktionsströme, nach Durchschneiden eines Fiederblättchens des Blattes oberhalb der Ableitungsstelle, als auch die raschen, nach Anbrennen eines sekundären Blattstiels oberhalb der Ableitungsstelle, erhalten blieben, solange die Markkrone, entweder außen am Mark mit Xylemprimanen oder innen am Holz mit Resten des Markes erhalten war, daß sie aber nicht mehr auftraten, wenn entweder nur mehr Mark oder nur mehr Holz oder nur Holz mit allen äußeren Geweben erhalten war.

Was das anatomische Substrat der Erregungsleitung betrifft, scheinen BORZI und CATALANO (1, S. 12, 2, S. 18) als erste darauf hingewiesen zu haben, daß als solches vor allem die Kambiformzellen mit ihrem reichen Plasma und deutlichen Kernen in Betracht kommen. Sie sind die einzigen nicht verholzten Zellen, die sich überall dort finden, wo Erregungsleitung nachgewiesen ist: im Blättchen zwischen den Gefäßen, in den Blattstielen und im Stamm im Ploëm und innerhalb des Xylems, zwischen diesem und dem Mark. Daß nicht überall wo Kambiformzellen sind Erregungsleitung durch Aktionsströme nachweisbar ist, ist durchaus begreiflich, da es ja, wie noch zu besprechen, auch Pflanzen gibt, bei denen die Erregungsleitung nirgends so weit ausgebildet ist, daß sie durch Aktionsströme sicher nachweisbar wäre.

Die Erregungsleitung im Stamm ist bei *Mimosa Spegazzinii*, wenigstens bei jungen Pflanzen an sonnigen, nicht zu feuchten Standorten, besser als bei irgendeiner sonstigen mir bekannten Pflanze ausgebildet. Wahrscheinlich hängt dies mit einer von mir (5, S. 306) nachgewiesenen anatomischen Besonderheit in ihrem Stamm zusammen, nämlich einem fast vollständigen und meist mehrschichtigen sklerenchymatischen Abschluß der Protoxyleme mit ihren Kambiformzellen gegen das Mark, der seitlich an das interfaszikuläre Libriform anschließt und wohl eine besonders günstige Wasserversorgung der Kambiformzellen aus dem Xylem bedingt. Dieser anatomische Befund steht in bester Übereinstimmung mit dem physiologischen, daß die Erregungsleitung im Stamm von *Mimosa Spegazzinii* ausschließlich in der Markkrone erfolgt.

Im Blatt von *Mimosa Spegazzinii* erfolgt die Erregungsleitung nach einem allerdings einzelnen Versuch von BUSCALIONI und MUSCATELLO (S. 15) im Phloëm, in Übereinstimmung mit den noch zu besprechenden Befunden an *Mimosa pudica*.

2. Mimosa pudica.

Mimosa pudica ist die in bezug auf die Reizleitung meistuntersuchte Pflanze, und doch weicht die Darstellung, die ich hier auf Grund des Literaturstudiums und eigener neuer Versuche gebe, gerade bezüglich des meistuntersuchten primären Blattstiels von allen bisherigen ab. Ich bin nämlich zu der Auffassung gekommen, daß die von mir (2, 3, 5, 11) zunächst bei *Mimosa pudica* und dann bei anderen Mimosoideen gemachte Einteilung in eine langsame, eine rasche und eventuell eine mittlere, der raschen ähnliche, in den Kantenbündeln zu lokalisierende Erregungsleitung gerade bei *Mimosa pudica* insofern zu schematisch ist, als bei dieser Pflanze innerhalb solcher Systeme auch Leitungsbahnen vorkommen, die einzelne diesen Systemen sonst nicht zukommende Eigenschaften haben. Im primären Blattstiel gibt es neben einer sehr schlecht ausgebildeten langsamen Erregungsleitung, die ganz der bei der nahe verwandten *Mimosa invisa* analog ist und die erst kürzlich von HOUWINK als „the variation“ und von mir (16) als langsame Leitung beschrieben wurde, eine schon lange bekannte, sehr gut ausgebildete langsame Erregungsleitung, der aber ein Einzelaktionsstrom zukommt, nicht eine Gruppe von Aktionsströmen wie sonst der langsamen Leitung. Im Stamm ist die von BALL (3) als „rapid conduction" beschriebene rasche Leitung in der Markkrone durch viel mehr verschiedene Reizarten auslösbar, als das sonst bei der raschen Leitung zu sein pflegt.

Die bei *Mimosa pudica* eingehend untersuchte Unabhängigkeit der Leitungsgeschwindigkeit innerhalb jedes leitenden Systems von Reizart und Reizstärke will ich ausführlich besprechen, einerseits weil sie für die Unterscheidung dieser Leitungssysteme untereinander wichtig ist, andererseits weil sie einen Hinweis für das Vorliegen typischer Erregungsleitung bildet. Die Leitungsgeschwindigkeit würde nämlich bei jeder Reizfortpflanzung durch einen aperiodischen Vorgang ohne erregte Zellen oder sonstigen Relaismechanismus mit der Reizstärke kontinuierlich zunehmen und mit der Entfernung vom Reizort abnehmen. Bei periodischen oder Wellenvorgängen, von denen besonders eine Druckwelle in Betracht gezogen wurde, wäre zwar auch eine konstante Leitungsgeschwindigkeit zu erwarten, aber mit geringer Temperaturabhängigkeit, während die Beobachtungen eine starke Temperaturabhängigkeit wahrscheinlich machen.

a) Das Blättchen.

Die Erregungsleitung im Blättchen von *Mimosa pudica* ist sehr ähnlich der bei *Mimosa Spegazzinii*. Die langsame Leitung wird durch recht verschiedene Reize ausgelöst, und alle Reize, bei denen das Blättchen nicht angebrannt wird und keines seiner größeren Gefäßbündel aufgeschnitten wird, bedingen ausschließlich die langsame Leitung. In Tabelle 2 sind die Angaben über diese Leitungsgeschwindigkeit zusammengestellt. Wenn in der Spalte „Zahl der Versuche" zwei Zahlen angegeben sind, wurde einmal möglichst weit vom Tertiärgelenk und einmal möglichst nahe bei demselben gereizt, so daß die Leitungsgeschwindigkeit einwandfrei aus der Differenz der Leitungszeiten und der Differenz der Leitungswege zum Tertiärgelenk berechnet werden konnte. Die so gefundene Leitungsgeschwindigkeit bezieht sich wohl immer auf den Mittelnerven des Blättchens. Wo nicht, wie in den Versuchen der ersten drei Zeilen von Tabelle 2, noch eine vielleicht langsamere Leitung von der Reizstelle zum Mittelnerven in Betracht kam, konnte noch eine Latenzzeit berechnet werden, die neben der eventuellen Latenzzeit zwischen Reiz und Beginn des Erregungsvorgangs und der eventuellen Latenzzeit der Tertiärgelenksreaktion auch noch einen systematischen Fehler bei der Zeitmessung enthalten könnte. Die vier berechneten Latenzzeiten sind sowohl absolut als auch im Vergleich zu ihrem wahrscheinlichen Fehler so gering, daß eine wahre Latenzzeit, wenn sie überhaupt besteht, nicht mehr als einige Zehntelsekunden betragen dürfte [UMRATH (5)]. Immerhin sind in den in Tabelle 2,

Tabelle 2. Leitungsgeschwindigkeit der langsamen Leitung im Blättchen von *Mimosa pudica*. [Nach UMRATH (2 und 5).]

Art des Reizes	Beobachtete Reaktion	Temp. °C	Leitungsgeschwindigkeit und wahrscheinlicher Fehler in cm sek^{-1}	Zahl der Versuche	Datum
Einschnitt in die Lamina an der Spitze, bzw. an der Basis	Bewegung des Tertiärgelenkes	20—30	0,176 ± 0,028	20 + 20	26. 7. 24
Dasselbe	Dasselbe	18—19	0,111 ± 0,012	10 + 10	31. 7. 24, 8h45—9h45
„	„	25	0,115 ± 0,009	10 + 10	1. 8. 24
Schnitt durch den Mittelnerven an der Spitze bzw. in der Mitte der Lamina	„	18	0,108 ± 0,028	10 + 10	30. 7. 24, 8h45—9h45
Schnitt durch den Mittelnerven an der Spitze der Lamina	„	20—30	0,140 ± 0,036	20	26. 7. 24
Schnitt durch den Mittelnerven an der Spitze bzw. an der Basis der Lamina	„	27—30	0,160 ± 0,012	11 + 11	13. und 14. 8. 26
Dasselbe	Aktionsstrom vom Mittelnerven	26—29	0,095 ± 0,006	11 + 11	5.—11. 8. 26
Schnitt durch den Mittelnerven an der Spitze der Lamina	Dasselbe	27—30	0,170 ± 0,004[1]	6	Mai bis Juni 1927
Glühender Span einer alten Schnittstelle genähert, nahe der Spitze bzw. Basis	Bewegung des Tertiärgelenkes	25—30	0,167 ± 0,128	6 + 6	1. 8. 24
Glühender Span der Spitze des Blättchens genähert	Dasselbe	22—29	0,131 ± 0,045	20	26. und 28. 7. 24
Elektrischer Strom: 150 Volt, 0,06 sek, Kathode gegen das Gelenk	„	20—25	0,168 ± 0,004	10	28. 7. 24
	Gewogener Mittelwert		0,152 ± 0,006		

[1] Bei UMRATH (5) steht fälschlich 0,002 statt 0,004 und 23—30° statt 27—30°.

Zeile 5 und 10 angegebenen Werten die Latenzzeiten der in der je vorhergehenden Zeile aufgenommenen Versuchsgruppen der Rechnung zugrunde gelegt worden, weil bei diesen, unmittelbar nacheinander in ähnlicher Weise ausgeführten Versuchen vielleicht derselbe systematische Fehler der Zeitmessung auftrat. Die Werte der 8. und 11. Zeile sind unter der Annahme der Latenzzeit 0 berechnet.

Die Tabelle 2 zeigt die Unabhängigkeit der Leitungsgeschwindigkeit von der Art des Reizes, denn sowohl die Versuchsgruppen, in denen der Mittelnerv durchschnitten wurde, als auch die, in denen das Blättchen mit Schonung des Mittelnerven angeschnitten wurde, überdecken mit ihren Leitungsgeschwindigkeiten nahezu den ganzen überhaupt vorkommenden Bereich, und bei keiner Reizart liegen die gefundenen Werte irgendwie auffallend weit vom Gesamtmittel ab. Man sieht auch, daß sich aus Aktionsstromaufnahmen dieselbe Leitungsgeschwindigkeit ergibt wie aus der Beobachtung der Bewegungsreaktion. Das gewogene Mittel aus den Leitungsgeschwindigkeiten der Tabelle 2 ist, wenn jeder Wert ein Gewicht umgekehrt proportional dem Quadrat seines wahrscheinlichen Fehlers erhält, $0{,}152 \pm 0{,}006$ cm sek^{-1}, wenn er ein Gewicht proportional der Zahl der Einzelbestimmungen erhält, $0{,}143 \pm 0{,}006$ cm sek^{-1}, so daß man $0{,}15 \pm 0{,}01$ cm sek^{-1} als einen guten Mittelwert betrachten kann.

Durchschneidet man den Mittelnerven eines Blättchens in einiger Entfernung von der Spitze, so kann man, besonders bei höherer Temperatur und am späten Vor- oder frühen Nachmittag, wesentlich höhere Leitungsgeschwindigkeiten messen. Ich erhielt bei 4 solchen Versuchen, in denen die Leitungszeit mit der Stoppuhr gemessen wurde, bei 20° C $0{,}28 \pm 0{,}03$ cm sek^{-1} [UMRATH (2)], aus 8 Aktionsstromaufnahmen von Tertiärgelenken bei 29—32° C $0{,}30 \pm 0{,}02$ (0,15, 0,47) cm sek^{-1} [UMRATH (0)] als Leitungsgeschwindigkeit, wobei nach dem wahrscheinlichen Fehler in Klammer die Extremwerte angegeben sind. Die Messung hoher Leitungsgeschwindigkeiten ist im Fiederblättchen von *Mimosa pudica* dadurch erschwert, daß gerade dann, wenn sie leicht auslösbar sind, auch die Tertiärgelenke durch die bei der Schnittführung schwer vermeidlichen Verbiegungen besonders leicht erregt werden. Nur unter besonders günstigen Verhältnissen bedingt das Durchschneiden eines Blättchens einigermaßen regelmäßig rasche Leitung bis zum Hauptgelenk. So konnte ich (11) in 10 Versuchen an sehr gut erregbaren Pflanzen am frühen Nachmittag bei Durchschneiden eines nahe der Basis des sekundären Blattstiels inserierten Blättchens Leitungszeiten bis zur Hauptgelenksreaktion messen, die bei Annahme einer Leitungsgeschwindigkeit von 26,0 cm sek^{-1} im primären und von 1,13 cm sek^{-1} im sekundären Blattstiel, für das Blättchen bei 26,5° C $0{,}63 \pm 0{,}03$ (0,42, 0,92) cm sek^{-1} ergaben. Der damals für die rasche Leitung im sekundären Blattstiel angenommene Wert erscheint jetzt für die gegebenen Verhältnisse zu gering, doch dürfte der dadurch bedingte Fehler, wegen der nur sehr kurzen Leitungsstrecke im sekundären Blattstiel, nicht allzu groß sein.

Am 22. 9. 36 habe ich (o) noch 8 solche Versuche am späten Nachmittag bei 25° C ausgeführt und zur selben Zeit auch die rasche Leitung beim Durchschneiden von sekundären Blattstielen in verschiedener Entfernung vom Sekundärgelenk gemessen. Für die rasche Leitung im Blättchen ergab die Rechnung 0,81 ± 0,12 cm sek^{-1}. Es ist also im Blättchen neben der langsamen Leitung noch eine rasche von etwa 0,7 cm sek^{-1} und wahrscheinlich noch eine mittlere von etwa 0,3 cm sek^{-1} anzunehmen.

Aktionsströme vom Mittelnerven des Blättchens sind nur von der langsamen Leitung bekannt; meist handelt es sich, wie in Abb. 4, um eine längere Wellengruppe. Die Anstiegszeit der ersten Welle ergibt sich aus den 6 Versuchen, deren Leitungsgeschwindigkeit in der 8. Zeile von Tabelle 2 verzeichnet ist, zu 1,15 ± 0,07 sek, aus 7 von den Versuchen, deren Leitungsgeschwindigkeit in der 7. Zeile von Tabelle 2 verzeichnet ist, bei einer mittleren Entfernung zwischen Reiz- und Ableitungsstelle von 1,35 cm zu 1,16 ± 0,12 sek, bei einer solchen von 0,25 cm zu 1,01 ± 0,06 sek. Die Verbreiterung der Aktionsstromwelle mit zunehmendem Leitungsweg, die aus der Tierphysiologie schon lange bekannt ist und uns auch im folgenden noch begegnen wird, erscheint hier eben angedeutet. Sie beruht auf etwas verschiedener Leitungsgeschwindigkeit in nebeneinander hinziehenden Leitungsbahnen.

Abb. 4. 27. Juni 1927. 30° C. *Mimosa pudica*. Ableitung vom Mittelnerven des Blättchens. Reiz: Durchschneiden des Blättchens 1,2 cm von der Ableitungsstelle. Zeitmarken 10 sek, Spannungseinheit 0,02 Volt. [Aus UMRATH (5).]

b) Der sekundäre Blattstiel.

Auch die Erregungsleitung im sekundären Blattstiel von *Mimosa pudica* ist der bei *Mimosa Spegazzinii* ähnlich. Die schon dort gemachte Unterscheidung von drei Leitungssystemen gewinnt ihre volle Berechtigung erst durch den an *Mimosa pudica* geführten Nachweis, der von der Reizart unabhängigen Leitungsgeschwindigkeit innerhalb jedes Systems.

Die auf die langsame Leitung bezüglichen Leitungsgeschwindigkeiten sind in Tabelle 3 verzeichnet, in der auch auf 24° C umgerechnete Werte angegeben sind. Während meine (2) früheren Messungen, die nur zufällig bei verschiedenen Temperaturen ausgeführt waren, am besten zu einer Temperaturabhängigkeit stimmen, die nur etwa halb so groß ist als die der langsamen Leitung im primären Blattstiel, haben Versuche, die ich (o) jetzt bei möglichst verschiedenen Temperaturen eigens zur Bestimmung der Temperaturabhängigkeit angestellt habe, ein Q_{10} etwas über 2 ergeben, wobei Q_{10} als $\left(\frac{vT+t}{vT}\right)^{\frac{10}{t}}$ definiert ist, wenn v die Leitungs-

Tabelle 3. Leitungsgeschwindigkeit der langsamen Leitung im sekundären Blattstiel von *Mimosa pudia*. [Nach UMRATH (2 und 17) und neuen Experimenten; mit neuer Umrechnung auf 24° C.]

Art des Reizes	Sinn der Leitung	Blättchen erhalten oder entfernt	Temp. ° C	Leitungsgeschwindigkeit und wahrscheinlicher Fehler in cm sek^{-1}	Extreme Werte der Leitungsgeschwindigkeit	Zahl der Versuche	Mittlerer Fehler der Einzelversuche	Leitungsgeschwindigkeit und wahrscheinliche Fehler in cm sek^{-1}, bezogen auf 24° C	Datum
Durchschneiden eines Fiederblättchens	basipetal	entfernt	21—30	0,29 ± 0,012	0,48, 0,14	20	0,080	0,26 ± 0,011	29. 7. 24
Dasselbe	,,	erhalten	21—30	0,32 ± 0,015	0,48, 0,15	20	0,099	0,29 ± 0,014	29. 7. 24
,,	akropetal	entfernt	25—30	0,34 ± 0,031	0,48, 0,07	10	0,138	0,27 ± 0,024	29. 7. 24
,,	,,	erhalten	25—30	0,35 ± 0,043	0,74, 0,11	10	0,191	0,27 ± 0,034	29. 7. 24
,,	basipetal	,,	20	0,20 ± 0,010	0,28, 0,14	10	0,047	0,26 ± 0,013	2. 8. 36
,,	,,	,,	23,5	0,30 ± 0,012	0,37, 0,21	10	0,055	0,31 ± 0,012	16. 7. 36
,,	,,	,,	29	0,54 ± 0,055	0,67, 0,40	10	0,081	0,38 ± 0,039	2. 8. 36
,,	,,	,,	30	0,47 ± 0,017	0,56, 0,27	12	0,092	0,31 ± 0,011	20. 7. 36
,,	,,	,,	31—33,5	0,54 ± 0,06	1,00, 0,17	12	0,097	0,30 ± 0,034	15. 8. 32
Durchschneiden des sekundären Blattstiels	,,	,,	22—25	0,29 ± 0,026	0,44, 0,21	6	0,086	0,30 ± 0,027	4. 8. 24
Glühender Span dem entblätterten sekundären Blattstiel genähert	vorwiegend basipetal	entfernt	18—22	0,25 ± 0,029	0,41, 0,15	6	0,096	0,33 ± 0,038	4. 8. 24
Dasselbe	vorwiegend akropetal	,,	18—22	0,24 ± 0,021	0,36, 0,13	6	0,070	0,32 ± 0,028	4. 8. 24
Konstanter Strom, 150 Volt, 0,18 sek am sekundären Blattstiel	basipetal	,,	25—26	0,32 ± 0,037	0,67, 0,14	10	0,163	0,29 ± 0,033	1. 8. 24

Dasselbe, 30 Volt	basipetal	entfernt	30	0,47 ± 0,038	0,64, 0,34	5	0,116	0,31 ± 0,025	1. 8. 24
Dasselbe, 6 Volt, oft unterschwellig	,,	,,	18—19	0,28 ± 0,019	0,35, 0,18	5	0,058	0,41 ± 0,028	3. 8. 24
Tertiärgelenk durch 150 Volt, 0,004 sek erregt, oft nicht geleitet	,,	,,	22—26	0,39 ± 0,036	0,66, 0,21	9	0,153	0,39 ± 0,036	31. 7. u. 1. 8. 24
Durchschneiden eines Fiederblättchens einer 2jährigen Pflanze	,,	erhalten	27	0,33 ± 0,039	0,44, 0,28	5	0,075	0,27 ± 0,032	11. 8. 24
Anbrennen des sekundären Blattstiels mit unten abgetragener Stelle	,,	,,	20	0,28 ± 0,023	0,63, 0,09	15	0,125	0,37 ± 0,030	16. 9. 24
					Gewogener Mittelwert			0,30 ± 0,006	

geschwindigkeit, T die niedrigere und $T+t$ die höhere Temperatur bezeichnet. Für die langsame Leitung im primären Blattstiel hat eine längere Rechnung als besten Wert für Q_{10} recht genau 2,00 ergeben; mit diesem Wert habe ich auch die langsame Leitung im sekundären Blattstiel in Tabelle 3 auf 24° C umgerechnet, und die Werte sind so gut ausgeglichen, daß mir eine andere Annahme für Q_{10} willkürlich erscheinen würde, da doch nur wenige Bestimmungen bei weit von 24° C abweichenden Temperaturen vorliegen. Man sieht, besonders aus den auf 24° C bezogenen Werten, daß die Leitungsgeschwindigkeit von der Reizart unabhängig ist. Als Reize wurden angewandt: Durchschneiden eines Fiederblättchens, Durchschneiden des sekundären Blattstiels, wobei die zunächst ausgelöste rasche Leitung hier nicht berücksichtigt wurde, sondern erst die bei ihrem Erlöschen ausgelöste langsame, Wärmereize am sekundären Blattstiel, elektrische Reize am sekundären Blattstiel, immer mit 0,18 sek Reizzeit[1], aber mit Spannungen, die sich wie 1 : 25 verhalten, ein elektrischer Reiz, der zwei einander gegenüberstehende Tertiärgelenke erregte[2], den sekundären Blattstiel in querer Richtung traf und oft keine Leitung in ihm auslöste, und schließlich das Anbrennen eines sekundären Blattstiels von unten, in welchem durch vorhergehende Abtragung von unten her bis

[1] Das ist die Chronaxie des sekundären Blattstiels; auch bei Reizung des Blättchens (Tabelle 2) und des primären Blattstiels mit konstantem Strom (Tabelle 6) waren die Reizzeiten gleich der Chronaxie des betreffenden Gewebes [Umrath (1, 2)].

[2] Reizzeit 0,004 sek = Chronaxie der Tertiärgelenke.

ins Phloëm des Hauptbündels die rasche Leitung ausgeschaltet war. Man sieht auch, daß die Leitungsgeschwindigkeit vom Sinn der Leitung, ob basipetal oder akropetal, unabhängig ist. Eine Reihe von Versuchen zeigt, daß die Leitungsgeschwindigkeit in einem Teil des sekundären Blattstiels, dessen Fiederblättchen entfernt sind, dieselbe ist wie in einem normalen mit erhaltenen Fiederblättchen. Dies mag jetzt vielen selbstverständlich erscheinen, doch war es seinerzeit manchen unerwartet, und ich glaube auch jetzt noch darauf hinweisen zu sollen.

Es sei hier eine Bemerkung zur Beurteilung der Tabellen 2—7 eingeschaltet. Wenn die Streuung der aus den verschiedenen Versuchsgruppen berechneten Leitungsgeschwindigkeiten um den aus der ganzen Tabelle berechneten Mittelwert eine rein zufällige ist, so ist zu erwarten, daß dieser Mittelwert bei der einen Hälfte der Versuchsgruppenresultate innerhalb und bei der anderen außerhalb der Bereiche der wahrscheinlichen Fehler liegt. Tatsächlich liegt der Mittelwert von Tabelle 2 5mal innerhalb und 6mal außerhalb, der von Tabelle 3 11mal innerhalb und 7mal außerhalb, der von Tabelle 4 3mal innerhalb und 2mal außerhalb, der von Tabelle 5 4mal innerhalb und 4mal außerhalb, der von Tabelle 6 4mal innerhalb und 9mal außerhalb und der von Tabelle 7 6mal innerhalb und 7mal außerhalb des Bereiches des wahrscheinlichen Fehlers eines Versuchsresultates. Bei allen diesen Tabellen zusammen liegt also der Mittelwert einer Tabelle 33mal innerhalb und 35mal außerhalb des Bereiches des wahrscheinlichen Fehlers eines Versuchsgruppenresultates. Wenn man bei diesem durchaus den Voraussagen der Wahrscheinlichkeitsrechnung für eine zufällige Verteilung entsprechenden Sachverhalt noch besonders stark vom Mittelwert der Tabelle 3 abweichende Versuchsgruppenresultate erklären will, so kann man darauf hinweisen, daß unter den auf 24° C bezogenen Werten die zwei höchsten, in der 4. und 3. Zeile von unten, bei elektrischen Reizen gefunden wurden, die so schwach waren, daß sie in vielen Fällen gar keine Erregungsleitung auslösten. Es trat also Erregungsleitung nur in den am leichtesten erregbaren sekundären Blattstielen ein, und diesen kommt offenbar auch eine etwas über dem Durchschnitt gelegene Leitungsgeschwindigkeit zu. Eine etwas höhere Leitungsgeschwindigkeit in leichter erregbaren Leitungsbahnen wird auch bei *Biophytum* noch zu besprechen sein.

Die mittlere Leitung läßt sich auch im sekundären Blattstiel von *Mimosa pudica* durch Anbrennen des sekundären Blattstiels von oben her, durch einen Schnitt in das Kantenbündel, durch Durchschneiden eines Blättchens nahe seiner Basis oder durch die rasche Leitung von einem benachbarten, angebrannten sekundären Blattstiel aus hervorrufen. Bei diesen Reizen kann es allerdings auch vorkommen, daß nur die langsame Leitung ausgelöst wird oder daß die mittlere bald erlischt und in die langsame übergeht oder daß andererseits, z. B. bei zu tiefem Anbrennen bis in das untere Hauptbündel, sogar die rasche Leitung ausgelöst wird. Meine (2) in Tabelle 4 wiedergegebenen Versuche wurden leider erst in der zweiten Septemberhälfte ausgeführt, zu einer Zeit, als vielleicht schon alle Leitungsgeschwindigkeiten etwas herabgesetzt waren. Beim Anbrennen des sekundären Blattstiels und beim Durchschneiden des Kantenbündels ergaben sich auch Werte der geringen Leitungsgeschwindigkeit und im ersteren Fall auch solche der großen; eine graphische Darstellung zeigte aber eine derartige Gruppierung aller Werte um 2 bzw. 3 Maxima, daß sich die der mittleren Leitungsgeschwindigkeit leicht von den anderen abtrennen ließen. Die Lokalisation der mittleren Leitung im Kantenbündel wird nicht nur durch die Art der wirksamen Reize nahegelegt, sondern auch dadurch, daß nach Abtragung des Kantenbündels über einige Millimeter beim Anbrennen des sekundären Blattstiels von oben die Werte der mittleren Leitungsgeschwindigkeit sehr zurücktreten und wahrscheinlich nur mehr durch Auslösung der raschen Leitung und deren Übergang in die langsame vorgetäuscht werden, da an der Abtragungsstelle Fiederblättchen fehlen oder reaktionsunfähig sind, so daß der Übergang der raschen Leitung in die langsame an dieser Stelle nicht leicht als solcher erkannt werden

Tabelle 4. Leitungsgeschwindigkeit der mittleren Leitung im sekundären Blattstiel von *Mimosa pudica*. [Aus UMRATH (2).]

Art des Reizes	Sinn der Leitung	Temp. °C	Leitungsgeschwindigkeit cm sek^{-1} und wahrscheinlicher Fehler	Extreme Werte der Leitungsgeschwindigkeit	Zahl der Versuche	Mittlerer Fehler der Einzelversuche	Datum
Anbrennen des sekundären Blattstiels von oben	basipetal	22—24	0,48 ± 0,02	0,71, 0,36	10	0,10	20. 9. 24
Dasselbe	akropetal	20—25	0,44 ± 0,01	0,51, 0,36	11	0,05	23.—26. 9. 24
Anschneiden der Kantenbündel an der Basis des sekundären Blattstiels	,,	21	0,51 ± 0,03	0,67, 0,35	7	0,11	23. und 27. 9. 24
Starkes Anbrennen eines zweiten sekundären Blattstiels	,,	19—21	0,45 ± 0,02	0,65, 0,36	10	0,07	23.—25. 9. 24
Durchschneiden des Mittelnervs eines Fiederblättchens nahe der Basis	meist basipetal	20—24	0,45 ± 0,02	0,57, 0,35	8	0,08	29. und 30. 9. 24
	Gewogener Mittelwert		0,45 ± 0,01				

kann. Wie aus Tabelle 4 zu ersehen ist, ist auch die mittlere Leitungsgeschwindigkeit von der Reizart und vom Sinn der Leitung unabhängig.

Auch die rasche Leitung im sekundären Blattstiel von *Mimosa pudica* ist nur durch Anbrennen oder mechanische Verletzungen auslösbar. Brennt man einen sekundären Blattstiel von unten, etwa mit der Flamme eines Zündholzes stark an, so erhält man in ihm die rasche Leitung, die an der Reaktion der Blättchen und des Sekundärgelenkes, wenn dieses noch genügend reaktionsfähig ist, zu erkennen ist. In den benachbarten sekundären Blattstielen wird hierdurch nur die mittlere und im primären Blattstiel nur die langsame Leitung ausgelöst. Durchschneidet man einen sekundären Blattstiel, so kann man die rasche Leitung an den Blättchenreaktionen meist nur über eine sehr kurze Strecke beobachten, in sehr vielen Fällen erfolgt aber trotzdem eine sehr frühe Reaktion des Hauptgelenkes, lange bevor die basalen Blättchen des gereizten sekundären Blattstiels reagiert haben. Es scheint demnach im sekundären Blattstiel ein rasch leitendes System zu bestehen, das durch Anbrennen und durch mechanische Verletzungen erregbar ist, mit den Tertiärgelenken in Verbindung steht und im Sekundärgelenk endet, und daneben ein zweites rasch leitendes System, das nur durch mechanische Verletzungen erregbar ist, mit den Tertiärgelenken nicht in Verbindung steht, durch den primären Blattstiel bis in den Stamm zieht und mit den Hauptgelenken in Verbindung steht. Wie Tabelle 5 zeigt, ist die Leitungsgeschwindigkeit im sekundären Blattstiel in diesen beiden rasch leitenden Systemen gleich. Auch von der Reizart und vom Sinn der Leitung erscheint die Leitungsgeschwindigkeit unabhängig.

Die mit dem Hauptgelenk in Verbindung stehende rasche Leitung ist sehr stark von der Luftfeuchtigkeit und vom Turgeszenzgrad der Pflanze abhängig. Am Vormittag ist sie nur bei trübem Wetter leicht auslösbar, sonst nur in den frühen Morgenstunden oder am Nachmittag, wenn die Luftfeuchtigkeit wieder stark zunimmt, wie das besonders in einem Glashaus, das zu dieser Zeit der Sonne nicht mehr ausgesetzt ist, der Fall ist. Dieser Einfluß hoher Luftfeuchtigkeit oder direkter Berührung mit Wasser geht auch aus Versuchen von Snow (1, S. 363) hervor und wurde auch von Ball (3) für seine „rapid conduction", das ist die rasche Leitung in der Markkrone des Stammes, festgestellt. Aus nicht genau bekannten, aber vielleicht ähnlichen Gründen sind die Leitungsgeschwindigkeiten der Tabelle 5, die ich seinerzeit an eingetopften Pflanzen in einem wenig feucht gehaltenen Glashaus gemessen habe, wesentlich geringer als die in Abb. 5 eingetragenen, die ich (0) an in tiefer und warmer Erde wurzelnden Pflanzen in einem feuchter gehaltenen Glashaus gemessen habe. Besonders hoch sind die bei 0 und bei 30° C gemessenen Werte, vor deren Bestimmung die sekundären Blattstiele 10 Minuten lang auf Wasser entsprechender Temperatur eines untergestellten Becherglases geschwommen sind. Jeder Wert ist aus einer größeren Zahl von Versuchen bestimmt, wobei der sekundäre Blattstiel

Tabelle 5. Leitungsgeschwindigkeit der raschen Leitung im sekundären Blattstiel von *Mimosa pudica*. [Nach UMRATH (2).]

Art des Reizes	Beobachtete Reaktion	Sinn der Leitung	Temp. °C	Leitungsgeschwindigkeit und wahrscheinlicher Fehler in cm sek^{-1}	Extreme Werte der Leitungsgeschwindigkeit	Zahl der Versuche	Mittlerer Fehler der Einzelversuche	Datum
Durchschneiden des sekundären Blattstiels in etwa 2,7 cm und 0,6 cm vom Sekundärgelenk	Hauptgelenksreaktion	basipetal	24—29	1,17 ± 0,15		10 + 9		7. bis 9. 8. 24
Durchschneiden des sekundären Blattstiels in etwa 3,1 cm und 0,6 cm vom Sekundärgelenk	Hauptgelenksreaktion	,,	18	1,19 ± 0,06		5 + 7		10. 9. 24
Anschneiden des sekundären Blattstiels von unten in etwa 2,9 cm, Durchschneiden in etwa 0,6 cm vom Sekundärgelenk	Hauptgelenksreaktion	,,	16—18	1,05 ± 0,16		6 + 7		10. und 12. 9. 24
Durchschneiden des sekundären Blattstiels	Blättchenreaktion	,,	25—30	1,02 ± 0,09	1,38, 0,59	5	0,27	1. 8. 24
Anbrennen des sekundären Blattstiels von unten	Blättchenreaktion	,,	19	1,22 ± 0,05	1,67, 0,77	12	0,26	10. 9. 24
Dasselbe	Blättchenreaktion	akropetal	20—25	1,20 ± 0,06	1,67, 0,77	10	0,26	13. 9. 24
Dasselbe, bei durchschnittenem Kantenbündel	Blättchenreaktion	basipetal	20—25	1,18 ± 0,05	1,43, 0,77	8	0,22	13. 9. 24
Dasselbe bei streckenweise abgetragenem Kantenbündel	Blättchenreaktion	,,	21—24	1,02 ± 0,04	1,25, 0,77	9	0,16	14. und 15. 9. 24
	Gewogener Mittelwert			1,13 ± 0,02				

in 10 oder 11 Versuchen möglichst weit, in 6—11 Versuchen möglichst nah vom Sekundärgelenk durchschnitten und die Zeit bis zur Hauptgelenksreaktion gemessen wurde. An den zwischen dem 11. Juli und 30. September zwischen 8 und 17 Uhr ausgeführten Versuchen zeigt sich kein Einfluß der Jahreszeit und auch ein tageszeitlicher Einfluß ist nicht deutlich; hingegen zeigt sich eine starke Temperaturabhängigkeit der Leitungsgeschwindigkeit. Die Gerade in Abb. 5, die einen sehr guten Ausgleich der Werte von den nur in Luft gewesenen sekundären Blattstielen darstellt, entspricht etwa $Q_{10} = 2{,}6$, die, welche die Werte von den sekundären Blattstielen verbindet, die auf Wasser von 0 und von 30° C gelegen sind, entspricht etwa $Q_{10} = 1{,}8$. (Ein konstantes Q_{10} würde eine Gerade ergeben, wenn die Leitungsgeschwindigkeiten in logarithmischem Maßstab aufgetragen wären, doch hat ein konstantes Q_{10} keine größere Wahrscheinlichkeit für sich, als die in Abb. 5 angedeutete lineare Beziehung zwischen Leitungsgeschwindigkeit und Temperatur.) Die Unsicherheit der Werte läßt nur den Schluß zu, daß Q_{10}, wie bei der langsamen Leitung, nahe bei 2 liegt, was jedenfalls für Erregungsleitung und nicht, wie mitunter angenommen wurde, für Reizfortpflanzung durch einen physikalischen Vorgang spricht. Es sei auch darauf hingewiesen, daß sekundäre Blattstiele, die auf Wasser von 35° C gelegen sind und dadurch, wie aus der nur sehr langsamen Wiederausbreitung der Blättchen nach erfolgter Reaktion zu ersehen war, wenigstens zeitweise geschädigt waren, eine viel geringere Geschwindigkeit der raschen Leitung ergaben, als sie nach den sonstigen Umständen zu erwarten gewesen wäre (Abb. 5). Auch das spricht für Erregungsleitung.

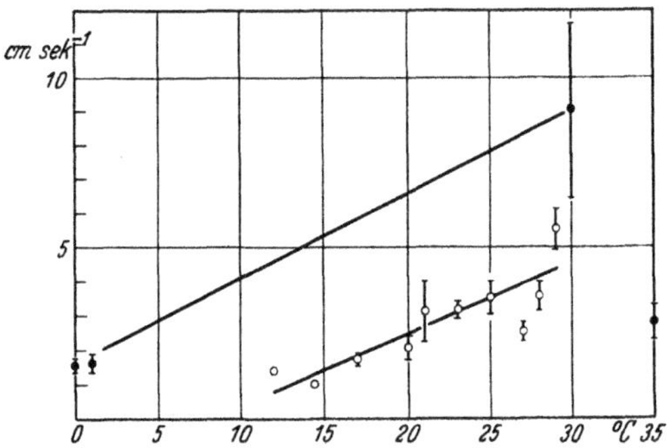

Abb. 5. Geschwindigkeit der raschen Leitung im sekundären Blattstiel von *Mimosa pudica* in Abhängigkeit von der Temperatur. Die Ringe markieren die an nicht vorbehandelten Blättern gemessenen Werte, die vollen Kreise, die an solchen sekundären Blattstielen gemessenen, die vor dem Versuch 10 Minuten auf Wasser geschwommen sind. Die bei 0 und 1° eingetragenen Werte sind beide an sekundären Blattstielen gemessen, die auf Eiswasser geschwommen sind; sie liegen so nahe beieinander, daß es schwer gewesen wäre, sie beide bei 0° einzutragen. Durch Wasser von 35° C wurden die sekundären Blattstiele sichtlich geschädigt, daher ist der bei dieser Temperatur gefundene Wert der Leitungsgeschwindigkeit nicht mit den anderen zu vergleichen. Die wahrscheinlichen Fehler sind als vertikale Strecken eingezeichnet, wo diese den Durchmesser der Kreise überragen. Die schrägen Geraden stellen die aus der Abbildung ohne Rechnung ermittelte wahrscheinliche Temperaturabhängigkeit der Leitungsgeschwindigkeit dar. (Original.)

Durch Versuche, in denen gewisse Teile des sekundären Blattstiels über etwa 1 cm abgetragen waren, habe ich (2) gezeigt, daß das rasch leitende, durch Anbrennen erregbare System im unteren Hauptbündel zu lokalisieren ist, denn die rasche Leitung bleibt durch Anbrennen auslösbar: nach Abtragung des Kantenbündels, Tabelle 5, letzte Zeile, auch wenn das obere Hauptbündel mitentfernt ist oder nach Abtragung der primären Rinde an der Unterseite, und sie ist aufgehoben, wenn das Phloëm des unteren Hauptbündels weitgehend abgetragen ist. Die langsame Leitung ist in allen diesen Fällen erhalten, Tabelle 3, letzte Zeile.

Auch im sekundären Blattstiel von *Mimosa pudica* steigt der Aktionsstrom bei der langsamen Leitung weniger steil an als bei der raschen, durch Anbrennen ausgelösten. Ich (5) habe seinerzeit für die langsame Leitung nach Anschneiden eines Blättchens in 13 Versuchen bei im Mittel 27° C die Anstiegszeit der ersten Welle zu 1,60 ± 0,14 (2,59, 0,74) sek angegeben. Jetzt habe ich (0) im August und September 1935 an 11 sekundären Blattstielen bei im Mittel 30° C erst 2—3 Blättchen durchschnitten und die Anstiegszeit der langsamen Leitung zu 2,03 ± 0,23 (4,43, 0,76) sek gefunden und nach einer längeren Erholungszeit den sekundären Blattstiel angebrannt und die Anstiegszeit der raschen Leitung zu 0,61 ± 0,04 (0,87, 0,35) sek bestimmt. Ein solcher Versuch ist in Abb. 6 wiedergegeben. In Übereinstimmung damit habe ich (0) in 7 Versuchen im Juni 1930, in denen der sekundäre Blattstiel angebrannt wurde, bei 30,5° C als Anstiegszeit der ersten Welle 0,60 ± 0,06 (0,88, 0,25) sek erhalten. Beim Durchschneiden eines sekundären Blattstiels war es nicht möglich, in demselben rasch ablaufende Aktionsströme mit einiger Sicherheit nachzuweisen. Es ist aber, worauf ich schon bei *Mimosa Spegazzinii* hingewiesen habe, sehr wohl möglich, daß in diesen Fällen so wenige Zellen an der Erregungsleitung beteiligt sind, daß ihr Aktionsstrom zu schwach ist, um nachgewiesen zu werden.

Der Aktionsstrom der langsamen Leitung bildet, wie auch Abb. 6 und 7 zeigen, meist eine längere Wellengruppe; manche Einsenkungen an der Kurve sind allerdings durch Gelenksreaktionen bedingte positive Ausschläge, so daß die Form des Aktionsstroms nicht ganz leicht zu beurteilen ist. Jedenfalls ist die ganze Wellengruppe, also

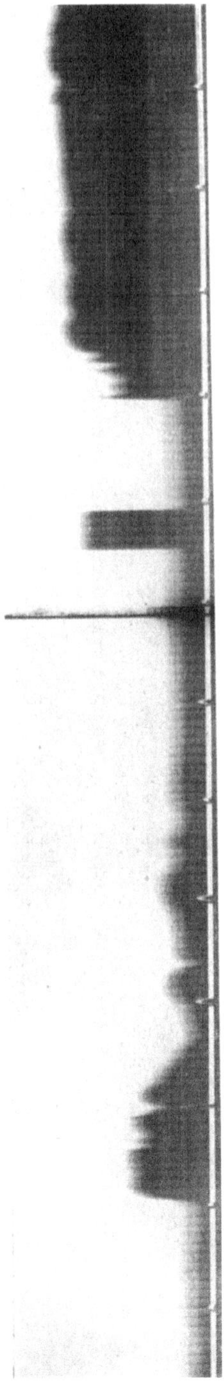

Abb. 6. 2. September 1935. 30° C. *Mimosa pudica*. Ableitung vom sekundären Blattstiel. Reiz, beim ersten Versuch: Durchschneiden zweier Blättchen; beim zweiten Versuch, einige Zeit nachdem sich das Blatt wieder vollständig ausgebreitet hatte: Anbrennen des sekundären Blattstiels. Zu Beginn des zweiten Versuches eine Eichkurve von — 0,1 Volt. Zeitmarken 10 sek. (Original.)

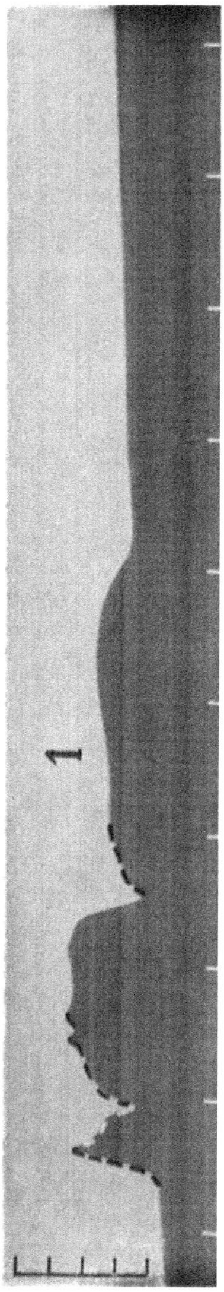

Abb. 7a.

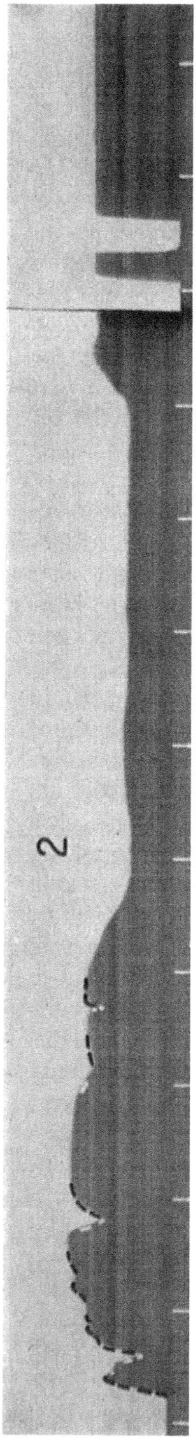

Abb. 7b.

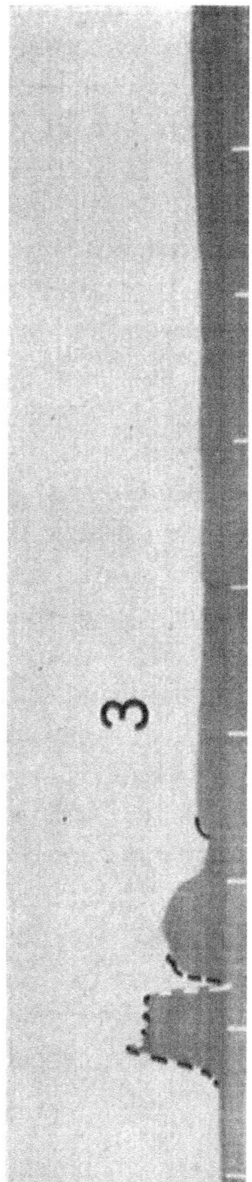

Abb. 7c.

Abb. 7a—c. 31. Juli 1927. 31° C. *Mimosa pudica.* Ableitung vom sekundären Blattstiel. Erster Versuch, Reiz: Durchschneiden eines Blättchens; ein Nachbarblattstiel reagiert. Zweiter Versuch, Reiz: Durchschneiden zweier Blättchen; drei Nachbarblattstiele reagieren. Eichkurven — 0,06 Volt. Dritter Versuch, Reiz: Anschneiden eines Blättchens; kein Nachbarblattstiel reagiert. Zeitmarken 10 sek, Spannungseinheit 0,02 Volt. [Aus UMRATH (5).]

der Gesamtaktionsstrom, desto länger, je stärker der auslösende Reiz ist, wie das auch Abb. 7 zeigt. Im Gegensatz zu dem noch zu besprechenden Verhalten des primären Blattstiels von *Mimosa pudica* ist es mir (5, 16) beim sekundären Blattstiel nicht gelungen, etwa durch Anwendung besonders schwacher oder kurz dauernder Reize, Erregungsleitung mit nur einer Aktionsstromwelle zu erhalten. Einzelne Öffnungsinduktionsschläge lösen im sekundären Blattstiel außerhalb der durchströmt gewesenen Strecke nur schwer Erregungsleitung aus und dann meist nach einer langen Latenzzeit, die auf einen zwischengeschalteten Vorgang, vielleicht mit Bildung von Erregungssubstanz in sehr vielen Zellen infolge des starken, vielleicht schädigenden Reizes, schließen läßt. In der vom Induktionsschlag durchflossenen gewesenen Strecke tritt Erregungsleitung, von der Kathode gegen die Anode, leichter ein, wahrscheinlich, weil einige Zellen schon durch den Reiz selbst erregt werden. Auch durch Abkühlung mit Wasser von 0° C, wodurch im primären Blattstiel und im Stamm Einzelaktionsströme ausgelöst werden, läßt sich im sekundären Blattstiel nur sehr schwer Erregungsleitung auslösen. Die Abkühlung, die, um überhaupt wirksam zu sein, rasch erfolgen muß, wirkt offenbar nicht lange genug als Reiz, um eine längere Wellengruppe auszulösen. Bei einem gelegentlich von mir (5, Abb. 16) registrierten Einzelaktionsstrom waren die Blättchenreaktionen vor der Ableitungsstelle steckengeblieben und begleiteten erst die in einigen Sekunden nachfolgende Wellengruppe. Wahrscheinlich war der einzelne Aktionsstrom der Rest einer erlöschenden Wellengruppe, die ursprünglich auch von Blättchenreaktionen begleitet war. Nach all dem ist offenbar für eine normale Leitung im langsam leitenden System des sekundären Blattstiels das Zusammenwirken mehrerer Erregungswellen erforderlich. Dabei dürfte es sich nach unseren jetzigen Kenntnissen nicht um in denselben Zellen hintereinander, sondern um in verschiedenen Zellen nebeneinander ablaufende Wellen handeln. Denn in Übereinstimmung mit dem, was noch sonst über Refraktärstadien zu sagen ist, ist im sekundären Blattstiel von *Mimosa pudica* selbst unter günstigen Bedingungen 1 Minute nach der ersten Erregungsleitung eine zweite entweder überhaupt noch nicht auslösbar oder doch in ihrer Leitungsgeschwindigkeit sehr stark herabgesetzt, und selbst nach 2 Minuten habe ich (17) noch eine Herabsetzung der Leitungsgeschwindigkeit auf weniger als die Hälfte gefunden.

Die gegenseitige Beeinflussung nebeneinander befindlicher erregungsleitender Zellen könnte eine elektrische sein, wenn der Aktionsstrom als elektrischer Reiz wirkte. Es würde dann eine vorauseilende Erregung eine in einer benachbarten Zelle nachfolgende fördern, umgekehrt würde aber die vorauseilende durch die nachfolgende gehemmt. Eine fördernde Wirkung auf benachbarte Zellen sollte so lange bestehen, als sich elektrische Reize summieren; das ist in der Regel über eine Zeit, die 10mal so lang ist als die Chronaxie, die ich (1) zu 0,4 sek gefunden habe. Es ist nach den bisherigen Befunden schwer zu beurteilen, ob eine solche Förderung länger als 4 sek besteht. Für wahrscheinlicher halte ich eine gegenseitige Förderung nebeneinander liegender Zellen durch bei der Erregungsleitung gebildete Erregungssubstanz. Auch in diesem Fall würde vor allem die vorauseilende Erregung eine in benachbarten Zellen nachkommende fördern, aber diese würde die voraneilende nicht hemmen, sondern in sehr geringem Maße fördern; diese Förderung könnte allerdings nur dann merklich sein, wenn sich die Erregungssubstanz, etwa als oberflächenaktive Substanz in den Zellgrenzflächen, sehr rasch ausbreitet. Die fördernde Wirkung würde erst erlöschen, wenn die Erregungssubstanz durch Abbau oder Umwandlung unwirksam geworden ist. Wir werden beim primären Blattstiel noch einen Fall von langsamer Erregungsleitung kennenlernen, bei dem der Transport von Erregungssubstanz offenbar eine große Rolle spielt. Wie FITTING (2, S. 715) zuerst gezeigt hat, bewirken an abgeschnittenen Blättern oder Sprossen, die aus einer Lösung Erregungssubstanz in unterschwelliger Konzentration aufgenommen haben, Berührungsreize Erregungsleitung im sekundären Blattstiel, was sonst nur an noch jungen Blättern oder zur Zeit des Übergangs in Schlafstellung zu beobachten ist. Demnach erscheint mir die Förderung der Erregungsleitung durch Erregungssubstanz ganz sichergestellt.

c) Die Stelle zwischen Sekundärgelenk und basalem Blättchenpaar.

Wie ich (2) gezeigt habe, ist bei *Mimosa pudica* in jedem sekundären Blattstiel die Stelle zwischen Sekundärgelenk und basalem Blättchenpaar in bezug auf die langsame Erregungsleitung ausgezeichnet. Eine durch einen sehr schwachen Reiz ausgelöste Erregung kann diese Stelle meist nicht passieren, durch stärkere Reize ausgelöste Erregungen brauchen hierzu 10—20 sek und mehr; diese Zeit nimmt mit der Stärke des Reizes und der Ausdehnung des gereizten Gebietes ab und mit der Entfernung des Reizortes von dieser Stelle zu. Ich (5) konnte zeigen, daß der Aktionsstrom dieser Stelle stark reduziert ist, wenn der Erregungsvorgang hier erlischt (Abb. 8, Teil 4) und daß, wenn der Erregungsvorgang die Stelle passiert, der Aktionsstrom meist mit einer reduzierten Welle beginnt, der sich die nächsten aufsetzen und anschließen (Abb. 8). Je länger die Wellengruppe ist, die die Stelle zwischen basalem Blättchenpaar und Sekundärgelenk noch passiert, desto mehr Aussicht besteht, daß sie die entsprechende Stelle in den Nachbarblattstielen überwindet, wie aus Abb. 8 ersichtlich. Die Anstiegszeit habe ich (5) in je 18 Versuchen bei im Mittel 30° C für die erlöschende Einzelwelle zu $1{,}07 \pm 0{,}06$ (1,85, 0,67) sek, für die erlöschende, reduzierte Kopfwelle einer Gruppe zu $1{,}88 \pm 0{,}10$ (2,70, 0,77) sek gefunden.

Die Leitungsverzögerung in dem etwa 2 mm langen Gebiet zwischen basalem Blättchenpaar und Sekundärgelenk ist ungefähr der Zeit gleich,

Abb. 8a.

Abb. 8b.

Abb. 8c.

Abb. 8a—c. 30. Juli 1927. 30,5° C. *Mimosa pudica*. Ableitung zwischen Sekundärgelenk und basalem Blättchenpaar, vom sekundären Blattstiel. Erster Versuch, Reiz: Durchschneiden eines Blättchens; drei Nachbarblattstiele und das Hauptgelenk reagieren. Zweiter Versuch, Reiz: dasselbe Blättchen nur angeschnitten; ein Nachbarblattstiel und das Hauptgelenk reagieren. Dritter Versuch, Reiz: Durchschneiden eines anderen Blättchens; drei Nachbarblattstiele und das Hauptgelenk reagieren. Eichkurven — 0,06 Volt. Vierter Versuch, Reiz: Anschneiden desselben Blättchens wie in 3; weder ein Nachbarblattstiel noch das Hauptgelenk reagieren. Fünfter Versuch, Reiz: Durchschneiden wieder eines anderen Blättchens; ein Nachbarstiel und das Hauptgelenk reagieren. Sechster Versuch, Reiz: Anschneiden desselben Blättchens wie in 5; nur ein Nachbarblattstiel reagiert. Zeitmarken 10 sek, Spannungseinheit 0,02 Volt. [Aus UMRATH (5).]

die eine Wellengruppe, die in diesem Gebiet gerade noch erlischt, im sekundären Blattstiel dauert. Man kann sich demnach vorstellen, daß die Verzögerung im wesentlichen durch Erlöschen der jeweiligen Kopfwelle zustande kommt und dem zeitlichen Abstand der ursprünglichen Kopfwelle von der Welle, die schließlich als Kopfwelle übrigbleibt, gleich ist. Die je nach der Art des Reizes und dem Erregbarkeitszustand etwas verschiedene Dauer der Verzögerung dürfte erstens daher rühren, daß das Erlöschen der gleichen Zahl von Wellen eine um so längere Verzögerung bedingt, je weniger eng die Wellen in der Gruppe aufeinanderfolgen, und zweitens daher, daß die fördernde Wirkung der vorangehenden Wellen auf die folgenden bei größerem Abstand abnimmt und daher wohl mehr Wellen erlöschen.

Die Ansicht von HOUWINK, daß an der Basis des sekundären Blattstiels keine Erregungsleitung, sondern nur Transport von Erregungssubstanz mit dem Saftstrom vorkommt, halte ich schon wegen der großen Ähnlichkeit der Aktionsströme an dieser Stelle und im sonstigen sekundären Blattstiel für unzutreffend; man vgl. Abb. 7 und 8; bis auf die reduzierte Kopfwelle in Abb. 8 sind die Unterschiede sehr gering. Für den sekundären Blattstiel ist aber im langsam leitenden System wegen der vom Leitungssinn, von der Reizart und von der Reizstärke unabhängigen Leitungsgeschwindigkeit, abgesehen vom Nachweis von Aktionsströmen, Erregungsleitung sicher. Durch seine Aktionsstromaufnahmen hat HOUWINK gezeigt, daß ein Einzelaktionsstrom vom primären Blattstiel nicht auf den sekundären übergehen kann, ganz in Übereinstimmung mit der eben dargelegten Auffassung, daß sich an der Basis des sekundären Blattstiels eine Dekrementstelle finde, in der Einzelerregungen erlöschen.

d) Der primäre Blattstiel.

K. LINSBAUER (2) hat als erster für den primären Blattstiel von *Mimosa pudica* und damit überhaupt bei Pflanzen verschiedene Leitungsgeschwindigkeiten bei Anwendung verschiedener Reize nachgewiesen. Er fand bei einem Wärmereiz und einer Umgebungstemperatur von 19,5° C im Mittel 0,75 cm sek^{-1}, nach einem Schnitt durch ein Kantenbündel bei 24,2° C 3,12 cm sek^{-1} und nach Durchschneiden des ganzen primären Blattstiels bei 25,8° C im Minimum 10 cm sek^{-1}, während sich im Mittel aus diesen Versuchen 40 cm sek^{-1} ergibt.

Ich (2) habe dann die Auffassung vertreten, daß es sich um drei erregungsleitende Systeme handelt und habe für das langsam leitende die Konstanz der Leitungsgeschwindigkeit nachgewiesen. Erst aus den neueren Aktionsstromuntersuchungen geht hervor, daß die an den Gelenksreaktionen kenntliche langsame Leitung im primären Blattstiel immer mit einem Einzelaktionsstrom verbunden ist und daß es in ihm außerdem noch eine viel schlechter ausgebildete langsame Leitung gibt, die, wie im sekundären Blattstiel von *Mimosa pudica* und in den Blattstielen der anderen untersuchten Mimosen, mit einer Aktionsstrom-

Wellengruppe verbunden ist. Wegen der besonderen Verhältnisse, die bei dieser letzteren langsamen Leitung vorliegen, werde ich auf sie erst nach Besprechung der anderen Leitungssysteme zurückkommen.

Meine (2, 8, 17) in Tabelle 6 zusammengestellten Versuche zeigen, daß die Geschwindigkeit der meist beobachteten und mit dem Einzelaktionsstrom verbundenen langsamen Leitung von Reizart, Reizstärke und Leitungssinn unabhängig ist und daß man bei Berücksichtigung des Aktionsstroms dieselbe Leitungsgeschwindigkeit erhält wie bei Berücksichtigung der Gelenksreaktionen. Zu den Versuchen mit akropetaler Leitung, in denen die Zeit zwischen Reiz am primären Blattstiel und Sekundärgelenksreaktion gemessen wurde, mußten natürlich Blätter mit gut reaktionsfähigen Sekundärgelenken verwendet werden. Ich habe auch alle Leitungsgeschwindigkeiten auf 24° C umgerechnet und diese Werte in Tabelle 6 ebenfalls verzeichnet. Der Umrechnung wurde zunächst die Beziehung $v_{T+t} = v_T (1 + \alpha t)$ zugrunde gelegt, wobei sich beim Probieren mit verschiedenem α für $\alpha = 0{,}08$ der geringste wahrscheinliche Fehler des auf 24° C bezogenen Gesamtmittels ergab. Bei dem nicht sehr großen Temperaturintervall, das die Messungen überdecken, ist die obige Beziehung mit $\alpha = 0{,}08$ nahezu gleichwertig mit der Annahme $Q_{10} = 2{,}0$. Als erster hat BOSE (2, S. 150) 5 Temperaturversuche mitgeteilt, die allerdings eine sehr große Streuung zeigen und im Mittel, wenn jeder Versuch ein Gewicht proportional seinem Temperaturintervall erhält, $Q_{10} = 2{,}6$ ergeben. HOUWINK sagt, er könne die Angabe BOSEs, daß die Leitungsgeschwindigkeit stark von der Temperatur abhängt ($Q_{10} = \pm 2$), bestätigen. Er bezieht sich dabei wahrscheinlich auf eine spätere Publikation von BOSE (3), in der nur das erste Experiment von denen, die ich eben besprochen habe, angegeben ist. Ob und mit welcher Zuverlässigkeit die Versuche von HOUWINK $Q_{10} = 2{,}0$ ergeben haben, ist nicht ersichtlich; jedenfalls erscheint aber nach allen vorliegenden Versuchen $Q_{10} = 2{,}0$ als der wahrscheinlichste Wert.

Die mittlere Leitung im primären Blattstiel von *Mimosa pudica* wurde nur nach mechanischen Verletzungen beobachtet. Die Versuche LINSBAUERs (2), in denen ein Kantenbündel durchschnitten wurde, ergaben den zuverlässigsten Wert der Leitungsgeschwindigkeit, $3{,}12 \pm 0{,}04$ cm sek^{-1}. Ich (2) habe die mittlere Leitung außer beim Durchschneiden eines Kantenbündels auch beim Durchschneiden desSekundärgelenks beobachtet und für die Leitungsgeschwindigkeit $3{,}3 \pm 0{,}1$ cem sek^{-1} erhalten. Auch beim Abquetschen des primären Blattstiels maß ich manchmal Reaktionszeiten des Sekundärgelenkes, die auf mittlere Leitung zum Sekundärgelenk schließen lassen.

Die rasche Leitung im primären Blattstiel von *Mimosa pudica* ist durch Durchschneiden des primären Blattstiels, eines sekundären Blattstiels und unter günstigen Bedingungen auch eines Blättchens auslösbar, nicht aber durch Anbrennen. BOSE (3, S. 64) gibt für dünne Blattstiele, wie sie den zuerst ausgebildeten Blättern junger Pflanzen zukommen,

Tabelle 6. Leitungsgeschwindigkeit der langsamen Leitung im primären Blattstiel von *Mimosa pudica*. [Nach UMRATH (2, 8 und 17) mit neuer Umrechnung auf 24° C.]

Art des Reizes	Beobachtete Reaktion	Sinn der Leitung	Temp. °C	Leitungsgeschwindigkeit und wahrscheinlicher Fehler in cm sek^{-1}	Extreme Werte der Leitungsgeschwindigkeit	Zahl der Versuche	Mittlerer Fehler der Einzelversuche	Leitungsgeschwindigkeit und wahrscheinlicher Fehler in cm sek^{-1}, bezogen auf 24° C	Datum
Konstanter Strom 150 Volt, 0,18 sek am primären Blattstiel	Hauptgelenksreaktion	basipetal	30	2,2 ± 0,07	2,8, 1,7	10	0,30	1,49 ± 0,05	1. und 5. 8. 24
Dasselbe, 4—10 Volt, Schwellenreize	Dasselbe	,,	30	2,0 ± 0,05	2,2, 1,8	6	0,15	1,35 ± 0,03	5. 8. 24
Dasselbe, 150 Volt	,,	,,	18—19	0,9 ± 0,04	1,0, 0,7	5	0,12	1,30 ± 0,06	3. 8. 24
Dasselbe, 15 Volt	,,	,,	18—19	1,1 ± 0,04	1,4, 0,9	10	0,17	1,58 ± 0,06	3. 8. 24
Anbrennen des sekundären Blattstiels junger Blätter	Basales Blättchenpaar und Hauptgelenk	,,	20	1,0 ± 0,06	1,4, 0,5	10	0,25	1,32 ± 0,07	13. 9. 24
Anbrennen des Sekundärgelenkes	Hauptgelenksreaktion	,,	18	0,9 ± 0,06	1,1, 0,6	5	0,18	1,33 ± 0,09	1. 9. 24
Durchschneiden des Sekundärgelenkes junger Blätter	Dasselbe	,,	21—24	1,4 ± 0,10	2,1, 0,6	11	0,48	1,57 ± 0,11	15. 9. 24
Abquetschen des primären Blattstiels junger Blätter	Sekundärgelenksreaktion	akropetal	21—24	1,6 ± 0,20	2,7, 0,5	9	0,83	1,79 ± 0,22	14. 9. 24
Konstanter Strom, 30 Volt, 0,18 sek am primären Blattstiel einer 2jährigen Pflanze	Hauptgelenksreaktion	basipetal	27	1,3 ± 0,08	1,6, 0,8	6	0,26	1,05 ± 0,06	11. 8. 24

Durchschneiden des sekundären Blattstiels derselben Pflanze	Sekundärgelenks- und Hauptgelenksreaktion	basipetal	27	1,3 ± 0,09	1,9, 0,6	10	0,39	1,05 ± 0,07	11. 8. 24
Konstanter Strom 150 Volt, viele Minuten am Stamm derselben Pflanze	Hauptgelenks- und Sekundärgelenksreaktion	akropetal	26—29	1,6 ± 0,14	2,5, 1,0	9	0,57	1,25 ± 0,11	11. 8. 24
Anbrennen des sekundären Blattstiels	Diphasischer Aktionsstrom	basipetal	26	1,4 ± 0,19	2,7, 0,7	6	0,69	1,21 ± 0,16	1. und 7. 7. 29
Öffnungsinduktionsschlag am primären Blattstiel	Monophasischer Aktionsstrom	,,	29—31	2,5 ± 0,11	3,1, 2,1	6	0,41	1,69 ± 0,07	19. 6. bis 12. 8. 30 und 32
				Gewogener Mittelwert				1,37 ± 0,03	

Leitungsgeschwindigkeiten zwischen 12 und 40 cm sek^{-1} an. Wenn, wie es scheint, elektrisch gereizt wurde, so würde das zeigen, daß in solchen dünnen primären Blattstielen die rasche Leitung auch elektrisch auslösbar ist, vielleicht zwar nur durch starke, schädigende Reize. Mir ist eine elektrische Auslösung der raschen Leitung im primären Blattstiel allerdings auch an dünnen Blattstielen nie gelungen. Es wurde schon erwähnt, daß sich aus den Versuchen LINSBAUERs (2) für die rasche Leitung im Mittel 40 cm sek^{-1} ergibt. Ich (5) habe aus Aktionsstromaufnahmen vom Hauptgelenk bei Durchschneiden des primären Blattstiels bei 30° C 26,0 ± 1,6 (39,7, 17,1) cm sek^{-1} erhalten.

Ich (5) habe geglaubt, Aktionsströme der raschen Leitung im primären Blattstiel bei Durchschneiden des sekundären nachweisen zu können. HOUWINK hat gezeigt, daß man dadurch getäuscht werden kann, daß durch die durch die rasche Leitung ausgelöste Reaktion des Hauptgelenkes die langsame Leitung ausgelöst wird, deren Aktionsstrom den Blattstiel dann in akropetalem Sinn durchwandert. Eine eingehende Nachuntersuchung hat mir gezeigt, daß das in meinen Versuchen mitunter der Fall war, daß aber in den meisten meiner Versuche die rasche Leitung im Sekundärgelenk die langsame auslöste; die zu lange Leitungszeit ist mir deswegen nicht aufgefallen, weil ich damals einen etwas zu niedrigen Wert für die rasche Leitung im sekundären Blattstiel annahm. Für die rasche Leitung im primären Blattstiel sind also Aktionsströme nicht nachgewiesen; es ist aber durchaus möglich, daß für einen solchen Nachweis nur die Zahl der erregungsleitenden Zellen zu gering ist.

HOUWINK (S. 85) hat gefunden, daß die rasche Leitung im primären Blattstiel eine auf 3° abgekühlte Stelle passieren kann, die von dem Einzelaktionsstrom der langsamen Leitung nicht passiert wird. Er schließt hieraus, daß es sich nicht um Erregungsleitung, sondern um Leitung einer Druckänderung handelt. HOUWINK übersieht dabei, daß die Empfindlichkeit gegen tiefe Temperaturen keine allgemeine Eigenschaft erregungsleitender Systeme, sondern eine spezielle eines Teils des langsam leitenden Systems von *Mimosa* ist. Meine schon besprochenen Temperaturversuche am sekundären Blattstiel bestätigen, daß auch nahe über 0° noch rasche Leitung stattfinden kann, sie zeigen aber auch, daß die Leitungsgeschwindigkeit sehr stark von der Temperatur abhängt, so daß es sich wahrscheinlich um Erregungsleitung handelt.

Gegen die Auffassung HOUWINKs macht RICCA (3, S. 541f.) mit Recht geltend, daß die rasche Leitung in den verschiedenen Teilen des Blattes mit sehr verschiedener Geschwindigkeit erfolgt. Nach den oben mitgeteilten neueren Befunden ist die Geschwindigkeit der raschen Leitung je nach Temperatur und sonstigen Umständen im Blättchen etwa 0,7, im sekundären Blattstiel etwa 3 und im primären Blattstiel etwa 26 cm sek^{-1}. Auch die Geschwindigkeiten der langsamen Leitung stehen in den drei Teilen des Blattes in ähnlichem Verhältnis zueinander: 0,15, 0,30 und 1,37 cm sek^{-1}, bei 24° C. Wenn man mit HOUWINK die rasche Leitung einer Druckwelle in den Schlauchzellen zuschreibt, wie das HABERLANDT (1, 10) mit jeder Leitung bei *Mimosa* tat, so muß man den Schlauchzellen in den verschiedenen Teilen des Blattes recht verschiedene physikalische Eigenschaften zuschreiben, was nicht viel Wahrscheinlichkeit für sich hat. Es haben übrigens weder MACDOUGAL noch HOUWINK durch Druckänderungen Reizbewegungen auslösen können.

Ich komme nun auf das langsam leitende System des primären Blattstiels von *Mimosa pudica* zurück und habe dabei zunächst den Aktionsstrom zu besprechen. Kurz dauernde Einzelreize bewirken meist nur einen einfachen Aktionsstrom; für Kältereizung durch Eis ist das aus der Arbeit von HOUWINK ersichtlich, für kurze elektrische, durch Öffnungsinduktionsströme bewirkte Reize aus den Abb. 9, 3. Teil und 42. Aber auch am sekundären Blattstiel angebrachte schwache Reize, die in diesem Erregungsleitung mit einer Wellengruppe bedingen, können unter Umständen zu einem Einzelaktionsstrom im primären Blattstiel führen, wie das Abb. 9 im 2. Teil und Abb. 10 links zeigen. Es kann aber auch, scheinbar wenn vorher lange nicht gereizt worden ist, bei Reizung mit einem Öffnungsinduktionsschlag ein zweigipfeliger Aktionsstrom auftreten, wie das Abb. 9 im 1. Teil zeigt. Ich weiß nicht ob der Aktionsstrom der einzelnen Zellen in diesen Fällen zweigipfelig ist oder ob noch Zellen erregt werden, die sonst an der Leitung nicht beteiligt sind. Die Aktionsstromwellen, die sich bei lang dauernden, starken Reizen der ersten Zacke entweder unmittelbar anschließen, Abb. 9, 4. Teil, oder ihr in einigem Abstand folgen (Abb. 10 rechts), entsprechen sicher der Erregung von Zellen, die am Einzelaktionsstrom nicht beteiligt sind, denn HOUWINK (S. 70 und Fig. 15) hat gezeigt, daß im Refraktärstadium von einem durch Eis ausgelösten Einzelaktionsstrom starke Reize die erste steile Aktionsstromzacke nicht mehr auslösen, sondern nur mehr die weniger steil ansteigende Wellengruppe.

Der Einzelaktionsstrom, bzw. die ihm entsprechende erste Zacke in einem zusammengesetzten Aktionsstrombild des primären Blattstiels

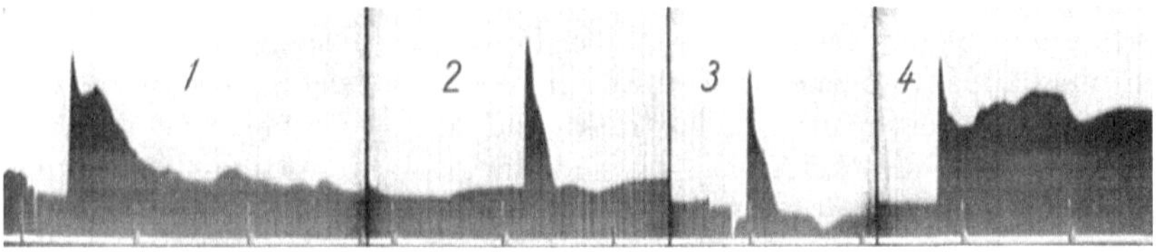

Abb. 9. 26. Juli 1933. 35° C. *Mimosa pudica*. Ableitung vom primären Blattstiel. Erster Versuch, Reiz: ein Öffnungsinduktionsschlag 3,7 cm apikal von der Ableitungsstelle; von den beiden Einsenkungen der Kurve vor dem Aktionsstrom ist die erste durch das Anschalten des Induktoriums an die Pflanze, die zweite, größere, durch den elektrischen Reiz bedingt. Zweiter Versuch, Reiz: Durchschneiden eines Blättchens. Dritter Versuch, Reiz: ein etwa zehnmal so starker Öffnungsinduktionsschlag wie in 1. Vierter Versuch, Reiz: Anbrennen eines sekundären Blattstiels. Zeitmarken 10 sek. (Original.)

ist, wie auch die Abb. 9 und 10 erkennen lassen, in seiner Form und in seinem Ausmaß in der Regel von der Reizart und von der Reizstärke unabhängig. Nur an Blättern in nicht mehr optimalem Zustand kann man mitunter bei schwachen Reizen Einzelaktionsströme von geringerem Ausmaß beobachten. Für die Anstiegszeit des Einzelaktionsstroms habe

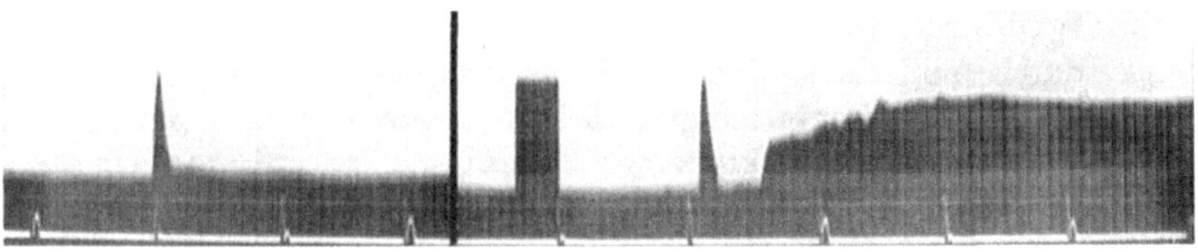

Abb. 10. 2. September 1935. 30° C. *Mimosa pudica*. Ableitung vom primären Blattstiel. Reiz, beim ersten Versuch: Durchschneiden zweier Blättchen; beim zweiten Versuch: Anbrennen eines sekundären Blattstiels. Zu Beginn des zweiten Versuchs eine Eichkurve von —0,1 Volt. Zeitmarken 10 sek. (Original.)

ich (5) seinerzeit wahrscheinlich etwas zu große Werte angegeben. Für die besten halte ich folgende: aus 6 Versuchen mit Öffnungsinduktionsschlägen bei 30° C 0,64 ± 0,16 (1,56, 0,34) sek, aus 20 solchen Versuchen an 5 Blattstielen bei 31,5° C 0,49 ± 0,02 (0,72, 0,27) sek [UMRATH (17)], aus 6 Versuchen bei Anbrennen des sekundären Blattstiels bei 29° C 0,58 ± 0,08 (1,05 0,38) sek und von denselben 6 Blattstielen bei Durchschneiden von 2—3 Blättchen 0,72 ± 0,10 (1,33, 0,32) sek [UMRATH (0)]. Es sei darauf hingewiesen, daß, wie erwähnt, das Anbrennen eines sekundären Blattstiels und das Anschneiden einiger Blättchen im sekundären Blattstiel ganz verschiedene Leitungsgeschwindigkeiten aber auch verschieden steil ansteigende Aktionsströme bedingen (Abb. 6), während bei der Weiterleitung im primären Blattstiel der gleichen Leitungsgeschwindigkeit auch nahezu gleich steil ansteigende Aktionsströme entsprechen (Abb. 10).

Für die bei starken und länger dauernden Reizen im primären Blattstiel auftretende Aktionsstromwellengruppe ist es vor allem bezeichnend, daß ihre Leitungsgeschwindigkeit nicht konstant ist, sondern stark von der Saftbewegung beeinflußt wird. HOUWINK bezeichnet sie zum Unterschied vom Einzelaktionsstrom als „the variation". Er glaubt, daß es sich lediglich um den Transport von Erregungssubstanz mit dem Saftstrom handelt, welche an den Zellen, die sie erreicht, elektrische Veränderungen hervorruft. Er hat tatsächlich durch verschiedene Versuche gezeigt, daß die Leitungsgeschwindigkeit dieser Aktionsstromgruppe stark vom Saftstrom abhängt. Sehr bedenklich erscheint mir aber der bei HOUWINK (S. 82) in Fig. 33 wiedergegebene Versuch: an einem abgeschnittenen Sproß, dem Wasser unter 2 Atmosphären Druck zugeführt wurde, so daß in den Gefäßen kein Unterdruck herrschte, reagierten beim Anbrennen nur die angebrannten Blättchen und es fand auch im sekundären Blattstiel keine Leitung statt; erst bei Unterdruck trat Leitung ein. Ich glaube, daß jeder, der *Mimosa pudica* in gutem Zustand einigermaßen kennt oder sich auch nur die konstante, vom Saftstrom unabhängige Leitungsgeschwindigkeit im sekundären Blattstiel vergegenwärtigt, zu dem Schluß kommen muß, daß HOUWINK teilweise mit Pflanzen in so schlechtem Zustand gearbeitet hat, daß seine Ergebnisse keinen Schluß auf das normale Verhalten zulassen. Ich (16) habe diese langsam geleiteten Aktionsstromgruppen untersucht, ehe mir die Arbeit HOUWINKs bekannt war, und bei Reizung des primären Blattstiels durch mit dem WAGNERschen Hammer erzeugte Induktionsströme die Leitungsgeschwindigkeit bei basipetaler Leitung zu $0{,}24 \pm 0{,}04$ ($0{,}68$, $0{,}11$) cm sek^{-1}, bei akropetaler zu $0{,}51 \pm 0{,}07$ ($0{,}78$, $0{,}15$) cm sek^{-1} gefunden. Da bei pflanzlichen Aktionsströmen in allen sonst bekannten Fällen entweder kein Unterschied nach dem Sinn der Leitung besteht oder der basipetale Leitungssinn begünstigt ist, habe ich aus meinen Befunden geschlossen, daß es sich hier um ein Zusammenwirken von Erregungsleitung und Übertragung von Erregungssubstanz durch interzellulare Flüssigkeit handelt. HOUWINK (S. 67 und 72) hat darauf hingewiesen, daß der Einzelaktionsstrom eine Stelle, die kälter als 10° C oder wärmer als 50° C ist, nicht passieren kann, während seine „variation" eine Stelle, die auf 5° C abgekühlt oder durch Hitze abgetötet ist, passieren kann. Er will hieraus schließen, daß es sich im letzteren Fall um Transport von Erregungssubstanz mit dem Saftstrom handelt. Ich (0) habe die Frage durch weitere Aktionsstromaufnahmen vom primären Blattstiel genauer untersucht. Zunächst wurde dieser 2,5—4,5 cm oberhalb der Ableitungsstelle durch etwa 1 sek mit durch den WAGNERschen Hammer erzeugten Induktionsströmen gereizt. Wenn, bei einer Umgebungstemperatur von 29° C, die Zwischenstrecke durch in Wasser tauchendes Filterpapier bedeckt war, so daß die Temperatur nur wenig, durch Verdunstung, herabgesetzt wurde, zeigte sich ein Einzelaktionsstrom mit einer Leitungsgeschwindigkeit über 1,2 cm sek^{-1} und einer Anstiegszeit von $0{,}59 \pm 0{,}10$ sek und in einem beträchtlichen Abstand eine Wellengruppe mit einer Leitungsgeschwindigkeit von $0{,}24 \pm 0{,}01$ cm sek^{-1} und einer Anstiegszeit von $3{,}60 \pm 0{,}34$ sek (8 Versuche). Abb. 11 links zeigt dieses Verhalten. War die Zwischenstrecke durch in Eiswasser tauchendes Filterpapier bedeckt, so war die Leitungsgeschwindigkeit $0{,}21 \pm 0{,}02$ cm sek^{-1} (9 Versuche); der Einzelaktionsstrom war also in der gekühlten Strecke erloschen. Trotzdem war zu Beginn der Wellengruppe in 3 Fällen ganz deutlich, in 3 weiteren nach der kurzen Anstiegszeit höchstwahrscheinlich ein Einzelaktionsstrom vorhanden, wie das Abb. 11 rechts zeigt. Die Wellengruppe kann also in dem wärmeren

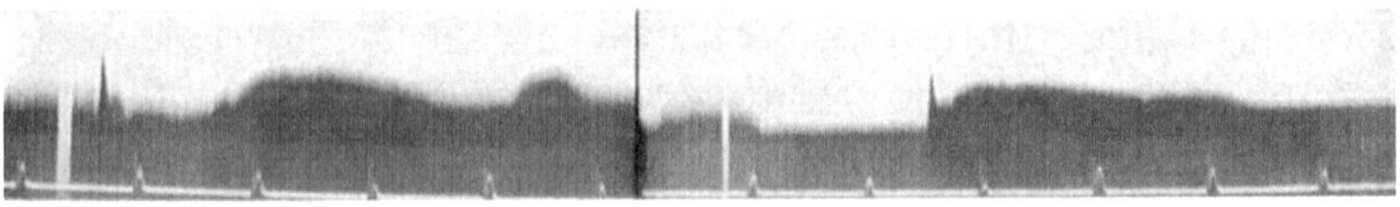

Abb. 11. 20. Jul 1935. 30° C. *Mimosa pudica.* Ableitung vom primären Blattstiel. Reiz: mit dem WAGNERschen Hammer erzeugte Induktionsströme, 4,2 cm apikal von der Ableitungsstelle. Das Elektrometer war während der Reizung, aber länger als diese dauerte, abgeschaltet, wodurch die weiße Lücke in der Kurve entstand. Die Strecke zwischen Reiz- und Ableitungsstelle war mit feuchtem Filterpapier bedeckt, das beim ersten Versuch in Wasser von Umgebungstemperatur, beim zweiten Versuch in Eiswasser tauchte. Zeitmarken 10 sek. (Original.

Gebiet wieder einen Einzelaktionsstrom auslösen. Dieser hat dann durch seine größere Fortpflanzungsgeschwindigkeit den oben angegebenen Wert der Leitungsgeschwindigkeit durch Vergrößerung etwas gefälscht. 4 Versuche, in denen beiderseits der Ableitungsstelle durch in Eiswasser tauchendes Filterpapier gekühlt wurde, ergaben nur Wellengruppen, deren Leitungsgeschwindigkeit $0{,}14 \pm 0{,}01$ cm sek^{-1} und deren Anstiegszeit $3{,}18 \pm 0{,}16$ sek betrug. Die Versuche beweisen, daß auch bei niederer Temperatur noch Zellen erregt werden und machen eine allerdings geringe Temperaturabhängigkeit der Leitungsgeschwindigkeit sehr wahrscheinlich. Wenn in der Zwischenstrecke $^1/_2$—1 cm durch Darüberleiten von Dampf während $^1/_2$ Minute abgetötet war, so bedingten dieselben elektrischen Reize, obzwar sie natürlich noch ebenso zu akropetaler Leitung und damit zur Reaktion der Blättchen führten, keinerlei Aktionsströme an der Ableitungsstelle mehr (6 Versuche). Dies macht es sehr wahrscheinlich, daß auch zur Leitung der Wellengruppe (HOUWINKs „variation") die Erregung lebender Zellen notwendig ist. Wurde aber an diesen Blättern ein sekundärer Blattstiel angebrannt, so zeigte sich nach etwa 12—20 sek ein Einzelaktionsstrom, dem mehr oder weniger bald eine Wellengruppe folgte. Dies zeigt, in Übereinstimmung mit gewissen Versuchen HOUWINKs (S. 80), daß durch das Anbrennen ein basipetaler, Erregungssubstanz transportierender Flüssigkeitsstrom ausgelöst wird, der aber für die kurze abgetötete Strecke von weniger als

1 cm 10—20 sek braucht. Von der abgetöteten Strecke selbst konnte ich keine Aktionsströme ableiten. Daß der Einzelaktionsstrom und die Wellengruppe durch verschiedene Zellen bedingt sind, geht nicht nur aus den schon besprochenen Versuchen HOUWINKs hervor, sondern wurde auch von mir (16, 17) durch die Messung des Refraktärstadiums, das weit länger ist als der zeitliche Abstand zwischen Einzelaktionsstrom und Wellengruppe, gezeigt. Trotzdem ist es sehr wahrscheinlich, daß nicht nur, wie oben erwähnt, eine Wellengruppe den Einzelaktionsstrom auslösen kann, sondern, daß dieser auch von Einfluß auf die Fortpflanzungsgeschwindigkeit der Wellengruppe sein kann. Wenn man einen sekundären Blattstiel anbrennt, so findet man bei gut ausgebildeter Erregungsleitung die Wellengruppe sehr oft, wie in Abb. 9 rechts, unmittelbar an die erste Aktionsstromzacke anschließend. Wäre das Fortschreiten der Wellengruppe nur durch eine basipetale Flüssigkeitsbewegung bedingt, die von der Größenordnung der Leitungsgeschwindigkeit im langsam leitenden System wäre, so müßte es auch oft genug vorkommen, daß die Wellengruppe etwas rascher fortschreitet als der Einzelaktionsstrom. Das ist aber nicht der Fall und die Wellengruppe wird offenbar durch den Einzelaktionsstrom mitgenommen. Dieser scheint soviel Erregungssubstanz zu hinterlassen, bzw. an Nachbarzellen abzugeben, daß hierdurch die Wellen der Gruppe eine wesentlich höhere Leitungsgeschwindigkeit erlangen.

Über die Lage der Leitungsbahnen im primären Blattstiel von *Mimosa pudica* sind wir durch Versuche von HERBERT (1 und, weniger ausführlich dargestellt, 2) und von SNOW (1, S. 363f.) gut unterrichtet. HERBERT hat gezeigt, daß vollkommene Entfernung oder Durchschneidung des Phloëms, auch bei erhaltenen inneren Geweben, die Leitung nach Anbrennen oder Durchschneiden von Fiederblättchen vollkommen blockiert, wobei aus seinen Tabellen hervorgeht, daß der letztere Reiz an normalen Blättern die langsame Leitung auslöste. Aber Entfernung des Holzes ließ, wenn an seiner Stelle Wasser in den Blattstiel eingebracht wurde, die Leitungsgeschwindigkeit praktisch unverändert. Auch ein Schnitt, der nur mehr Phloëm, primäre Rinde und Epidermis in Zusammenhang ließ, ließ die Leitung bestehen, doch wurde sie unterbrochen, sobald auch das Phloëm ganz durchschnitten wurde. SNOW hat nur diese Durchschneidungsversuche wiederholt, aber seine Versuche zeigen, daß auch für die rasche Leitung Phloëm, primäre Rinde und Epidermis genügen, nicht aber die beiden letzteren allein. In den Versuchen HERBERTs ist offenbar, trotzdem Blättchen angebrannt wurden, eine Übertragung von Erregungssubstanz mit dem Saftstrom im Holz nicht in ausreichendem Maße vorgekommen.

BOSE (3, S. 110f.) hat bei Ableitung der Aktionsströme mit einer bis auf die Spitze isolierten Nadel die größten Galvanometerausschläge beim Einstich in das Phloëm und in die Markkrone erhalten, von den anderen Geweben geringere, ebenfalls negative Ausschläge, und nur von der Epidermis sehr geringe positive Ausschläge. Diesem letzteren Befund scheint die Tatsache zu widersprechen, daß HOUWINK und gelegentlich auch ich bei Ableitung von außen normale, negative Aktionsströme beobachtet haben. Am Stamm von *Mimosa Spegazzinii* habe ich beim Einstich der Elektrode nur ins Mark oder nur in die primäre Rinde ganz dieselben Aktionsströme abgeleitet wie sonst; um zu zeigen, daß das Mark nicht erregungsleitend ist, mußte ich alles leitende Gewebe, also die Markkrone, an dem Stammstück entfernen und dann vom Mark ableiten. Nun hat mein Meßinstrument nur sehr geringe Stromstärken entnommen und Spannungen gemessen, so daß es gleichgültig war, von welchem Punkt des Querschnitts ich ableitete; anders bei BOSEs Galvanometer mit großer Stromentnahme und Messung der Stromstärke, wobei es auf den Widerstand ankam. Seine großen Ausschläge beweisen also nur, daß in diesen Fällen der Widerstand zwischen aktivem Gewebe und seiner Elektrode klein war. Der größte Teil dieses Widerstandes lag aber an der Elektrodenfläche und war offenbar in den plasmatischen Geweben besonders gering. Der aus den Beobachtungen BOSEs oft gezogene Schluß auf die Aktionsströme der Kambiformzellen in der Markkrone des primären Blattstiels von *Mimosa pudica* erscheint mir daher unzulässig. Ich (5, S. 302) habe auch nach Entfernung der Markkrone vom primären Blattstiel noch normale Aktionsströme ableiten können. Jetzt habe ich (0) versucht, das Phloëm und die äußeren Gewebe über etwa $^1/_2$ cm zu entfernen; in 3 Fällen waren nur mehr Reste, wahrscheinlich geschädigten Phloëms, vorhanden und das Durchschneiden vieler Blättchen an einigen sekundären Blattstielen bedingte jenseits der Abtragungsstelle keine Aktionsströme mehr. Das Anbrennen von sekundären Blattstielen bewirkte nur sehr geringe Aktionsströme; wahrscheinlich handelte es sich, wie auch in den oben angeführten Versuchen mit abgetöteten Stellen, um Transport von Erregungssubstanz mit einem durch das Anbrennen bewirkten, basipetalen Saftstrom, welche dann basal von der Abtragungsstelle wieder Aktionsströme auslöste.

Es scheinen also die Aktionsstrombefunde, in völliger Übereinstimmung mit den Abtragungs- und Durchschneidungsversuchen von HERBERT und von SNOW, zu zeigen, daß die Erregungsleitung im primären Blattstiel von *Mimosa pudica* ausschließlich im Phloëm stattfindet.

e) Der Stamm.

Im Stamm spielt, wie RICCA (1, 2) und für *Mimosa pudica* besonders eingehend SNOW (1) gezeigt hat, der Transport von Erregungssubstanz mit dem Saftstrom eine große Rolle. Hier haben wir uns nur mit der Erregungsleitung zu befassen.

Schon SNOW (1, S. 351f.) hat eine Art der raschen Leitung beschrieben, die er „high-speed conduction" nannte. Sie ist durch einen Schnitt in die tieferen Teile des Phloëms oder ins Kambium auslösbar, erstreckt sich nur über ein oder zwei Internodien und bringt nur das

Hauptgelenk, nicht auch die Fiederblättchen zur Reaktion. Nach BALL (3, S. 163f.) wird sie durch Abtragung der Gewebe außerhalb des Holzes aufgehoben.

Eine zweite Art der raschen Leitung im Stamm von *Mimosa pudica* hat BALL (3) als „rapid conduction" beschrieben. Sie ist besonders an stark turgeszenten Pflanzen bei hoher Luftfeuchtigkeit oder an Sproßstücken unter Wasser auslösbar und breitet sich oft über große Teile der Pflanze aus. Durch verschiedene Versuche hat BALL bewiesen, daß die „rapid conduction" in den Geweben innerhalb des Holzes abläuft; er dachte vor allem an das Mark, doch dürften nach den seither sonst bekanntgewordenen Befunden in erster Linie die Kambiformzellen der Markkrone in Betracht kommen. Auslösende Reize sind: mechanische Verletzungen, Quetschen, Verbiegen aber auch Anbrennen oder starke Abkühlung des Stammes, starke elektrische Reize (Induktionsschläge) am Stamm, Verletzungen, Zerquetschen und vielleicht auch Anbrennen eines Blütenstandes, Durchschneiden eines primären und unter sehr günstigen Bedingungen auch eines sekundären Blattstiels und schließlich der Hauptwurzel.

Daß auch die „rapid conduction" im Stamm zu dem von mir als rasche Leitung bezeichneten Typus gehört, geht nicht nur daraus hervor, daß nach Beobachtungen von BALL (3, S. 165) und insbesondere von mir (3, 11) die durch Durchschneiden des Blattstiels ausgelöste rasche Leitung direkt in die im Stamm übergehen kann, sondern auch daraus, daß diese beiden raschen Leitungen besonders an auf trockenem Standort gewachsenen, zur Zeit des Versuches aber stark turgeszenten Pflanzen auslösbar sind und daß ihre Auslösung oft nur in einem gewissen Prozentsatz der Fälle gelingt. Da es BALL (3) vor allem darauf ankam, zu zeigen, daß die „rapid conduction" zu rasch ist, um durch Transport von Erregungssubstanz mit dem Saftstrom zustande zu kommen, hat er die Zeit zwischen Reiz und Reaktion eines entfernten Blattes der Berechnung der Leitungsgeschwindigkeit zugrunde gelegt und so etwas geringere Werte erhalten wie ich (3, 11) bei der Messung der Zeit zwischen den Reaktionen zweier Blätter, die 2 oder 4 Internodien voneinander entfernt waren. Wegen der bei BALL (3) zu gering angegebenen Leitungsgeschwindigkeit und wegen der Wirksamkeit elektrischer Reize habe ich (5) BALLs „rapid conduction" zunächst fälschlich meiner langsamen Leitung gleichgesetzt und dasselbe tat HOUWINK wahrscheinlich wegen der Auslösbarkeit durch Induktionsströme und Kälte und wegen des Nachweises von Aktionsströmen. Diese Argumente verlieren viel von ihrer Beweiskraft, wenn man folgendes bedenkt: 1. Nach den schon erwähnten Angaben BOSEs lösen vielleicht auch elektrische Reize in dünnen Blattstielen rasche Leitung aus. 2. Alle genannten Reize lösen im Stamm die „rapid conduction" weit weniger sicher aus als im Blattstiel die langsame Leitung. 3. Die Aktionsströme der „rapid conduction" waren in meinen Versuchen von ganz verschiedenem Ausmaß, angefangen von dem maximalen, auch sonst bei Mimosenaktionsströmen vorkommenden, bis herab zu kaum merklichen Ausschlägen und sehr viele, mitunter $^2/_3$ der Reize waren nicht von nachweisbaren Aktionsströmen gefolgt. Es ist auch weder HOUWINK (S. 64) noch mir (o) in eigens darauf gerichteten Versuchen gelungen, diese Aktionsströme an einer Stelle, an der Phloëm und Rinde entfernt waren, nachzuweisen, während die Versuche von BALL (3, S. 150f.) die „rapid conduction" über solche Stellen beweisen. Es ist also anzunehmen, daß die Zahl der erregten Zellen sehr verschieden und oft sehr gering ist, und eine für den Aktionsstromnachweis zu geringe Zahl erregter Zellen ist ja auch für die durch Wundreize ausgelöste rasche Leitung im Blattstiel als möglich in Betracht zu ziehen.

Ich (o) habe noch einige Versuche angestellt, die zeigen sollten, ob wirklich diese verschiedenen Reize alle dieselbe „rapid conduction" auslösen. Etwa 10—15 sek nach einem, am Aktionsstrom als wirksam erkannten Reiz, d. h. im Refraktärstadium der ersten Erregung, wurde ein zweiter, andersartiger Reiz angewandt und dieser erzeugte nie einen Aktionsstrom. In 4 Versuchen war der erste ein Kältereiz durch Eis, der zweite das Durchschneiden des Stammes, in 4 weiteren Versuchen der erste Reiz ein Öffnungsinduktionsschlag, der zweite wieder das Durchschneiden des Stammes, in einem Versuch war der erste Reiz das Durchschneiden des Stammes, der zweite ein Öffnungsinduktionsschlag. Es ist also anzunehmen, daß alle diese, die „rapid conduction" auslösenden Reize dasselbe leitende System erregen.

In Tabelle 7 sind alle meine (3, 5, o) Messungen der Leitungsgeschwindigkeit der raschen Leitung im Stamm („rapid conduction") zusammengestellt. Es zeigt sich kein Einfluß der Reizart auf die Leitungsgeschwindigkeit; vielleicht ist die Leitung in basipetalem Sinn gegenüber der in akropetalem etwas begünstigt. Auch die Anstiegszeiten des Aktionsstroms zeigen bei verschiedenen Reizarten keine wesentlichen Unterschiede: ich (5, o) erhielt

bei Durchschneiden des Stammes
in 11 Versuchen bei 32° C 0,45 + 0,02 sek,
in 4 Versuchen bei 30° C 0,34 $\pm$ 0,01 sek,
bei elektrischem Reiz am Stamme
in 6 Versuchen bei 30° C 0,44 $\pm$ 0,09 sek,
bei Kältereiz durch Eis
in 5 Versuchen bei 30° C 0,50 $\pm$ 0,04 sek.

Typische Aktionsströme zeigen die Abb. 12 und 13. HOUWINK (S. 68), der scheinbar an jüngeren Pflanzen gearbeitet hat, hat bei Ableitung vom Stamm und vom Wurzelsystem in einzelnen Fällen auch schwach diphasische Aktionsströme erhalten und bezieht die zweite Phase auf die Basis des Stammes, wo somit das die „rapid conduction" bewirkende System zum Teil enden müßte. Daß es sich wenigstens zum Teil in die Wurzel fortsetzt, zeigt mein (3, S. 200) allerdings nur einmaliger Befund, daß Durchschneiden der Hauptwurzel die „rapid conduction" auslösen kann.

Tabelle 7. Leitungsgeschwindigkeit der raschen Leitung im Stamm von *Mimosa pudica*. [Nach UMRATH (3, 11) und nach neuen Messungen.]

Art des Reizes	Beobachtete Reaktion	Sinn der Leitung	Temp. °C	Leitungsgeschwindigkeit und wahrscheinlicher Fehler in cm sek^{-1}	Zahl der Versuche	Datum
Durchschneiden des Stammes	Bewegungsreaktionen der Hauptgelenke zweier Blätter in gegenseitigem Abstand von 2 oder 4 Internodien	basipetal	28	3,8 ± 0,25	10	19. 8. 25
,, ,, ,,		,,	—	3,2 ± 0,06	10	5. 4. 30
Durchschneiden eines Blattstiels		,,	27	4,0 ± 0,20	10	15.—22. 8. 25
,, ,, ,,		akropetal	27	3,3 ± 0,27	10	15.—22. 8. 25
Anstechen des Stammes		basipetal	26	4,6 ± 0,23	10	5. 8. 25
,, ,, ,,		akropetal	27	4,3 ± 0,20	10	5. u. 14. 8. 25
Abbiegen des Stammes		basipetal	27	4,4 ± 0,31	10	12. u. 17. 8. 25
Verletzen eines Blütenstandes		,,	27	3,9 ± 0,19	10	12.—15. 8. 25
Zerquetschen eines Blütenstandes		,,	—	4,1 ± 0,08	10	5. 4. 30
Durchschneiden des Stammes	monophasischer Aktionsstrom	,,	32	5,9 ± 0,20	11	Juli 1927
,, ,, ,,		,,	30	3,7 ± 0,51	4	Juli 1935
Öffnungsinduktionsstrom am Stamm		verschieden	30	5,3 ± 0,43	6	Juli 1935
Eiswasser am Stamm	diphasischer Aktionsstrom	,,	29	4,3 ± 0,11	3	Juli 1935
		Mittelwert		4,2 ± 0,14		

Unter besonders günstigen Bedingungen konnte ich (3, 5) auch eine langsame Erregungsleitung im Stamm von *Mimosa pudica* nachweisen, die sich am besten durch starkes Anbrennen eines sekundären Blattstiels auslösen läßt. Von der raschen Leitung unterscheidet sie sich durch die geringere Leitungsgeschwindigkeit und dadurch, daß ihre Aktionsströme

Abb. 12. 12. Juli 1927. 32° C. *Mimosa pudica.* Ableitung vom Stamm. Reiz: Durchschneiden des Stammes, 10,3 cm apikal von der Ableitungsstelle. Zeitmarken 10 sek, Spannungseinheit 0,02 Volt. [Aus UMRATH (5).]

Abb. 13. 22. Juli 1927. 33° C. *Mimosa pudica.* Ableitung vom Stamm. Reiz: Durchschneiden des Stammes, 5,7 cm apikal von der Ableitungsstelle. Eichkurven —0,06 Volt. Zeitmarken 10 sek, Spannungseinheit 0,02 Volt. [Aus UMRATH (5).]

oft langdauernde Wellengruppen darstellen [UMRATH (5), Abb. 26 und 27], vom Transport von Erregungssubstanz mit dem Saftstrom durch die Begünstigung des basipetalen Leitungssinnes. So erhielt ich (3) für die

Abb. 14. 22. Juli 1927. 30° C. *Mimosa pudica.* Ableitung von einer geschabten Stelle des Stammes, an der nur Mark, Markkrone und Teile des Holzes erhalten waren. Reiz: Anbrennen eines sekundären Blattstiels eines oberhalb der Ableitungsstelle inserierten Blattes. Zeitmarken 10 sek, Spannungseinheit 0,02 Volt. [Aus UMRATH (5).]

nach der Reaktion der Blätter über 2 Internodien bei 27—32° C gemessene Leitungsgeschwindigkeit aus je 10 Versuchen

bei basipetalem Leitungssinn . . . . . . 0,96 ± 0,14 cm sek^{-1},
bei akropetalem Leitungssinn . . . . . . 0,40 ± 0,05 cm sek^{-1}.

Ähnlich erhielt ich (5) aus Aktionsstromaufnahmen in 3 cm Entfernung von dem gereizten Blatt als Leitungsgeschwindigkeit aus 11 bzw. 10 Versuchen

bei basipetalem Leitungssinn . . 0,80 ± 0,12 cm sek^{-1} bei 30° C,
bei akropetalem Leitungssinn . . 0,62 ± 0,08 cm sek^{-1} bei 31° C.

Der Begünstigung des basipetalen Leitungssinns entspricht ein häufigeres Auftreten geschlossener Wellengruppen bei basipetaler Leitung. Wahrscheinlich ist sogar die bei Leitung in akropetalem Sinn meist größere Entfernung der Einzelwellen voneinander der Grund für die geringere Leitungsgeschwindigkeit, weil ein gelegentliches Erlöschen der ersten

Welle bei größerem gegenseitigem Abstand eine größere Verzögerung bedingt. Durch Abtragungsversuche habe ich (5, S. 305) gezeigt, daß die Aktionsströme der langsamen Leitung im Stamm in der Markkrone entstehen. In Abb. 14 ist ein solcher Versuch wiedergegeben; die Einzelwellen folgen oft in viel geringerem Abstand aufeinander als es diese Abbildung zeigt. Die Anstiegszeit der ersten Welle fand ich (5)

bei akropetaler Leitung in 4 Versuchen bei 31° C zu 0,77 ± 0,07 sek,
bei basipetaler Leitung in 8 Versuchen bei 30° C zu 1,10 ± 0,18 sek,
bei basipetaler Leitung in 4 Versuchen bei 30° C zu 1,12 ± 0,22 sek.

Bei den letzten 4 Versuchen waren die Gewebe außerhalb des Holzes abgetragen.

Es ist wahrscheinlich, daß die langsame Erregungsleitung im Stamm öfter auftritt, ohne daß sie sicher zu erkennen und insbesondere vom Transport von Erregungssubstanz mit dem Saftstrom zu unterscheiden ist.

f) Die Keimblätter und das Hypokotyl der Keimpflanze.

Entfaltete und ergrünte Keimblätter von *Mimosa pudica* zeigen Erregungsleitung, die der langsamen Leitung in den Fiederblättchen ähnelt. Beim Durchschneiden eines Keimblattes habe ich (8) die Leitungsgeschwindigkeit bei 28° C nach der Reaktionszeit des Gelenkes aus 10 Versuchen zu 0,16 ± 0,04 cm sek^{-1} und aus 8 Aktionsstromaufnahmen zu 0,15 ± 0,02 cm sek^{-1} bestimmt; die Anstiegszeit des Aktionsstroms ergab sich aus diesen zu 2,1 ± 0,2 sek. In Abb. 15 ist eine solche Aufnahme wiedergegeben.

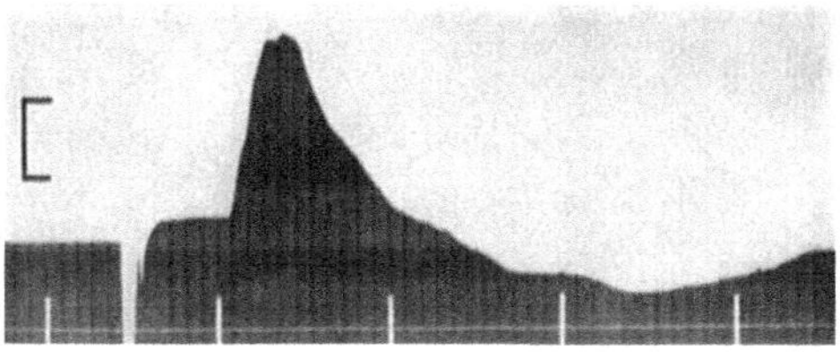

Abb. 15. 24. Mai 1929. 30° C. *Mimosa pudica*, noch ohne Laubblätter. Ableitung vom Mittelnerven des Keimblattes. Reiz: Abschneiden der Keimblattspitze 0,6 cm von der Ableitungsstelle. Zeitmarken 10 sek, Spannungseinheit 0,02 Volt. (Original.)

An noch im Streckungswachstum begriffenen Hypokotylen etwas etiolierter Keimlinge, deren Keimblätter vielfach noch nicht entfaltet waren, konnte ich (8) sowohl bei Durchschneiden eines Keimblattes als auch bei einem Einschnitt in das Hypokotyl, wenige Millimeter über der Ableitungsstelle, keine Aktionsströme nachweisen. An älteren Keimpflanzen oder an besonnten, die ihr Streckungswachstum bald einstellen, habe ich sehr deutliche Aktionsströme vom Hypokotyl erhalten, wie Abb. 16 einen bei Durchschneidung eines Keimblattes zeigt. Aus 10 solchen Versuchen bei 28° C ergab sich bei entsprechender Berücksichtigung der Leitungszeit im Keimblatt als Leitungsgeschwindigkeit im Hypokotyl 0,20 ± 0,03 cm sek^{-1} und als Anstiegszeit des Aktionsstroms 2,1 ± 0,2 sek. 4 Fälle, in denen beim Anschneiden noch recht junger Hypokotyle Aktionsströme ausgelöst wurden, ergaben bei 28° C als Leitungsgeschwindigkeit 0,28 ± 0,10 cm sek^{-1}, als Anstiegszeit 3,2 ± 1,4 sek.

In 10 Versuchen bei 31° C habe ich durch Aufbringen von einem Tropfen Alkohol auf ein Keimblatt gereizt, den Zeitpunkt der Gelenksreaktion auf der Kurve markiert und aus der Zeit bis zum Auftreten des Aktionsstroms die Leitungsgeschwindigkeit zu $0{,}13 \pm 0{,}02$ cm sek^{-1} bestimmt; die Anstiegszeit ergab sich zu $2{,}9 \pm 0{,}4$ sek.

Wenn diese Untersuchungen auch nichts darüber aussagen, wann die einzelnen Zellen der Keimpflanze erregbar werden, d. h. wann ein Erregungsvorgang in ihnen ausgelöst werden kann, so zeigen sie doch, daß

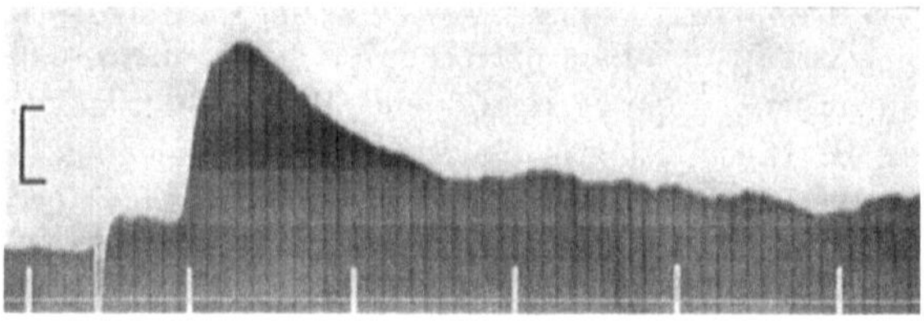

Abb. 16. 26. Mai 1929. 30° C. *Mimosa pudica*, noch ohne Laubblätter, Keimblätter noch hellgrün, Streckungswachstum des Hypokotyls schon vollendet. Ableitung vom Hypokotyl. Reiz: Durchschneiden eines Keimblattes 0,45 cm vom Gelenk, von hier bis zur Ableitungsstelle im Hypokotyl 0,5 cm. Zeitmarken 10 sek, Spannungseinheit 0,02 Volt. (Original.)

Erregungs*leitung* von Zelle zu Zelle erst bei einer gewissen Differenzierung auftritt, daß sie dann aber schon den definitiven Charakter hat. Rasche Leitung habe ich an Keimpflanzen nicht beobachtet.

g) Allgemeiner Überblick über die Erregungsleitung bei *Mimosa pudica*.

Das langsam leitende System, welches das einzige in der Keimpflanze nachgewiesene ist, findet sich, wahrscheinlich mit Ausnahme des Blütenstandes, auch in allen oberirdischen Teilen der erwachsenen Pflanze und erstreckt sich vielleicht auch in die Wurzel. Die gute Ausbildung der langsamen Erregungsleitung im sekundären Blattstiel, die sich auch in der Unabhängigkeit der Leitungsgeschwindigkeit vom Leitungssinn äußert, dürfte damit in Zusammenhang stehen, daß die Aktionsströme vom sekundären Blattstiel meist so geschlossene Wellengruppen darstellen, daß ihre Einzelwellen oft gar nicht als solche kenntlich sind. Wie erwähnt, laufen die einander unterstützenden Einzelwellen in nebeneinander liegenden Zellen ab. In der Dekrementstelle zwischen dem basalen Blättchenpaar und dem Sekundärgelenk wird die jeweilige Kopfwelle reduziert und erlischt, so daß der ganze Wellenzug verkürzt wird und eine scheinbare Leitungsverzögerung oder, nach schwachen Reizen, ein vollkommenes Erlöschen resultiert. Im Stamm ist die langsame Leitung viel weniger gut ausgebildet und der Aktionsstrom stellt meist eine weniger dichte Wellengruppe dar. Bei der Leitung in akropetalem Sinn sind die Abstände zwischen den Einzelwellen größer und die Leitungsgeschwindigkeit ist bei diesem Leitungssinn, wahrscheinlich infolgedessen, geringer.

Im primären Blattstiel erscheint das langsam leitende System in zwei Teilsysteme zerfallen. Das eine, schon lange bekannte, hat sehr gut ausgebildete Erregungsleitung und einen Einzelaktionsstrom. Nur in diesem Teil des ganzen langsam leitenden Systems ist die Erregungsleitung auch durch kurz dauernde Einzelreize leicht auszulösen; es kann das Hauptgelenk und die Sekundärgelenke zur Reaktion bringen, erzeugt aber offenbar nicht genug oder nicht durch genügend lange Zeit hindurch Erregungssubstanz, um die langsame Leitung im Stamm oder im sekundären Blattstiel, der ja gerade an der Basis die Dekrementstelle aufweist, auszulösen. Das zweite, erst in letzter Zeit näher untersuchte, mit einer Aktionsstromwellengruppe verbundene Teilsystem der langsamen Leitung im primären Blattstiel ist das Gegenstück zu dem eben besprochenen. Bei ihm hat der Transport von Erregungssubstanz mit der Interzellularflüssigkeit oder mit dem Saftstrom eine solche Bedeutung, daß die Leitung in akropetalem Sinn begünstigt erscheint; nach dem Resultat der Abtötungsversuche halte ich aber auch eine aktive Beteiligung lebender Zellen für sicher. Der Erregungsübergang zwischen diesem System und der langsamen Leitung im sekundären Blattstiel und im Stamm ist ein reziproker, während der Einzelaktionsstrom im primären Blattstiel zwar von überall her durch Wellengruppen auslösbar ist, selbst aber nirgends Wellengruppen auslöst.

Die in den Kantenbündeln lokalisierte mittlere Leitung ist wenig untersucht. Ein Erregungsübergang ist nur von der raschen Leitung eines sekundären Blattstiels auf die mittlere eines anderen bekannt und innerhalb des sekundären Blattstiels von der mittleren auf die langsame Leitung.

Die rasche Leitung findet sich in 3 voneinander getrennten Systemen. 1. Im Phloëm oder Kambium des Stammes als „high-speed conduction“, nur mit den Hauptgelenken verbunden und durch mechanische Verletzung auslösbar. 2. Im sekundären Blattstiel und in den Blättchen, mit den Tertiärgelenken verbunden, durch mechanische Verletzung und durch Anbrennen auslösbar; bei Auslösung durch Anbrennen sind Aktionsströme nachgewiesen, Erregungsübergang ist auf das langsam leitende und, wenigstens an der Basis des sekundären Blattstiels, auf das mittel leitende System möglich. 3. Die ganze Pflanze durchziehend, im Stamm innerhalb des Holzes als „rapid conduction“, nur mit den Haupt- und vielleicht mit den Sekundärgelenken verbunden; überall mechanisch auslösbar, im Stamm und vielleicht in dünnen primären Blattstielen auch elektrisch, im Stamm durch Anbrennen, Kälte und durch Erregungssubstanz, wie aus Versuchen von BALL (3, S. 157f.) mit durchtrennten Stämmen hervorgeht. Im Stamm sind Einzelaktionsströme, allerdings von sehr wechselndem Betrag und nicht mit Sicherheit nach jedem Reiz, nachweisbar. Die rasche Leitung ist in diesem Teilsystem sehr stark von der Turgeszenz der Pflanze abhängig.

Die rasche Leitung ist bei *Mimosa pudica* in allen Teilen der Pflanze dann besonders gut ausgebildet, wenn die Pflanze an einem sonnigen, einigermaßen trockenen Standort gewachsen ist, was ich vielfach beobachten konnte und was auch aus der Darstellung von RICCA (3, S. 542f.) hervorgeht. Dasselbe gilt aber auch für die langsame und für die rasche Erregungsleitung bei *Mimosa Spegazzinii*, insbesondere für die in ihrem Stamm. Es ist sehr wahrscheinlich, daß unter solchen Wachstumsbedingungen die Erregungsleitung bei Pflanzen überhaupt besonders gut ausgebildet wird und daß sich das nur an den Systemen, deren Leitungsvermögen sonst weiter vom Optimum entfernt ist, deutlicher äußert.

Die Begünstigung, welche die rasche Leitung mit Ausnahme der „high-speed conduction" bei Erhöhung der Turgeszenz erfährt, wurde verschieden gedeutet. BALL (3) brachte sie mit seiner Vorstellung in Zusammenhang, nach der die „rapid conduction" im Stamm auf einer Turgorreaktion der Markzellen beruht, bei welcher sie Flüssigkeit mit Erregungssubstanz abgeben, die dann die nächsten Zellen erregt. Diese Vorstellung hat durch den Nachweis sehr an Wahrscheinlichkeit verloren, daß, wie oben erwähnt, die rasche Leitung im Blattstiel im Phloëm und die im Stamm von *Mimosa Spegazzinii* in der Markkrone zu lokalisieren ist, wodurch die im Phloëm und in der Markkrone vorkommenden Kambiformzellen als die wahrscheinlich einzigen leitenden Elemente erscheinen. RICCA (3), der die Erregungsleitung als einen rein elektrischen Vorgang auffaßt, bei dem der Aktionsstrom als elektrischer Reiz für die noch unerregten Nachbarzellen wirkt, meint, die Turgeszenzerhöhung wirke durch die mit ihr verbundene Verminderung des den Zellen außen anliegenden Widerstandes günstig. Demgegenüber möchte ich aber in Erinnerung bringen, daß gerade bei der langsamen Leitung, die durch erhöhte Turgeszenz nicht begünstigt wird, Aktionsströme am sichersten nachgewiesen sind. Ich glaube, daß sich an der raschen Leitung verschieden viele, meist aber nur wenige Zellen beteiligen. Damit stimmt ja überein, daß man im Blatt nach Wundreizen keine raschen Aktionsströme nachweisen kann und daß die raschen Aktionsströme im Stamm sehr verschiedenes Ausmaß haben. Vielleicht werden durch höhere Turgeszenz günstige Bedingungen geschaffen, unter denen sich mehr und vor allem auch besonders rasch leitende Zellen an der raschen Leitung beteiligen.

Bei der eben erwähnten Auffassung RICCAs von der elektrischen Natur der Erregungsleitung besteht ein scharfer Unterschied zwischen dieser und dem Transport von Erregungssubstanz mit dem Saftstrom, und RICCA schreibt letzterem eine große Rolle zu. Er (3) hat durch vielfache Versuche gezeigt, daß beim Durchschneiden eines Blattes in einer konzentrierten Eosinlösung (10 bis 30 Teile Eosin auf 100 Teile Wasser), das Eosin so rasch in die Gefäße eindringen kann, daß ein ebenso rasches Eindringen von Erregungssubstanz aus der Wunde die beobachtete Reizleitungsgeschwindigkeit erklären könnte. Es erscheint mir selbstverständlich, daß in solchen Versuchen, wenn das Wasser in den Gefäßen vor dem Aufschneiden unter genügender Spannung stand, die Eosinlösung sehr rasch einströmt, eventuell auch mit höherer Geschwindigkeit als mit der der Erregungsleitung. Ich glaube aber nicht, daß die abweichenden Befunde von Snow (2) nur durch die von ihm angewandte geringere Eosinkonzentration zu erklären sind, sondern in den Gefäßen seiner Pflanzen dürfte das Wasser unter Druck oder doch nur unter geringer Zugspannung gestanden sein. Auch der erwähnte Befund von Herbert (1, S. 125 und 2, S. 142), daß in primären Blattstielen, deren äußere Gewebe einschließlich des Phloëms entfernt waren, keine Leitung mehr stattfand, wenn ein sekundärer Blattstiel durchschnitten oder Blättchen durchschnitten oder verbrannt wurden, zeigt, daß in seinen Versuchen kein wesentlicher Transport von Erregungssubstanz im Blattstiel stattfand. Andererseits konnte Ricca (3, S. 496) bei *Mimosa pudica* verhältnismäßig rasche basipetale Leitung durch primäre Blattstiele mit einer abgetöteten Stelle beobachten, wenn er die beiden mittleren sekundären Blattstiele an ihrer Basis durchschnitt; beim Aufschneiden von Gefäßen mit genügendem negativem Druck muß also ein basipetaler Transport von Erregungssubstanz ausgelöst werden. Auch beim Anbrennen eines sekundären Blattstiels fand Ricca (3, S. 492f. und Tabelle 2) Leitung über eine mit Dampf abgetötete Stelle des primären Blattstiels mit nur wenig verminderter Geschwindigkeit. Ich habe, wie oben mitgeteilt, ganz dieselben Versuche ausgeführt, aber auch die Aktionsströme registriert; dabei zeigte es sich, daß jenseits der abgetöteten Stelle wieder Aktionsströme und somit normale Leitung auftraten und daß daher die Verzögerung, die ganz in der kurzen abgetöteten Strecke zustande kam, doch beträchtlich war. Daß auch das Resultat dieser Versuche ganz davon abhängt, unter welchem Druck oder unter welcher Spannung das Wasser in den Gefäßen steht, geht daraus hervor, daß Snow (1, S. 364) an „Stamm- und Blatt-Präparaten", deren Stamm in Wasser tauchte, bei solchen Versuchen keine Leitung über eine abgetötete Strecke erhalten konnte.

Von der oben bei *Mimosa Spegazzinii* besprochenen Leitung mit Beschleunigung glaubt auch Ricca (3, S. 537), daß sie nur durch Erregungsleitung zu erklären sei. Wie ich oben dargelegt habe, ist die Leitung mit Beschleunigung an etwas geschädigten Pflanzen zu beobachten, wenn der Reiz zunächst nur etwas langsamer leitende Zellzüge trifft und die Erregung dann auch auf rascher leitende übergeht; die Geschwindigkeit übertrifft die bei Pflanzen in gutem Zustand vorkommende nie. Deswegen sehe ich, abgesehen von allen anderen Argumenten, nicht ein, warum man bei Pflanzen in gutem Zustand nicht erst recht Erregungsleitung annehmen soll. Ob Ricca und manche andere Autoren vielleicht vielfach Pflanzen in weniger gutem Zustand untersucht haben, bei denen Erregungsleitung eine geringere und Transport von Erregungssubstanz eine größere Rolle spielt, weiß ich nicht, da Leitungsgeschwindigkeiten für die einzelnen Teile des Blattes nicht angegeben werden.

3. Mimosa invisa.

Mimosa invisa steht im System durch ihre vieljochigen Blätter sowie nach dem Bau ihres Blattstiels *Mimosa pudica* näher als *Mimosa Spegazzinii*. Meine (11) Untersuchung zeigte, daß ihr Verhalten, als ein Typus für weniger gut ausgebildete Erregungsleitung, auch von allgemeinem Interesse ist. Wenn man ein Blatt stark anbrennt, lassen sich auch in größerer Entfernung basal im Stamm Aktionsströme nachweisen und es reagieren die Fiederblättchen entfernter Blätter. Nach schwachen und insbesondere nach kurz dauernden Reizen lassen sich aber schon im primären Blattstiel Aktionsströme nicht mehr sicher nachweisen und der akropetale Leitungssinn ist im primären Blattstiel derart begünstigt, daß zumindest eine Mitbeteiligung von mit dem Saftstrom transportierter Erregungssubstanz sicher erscheint. Die langsame Leitung im primären Blattstiel von *Mimosa invisa* ist demnach der mit der Wellengruppe im primären Blattstiel von *Mimosa pudica* verbundenen sehr ähnlich.

Im Blättchen von *Mimosa invisa* ist die langsame Erregungsleitung gut ausgebildet. Ihre Leitungsgeschwindigkeit habe ich in 10 Versuchen bei 29,5° C aus der Reaktionszeit beim Durchschneiden der Spitze zu $0{,}064 \pm 0{,}003$ cm sek^{-1} bestimmt.

Im sekundären Blattstiel ist langsame und rasche Leitung nachgewiesen, das Vorkommen der mittleren wurde nicht untersucht. Bei Durchschneiden eines Blättchens erfolgt die langsame Leitung, im Gegensatz zu den bisher besprochenen Mimosen, meist nur über eine sehr kurze Strecke, auch an Blättern in scheinbar optimalem Zustand. Vielfach beobachtet man dann nach einiger Zeit ein weiteres, meist auch nur geringes Fortschreiten der Erregungsleitung, das offenbar durch spätere vom Reizort ausgehende Erregungswellen bedingt ist. Dementsprechend habe ich beim Durchschneiden eines Blättchens mitunter keine Aktionsströme erhalten, wenn der Erregungsvorgang eben schon vor der Ableitungsstelle erlosch. In diesen Fällen war dann ein deutlicher Aktionsstrom zu registrieren, wenn 3 Blättchen, die ebenso weit oder weiter von der Ableitungsstelle inseriert waren, sogar in größerer Entfernung von ihren Tertiärgelenken durchschnitten wurden. Ein dritter Versuch zeigte, daß das Durchschneiden eines Blättchens auch jetzt keinen bis zur Ableitungsstelle fortschreitenden Aktionsstrom auslöste. Es bedingt also ein ausgedehnterer, sonst aber nicht stärkerer Reiz eine weiter fortschreitende Erregungsleitung. In den Versuchen, in denen schon das Durchschneiden eines Blättchens einen Aktionsstrom an der Ableitungsstelle bedingte, war dieser meist kürzer und bestand aus weniger Einzelwellen als beim Durchschneiden dreier Blättchen und die erste Welle war mitunter reduziert. Abb. 17 zeigt einen solchen Versuch; der zunächst sehr allmähliche Anstieg des Aktionsstroms beim Durchschneiden eines Blättchens ist vielleicht durch eine stark reduzierte erste Welle bedingt. Aus all dem geht hervor, daß im sekundären Blattstiel von *Mimosa invisa* kurze Wellengruppen früher erlöschen als lange und daß das

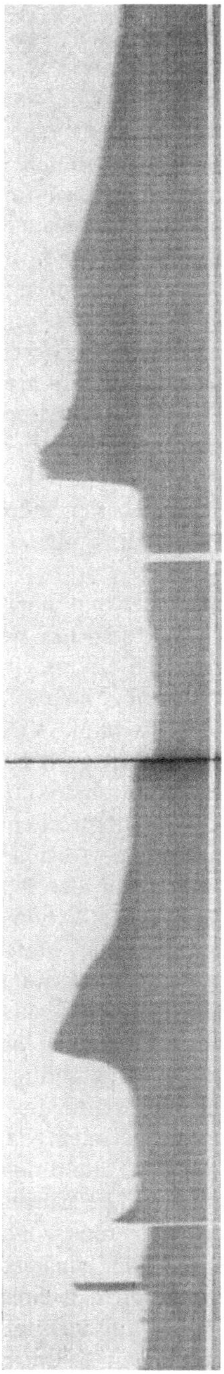

Abb. 17. 20. Juli 1930. 28° C. *Mimosa invisa.* Ableitung vom sekundären Blattstiel. Eichkurve −0,03 Volt. Reiz im ersten Versuch: Durchschneiden eines Blättchens, Leitungsweg 0,55 cm im Blättchen und 1,0 cm im Blattstiel. Reiz im zweiten Versuch: Durchschneiden dreier Blättchen, Leitungsweg 0,4 cm im Blättchen und 1,0 cm im Blattstiel bis zu 0,35 cm im Blättchen und 1,5 cm im Blattstiel. Zeitmarken 10 sek. [Aus UMRATH (11).]

Erlöschen durch Reduktion der jeweils ersten Welle erfolgt. In der längeren und dichteren Wellengruppe findet offenbar eine stärkere gegenseitige Unterstützung der in nebeneinander liegenden Zellen geleiteten Einzelwellen statt, wahrscheinlich durch Erregungssubstanz, die bei der Erregungsleitung von jeder Zelle gebildet wird. Auch bei *Mimosa invisa* reagieren, wie bei den bisher besprochenen *Mimosa*-Arten, die basalen Blättchenpaare weniger leicht als die übrigen. Wahrscheinlich ist hier, wie an der Basis des sekundären Blattstiels von *Mimosa pudica,* ein besonders ausgeprägtes Leitungsdekrement, das sich aber bei *Mimosa invisa* in abgeschwächtem Maß im ganzen sekundären Blattstiel findet.

Die Geschwindigkeit der langsamen Leitung ergab sich für den basipetalen Sinn aus 10 Versuchen nach der Blättchenreaktion bei 29,5° C zu 0,119 ± 0,009 cm sek^{-1} und aus 5 Versuchen nach dem Aktionsstrom, unter Zugrundelegung des oben angeführten Wertes für die Leitungsgeschwindigkeit im Blättchen, bei 28,6° C zu 0,109 ± 0,008 cm sek^{-1}. Die Anstiegszeit des Aktionsstroms ergab sich aus 10 Versuchen bei 28,7° C zu 5,74 ± 0,54 sek. Es ist also bei der langsamen Leitung im sekundären Blattstiel von *Mimosa invisa* die Anstiegszeit des Aktionsstroms länger und die Leitungsgeschwindigkeit geringer als bei *Mimosa pudica* oder bei *Mimosa Spegazzinii*; bezüglich der Leitungsgeschwindigkeit gilt dasselbe vom Bättchen.

Die rasche Leitung kann bei *Mimosa invisa* durch Anbrennen oder Durchschneiden des sekundären Blattstiels ausgelöst werden; beim Durchschneiden des sekundären Blattstiels reagieren allerdings meist nur wenige Blättchenpaare und nur am späten Nachmittag auch noch die zu dieser Zeit sehr reaktionsfähigen Sekundärgelenke. 10 Versuche, in denen der sekundäre Blattstiel am Vormittag angebrannt wurde, ergaben bei 29,5° C als Leitungsgeschwindigkeit 0,75 ±

0,03 cm sek^{-1}; 10 ebensolche Versuche um 17^h35 ergaben bei 27° C 1,47 ± 0,06 cm sek^{-1}; 10 Versuche, in denen der sekundäre Blattstiel durchschnitten und die Zeit bis zur Reaktion des Sekundärgelenkes gemessen wurde, ergaben um 17^h40 bei 27° C 1,50 ± 0,05 cm sek^{-1}. Die Leitungsgeschwindigkeit ist also auch hier von der Reizart unabhängig; auf ihre Erhöhung am späten Nachmittag werde ich bei der Besprechung des Übergangs in Schlafstellung zurückkommen.

4. Neptunia plena.

Auch bei *Neptunia plena*, die in meinen früheren Arbeiten (5, 8), auf die sich diese Darstellung stützt, wie erwähnt, versehentlich als *Neptunia oleracea* bezeichnet ist, ist die Erregungsleitung weniger gut ausgebildet als bei *Mimosa pudica* oder *Mimosa Spegazzinii*; im Stamm und im primären Blattstiel ist sie aber besser ausgebildet als bei *Mimosa invisa*. Seitdem HABERLANDT (1) in seinen anatomischen Untersuchungen die Schlauchzellen als das reizleitende Gewebesystem von *Mimosa* auffaßte, ist das Vorkommen langsamer und rascher Erregungsleitung bei *Neptunia* von einem gewissen Interesse, da BORZÌ und FITTING (1, 5. Jahrg. S. 178) nachgewiesen haben, daß sie keine Schlauchzellen hat. Es ist zwar für die langsame Leitung und für die „rapid conduction" im Stamm von *Mimosa pudica* und für die langsame und die rasche Leitung im Stamm von *Mimosa Spegazzinii* die Lokalisation in der Markkrone nachgewiesen, während sich die Schlauchzellen im Phloëm befinden, aber die Schlauchzellen erscheinen in manchen Arbeiten über die Leitungsvorgänge bei *Mimosa* auch jetzt noch, so daß ein besonderer Hinweis auf das Vorkommen von langsamer und rascher Erregungsleitung bei *Neptunia* bei vollkommenem Fehlen der Schlauchzellen angezeigt erscheint.

Das Durchschneiden eines sekundären Blattstiels löst die rasche Leitung meist nur über eine sehr kurze Strecke aus, aber auch die langsame Leitung erlischt nach einem solchen Reiz meist bald. Das Anbrennen eines sekundären Blattstiels löst die rasche Leitung über weite Strecken in diesem und im primären Blattstiel aus. An mehrjochigen Blättern älterer Pflanzen ergab sich die nach der Blättchenreaktion bzw. nach der Reaktion der sekundären Blattstiele in je 10 Versuchen gemessene Geschwindigkeit der raschen Leitung

im sekundären Blattstiel bei 33° C zu 1,22 ± 0,06 cm sek^{-1},
im primären Blattstiel bei 32° C zu 0,99 ± 0,06 cm sek^{-1}.

Die Anstiegszeit des Aktionsstroms ergab sich aus je 6 Versuchen

im sekundären Blattstiel bei 33° C zu 1,25 ± 0,13 sek,
im primären Blattstiel bei 32° C zu 1,14 ± 0,08 sek.

Elektrische Reize lösen nur die langsame Leitung aus. Besonders eignen sich durch einige Sekunden angewandte, mit dem WAGNERschen Hammer erzeugte Induktionsströme; in je 10 solchen Versuchen ergab

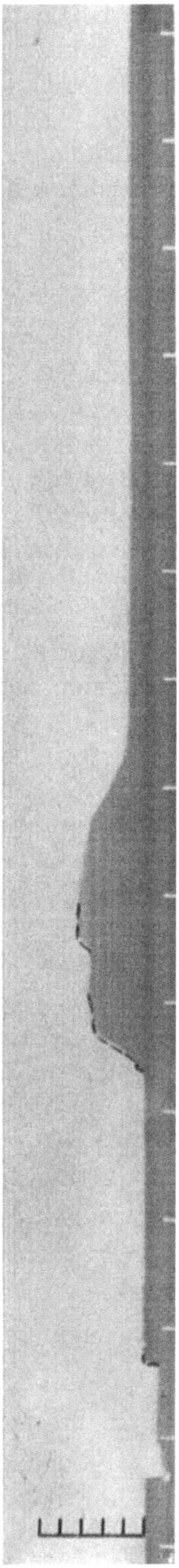

Abb. 18. 11. Juni 1927. 31° C. *Neptunia plena*. Ableitung vom sekundären Blattstiel. Reiz: mit dem Wagnerschen Hammer erzeugte Induktionsströme, 3,7 cm apikal von der Ableitungsstelle; die erste Potentialschwankung, Senkung der Kurve, ist durch den Reiz bedingt und zeigt die Reizdauer. Zeitmarken 10 sek, Spannungseinheit 0,02 Volt. (Aus Umrath (5).]

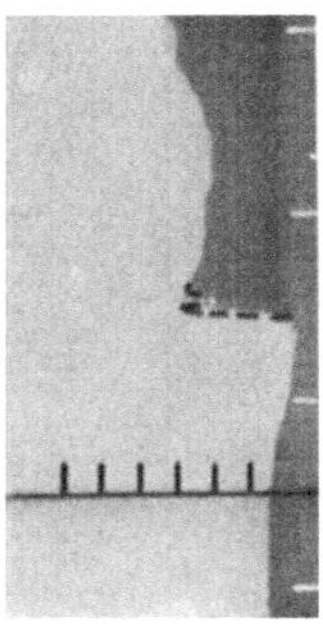

Abb. 19.

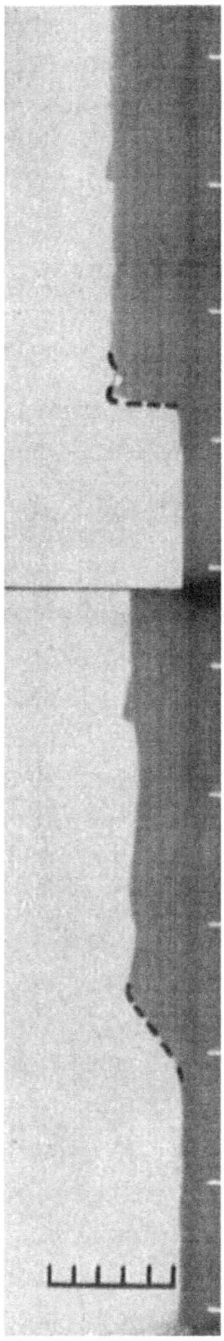

Abb. 20.

Abb. 19. 17. Juni 1927. 32° C. *Neptunia plena*. Ableitung vom sekundären Blattstiel. Reiz: Anbrennen desselben apikal von der Ableitungsstelle. Zeitmarken 10 sek, Spannungseinheit 0,02 Volt. [Aus Umrath (5).]

Abb. 20. 15. Juni 1927. 31° C. *Neptunia plena*. Ableitung vom primären Blattstiel. Reiz, beim ersten Versuch: mit dem Wagnerschen Hammer erzeugte Induktionsströme an einem sekundären Blattstiel; beim zweiten Versuch, einige Zeit nachdem sich das Blatt wieder vollständig ausgebreitet hatte: Anbrennen eines sekundären Blattstiels. Zeitmarken 10 sek, Spannungseinheit 0,02 Volt. [Aus Umrath (5).]

sich die an der Reaktion der Blättchen bzw. der sekundären Blattstiele gemessene Geschwindigkeit der langsamen Leitung

im sekundären Blattstiel bei 32° C zu $0{,}116 \pm 0{,}008$ cm sek^{-1},
im primären Blattstiel bei 32° C zu $0{,}109 \pm 0{,}010$ cm sek^{-1}.

Aus 5 Aufnahmen ergab sich aus der Zeit zwischen Reizbeginn und Aktionsstrombeginn die Leitungsgeschwindigkeit

im sekundären Blattstiel bei 31° C zu $0{,}103 \pm 0{,}014$ cm sek^{-1}.

Die Anstiegszeiten des Aktionsstroms ergaben sich aus je 6 Versuchen

im sekundären Blattstiel bei 31° C zu $3{,}80 \pm 0{,}26$ sek,
im primären Blattstiel bei 32° C zu $4{,}52 \pm 0{,}43$ sek.

Ebenso deutlich, aber noch augenfälliger als aus diesen Zahlen, geht der Unterschied zwischen langsamer und rascher Leitung aus den Aktionsstromaufnahmen hervor, von denen zwei vom sekundären Blattstiel in Abb. 18 und 19 und zwei vom primären Blattstiel in Abb. 20 wiedergegeben sind.

An Blättern wesentlich jüngerer Pflanzen habe ich die Geschwindigkeit der langsamen Leitung beim Durchschneiden eines Fiederblättchens in je 10 Versuchen bestimmt. Es ergab sich im sekundären Blattstiel einjochiger Blätter bei 28° C 0,070 ± 0,003 cm sek^{-1} und an dem einfach gefiederten, ersten Blatt von jungen Pflanzen mit 1—2 entwickelten Blättern bei 30° C 0,081 ± 0,004 cm sek^{-1}. Vielleicht sind diese etwas geringeren Werte der Leitungsgeschwindigkeit durch die etwas niedrigere Temperatur bedingt, vielleicht folgen aber beim Durchschneiden eines Blättchens die den Aktionsstrom zusammensetzenden Einzelwellen weniger eng aufeinander als bei mit dem WAGNERschen Hammer erzeugten

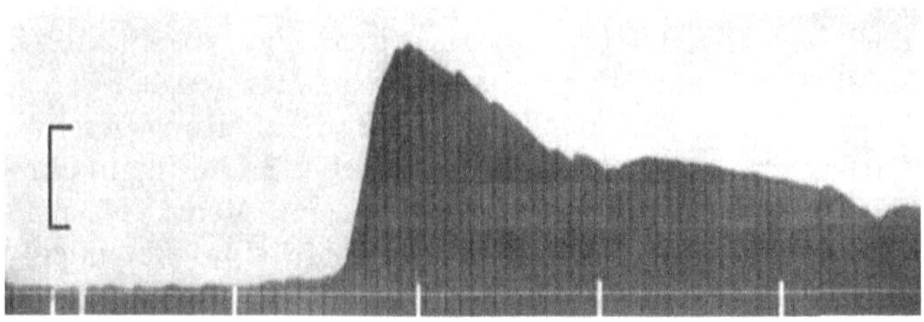

Abb. 21. 8. Juni 1929. 31° C. *Neptunia plena*, noch ohne Laubblätter. Ableitung vom Mittelnerven des Keimblattes. Reiz: Abschneiden der Spitze des Keimblattes 1,0 cm von der Ableitungsstelle. Zeitmarken 10 sek, Spannungseinheit 0,02 Volt. (Original.)

Induktionsströmen, so daß durch etwaiges Erlöschen der ersten Welle größere Verzögerungen entstehen.

Junge Stämme habe ich $1^1/_2$—4 cm von der Ableitungsstelle durchschnitten und aus 7 Versuchen die Leitungsgeschwindigkeit zu 0,178 ± 0,017 cm sek^{-1}, die Anstiegszeit des Aktionsstroms zu 4,8 ± 0,5 sek bestimmt.

An Keimpflanzen habe ich von vollständig ergrünten Keimblättern bei Ableitung vom Mittelnerven und Durchschneidung der Spitze deutliche Aktionsströme wie in Abb. 21 erhalten. Aus 9 Versuchen bei 29° C ergab sich die Leitungsgeschwindigkeit zu 0,093 ± 0,010 cm sek^{-1}, aus 7 Versuchen die Anstiegszeit des Aktionsstroms zu 5,3 ± 0,8 sek. Auch von Hypokotyl solcher Pflanzen ließen sich beim Abschneiden der Spitze eines Keimblattes deutliche Aktionsströme nachweisen. 6 Versuche bei 28° C ergaben bei Berücksichtigung des obigen Wertes für die Leitungsgeschwindigkeit im Keimblatt als Leitungsgeschwindigkeit im Hypokotyl 0,26 ± 0,05 cm sek^{-1}, 7 Versuche als Anstiegszeit des Aktionsstroms 7,8 ± 0,5 sek. In scharfem Gegensatz hierzu waren an den noch gelben und meist nicht entfalteten Keimblättern etwas jüngerer Pflanzen beim Durchschneiden keinerlei Aktionsströme nachzuweisen.

Die Erregungs*leitung* tritt also auch im Keimling von *Neptunia* bei einer gewissen Gewebedifferenzierung recht unvermittelt auf, und die Leitungsgeschwindigkeit sowie die Anstiegszeit des Aktionsstroms haben schon beim ersten Auftreten der Erregungsleitung ganz ähnliche Werte wie in der erwachsenen Pflanze.

5. Biophytum sensitivum.

Das Auffallendste an der Erregungsleitung von *Biophytum sensitivum* sind die auf stärkere Reize folgenden rhythmischen Senkungsbewegungen der Fiederblättchen, die schon HABERLANDT (2) 1899 beschrieben hat. HABERLANDT (2, S. 37) hat damals die folgenden Leitungsgeschwindigkeiten für verschiedene Teile der Pflanze angegeben:

für die Infloreszenzachse . . . . 0,2 cm sek^{-1},
für die Blattspindel . . . . 0,25—0,3 cm sek^{-1},
für den Mittelnerven des Fiederblättchens 0,05—0,1 cm sek^{-1}.

HABERLANDT (2, S. 38) gibt auch an, daß durch kräftige Wundreize ausgelöste Leitung in Blattspindeln, deren grüne parenchymatische Rinde entfernt ist, erhalten bleibt, daß aber über eine abgebrühte Zone der Blattspindel Stoß- und Wundreize nicht geleitet werden.

BOSE (1, S. 448) hat angegeben, daß die Leitungsgeschwindigkeit in der Blattspindel von *Biophytum sensitivum* bei Leitung in akropetalem Sinn höher sei als bei Leitung in basipetalem. Meine (7) eingehendere Untersuchung hat gezeigt, daß dies innerhalb eines leitenden Systems nicht der Fall ist und daß es in der Blattspindel viele Leitungssysteme mit etwas verschiedener Leitungsgeschwindigkeit gibt, von denen die mit höherer Leitungsgeschwindigkeit auf den apikalen Teil der Blattspindel beschränkt und leichter erregbar sind. Ein Erregungsübergang ist nur von einem langsamer auf ein rascher leitendes System nachweisbar. Da ich die Versuche, die mich zu dieser Auffassung brachten, an sehr empfindlichen Pflanzen angestellt habe, habe ich, um Erschütterungen zu vermeiden, gereizt, indem ich ein Blättchen mit einem Zündholz anbrannte. Schon bei der unmittelbaren Beobachtung bemerkte ich bei der basipetalen Leitung durch die ganze Blattspindel Stockungen in der basalen Spindelhälfte und eine langsamere Leitung in dieser. Jede Stockung rührt offenbar daher, daß die Erregung in einem rascher leitenden, auf den apikalen Spindelteil beschränkten System erlischt, ohne auf ein langsamer leitendes überzugehen, wobei eine weitere Reaktion von Blättchen erst dann erfolgt, wenn die Erregung in einem langsamer leitenden System von der Reizstelle bis hierher vorgeschritten ist. Bei der akropetalen Leitung war die Beschleunigung, die offenbar vom Übergang der Erregung von langsamer auf rascher leitende Systeme herrührt, unmittelbar zu erkennen. Mit diesen Beobachtungen stimmen die aus je 10 Versuchen berechneten Leitungsgeschwindigkeiten überein. Es ergab sich bei 31° C für die apikale Hälfte der Blattspindel bei Leitung

in basipetalem Sinn . . . 0,64 ± 0,07 (1,39, 0,28) cm sek^{-1},
in akropetalem Sinn . . . 0,57 ± 0,10 (1,60, 0,19) cm sek^{-1}.

Wenn also in der apikalen Spindelhälfte ein Leitungssinn begünstigt ist, so ist es der basipetale. Für die basale Spindelhälfte ergab sich bei 31° C bei Leitung

in basipetalem Sinn . . . 0,26 ± 0,01 (0,35, 0,20) cm sek^{-1},
in akropetalem Sinn . . . 0,35 ± 0,03 (0,55, 0,20) cm sek^{-1},

und bei 31,5° C ergab sich für die ganze Blattspindel bei Leitung

in basipetalem Sinn . . . 0,28 ± 0,01 (0,36, 0,22) cm sek^{-1},
in akropetalem Sinn . . . 0,42 ± 0,04 (0,90, 0,29) cm sek^{-1}.

Man erkennt, daß bei basipetaler Leitung die Leitungsgeschwindigkeit durch die ganze Blattspindel praktisch dieselbe ist, wie die in ihrer basalen Hälfte, weil die Erregung in den rascher leitenden Systemen der apikalen Hälfte erlischt, ohne auf die langsamer leitenden überzugehen. Bei der akropetalen Leitung sollte man erwarten, daß, wenn der Übergang von einem langsamer auf ein rascher leitendes System überall möglich ist, der reziproke Wert der Leitungsgeschwindigkeit, das ist die Leitungszeit pro Zentimeter, in der ganzen Blattspindel dem Mittel der Werte der beiden Spindelhälften gleich ist und das ist nahezu der Fall. Der Wert für die apikale Spindelhälfte ist 1,75, der für die basale 2,85, das Mittel beider ist 2,30 und der Wert für die ganze Blattspindel ist 2,38.

Die leichtere Erregbarkeit der rascher leitenden Systeme der apikalen Spindelhälfte konnte ich noch durch eine Versuchsreihe dartun, die ich in den frühen Nachmittagsstunden anstellte, zu welcher Zeit die Sensitiven, wenigstens in meinem Glashaus bei der um diese Zeit sehr hohen Luftfeuchtigkeit, besonders empfindlich sind. Ich reizte, indem ich ein Fiederblättchenpaar in seinen Gelenken abbog und hatte dabei nur in der apikalen Spindelhälfte, aber auch in dieser nur bei einem Teil der Blätter Erfolg. Die Leitung blieb auf die apikale Spindelhälfte beschränkt und die Leitungsgeschwindigkeit war im Mittel sehr hoch, die höchsten Einzelwerte waren aber nur wenig höher, wie sie auch sonst in der apikalen Spindelhälfte vorkommen. 10 Versuche bei 32° C ergaben bei basipetalem Leitungssinn 1,44 ± 0,09 (1,94, 0,66) cm sek^{-1}. Man hat mit so schwachen Reizen offenbar nur an den Blättern Erfolg, die Systeme mit besonders hoher Leitungsgeschwindigkeit enthalten.

Die rhythmischen Senkungsbewegungen der Fiederblättchen von *Biophytum* habe ich schon als besonders auffallend erwähnt; wie die Abb. 22—24 zeigen, entsprechen ihnen rhythmische Aktionsströme in der Blattspindel. Der erste nach oben gerichtete Ausschlag an den Kurven ist in allen diesen Abbildungen die direkte Folge des Reizes und läßt den Reizmoment erkennen. Von den nun folgenden Aktionsströmen bestehen in Abb. 22 die ersten vier in ziemlich gleicher Weise aus mehreren Wellen, der fünfte ist ähnlich, enthält aber schon weniger Wellen, und vom sechsten Aktionsstrom an scheint jeder nur aus einer Einzelwelle zu bestehen. In Abb. 23 und 24 erscheint jeder Aktionsstrom in einigermaßen gleicher Weise aus mehreren Wellen zusammengesetzt. Offenbar entsprechen diese verschiedenen, den Aktionsstrom zusammensetzenden Einzelwellen den oben besprochenen Leitungssystemen mit etwas verschiedenen Leitungsgeschwindigkeiten. Auf vielen Aufnahmen, wie auch in Abb. 22—24, erscheint der Abstand zwischen erstem und zweitem Aktionsstrom größer als der zwischen

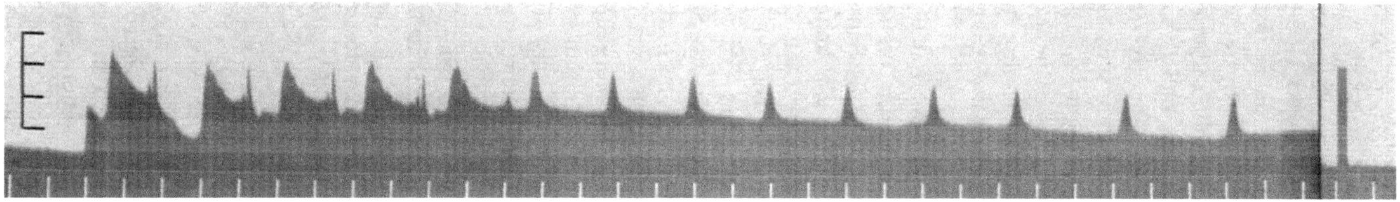

Abb. 22. 21. Juli 1928. 33° C. *Biophytum sensitivum*. Ableitung von der Blattspindel. Reiz: Durchschneiden der Blattspinde 2,2 cm von der Ableitungsstelle. Eichkurve – 0,06 Volt. Zeitmarken 10 sek, Spannungseinheit 0,02 Volt. [Aus UMRATH (7).]

Abb. 23. 3. August 1927. 38° C. *Biophytum sensitivum*. Ableitung von der Blattspindel. Reiz: Durchschneiden eines Blättchens, 0,25 cm von seinem Gelenk; von diesem Gelenk zur Ableitungsstelle 0,6 cm. Zeitmarken 10 sek, Spannungseinheit 0,02 Volt. [Aus UMRATH (5).]

Abb. 24. 3. August 1927. 37° C. *Biophytum sensitivum*. Ableitung von derselben Stelle der Blattspindel wie in Abb. 23. Reiz: Durchschneiden der Blattspindel, 0,55 cm von der Ableitungsstelle. Vor und nach dem letzten aufgenommenen Aktionsstrom steile, spontane Potentialschwankungen (Störungen). Zeitmarken 10 sek, Spannungseinheit 0,02 Volt. [Aus UMRATH (5).]

zweitem und drittem. So fand ich (5) beim Durchschneiden eines Fiederblättchens den zweiten Aktionsstrom 60—100 sek nach dem ersten, beim Durchschneiden der Blattspindel mitunter in demselben Abstand, mitunter schon 30 sek nach dem ersten, während der dritte Aktionsstrom beim Durchschneiden eines Blättchens schon 25 sek, beim Durchschneiden der Blattspindel schon 20 sek nach dem zweiten auftreten konnte. Der zeitliche Abstand zwischen den Aktionsströmen nimmt im weiteren Verlauf der Serie wieder zu, und zwar nach schwachen Reizen früher als nach starken. Da, wie ich (17) gezeigt habe, das absolute Refraktärstadium in der Blattspindel von *Biophytum sensitivum* 8—11 sek beträgt, muß man daran denken, daß der zweite und alle folgenden Aktionsströme noch im relativen Refraktärstadium ihrer Vorgänger und dadurch langsamer als der erste geleitet werden könnten, wodurch ein besonders großer Abstand zwischen erstem und zweitem Aktionsstrom zustande käme. Einige diesbezügliche Versuche, zum Teil auch mit Aktionsstromaufnahmen, machen mir den Eindruck, als würde die Verringerung der Leitungsgeschwindigkeit im relativen Refraktärstadium zur Erklärung des Effektes nicht ausreichen, doch hatte ich in den letzten Jahren leider kein zur Entscheidung dieser Frage ausreichendes, genügend gutes Pflanzenmaterial zur Verfügung. Jedenfalls sei auch noch die ursprünglich von mir (5) in Betracht gezogene Möglichkeit erwähnt, daß die erste Erregung unmittelbar durch den Reiz ausgelöst wird, die zweite und alle folgenden aber durch ein in der Nähe der Wundstelle gelegenes Automatiezentrum, das durch die Verwundung erst nach einer längeren Latenzzeit zu vorübergehender Tätigkeit gebracht wird. Auf automatische Bewegungen bei *Biophytum* kommen wir noch bei Besprechung der Einstellung der Blätter gegen das Licht zurück.

Die Anstiegszeit des ersten Aktionsstroms bestimmte ich (5) bei Durchschneiden der Blattspindel aus 5 Versuchen bei 32° C zu $1{,}85 \pm 0{,}36$ sek, bei Durchschneiden eines Blättchens aus 7 Versuchen bei 32° C zu $2{,}63 \pm 0{,}22$ sek; ungefähr die letztere Anstiegszeit hatten auch die folgenden Wellen unabhängig von der Reizart. Die kurze Anstiegszeit des ersten Aktionsstroms bei Durchschneiden der Blattspindel dürfte daher rühren, daß die verschiedenen nebeneinander hinziehenden Zellzüge eines leitenden Systems alle nahezu gleichzeitig erregt werden und daß wegen des kurzen Leitungswegs kleine Unterschiede der Leitungsgeschwindigkeit noch kein starkes Auseinanderweichen des Aktionsstroms in den verschiedenen Zellzügen bewirken können. Beim Durchschneiden eines Blättchens ist der Leitungsweg länger und in diesem Fall, sowie auch bei den zweiten und folgenden Erregungen einer Serie, die wahrscheinlich von einem engumschriebenen Gebiet ausgehen, muß in der Blattspindel noch ein Übergang auf benachbarte, parallellaufende Zellzüge stattfinden, die so etwas später erregt werden. Das dadurch bedingte Auseinanderweichen der Erregungsvorgänge in den verschiedenen, nebeneinander hinziehenden Zellzügen bewirkt eine Verbreiterung des sich aus ihren Aktionsströmen zusammensetzenden registrierbaren Gesamtaktionsstroms. Vom tierischen Nerven und Muskel ist eine Verbreiterung des Aktionsstroms mit zunehmender Leitungsstrecke schon lange bekannt und auf die etwas verschiedene Leitungsgeschwindigkeit in verschiedenen Fasern zurückgeführt. An Pflanzen ist eine stärkere Verbreiterung des Aktionsstroms mit zunehmender Leitungsstrecke vielleicht deswegen selten beobachtet, weil die gegenseitige Unterstützung nebeneinander hinziehender Zellzüge bei der Erregungsleitung einem Auseinanderweichen der Erregungsvorgänge in ihnen entgegenwirkt.

III. Die Erregungsleitung bei Insektivoren.

1. Dionaea muscipula.

An *Dionaea* sind die auffälligen, dem Insektenfang dienenden Bewegungen der Blattspreite schon seit langem beachtet und untersucht worden. Sie sind, im Gegensatz zu den bisher besprochenen Blattbewegungen der Sensitiven, in so komplizierter Weise von den Erregungsvorgängen abhängig, daß ich erst im Abschnitt VII näher auf sie eingehen kann. Es muß uns also, wie auch bei den meisten noch zu besprechenden Pflanzen, der Aktionsstrom allein als Zeichen des Erregungsvorgangs gelten. Mit den Aktionsströmen des *Dionaea*-Blattes haben uns vor allem die klassischen Untersuchungen von Burdon-Sanderson (1, 2, 3, 4) und von Burdon-Sanderson und Page bekannt gemacht. Schon Burdon-Sanderson und Page (S. 421f.) haben angegeben, daß, bei Ableitung von der Blattspreite und von der Erde, in der die Pflanze wurzelt, der Aktionsstrom in einem vorübergehenden Negativwerden der Ableitungsstelle an der Spreite besteht. Burdon-Sanderson hat aber hauptsächlich von zwei Stellen der Blattspreite abgeleitet, wie das auch mit weniger guter Technik Munk getan hat, wobei kompliziertere, vom Zustand des Blattes abhängige Aktionsströme erhalten wurden. Ihre Form hängt offenbar weitgehend davon ab, in welchem Ausmaß und zu welcher Zeit verschiedene, wahrscheinlich im Blatt verschieden gelagerte Zellen an ihrem Zustandekommen mitwirken. Da wir über die den Aktionsstrom des *Dionaea*-Blattes bedingenden Zellen nicht genauer orientiert sind, sehe ich von einer Besprechung der Aktionsstromformen bei Ableitung von Ober- und Unterseite eines Blattes ab. Ich (0) habe eine größere Anzahl von Aktionsstromaufnahmen gemacht, einerseits um die Form des Aktionsstroms bei der auch sonst von mir angewandten monophasischen Ableitung kennenzulernen, andererseits um festzustellen, wie weit gegen den Blattstiel noch Aktionsströme ableitbar sind. Zur Untersuchung der Spreite habe ich die ableitende Nadel, unter Vermeidung des empfindlichsten Teils in der Mitte zwischen den drei reizbaren Haaren und des unempfindlichen, die Zähne tragenden Randteils, vorsichtig eingestochen, und nur solche Blätter verwendet, bei denen dies höchstens eine geringe Annäherung der beiden Spreitenhälften, aber keinen vollkommenen Verschluß zur Folge hatte. Vielfach traten starke, vielleicht durch den Einstich bedingte Spannungsschwankungen auf, die mitunter die Untersuchung der Aktionsströme ganz verhinderten. Berührungen der Spreitenoberseite oder der sensitiven Haare, sowie Einschnitte in die Spreite ergaben typische monophasische Aktionsströme. Unterschiede nach der Reizart zeigten sich nur insofern, als ein einfacher, schwacher Berührungsreiz nur einen Aktionsstrom auslöste, eine Verwundung aber meist eine kurze Serie von Aktionsströmen in mehr oder weniger rascher Aufeinanderfolge. In Abb. 25 sind zwei durch zwei Berührungsreize ausgelöste Aktionsströme wiedergegeben. Mitunter ist nach dem Aktionsstrom das elektrische Potential nach der positiven Seite verschoben, wie nach dem ersten Aktionsstrom in Abb. 25 und nach beiden in Abb. 26, in manchen Fällen folgt dem Aktionsstrom eine langsame negative Potentialschwankung, wie es nach dem zweiten Aktionsstrom in Abb. 25 den Anschein hat. Beide Erscheinungen treten nicht regelmäßig auf, und ich kann nicht sagen, ob und in welcher Weise sie mit den Aktionsströmen zusammenhängen. Von dem schmalen und kurzen Zwischenstück zwischen der Blattspreite und dem verbreiterten Teil des Blattstiels lassen sich ebensolche Aktionsströme ableiten; Abb. 27 gibt eine Serie vom Zwischenstück abgeleiteter Aktionsströme wieder, die durch Reizung und wahrscheinlich Verletzung der Spreite mit einer Nadel ausgelöst worden sind. Eine an den Aktionsstrom anschließende Potentialverschiebung nach der positiven Seite habe ich bei Ableitung vom Zwischenstück nicht mehr beobachtet, wohl aber noch an dessen Grenze zur Spreite, wie es Abb. 26 zeigt. Vom größten Teil des Blattstiels konnte ich keine Aktionsströme ableiten, auch nicht, wenn ich die Spreite oder den Blattstiel stark anschnitt. Nur in den obersten Teil des Blattstiels, bis 3 mm von der Ansatzstelle der Spreite, pflanzen sich Aktionsströme aus dieser, allerdings im Ausmaß reduziert, fort. Meine Aufnahmen machen den Eindruck, als ob im obersten Teil des Blattstiels in einer Serie rasch aufeinanderfolgender Aktionsströme der zweite und alle folgenden verbreitert wären, und eine Andeutung eines solchen Verhaltens läßt sich mitunter schon bei der Ableitung vom Zwischenstück beobachten. Bei im Mittel 29° C habe ich als Anstiegszeit des Aktionsstroms gefunden: an der Spreite aus 13 Messungen $0{,}30 \pm 0{,}01$ sek, am Zwischenstück aus 25 Messungen $0{,}35 \pm 0{,}01$ sek, und am oberen Ende des Blattstiels aus je 3 Messungen beim ersten Aktionsstrom einer Serie $0{,}31 \pm 0{,}02$ sek, und beim zweiten $0{,}52 \pm 0{,}04$ sek. BURDON-SANDERSON (1, 2) hat auch bei Ableitung von zwei Stellen des Blattstiels Aktionsströme erhalten. Offenbar war die eine seiner Elektroden am obersten Ende des Blattstiels angelegt und der Aktionsstrom rührte nur von dieser Stelle her, denn BURDON-SANDERSON und PAGE (S. 422) gaben später an, daß Aktionsströme zwar noch vom Zwischenstück, aber nicht mehr vom Blattstiel zu erhalten sind.

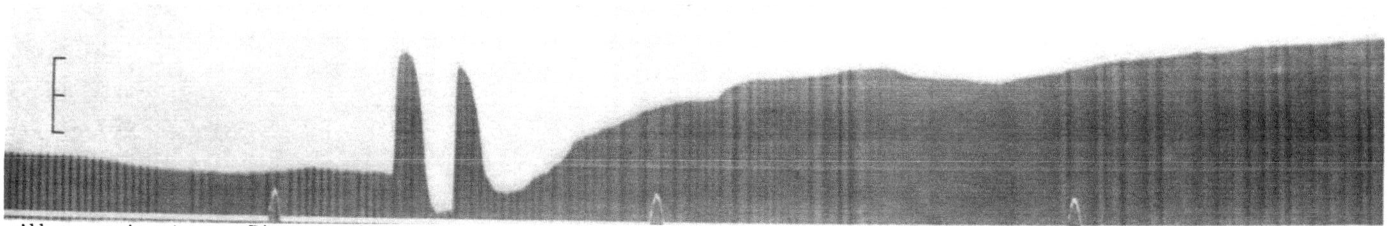

Abb. 25. 3. August 1934. *Dionaea muscipula.* Ableitung von der Blattspreite. Reiz: zwei Berührungen der Spreiteninnenfläche. Zeitmarken 10 sek, Spannungseinheit 0,02 Volt. (Original.)

Abb. 26. 24. August 1934. 27 C°. *Dionaea muscipula.* Ableitung von der Grenze zwischen Spreite und Zwischenstück. Reiz: zwei Berührungen der Spreiteninnenfläche. Dazwischen Eichkurve — 0,05 Volt. Zeitmarken 10 sek. (Original.)

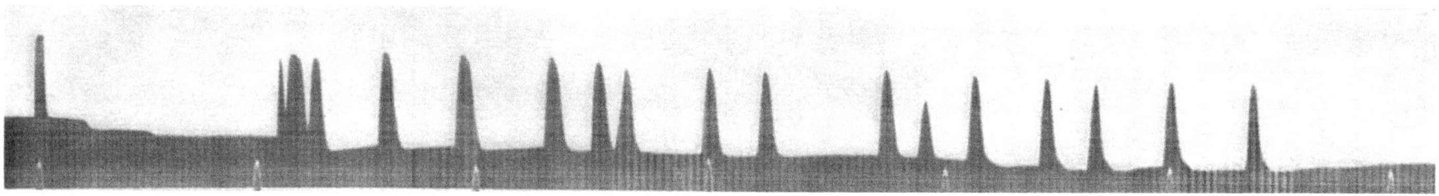

Abb. 27. 11. August 1934. 30° C. *Dionaea muscipula.* Ableitung vom Zwischenstück. Reiz: Berührung und vielleicht Verwundung der Spreite mit einer Nadel. Zu Beginn der Aufnahme eine Eichkurve — 0,05 Volt. Zeitmarken 10 sek. (Original.)

Über die Leitungsgeschwindigkeit im *Dionaea*-Blatt sind wir durch Versuche BURDON-SANDERSONs orientiert, in denen symmetrisch von beiden Blatthälften abgeleitet und an einer Blatthälfte elektrisch gereizt wurde. BURDON-SANDERSON (3, Bd. 9, S. 10f. und 4, S. 444f.) gibt für gewöhnliche Temperatur 20 cm sek^{-1}, für hohe Temperatur 30 cm sek^{-1} an; den Wert von 4,4 cm sek^{-1}, den BURDON-SANDERSON und PAGE (S. 431) früher angegeben haben, führte er später auf methodische Unvollkommenheiten zurück. In einigen meiner Versuche habe ich aus der Latenzzeit des Aktionsstroms bei Einschnitten in die Spreite die Leitungsgeschwindigkeit zu 2—5 cm sek^{-1} berechnet. Bei diesen, allerdings sehr unsicheren Werten handelt es sich um relativ weite Leitungsstrecken, oft vom apikalen Teil der Spreite bis zum Zwischenstück, während BURDON-SANDERSON die hohen Leitungsgeschwindigkeiten zwischen den empfindlichsten mittleren Partien beider Spreitenhälften gemessen hat. Da auch Messungen von BURDON-SANDERSON und PAGE (S. 432f.) auf ähnlich niedrige Leitungsgeschwindigkeiten zwischen Blattmitte und Zwischenstück deuten, wie die meinen, besteht möglicherweise eine geringere Leitungsgeschwindigkeit in den weniger empfindlichen Teilen.

BURDON-SANDERSON und PAGE (S. 428f.) haben gezeigt, daß sich bei elektrischer Reizung durch Induktionsschläge ein Aktionsstrom durch eine größere Anzahl aufeinanderfolgender Schließungs- und Öffnungsschläge viel leichter, d. h. bei viel geringerer Reizstärke, auslösen läßt, als durch einige wenige oder gar einen einzelnen Induktionsschlag. Es liegt hier offenbar dieselbe Erscheinung, wenn auch nicht in so ausgeprägter Form vor, die wir bei der Auslösung von mit Wellengruppen verbundener langsamen Leitung durch Induktionsströme bei Mimosen kennengelernt haben. Da der Aktionsstrom bei *Dionaea* aber durchaus den Charakter eines Einzelaktionsstroms hat, ist es am wahrscheinlichsten, daß schwache elektrische Reize Zellen erregen, deren Aktionsströme sich mit den bisher angewandten Methoden nicht registrieren lassen und daß diese Zellen dann, desto eher je mehr von ihnen und je öfter sie erregt werden, den Erregungsvorgang in dem Zellkomplex auslösen, der den registrierbaren Einzelaktionsstrom bedingt. Vielleicht sind auch die auffallend langen Latenzzeiten von 0,1—0,4 sek, die BURDON SANDERSON und PAGE (S. 430f.) bei elektrischen Reizen und bei Verbiegen der reizbaren Haare beobachtet haben, so zu erklären, daß von den direkt erregten Zellen erst Erregungsleitung zu denjenigen stattfinden muß, die den nachweisbaren Aktionsstrom bedingen.

2. Drosera.

CHARLES DARWIN hat gezeigt, daß sowohl die Krümmungsbewegung als auch die Säuresekretion der *Drosera*-Tentakel durch Reizung benachbarter Stellen des Blattes durch Aufbringen fester Partikel ausgelöst werden kann. Meine (7) Untersuchungen der Aktionsströme haben es sehr wahrscheinlich gemacht, daß es sich bei diesen Leitungsvorgängen im *Drosera*-Blatt um Erregungsleitung handelt.

Für die Untersuchung der Erregungsleitung in der Blattspreite eignet sich *Drosera binata* mit ihren beiden sehr langen Spreitenhälften besonders gut. Ich (7) habe von dieser bei Durchschneiden der Spitze und Ableitung vom basalen Drittel derselben Spreitenhälfte meist zwei Aktionsströme registriert, wie sie in Abb. 28 wiedergegeben sind. Ich weiß nicht, ob ein solcher Reiz noch mehr Erregungsvorgänge auslöst, da ich nicht über längere Zeit registriert habe. Bei etwa 32° C ergab sich die Leitungsgeschwindigkeit aus 8 Versuchen zu 0,22 ± 0,02 cm sek^{-1}, die Anstiegszeit des Aktionsstroms aus 9 Messungen zu 2,97 ± 0,40 sek. Zwei alte Blätter, die schon keine Sekrettröpfchen mehr auf den Drüsenköpfchen hatten, ergaben etwas geringere Leitungsgeschwindigkeiten. Auf die langsamere Leitung alter Blätter werde ich noch bei Besprechung der nicht sensitiven Pflanzen zurückkommen.

Von *Drosera rotundifolia* ist ein typischer Aktionsstrom von der Blattspreite in Abb. 29 wiedergegeben; der dem Aktionsstrom folgende positive Ausschlag, dessen Bedeutung unsicher ist, tritt nur in manchen Fällen auf und kommt ebenso bei *Drosera binata* und *D. brevifolia* vor. Aus 6 solchen Versuchen bei 33° C, in denen ich (7) vom basalen Teil der Spreite ableitete und einige Tentakel an ihrem apikalen Rand durchschnitt, erhielt ich als Leitungsgeschwindigkeit 0,077 ± 0,014 cm sek^{-1} und als Anstiegszeit des Aktionsstroms 4,74 ± 0,24 sek. Von den 6 bis 8 mm der Leitungsstrecke entfielen 1—2 auf die Stümpfe der abgeschnittenen Tentakel und es ist möglich, daß eine geringere Leitungsgeschwindigkeit in diesen den gemessenen Wert herabgedrückt hat; es ist aber auch möglich, daß die Leitungsgeschwindigkeit in der Spreite nur gering ist oder daß der wirkliche Leitungsweg oft länger ist als die zwischen Reiz- und Ableitungsstelle gemessene Entfernung.

Bei Ableitung vom Blattstiel bei 30° C erhielt ich beim Durchschneiden einiger Tentakel in 7 Versuchen als Leitungsgeschwindigkeit 0,137 ± 0,013 cm sek^{-1}, als Anstiegszeit des Aktionsstroms 6,52 ± 0,30 sek und bei Schnittverletzungen des Blattstiels in 6 Versuchen als Leitungsgeschwindigkeit 0,155 ± 0,019 cm sek^{-1}, als Anstiegszeit 7,37 ± 0,41 sek. Abb. 30 gibt Aktionsströme vom Blattstiel wieder, deren erster durch Abschneiden einiger Tentakel und deren zweiter durch Anschneiden des Blattstiels ausgelöst wurde. Die etwas abweichende Form des zweiten Aktionsstroms rührt daher, daß zwischen ihm und dem vorangehenden nur eine relativ kurze Zeit verstrichen ist.

Alles was über die durch Wundreize ausgelösten Aktionsströme bei *Drosera rotundifolia* bekannt ist, deutet darauf hin, daß ihre Form und ihr Ausmaß unabhängig von der Stärke des Wundreizes und von der Länge des Leitungswegs sind. Auf die durch Reizung der Drüsenköpfchen mit Beutetieren ausgelösten Aktionsströme, die im Gegensatz zu den

Abb. 28. 12. August 1928. 34° C. *Drosera binata*. Ableitung von der Spreite. Reiz: Abschneiden der Spreitenspitze, 2,7 cm von der Ableitungsstelle. Zeitmarken 10 sek, Spannungseinheit 0,02 Volt. [Aus UMRATH (7).]

Abb. 29. 6. Juli 1928. 34° C. *Drosera rotundifolia*. Eichkurve — 0,06 Volt. Ableitung vom basalen Teil der Spreite. Reiz: Abschneiden einiger Tentakel 0,7 cm von der Ableitungsstelle. Zeitmarken 10 sek, Spannungseinheit 0,02 Volt. [Aus UMRATH (7).]

Abb. 30. 6. Juli 1928. 32° C. *Drosera rotundifolia*. Ableitung vom Blattstiel. Reize durch Pfeile markiert. Erster Reiz: Abschneiden einiger Tentake 1,6 cm von der Ableitungsstelle. Zweiter Reiz: Anschneiden des Blattstiels 0,8 cm von der Ableitungsstelle. Zeitmarken 10 sek, Spannungseinheit 0,02 Volt. [Aus UMRATH (7).]

hier besprochenen von recht verschiedenem Ausmaß sein können, werde ich im Abschnitt VII, 6 zu sprechen kommen.

An *Drosera brevifolia* habe ich (17) ähnliche Aktionsströme beobachtet wie an *Drosera rotundifolia*.

3. Pinguicula.

An *Pinguicula alpina* habe ich (7) die Erregungsleitung untersucht, indem ich vom Mittelnerven abgeleitet und das Blatt spitzenwärts durchschnitten habe. Die Aktionsströme waren von verschiedenem Ausmaß und bei Leitungsstrecken über 2 cm nicht mehr nachzuweisen; wahrscheinlich nimmt ihr Ausmaß mit zunehmendem Leitungsweg stark ab. 7 Versuche bei 31° C ergaben als Leitungsgeschwindigkeit 0,25 ± 0,01 cm sek^{-1}, als Anstiegszeit des Aktionsstroms 10,0 ± 0,5 sek. Abb. 31 gibt einen Versuch wieder.

Abb. 31. 15. August 1928. 34° C. *Pinguicula alpina*. Ableitung von der Mittelrippe des Blattes. Reiz, durch den Pfeil markiert: Durchschneiden des Blattes 1,0 cm, apikal von der Ableitungsstelle. Zeitmarken 10 sek, Spannungseinheit 0,02 Volt. [Aus UMRATH (7).]

IV. Die Erregungsleitung bei nicht sensitiven Pflanzen.

1. Phyllanthus urinaria.

Phyllanthus urinaria ist nur in so geringem Grade sensitiv, daß ich ihn hier bei den nicht sensitiven Pflanzen bespreche. Das Anbrennen und mitunter auch das Durchschneiden eines Blattes bedingt allerdings eine sehr allmähliche mehr oder weniger starke Aufrichtung auch anderer Blätter desselben Kurztriebes. Es fehlen aber den Blattgelenken zwei Eigenschaften, die bei allen unter den Sensitiven besprochenen Pflanzen wenigstens den Gelenken der Blättchen zukamen: das relativ plötzliche Einsetzen der Bewegung, das sie auffällig und zur Messung der Leitungsgeschwindigkeit geeignet macht, und die Reaktion des ganzen Gelenkes bei optimalen Bedingungen nach dem Alles-oder-Nichts-Gesetz. Meine (16) Untersuchung der Erregungsleitung stützt sich daher auf die Befunde an den Aktionsströmen. In 9 Versuchen bei 31,5° C habe ich vom Mittelnerven des Blättchens abgeleitet und dieses weiter apikal durchschnitten; es ergab sich die Leitungsgeschwindigkeit zu 0,10 ± 0,013 cm sek^{-1}, die Anstiegszeit des Aktionsstroms zu 7,0 ± 1,1 sek. Dann habe ich von den die Blättchen tragenden Kurztrieben abgeleitet und wieder ein Blättchen durchschnitten. Dabei wurden, um die akropetale Leitung im Kurztrieb zu begünstigen, die Leitungswege für diese etwas kürzer gewählt, sonst wurden die Versuche aber unter möglichst gleichen Bedingungen durchgeführt. Unter Berücksichtigung der schon bestimmten Leitungsgeschwindigkeit im Blättchen, ergab sich bei basipetaler Leitung im Kurzbetrieb und 30,4° C die Leitungsgeschwindigkeit zu 0,17 ± 0,019 cm sek^{-1}, die Anstiegszeit zu $8{,}5 \pm 0{,}3$ sek, bei akropetaler Leitung und $30{,}3°$ C die Leitungsgeschwindigkeit zu $0{,}037 \pm 0{,}005$ cm sek^{-1} und die Anstiegszeit des Aktionsstroms zu $10{,}4 \pm 1{,}2$ sek. Außer durch die weit höhere Leitungsgeschwindigkeit zeigt sich die Begünstigung des basipetalen Leitungssinns noch durch das etwas größere Ausmaß und die meist längere Dauer der basipetal geleiteten Aktionsströme. Die Abb. 32 und 33 geben Aktionsströme bei verschiedenem Leitungssinn von derselben Ableitungsstelle wieder. Die Aktionsströme sind mehr oder weniger deutlich aus mehreren Einzelwellen zusammengesetzt, die wahrscheinlich, ähnlich wie in den sekundären Blattstielen der besprochenen

Abb. 32. 12. August 1930. 30° C. *Phyllanthus urinaria*. Ableitung vom Kurztrieb. Reiz, durch den Pfeil markiert: Durchschneiden eines Blattes basal von der Ableitungsstelle; Leitungsweg im Blatt 0,15 cm, im Kurztrieb 0,45 cm. Zu Beginn eine Eichkurve —0,03 Volt. Zeitmarken 10 sek. (Original.)

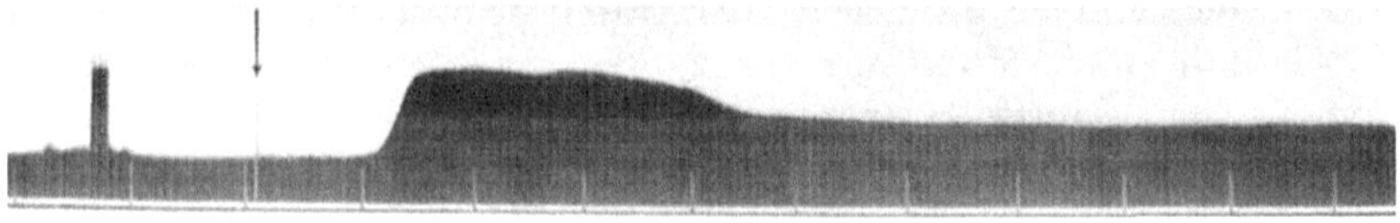

Abb. 33. 12. August 1930. 30° C. *Phyllanthus urinaria*. Ableitung vom Kurztrieb, dieselbe Ableitungsstelle wie in Abb. 32. Reiz, durch den Pfeil markiert: Durchschneiden eines Blattes apikal von der Ableitungsstelle; Leitungsweg im Blatt 0,35 cm, im Kurztrieb 0,55 cm. Zu Beginn eine Eichkurve — 0,03 Volt. Zeitmarken 10 sek. (Original.)

Mimosa-Arten, in nebeneinander liegenden Zellen ablaufen und einander dabei gegenseitig unterstützen.

Eine solche Begünstigung des basipetalen Leitungssinns wurde zuerst von MONTEMARTINI für einige nicht sensitive Pflanzen festgestellt, worauf wir noch zurückkommen werden; bei der Leitung im Stamm von *Mimosa Spegazzinii* und *M. pudica* haben wir sie schon kennengelernt. Wahrscheinlich hängt sie irgendwie damit zusammen, daß die Gefäßbündel und mit ihnen auch die erregungsleitenden Zellzüge basalwärts konvergieren und apikalwärts divergieren. Jedenfalls zeigt die Begünstigung des basipetalen Leitungssinns, daß es sich nicht um Transport von Erregungssubstanz mit dem Saftstrom handelt, sondern um echte Erregungsleitung, bei der allerdings die in einer Zelle gebildete Erregungssubstanz wahrscheinlich die Nachbarzellen erreicht und in diesen die Erregungsleitung wesentlich unterstützt.

2. Curcurbita und Cucumis.

AUGER (1) hat von Sprossen von *Cucurbita pepo* bei Schnittverletzungen und bei elektrischen Reizen sehr deutliche Aktionsströme abgeleitet.

Als Leitungsgeschwindigkeit bei 25° C gibt er für 1 cm Entfernung vom Reizort 6 cm sek^{-1} und für 7 cm Entfernung 1 cm sek^{-1} an. Eine so auffällige Abnahme der Leitungsgeschwindigkeit mit der Entfernung wurde an anderen Objekten nicht beobachtet und so erscheint mir eine Nachprüfung wünschenswert.

Vom Sproß von *Cucumis melo* habe ich (15) bei Reizung mit starken Öffnungsinduktionsströmen Aktionsströme vom ungefähren Aussehen einer Einzelwelle abgeleitet. Bei 30° C ergab sich die Anstiegszeit aus 12 Bestimmungen zu $0{,}50 \pm 0{,}05$ sek, die Leitungsgeschwindigkeit aus 10 Versuchen zu $5{,}3 \pm 0{,}6$ cm sek^{-1}. Eine Abnahme der Leitungsgeschwindigkeit mit der Entfernung vom Reizort war bis zu den größten untersuchten Entfernungen von 10 cm nicht zu erkennen. Mitunter war bei Entfernungen über 3 cm kein Aktionsstrom zu registrieren.

Im Gegensatz zu der gut ausgebildeten Erregungsleitung im Sproß steht die viel schlechter ausgebildete in den Ranken. Zwar lassen sich durch Berührungsreize sehr deutliche Aktionsströme auslösen, die im Abschnitt IX genauer besprochen und abgebildet sind. Sie entsprechen nicht Einzelerregungen, sondern einer Superposition mehrerer Wellen. Die an den Kurven gemessene Anstiegszeit schwankt zwischen 0,3 und 8,8 sek mit einem Mittelwert von 2,9 sek. Die Anstiegszeit des Einzelaktionsstroms dürfte aber nur 0,3—1 sek betragen, wofür auch der vielfach sehr steile Anstieg des Gesamtaktionsstroms spricht. Bei Reizung mit einzelnen Öffnungsinduktionsschlägen ergaben 7 Versuche bei 30° C eine Leitungsgeschwindigkeit von $0{,}038 \pm 0{,}012$ cm sek^{-1}. Die Aktionsströme waren aus vielen Wellen zusammengesetzt, als ganze sehr gedehnt und oft von geringem Ausmaß. So scheint die Erregungsleitung in den Ranken nur schlecht ausgebildet zu sein und durch die Einwirkung von Erregungssubstanz von den erregten auf noch nicht erregte Zellen unterstützt zu werden. Wieweit dies der Fall ist, läßt sich mangels einer genaueren Untersuchung, die aber sehr schwer durchzuführen wäre, nicht sagen.

3. Vitis.

HOUWINK hat vom Stamm von *Vitis discolor* bei Reizung mit Eis deutliche Einzelaktionsströme abgeleitet. Er gibt die Leitungsgeschwindigkeit mit 0,9 cm sek^{-1} an, fand eine Verlangsamung der Leitung, wenn er 90 sek nach dem ersten Reiz nochmals reizte und gar keine Leitung, wenn er 20 sek nach dem ersten Reiz nochmals reizte. Eine Leitung von einem Internodium zum nächsten fand nicht statt.

HOUWINK hat auch an Ranken von *Vitis gongylodes* bei Reizung mit Eis Aktionsströme abgeleitet. Auch beim Durchschneiden der Ranke erhielt er einen deutlichen Aktionsstrom, allerdings ohne merklichen Rückgang im Laufe mehrerer Sekunden, weswegen er ihn mit dem vergleicht, was er bei *Mimosa* „variation" nennt. Vielleicht handelt es sich aber nur um eine länger dauernde, enge Wellengruppe.

Ich (7) habe an Ranken von *Vitis vinifera,* wenn ich einige Zentimeter apikal von der Ableitungsstelle durchschnitt, nur selten Aktionsströme registrieren können. Bei 10 sek langer elektrischer Reizung mit durch den WAGNERschen Hammer erzeugten Induktionsströmen, die so stark waren, daß sie die durchströmte Strecke schwer schädigten, konnte ich regelmäßig Aktionsströme von wechselndem Ausmaß nachweisen. Es handelte sich immer um Wellengruppen. 5 Versuche bei 32° C ergaben als Leitungsgeschwindigkeit $0{,}21 \pm 0{,}02$ cm sek^{-1}, als Anstiegszeit der ersten Welle $4{,}26 \pm 0{,}93$ sek.

Da eine so gut ausgebildete Erregungsleitung, wie sie HOUWINK an 2 *Vitis*-Arten beobachtet hat, bei nicht sensitiven Pflanzen selten zu sein scheint, und da auch die Befunde an verschiedenen *Vitis*-Arten stark voneinander abweichen, wäre eine genauere Untersuchung des Erregungsvorgangs in Stamm, Ranke und Blatt verschiedener *Vitis*-Arten von Interesse.

4. Die Leguminosen Cassia, Lathyrus, Dolichos, Phaseolus, Desmodium und Aeschynomene.

An *Cassia tomentosa* konnte ich (11) beim Durchschneiden des Blattstiels in diesem keine Aktionsströme nachweisen. Offenbar werden Einzelaktionsströme nicht über größere Entfernungen geleitet. Beim Aufbringen eines Tropfens Alkohol auf das Gelenk eines Blättchens, wodurch auch bei *Mimosa pudica* die langsame Leitung ausgelöst wird, konnte ich sehr deutliche Aktionsströme registrieren. Bei monophasischer Ableitung habe ich den Aktionsstrom zum Teil von zwei Ableitungsstellen registriert, wobei sich seine Anstiegszeit mit zunehmendem Leitungsweg vergrößert zeigte; offenbar weichen die Einzelwellen während der Leitung auseinander. Die Anstiegszeit ergab sich aus 7 Versuchen bei 30° C zu $3{,}03 \pm 0{,}19$ sek, aus 8 Versuchen bei 29° C und etwa doppelt so langem, d. h. um etwa 2—4 cm längerem Leitungsweg zu $5{,}34 \pm 0{,}75$ sek und die Leitungsgeschwindigkeit aus 7 Versuchen bei 29° C zu $0{,}173 \pm 0{,}007$ cm sek^{-1}. Bei diphasischer Ableitung ergaben 5 Versuche bei 26,5° C als Anstiegszeit des Aktionsstroms $5{,}52 \pm 0{,}47$ sek und als Leitungsgeschwindigkeit $0{,}098 \pm 0{,}007$ cm sek^{-1}; vielleicht ist der letztere Wert wegen der schwierigeren Beurteilung der diphasischen Kurven weniger sicher, er ist aber auch wegen der niedrigeren Temperatur niedriger.

So wie im sekundären Blattstiel der besprochenen *Mimosa*-Arten, so löst auch im Blattstiel von *Cassia tomentosa* das Anbrennen eine weit raschere Leitung aus als das Auftropfen von Alkohol oder die meisten sonstigen Reize. 6 Versuche mit monophasischer Ableitung, in denen das Blatt im apikalen Teil angebrannt wurde, ergaben bei 31° C als Anstiegszeit des Aktionsstroms $1{,}26 \pm 0{,}81$ sek, 9 Versuche mit diphasischer Ableitung bei 29° C als Leitungsgeschwindigkeit $1{,}53 \pm 0{,}22$ cm sek^{-1}.

An *Lathyrus latifolius* habe ich (7) bei monophasischer und bei diphasischer Ableitung vom Sproß bei Anbrennen eines oberhalb inserierten Blattes Aktionsströme registriert. Die monophasischen Aktionsströme hatten eine ungefähre Dauer von 1 oder $1^1/_2$ Minuten mit einem langen, einheitlichen Plateau, so daß ein Aufbau aus Einzelwellen kaum angedeutet war. Aus 7 Versuchen bei 28° C ergab sich die Leitungsgeschwindigkeit zu $0{,}88 \pm 0{,}07$ cm sek^{-1}, die Anstiegszeit der ersten Aktionsstromwelle zu $2{,}62 \pm 0{,}30$ sek. Ähnliche Aktionsströme erhielt ich von Rankenträgern, wenn ein Blättchen desjenigen Blattes angebrannt wurde, dem der Rankenträger angehörte; 7 solche Versuche bei 31° C ergaben als Anstiegszeit $3{,}10 \pm 0{,}65$ sek. Auch von Ranken ließen sich deutliche Aktionsströme ableiten, wenn ein Blättchen des sie tragenden Blattes angebrannt wurde. Mitunter waren die Aktionsströme ähnlich wie die vom Sproß beschriebenen, mitunter auch nur von kurzer Dauer. Die Anstiegszeit ergab sich aus 6 Versuchen bei 32° C zu $3{,}24 \pm 0{,}36$ sek. Von einer Ranke, die apikal von der Ableitungsstelle durchschnitten wurde oder deren Nachbarranke durchschnitten wurde, ließen sich nur sehr kleine Aktionsströme, die manchmal nicht sicher festzustellen waren, ableiten. Offenbar wird eine Einzelerregung bei einem Leitungsweg über einige Zentimeter sehr stark reduziert. 6 derartige Versuche bei 31° C ergaben als Leitungsgeschwindigkeit $0{,}62 \pm 0{,}06$ cm sek^{-1}, als Anstiegszeit $0{,}86 \pm 0{,}06$ sek. 3 Versuche bei 31° C, in denen die Spitze einer Ranke angebrannt wurde, ergaben als Leitungsgeschwindigkeit $1{,}22 \pm 0{,}25$ cm sek^{-1}, als Anstiegszeit $1{,}31 \pm 0{,}22$ sek. Die wesentliche kürzere Anstiegszeit in den beiden letztgenannten Versuchsreihen dürfte daher rühren, daß der Aktionsstrom meist nur aus einer Welle bestand, während beim Anbrennen eines Blättchens der Aktionsstrom sich aus vielen dicht zusammengedrängten Wellen aufzubauen scheint, von denen die erste oft gar nicht abgetrennt werden kann.

Alle meine Beobachtungen lassen darauf schließen, daß die Erregungsleitung bei *Lathyrus latifolius* nur sehr schlecht ausgebildet ist, so daß nur längere Wellengruppen über weitere Strecken geleitet werden, von deren Einzelwellen man, nach Analogie der Beobachtungen an Sensitiven, annehmen kann, daß sie einander gegenseitig durch die gebildete Erregungssubstanz unterstützen.

An Blättern von *Dolichos giganteus* habe ich (7) beim Anbrennen des Gelenkes zwischen Blattstiel und Blättchen sehr deutliche, lang dauernde, aus vielen Wellen zusammengesetzte Aktionsströme registriert. 6 Versuche bei 30° C ergaben als Leitungsgeschwindigkeit $0{,}51 \pm 0{,}04$ cm sek^{-1}, als Anstiegszeit der ersten Welle $3{,}49 \pm 0{,}47$ sek. Durchschneiden des Blattstiels bedingte in einigen Zentimetern Entfernung keine Aktionsströme; das Anbrennen des Blattstiels führte zu dessen Erschlaffen und Abbiegung an der Reizstelle, ohne deutlich nachweisbare Aktionsströme in einiger Entfernung. Aber selbst mit dem WAGNERschen Hammer erzeugte Induktionsströme, die durch zwei Blättchen zugeleitet wurden und so stark waren, daß sie zum Turgorverlust der durchströmten Gelenke führten, bedingten keine nachweisbaren Aktionsströme im Blattstiel. Man muß bei Beurteilung solcher negativer Ergebnisse allerdings sehr vorsichtig sein, schon weil man nicht weiß, ob die in diesem Fall zweckmäßigsten Reize angewandt worden sind, denn man kann von keiner Reizart von vornherein sagen, daß sie irgendwelche Zellen erregen müsse. Immerhin kann man wohl aus meinen Beobachtungen schließen, daß die Erregungsleitung bei *Dolichos* wenigstens ebenso schlecht ausgebildet ist, wie ich es für *Lathyrus* angenommen habe.

An Blattstielen der Primärblätter junger *Phaseolus vulgaris*-Pflanzen habe ich (8) beim Durchschneiden in 2—3 cm Entfernung von der Ableitungsstelle meist deutliche Aktionsströme nachweisen können. 7 Versuche bei 26° C ergaben als Leitungsgeschwindigkeit $1{,}37 \pm 0{,}19$ cm sek^{-1},

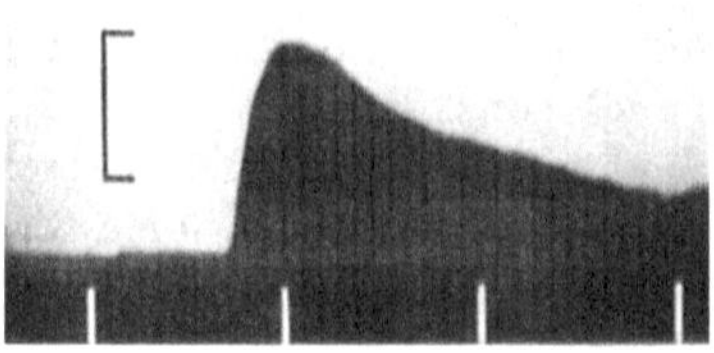

Abb. 34. 8. Juni 1929. 30° C. *Phaseolus vulgaris*, 3. Blatt in Entfaltung. Ableitung vom Blattstiel des ersten Blattes, 4,5 cm basal vom Gelenk der Spreite. Reiz: Anbrennen dieses Gelenkes. Zeitmarken 10 sek, Spannungseinheit 0,02 Volt. (Original.)

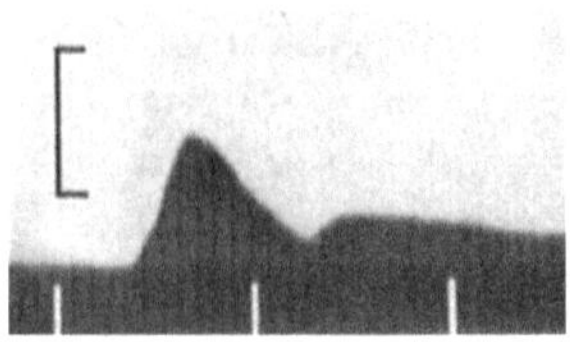

Abb. 35. 8. Juni 1929. 31 °C. *Phaseolus vulgaris*, 3. Blatt in Entfaltung. Diphasische Ableitung vom Blattstiel des ersten Blattes, 1,7 und 3,2 cm basal vom Gelenk der Spreite. Reiz: Anbrennen dieses Gelenkes. Zeitmarken 10 sek, Spannungseinheit 0,02 Volt. (Original.)

als Anstiegszeit des Aktionsstroms $2{,}5 \pm 0{,}2$ sek. Beim Anbrennen des Gelenkes zwischen Blattstiel und Spreite erhielt ich größere Aktionsströme, wie Abb. 34 einen zeigt. 7 Versuche bei 29° C ergaben als Anstiegszeit des Aktionsstroms $3{,}8 \pm 0{,}4$ sek; dieser etwas höhere Wert dürfte darauf beruhen, daß sich in der durch Anbrennen ausgelösten dichteren Wellengruppe die erste Welle meist nicht so abhebt, daß ihre Anstiegszeit gemessen werden kann. Die Leitungsgeschwindigkeit ergab sich bei 29° C aus 6 Versuchen mit diphasischer Ableitung zu $1{,}40 \pm 0{,}15$ cm sek^{-1}, in guter Übereinstimmung mit dem Wert bei Durchschneiden des Blattstiels. Die zweite Aktionsstromphase war um so viel schwächer als die erste, daß es nur ganz ausnahmsweise zu einem dem ersten entgegengesetzten, zweiten Ausschlag unter das Niveau des Ausgangspotentials kam. Die zweite Phase war aber immer als scharf einsetzende Einsenkung kenntlich, die den diphasischen Aktionsstrom deutlich vom monophasischen unterschied, wie das ein Vergleich des diphasischen Aktionsstroms in Abb. 35 mit dem monophasischen in Abb. 34 zeigt.

Im Hypokotyl jüngerer *Phaseolus vulgaris*-Pflanzen konnte ich (8) bei Einschnitten in dasselbe oder bei Durchschneiden eines Keimblattes keinen Aktionsstrom nachweisen. Das Anbrennen der Keimblätter und der Primärblätter hatte in der Hälfte der Versuche Aktionsströme im Hypokotyl, von allerdings nur geringem Ausmaß, zur Folge. Die Versuche zeigen, wie die schon besprochenen an Sensitiven, daß die Erregungsleitung bei Keimpflanzen erst mit einem gewissen Alter, bzw. mit einer gewissen Gewebedifferenzierung auftritt.

Die Erregungsleitung scheint bei *Phaseolus vulgaris* besser ausgebildet zu sein als bei *Dolichos*, doch ist es möglich, daß nur Pflanzen in einem günstigeren Alter oder unter günstigeren Bedingungen untersucht worden sind.

BUCHANAN hat angegeben vom Blattstiel und vom Endblättchen von *Desmodium gyrans* bei Berührung der kleinen seitlichen Blättchen Aktionsströme mit einer Anstiegszeit von 0,01 sek und einer maximalen Dauer von 0,1—1 sek abgeleitet zu haben. Schon die Zeitangaben erscheinen nach allem, was seither diesbezüglich bekanntgeworden ist, für pflanzliche Aktionsströme sehr unwahrscheinlich. Ich (o) habe deshalb *Desmodium gyrans* nochmals mit der auch sonst von mir angewandten Methodik untersucht. Es zeigten sich dabei besonders viele störende, scheinbar spontane Potentialschwankungen. Bei Ableitung vom Mittelnerven des Endblättchens und Durchschneiden desselben konnte ich keine sicheren Aktionsströme registrieren. Bei Ableitung vom Blattstiel bedingte das Berühren der kleinen seitlichen Blättchen keine erkennbaren Aktionsströme und auch beim Durchschneiden des Blattstiels ließen sich Aktionsströme nicht sicher feststellen. Nur das Anbrennen des Endblättchens bewirkte deutliche und lang dauernde Aktionsströme im Blattstiel; 7 Versuche bei 29° C ergaben als Anstiegszeit der ersten erkennbaren Welle $4{,}7 \pm 0{,}5$ sek; 6 Versuche mit diphasischer Ableitung, in denen der Beginn der zweiten Phase allerdings meist nicht scharf zu bestimmen war, ergaben als Leitungsgeschwindigkeit bei 29° C $0{,}68 \pm 0{,}01$ cm sek^{-1}. Aus meinen Beobachtungen scheint mir mit Sicherheit hervorzugehen, daß BUCHANAN durch irgendwelche durch seine Reize bedingte Störungen an seinem Objekt oder in seiner Apparatur getäuscht wurde und daß die Erregungsleitung im Blatt von *Desmodium gyrans* nur sehr schlecht ausgebildet ist.

Aeschynomene indica hat eine ähnliche seismonastische Empfindlichkeit wie *Phyllanthus urinaria*; nach einem starken lokalen Reiz ist aber das Fortschreiten der Reaktion besonders in basipetalem Sinn bei *Phyllanthus urinaria* viel leichter zu beobachten als bei *Aeschynomene indica*. Dementsprechend konnte ich (o) an der Blattspindel von *Aeschynomene indica* weder wenn ich Blättchen, noch wenn ich die Blattspindel durchschnitt, sichere Aktionsströme nachweisen. Das Anbrennen des Blattes bewirkte allerdings lang dauernde Aktionsströme. So scheint auch bei *Aeschynomene indica* die Erregungsleitung nur sehr schlecht ausgebildet zu sein.

5. Verschiedene, weniger gut untersuchte Pflanzen.

MONTEMARTINI hat die Aktionsströme der Blätter einiger Pflanzen, besonders von *Arum italicum, Croton pictum, Ficus macrocarpa, Inula Helenium, Rumex maximus, Saxifraga crassifolia* und *Viburnum Opulus,* leider aber nur mit einem Galvanometer von langsamer Einstellung untersucht, so daß der wahre zeitliche Verlauf der Aktionsströme aus seinen Kurven nicht ersichtlich ist. Als Reiz wurde meist das Anbrennen mit dem glühenden Ende eines Glasstäbchens angewandt. Kontrollversuche, in denen die Blätter zerschnitten oder gequetscht wurden, ergaben ähnliche Aktionsströme von geringerem Ausmaß, geringerer Dauer und mit geringerer Fortpflanzungsgeschwindigkeit. Allerdings wird nur ein Versuch mit Durchschneiden des Blattes genauer wiedergegeben und es fehlen sonst Zahlenangaben über den Erfolg mechanischer Reize.

MONTEMARTINI fand bei allen Pflanzen den basipetalen Leitungssinn begünstigt, indem diesem die höhere Leitungsgeschwindigkeit, die größere Intensität und die längere Dauer des Aktionsstroms zukam. Ich führe die von ihm angegebenen maximalen Leitungsgeschwindigkeiten im Mittelnerven der Blätter, getrennt für beiderlei Leitungssinn, an:

	basipetaler	akropetaler Leitungssinn
Ficus macrocarpa	1,5 cm sek^{-1}	0,45 cm sek^{-1}
Rumex maximus	0,9 cm sek^{-1}	0,4 cm sek^{-1}
Inula Helenium	0,9 cm sek^{-1}	0,2 cm sek^{-1}
Arum italicum	0,8 cm sek^{-1}	0,3 cm sek^{-1}
Viburnum Opulus	0,83 cm sek^{-1}	0,07 cm sek^{-1}
Saxifraga crassifolia . . .	0,7 cm sek^{-1}	0,33 cm sek^{-1}
Croton pictum	0,6 cm sek^{-1}	0,03 cm sek^{-1}

Die folgende Zusammenstellung von Mittelwerten mit wahrscheinlichen Fehlern zeigt, daß die Befunde von MONTEMARTINI auch statistisch gesichert sind; sie beziehen sich auf erwachsene Blätter von *Arum italicum,* die 5—6 cm von den ableitenden Elektroden entfernt versengt wurden.

Leitungssinn	Leitungs-geschwindigkeit	Intensität Mikroampere	Dauer Minuten	Versuchs-zahl
basipetal . .	0,39 ± 0,06 cm sek^{-1}	0,0043 ± 0,0005	6,9 ± 1,3	8
akropetal .	0,10 ± 0,03 cm sek^{-1}	0,0018 ± 0,0006	5,7 ± 1,5	6

MONTEMARTINI fand die Erregungsleitung am besten bei jungen, aber schon ausgewachsenen Blättern mit vollzogener Gewebedifferenzierung ausgebildet.

An unpaar gefiederten Blättern fand MONTEMARTINI einen Reiz am Endblättchen wirksamer als einen an einem seitlichen Blättchen und an nicht zusammengesetzten Blättern einen Reiz am Mittelnerven wirksamer als an einem Seitennerven.

Bei Ableitung von der Blattunterseite konnte MONTEMARTINI die Aktionsströme weniger deutlich nachweisen, als bei Ableitung von der Blattoberseite; er hält es für möglich, daß dieser Unterschied nur durch stärker isolierende Gewebe an der Blattunterseite bedingt ist.

MONTEMARTINI fand eine Förderung der Erregungsleitung, sowohl nach elektrischer Durchströmung als auch nach mechanischen Reizen und Verbrennungen. Ähnliche Erscheinungen sind auch sonst von der Erregungsleitung vielfach bekannt und werden meist als Bahnung bezeichnet. Nach dem, was wir jetzt über die Bildung von Erregungssubstanz bei Pflanzen und über ihre Rolle bei der Erregungsleitung wissen, wäre es möglich, daß diese reversible Begünstigung der Erregungsleitung ganz oder zum Teil auf Erregungssubstanz beruht, die bei der ersten Erregungsleitung gebildet wird und nur langsam wieder verschwindet.

Der Wert der Arbeit von MONTEMARTINI erscheint mir leider dadurch beeinträchtigt, daß seine auf S. 189—193 mitgeteilten Beobachtungen an Leguminosen nicht recht verständlich sind und die dort beschriebenen Erscheinungen nicht als Aktionsströme, sondern am ehesten als merkwürdige elektrische Störungen bei seiner Versuchsanordnung deutbar erscheinen.

BOSE hat vielfach Aktionsströme auch bei nicht sensitiven Pflanzen beschrieben. Insbesondere gibt BOSE (1, S. 468f. und 3, S. 123f.) an, daß er von Farnen, so von *Adiantum* und von *Nephrodium molle,* Aktionsströme sogar von isolierten Gefäßbündeln erhalten habe. Ich (0) konnte mit der auch sonst von mir angewandten Methodik an den Wedeln von drei Farnen, *Nephrodium filix mas, Polystichum lobatum* und *Gymnochrome crystophylla,* weder bei Anwendung elektrischer Induktionsströme, noch beim Durchschneiden oder Anbrennen der Wedel Veränderungen des elektrischen Potentials nachweisen, die sich mit einiger Wahrscheinlichkeit als Aktionsströme hätten deuten lassen. Bei diesem völlig negativen Ergebnis und den, meiner Auffassung nach, zu unpräzisen Angaben BOSEs halte ich eine durch Aktionsströme erkennbare Erregungsleitung bei Farnen nicht für erwiesen. Auch die meisten sonstigen Angaben BOSEs über Aktionsströme bei nicht sensitiven Pflanzen kann ich deswegen nicht für beweisend halten, weil einerseits oft solche mechanische Reize angewandt worden sind, die selbst Wasserverschiebungen und damit elektrische Veränderungen bewirken können und weil andererseits aus den registrierten Kurven der wahre zeitliche Verlauf der elektrischen Veränderungen nicht ersichtlich ist, so daß eventuelle direkte elektrische Folgen des Reizes vom Aktionsstrom nicht unterschieden werden können.

V. Erregbare Organe ohne erregungsleitende Verbindung mit der weiteren Umgebung.

1. Die Blattspreiten von Dionaea und Aldrovanda.

Die Erregungsleitung im Blatt von *Dionaea* habe ich schon besprochen und dabei erwähnt, daß eine Erregbarkeit des Blattstiels, mit Ausnahme seines obersten Endes, nicht nachweisbar ist. Schon MUNK (S. 102) und BATALIN war bekannt, daß Verletzungen der Randzähne und des drüsenlosen, diese Randzähne tragenden, schmalen äußeren Randes der

Spreite nicht zu Reizbewegungen führen, und MUNK (S. 102) gibt auch an, daß Durchschneiden des Zwischenstücks zwischen Spreite und verbreitertem Teil des Blattstiels keine Reizbewegungen auslöst. Wie noch in Abschnitt VII, 5 des Näheren besprochen wird, löst bei nicht optimalen Bedingungen erst eine Serie von einigen Aktionsströmen eine sichtbare Reizbewegung der Spreite aus. Nun kann man, wegen des von mir geführten Nachweises typischer Aktionsströme von oftmals normalem Ausmaß im Zwischenstück, nicht annehmen, daß dieses beim Durchschneiden nicht erregt wird; es ist aber sehr wahrscheinlich, daß bei Verletzung des Zwischenstückes und der äußeren noch erregbaren Teile der Spreite nur ein einzelner oder sehr wenige Erregungsvorgänge ausgelöst werden, die bei nicht optimalen Bedingungen nicht ausreichen, um die Reizbewegung hervorzurufen, während Verletzungen der inneren Spreitenteile eine hierzu genügend lange Erregungsserie auslösen. Diese Auffassung wird dadurch bestätigt, daß ich bei 30° C und günstigen Bedingungen durch den Einstich einer Nadel in das Zwischenstück die Reizbewegung der Spreite ausgelöst habe. Die durch Aktionsströme nachweisbare Erregbarkeit des *Dionaea*-Blattes ist also auf den größten Teil der Spreite, auf das Zwischenstück und auf den allerobersten Teil des verbreiterten Blattstiels beschränkt, wobei in den äußeren Teilen dieses Gebietes Erregungsserien weniger leicht ausgelöst werden, dann, nach außen gegen den Blattstiel fortschreitend, das Ausmaß der Aktionsströme reduziert ist und schließlich der zweite und die folgenden Aktionsströme einer zugeleiteten Serie verbreitert sind.

Ähnlich wie das *Dionaea*-Blatt verhält sich nach ASHIDA (2, S. 59) das *Aldrovanda*-Blatt, dessen Erregbarkeit auf den dreischichtigen Teil mit den sensitiven Haaren beschränkt ist, während der einschichtige Randteil unerregbar ist.

2. Die Gelenke von Desmodium gyrans.

Ich habe schon dargelegt, wie schlecht die Erregungsleitung im Blatt von *Desmodium gyrans* im allgemeinen ausgebildet ist. In starkem Gegensatz hierzu stehen die autonomen, rhythmischen Bewegungen der kleinen seitlichen Blättchen, von denen BOSE (1, S. 216—221) gezeigt hat, daß sie mit deutlichen Aktionsströmen verbunden sind. Dabei entspricht, wie Abb. 36 (S. 90) zeigt, nach BOSE der langsameren Aufwärtsbewegung des Blättchens ein länger dauernder Aktionsstrom von geringerem Ausmaß und der raschen Abwärtsbewegung ein kurzer und stärkerer Aktionsstrom. Offenbar werden die beiden Bewegungsphasen durch Erregungen in verschiedenen Teilen des Gelenkes bewirkt, denen die verschiedenen Aktionsströme entsprechen.

3. Die Staubfäden von Berberis, Sparmannia und Centaurea.

Die reizbaren Staubfäden, von denen die von *Berberis, Sparmannia* und *Centaurea* am besten untersucht sind, zeigen in ihrem Verhalten viel Gemeinsames, aber es scheinen auch wesentliche Unterschiede zu bestehen. Die Reaktionen sind nur durch Reizung des reaktionsfähigen Gebietes selbst oder seiner nächsten Umgebung auslösbar. Für *Centaurea* hat LINSBAUER (1) gezeigt, daß man die Trichome der Staubfäden verbiegen, abschneiden oder durch Hitze töten kann, ohne eine Reaktion der Staubfäden auszulösen; die Trichome sind also keine Perzeptionsorgane mechanischer Reize, wie das HABERLANDT (4) angenommen hatte, sondern höchstens Reizüberträger oder Stimulatoren.

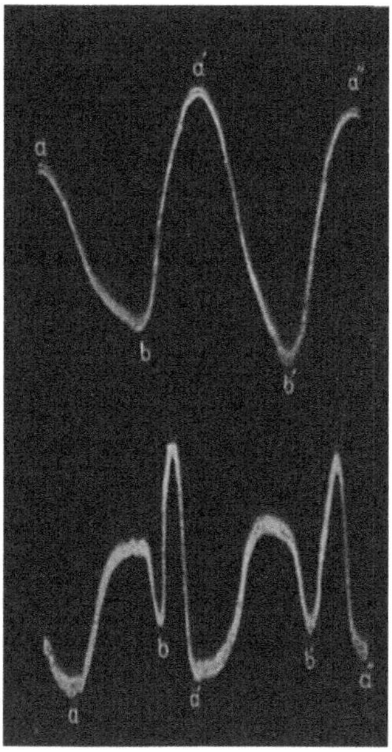

Abb. 36. *Desmodium gyrans*. Oben Bewegungskurve eines der kleinen seitlichen Blättchen, unten elektrische Spannungsänderungen von dessen Gelenk. *a—b* und *a'—b'* Hebungen, *b—a'* und *b'—a''* Senkungen des Blättchens; jeder Bewegungsphase entspricht ein Aktionsstrom. [Aus BOSE (1), verkleinert.]

Auch die Aktionsströme scheinen auf ein eng umschriebenes Gebiet beschränkt zu sein, das nicht wesentlich größer als das reaktionsfähige ist. Nach BÜNNING (6) sind vom reaktionsfähigen Teil der Staubfäden von *Sparmannia* Aktionsströme ableitbar, „der nicht reizbare obere Teil der Filamente ergibt, jedenfalls dann, wenn er nicht übermäßig stark gereizt wird, auch keine Aktionsströme". Bei *Berberis* habe ich (0) eine ableitende Nadel in den Sproß eingestochen und etwa gleiche Aktionsströme erhalten, wenn die zweite Nadel in die Basis oder weiter oben in den am stärksten reagierenden Teil des Staubfadens eingestochen war; wenn die zweite Nadel noch weiter oben, im Staubbeutel, eingestochen war, erhielt ich statt der negativen eine positive Potentialänderung, die offenbar dadurch bedingt ist, daß der reaktionsfähige Teil sowohl gegenüber dem Blütenboden als auch gegenüber dem Staubbeutel elektrisch negativ wird, ohne daß diese beiden Potentialsprünge einander ganz aufheben.

Bei der geringen Ausdehnung der reaktionsfähigen Teile der Staubfäden sind wir begreiflicherweise über die Erregungsleitung in ihnen nicht gut orientiert, insbesondere fehlen Bestimmungen der Leitungsgeschwindigkeit. Im Staubfaden von *Centaurea* scheint es nach den Untersuchungen von BÜNNING (1) überhaupt keine echte Erregungsleitung zu geben, sondern es scheint durch die Bewegungsreaktion der zunächst gereizten Zellen ein mechanischer Reiz auf die Nachbarzellen ausgeübt zu werden, der diese zur Reaktion bringt. BÜNNING hat nämlich an den direkt gereizten Zellen eine von der Temperatur abhängige Latenzzeit beobachtet, etwa 1,5 sek bei 10° und 0,2 sek bei 27°, und an den angrenzenden Zellen eine immer doppelt so lange Latenzzeit und deutet dies so, daß die nach der einfachen Latenzzeit eintretende Reaktion der direkt gereizten Zellen den Reiz für die Nachbarzellen bildet, die dann wieder nach Ablauf ihrer Latenzzeit reagieren. Ganz Entsprechendes hat BÜNNING (1) für die Reizübertragung von einem *Sparmannia*-Staubfaden auf einen benachbarten desselben Büschels gezeigt; er bestimmte wieder die Latenzzeit des direkt gereizten Staubfadens in Abhängigkeit von der Temperatur, 1,6 sek bei 12° und 0,4 sek bei 27°, und fand für den angrenzenden Staubfaden bei allen Temperaturen die doppelte Latenzzeit. Er hat auch durch Abtragungs- und Einschnittversuche gezeigt, daß für die Leitung von einem Staubfaden zum anderen nur der oberste, gefäßbündellose Teil des Blütenbodens in Betracht kommt, wo die reaktionsfähigen Zellen benachbarter Staubfäden unmittelbar aneinander grenzen. Daß eine solche Reizübertragung innerhalb des *Sparmannia*-Staubfadens von Zelle zu Zelle nicht in Betracht kommt, scheint mir schon aus der Angabe von BÜNNING (2, S. 50) hervorzugehen, daß die Reizleitung innerhalb des Staubfadens, „wenn die Außenbedingungen nicht gerade besonders ungünstig sind, sehr schnell im Vergleich zur Bewegungsgeschwindigkeit" erfolgt.

BÜNNING (2) hat auch gezeigt, daß an abgeschnittenen, in Wasser liegenden Büscheln von *Sparmannia*-Staubfäden durch Preßsaft aus reaktionsfähigen oder nicht reaktionsfähigen *Sparmannia*-Zellen, z. B. auch aus dem Blütenboden, Reaktionen ausgelöst werden können. Sein Schluß, daß der Reizstoff schon vorgebildet ist und nicht etwa erst bei der Erregung entsteht, ist nicht stichhaltig, da erstens auch nicht zu einer mechanischen Reaktion befähigte Zellen bei der Extraktion erregt werden und da zweitens auch im Protoplasma von aus irgendwelchen Gründen unerregbaren Zellen bei der Extraktion chemische Vorgänge eingeleitet werden können, die zur Bildung von Erregungssubstanz führen. Es wäre möglich, daß bei dem die mechanische Reaktion bedingenden Flüssigkeitsaustritt in die Interzellularen, der nach COLLA allerdings bei normalen Seismoreaktionen gar nicht vorkommt, auch Erregungssubstanz aus den reagierenden Zellen austritt und die noch nicht reagierenden reizt, wie das BÜNNING vielfach angenommen hat. Wenn, wie bei *Helianthemum apenninum*, Verwundung oder Verbrennen von Blumenblättern oder vom Blütenboden Reaktionen von Staubfäden bedingt, ist dieser Leitungsmechanismus sehr wahrscheinlich. Aus der Darstellung von BÜNNING (1) ist aber zu entnehmen, daß solche Reize, wenn sie überhaupt wirksam sind, meist „Schädigungskrümmungen" und nur selten Alles-oder-Nichts-Reaktionen des seismisch reaktionsfähigen Abschnittes bedingen. Da also diese Leitung, bei der die Erregungssubstanz wahrscheinlich eine besonders große Rolle spielt, meist nicht zur Auslösung der Alles-oder-Nichts-Reaktion führt und da bei den *Berberis*-Staubfäden mit besonders guter seismonastischer Reaktionsfähigkeit Verwundungen und Verbrennungen auch in nächster Nähe der Staubfäden, an Blättern, Blumenblättern, am Blütenstiel und selbst an den oberen Teilen des Griffels, nicht zur Auslösung der Reizbewegung führen, halte ich es für wahrscheinlich, daß die Leitung innerhalb der reaktionsfähigen Zone nicht durch Ausbreitung von Erregungssubstanz in der interzellulären Flüssigkeit, sondern durch protoplasmatische Leitung durch die Plasmodesmen zustande kommt. Dabei halte ich es allerdings für sehr wahrscheinlich, daß bei dieser, wie auch bei jeder anderen protoplasmatischen Erregungsleitung, die Erregungssubstanz eine wichtige Rolle spielt.

BÜNNING (1) hat einen Versuch ausgeführt, der sehr schön die Gültigkeit des Alles-oder-Nichts-Gesetzes für Teile von *Centaurea*-Staubfäden und damit auch für deren Einzelzellen zeigt. Er hat einen Teil eines Staubfadens mit Äther narkotisiert und gefunden, daß die Leitung durch diesen solange wie seine Reaktionsfähigkeit erhalten blieb und daß die Stärke der Reaktion nur in der narkotisierten Strecke merklich vermindert wurde, nicht aber hinter dieser Strecke. Es genügt also auch die schwächere Erregung der narkotisierten Zellen um die volle Reaktion in den angrenzenden, nicht narkotisierten auszulösen. Man kann aber aus diesem Versuch nicht, wie BÜNNING es will, schließen, daß die Leitung eine Folge der Bewegungsreaktion sei, denn die Narkose hätte auch dann denselben Effekt, wenn es sich um echte Erregungsleitung handeln würde. Da ja die Bewegung der mechanisch reaktionsfähigen Zellen eine Begleiterscheinung ihres Erregungsvorgangs ist, muß in dem Narkosestadium, in dem die Erregung unterdrückt wird, notwendig auch die Bewegungsreaktion verschwinden. Man könnte einen Widerspruch zwischen diesem Versuch von BÜNNING und der Angabe LINSBAUERs (1), daß die ganzen *Centaurea*-Staubfäden nicht nach dem Alles-oder-Nichts-Gesetz, sondern in Abhängigkeit von der Reizstärke in verschiedenem Ausmaß reagieren, finden. Nach BÜNNING (1) besteht dieses Verhalten der *Centaurea*-Staubfäden aber nur bei ungünstigen Außenbedingungen, während die Bewegung unter günstigen Außenbedingungen nach dem Alles-oder-Nichts-Typus verläuft.

BÜNNING (1, 2, S. 62) hat gezeigt, daß bei Auslösung der Reizbewegung durch Verbiegen bei den Staubfäden von *Berberis, Mahonia, Sparmannia, Centaurea* und *Helianthemum* der notwendige Betrag der Verbiegung derselbe bleibt, wenn die Verbiegung in kurzen Abständen öfters wiederholt wird, und daß er, wenigstens bei *Sparmannia,* auch von der Geschwindigkeit der Verbiegung unabhängig ist. Nach BÜNNING (1) ist aber nicht nur keine Summation seismischer Reize möglich, sondern diese hinterlassen auch keine Herabsetzung der Schwelle für Reize anderer Art. Wenn bei anderen, z. B. elektrischen Reizen eine Summation möglich ist, und auch die Schwelle für andere, z. B. seismische Reize herabgesetzt wird, so beweist dies nur, daß diese Reize eine erst allmählich zurückgehende Veränderung hinterlassen, die sich eben in dieser Herabsetzung der Schwelle ausdrückt, nicht aber, wie BÜNNING (1, S. 516) meinte, daß es sich dabei um eine Schädigung handelt, und noch weniger, daß diese erst, wenn sie einen seismischen Reiz darstellt, zur Erregungsauslösung führt. Nach seinen neueren Ausführungen scheint Bünning (6, S. 266f.) übrigens selbst von dieser Auffassung abgekommen zu sein. Sie steht zu dem in Widerspruch mit seiner auch nicht bewiesenen Behauptung: „Jede Plasmaschädigung, einerlei ob sie thermisch, chemisch oder auf noch andere Weise hervorgerufen wird, führt zu einer Erhöhung der Reizschwelle" [Bünning (1, S. 509)]. Tatsächlich ist mit vielen Reizen eine mit ihrer Stärke zunehmende Schädigung verbunden, die sich aber meist nur schwer von der sonstigen Reizwirkung abgrenzen läßt. Es ist von besonderem Interesse, daß Bünning (1) für gewisse chemische und thermische Reize an den Staubfäden von *Helianthemum* und *Centaurea* zeigen konnte, daß sie zu Schädigungskrümmungen führen, die erst ihrerseits, wenn sie eine genügende Geschwindigkeit erreichen, die nach dem Alles-oder-Nichts-Gesetz ablaufende Erregung und Bewegungsreaktion auslösen. Die Erregung bleibt nämlich aus, wenn die Schädigungskrümmung der Staubfäden mechanisch verhindert wird.

Bünning (1) hat auch die Latenzzeit der Bewegungsreaktion vieler Staubfäden und bei denen von *Sparmannia* auch ihre Abhängigkeit von der Temperatur untersucht. Eine Abhängigkeit von der Reizstärke fand er höchstens in der Nähe der Reizschwelle. Es handelt sich hierbei aber nicht um die Latenzzeit des Erregungsvorgangs, denn der Aktionsstrom beginnt nach Bünning (6) wesentlich früher als die Bewegungsreaktion. Zuverlässige Angaben über die Latenzzeit des Aktionsstroms liegen für Staubfäden nicht vor. In Analogie zu meinen (13) Befunden an *Nitella* wäre von der Latenz des Aktionsstroms eine starke Abhängigkeit von der Reizstärke zu erwarten. Dijkman glaubte gezeigt zu haben, daß die Bewegungsreaktion bei *Sparmannia*-Staubfäden bei starken Reizen ohne Latenzzeit erfolgt. Bünning (4) konnte aber zeigen, daß es sich hierbei um eine von der Reizstärke stark abhängige, direkte Schädigungswirkung handelt, der erst nach der normalen Latenzzeit die Reizbewegung nach dem Alles-oder-Nichts-Typus folgt. Er nimmt an, daß die unmittelbare, schädigende Wirkung in einem Zerreißen der Zellgrenzfläche durch den übermäßig starken mechanischen Reiz besteht. Mit einer Reihe von Beobachtungen an den Staubfäden werden wir uns noch in den beiden nächsten Abschnitten, VI und VII, zu befassen haben.

4. Junge Wurzeln.

Marsh hat gezeigt, daß an Wurzelspitzen von *Allium cepa* mechanisch gereizte Stellen elektrisch negativ werden und daß dieser Aktionsstrom nicht geleitet wird. Zwischen irgend zwei Stellen der ungereizten Wurzelspitze besteht eine Potentialdifferenz, die als algebraische Summe der Potentialdifferenz in der Zwischenstrecke erscheint. Nun hat Marsh noch gezeigt, daß dieses Potentialgefälle durch den Reiz an der Reizstelle verringert und mitunter sogar umgekehrt wird. Es wird also die gereizte Stelle gegenüber ihren beiden Nachbarstellen negativ, aber derart, daß die frühere Potentialdifferenz zwischen diesen Nachbarstellen herabgesetzt oder umgekehrt wird. In den meisten Fällen scheint der vor der Reizung vorhandene Potentialabfall während der Reizung nur zurückzugehen und so könnten folgende Umstände für die Erklärung der Erscheinung in Betracht kommen: Es ist bekannt, daß bei Reizung die Luft aus den Interzellularen der Wurzelspitze verschwindet, und ROSENE hat gezeigt, daß ein außen an der Wurzel angebrachter Wassermantel durch seine Kurzschlußwirkung den Potentialabfall an dieser Stelle stark reduziert. Eine analoge Wirkung könnte die durch den Austritt der Luft erhöhte Leitfähigkeit der Wurzel haben.

AMLONG und BÜNNING haben die Wurzeln von Keimpflanzen von *Helianthus annuus* näher untersucht. Nach ihnen erreicht die elektrische Negativität der gereizten Stelle ihren Höchstwert von 20—50 Millivolt etwa $^1/_4$ Minute nach der Reizung und das Ausgangspotential wird durchschnittlich nach 12 Minuten wieder erreicht. Wenn ein zweiter Reiz 3—6 Minuten nach dem ersten erfolgt, erreicht die Negativität nur 17 Millivolt, bei einem Reizabstand von 8—12 Minuten 22 Millivolt und erst bei 15—30 Minuten Reizabstand den vollen normalen Betrag. AMLONG und BÜNNING haben sich dann noch besonders mit der durch den elektrischen Reiz bedingten Leitfähigkeitszunahme und mit der Erscheinung befaßt, die sie als Flüssigkeitsaustritt aus den Zellen in die Interzellularen deuten. Zur prinzipiellen Beurteilung solcher Leitfähigkeits- oder Widerstandsmessungen habe ich schon im Abschnitt I, 1 Stellung genommen. Hier sei nur daran erinnert, daß BÜNNING (1, S. 516) einmal schrieb: „daß Erregung durch elektrische Reizung stets mit Plasmaschädigung verbunden ist..., läßt sich direkt beweisen“ und daß der wesentliche Teil der von AMLONG und BÜNNING gefundenen Leitfähigkeitszunahme 35 Minuten nach dem Reiz noch kaum abgenommen hat, wobei sie selbst die Permeabilitätszunahme durch die Erregung viel kürzer annehmen und der Flüssigkeitsaustritt in die Interzellularen, den sie für die Widerstandsabnahme verantwortlich machen, nach der von ihnen registrierten Turgoränderung in $2^1/_2$ Minuten nahezu vollständig zurückgegangen sein sollte. Es ist nicht recht einzusehen, warum gerade nur die Schädigung nicht zur Erklärung der Permeabilitätszunahme herangezogen wird.

VI. Das Refraktärstadium.

1. Autogene und induzierte Refraktärstadien.

Das Refraktärstadium ist die Zeit aufgehobener oder herabgesetzter Erregbarkeit nach einem zur Erregungsauslösung führenden Reiz. Man unterscheidet das absolute Refraktärstadium, in dem die Erregbarkeit ganz aufgehoben ist, und das anschließende relative Refraktärstadium, in dem die Reizschwelle erhöht ist. Außerdem habe ich (6) die Ansicht vertreten, daß es zweierlei verschiedene Refraktärstadien gibt, die autogenen und die induzierten. Von den autogenen Refraktärstadien stelle ich mir vor, daß sie allen erregbaren Zellen zukommen. Man kann sie sich durch den Verbrauch einer reaktionsfähigen Substanz bedingt denken. Wie nach dieser Vorstellung zu erwarten, ist ihr absoluter Teil bei Ermüdung und in der Narkose verlängert und nach zwei kurz aufeinanderfolgenden Erregungen unverändert oder verlängert. Außerdem kommt, meiner Ansicht nach, manchen Organen, besonders solchen, die rhythmisch tätig sind oder für die als ganze das Alles-oder-Nichts-Gesetz gilt, ein verhältnismäßig langes, induziertes Refraktärstadium zu. Das absolute induzierte Refraktärstadium ist bei der Ermüdung und in der Narkose verkürzt und nach zwei kurz aufeinanderfolgenden Erregungen unverändert oder verkürzt. Man kann sich ein solches Refraktärstadium durch ein übergeordnetes System induziert vorstellen, etwa wie nach MAGNUS im Dünndarm der Katze der AUERBACHsche Nervenplexus das Refraktärstadium der Muskulatur bedingt, oder durch sonst einen Einfluß auf das ganze Organ, etwa durch eine bei der Erregung gewisser Zellen gebildete hemmende Substanz. Es erscheint verständlich, daß dieser Einfluß durch Ermüdung oder Narkose abgeschwächt und so das induzierte Refraktärstadium verkürzt wird. In Übereinstimmung mit dieser Vorstellung konnte ich (6) am Rectum des Frosches neben dem langen induzierten ein viel kürzeres, offenbar autogenes Refraktärstadium nachweisen. Sehr interessant in dieser Hinsicht sind die noch zu besprechenden induzierten Refraktärstadien vom Hauptgelenk von *Mimosa pudica* und von den Staubfäden von *Berberis*.

Ich glaube hier noch auf einige Bemerkungen BÜNNINGs, soweit sie nicht rein polemischer Natur sind, eingehen zu sollen. Wenn BÜNNING (1, S. 500) die Abkürzung des Refraktärstadiums durch Narkotika für selbstverständlich hält, so brauche ich nur darauf zu verweisen, daß ich [Literatur bei UMRATH (6)] die Verlängerung des absoluten Refraktärstadiums des quergestreiften Muskels durch Äthylalkohol schon damals nachgewiesen hatte und daß ich (13) seither diesen Nachweis auch für *Nitella*-Internodialzellen führen konnte. Später ist es übrigens BÜNNING (3, S. 562) selbst aufgefallen, daß für das absolute Refraktärstadium des Nerven jetzt eine Verlängerung in der Narkose für sehr wahrscheinlich gehalten wird und er will die an manchen Objekten auftretende Verkürzung des Refraktärstadiums in der Narkose durch eine Herabsetzung der Erregbarkeit deuten. Ich sehe nicht ein, wie Herabsetzung der Erregbarkeit, also Erhöhung der Reizschwelle, das absolute Refraktärstadium verändern soll. Aber auch, wenn nicht „Erregbarkeit", sondern etwa „Erregungsgröße" gemeint wäre, so ist diese auch beim Muskel und auch bei *Nitella* in der Narkose herabgesetzt. Ich finde daher die Ausführungen BÜNNINGs nicht überzeugend. Die Behauptung BÜNNINGs (1, S. 499): „U. kommt daher ebenso wie ich zu der Ansicht, daß im absoluten Refraktärstadium Erregung möglich ist", ist unrichtig. Da das absolute Refraktärstadium definitionsgemäß die Zeit ist, innerhalb deren die Auslösung eines Erregungsvorgangs auf keinerlei Art möglich ist, bin ich zu einer solchen Ansicht nie gekommen. Hingegen kann, während des absoluten Refraktärstadiums eines, etwa die Bewegung ausführenden Systems, ein anderes System mit kürzerem Refraktärstadium schon wieder erregbar sein. Meine Ansicht ist nun die, daß die Erregung eines solchen zweiten Systems in gewissen Fällen das induzierte Refraktärstadium des ersten Systems verlängert. Ich werde hierauf bei Besprechung des Hauptgelenkes von *Mimosa pudica* und der Staubfäden von *Berberis* näher eingehen.

2. Der Blattstiel von Mimosa pudica, Biophytum sensitivum, Vitis, Drosera, Dionaea.

Das autogene Refraktärstadium ist bei höheren Pflanzen am eingehendsten am Einzelaktionsstrom des langsam leitenden Systems im primären Blattstiel von *Mimosa pudica* untersucht worden. Nach einem wirksamen Öffnungsinduktionsschlag konnte ich (17) auch bei optimaler Temperatur von 30—36° C erst nach 90—120 sek durch einen zweiten wieder am Aktionsstrom kenntliche Erregungsleitung auslösen. Das absolute Refraktärstadium an der Reizstelle ist aber kürzer. Wenn ich drei Reize, von denen wenigstens der zweite und dritte stark waren, anwandte, so hatte der zweite Reiz, wenn er 30—45 sek nach dem ersten oder noch früher angewandt wurde, keine erkennbare Wirkung und der dritte war ebenso wirksam, als ob der zweite gar nicht angewandt worden wäre. Der zweite Reiz war also im absoluten Refraktärstadium des ersten unwirksam. Wenn aber der zweite Öffnungsinduktionsschlag 45—60 sek oder später nach dem ersten angebracht wurde, so war ein fortgeleiteter Aktionsstrom durch den dritten erst ebenso lange nach dem zweiten auslösbar, als sonst nach einem einzelnen Reiz. Daraus muß man schließen, daß der zweite Reiz jetzt nicht mehr unwirksam war, also nicht mehr in das absolute Refraktärstadium des ersten fiel, lokal einen Erregungsvorgang auslöste, der aber, wegen der noch nicht genügend fortgeschrittenen Erholung, nicht geleitet wurde. Aus diesen Befunden geht hervor, daß bei der langsam geleiteten Erregung im primären Blattstiel von *Mimosa pudica* die Erregung einer Stelle kein Maximalreiz für die Nachbarstelle ist, so daß das absolute Refraktärstadium der Erregungsleitung, wenn man von einem solchen sprechen darf, länger ist als das absolute Refraktärstadium an der Reizstelle.

Eine genauere Untersuchung des absoluten Refraktärstadiums an der Reizstelle unter verschiedenen Einflüssen liegt nicht vor und dürfte auch kaum möglich sein, weil eine Bestimmung so lange braucht, daß die Veränderungen durch schwer vermeidliche Temperaturschwankungen und vielleicht auch durch tageszeitliche Einflüsse zu störend sind. Doch deutet vielleicht die folgende, noch nicht ganz geklärte Beobachtung auf eine Verlängerung des absoluten Refraktärstadiums bei der Ermüdung: reizt man im Abstand von 60 oder 90 sek rhythmisch, so löst der erste Reiz Erregungsleitung aus, die folgenden erregen nur an der Reizstelle und hinterlassen dort Refraktärstadien, bis etwa der vierte, fünfte oder sechste Reiz der Serie wieder Erregungsleitung auslöst. Eine naheliegende Erklärung ist die, daß das absolute Refraktärstadium an der Reizstelle durch die wiederholte, ermüdende Reizung so verlängert wurde, daß schon der dritte, vierte oder fünfte Reiz in das absolute Refraktärstadium seines Vorgängers fiel, deshalb kein Refraktärstadium mehr hinterließ, so daß der durch den folgenden Reiz ausgelöste Aktionsstrom geleitet werden konnte.

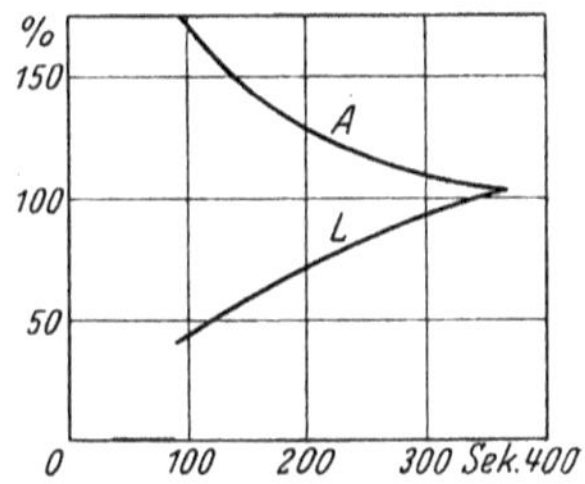

Abb. 37. *Mimosa pudica*, primärer Blattstiel, halbschematisch. Ordinate: Leitungsgeschwindigkeit *L* und Anstiegszeit des Aktionsstroms *A* in Prozent der Normalwerte. Abszisse: Zeit in Sekunden nach der vorhergehenden Erregung. [Aus UMRATH (17).]

Für das absolute Refraktärstadium der Erregungsleitung, das sich verhältnismäßig gut und leicht bestimmen läßt, habe ich (17) durch eine größere Anzahl von Versuchen nachgewiesen, daß es nach zwei rasch aufeinanderfolgenden Erregungen deutlich, wenn auch nicht stark verlängert ist, und daß es bei Ermüdung deutlich und schließlich auch stark verlängert wird.

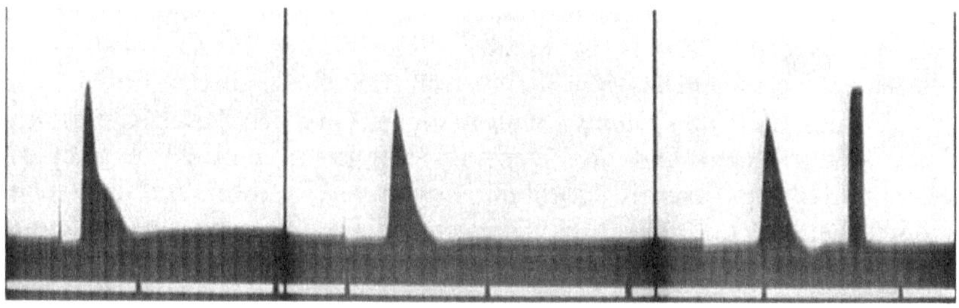

Abb. 38. 23. Juli 1932. 31° C. *Mimosa pudica.* Ableitung vom primären Blattstiel. Reize: je ein starker Öffnungsinduktionsschlag, Reizmoment an der ersten steilen Zacke kenntlich. Die drei Reize in Abständen von 225 sek. Bei einem Reizabstand von 180 sek löste der zweite Reiz nicht mehr regelmäßig einen Aktionsstrom aus. Leitungsgeschwindigkeiten: 1,9, 1,0 und 0,7 cm sek^{-1}, Anstiegszeiten: 0,5, 0,7 und 0,9 sek. Am Ende der dritten Aufnahme eine Eichkurve — 0,1 Volt. Zeitmarken 10 sek. [Aus UMRATH (17).]

Die Dauer des relativen Refraktärstadiums ist nicht untersucht, aber ich fand während einer Zeit, die wahrscheinlich ganz oder größtenteils im relativen Refraktärstadium liegt, die Anstiegszeit des Aktionsstroms verlängert, zu Beginn des relativen Refraktärstadiums bis fast auf das Doppelte, und die Leitungsgeschwindigkeit herabgesetzt, zu Beginn des relativen Refraktärstadiums auf etwa 40% des Normalwertes, wie das in Abb. 37 dargestellt ist. Abb. 38 gibt Aktionsströme bei verhältnismäßig kleinem Reizintervall wieder. Man erkennt eine Veränderung in der Form des Aktionsstroms und besonders deutlich eine zunehmende starke Verlängerung der Leitungszeit.

Für die langsame Leitung im sekundären Blattstiel von *Mimosa pudica* habe ich (17) eine Verminderung der Leitungsgeschwindigkeit im relativen Refraktärstadium festgestellt, die der im primären Blattstiel ähnlich ist.

Für die Blattspindel von *Biophytum sensitivum* habe ich (17) durch Registrierung der Aktionsströme bei Wundreizen in verschiedenem Intervall das absolute Refraktärstadium bei 25—34° C zu 8—11 sek bestimmt.

Houwink hat gefunden, daß im Sproß von *Vitis discolor* 20 sek nach der ersten Erregung noch keine Leitung auslösbar ist, und daß 90 sek nach der ersten Erregung die Leitungsgeschwindigkeit stark herabgesetzt und der Aktionsstrom verbreitert ist. Das absolute Refraktärstadium muß also zwischen 20 und 90 sek betragen.

Für den Blattstiel von *Drosera brevifolia* habe ich (17) nach Aktionsstromaufnahmen bei Wundreizen in verschiedenem Intervall das absolute Refraktärstadium bei 26—30° C zu etwa 20—25 sek bestimmt.

Da im langsam leitenden System des primären Blattstiels von *Mimosa pudica* das absolute Refraktärstadium an der Reizstelle bei 30—36° C 30—60 sek beträgt und das für die Erregungsleitung 90—180 sek, könnte man den absoluten Zeiten nach annehmen, daß bei *Biophytum, Vitis* und *Drosera* die absoluten Refraktärstadien an der Reizstelle nicht oder kaum kürzer sind als die für die Erregungsleitung gemessenen. Ein Unterschied zwischen dem Refraktärstadium an der Reizstelle und dem für die Erregungsleitung ist meines Wissens auch bisher sonst nur in einzelnen Versuchen an *Nitella* von mir (18) beobachtet worden.

Für das Blatt von *Dionaea muscipula* geht aus den Arbeiten Burdon-Sandersons (1, 2) und von Burdon-Sanderson und Page (S. 427f.) hervor, daß das gesamte (absolute + relative) Refraktärstadium 20 bis 30 sek beträgt und durch rhythmische Reize auf mehr als 1 Minute verlängert werden kann. Für das absolute Refraktärstadium geben folgende Befunde eine obere Grenze: Burdon-Sanderson (4, Tafel 69) bildet Aktionsströme auf rhythmische elektrische Reize in 4,3 sek Abstand ab und ich (17) fand nach mechanischen Reizen Aktionsströme, die derselben rhythmischen Serie anzugehören schienen, im Abstand von nur 1,4 sek. Das absolute Refraktärstadium ist also kürzer als 1,4 sek anzunehmen. Burdon-Sanderson (4, Tafel 69, Fig. 7) bildet aber auch zwei Aktionsströme in 0,6 sek Abstand, die durch einen Berührungsreiz ausgelöst wurden, ab und auch ich (17) habe nach mechanischen Reizen Aktionsströme in 0,6 sek Abstand registriert. Es könnte sich in diesen Fällen zwar um die Erregung verschiedener Zellen handeln, aber es ist doch wahrscheinlich, daß das absolute Refraktärstadium nicht länger als 0,6 sek ist.

3. Das Hauptgelenk von Mimosa pudica.

Bei den Untersuchungen über das Refraktärstadium des Hauptgelenkes von *Mimosa pudica* habe ich (17) zum Teil Aktionsströme registriert, zum Teil die Bewegungsreaktion beurteilt. Da der Aktionsstrom einen komplizierten Verlauf hat, bespreche ich ihn hier kurz; im nächsten, VII. Abschnitt muß ich ausführlicher auf ihn eingehen. Der Aktionsstrom des Hauptgelenkes beginnt mit einem steil ansteigenden Teil, der offenbar dem Aktionsstrom des langsam leitenden Systems im primären Blattstiel entspricht; seine Anstiegszeit fand ich (17) bei mechanischen Reizen in 13 Versuchen bei 32° C zu 0,35 ± 0,02 sek, bei elektrischen Reizen in 15 Versuchen bei 32° C zu 0,37 ± 0,02 sek. Daß diese Werte etwas geringer sind als beim primären Blattstiel, dürfte daher rühren, daß sie an der Reizstelle gemessen sind, während bei der Erregungsleitung im primären Blattstiel ein gewisses Auseinanderweichen der Erregung in den nebeneinander befindlichen Zellzügen stattfindet. Der zweite Teil des Aktionsstroms ist vom ersten nur selten scharf abgesetzt und meist mit ihm verschmolzen, so daß er eine sehr starke Verbreiterung im absteigenden Teil bildet, wie das Abb. 39 zeigt. Wahrscheinlich gehören diese beiden Teile zusammen und bilden den Aktionsstrom des langsam leitenden Systems im Hauptgelenk. Eine Verbreiterung im absteigenden Teil des Aktionsstroms kommt ja, wenn auch meist in geringerem Grade, auch im primären Blattstiel vor, wie das ganz deutlich Abb. 9, 1 und Abb. 42, 3 und andeutungsweise auch Abb. 42, 1 und 4 zeigen. An *Nitella*-Internodialzellen wurden zweigipfelige oder auch nur im absteigenden Teil stark verbreiterte Aktionsströme von BLINKS, HARRIS und OSTERHOUT und später von mir (13) besonders bei Alkoholeinwirkung beobachtet. Es kann also sicher der Aktionsstrom einer einzelnen Zelle zweigipfelig sein. Der dritte Teil des Gelenksaktionsstroms hat eine mehrere Minuten lange Dauer, die noch nie genau bestimmt wurde und auch schwer zu bestimmen ist. Immerhin glaube ich, daß man diesen dritten Teil des Aktionsstroms nach seiner Dauer und den noch zu besprechenden Eigenschaften mit einiger Wahrscheinlichkeit als Aktionsstrom der die Bewegung ausführenden Zellen deuten kann.

Es ist sehr auffallend und für die Beurteilung der induzierten Refraktärstadien wichtig, daß man, wie ich bei Anwendung von mechanischen (6) und von elektrischen Reizen (17) zeigen konnte, am Hauptgelenk von *Mimosa pudica* zu einer Zeit, zu der es nach seiner Bewegungsfähigkeit beurteilt noch absolut refraktär ist, Aktionsströme auslösen kann. Obwohl ich auch unter den günstigsten Außenbedingungen eine zweite Bewegungsreaktion nie früher als 90 sek nach der ersten beobachten konnte, betrug das absolute Refraktärstadium für die Aktionsströme nur 15—40 sek; es ist somit vielleicht etwas kürzer als das des langsam leitenden Systems im primären Blattstiel an der Reizstelle. Durch einen sehr frühen zweiten Reiz ausgelöste Aktionsströme haben einen einfachen Verlauf, wie in Abb. 39 zu erkennen, ähnlich wie er im primären Blattstiel oft vorkommt. Die Anstiegszeit ergab sich aus 23 Versuchen mit elektrischen Reizen bei 32° C zu Beginn des relativen Refraktärstadiums zu 0,37 ± 0,01 sek, also völlig gleich dem oben angeführten

Wert für den ersten Aktionsstrom: 0,37 ± 0,02 sek. Wird der zweite Reiz etwas später, etwa 60 sek nach dem ersten angebracht, so kann auch die Verbreiterung im absteigenden Teil des Aktionsstroms, die ich als zweiten Teil des Gelenksaktionsstroms bezeichnet habe, schon wieder mehr oder weniger deutlich in Erscheinung treten. Erst wenn die beiden Reize 90 sek oder mehr auseinander liegen, kann der zweite Aktionsstrom einen erkennbaren Beitrag zu der lang dauernden Negativität geben, die ich als dritten Teil des Gelenksaktionsstroms bezeichnet habe. Es scheint ein solcher Zuwachs der lang dauernden Negativität immer dann aufzutreten, wenn das Gelenk auch eine Bewegungsreaktion ausführt, doch sind sehr geringe Bewegungsreaktionen und besonders sehr geringe Zunahmen der lang dauernden Negativität nicht scharf zu erkennen.

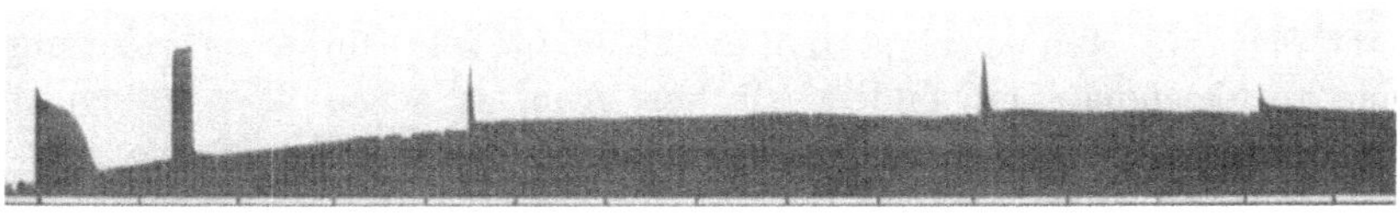

Abb. 39. 31. Juli 1932. 33,5° C. *Mimosa pudica*. Ableitung vom Hauptgelenk. Reize: Öffnungsinduktionsschläge. Der erste Reiz löst den dreiteiligen Aktionsstrom aus: 1. Teil: steile Anfangszacke, 2. Teil: hier nur starke Verbreiterung im absteigenden Ast des vorigen, 3. Teil: die sich lang hinziehende Erhebung, welche die ganze weitere Abbildung einnimmt und erst weit außerhalb derselben enden würde. Etwa 14 sek nach dem ersten Reiz eine Eichkurve von − 0,1 Volt. 45 sek nach dem ersten Reiz ein zweiter, 55 sek nach diesem ein dritter, die beide einfache Aktionsströme auslösen. 30 sek nach dem dritten ein vierter Reiz, der keinen Aktionsstrom auslöst; nur Einbruch des Reizstroms in das Elektrometer. Die kleinen Senkungen einige Sekunden vor den Aktionsströmen sind durch die Manipulationen beim Abblenden der Schließungsinduktionsströme bedingt. Zeitmarken 10 sek. [Aus Umrath (17).]

Bei Anwendung von drei elektrischen Reizen habe ich (17) das absolute Refraktärstadium des ersten, steilen Aktionsstromteils nach dem zweiten Reiz ebenso lang oder etwas länger als nach dem ersten Reiz gefunden. Es handelt sich hier offenbar um das autogene Refraktärstadium von Zellen, die dem langsam leitenden System angehören.

Ganz anders verhält sich das nach der Bewegungsreaktion beurteilte Refraktärstadium des Hauptgelenkes; sein absoluter Teil beträgt bei 27—33° C 90—150 sek. Bei Anwendung von drei Reizen fand ich (17) das auf den zweiten Reiz folgende absolute Refraktärstadium gegenüber dem auf den ersten Reiz folgenden nicht verändert, während der Ermüdung durch Reizung in Intervallen von 10 Minuten fand ich es deutlich verkürzt. Besonders interessant ist die folgende, in großen Zügen schon lange bekannte Erscheinung, die ich (17) mit Rücksicht auf das induzierte Refraktärstadium des Hauptgelenkes genauer untersucht habe. Reizt man rhythmisch mit einem so kurzen Intervall, daß der zweite Reiz in das absolute Refraktärstadium des ersten fällt, also unter günstigen Außenbedingungen etwa in Abständen von 1—$1^1/_2$ Minuten, so sind auch die folgenden Reize durch längere Zeit unwirksam, d. h. sie verändern die auf die Reaktion nach dem ersten Reiz folgende Rückbewegung in keiner Weise. Erfolgt nun nach längerer rhythmischer Reizung doch eine Bewegungsreaktion oder verlängert man das Reizintervall, so daß eine Bewegungsreaktion eintritt, so ist diese bedeutend kleiner als sie ohne die zwischengeschalteten rhythmischen Reize gewesen wäre. Abb. 40 zeigt diese Verhältnisse in einem Beispiel. Wir wissen sicher, daß diese rhythmischen Reize alle Aktionsströme, eventuell auch schon mit verbreitertem absteigendem Ast, auslösen und sehen, daß durch sie das absolute Refraktärstadium der Bewegungsreaktion verlängert wird und ebenso die Zeit, während der das Ausmaß der Bewegungsreaktion herabgesetzt ist, hinausgeschoben wird. Somit scheinen mir diese Befunde deutlich zu zeigen, daß das Refraktärstadium der bewegungsfähigen Zellen des Hauptgelenkes von *Mimosa pudica* durch einen Erregungsvorgang in anderen Zellen des Gelenkes verlängert werden kann, daß also diese Zellen ein längeres Refraktärstadium der bewegungsfähigen Zellen induzieren. LINSBAUER (4) hat das Hauptgelenk von *Mimosa pudica* rhythmisch gereizt; es ist aus seiner Arbeit nicht genau ersichtlich, wie lange das Refraktärstadium bei Anwendung jeweils nur eines Prüfreizes gewesen wäre, doch scheint aus einzelnen Angaben hervorzugehen, daß es durch die rhythmischen Reize wesentlich verlängert wurde. Dabei ist es bemerkenswert, daß, im Gegensatz zu meinem oben erwähnten Befund mit einzelnen Reizen, bei der rhythmischen Reizung LINSBAUERs das Refraktärstadium nach der zweiten Bewegungsreaktion gegenüber dem nach der ersten beträchtlich verkürzt erscheint. Es scheint, daß das durch Induktion verlängerte Refraktärstadium auch die charakteristischen Eigenschaften des induzierten Refraktärstadiums in erhöhtem Maße erhält und somit im absoluten Teil nach einer früh ausgelösten zweiten Reaktion verkürzt erscheint.

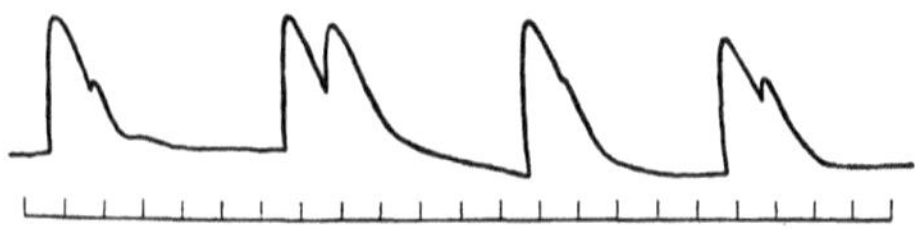

Abb. 40. 20. August 1932. *Mimosa pudica*. Hauptgelenk, Kopie nach der Rußregistrierung der Bewegungsreaktion. Reize: Öffnungsinduktionsschläge. 9^h05, 30,5° C, 8 Reize in Abständen von 1 Minute, 1 Reiz nach weiteren 3 Minuten, nur der erste und letzte wirksam; 10^h04, 33° C, 2 Reize im Abstand von 11 Minuten, beide wirksam; 11^h04, 33,5° C, 8 Reize in Abständen von 1 Minute, 1 Reiz nach weiteren 2 Minuten, nur der erste und der letzte wirksam; 11^h54, 34° C, 2 Reize im Abstand von 10 Minuten, beide wirksam. Zeitmarken 10 Minuten. [Aus UMRATH (17).]

4. Die Staubfäden von Berberis.

Ich (6) habe gefunden, daß das nach der Bewegungsreaktion beurteilte absolute Refraktärstadium der Staubfäden von *Berberis Thunbergi* nach einer zweiten, bald nach der ersten ausgelösten Bewegungsreaktion verkürzt ist, so daß es nur 60—80% desjenigen nach der ersten Bewegungsreaktion beträgt. Weiter habe ich gezeigt, daß das absolute Refraktärstadium auch in der durch Äthylalkohol bewirkten Narkose verkürzt ist. Diese Befunde wurden durch entsprechende Feststellungen von BÜNNING (1) an *Berberis vulgaris* bestätigt. BÜNNING (3) hat später die Ansicht vertreten, daß nur nach Reizung im Zustand der Narkose das absolute Refraktärstadium verkürzt wird, während es verlängert wird, wenn unmittelbar nach Reizung narkotisiert wird. Ich glaube, daß man bei den Staubfäden von *Berberis* in den ersten Minuten nach Einwirkung eines Narkotikums nicht von eigentlicher Narkose reden darf, da ein ausgeprägtes und langes Exzitationsstadium besteht, was schon lange bekannt und insbesondere aus einer neueren Arbeit von BÜNNING (5) ersichtlich ist. Es kann also das während des Exzitationsstadiums verlängerte absolute Refraktärstadium geradezu als Gegenstück zu dem während der Narkose verkürzten gelten.

Ich (6) habe an den Staubfäden von *Berberis Thunbergi* auch beobachtet, daß ein kurz vor Beendigung des absoluten Refraktärstadiums

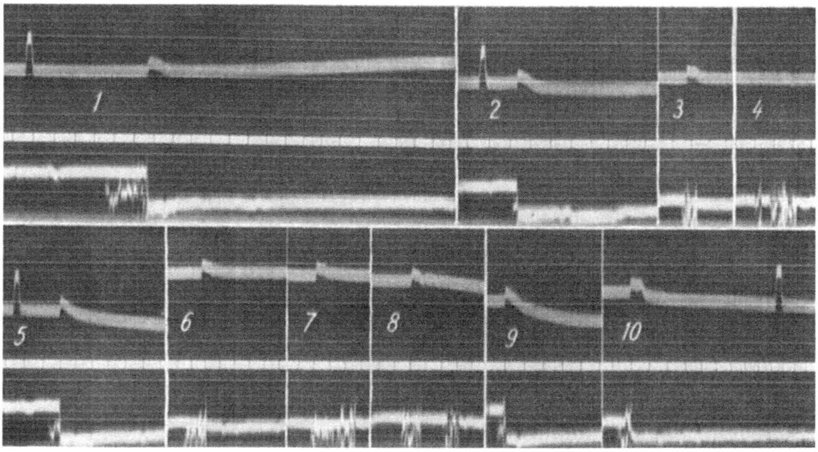

Abb. 41. 7. Mai 1935. 16,5° C. *Berberis Thunbergi*, Staubfaden. Oben elektrische Registrierung, unten Bewegung des Staubfadens durch seinen Schatten registriert. Mechanische Reize mit einer Nadel an der Innenseite des Staubfadens; an der unteren Kurve erscheint der Schatten der Nadel schon vor der Reizgebung und bei starken Reizen, wie in *3*, *4*, *6*, *7* und *8*, ist auch die rasche Verbiegung des Staubfadens durch den Reiz zu erkennen. Staubfadenbewegung zum Griffel nach unten. Am Anfang von *1*, *2* und *5* und am Ende von *10* Eichkurven — 0,05 Volt. *1* Reizung längere Zeit nach Einstich der ableitenden Nadel: Aktionsstrom und Bewegungsreaktion. *2* 18 Minuten nach *1*: Aktionsstrom und Bewegungsreaktion. *3* 7 Minuten nach *2*: Aktionsstrom und sehr geringe Bewegungsreaktion. *4* 3 Minuten nach *3*: kein Aktionsstrom und keine Bewegungsreaktion. *5* 25 Minuten nach *4*: Aktionsstrom und Bewegungsreaktion. *6* $6^1/_2$ Minuten nach *5*: Aktionsstrom und sehr geringe Bewegungsreaktion. *7* 4 Minuten nach *6*: Aktionsstrom, aber keine Bewegungsreaktion. *8* 4 Minuten nach *7*: Aktionsstrom, aber keine Bewegungsreaktion. *9* 18 Minuten nach *8*: Aktionsstrom und Bewegungsreaktion. *10* 10 Minuten nach *9*: Aktionsstrom und Bewegungsreaktion. In der Mitte Zeitmarken 6 sek. (Original.)

der Bewegungsreaktion angebrachter Reiz dieses absolute Refraktärstadium verlängert. BÜNNING (1) beobachtete dasselbe an Staubfäden von *Mahonia aquifolium* und machte noch die wichtige Feststellung, daß der Effekt von der angewandten Reizstärke unabhängig ist, daß also das Alles-oder-Nichts-Gesetz für ihn gilt. Ich (0) habe die Erscheinung seither genauer untersucht, wobei ich auch Aktionsströme und Bewegungsreaktionen registriert habe. Eine genauere Besprechung dieser und der schon früher von BÜNNING (6) beschriebenen Aktionsströme werde ich im nächsten, VII. Abschnitt geben. In dem in Abb. 41 wiedergegebenen Versuch treten $6^1/_2$ und 7 Minuten nach dem vorhergehenden Reiz (Abb. 41, 6 und 3) Aktionsströme und geringe Bewegungsreaktionen auf, bei längerem Reizintervall (1, 2, 5, 9, 10) sind die Aktionsströme nicht wesentlich verändert, die Bewegungsreaktionen aber sehr deutlich. Die Aktionsströme sind sogar schon 4 Minuten nach dem vorhergehenden Reiz voll ausgebildet (7, 8), obzwar zu dieser Zeit noch keine Bewegungsreaktion eintritt, der Staubfaden sich, nach dieser beurteilt, also noch im absoluten Refraktärstadium befindet. Bei einem etwas kürzeren Reizintervall von 3 Minuten (4) tritt auch bei einem sehr starken Reiz kein Aktionsstrom mehr auf und ebenso ist ein Reiz einige Sekunden nach Auslösung eines Aktionsstroms unwirksam (8, zweiter Reiz). Wegen ihrer vollständigen Unabhängigkeit von der Bewegungsreaktion sind die in Abb. 41 wiedergegebenen, von mir mit einer in den Staubfaden eingestochenen Stahlnadel abgeleiteten Aktionsströme kaum durch die bewegungsfähigen Zellen bedingt, sondern Ausdruck des Erregungsvorgangs anderer, wahrscheinlich sensibler oder leitender Zellen. Die oben erwähnte Erscheinung, daß ein Reiz im absoluten Refraktärstadium der Bewegungsreaktion die Reaktionsunfähigkeit der Staubfäden verlängert, kann nach diesen Befunden zwei Ursachen haben. Erstens muß ein Reiz, der nur einen Aktionsstrom auslöst, der im Fall der Abb. 41 also etwa 4 Minuten nach dem vorangehenden angebracht ist, die Zellen, welche den Aktionsstrom ergeben, absolut refraktär machen, im Fall der Abb. 41 für über 3 Minuten, d. h. aber für 7 Minuten nach dem vorangehenden Reiz, der noch eine Bewegungsreaktion bewirkt hat. Wenn eine Erregung dieser den Aktionsstrom bewirkenden Zellen zur Einleitung der Bewegungsreaktion notwendig ist, so ist auch diese nicht früher auslösbar. Da sonst eine Bewegungsreaktion im Fall der Abb. 41 wenigstens schon $6^1/_2$ Minuten nach der vorangehenden wieder auslösbar ist, bedeutet das eine Verlängerung der Zeit, in welcher der Staubfaden reaktionsunfähig ist. Zweitens muß aber der Erregungsvorgang der den Aktionsstrom ergebenden Zellen wenigstens in vielen Fällen eine Verlängerung des absoluten Refraktärstadiums der bewegungsfähigen Zellen induzieren. Sonst hätte in Abb. 41, 8 eine Bewegungsreaktion eintreten müssen, da der Reiz 8 Minuten nach der letzten Bewegungsreaktion in Abb. 41, 6 angebracht war. Der 4 Minuten nach 6 in 7 ausgelöste Aktionsstrom hat offenbar das absolute Refraktärstadium der bewegungsfähigen Zellen über den weitere 4 Minuten später in 8 angebrachten Reiz hinaus verlängert. Ich (o) habe auch bei rhythmischer Reizung in 1-Minuten-Intervallen in manchen Fällen verspätete und mitunter auffallend geringe Bewegungsreaktionen beobachtet; einmal trat die zweite Bewegungsreaktion erst nach 12 Minuten auf, obzwar das absolute Refraktärstadium nach einem Einzelreiz nur etwa 3 Minuten betrug. Eine Veränderung der Rückkrümmung habe ich bei der rhythmischen Reizung nicht beobachtet. Die Erscheinung entspricht ganz der, die ich für das Hauptgelenk von *Mimosa pudica* schon besprochen habe, nur läßt sie sich an diesem regelmäßig, an den Staubfäden von *Berberis Thunbergi* aber nur in manchen Fällen beobachten.

An *Berberis*-Staubfäden ist auch über die Dauer des gesamten (relativen + absoluten) Refraktärstadiums einiges bekannt. Die ersten Angaben stammen von BÜNNING (1), der zu verschiedenen Zeiten nach einer Reaktion sowohl die zur Auslösung einer neuen Reaktion notwendige Verbiegung des Staubfadens von *Berberis vulgaris* in Winkelgraden als auch die notwendige Zahl von Öffnungsinduktionsschlägen einer bestimmten Stärke bestimmt hat. Es ist sehr bemerkenswert, daß die Prüfung mit diesen beiden ganz verschiedenen Reizen denselben Verlauf der Wiederherstellung der Erregbarkeit im relativen Refraktärstadium ergeben hat. Bei elektrischen Reizen wäre es allerdings richtiger, die Spannung bei gleichbleibender Reizzeit und Zahl der Reize zu verändern. Vor allem aber gestatten beide Methoden nur größere Unterschiede in der Reizschwelle aufzudecken, eine Erhöhung der normalen Reizschwelle bis auf das Doppelte im relativen Refraktärstadium läßt sich so nicht genau feststellen. Ich (0) habe an *Berberis Thunbergi* in 3 Versuchen bei verschiedenen Temperaturen die Veränderung der Reizschwelle im Verlauf des relativen Refraktärstadiums bestimmt, indem ich feststellte, welche Spannungen ein Wechselstrom von 50 Perioden in der Sekunde bei langer Einwirkung zu verschiedenen Zeiten nach der ersten Reaktion haben muß, um eine zweite Bewegungsreaktion auszulösen. Meine Befunde stimmen, wenn man sie auf die gleiche Temperatur bezieht, im allgemeinen mit denen BÜNNINGs überein. Zu Beginn des relativen Refraktärstadiums fand ich die Reizschwelle allerdings nur auf den 3—5fachen Betrag erhöht, während BÜNNING die Erhöhung der Schwelle in der ersten halben Minute des relativen Refraktärstadiums in den von ihm gewählten Einheiten gar nicht angeben konnte. Möglicherweise nimmt bei der Verbiegung um einen großen Winkel der reizbare Teil des Staubfadens nicht mehr in derselben Weise teil, wie bei schwächeren Verbiegungen, so daß die Verbiegung kein richtiges Maß für die Reizstärke mehr abgibt; die Öffnungsinduktionsschläge dürften sich in größerer Zahl deswegen nicht mehr summiert haben, weil ihre Anwendung sich dann über eine zu lange Zeit erstreckte. Die zweite Abweichung meiner Befunde gegenüber denen BÜNNINGs liegt gegen Ende des relativen und somit auch des gesamten Refraktärstadiums. Dieses zeigt sich selbstverständlich in hohem Maße davon abhängig, welche Erhöhung der Reizschwelle noch nachweisbar ist. Um einen für den Vergleich bei verschiedenen Temperaturen sicher bestimmbaren Punkt der Kurve zu haben, habe ich eine Schwellenerhöhung um 30% als Kriterium für die in Spalte 4 von Tabelle 8 eingetragenen Werte gewählt; meine Kurven zeigen, daß das gesamte Refraktärstadium etwa doppelt so lang sein dürfte. Das gesamte Refraktärstadium ist nach meinen Befunden daher viel länger als nach denen BÜNNINGs, Tabelle 8, Spalte 6. Übrigens hat BÜNNING (1, 3, 8), scheinbar immer auf Grund von Versuchen mit derselben Methodik so verschiedene Angaben über die Dauer des gesamten Refraktärstadiums gemacht, allerdings ohne daß

Tabelle 8. Refraktärstadien der Staubfäden von *Berberis Thunbergi* [nach UMRATH (6 und 0)] und von *Berberis vulgaris* [nach BÜNNING, absolutes Refraktärstadium (3, Tabelle 3 und Abb. 2), gesamtes (8, Fig. 1)].

Temp. ° C	*Berberis Thunbergi*			*Berberis vulgaris*	
	absolutes Refraktärstadium in Minuten	Zeit in Minuten: in der die neue Reaktion noch nicht zur maximalen Reizlage führt	Zeit in Minuten: bis zur Wiederkehr der elektrischen Erregbarkeit auf 30% über den Normalwert	absolutes Refraktärstadium in Minuten	gesamtes Refraktärstadium in Minuten
9	15	30			27,4
10	12				
11				12 —13	20,3
12	8—10			10 —11	
13				8 — 9	15,2
14	7—8	15		7 — 8	
15	6—7			6 — 6,5	12,5
16	5			5 — 6,5	
17	5	11	24	5 — 6	11,8
18	4,5	9		4,5— 5,5	
19	3—4		12	4 — 5	11,5
20	4	8		4 — 5	
21	3			3,5— 4,5	11,3
22				3,5— 4,5	
23					11,0
24				3 — 3,5	
25					10,7
26	2,5	6		3 — 3,5	
27					10,5
28	2	5	8		
29				3 — 3,5	10,0
31				4,5	
35				6—8	

ihm das selbst aufgefallen wäre, daß mir alle diese Angaben und die aus ihnen gezogenen Schlüsse nicht genügend gesichert erscheinen. Jedenfalls ist seine (1, S. 554) Annahme, daß sich das relative Refraktärstadium unterhalb 12° dem Wert 0 nähere, durch seine (8) eigenen neueren Befunde widerlegt. In neuerer Zeit hat BÜNNING (8) die durchaus plausible Annahme vertreten, daß die Dauer des gesamten Refraktärstadiums bei niederer Temperatur durch chemische Vorgänge mit hohem Temperaturkoeffizient, bei hoher Temperatur durch physikalische Vorgänge mit niedereren Temperaturkoeffizienten bestimmt wird. Die experimentellen Befunde scheinen mir aber zur Stützung dieser Ansicht durchaus nicht auszureichen. Die bei hoher Temperatur geringe Temperaturabhängigkeit des gesamten Refraktärstadiums der Staubfäden von *Berberis vulgaris*, die BÜNNING (8) angibt, und die aus Tabelle 8, Spalte 6 ersichtlich ist, wird durch meine Befunde an *Berberis Thunbergi*, Tabelle 8, Spalte 4 durchaus nicht bestätigt. Die in Tabelle 8, Spalte 7 wiedergegebenen Befunde BÜNNINGs zeigen, daß das absolute Refraktärstadium über 30° C wieder verlängert wird, daß also so hohe Temperaturen offenbar schädigen. Deswegen scheint es mir sehr wahrscheinlich, daß die Unabhängigkeit von der Temperatur zwischen 23 und 29° C auf dem Zusammenwirken normaler Temperaturabhängigkeit mit einer Schädigung durch die hohe Temperatur beruht. Dabei ist zu bedenken, daß auch bei normaler, durchaus kontinuierlicher Temperaturabhängigkeit Q_{10} mit zunehmender Temperatur meist etwas abnimmt. Nun nimmt nach BÜNNING (3, Abb. 3) auch die Dauer des Gesamtrefraktärstadiums bei sehr hohen Temperaturen wieder zu und die Ausdehnung des Gebietes geringer Temperaturabhängigkeit erscheint mir für das gesamte Refraktärstadium aus den oben genannten Gründen so wenig sicher bestimmt, daß ich nicht glaube, daß man berechtigt ist, für dieses eine von der des absoluten Refraktärstadiums verschiedene Temperaturabhängigkeit als erwiesen anzusehen.

Man hat das Refraktärstadium vielfach auch mit der Zeit der Rückkrümmung in Beziehung gebracht. Nach Befunden von BÜNNING (1) hatte es den Anschein, als sei das gesamte Refraktärstadium viel kürzer als die Zeit des Rückgangs der Bewegungsreaktion; bedenkt man, daß nach meinen jetzigen Befunden das gesamte Refraktärstadium viel länger ist, als BÜNNING es damals angegeben hat, so kommt man zu etwa gleicher Länge für diese beiden Zeiten.

Auch wurde das Ausmaß einer zweiten Reaktion oft mit der Wiederkehr der Erregbarkeit im relativen Refraktärstadium verglichen. Neue Einkrümmungen bis zur maximalen Endlage, die aber noch nicht von der normalen Ausgangslage und somit auch nicht über den maximalen Winkelbereich erfolgen, sind schon während des relativen Refraktärstadiums möglich; die Zeiten, zu denen sie eben erreichbar sind, sind in der dritten Spalte von Tabelle 8 für einige Temperaturen angeführt.

5. Die Staubfäden von Sparmannia.

An den Staubfäden von *Sparmannia* ist nach BÜNNING bei verschiedenen Temperaturen das absolute Refraktärstadium etwa halb so lang wie bei *Berberis vulgaris* [BÜNNING (3), S. 549, Tabelle 2], das gesamte Refraktärstadium aber etwas länger als bei *Berberis vulgaris* [BÜNNING (8), S. 418]. Oberhalb 15° C gibt BÜNNING für das gesamte Refraktärstadium bei *Sparmannia* allerdings eine etwas stärkere Temperaturabhängigkeit an als bei *Berberis vulgaris*, so daß der Befund meinem an *Berberis Thunbergi* gewonnenen ähnlicher ist. BÜNNING (6) hat auch Aktionsströme mit Flüssigkeitselektroden abgeleitet und gefunden, daß ihre Dauer normalerweise etwa 30 sek ist und daß sie im relativen und insbesondere im absoluten Refraktärstadium der Bewegungsreaktion in ihrem Ausmaß verringert und in ihrer Dauer verkürzt sind. Leider hat BÜNNING nicht mitgeteilt, ob er bei einem noch geringeren Reizintervall gar keine Aktionsströme mehr beobachtet hat. So ist das absolute Refraktärstadium derjenigen Zellen, die sich außer den bewegungsfähigen am Aktionsstrom beteiligen, nicht bekannt, ja es fehlt sogar der Beweis, daß solche in Frage kommen und die beobachteten Potentialänderungen im absoluten Refraktärstadium der Bewegungsreaktion nicht nur irgendwelche direkte Folgen des Reizes sind. Aus den Angaben von BÜNNING (6) geht auch nicht hervor, ob im absoluten Refraktärstadium der Bewegungsreaktion ausgelöste Aktionsströme das Refraktärstadium verlängern.

VII. Bewegungsreaktion, Erregungsvorgang und Aktionsstrom.

Über den Zusammenhang von Turgorbewegung und Aktionsstrom sind sehr verschiedene Ansichten geäußert worden. BERNSTEIN glaubte, daß der Potentialsprung an der Zellgrenzfläche einen wesentlichen Beitrag zur wasserbindenden Kraft der Zelle liefert und daher der Rückgang dieses Potentialsprungs, der ja den Aktionsstrom bildet, zum Wasseraustritt aus der Zelle führe. Hierzu äußert sich BÜNNING (6) 1934: „BERNSTEINs Auffassung wurde offenbar durch die zu jener Zeit noch unzureichende Kenntnis von den osmotischen Eigenschaften der Pflanzenzellen möglich. Seine Ansicht setzt voraus, daß ein quantitativ wesentlicher Teil des Wassers von der Pflanzenzelle mit Hilfe elektrischer Kräfte aufgenommen und festgehalten wird, eine Voraussetzung, der man, ohne die prinzipielle Möglichkeit einer elektroosmotischen Wasserverschiebung im Gewebe zu bestreiten, heute kaum mehr zustimmen darf." Aber 1936 schreibt BÜNNING (9): „Daß der elektrische Faktor tatsächlich bei Wasserabgabevorgängen beteiligt sein kann, beweisen die Versuche NOLDs an der *Utricularia*-Blase: Die Spannung der entspannt gewesenen Blase beruht auf einer Wasserausscheidung aus dem Blaseninneren durch die Wandung hindurch. Die treibende Kraft ist dabei offenbar die zwischen der Innen- und Außenseite bestehende Potentialdifferenz von 40—50 mV." Ich halte unsere Kenntnisse von den osmotischen Eigenschaften der Pflanzenzellen auch jetzt noch für unzureichend und die BERNSTEINsche Auffassung weder für bewiesen noch für widerlegt.

BÜNNING (1, 2, 3, 5, 6, 9) glaubt, daß das Wesentliche am Erregungsvorgang eine Permeabilitätserhöhung sei oder daß der Erregungsvorgang überhaupt in einer Permeabilitätserhöhung bestehe. Ich möchte mich auch hier eines abschließenden Urteils enthalten, aber doch auf folgende Punkte hinweisen:

1. Eine Permeabilitätszunahme während der Erregung erscheint mir nicht genügend sichergestellt. Die Befunde von BLACKMAN und PAINE am Hauptgelenk von *Mimosa,* sowie meine (13, 14) an *Nitella*-Internodialzellen und an *Spirogyra* sprechen gegen eine Permeabilitätsänderung während der Erregung. Die von BÜNNING (1) bei der Reaktion von

Sparmannia-Staubfäden beobachtete Ausscheidung von Gerbstoff und rotem Farbstoff aus der Vakuole in die Membran und schließlich durch die Membran kann auch eine Folge kolloidchemischer Veränderungen in der Zelle sein, und dasselbe gilt für die während der Reaktion beschleunigte Aufnahme mancher Farbstoffe [Bünning (1, S. 472f.)]. Der von Bünning (1, S. 471) beobachtete Austritt von Chlorionen aus abgeschnittenen *Centaurea*-Staubfäden bei der Reizung kann auf Auspressung des Inhalts angeschnittener Zellen beruhen.

2. Bünning muß, um den Flüssigkeitsaustritt zu erklären, einen mindestens teilweisen Verlust der Semipermeabilität und damit Austritt von osmotisch wirksamen Stoffen annehmen. Er erklärt den Aktionsstrom teilweise durch Austritt von Salzen aus den erregten Zellen; es bewirkt ja jede nicht allzu verdünnte, von außen an die Zelle herangebrachte Salzlösung Negativierung. Bei der Wiederherstellung der Semipermeabilität und Aufnahme von Flüssigkeit in die Zelle können aber Salze nur dann ohne weiteres aufgenommen werden, wenn ihre Konzentration außen höher ist als innen; wenn nur mehr die Wasserpermeabilität erhöht ist, müßte durch Aufnahme von Wasser die Salzkonzentration außen steigen. Der Aktionsstrom dürfte also nicht zurückgehen. Nun ist freilich eine Salzaufnahme unter Energieaufwand thermodynamisch möglich, aber mir ist kein physikalisch-chemischer Vorgang bekannt, der eine so rasche Aufnahme der Salze bewirken würde, wie sie wegen des Rückgangs der Aktionsstroms postuliert werden müßte.

3. Wie sich bei der folgenden Besprechung der einzelnen Pflanzen zeigen wird, besteht vielfach kein Zusammenhang zwischen Aktionsstrom und Bewegungsreaktion, und manche Befunde Bünnings, die zunächst auf einen solchen Zusammenhang hindeuten, lassen sich auch anders erklären. Dieser dritte Punkt ist auch einer der wesentlichsten Einwände gegen die Auffassung Bernsteins.

Colla glaubt auf Grund ihrer mikroskopischen Beobachtungen, daß die bewegungsfähigen Pflanzenzellen kontraktil sind, daß bei der Bewegungsreaktion das Volumen der Zellen unverändert bleibt, ihre Länge abnimmt und die Interzellularen infolge dichterer Packung der Zellen ausgefüllt werden. Es wird aber noch vieler experimenteller Arbeit bedürfen, damit man sich hierüber ein abschließendes Urteil bilden kann.

Weber hat auf die Möglichkeit verwiesen, daß der Austritt von Flüssigkeit aus reizbaren Zellen auf Zellsaftentquellung zurückzuführen sein kann, wobei es sich um Synärese des Zellsaftes handeln würde, wenn dieser ganz in den Gelzustand übergeht, und um Koazervation, wenn es sich um Entquellung und Aggregation eines Bestandteils des flüssig bleibenden Zellsaftes handelt. Weber verweist dabei auf den außerordentlich kolloidreichen Zellsaft in den Gelenken von *Mimosa* mit den Gerbstoffvakuolen, und Bünning (1) hat Gerbstofftröpfchen im Zellsaft der Epidermiszellen von *Sparmannia*-Staubfäden nachgewiesen. Die Beobachtungen Küsters an *Rhoeo*-Epidermiszellen, die

BÜNNING (2, S. 64f.), wie das schon KÜSTER selbst getan hat, in Parallele zu den Erscheinungen an bewegungsfähigen Zellen stellt, beziehen sich nicht, wie BÜNNING zu glauben scheint, auf Zerstörung der Semipermeabilität, sondern auf die der Vakuolenkontraktion ähnliche, wahrscheinlich auch durch Synärese oder Koazervation des Zellsaftes bedingte Reizplasmolyse. Manche Befunde und Abbildungen von COLLA lassen an eine Zellsaftentquellung und Protoplasmaquellung bei der Bewegungsreaktion denken und nach BÜNNING (2, S. 50f.) quillt bei *Sparmannia*-Staubfäden die Membran bei der Bewegungsreaktion.

1. Mimosa pudica.

Im Hauptgelenk von *Mimosa pudica* ist der Zusammenhang von Erregungsvorgang und Bewegungsreaktion ein sehr einfacher, indem schon ein einzelner Erregungsvorgang die maximale Bewegungsreaktion bedingt.

Der Aktionsstrom des Hauptgelenkes von *Mimosa pudica* ist, wie schon erwähnt, zusammengesetzt, was auch Abb. 39 zeigt. Meiner Auffassung nach entspricht der erste, rasch ablaufende Teil und der zweite, der oft nur eine Verbreiterung im absteigenden Schenkel des ersten darstellt, dem Erregungsvorgang des langsam leitenden Systems im Hauptgelenk, und der dritte, mehrere Minuten lang dauernde Teil, von dem in Abb. 39 nur der Anfang enthalten ist, dem Erregungsvorgang der bewegungsfähigen Zellen. Für diese Auffassung spricht folgendes: Der Einzelaktionsstrom im langsam leitenden System des primären Blattstiels ist meist dem ersten Teil des Gelenkaktionsstroms sehr ähnlich, manchmal aber auch dem ersten und zweiten Teil des Gelenkaktionsstroms, besonders, wenn der zweite Teil im relativen Refraktärstadium noch schwach ausgebildet ist. Der erste und zweite Teil des Gelenkaktionsstroms sind von der Bewegungsreaktion unabhängig, was sich besonders in ihrer Auslösbarkeit im absoluten Refraktärstadium der Bewegungsreaktion zeigt. Nach den bisherigen Beobachtungen besteht ein inniger Zusammenhang zwischen dem dritten Teil des Gelenkaktionsstroms und der Bewegungsreaktion.

BÜNNING (4, S. 133f.) hat angegeben, daß am Hauptgelenk von *Mimosa pudica*, wenn entweder die Erregbarkeit durch Natriumchloridlösung herabgesetzt ist oder im Refraktärstadium genügend starke Stoßreize angewandt werden, häufig statt der normalen Reaktion eine Blatthebung oder doch zunächst eine Blatthebung und erst anschließend eine Senkung stattfindet; er hat auch auf ähnliche Beobachtungen BOSEs (1) verwiesen. BÜNNING stellt sich vor, daß es hierbei durch eine Erhöhung der Wasserpermeabilität zu einer Flüssigkeitsaufnahme in die reaktionsfähigen Zellen kommt. Ich glaube eher, daß durch die starken Reize oft Zellen, die sich sonst nicht an der Reaktion beteiligen, geschädigt wurden und Flüssigkeit abgaben, die dann von den bewegungsfähigen Zellen aufgenommen wurde. Diese Ansicht läßt sich insbesondere durch folgende Beobachtungen von BOSE (1, S. 54f., Fig 45 und 3, S. 86, Fig. 32) stützen: Reizt man den Stamm von *Mimosa pudica* in einiger Entfernung vom Hauptgelenk, so erhält man oft vor der normalen Senkung des Blattes eine sehr geringe Blatthebung. Der die Blatthebung bewirkende Effekt pflanzt sich, wenigstens in der Richtung der Gefäße, sehr rasch, jedenfalls mit viel größerer Geschwindigkeit als der Erregungsvorgang fort. In seiner Comparative Electro-Physiology spricht BOSE (1) ganz deutlich von „hydrostatic effect" und führt aus, daß die direkt gereizten Zellen Flüssigkeit abgeben, so daß der Flüssigkeitsdruck in den Gefäßen erhöht wird und die bewegungsfähigen Zellen Flüssigkeit aufnahmen. Nach BOSE (3, S. 106) ist die beschriebene Blatthebung mit einer elektrischen Positivierung verbunden. Ich habe schon im Abschnitt I, 3 darauf hingewiesen, daß der bei Ableitung vom primären oder sekundären Blattstiel während der Reaktion eines basal von der Ableitungsstelle gelegenen Gelenkes von mir (5, 11) und von HOUWINK beobachtete positive elektrische Ausschlag wahrscheinlich in ähnlicher Weise durch die Abgabe von Flüssigkeit aus den reagierenden Gelenkzellen in die Gefäße zustande kommt.

2. Biophytum sensitivum und Phaseolus.

Bei *Biophytum sensitivum* ist der Zusammenhang zwischen Erregungsvorgang und Bewegungsreaktion im Gelenk des Blättchens komplizierter. Das Ausmaß der durch einen Erregungsvorgang ausgelösten Bewegungsreaktion scheint zwar auch, entsprechend dem Alles-oder-Nichts-Gesetz, von der Stärke des auslösenden Reizes unabhängig und nur durch den Zustand des Blattes bestimmt zu sein. Aber ein einzelner Erregungsvorgang bewirkt nicht die maximale Bewegungsreaktion, sondern es ist hierzu eine Reihe von Erregungsvorgängen in nicht zu großem Abstand erforderlich. Zwischen den durch die einzelnen Erregungsvorgänge bedingten Senkungen eines Blättchens sind langsame Hebungen eingeschaltet, so daß der Bewegungsverlauf und auch das schließlich erreichte Ausmaß der Senkung des Blättchens nicht nur von der Zahl, sondern auch stark von der zeitlichen Aufeinanderfolge der Erregungsvorgänge abhängig ist.

Nach Aktionsstromaufnahmen, die ich (0) vom Gelenk des Blättchens bei Durchschneiden der Blattspindel oder bei Anbrennen des Blattes apikal von der Ableitungsstelle gemacht habe, scheinen den Bewegungsreaktionen untereinander gleiche Aktionsströme zu entsprechen, welche denen in der Blattspindel ähnlich sind, während die Bewegungsreaktionen um einen um so kleineren Winkel ausgeführt werden, je weiter das Blättchen schon gesenkt ist. Es scheinen somit ähnliche Verhältnisse vorzuliegen, wie wir sie bei *Dionaea* noch zu besprechen haben und wie sie für die quergestreiften Muskelfasern der Tiere bekannt sind. Allerdings muß bei *Biophytum* mit der Möglichkeit gerechnet werden, daß bei Ableitung vom Gelenk auch die Aktionsströme von der Blattspindel zum Teil registriert werden, so daß ich nicht sicher sagen kann, ob die besprochenen Aktionsströme nicht der Blattspindel angehören. Außer den besprochenen Aktionsströmen enthalten die Aufnahmen oft große, lang dauernde, unregelmäßige Potentialschwankungen und meist zu Beginn eine starke Potentialverschiebung in negativem Sinn, über deren Bedeutung ich nicht sicher bin.

Nach BÜNNING (10) ist der Zusammenhang zwischen Erregungsvorgang, Aktionsstrom und Bewegungsreaktion bei den Spreitengelenken von *Phaseolus multiflorus* ganz ähnlich wie der hier beschriebene, doch gilt das Alles-oder-Nichts-Gesetz bei ihnen nur für die einzelnen Zellen.

BOSE (1, S. 61) gibt an, daß auch bei *Biophytum* Reizung in einiger Entfernung von dem beobachteten Blättchen, infolge Flüssigkeitsabgabe an der Reizstelle, erhöhten Druckes in den Gefäßen und so bedingter Turgorzunahme im Gelenk, zunächst zu einer Hebung des Blättchens und elektrischen Positivierung führt, denen erst die Senkung des Blättchens mit dem negativen Aktionsstrom folgt. So ein Verhalten, das wir schon beim Hauptgelenk von *Mimosa pudica* kennengelernt haben, wäre gar nicht verwunderlich, aber die Abbildung bei BOSE (1, Fig. 46), die es belegen soll, zeigt bei den gleichzeitig registrierten Kurven der mechanischen und der elektrischen Reaktion schon vor dem Reiz Konkavitäten gegen die Zeitachse und an der Kurve des elektrischen Potentials keine Verstärkung dieser Krümmung nach dem Reiz und somit keine durch den Reiz bedingte elektrische Positivierung. An der Bewegungskurve ist die Hebung des Blättchens indessen deutlich zu erkennen und die folgende Blättchensenkung ergibt einen ungefähr ebenso großen Ausschlag an dieser Kurve wie der gleichzeitig oder etwas früher einsetzende Aktionsstrom an der Kurve des elektrischen Potentials. Obzwar diese Abbildung also bei kritischer Betrachtung das Gegenteil dessen zeigt, was sie zeigen soll, ist sie doch in viele zusammenfassende Darstellungen übergegangen und als beweisend für den elektropositiven Ausschlag angesehen worden [BÜNNING (9, Abb. 29 und S. 272), COLLA (Abb. 69)]. Ich halte diesen Fall für ein bemerkenswertes Zeichen dafür, wie schlecht die angeblich weite Verbreitung solcher elektropositiver Reaktionen experimentell belegt ist.

3. Berberis.

Die *Berberis*-Staubfäden zeigen wieder einen einfachen Zusammenhang von Erregungsvorgang und Bewegungsreaktion, indem schon ein einzelner Erregungsvorgang die maximale Bewegungsreaktion bedingt. Die Frage nach dem Aktionsstrom der *Berberis*-Staubfäden kann nicht als befriedigend gelöst gelten. Als erster hat BÜNNING (6) Aktionsströme von der reizbaren Innenseite von *Berberis vulgaris*-Staubfäden mit Flüssigkeitselektroden abgeleitet. Da BÜNNING aber nicht Kurven registriert, sondern die Potentiale nach dem Kompensationsverfahren bestimmt hat, kann der Kurvenverlauf, insbesondere innerhalb der ersten Sekunden, nicht mit der wünschenswerten Genauigkeit festgelegt sein. BÜNNING fand so Aktionsströme von 1 Minute Dauer, die ihren Maximalwert von höchstens —10 Millivolt schon innerhalb 1 sek erreichten. Im (relativen?) Refraktärstadium der Bewegungsreaktion war die Negativität geringer und die Dauer kürzer. BÜNNING beobachtete auch mehrfach, daß der gereizte Staubfaden nicht nur sein ursprüngliches Potential wieder erreichte, sondern gegenüber diesem positiv wurde und erst nach 2—3 Minuten zum Ausgangspotential zurückkehrte. Ich (o) habe die Aktionsströme von *Berberis*-Staubfäden zu einem Lindemann-Elektrometer abgeleitet und registriert. Die meisten meiner Versuche beziehen sich auf *Berberis Thunbergi* und Ableitung mit einer in den Staubfaden eingestochenen Stahlnadel, doch ergaben Versuche an *Berberis vulgaris* mit Stahlnadeln ganz dieselben Resultate und solche mit Flüssigkeitsableitung ähnliche Aktionsströme, nur von viel geringerem Betrag. Die meisten der von mir registrierten Aktionsströme hatten, wie die in Abb. 41, eine Dauer von etwa 10 sek und eine Anstiegszeit zwischen 0,6 und 3 sek; der maximale Betrag war etwa 20 Millivolt. In ganz vereinzelten Fällen erschien an *Berberis Thunbergi* bei Ableitung mit Stahlnadeln die Dauer des Aktionsstroms viel länger, zwischen 100 und 200 sek. Es dürfte sich hier um dieselbe Erscheinung handeln, die BÜNNING regelmäßig beobachtet hat. Einen deutlichen Zusammenhang zwischen Bewegungsreaktion und Aktionsstrom habe ich an meinen Kurven, abgesehen davon, daß die Bewegungsreaktion, wenn sie überhaupt eintrat, nahezu gleichzeitig mit dem Aktionsstrom einsetzte, nicht bemerkt. Im Gegenteil zeigte der regelmäßig auftretende Aktionsstrom keine deutliche Abhängigkeit vom Ausmaß der Bewegungsreaktion und auch im absoluten Refraktärstadium der Bewegungsreaktion war der Aktionsstrom, wenn er überhaupt auslösbar war, kaum merklich verkürzt oder abgeschwächt. Es dürfte daher der von mir regelmäßig beobachtete Aktionsstrom nicht den bewegungsfähigen, sondern leitenden oder sensiblen Zellen zuzuordnen sein, während der von BÜNNING regelmäßig beobachtete wahrscheinlich größtenteils den bewegungsfähigen Zellen angehört. Es sei hier nochmals daran erinnert, daß man sich nicht wundern darf, an einem als Ganzes nahezu gleichzeitig reagierenden Objekt, ohne erregungsleitende Verbindung mit der weiteren Umgebung, wie es die *Berberis*-Staubfäden sind, den Aktionsstrom nicht in seiner Gänze und in seinem vollen Ausmaß registrieren zu können, denn das Verschwinden des Potentialsprungs an den Zellgrenzflächen während der Erregung findet in ähnlicher Art gegenüber dem angrenzenden Gewebe des Blütenbodens wie gegenüber der ableitenden Elektrode statt, so daß man nur die eventuell sehr geringe Differenz zwischen diesen beiden Potentialänderungen mißt. Tatsächlich sind auch von BÜNNING nur Aktionsströme bis zu 10 Millivolt und von mir nur solche bis zu 20 Millivolt gemessen worden, während die an den Grenzflächen sonstiger Zellen einwandfrei gemessenen Potentialsprünge um 100 Millivolt betragen.

4. Sparmannia.

Auch an den *Sparmannia*-Staubfäden wird die nach dem Alles-oder-Nichts-Gesetz ablaufende Bewegungsreaktion schon durch einen einzelnen Erregungsvorgang ausgelöst. Die Reizbewegung (mit Ausschluß der Rückkrümmung) verläuft viel langsamer als bei den bisher besprochenen Objekten. BÜNNING (2) meint, daß dies nicht auf langsamer Leitung beruhe, sondern daß die Leitungszeit sehr kurz im Vergleich zur Zeit der Reizbewegung sei. Andererseits hat er aber beobachtet, daß wenn bei 10—12° C schwach gereizt wird, so daß nicht mehrere oder gar alle Zellen gleichzeitig mit der Reaktion beginnen, die Reaktion nicht kontinuierlich, sondern durch kurze Ruhepausen unterbrochen verläuft. Offenbar spielt bei dieser Art der Reaktion die Leitungszeit eine wesentliche Rolle, und da mir nach der Abb. 5 bei BÜNNING (2) der Reaktionsverlauf auch bei höherer Temperatur prinzipiell ähnlich erscheint, glaube ich doch, daß der langsame Verlauf der Reizbewegung durch eine lange Leitungszeit im Staubfaden bedingt sein kann. Die stufenförmige Reaktion bei tiefer Temperatur zeigt nach BÜNNING, daß die maximal 50 bis 60 Ruhepausen den 50—60 reaktionsfähigen Epidermiszellen entsprechen und also nur diese an der Reaktion beteiligt sind. Aus späteren Angaben BÜNNINGs (6, S. 261) geht hervor, daß auch nach schwachen, eben wirksamen Reizen die Interzellularen mit Flüssigkeit infiltriert werden; wenn also wirklich nur Epidermiszellen reagieren, so tritt ein Teil der aus ihnen ausgeschiedenen Flüssigkeit, wie BÜNNING (2) gezeigt hat, in die verquellende mittlere Lamelle ihrer Zellmembran und ein Teil in die Interzellularen, wenn nicht etwa die ganz andere Deutung, die COLLA diesen Beobachtungen geben würde, richtig ist.

Aktionsströme von *Sparmannia*-Staubfäden hat BÜNNING (6) beschrieben. Die Anstiegszeit ist etwa 10, die ganze Dauer 30—60 sek. BÜNNING bildet auch „Potentialänderungen bei Reizung im absoluten Refraktärstadium der Bewegungsreaktion" ab. Wenn sichergestellt wäre, daß bei noch kürzerem Reizintervall keine solchen Potentialänderungen mehr ausgelöst werden, so wären direkte Reizwirkungen ausgeschlossen und man könnte auf Aktionsströme nicht bewegungsfähiger Zellen schließen. Das Ausmaß der Potentialänderung ist bei den mit Bewegungsreaktionen verbundenen Aktionsströmen weit höher und erreicht bis —30 Millivolt. Der Zusammenhang des Ausmaßes dieser Aktionsströme mit dem der Bewegungsreaktion im relativen Refraktärstadium ist nicht näher bekannt. Die Anstiegszeit ist im relativen Refraktärstadium ebenso verkürzt wie die Reizbewegung; in trockener Luft werden beide verlängert. Dieser Parallelismus kann verschiedene Ursachen haben; bei der Wirkung trockener Luft wäre nach dem oben Gesagten vielleicht auch eine Verlängerung der Leitungszeit in Betracht zu ziehen.

BÜNNING (6) hat weiter gezeigt, daß Reizung im relativen Refraktärstadium bei hoher Luftfeuchtigkeit zu einer inversen Krümmung ohne

Latenzzeit und zu elektrischer Positivierung führt. Nach seiner Auffassung liegt hier Erhöhung der Wasserpermeabilität und Wasseraufnahme in die Zellen, die der Grund für die elektrische Veränderung ist, vor. BÜNNING (4) hat selbst nachgewiesen, daß durch starke, schädigende Reize eine Reaktion ohne Latenzzeit ausgelöst wird, und so wäre es, wie ich es schon oben für den analogen Fall bei *Mimosa* ausgeführt habe, möglich, daß durch den im relativen Refraktärstadium notwendig starken Reiz einige Zellen, vielleicht auch außerhalb der Reaktionszone, geschädigt werden und Flüssigkeit abgeben, die dann von den bewegungsfähigen Zellen aufgenommen wird und zu Turgorzunahme und elektrischer Positivität führt.

5. Dionaea.

Im *Dionaea*-Blatt ist der Zusammenhang zwischen Erregungsvorgang und Bewegungsreaktion ein sehr komplizierter. Ein einzelner Erregungsvorgang führt nur bei günstigen Außenbedingungen zur Bewegungsreaktion. Die Wirkung einer Serie von Erregungsvorgängen hängt wahrscheinlich stark vom zeitlichen Abstand der Erregungsvorgänge innerhalb der Serie als auch vom Zustand des Blattes ab, doch ist hierüber nichts Näheres bekannt. Um Mißverständnissen vorzubeugen, sei ausdrücklich erwähnt, daß die im Abschnitt III, 1 besprochene Summation schwacher, wahrscheinlich nur einige wenige Zellen direkt erregender, elektrischer Reize zu dem offenbar die ganze Blattspreite durchlaufenden Erregungsvorgang mit dem Aktionsstrom nach dem Alles-oder-Nichts-Gesetz etwas ganz anderes ist, als die hier zu besprechende Summation von Erregungsvorgängen dieser letztgenannten Art, die zur Bewegungsreaktion führt.

BURDON-SANDERSON (3, Bd. 2, S. 495) hat beobachtet, daß Reizung durch einen stärkeren konstanten Strom von 30 sek Dauer mehrere Aktionsströme auslöst, von denen bei hoher Temperatur, über 30° C, schon der erste zur Schließbewegung führen kann, während sich das Blatt bei niederer Temperatur von 18—20° C erst nach dem dritten, vierten oder fünften Aktionsstrom schließt. Versuche BURDON-SANDERSONs mit einzelnen Induktionsschlägen, die bei 15—20° C ausgeführt zu sein scheinen, hatten ein entsprechendes Ergebnis. In einem solchen Versuch waren von 22 Reizungen 20 von Aktionsströmen begleitet und diese 20 bewirkten folgende Winkelbewegungen der Spreite in Graden: 0, 0, 0,5, 0,4, 0,4, 0,8, 1,0, 4,1, 3,5, 4,0, 5,5, 7,5, 13,0, 15,0, 42,0, 34,0, 10,0, 11,0, 13,0, 4,0. BURDON-SANDERSON und PAGE (S. 414f.) haben eines der reizbaren Haare rhythmisch mechanisch gereizt und die Spreitenbewegungen entweder registriert oder gemessen; in einem Versuch mit Reizen in Intervallen von 2 Minuten fanden sie folgende Bewegungen in Winkelgraden: bei den ersten 9 Reizen 0, dann $^1/_4$, $^1/_4$, $^1/_2$, 1, $1^1/_2$, $1^3/_4$, $2^1/_2$, 3, 2, $3^1/_4$, $3^3/_4$, $4^3/_4$, $5^1/_2$, 7, $8^1/_2$, 8, 10 und, beim nächsten, 27. Reiz schloß sich das Blatt. Sie haben bei diesen Versuchen auch gezeigt, daß die Latenzzeit der ersten kleinen Bewegungsreaktion etwa 10 sek beträgt, daß sie bei den folgenden Bewegungen abnimmt und schließlich etwa den Wert von 2 sek erreicht. BURDON-SANDERSON und PAGE (S. 416) haben weiter festgestellt, daß Reizung des geschlossenen Blattes zu einer weiteren Annäherung der Spreitenhälften aneinander führt und daß, wenn eine äußere Kraft der Schließbewegung entgegenwirkt, so daß bei der eigentlichen Schließbewegung kein vollkommener Verschluß eintritt, weitere Erregungen zu weiteren Annäherungen der Spreitenhälften aneinander führen.

Bezüglich der Mechanik der Bewegungsreaktion hat es nach den Untersuchungen von ASHIDA (1) den Anschein, als gebe es zwei grundverschiedene Bewegungsphasen, die Schließbewegung, die eine Turgorbewegung zu sein scheint, und die Verengerungsbewegung, die eine Wachstumsbewegung zu sein scheint. Die Schließbewegung scheint unter günstigen Umständen bei hoher Temperatur durch einen einzelnen Erregungsvorgang ausgelöst zu werden und nach dem Alles-oder-Nichts-Gesetz zu verlaufen. Die Verengerungsbewegung scheint in ihrem Ausmaß und in ihrer Dauer immer von der Zahl und von der Frequenz der Erregungsvorgänge abhängig zu sein. Bei tiefer Temperatur lösen, wie schon gesagt, die ersten Erregungsvorgänge überhaupt keine Bewegungsreaktion aus; von den oft folgenden sehr kleinen Bewegungen wird es sich wohl kaum entscheiden lassen, ob sie Turgor- oder Wachstumsbewegungen sind. Immerhin ist anzunehmen, daß die eigentliche Schließbewegung bei niederer Temperatur nicht nach dem Alles-oder-Nichts-Gesetz verläuft, sondern daß mehrere, sehr rasch aufeinanderfolgende Erregungen eine größere Bewegung bedingen als eine einzelne und daß eine Serie von Erregungsvorgängen mit langsamem Rhythmus eine Schließbewegung in mehreren Stufen bedingt.

BURDON-SANDERSON (3) hat gemeint, daß mit jedem Aktionsstrom des *Dionaea*-Blattes eine Wasserverschiebung verbunden ist und daß sich diese nur unter ungünstigen Bedingungen zunächst nicht in einer Bewegung äußert. Da aber nach unseren jetzigen Kenntnissen diejenigen Aktionsströme, die die Verengerungsbewegung bedingen, gar keine Turgor-, sondern eine Wachstumsbewegung auslösen und auch bei den ersten Aktionsströmen die Annahme einer Wasserverschiebung ohne nachweisbare Turgorbewegung allzu hypothetisch ist, glaube ich, daß der bisher nachgewiesene Aktionsstrom nur einem erregungsleitenden System, das nahezu die ganze Blattspreite und das Zwischenstück zwischen Spreite und verbreitertem Blattstiel durchzieht, angehört, nicht aber den bewegungsfähigen Zellen. Der Aktionsstrom der bewegungsfähigen Zellen ist von längerer Dauer zu erwarten, es ist aber nicht wahrscheinlich, daß eine der bisher beobachteten länger dauernden Potentialschwankungen diesen Aktionsstrom darstellt. Ich habe schon im Abschnitt I, 3 darauf hingewiesen, daß der Aktionsstrom von Zellen ohne Erregungsleitung, wie es die bewegungsfähigen im *Dionaea*-Blatt vielleicht sind, prinzipiell nicht ableitbar zu sein braucht, weil die

Potentialänderung an allen Stellen jeder Zellgrenzfläche gleich sein kann. Es sind übrigens bisher am *Dionaea*-Blatt noch keine genügend lang dauernden Registrierungen von Aktionsstrom und Bewegung ausgeführt worden, die Aktionsströme der bewegungsfähigen Zellen mit Sicherheit zu erkennen gestatten würden.

6. Drosera.

Am Blatt von *Drosera rotundifolia* löst, wie es im Abschnitt III, 2 besprochen wurde, ein Schnitt in die Spreite oder durch einige Tentakel einen starken, nach dem Alles-oder-Nichts-Gesetz verlaufenden Aktionsstrom aus, der sich von der Spreite oder auch vom Blattstiel ableiten läßt. Solche Reize bewirken aber keine Bewegung der Tentakel, was schon Charles Darwin bekannt war. Eine Einzelerregung scheint demnach, auch wenn sie alle erregungsleitenden Zellen erreicht, nicht zu einer Bewegungsreaktion zu führen. Wenn ich (7) eine Mückenlarve *(Culex)* auf ein *Drosera*-Blatt brachte, wodurch Bewegungsreaktionen von Tentakeln ausgelöst wurden, so konnte ich von einer benachbarten Stelle oft viele Aktionsströme von wechselndem Betrag ableiten, wovon Abb. 53 ein Beispiel wiedergibt. Es dürfte also zur Auslösung einer Tentakelkrümmung eine Serie von Erregungsvorgängen notwendig sein und die Beobachtung Darwins, daß nur Reizung der Drüsenköpfchen oder der Tentakel unmittelbar unter denselben zu Krümmungsbewegungen von Tentakeln oder auch der Blattspreite führt, dürfte so zu interpretieren sein, daß sich mit den bisher angewandten Reizen nur von diesen Stellen aus genügend lange und frequente Serien von Erregungsvorgängen auslösen lassen. Bei der Reizung von Drüsenköpfchen durch Beutetiere oder sonst auf chemische Art werden wahrscheinlich die Erregungsvorgänge nicht nur in einer Serie ausgelöst, sondern auch nur in bestimmten, verhältnismäßig eng begrenzten Bahnen geleitet; diese Aktionsströme sind ja, im Gegensatz zu dem durch Verletzung des Blattes ausgelösten, meist nicht maximal und scheinen auch in größerer Entfernung von der Reizstelle schwerer nachweisbar zu sein als in geringerer. Jedenfalls treten Krümmungsbewegungen zunächst nur an Tentakeln auf, die den direkt gereizten sehr nahe stehen und nur bei starken Reizen nach längerer Zeit auch an weit entfernten; dabei sind, wie Charles Darwin ausgeführt hat, diese Krümmungen meist sehr genau gegen den Reizort gerichtet. Es werden also offenbar die Erregungsvorgänge von den zunächst gereizten Tentakeln so zu den benachbarten geleitet, daß die Richtung, aus der sie kommen, von Einfluß auf die Richtung der Krümmungsbewegung ist. Wahrscheinlich erlöschen in diesen Leitungsbahnen kurze Serien von Erregungsvorgängen bald und eine Leitung über weite Strecken findet nur statt, wenn lange Serien von Erregungsvorgängen ausgelöst werden und sich die von benachbarten, gleichzeitig gereizten Tentakeln gegenseitig unterstützen. Die weite, dekrementlose Erregungsausbreitung nach einem Wundreiz könnte entweder dadurch bedingt sein, daß fast alle leitenden Systeme nahezu gleichzeitig erregt werden oder dadurch, daß noch einzelne Systeme erregt werden, die durch das Aufbringen von Beutetieren auf Drüsenköpfchen überhaupt nicht erregt werden.

Wir werden noch im Abschnitt X, 2 bei Besprechung der Einstellung der Blätter von *Mimosa pudica* gegen das Licht sehen, daß diese Turgorbewegung des Hauptgelenkes in sehr komplizierter Weise von den Erregungsvorgängen abhängig ist, die von verschiedenen Stellen des Blattes kommen. Ein komplizierter Zusammenhang zwischen den Erregungsvorgängen und der Bewegungsreaktion kann demnach ebenso bei Turgor- als bei Wachstumsbewegungen vorkommen, wenn er für die Pflanze vorteilhaft ist. Auch daß ein einzelner, wenn auch maximaler Erregungsvorgang keine Bewegungsreaktion bedingt, dürfte eine für die Funktion des *Drosera*-Blattes zweckmäßige Einrichtung sein, die nicht im Wesen des Wachstumsvorgangs liegt. Es scheint wenigstens, daß an empfindlichen Ranken schon ein einzelner Erregungsvorgang zu einer nachweisbaren Wachstumsbewegung führen kann.

VIII. Der Einfluß von Narkotika auf die Erregungsleitung.

Bose hat schon sehr frühzeitig den Einfluß von Narkotika auf pflanzliche Aktionsströme untersucht; er (1, S. 472) gibt z. B. an, daß Äther die Aktionsströme an Farngefäßbündeln bei Beginn der Einwirkung vergrößere und später herabsetze und daß nach Aufhören der Ätherwirkung die ursprünglichen Verhältnisse wiederhergestellt werden. Ich habe schon im Abschnitt IV, 5 meine Bedenken gegen die Befunde Boses an Farngefäßbündeln ausgesprochen; der Einfluß von Äther ist nicht sehr groß und es ist leider weder die Leitungsgeschwindigkeit noch die Form des Aktionsstroms zu erkennen, also auch keine eventuellen Veränderungen an ihnen. Montemartini (S. 187) gibt an, daß die von ihm beobachteten Aktionsströme an den Blättern von *Croton* und *Saxifraga* bei Einwirkung von Ätherdampf durch 1 Stunde auch durch sehr starke Reize nicht mehr auslösbar sind, und daß die Fähigkeit der Erregungsleitung durch eine halbe Stunde Aufenthalt in Luft wiederhergestellt werde. Später habe ich (7) gezeigt, daß die langsame Erregungsleitung im Stamm von *Mimosa pudica* durch Äthylalkohol reversibel aufgehoben werden kann. Der Alkohol wirkte an einer Stelle ein, an der die eine Hälfte des Stammes und ein großer Teil des Markes entfernt war, so daß er die erregungsleitende Markkrone leicht erreichen konnte. In den Kontrollversuchen vor und nach der Narkose wurde die Wundstelle, von der auch die Aktionsströme abgeleitet wurden, mit Wasser feucht erhalten. In einigen Versuchen wurde der Aktionsstrom bei Einwirkung von Alkohol nur vermindert und in einem solchen Fall war auch eine Verringerung der Leitungsgeschwindigkeit deutlich. Gereizt wurde immer an dem einzigen oberhalb der Reizstelle belassenen Blatt durch Anbrennen eines sekundären Blattstiels. Eine Reaktion von Blättern unterhalb der Narkosestelle war durch Transport von Erregungssubstanz mit dem Saftstrom möglich, da gerade diese Versuche günstige Bedingungen für einen zeitweise basipetalen Saftstrom boten. In letzter Zeit habe ich (o) auch einige Narkoseversuche am primären Blattstiel von *Mimosa pudica* angestellt, bei denen die Aufnahme des Äthylalkohols durch das Hauptgelenk aus einem ihm anliegenden, mit 96%-igem Alkohol getränkten Wattebausch erfolgte. Abb. 42 zeigt Aktionsströme der langsamen Leitung vor, während und nach der Narkose;

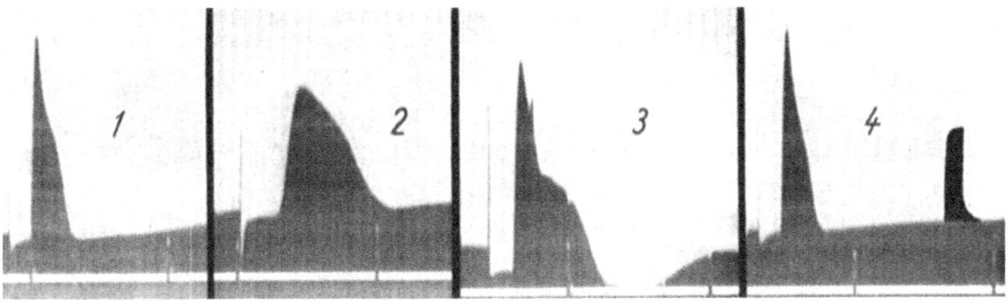

Abb. 42. 22. Juli 1933. 32° C. *Mimosa pudica.* Ableitung vom primären Blattspiel 3,2 cm apikal vom Hauptgelenk. Reize: Öffnungsinduktionsströme in *1*, *2* und *3* von etwa 5facher, in *4* von etwa $1^1/_2$facher Schwellenstärke. *1* vor, *2* bei Einwirkung von Äthylalkohol, der in einem Wattebausch auf das Hauptgelenk aufgebracht worden war; *3* schwache Nachwirkung etwa 15 Minuten nach der Alkoholbehandlung; *4* etwa 1 Stunde nach der Alkoholbehandlung; die in *4* eingepauste Eichkurve von — 0,05 Volt stammt aus einer Aufnahme am Ende des Versuches. Zeitmarken 10 sek. (Original.)

die Verringerung der Leitungsgeschwindigkeit und die Verlängerung der Anstiegszeit, sowie überhaupt die Veränderungen am Aktionsstrom sind deutlich. Die für alle diese Versuche notwendigen Alkoholkonzentrationen sind relativ hoch, was vielleicht daher rührt, daß der Alkohol nur langsam aufgenommen und durch den Saftstrom rasch weiter verbreitet und verdünnt wird und auch wieder in Dampfform abgegeben wird.

Schwerer als an den Aktionsströmen ist eine Narkose an der Bewegungsreaktion bei *Mimosa pudica* nachzuweisen, denn die Narkotika wirken, wie viele andere Chemikalien, zunächst als Reize, wie es ja auch in der Tierphysiologie aus dem Exzitationsstadium der Narkose bekannt ist, und bedingen so zunächst Reaktionsbewegungen der Blätter. Herbert (1, 2) hat bei Chloroform- und Äthereinwirkung nur diese Reizbewegung beobachtet. Wallace hat bei Alkohol mehrfache, bei anderen Narkotika einfache Reaktionen gesehen. Eine vollkommene und reversible Narkose ist ihm nur mit Äther gelungen, gewisse Narkosewirkungen waren auch bei einigen anderen Substanzen bei der bloßen Beobachtung der Bewegungsreaktion feststellbar. Ähnliche Befunde älterer Autoren, so von Clemens, Leclerc, Bert, Pfeffer, Bernard, sind bei Wallace besprochen.

IX. Der Erregungsvorgang bei Ranken.

Vielleicht die erste Angabe über einen Aktionsstrom bei Ranken ist die von KÔKETSU, daß bei *Cissus*-Ranken die reagierende Gewebepartie elektrisch negativ sei; leider fehlen genauere Angaben.

Genaueres, insbesondere auch über den zeitlichen Verlauf der Aktionsströme bei thigmischer Reizung ist nur von den Ranken von *Cucumis melo* bekannt. Sie gehören zu den nicht allseits haptotropisch empfindlichen Ranken, d. h. Unterseitenreizung bewirkt Krümmung nach der Unterseite, Oberseitenreizung bedingt keine Krümmung und im Fall von *Cucumis melo* eine allerdings nur sehr schwache Hemmung der Krümmung nach der Unterseite. Dementsprechend konnte ich (15) bei thigmischer Reizung der Unterseite deutliche Aktionsströme nachweisen, während Oberseitenreizung kaum einen merklichen elektrischen Effekt

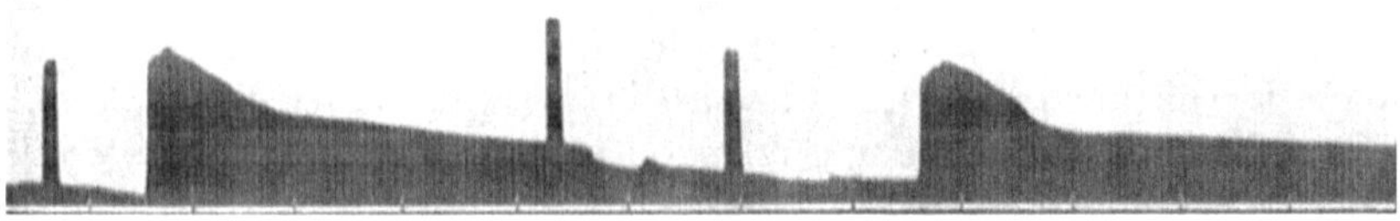

Abb. 43. 5. Juli 1934. 29° C. *Cucumis melo*. Ableitung von der Ranke. Eichung —0,05 Volt, Unterseite einmal gestrichen, —0,05 Volt, Oberseite einmal gestrichen, —0,05 Volt, Oberseite viermal, Unterseite einmal gestrichen. Zeitmarken 10 sek. [Aus UMRATH (15).]

hatte. Mehrfache Reizung der Oberseite bewirkte eine geringe und etwas wechselnde, im Durchschnitt aber deutliche Hemmung des durch Unterseitenreizung bewirkten Aktionsstroms. Abb. 43 gibt ein Beispiel, bei dem der Hemmungseffekt der Oberseitenreizung vielleicht etwas schwächer ist als im Durchschnitt.

Aus der im Verhältnis zum steilen Anstieg langen Dauer der Aktionsströme, sowie meist auch unmittelbar aus ihrem Verlauf, ist zu schließen, daß sie aus mehreren Einzelwellen zusammengesetzt sind. Sie scheinen nicht den Erregungsvorgängen der den Reiz zuerst perzipierenden Zellen zu entsprechen, da eine solche Perzeption auch an der Oberseite und wahrscheinlich in nicht viel geringerem Maß wie an der Unterseite stattfindet, sondern Erregungsvorgängen von Zellen, die in den weiteren Verlauf der Reaktionskette eingeschaltet sind. Eine ganz entsprechende Auffassung habe ich im Abschnitt III, 1 ja auch für den vom *Dionaea*-Blatt ableitbaren Aktionsstrom vertreten. Der thigmisch ausgelöste Aktionsstrom der *Cucumis melo*-Ranke beginnt schon während die Ranke gestrichen wird, also früher als die mechanische Reaktion. Wie diese durch den Aktionsstrom nachgewiesenen Erregungsvorgänge die komplizierten Wachstumsbewegungen der Ranken bedingen, ist meines Wissens noch unbekannt. Ich habe schon im Abschnitt IV, 2 erwähnt, daß die Erregungs*leitung* bei den Ranken von *Cucumis melo* nur sehr schlecht ausgebildet ist.

Auch von Ranken von *Vitis vinifera* und von *Lathyrus latifolius* habe ich (7), wie schon erwähnt, Aktionsströme abgeleitet, allerdings nur bei nicht adäquaten Reizen.

BÜNNING (9) hat darauf hingewiesen, daß man aus gewissen Versuchen von ZELTNER (S. 123f.) auf ein Refraktärstadium der Ranken schließen kann. Nach einer freundlichen brieflichen Mitteilung von ZELTNER auf eine Anfrage von mir, kann man aus seinen Befunden schließen, daß das absolute Refraktärstadium der Ranken von *Sicyos angulatus* etwas kürzer als 15 sek ist, denn in einer Serie von 10 elektrischen Reizen von je 1 sek Dauer des Einzelreizes und 65 Volt Spannung waren Pausen von 15 sek ungefähr optimal, so daß anzunehmen ist, daß hierbei jeder Reiz wirksam war. Damit stimmt überein, daß eine solche Serie nur bei Pausen von $^1/_2$ sek oder mehr stärker als ein Einzelreiz von 10 sek Dauer wirkte, denn der erste und letzte Reiz waren dann 15 sek oder mehr voneinander entfernt. Daß eine Reizserie von 48 sek Dauer mit $^1/_{12}$ sek dauernden Reizen und $^{11}/_{12}$ sek dauernden Pausen nicht merklich stärker wirkt wie ein Einzelreiz von 4 sek Dauer, könnte am besten mit der Annahme erklärt werden, daß so kurze elektrische Ströme schon als schwächere Reize wirken und entweder nach 48 sek noch im relativen Refraktärstadium unwirksam sind oder überhaupt weniger Zellen erregen als ein 4 sek dauernder Einzelreiz.

X. Die Einstellung der Blätter gegen das Licht.

1. Photonastische Einstellungen der Blätter.

Bei photonastischen Bewegungen ist die Richtung der Bewegung nicht durch den Lichtreiz, sondern durch den Bau des reagierenden Organs bestimmt. Wenn vorher beschattete Blätter von *Mimosa pudica* plötzlich starkem Licht ausgesetzt werden, so kann man oft Reaktionen nach dem Alles-oder-Nichts-Gesetz insbesondere an Hauptgelenken, mitunter aber auch an Tertiärgelenken beobachten. Diese durch Licht ausgelösten Reaktionen unterscheiden sich nicht wesentlich von durch andere Reize ausgelösten. Sehr viele Blätter nehmen aber, wenn sie längere Zeit starkem Licht ausgesetzt sind, eine charakteristische Stellung ein, die geeignet ist, die auf das Blatt fallende Lichtmenge zu verringern. Die Fiederblättchen von *Mimosa* und vieler anderer Leguminosen richten sich bei Belichtung in mit der Lichtintensität zunehmendem Maße auf. Bei den gut reagierenden Arten, wie *Mimosa pudica* und *M. Spegazzinii,* ist die Reaktion also von den bisher besprochenen Reizbewegungen dadurch verschieden, daß sie nicht nach dem Alles-oder-Nichts-Gesetz verläuft, sondern mit zunehmender Reizstärke zunimmt. Offenbar werden durch das Licht nur gewisse Zellen rhythmisch erregt, die keine leitende Verbindung mit der Hauptmenge der erregbaren Zellen haben. Durch sonstige Reize ist es offenbar schwer oder unmöglich, nur diese Zellen zu treffen. Für die Erregungsvorgänge in den einzelnen Zellen ist nach allem, was wir sonst wissen, auch bei der photonastischen Reaktion ein Verlauf nach dem Alles-oder-Nichts-Gesetz anzunehmen.

GOEBEL (S. 475) hat darauf hingewiesen, daß diese Aufrichtung der Fiederblättchen bei *Mimosa invisa* nur lokal an den stark belichteten Stellen erfolgt, während die Fiederblättchen an beschatteten Stellen desselben Blattes ausgebreitet bleiben. Dasselbe gilt für *Mimosa pudica.* Ich (0) habe mich bei dieser davon überzeugt, daß Belichtung der Spreiten der Fiederblättchen keine Hebung in den Tertiärgelenken bedingt, wohl aber Belichtung der Tertiärgelenke selbst, wobei allerdings auch ihre nächste Umgebung belichtet wird. Erregungsleitung im sekundären Blattstiel scheint bei dieser photonastischen Einstellung von *Mimosa* keine Rolle zu spielen, denn auch, wenn Schatten- und Sonnenstreifen sehr eng alternieren, reagieren nur die besonnten Gelenke.

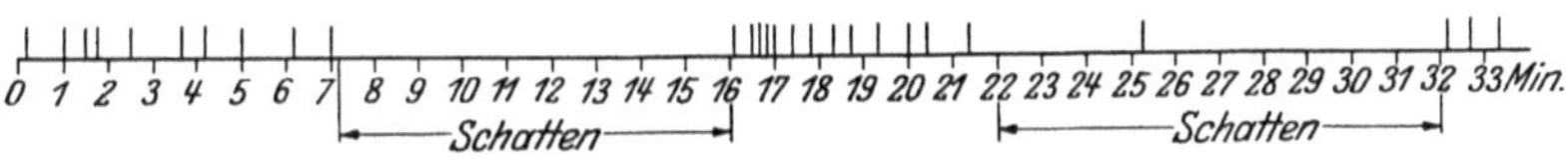

Abb. 44. 18. Juli 1928. 34° C. *Biophytum sensitivum.* Senkungsbewegungen eines Fiederblättchens, bei Sonne und bei Schatten, durch Striche markiert. Zeitmarken Minuten. [Aus UMRATH (7).]

In mancher Beziehung anders ist das photonastische Verhalten der Blätter von *Biophytum sensitivum.* Seine Blättchen befinden sich bei günstigen äußeren Bedingungen, vor allem bei hoher Temperatur, in steter Bewegung; rasche, ruckartige Senkungen wechseln mit langsamen, kaum wahrnehmbaren Hebungen. Ich (7) habe beobachtet, daß die Frequenz dieser Bewegungen stark von der Lichtintensität abhängt, wie das Abb. 44 zeigt. Der Lichtrhythmus beginnt mit einer Latenzzeit von etwa 10 sek nach der Beleuchtungszunahme; er ist zunächst besonders frequent, doch stellt sich bald ein stationärer Zustand ein. Mitunter wirkt der Lichtrhythmus bei Beschattung noch eine Zeitlang nach. An den Pflanzen ist es unmittelbar ersichtlich, daß mit einer Erhöhung der Frequenz der Bewegung der mittlere Winkel um den die Blättchen unter der Horizontalen liegen, zunimmt. Bei genauerer Beobachtung ist zu erkennen, daß die Senkungen der verschiedenen Blättchen nicht unabhängig voneinander eintreten, sondern, daß sie durch Erregungsleitung in der Blattspindel ausgelöst werden. Dabei werden aber von einem solchen Leitungsvorgang immer nur einzelne Blättchen eines Blattes betroffen, während andere unberührt bleiben. Beim nächsten Mal ist die Verteilung der reagierenden Blättchen dann wieder eine andere und im ganzen so, daß kein Blättchen allzu lange keine Senkungsbewegung ausführt. Die Leitungsgeschwindigkeit habe ich aus 12 Messungen bei 31° C zu $0{,}33 \pm 0{,}03$ (0,71, 0,09) cm sek^{-1} und aus 10 Messungen bei 33° C zu $0{,}44 \pm 0{,}01$ (0,74, 0,29) cm sek^{-1} bestimmt; die Übereinstimmung mit den bei Wundreizung gefundenen, im Abschnitt II, 5 mitgeteilten Werten ist sehr gut. Einen weiteren Beweis für die Auslösung von Erregungsleitung in der Blattspindel durch Belichtungszunahme bilden die Aktionsstrom-

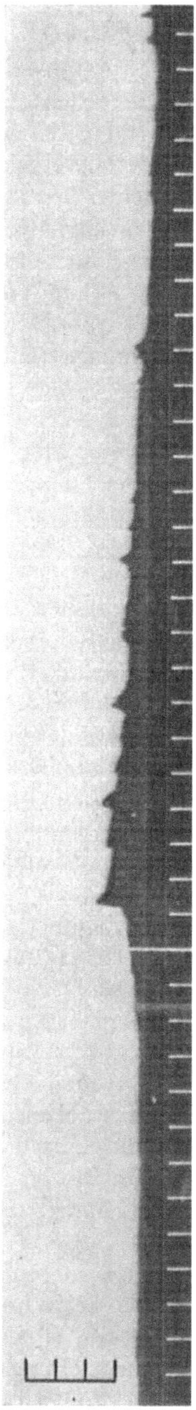

Abb. 45. 12. Juli 1928, 34° C. *Biophytum sensitivum*. Ableitung von der Blattspindel. Schatten bis zur weißen Marke, dann Sonne. Zeitmarken 10 sek, Spannungseinheit 0,02 Volt. [Aus UMRATH (7).]

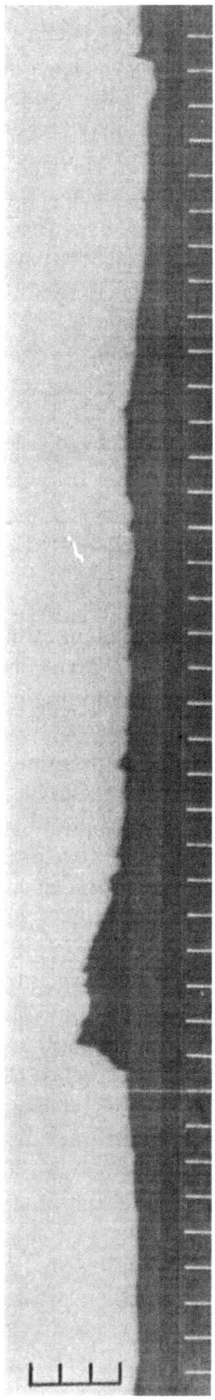

Abb. 46. Wie Abb. 45, dieselbe Ableitungsstelle, am selben Blatt. [Aus UMRATH (7).]

aufnahmen, von denen zwei in den Abb. 45 und 46 wiedergegeben sind. Die Blätter befanden sich zunächst im Schatten und wurden etwa 3 bis 6 sek nach der weißen Marke an den Kurven vollem Sonnenlicht ausgesetzt. Die Aktionsströme sind von weit geringerem Betrag als maximale, wie ein Vergleich mit den Abb. 22 bis 24 zeigt. Es sind also nur einzelne Leitungsbahnen beteiligt, was damit übereinstimmt, daß auch jedesmal nur einzelne Blättchen reagieren. Wie bei der mechanischen Reaktion besteht eine Latenzzeit von etwa 10 sek vom Beginn der Belichtungszunahme; wie bei der mechanischen Reaktion ist die Frequenz zunächst hoch, um dann einen stationären Wert anzunehmen. Da wahrscheinlich der größte Teil der Erregungsvorgänge in der Blattspindel registriert wird, sind die Aktionsströme frequenter als die Reaktionen eines Blättchens, das ja nur von solchen in bestimmten Leitungsbahnen getroffen wird. Wie besonders in Abb. 46 zu erkennen, zeigt sich oft zu Anfang der Belichtung eine lang dauernde Negativität, die vielleicht einem Erregungsvorgang in anderen als den erregungsleitenden Zellen zuzuschreiben ist.

Von *Averrhoa bilimbi* geben schon CHARLES und FRANCIS DARWIN an, daß die rhythmischen Bewegungen der Fiederblättchen beim Übergang von diffusem Licht zu hellem Sonnenschein stark an Frequenz zunehmen, wodurch die Blättchen viel tiefer unter die Horizontale kommen als im Schatten, wie das Abb. 47 zeigt. Die photonastischen Bewegungen von *Averrhoa bilimbi* scheinen demnach denen von *Biophytum* sehr ähnlich zu sein.

Es ist möglich, daß auch bei nicht sensitiven Pflanzen die Rolle der Erregungsvorgänge bei der photonastischen Einstellung der Blätter eine ähnliche ist wie bei den besprochenen Sensitiven, auch wenn ihre Turgorbewegungen langsamer verlaufen oder wenn es sich um Wachstumsbewegungen handelt.

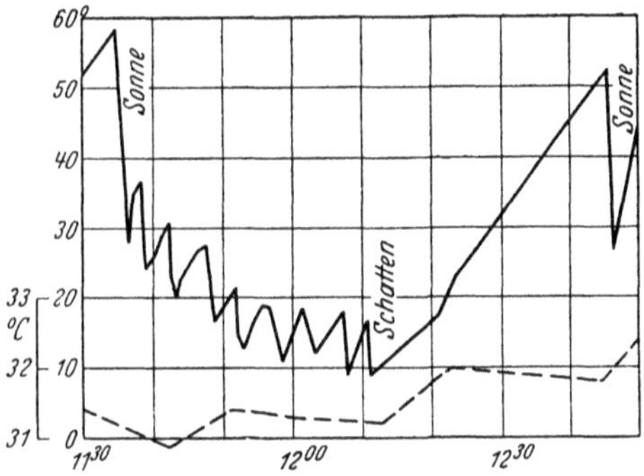

Abb. 47. *Averrhoa bilimbi*. Winkelbewegung eines Blättchens, zunächst im Schatten, dann von der mit „Sonne“ bezeichneten Stelle an in heller Beleuchtung, von der mit „Schatten“ bezeichneten Stelle an wieder im Schatten, und schließlich von der zweiten mit „Sonne“ bezeichneten Stelle an wieder in heller Beleuchtung. Links an der Abbildung ist der Maßstab für die Winkelgrade zwischen dem Blättchen und der Vertikalen aufgetragen, wobei 0° einem lotrechten Herabhängen des Blättchens entspricht, links davon, neben der Abbildung, der Temperaturmaßstab für den gestrichelt eingezeichneten Temperaturverlauf. Zeitmarken 10 Minuten. [Aus CH. DARWIN und FR. DARWIN, verkleinert und mit veränderter Beschriftung.]

2. Phototrope Einstellungen der Blätter.

Die phototrope Einstellung eines Blattes wird durch die Lichtverteilung auf der Spreite und durch die Lichtrichtung bestimmt.

BALL (1, 2) hat meines Wissens als erster den Einfluß veränderter Lichtverteilung mit bewußter Unterscheidung vom Einfluß der Lichtrichtung untersucht und hat gefunden, daß halbseitige Beschattung der Blattspreite von *Sparmannia africana* eine Bewegung des Blattstiels, hauptsächlich in seinem basalen Teil bewirkt, durch welche die Spreite aus dem Schatten herausgedreht wird. RAYDT hat diese Untersuchungen auf eine größere Anzahl verschiedener Pflanzen ausgedehnt und weiter gefunden, daß Beschattung der Spreitenspitze Hebung, Beschattung der Spreitenbasis Senkung des Blattes zur Folge hat. Alle diese Bewegungen sind nur bei schwachen und mittleren, jedenfalls nicht bei allzu starken Lichtintensitäten zu beobachten und bringen das Blatt in eine günstigere Lichtlage. Schon BALL (1) hat an einen hormonalen Einfluß von der Spreite auf den Blattstiel gedacht, und nach LAIBACH würde ein solcher darin bestehen, daß im beschatteten Teil des Blattes ein Stoff gebildet wird, der das Reaktionsvermögen gegenüber Wuchsstoff erhöht.

Für die Spreitengelenke der Primärblätter von *Phaseolus multiflorus* hat BÜNNING (10) gezeigt, daß die durch deren Unterseitenbelichtung ausgelösten phototropen Reaktionen durch Erregungsvorgänge bedingt sind, weil sich ein Refraktärstadium nachweisen läßt. Die Reaktionsgröße nimmt zunächst mit zunehmender Reizstärke zu, bis sie das Ausmaß erreicht, das einer einmaligen Erregung aller Zellen, die eine Spreitensenkung bewirken, nach dem Alles-oder-Nichts-Gesetz entspricht. Eine Verlängerung des Reizes hat dann solange keinen Effekt, als sie im Refraktärstadium der ersten Erregung unwirksam bleibt, während dieselbe Lichtmenge intermittierend mit längeren Pausen von etwa 25 Minuten dargeboten zu einer stufenweisen, im ganzen wesentlich größeren Reaktion führt. Reizung durch lang dauerndes Licht bedingt eine Reihe von Aktionsströmen [BÜNNING (10), Fig. 5, bei der nach brieflicher Mitteilung des Verfassers das Vorzeichen des Potentials verdruckt ist] und entsprechend eine Reihe von Bewegungsreaktionen, mit um so höherer Frequenz je stärker der Reiz ist, da stärkere Reize früher im Refraktärstadium wirksam sind. Das absolute Refraktärstadium ist bei 14° etwa 5, bei 20° etwa 2 Minuten und bei 28° noch kürzer. Das gesamte Refraktärstadium ist bei 20° etwa 15—20 Minuten. BÜNNING (10) fand, daß ein Lichtreiz das Gelenk auch für einen nachfolgenden Stoßreiz und ein Stoßreiz es auch für einen nachfolgenden Lichtreiz refraktär macht und schließt daraus, daß beide denselben Erregungsvorgang auslösen.

Sehr richtig ist bei BÜNNING (10) die Unterscheidung von Reizaufnahmeprozeß, Erregungsvorgang und Bewegungsreaktion, von denen nur der erste bei den verschiedenen Reizarten verschieden ist. Diese Auffassung ist aber nicht so neu und für Pflanzen auch nicht allgemein gültig, wie BÜNNING anzunehmen scheint. Während wir von dem von BÜNNING zum Vergleich herangezogenen tierischen Auge wissen, daß die durch das Licht in ihm ausgelösten Primärvorgänge nur durch Vermittlung von Erregungsvorgängen auf das Verhalten des Tieres von Einfluß sind, kann es bei Pflanzen und selbst im Spreitengelenk von *Phaseolus* neben der von BÜNNING studierten Reizkette auch noch eine andere von der oben erwähnten Art geben, bei welcher der Reizaufnahmeprozeß ohne zwischengeschalteten Erregungsvorgang von Einfluß auf die Bewegungsreaktion ist. Aus dem bloßen Befund, daß ein intermittierender Reiz stärker wirkt als ein Einzelreiz gleicher Reizdauer, wie er bei Keimpflanzen vorliegt, ist man nicht berechtigt auf ein Refraktärstadium zu schließen, wie BÜNNING das will. Es kann auch bei dem kontinuierlichen Reiz in höherem Maße Adaptation eintreten. Es sei nur an das Beispiel der Tastsinnesorgane der Froschhaut erinnert, deren Adaptation dadurch bedingt wird, daß der Reiz den Kaliumgehalt der Gewebsflüssigkeit erhöht.

Für die phototrope Einstellung mancher Blätter habe ich Erregungsleitung von der Spreite zu den Gelenken wahrscheinlich gemacht. In manchen Fällen scheint die basipetale Leitung für einen Stofftransport zu rasch zu erfolgen, denn ich (7) habe bei halbseitiger Spreitenbeschattung von *Dolichos giganteus* 3 bis 4 Minuten nach Beginn der Beschattung etwa gleichzeitig im Hauptgelenk und in den Sekundärgelenken Bewegungen beobachtet, und im Hauptgelenk von *Mimosa pudica* oder *Neptunia plena* etwa 1,5—3 Minuten nach Beginn der halbseitigen Beschattung. Dabei haben die schon besprochenen photonastischen Blättchenbewegungen von *Mimosa pudica*, an deren Zustandekommen kein Leitungsvorgang beteiligt ist, ungefähr dieselbe Latenzzeit von 1,5—3 Minuten und für die Sekundärgelenke von *Phaseolus* fand Bünning (10) eine Latenzzeit von 5 Minuten. Ich halte daher Erregungsleitung wenigstens bei den phototropen Bewegungen mit geringer Latenzzeit zumindest als zweite Art der Leitung für wahrscheinlich. Diese Auffassung wird noch durch den von mir (5) geführten Nachweis von durch Belichtung ausgelösten Aktionsströmen geringen Betrags im sekundären und im primären Blattstiel von *Mimosa pudica* gestützt. Die Abb. 48 und 49 geben zwei solche Versuche an *Mimosa* wieder.

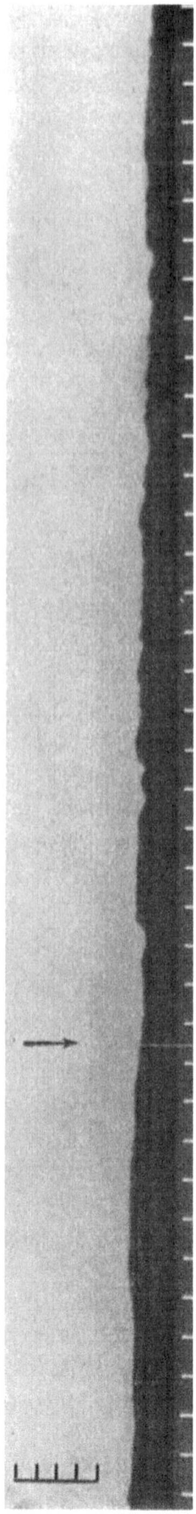

Abb. 48. 4. Juni 1927. 34° C. *Mimosa pudica*. Ableitung vom sekundären Blattstiel. Tiefer Schatten bis zum Pfeil, dann Licht. Zeitmarken 10 sek, Spannungseinheit 0,02 Volt. [Aus Umrath (5).]

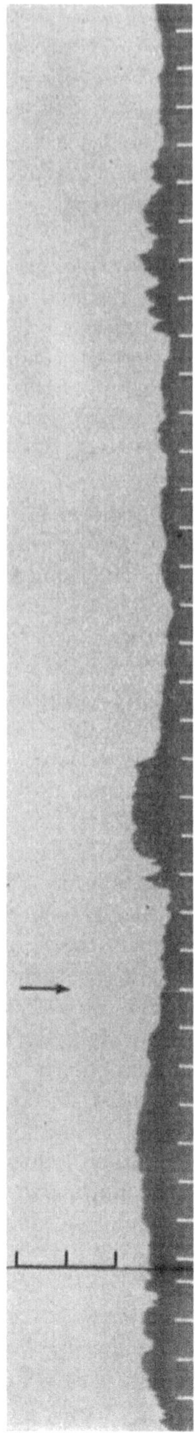

Abb. 49. 8. August 1927. 33° C. *Mimosa pudica*. Ableitung vom primären Blattstiel. Sonne bis zur schwarzen Marke, an der die Spannungseinheiten von 0,02 Volt angegeben sind. Pause von etwa 15 Minuten in tiefem Schatten; derselbe Schatten bis zum Pfeil, dann Sonne. Zeitmarken 10 sek. Aus Umrath (5).]

Entsprechende Versuche, die ich (7) an *Dolichos giganteus* und an *Vitis vinifera* anstellte, hatten ein weit weniger deutliches Ergebnis, doch sprechen auch sie für Erregungsleitung zwischen Perzeptionszone in der Blattspreite und Reaktionszone im Blattstiel. RAYDT hat gezeigt, daß schon die Beschattung der größeren Nerven einer Blatthälfte zu einer Bewegung nach der anderen Seite führt; es ist möglich, läßt sich aber hieraus nicht mit Sicherheit schließen, daß die Perzeption an die Nerven gebunden ist.

Ältere Untersuchungen haben sich vorwiegend mit den durch veränderte Lichtrichtung bedingten Bewegungen der Blätter befaßt, und RAYDT hat gezeigt, daß Torsionen *nur* durch schrägen Lichteinfall ausgelöst werden. Die Perzeption erfolgt im Blattstiel und in der Spreite. Da auch nur kleine Teile der Spreite zur Perzeption ausreichen, scheint es, daß zahlreiche und recht komplizierte leitende, wahrscheinlich erregungsleitende Verbindungen zur Reaktionszone im Blattstiel bestehen und dort die Torsionsbewegungen auslösen. Für die Perzeption der Lichtrichtung macht HABERLANDT (3, 5, 6, 7, 10, SEEFRIED) die Linsenwirkung von gewölbten Außenwänden von Epidermiszellen verantwortlich. Bei senkrechter Einstellung zur vorherrschenden Lichtrichtung ist bei einer solchen Epidermiszelle die Mitte der Innenwand am stärksten beleuchtet, bei schiefer Einstellung ist die hellste Stelle nach einer Seitenwand verschoben und diese Veränderung soll die Zelle perzipieren. Die größte Schwierigkeit dieser Auffassung scheint mir darin zu bestehen, daß die einzelnen Epidermiszellen der Spreite den Blattstiel in verschiedener Weise beeinflussen sollen, je nach dem, an welcher Stelle ihrer Wand sie durch Licht gereizt werden. Wenn man sich die Leitung z. B. als Erregungsleitung vorstellt, so liegt die Schwierigkeit darin, daß es beim Erregungsvorgang einer Zelle nach all unserem Wissen keine qualitativen Unterschiede gibt; in einer Zelle können Erregungsvorgänge von geringerer oder höherer Frequenz ausgelöst werden, aber an der weitergeleiteten Erregung ist es nicht mehr kenntlich, ob sie durch von links oder von rechts her einfallendes Licht ausgelöst worden ist. Ganz entsprechende Schwierigkeiten scheinen mir auch bei allen anderen Leitungsvorgängen, die man etwa in Betracht ziehen könnte, zu bestehen. Als ein möglicher Ausweg erscheint mir die Vorstellung, daß die von HABERLANDT untersuchten Zellen nicht die eigentlich reizperzipierenden sind, sondern nur optische Apparate, die es bewirken müßten, daß von den eigentlich lichtperzipierenden Zellen bei jeder Beleuchtungsrichtung nur bestimmte viel Licht erhalten und so besonders stark durch das Licht gereizt werden. Vielleicht deuten gewisse Befunde von SEEFRIED, daß nämlich bei manchen Pflanzen in der Nähe und über den Gefäßbündeln die Epidermiszellen durch stärkere Vorwölbung der Außenwände optisch wirksamer sind, auf eine Lokalisation der perzipierenden Zellen in den Nerven des Blattes. Ein volles Verständnis der Erscheinung ließe sich erst durch weitere eingehende experimentelle Arbeiten gewinnen; vorläufig erscheint mir die durch die Lichtrichtung bedingte phototrope Einstellung der Blätter noch weniger geklärt als die durch die Lichtverteilung auf der Spreite.

XI. Der Übergang der Blätter in Schlafstellung.

Ich (11) habe an den Blättern von *Mimosa pudica* und *Mimosa Spegazzinii* beobachtet, daß der Übergang in Schlafstellung durch typische Erregungsvorgänge erfolgt. Beobachtet man diese Pflanzen in den späten Nachmittagsstunden hier in Europa im Glashaus bei hoher Temperatur oder in Ceylon im Freien, so kann man spontane Bewegungen an den Blättchen beobachten, die den Reizbewegungen gleichen. Eine solche Reaktion beginnt an einer beliebigen Stelle eines sekundären Blattstiels und breitet sich durch Erregungsleitung entweder nur über diesen oder auch über das ganze Blatt aus.

Von *Mimosa pudica* habe ich (11) auch Aktionsströme beim Übergang in Schlafstellung abgeleitet von denen in Abb. 50—52 einige wiedergegeben sind. Abb. 50 stellt einen typischen Aktionsstrom dar, wie er von einem in Schlafstellung übergehenden sekundären Blattstiel abgeleitet werden kann; er besteht aus zu wenigen Einzelwellen, um die Dekrementstelle an der Basis des sekundären Blattstiels zu passieren; allerdings wurde in diesem Fall die Ausbreitung der Bewegungsreaktion nicht beobachtet. An dem Blatt, dessen Aktionsströme in Abb. 51 und 52 dargestellt sind, erfolgte erst eine spontane Bewegungsreaktion von der Spitze des sekundären Blattstiels, von dem abgeleitet wurde, bis zur ableitenden Nadel, und dem entspricht der einzelne Aktionsstrom in Abb. 51, nach dem allerdings keine völlige Rückkehr zum Ausgangspotential erfolgt. Es ist möglich, daß es sich hier um die als letzte übriggebliebene Welle einer erlöschenden Wellengruppe handelt, wie ich (5, S. 287 und Abb. 16) solches auch einmal nach einem Wundreiz beobachtet habe; es ist aber auch möglich, daß am Abend bei der, wie wir noch sehen werden, gesteigerten Erregbarkeit auch Einzelwellen im sekundären Blattstiel geleitet werden, die dann begreiflicherweise besonders leicht an der durch den Einstich der Nadel etwas geschädigten Stelle erlöschen; hierfür spricht auch der Aktionsstrom in Abb. 50, der, wenn nicht eine Einzelwelle, so höchstens eine außergewöhnlich kurze Gruppe darstellt. Nicht ganz 20 sek nach dem besprochenen Einzelaktionsstrom in Abb. 51 ist eine kurze Wellengruppe zu erkennen, mit der sich die Bewegungsreaktion über den ganzen sekundären Blattstiel, aber nicht auf das weitere Blatt ausbreitete. Es folgte eine langsame Wiederausbreitung der Blättchen, die reagiert hatten, und nach etwa 25 Minuten ein zweiter Übergang in Schlafstellung durch eine Bewegungsreaktion, die sich über das ganze Blatt ausbreitete; bei diesem zweiten Übergang in Schlafstellung wurde eine größere Zahl hier nicht wiedergegebener Aktionsströme registriert. Nun folgte eine abermalige Ausbreitung des Blattes, ohne Bewegungsreaktion und ohne Aktionsstrom in der nächsten Stunde.

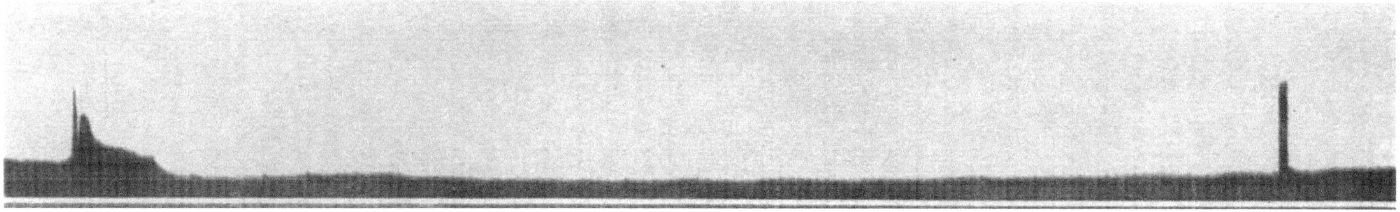

Abb. 50. 6. Juli 1930. 28° C. *Mimosa pudica*. Ableitung vom sekundären Blattstiel. Spontaner Übergang in Schlafstellung. Eichung – 0,06 Volt. Zeitmarken 10 sek. [Aus UMRATH (11).]

Abb. 51. 10. Juli 1930. 24° C. *Mimosa pudica*. Ableitung vom sekundären Blattstiel. Spontaner Übergang in Schlafstellung, von der Spitze des sekundären Blattstiels bis zur ableitenden Nadel, dann, bei der zweiten Kurvenerhebung, bis zum Sekundärgelenk. Eichung – 0,06 Volt. Zeitmarken 10 sek. [Aus UMRATH (11).]

Abb. 52. Wie Abb. 51, dieselbe Ableitungsstelle, über $1^1/_2$ Stunden später. Neuerlicher spontaner Übergang in Schlafstellung, zunächst des sekundären Blattstiels von dem abgeleitet wurde, dann des ganzen Blattes, von einem benachbarten sekundären Blattstiel ausgehend. In der zweiten Wellengruppe erscheinen zunächst Aktionsströme vom primären Blattstiel, da der sekundäre teilweise wie eine Verlängerung der Elektrode wirkt, dann solche von der Ableitungsstelle im sekundären Blattstiel. Zeitmarken 10 sek. [Aus UMRATH (11).]

Dann trat wieder eine Reaktion in dem sekundären Blattstiel auf, von dem abgeleitet wurde, und die Leitung blieb auf diesen beschränkt; die zugehörigen Aktionsströme bilden die erste Wellengruppe in Abb. 52. Bald darauf trat eine Reaktion in einem sekundären Blattstiel der anderen Seite des Blattes auf und breitete sich über das ganze Blatt aus. Die ersten Aktionsströme der zweiten Wellengruppe in Abb. 52, ein steiler und ein oder zwei flache, sind Aktionsströme vom primären Blattstiel bei der Weiterleitung der Erregung von einem sekundären Blattstiel zum anderen; für sie wirkte der sekundäre Blattstiel, von dem abgeleitet wurde, nur als Verlängerung der Elektrode. Erst der zweite steile Aktionsstrom, dem dann noch eine Reihe weiterer Wellen folgen, rührt von der Erregung an der Ableitungsstelle her. Die Wiederausbreitung der Blättchen erfolgt nach den aufeinanderfolgenden Erregungsvorgängen immer langsamer, bis sie schließlich ganz unterbleibt und die Schlafstellung durch Vorgänge, deren Besprechung nicht mehr in diese Abhandlung gehört, fixiert wird. Wie auch dieses ausführlich besprochene Beispiel zeigt, verhalten sich die spontanen Erregungsvorgänge, die den Übergang in Schlafstellung bewirken, auch insofern ganz wie die durch äußere Reize ausgelösten, als kurze Wellengruppen in der Dekrementstelle zwischen basalem Blättchenpaar und Sekundärgelenk erlöschen und nur längere Wellengruppen von einem sekundären Blattstiel auf andere oder auf den primären Blattstiel übergehen können.

An alten Blättern und unter ungünstigen Bedingungen kommt auch bei *Mimosa pudica* und *Mimosa Spegazzinii* ein ganz allmählicher Übergang in Schlafstellung vor. Wahrscheinlich handelt es sich da um Erregungsvorgänge, die auf einzelne Leitungsbahnen beschränkt bleiben, wie das auch bei der Einstellung der Blätter gegen das Licht der Fall ist. Es ist aber auch möglich, daß in diesen Fällen die Vorgänge, die sonst die Schlafstellung fixieren, auch die Einleitung der Schlafstellung allein besorgen.

Daraus, daß ein Gewitter den Übergang in Schlafstellung an im Glashaus befindlichen Pflanzen schon am frühen Nachmittag auslösen kann, geht hervor, daß die Erregungsvorgänge, die zum Übergang in Schlafstellung führen, besonders durch die abendliche Licht- und Temperaturabnahme ausgelöst werden dürften. Für die Wirksamkeit dieser Reize ist die Erregbarkeitszunahme am späten Nachmittag jedenfalls sehr wesentlich; sie geht daraus hervor, daß zu dieser Zeit vielfach auch an voll ausgewachsenen Blättern Berührung der Tertiärgelenke oder Verbiegen von Blättchen in den Tertiärgelenken, was sonst nur zur Reaktion des direkt betroffenen und meist noch des gegenüberstehenden Tertärgelenkes führt, Erregungsleitung im sekundären Blattstiel auslöst. Zu dieser Zeit ist auch, wie Tabelle 9 zeigt, die Geschwindigkeit der langsamen Leitung im sekundären Blattstiel wesentlich gesteigert, und zwar in ungefähr demselben Maß beim spontanen Übergang in Schlafstellung, bei nur zu dieser Zeit wirksamen Berührungsreizen und bei

Tabelle 9. Leitungsgeschwindigkeit der langsamen Leitung im sekundären Blattstiel von *Mimosa pudica*, bei basipetalem Leitungssinn, am Nachmittag etwas vor oder zur Zeit des Übergangs in Schlafstellung. [Nach Umrath (11 und 0).]

Reiz bzw. spontane Reaktion	Zeit	Temp. °C	Leitungsgeschwindigkeit und wahrscheinlicher Fehler in cm sek^{-1}	Extreme Werte der Leitungsgeschwindigkeit	Zahl der Versuche	Leitungsgeschwindigkeit und wahrscheinlicher Fehler in cm sek^{-1} bezogen auf 24° C
Durchschneiden eines Blättchens	17^{h}, 16. 7. 36	23,5	0,37 ± 0,02	0,58, 0,26	10	0,38 ± 0,02
,, ,, ,,	18^{h}, 16. 7. 36	23	0,61 ± 0,05	1,17, 0,34	11	0,65 ± 0,05
,, ,, ,,	16^{h}50, 20. 7. 36	29	0,78 ± 0,03	0,97, 0,49	12	0,55 ± 0,02
Berührungsreize	17^{h}, 20. 7. 36	28,5	0,86 ± 0,02	0,97, 0,70	12	0,63 ± 0,01
Durchschneiden eines Blättchens	16^{h}45, 2. 8. 36	26	0,68 ± 0,03	0,97, 0,53	10	0,59 ± 0,03
Durchschneiden eines Endblättchens	17^{h}, 15. 7. 29	26	0,63 ± 0,04	0,88, 0,30	12	0,55 ± 0,03
Berührungsreize	17^{h}, 14. 7. 29	25	0,63 ± 0,03	0,83, 0,37	12	0,59 ± 0,03
Spontaner Übergang in Schlafstellung	11.—13. 7. 29	25	0,55 ± 0,04	0,88, 0,31	12	0,51 ± 0,04
,, ,, ,, ,,	17^{h}45, 25. u. 26. 7. 29	28	0,63 ± 0,03	0,81, 0,44	12	0,48 ± 0,02

auch sonst wirksamen Wundreizen. Die auf 24° C bezogene Leitungsgeschwindigkeit ist sonst, am Vormittag, wie Tabelle 3 zeigt, 0,30 cm sek^{-1}, während sie am späten Nachmittag etwa 0,55 cm sek^{-1} beträgt. Meist sind diese Veränderungen schon 1—2 Stunden vor dem Übergang in Schlafstellung zu beobachten. An einem trüben Tag, an dem die Temperatur im Glashaus nie stark gestiegen war, habe ich um 17 Uhr nur eine sehr geringe Zunahme der Leitungsgeschwindigkeit gefunden; um 18 Uhr, als schon viele Blätter spontan in Schlafstellung übergingen, war die Leitungsgeschwindigkeit allerdings stark erhöht; die Verhältnisse gehen aus Zeile 1 und 2 von Tabelle 9 hervor. Es ist wahrscheinlich, daß an sonnigen Tagen Licht und Wärme während des Tages zu der abendlichen Erregbarkeitssteigerung führen, aber auch die schlechtere Wasserversorgung an warmen Tagen dürfte im selben Sinne wirken, denn Goebel hat vielfach darauf hingewiesen, daß schlechter mit Wasser versorgte Pflanzen früher in Schlafstellung übergehen. Es scheinen auch an Abenden nach warmen Tagen beim Übergang in Schlafstellung im Aktionsstrombild lange Wellengruppen und damit Reaktionen, die sich über das ganze Blatt ausbreiten, besonders häufig zu sein. Bei *Mimosa pudica* ist am Abend auch die Erregbarkeit oder die Reaktionsfähigkeit der Sekundärgelenke gesteigert, denn während diese an alten Blättern zu anderen Tageszeiten gar keine oder nur geringe Reizbewegungen ausführen, reagieren sie am Abend beim Übergang in Reizstellung sowie auch beim Übergang in Schlafstellung stark, so daß sich die sekundären Blattstiele einander weitgehend nähern.

Bei *Mimosa invisa* ist die Schlafstellung äußerlich ganz ähnlich wie die bekannte bei der nahe verwandten *Mimosa pudica,* sie kommt aber zum Teil durch Bewegungen in anderen Gelenken zustande. Da das Hauptgelenk von *Mimosa invisa* nicht oder kaum reaktionsfähig ist, ändert der primäre Blattstiel beim Übergang in Schlafstellung seine Lage nicht. Trotzdem erreichen die sekundären Blattstiele etwa dieselbe Lage im Raum, wie die von *Mimosa pudica,* da die sehr ausgiebig reagierenden Sekundärgelenke zwei Bewegungen ausführen: eine seitliche, die ein paarweises Zusammenlegen in die Vertikalebene des primären Blattstiels bewirkt, und eine Senkung in dieser Ebene. Die beiden Bewegungen erfolgen mitunter unabhängig voneinander. Diese Sekundärgelenksreaktionen sind beim Übergang des Blattes von *Mimosa invisa* in Schlafstellung am auffälligsten. Aus der zeitlichen Aufeinanderfolge der Reaktionen aufeinanderfolgender Sekundärgelenke geht hervor, daß ihr Übergang in Schlafstellung oft durch Erregungsleitung im primären Blattstiel ausgelöst wird. Auch habe ich (11, Abb. 6) bei Ableitung vom sekundären Blattstiel, der hierbei als Verlängerung der Elektrode wirkte, sehr deutliche Aktionsströme des primären Blattstiels unmittelbar vor Sekundärgelenksreaktionen registriert. Bei *Mimosa invisa* ist der Übergang in Schlafstellung zunächst unvollkommen und auch bei ihr erfolgen wiederholte Reaktionen und in den Zwischenzeiten Wiederausbreitungen des Blattes. Das Zusammenlegen der Fiederblättchen erfolgt bei ihr, im Gegensatz zu den oben besprochenen Mimosen, in sehr unauffälliger Weise. Erregungsvorgänge vom primären Blattstiel, die ein Sekundärgelenk zur Reaktion gebracht haben, breiten sich in der Regel auch über den sekundären Blattstiel aus. Die Aktionsströme, die ich (11, Abb. 6) vom sekundären Blattstiel registriert habe, sind undeutlich und lang dauernd, und ebenso sind die Bewegungsreaktionen der Tertiärgelenke von geringem Betrag und langer Dauer, so daß die Schließ- und die Wiederausbreitungsbewegungen nur sehr schlecht zu erkennen sind.

An abendlichen Erregbarkeitssteigerungen habe ich (11) an *Mimosa invisa* beobachtet, daß ein Stoßreiz an einem Sekundärgelenk oft Erregungsleitung im primären Blattstiel und damit die Reaktion mehrerer Sekundärgelenke auslöst und daß das Durchschneiden eines sekundären Blattstiels am Abend viel sicherer Sekundärgelenksreaktionen auslöst als zu anderen Zeiten. Die Geschwindigkeit der raschen Leitung im sekundären Blattstiel ist am späten Nachmittag etwa verdoppelt, wie die schon im Abschnitt II, 3 mitgeteilten Zahlen zeigen.

Neptunia plena sei als Beispiel einer sensitiven Pflanze genannt, bei der der Übergang in Schlafstellung aber ganz allmählich, wie bei den nicht sensitiven Pflanzen, erfolgt. Die Sekundärgelenke zeigen auch eine abendliche Steigerung der Erregbarkeit oder Reaktionsfähigkeit. Wenn, was ich für wahrscheinlich halte, der Übergang in Schlafstellung durch Erregungsvorgänge bedingt wird, so müssen diese jeweils auf wenige Zellen beschränkt sein. Sie können zwar innerhalb der einzelnen Zelle, nicht aber in einem ganzen Gelenk oder Blattstiel nach dem Alles-oder-Nichts-Gesetz verlaufen. Ganz dasselbe gilt auch für die nicht sensitiven Pflanzen. Von einigen solchen weiß man, daß Reize einen verfrühten Übergang in Schlafstellung bedingen können, so nach Goebel (S. 497) bei *Phyllanthus* Wundreize, nach meinen (11) Beobachtungen an *Cassia tomentosa* und *Acacia leucocephala* das Begießen der Blätter, insbesondere wenn kaltes Wasser verwendet wird. Bei einem solchen Reiz habe ich an *Cassia* auch Aktionsströme beobachtet. Daß auch an nicht sensitiven Pflanzen Leitungsvorgänge den Übergang in Schlafstellung bewirken, beweisen Versuche von Pfeffer an *Flemingia congesta.* Nach unseren jetzigen Kenntnissen möchte ich annehmen, daß es sich hier um Erregungsleitung handelt. Insbesondere spricht hierfür, daß es zwischen dem Übergang in Schlafstellung, wie ihn *Mimosa pudica* und *Mimosa Spegazzinii* unter günstigen Verhältnissen zeigen, der ganz einer durch einen äußeren Reiz ausgelösten Blattbewegung gleicht, und dem ganz allmählich erfolgenden der meisten Pflanzen Übergänge gibt, wie z. B. bei *Mimosa invisa,* deren Sekundärgelenke mit sehr auffälligen und deren Tertiärgelenke mit unauffälligen, langsamen Bewegungen in Schlafstellung übergehen. Man muß aber immer mit der Möglichkeit rechnen, daß, insbesondere unter weniger günstigen Bedingungen, nur diejenigen Vorgänge, welche die Schlafstellung fixieren, auch den Übergang in Schlafstellung bedingen.

XII. Beziehungen zwischen Erregungsvorgang und Tierfang der Insektivoren.

Beim Tierfang der Insektivoren spielen die Erregungsvorgänge wahrscheinlich eine zweifache Rolle: sie lösen einerseits die Fangbewegungen, andererseits wohl die Drüsensekretion aus. Leider wissen wir über den letzteren Punkt eigentlich nur durch Ch. Darwin, daß die Drüsensekretion bei *Drosera* durch Erregungsvorgänge ausgelöst werden kann. Hingegen zeigen schon die bisherigen Untersuchungen einen deutlichen Parallelismus zwischen der Ausbildung der Fangbewegungen und der der Erregungsleitung.

Bei *Pinguicula* bleiben die Insekten an der Spreite kleben und diese wird nach dem Fang höchstens geringfügig und langsam eingerollt und die Erregungsleitung ist nur sehr schlecht, kaum besser als bei vielen gewöhnlichen Pflanzen ausgebildet.

Auch am *Drosera*-Blatt kleben die Insekten zunächst an, aber die Tentakel führen ausgiebige und einigermaßen rasche Fangbewegungen aus und die Spreite rollt sich bei langer starker Reizung allerdings langsam ein. Dementsprechend ist die Erregungsleitung im Blatte von *Drosera* sehr gut ausgebildet, weit besser als bei den meisten gewöhnlichen Pflanzen und besser als bei manchen Sensitiven; die Leitungsgeschwindigkeit ist allerdings nur gering, nicht höher als bei der Mehrzahl sonstiger Pflanzen. Eine merkliche Fangbewegung wird erst durch einige Erregungsvorgänge ausgelöst; sie erfolgt daher so spät, daß die Länge der Leitungszeit demgegenüber keine Rolle spielt. Die Variationsmöglichkeit im Bewegungsausmaß und in der Bewegungsrichtung der Tentakel beruht offenbar darauf, daß sich ein durch ein Beutetier ausgelöster Erregungsvorgang nicht über die ganze Spreite nach dem Alles-oder-Nichts-Gesetz ausbreitet, sondern, daß jedem Tentakel aus verschiedenen Richtungen Erregungsvorgänge durch verschieden viele Zellen und mit verschiedener Frequenz zugeleitet werden können. Wie Abb. 53 zeigt, konnte ich (7), wenn ich eine kleine Mückenlarve auf einige Tentakel aufbrachte, Aktionsströme von der Nähe der Insertionsstelle dieser Tentakel ableiten. Die verschieden großen Aktionsströme entsprechen offenbar Erregungen verschieden vieler Zellen.

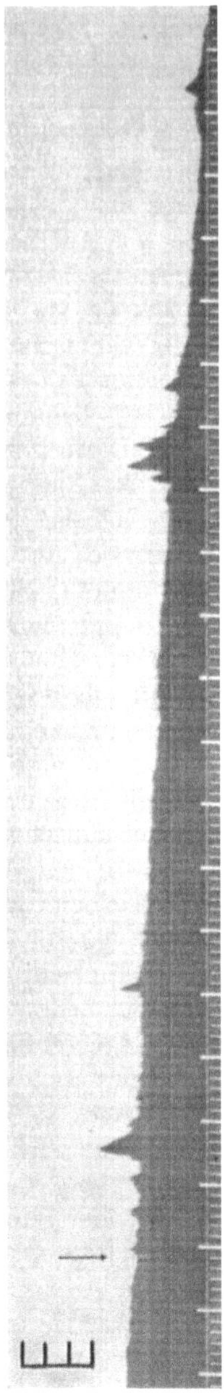

Abb. 53. 15. August 1928. 31° C. *Drosera rotundifolia*. Ableitung von der Spreite, in der Nähe des Randes. Zu der durch den Pfeil markierten Zeit wurde eine *Culex*-Mückenlarve auf die in der Nähe der Ableitungsstelle inserierten Tentakel aufgelegt. Zeitmarken 10 sek, Minuten hervorgehoben, Spannungseinheit 0,02 Volt. [Aus Umrath (7).

Bei *Dionaea* erfolgt der Insektenfang, sowie das weitere Festhalten der Beute nur durch die Bewegungsreaktion der Blattspreite. Dementsprechend findet sich in der ganzen Spreite und kaum auf den Blattstiel übergreifend die Erregungsleitung ganz besonders gut ausgebildet, mit einer für Pflanzen auffallend hohen Leitungsgeschwindigkeit. Zur Aufnahme mechanischer Reize, wie sie von den zu fangenden Insekten ausgeübt werden, sind 6 besondere Fühlhaare auf der Blattspreite vorhanden. Sie wurden von Ch. Darwin (S. 288f.) anatomisch beschrieben und physiologisch untersucht, wobei sich ihre außerordentlich hohe Berührungsempfindlichkeit zeigte. Von den Gelenken an der Basis der Fühlhaare sagt Darwin, daß sie ein Abbrechen der Haare beim Verschluß der Spreite vermeiden. Munk (S. 103) hat, entgegen einer scheinbar weniger gesicherten Meinung von CH. DARWIN (S. 314), angegeben, daß man von den Haaren mit einer feinen scharfen Schere von der Spitze nach der Basis hin Stücke abschneiden kann, ohne die Reizbewegung hervorzurufen, bis man in die Nähe des knopfförmigen Vorsprungs des Blattflügelparenchyms gelangt, auf dem das Gelenk aufsitzt, dessen Berührung sofort den Verschluß der Spreite bewirkt, und daß auch alleinige Verbiegung der oberen Partien des Haares keine Blattbewegung auslöst. MUNK (S. 103) gibt auch an, daß die Basis des Haares nur am offenen Blatte steif sei, bei der Reizbewegung aber erschlaffe, so daß die verminderte Biegungsfestigkeit das Umlegen des Haares gestatte. HABERLANDT (4, 10) hat ausgeführt, daß die Gelenkzellen, wegen der starken Deformation, die sie beim Verbiegen des Haares erleiden, mechanische Reize perzipieren dürften. Daß die obere Partie des Haares nur als die Reizung erleichtender Hebelarm wirke, hat schon MUNK (S. 103) behauptet, er bestreitet aber die Existenz des Gelenkes überhaupt. Darin geht er wohl zu weit und das Gelenk mag vielleicht eine zweifache Funktion haben, indem es einerseits die Wirksamkeit des langen Hebels, den der obere Teil des Haares darstellt, im Sinne HABERLANDTs erhöht und andererseits gegen das Abbrechen des Haares beim Verschluß der Spreite zusammen mit dem Schlaffwerden der Haarbasis eine doppelte Sicherung darstellt. Die Auffassung BÜNNINGs (9, S. 252), daß das Haar kein Perzeptionsorgan, sondern nur ein Stimulator ist, erscheint mir ungerechtfertigt, denn die Vermutung von ASHIDA (2), daß die entsprechenden Fühlhaare von *Aldrovanda* für elektrische Reize relativ wenig empfindlich seien, könnte nur dafür sprechen, daß es sich nicht um ein Perzeptionsorgan für elektrische Reize handelt und sagt über die mechanische Erregbarkeit des Protoplasmas dieser Zellen gar nichts aus. Meines Wissens ist es auch sonst, einschließlich der Fälle der Tierphysiologie, nicht bekannt, ob die Perzeptionszellen für mechanische Reize ein für diese besonders empfindliches Protoplasma haben oder ob nur Einrichtungen, etwa in der Membran der Zelle oder in der Umgebung der Zelle, vorhanden sind, die eine besonders starke Deformation der perzipierenden Zelle durch mechanische Reize bewirken.

Es erscheint auch von besonderer Bedeutung für die Art des Insektenfangs bei *Dionaea*, daß das Verbiegen eines Fühlhaares, wie es auch durch eine Beutetier geschehen kann, zu einem am Aktionsstrom kenntlichen Erregungsvorgang nach dem Alles-oder-Nichts-Gesetz in der ganzen Spreite führt, der seinerseits unter günstigen Bedingungen eine Schließbewegung nach dem Alles-oder-Nichts-Gesetz bewirkt. Eine weitere bemerkenswerte Anpassung scheint die Kürze des Refraktärstadiums zu sein. Das gesamte und insbesondere das absolute Refraktärstadium ist sowohl nach seinem absoluten Betrag in Sekunden als auch relativ zur Dauer des Aktionsstroms kürzer, als die sonst von Pflanzen bekannten Refraktärstadien. So bewirken auch unter nicht optimalen Verhältnissen, wenn ein einzelner Erregungsvorgang nicht die Schließbewegung nach dem Alles-oder-Nichts-Gesetz auslöst, mehrere rasch aufeinanderfolgende Reize ebenso viele Erregungsvorgänge mit Aktionsströmen nach dem Alles-oder-Nichts-Gesetz und von diesen lösen, wenn nicht die ersten, so doch die folgenden Schließbewegungen aus, die sehr bald zu einem vollkommenen Verschluß führen.

BURDON-SANDERSON (1, 2) hat am Blatt von *Dionaea* auch durch eine Fliege ausgelöste Aktionsströme beobachtet, sowohl wenn die Fliege auf das Innere der geöffneten Blattspreite kroch und die sensitiven Haare berührte, als auch bei jeder Bewegung der gefangenen Fliege. Später haben BURDON-SANDERSON und PAGE gezeigt, daß diese Erregungsvorgänge des geschlossenen Blattes zu einem immer festeren Verschluß führen.

Wenn ASHIDA (1) darin recht hat, daß die Schließbewegung eine Turgorbewegung und die anschließende Verengerungsbewegung eine Wachstumsbewegung ist, so werden bei *Dionaea* und *Aldrovanda* der für den Insektenfang notwendige rasche Verschluß und seine für die Verdauung notwendige lange Dauer durch zwei verschiedene Bewegungsmechanismen gewährleistet.

Ein Vorteil der Insektivorie für die Pflanze wurde von OUDMAN an *Drosera capensis* exakt bewiesen, indem er zeigte, daß die Pflanze ihren Stickstoffbedarf durch den Insektenfang decken kann.

XIII. Die Bedeutung der Erregungsvorgänge im Leben der seismonastisch reizbaren Pflanzen.

In früherer Zeit wurden die an den seismonastisch reizbaren Pflanzen und besonders an *Mimosa* so leicht zu beobachtenden Reizerscheinungen vielfach als ganz besondere, aus dem Verhalten gewöhnlicher Pflanzen nicht leicht ableitbare Erscheinungen betrachtet; daher suchte man auch vielfach nach der ökologischen Bedeutung dieser Reizbarkeit. GOEBEL hat gezeigt, daß die Bewegungsgewebe dieser Pflanzen auch die Entfaltungsbewegungen ausführen und meint, daß nichts weiter vorliege als ein für die Pflanze bedeutungsloses Erhaltenbleiben einer der Entfaltung dienenden Bewegungsfähigkeit. Die späteren Untersuchungen scheinen mir aber gezeigt zu haben, daß die Sache sich keineswegs so einfach verhält, indem bei manchen und gerade bei seismonastisch besonders gut reizbaren Pflanzen auch andere Eigenschaften eine ganz besondere Ausbildung erfahren haben. So ist, wie aus dem bisher Gesagten hervorgeht, die Erregungsleitung, die wohl eine allgemeine Fähigkeit der Pflanzen ist, bei *Mimosa pudica, Mimosa Spegazzinii* und *Biophytum sensitivum* besser ausgebildet als bei irgendeiner der bisher untersuchten, nicht mit besonderem Bewegungsvermögen ausgestatteten Pflanzen, und auch bei *Mimosa invisa* und wahrscheinlich bei vielen *Biophytum*-Arten ist die Erregungsleitung viel besser ausgebildet als beim Durchschnitt der gewöhnlichen Pflanzen. Noch bemerkenswerter erscheint mir die

Ausbildung induzierter Refraktärstadien an den Staubfäden von *Berberis* und wahrscheinlich einiger anderer Pflanzen, sowie am Hauptgelenk von *Mimosa pudica* und an einzelnen sonstigen Gelenken sensitiver Pflanzen. Wenn ein reizbarer Staubfaden nur seine Bewegungsfähigkeit von der Entfaltungsbewegung her erhalten hätte, so würde er sich bei frequenter Reizung entweder gar nicht aus der maximalen Reizstellung zurückbewegen oder doch viel weniger, als er das tatsächlich periodisch tut. Durch das Hinzukommen des induzierten Refraktärstadiums wird der seismonastisch reizbare Staubfaden viel besser geeignet, seine vielfach gemutmaßte Rolle bei der Blütenbestäubung zu spielen.

Ich glaube, daß das häufige Zusammentreffen von seismonastischer Erregbarkeit mit besonders gut ausgebildeter Erregungsleitung oder mit induzierten Refraktärstadien darauf hindeutet, daß der Seismonastie eine gewisse Bedeutung im Leben dieser Pflanzen zukommt, wenn diese Bedeutung auch nicht groß zu sein braucht, da Erregungsleitung und Bewegungsvermögen nur besonders gut ausgebildet bzw. lange erhalten und nicht neu erworben sind.

Wenn ein Vorteil der seismonastischen Reizbarkeit noch nicht exakt bewiesen ist, so liegt das an der großen Schwierigkeit eines solchen Nachweises, besonders wenn es sich um einen sehr geringen Vorteil handelt. Ich (19) habe schon einmal die Ansicht ausgesprochen, daß die Gegenargumente viel mehr an Beweiskraft zu wünschen übriglassen, als die Angaben über eine Bedeutung der Reizbewegungen für die Pflanzen. Diese Bedeutung scheint bei den Sensitivem zum Teil in einem Schutz vor gewissen Weidetieren, zum Teil in einem Schutz vor Benetzung zu bestehen; in manchen Fällen, wie bei *Mimosa invisa,* scheint die Reizbarkeit nur soweit zu gehen, daß beim Herannahen eines Gewitters oder stärkeren Regens die Schlafstellung rascher eingenommen wird als bei sonstigen Pflanzen, so daß hier die Frage der Bedeutung der Sensitivität in die viel diskutierte der Bedeutung der Schlafbewegungen übergeht.

XIV. Schlußbetrachtungen.

Die besprochenen Untersuchungen haben gezeigt, daß typische Erregungsvorgänge und typische Erregungsleitung, wie sie von den tierischen Nerven und Muskeln her besonders lange und gut bekannt sind, auch bei höheren Pflanzen vorkommen. Gerade diese typische Erregungsleitung ist aber nur von wenigen Pflanzen, besonders von einzelnen Sensitiven und Insektivoren bekannt. In sehr vielen Fällen werden nicht Einzelaktionsströme, sondern nur Aktionsstromgruppen geleitet, wobei sich offenbar Erregungsvorgänge in verschiedenen, nebeneinander liegenden Zellzügen gegenseitig unterstützen. Diese gegenseitige Unterstützung scheint durch Erregungssubstanz, die in den erregten Zellen gebildet wird und die noch nicht betroffenen erregt, bedingt zu sein. Bei diesem Zusammenwirken von echter Erregungsleitung und Bewegung von

Erregungssubstanz in der interzellularen Flüssigkeit kommen alle Übergänge zwischen typischer Erregungsleitung und bloßem Transport von Erregungssubstanz mit dem Saftstrom vor. Die Anteile der beiden Leitungsarten am Gesamteffekt sind von Fall zu Fall sehr verschieden und meist schwer gegeneinander abzugrenzen. Für die Theorie der Erregungsleitung ist das Zusammenwirken der beiden Mechanismen zu einem einheitlichen Leitungsvorgang von besonderem Interesse, und es ist bemerkenswert, daß auch bei diesen Leitungsvorgängen, wie bei der typischen Erregungsleitung an pflanzlichen und an tierischen Objekten, die Anstiegslänge des Aktionsstroms, das ist das Produkt aus Anstiegszeit und Leitungsgeschwindigkeit, zwischen 0,15 und 10 cm beträgt.

Vom botanischen Standpunkt aus hat die Frage, welche Rolle die Erregungsvorgänge und die Erregungsleitung im Leben gewöhnlicher Pflanzen spielen, besonderes Interesse. Nur für einzelne Pflanzen, bei denen die Verhältnisse besonders günstig liegen, können wir mit Sicherheit angeben, daß Erregungsvorgänge durch das Licht bedingte Blattbewegungen oder den Übergang der Blätter in Schlafstellung bewirken. Die Untersuchung der Erregungsvorgänge in einzelnen oder nur wenigen Zellen innerhalb eines Gewebes, die zwar immer wieder versucht werden sollte, erscheint mit den jetzigen Mitteln wenig aussichtsreich, so daß wir vielfach auf Analogieschlüsse von Pflanzen mit gut ausgebildeter Erregungsleitung und leicht nachweisbaren Aktionsströmen auf solche, bei denen diese Verhältnisse weniger günstig liegen, angewiesen sind. Ich erhoffe da noch eine Vertiefung unserer Kenntnisse von einem sehr genauen Studium derjenigen Erregungsvorgänge bei *Drosera* und vielleicht bei *Dionaea,* die sich nicht nach dem Alles-oder-Nichts-Gesetz über die ganze Blattspreite ausbreiten und in Beziehung zu den Fangbewegungen stehen. Wir wissen vorläufig nicht, ob bei Pflanzen, bei denen nach den bisherigen Versuchen mit künstlichen Reizen die Erregungsleitung nur sehr schlecht ausgebildet zu sein scheint, vielleicht einzelne Leitungsbahnen, deren Aktionsströme zum Nachweis mit den bisher angewandten Methoden zu schwach sind, gute Erregungsleitung bewirken, oder ob bei einer gewissen rhythmischen Reizung die Erregungsleitung besonders gut funktioniert oder, ob die beobachtete schlechte Leitung im Leben dieser Pflanzen eine gewisse Rolle spielt, oder ob schließlich bei ihnen die Erregungsleitung überhaupt nur von geringer Bedeutung ist.

Der Zusammenhang zwischen Erregungsvorgang und Bewegungsreaktion in einem bewegungsfähigen Gewebe erscheint in manchen Fällen einfach; in anderen, wie bei der Einstellung der Blätter gegen das Licht, scheint sich die Bewegungsreaktion nach einer komplizierten Resultante aus den aus verschiedenen Teilen des Blattes kommenden Erregungsvorgängen zu richten, während bei den Ranken komplizierte, noch gar nicht näher diskutierbare Vorgänge, zwischen der bisher nicht direkt nachgewiesenen Erregung der perzipierenden Zellen, dem nachgewiesenen Aktionsstrom und der Bewegungsreaktion eingeschaltet zu sein scheinen. Turgor- und Wachstumsbewegungen scheinen in gleicher Weise durch Erregungsvorgänge auslösbar zu sein.

Die ganze Bedeutung der Erregungsvorgänge im Leben der Pflanzen wird sich erst richtig abschätzen lassen, wenn der Einfluß der Erregungssubstanz auf die verschiedenen Lebensäußerungen der Pflanzen in ähnlich eingehender Weise untersucht sein wird, wie das jetzt erst beim Wuchsstoff der Fall ist.

Literatur.

Amlong, H. U. u. E. Bünning: Über elektromotorische Kräfte an elektrisch gereizten Wurzeln. Ber. dtsch. bot. Ges. **52**, 445—457 (1934).

Ashida, J.: (1) Studies on the Leaf Movement of *Aldrovanda vesiculosa* L. I. Process and Mechanism of the Movement. Mem. Coll. Sci., Kyoto Imp. Univ. B **9**, 141—244 (1934).

— (2) Studies of the Leaf Movement of *Aldrovanda vesiculosa* L. II. Effects of mechanical, electrical, thermal, osmotic and chemical influences. Mem. Coll. Sci., Kyoto Imp. Univ. B **11**, 55—113 (1935).

Auger, D.: (1) Conduction de la variation négativ dans les tissus végétaux. C. r. Soc. Biol. Paris **99**, 1822—1824 (1928).

— (2) Comparaison entre la rythmicité des courants d'action cellulaires chez les végétaux et chez les animaux. Paris 1936.

Ball, N. G.: (1) Phototropic movements of leaves. — The functions of the lamina and petiole with regard to the perception of the stimulus. Sci. Proc. roy. Dublin Soc., N. s. **17**, 281—286 (1923).

— (2) Notes from the botanical school of Trinity College, Dublin, Tome 3, p. 259—264. 1924.

— (3) Rapid Conduction of Stimuli in *Mimosa pudica*. New Phytologist **26**, 148—170 (1927).

Batalin, A.: Mechanik der Bewegungen der insektenfressenden Pflanzen. 2. Die Fliegenfalle. Flora (Jena), N. F. **35**, 105, 129, 145 (1877).

Bernstein, J.: Elektrobiologie (Sammlung die Wissenschaft 44). Braunschweig 1912.

Blackman, H. V. and S. G. Paine: Studies in the permeability of the pulvinus of *Mimosa pudica*. Ann. of Bot. **32**, 69—85 (1918).

Blinks, L. R., E. S. Harris and W. J. V. Osterhout: Studies on Stimulation in *Nitella*. Proc. Soc. exper. Biol. a. Med. **26**, 836—838 (1929).

Borzí, A.: L'apparato di moto delle Sensitive. Riv. Sci. Biol. **4** (1899).

— e G. Catalano: (1) La Dottrina dei Moti delle Sensitive. Reale Accad. Lincei, V. s. **11**, No 3 (1915).

— — (2) Ricerche e note critiche sull'apparato di moto delle Sensitive. Boll. R. Orto Bot. Palmero **1**, fasc. 2° (1915).

Bose, J. Ch.: (1) Comparative electro-physiology. New York, Bombay and Calcutta 1917.

— (2) Researches on the irritability of plants. New York, Bombay and Calcutta 1913.

— (3) The nervous mechanism of plants. London, New York, Toronto, Bombay, Calcutta and Madras 1926.

— (4) The motor mechanism of plants. London, New York, Toronto 1928.

Brücke, E. Th.: Vergleichende Physiologie des Erregungsvorgangs. Erg. Biol. **6**, 327—425 (1930).

Buchanan, F.: Electrical response to excitation in *Desmodium gyrans*. J. of Physiol. **33**, VIII—X (1905/06).

BÜNNING, E.: (1) Untersuchungen über die Seismoreaktionen von Staubgefäßen und Narben. Z. Bot. **21**, 465—536 (1929).
— (2) Die Reizbewegungen der Staubblätter von *Sparmannia africana*. Protoplasma (Berl.) **11**, 49—84 (1930).
— (3) Über die Erregungsvorgänge bei seismonastischen Bewegungen. Planta (Berl.) **12**, 545—574 (1930).
— (4) Weitere Untersuchungen über die Erregungsvorgänge bei seismonastischen Bewegungen. Flora (Jena), N. F. **27**, 119—139 (1933).
— (5) Refraktärstadium, Ermüdung und Narkose bei der Seismonastie. Planta (Berl.) **21**, 324—352 (1933).
— (6) Elektrische Potentialänderungen an seismonastisch gereizten Staubfäden. Planta (Berl.) **22**, 251—268 (1934).
— (7) Sauerstoffbedarf und Wärmebildung seismonastisch reizbarer Organe. Planta (Berl.) **23**, 225—239 (1934).
— (8) Über den Restitutionsvorgang bei der seismischen Erregung. Flora (Jena), N. F. **29**, 416—422 (1935).
— (9) Die Entstehung der Variationsbewegungen bei den Pflanzen. Erg. Biol. **13**, 235—347 (1936).
— (10) Über den Erregungsvorgang bei der phototropischen Reizung von *Phaseolus*-Gelenken. Jb. Bot. **84**, 335—357 (1937).
BURDON-SANDERSON, J.: (1) Note on the Electrical Phenomena which accompany irritation of the leaf of *Dionaea muscipula*. Proc. roy. Soc. Lond. **21**, 495—496 (1872/73).
— (2) Über elektrische Vorgänge im Blatte der *Dionaea muscipula*. Zbl. med. Wiss. **1873**, Nr 53, 833—835.
— (3) Die elektrischen Erscheinungen am *Dionaea*-Blatt. Biol. Zbl. **2**, 481—500 (1882/83); **9**, 1—14 (1889).
— (4) On the electromotive porpoerties of the leaf of *Dionaea* in the exited and unexited states. Philos. Trans. roy. Soc. Lond. B **179**, 417—449 (1888).
BURDON-SANDERSON, J. and F. J. M. PAGE: On the Mechanical Effects and on the Electrical Disturbance consequent on Excitation of the Leaf of *Dionaea muscipula*. Proc. roy. Soc. Lond. **25**, 411—434 (1876/77).
BUSCALIONI, L. e G. MUSCATELLO: Sopra un nuovo processo di tecnica istologica. Malpighia, Decuria 2, Note 6, p. 1—24. 1912.
DU BUY, H. G. u. E. NUERNBERGK: Phototropismus und Wachstum der Pflanzen. Erg. Biol. **9**, 358—544; **10**, 207—322; **12**, 325—543 (1932—35).
CHOLODNY, N.: Wuchshormone und Tropismen bei den Pflanzen. Biol. Zbl. **47**, 604—626 (1927).
COLLA, S.: Die kontraktile Zelle der Pflanzen. Protoplasma-Monographie 10. Berlin 1937.
DARWIN, CH.: Insectivorous Plants. London 1875.
— u. FR. DARWIN: Das Bewegungsvermögen der Pflanzen. Übersetzt von CARUS. Stuttgart 1881.
DIJKMANN, M. J.: The movements of the filaments of *Sparmannia africana*. Proc. Akad. Wetensch. Amsterd. **34**, 1051 (1931).
DRAWERT, H.: Untersuchungen über den Erregungs- und den Erholungsvorgang in pflanzlichen Geweben nach elektrischer und mechanischer Reizung. Planta (Berl.) **26**, 391—419 (1937).
FITTING, H.: (1) Die Reizleitungsvorgänge bei den Pflanzen. Erg. Physiol. **4**, 684—763 (1905); **5**, 155—249 (1906).
— (2) Untersuchungen über endogene Chemonastie bei *Mimosa pudica*. Jb. Bot. **72**, 700—775 (1930).
— (3) Untersuchungen über die Empfindlichkeit und das Unterscheidungsvermögen der *Vallisneria*-Protoplasten für verschiedene α-Aminosäuren. Jb. Bot. **77**, 1—103 (1932).

Fitting, H.: (4) Untersuchungen über den Plasmaströmung auslösenden Reizstoff in den Blattextrakten von *Vallisneria*. Jb. Bot. **78**, 319—398 (1933).
— (5) Über Auslösung von Protoplasmaströmung bei *Vallisneria* durch einige Histidinverbindungen. Jb. Bot. **82**, 613—624 (1936).
Goebel, K. v.: Die Entfaltungsbewegungen der Pflanzen und deren teleologische Deutung. Ergänzungsband zur Organographie der Pflanzen. 2. Aufl. Jena 1924.
Haberlandt, G.: (1) Das reizleitende Gewebesystem der Sinnpflanze. Leipzig 1890.
— (2) Über die Reizbewegungen und die Reizfortpflanzung bei *Biophytum sensitivum* DC. Ann. Jard. bot. Buitenzorg. **2**, Suppl., 33—38 (1898).
— (3) Die Lichtsinnesorgane der Laubblätter. Leipzig 1905.
— (4) Sinnesorgane im Pflanzenreich zur Perzeption mechanischer Reize, 2. Aufl. Leipzig 1906.
— (5) Ein experimenteller Beweis für die Bedeutung der papillösen Laubblattepidermis als Lichtsinnesorgan. Ber. dtsch. bot. Ges. **24**, 361—366 (1906).
— (6) Zur Physiologie der Lichtsinnesorgane der Laubblätter. Jb. Bot. **46**, 377—417 (1909).
— (7) Blattepidermis und Lichtperzeption. Sitzgsber. preuß. Akad. Wiss., Physik.-math. Kl. **1916**, 672—687.
— (8) Zur Physiologie der Zellteilung. Dass. 2. Mitt. Dass. 6. Mitt. Über Auslösung von Zellteilungen durch Wundhormone. Sitzgsber. preuß. Akad. Wiss., Physik.-math. Kl. **1913**, 318—345; **1914**, 1096—1111; **1921**, 221—234.
— (9) Wundhormone als Erreger von Zellteilungen. Beitr. allg. Bot. **2**, 1—53 (1921).
— (10) Physiologische Pflanzenanatomie, 6. Aufl. Leipzig 1924.
Herbert, D. A.: (1) Anaesthesia in Plants. Philippine Agriculturist **11**, 141 bis 158 (1922).
— (2) Movement of *Mimosa Pudica* as affected by Anaesthetics and Other Substances. Proc. roy. Soc. Queensland **37**, 121—147 (1925).
Houwink, A. L.: The conduction of Excitation in *Mimosa pudica*. Rec. Trav. bot. néerl. **32**, 51—91 (1935).
Ishimoda, F. and K. Mori: Studies on *Mimosa pudica* from the standpoint of "Reizphysiologie" I. Jap. J. med. Sci. Trans., Biophysics **2**, 252, 253 (1933).
Kôketsu, R.: Über die Wirkung der elektrischen Reizung an den pflanzlichen Zellgebilden. J. Dep. Agricult. Kyushu Imp. Univ. **1**, 1—133 (1923).
Kretzschmar, P.: Über Entstehung und Ausbreitung der Plasmaströmung infolge von Wundreiz. Jb. Bot. **39**, 273—304 (1904).
Laibach, F.: Über den Einfluß des Lichtes auf das Reaktionsvermögen der Pflanzen gegenüber Wuchsstoff. Jb. Bot. **83**, 324—339 (1936).
Linsbauer, K.: (1) Zur Kenntnis der Reizbarkeit der *Centaurea*-Filamente. Sitzgsber. Akad. Wiss. Wien, Math.-naturwiss. Kl. I **114**, 1—14 (1905).
— (2) Über Reizleitungsgeschwindigkeit und Latenzzeit bei *Mimosa pudica*. Wiesner-Festschrift, S. 396—411. 1908.
— (3) Zur Kenntnis der Reizleitungsbahnen bei *Mimosa pudica*. Ber. dtsch. bot. Ges. **32**, 609—621 (1914).
— (4) Über die Interferenz von Stoßreizen und über Ermüdungserscheinungen an Blattgelenken von *Mimosa pudica*. Jb. Bot. **62**, 283—327 (1923).
MacDugal, D. F.: The mechanism of movement and transmission of impulses in *Mimosa* and other "sensitive" plants. Bot. Gaz. **22**, 293—300 (1896).

MAGNUS, R.: Versuche am überlebenden Dünndarm von Säugetieren. IV. Mitt. Rhythmizität und refraktäre Periode. Pflügers Arch. **103**, 525—540 (1904).
MARSH, G.: The effect of mechanical stimulation on the inherent E. M. F. of polar tissues. Protoplasma (Berl.) **11**, 497—520 (1930).
MONTEMARTINI, L.: Sulla transmissione degli stimoli nelle foglie e in modo particolare nelle foglie delle leguminose. Atti Ist. Bot. Univ. Pavia, II. s. **13**, 177—193 (1907).
MUNK, H.: Die elektrischen und Bewegungs-Erscheinungen am Blatte von *Dionaea muscipula*. Arch. Anat., Physiol. u. wiss. Med. **1876**, 30—122, 167—203.
OMURA, S. u. M. OKUYAMA: Über die Reizleitung an *Mimosa pudica*. Okayama-Igakkai-Zasshi (jap.) **44**, 2605—2629, deutsche Zusammenfassung S. 2605, 2606 (1932).
OUDMAN, J.: Nährstoffaufnahme und -transport durch die Blätter von *Drosera capensis* L. Proc. roy. Acad. Amsterd. **38**, 650—662 (1935).
PFEFFER, W.: Beiträge zur Kenntnis der Entstehung der Schlafbewegungen. Abh. math.-physik. Kl. sächs. Ges. Wiss. Leipzig **34**, 3—154 (1915).
RAYDT, G.: Über die Bewegungen euphotometrischer Blätter. Jb. Bot. **64**, 731—769 (1925).
RICCA, U.: (1) Solutione di un problema di fisiologia. La propagazione di stimolo nella *Mimosa*. Nuovo Giorn. Bot. ital., N. s. **23**, 51 (1916).
— (2) Solution d'un problème de physiologie. La propagation de stimulus dans la Sensitive. Arch. ital. Biol. (Pisa) **65**, 219—232 (1916).
— (3) A vent'anni dalla mia memoria sulla propagazione dello stimolo nelle Mimose. Nuovo Giorn. Bot. ital., N. s. **43**, 475—550 (1936).
ROSENE, H. F.: Proof of the principle of summation of cell E. M. F.'s. Plant Physiol. **10**, 209—224 (1935).
SEEFRIED, F.: Über die Lichtsinnesorgane einheimischer Schattenpflanzen. Sitzgsber. Akad. Wiss. Wien., Math.-naturwiss. Kl. I **116**, 1311—1357 (1907).
SNOW, R.: (1) Conduction of Excitation in Stem and Leaf of *Mimosa pudica*. Proc. roy. Soc. Lond. B **96**, 349—374 (1924).
— (2) Conduction of Excitation in the Leaf of *Mimosa Spegazzinii*. Proc. roy. Soc. Lond. B **98**, 188—201 (1925).
— (3) Activation of Cambial Growth by Pure Hormones. New Phytologist **34**, 347—360 (1935).
SOLTYS, A. u. K. UMRATH: Über die Erregungssubstanz der Mimosoideen. Biochem. Z. **284**, 247—255 (1936).
STARK, P.: Das Reizleitungsproblem bei den Pflanzen im Lichte neuerer Erfahrungen. Erg. Biol. **2**, 1—94 (1927).
SUOLAHTI, O.: Über den Einfluß des elektrischen Stromes auf die Plasmapermeabilität pflanzlicher Zellen. Protoplasma (Berl.) **27**, 496—501 (1937).
UMRATH, K.: (1) Zur Theorie der elektrischen Erregung. Biol. generalis (Wien) **1**, 396—481 (1925).
— (2) Über die Erregungsleitung im Blatte von *Mimosa pudica*. Sitzgsber. Akad. Wiss. Wien., Math.-naturwiss. Kl. I **134**, 21—44 (1925).
— (3) Über die Erregungsleitung bei Mimosen. Sitzgsber. Akad. Wiss. Wien, Math.-naturwiss. Kl. I **134**, 189—208 (1925).
— (4) Über die Erregungssubstanz der Mimosoideen. Planta (Berl.) **4**, 812—817 (1927).
— (5) Über die Erregungsleitung bei sensitiven Pflanzen mit Bemerkungen zur Theorie der Erregungsleitung und der elektrischen Erregbarkeit im allgemeinen. Planta (Berl.) **5**, 274—324 (1928).

UMRATH, K.: (6) Über Refraktärstadien. Z. Biol. **87**, 85—96 (1928).
— (7) Über die Erregungsleitung bei höheren Pflanzen. Planta (Berl.) **7**, 174—207 (1929).
— (8) Über Erregungsleitung bei Keimlingen und jungen Pflanzen. Jb. Bot. **73**, 759—769 (1930).
— (9) Über Erregungssubstanzen. Jb. Bot. **73**, 705—719 (1930).
— (10) Erregungssubstanz und Wuchsform bei *Mimosa pudica*. Jb. Bot. **75**, 609—621 (1931).
— (11) Der Übergang der Blätter in Schlafstellung. Planta (Berl.) **13**, 169—192 (1931).
— (12) Die Bildung von Plasmalemma (Plasmahaut) bei *Nitella mucronata*. Protoplasma (Berl.) **16**, 173—188 (1932).
— (13) Der Erregungsvorgang bei *Nitella mucronata*. Protoplasma (Berl.) **17**, 258—300 (1932).
— (14) Über den Erregungsvorgang bei *Spirogyra* und *Vaucheria* und über Potentialmessungen an Pflanzenzellen. Protoplasma (Berl.) **22**, 193—202 (1934).
— (15) Über die elektrischen Erscheinungen bei thigmischer Reizung der Ranken von *Cucumis melo*. Planta (Berl.) **23**, 47—50 (1934).
— (16) Über eine weitere Form der Erregungsleitung im primären Blattstiel von *Mimosa pudica* mit Bemerkungen über die Art der Erregungsleitung bei höheren Pflanzen. Jb. Bot. **81**, 574—578 (1935).
— (17) Über Refraktärstadien bei höheren Pflanzen. Jb. Bot. **81**, 448 bis 463 (1935).
— (18) Über den Erregbarkeitsverlust von *Nitella* in alkalischer Lösung. Protoplasma (Berl.) **24**, 101—107 (1935).
— (19) Über die ökologische Bedeutung der Reizbewegungen sensitiver Pflanzen. Mitt. naturwiss. Ver. Steiermark **71**, 117—122 (1934).
— (20) Über den Erregungsvorgang und sonstige reizbedingte Veränderungen in der Oberepidermis der Zwiebelschuppen von *Allium cepa*. Protoplasma (Berl.) **28** (1937).
— u. A. SOLTYS: Über die Erregungssubstanz der Papilionaceen und ihre zellteilungsauslösende Wirkung. Jb. Bot. **84**, 276—289 (1937).
WALLACE, R. H.: Studies on the sensitivity of *Mimosa pudica*. I. The effect of certain animal anesthetics upon sleep movements. II. The effect of animal anesthetics and certain other compounds upon seismic sensitivity. III. The effect of temperature, humidity and certain other factors upon seismic sensitivity. Amer. J. Bot. **18**, 102—111, 215—235, 288—307 (1931).
WEBER, F.: Vakuolenkontraktion der Borraginaceen-Blütenzellen als Synärese. Protoplasma (Berl.) **22**, 4—16 (1934).
WEIMANN, R.: Untersuchungen über den Traumatotropismus der *Avena*-Koleoptile. Jb. Bot. **71**, 269—323 (1929).
WERDERMANN, E.: Können transversal-phototropische Laubblätter nach Zerstörung ihrer oberen Epidermis die Lichtrichtung perzipieren? Beitr. allg. Bot. **2**, 248 (1922).
ZELTNER, H.: Über Elektronastie und andere Reizbewegungen der Ranken. Z. Bot. **25**, 97—172 (1932).

Inkretorische Organe und Hormonfunktionen bei den Wirbellosen.

Von **BERTIL HANSTRÖM**, Lund.

Mit 35 Abbildungen.

Inhaltsübersicht.

Einleitung.

Über Wirkungen von Wirbeltierhormonen auf Wirbellose und umgekehrt.

Noch so spät wie 1933 schreibt PUGLIESE, daß noch keine einwandfreie innere Sekretion bei den Evertebraten gefunden wäre und auch keine Wirkung von Wirbeltierhormonen auf Wirbellose, weshalb der Verfasser vermutet, daß die Evertebraten die Hormone mit pflanzlicher Nahrung aufnähmen. Es ist auch korrekt, daß man in manchen Fällen bei Versuchen mit Vertebrathormonen auf Wirbellose negative Ergebnisse erhalten hat, von welchen ich aus den letzten Jahren die folgenden Beispiele mitteile (vgl. UVAROV 1928 und KOLLER 1929!): *Verfütterung von Thyreoidea* auf Entwicklung von *Drosophila*, keine Wirkung (RESNICENKO 1927); Entwicklung und Größe von *Drosophila*, keine Wirkung (DOBKIEWIECZ 1928); Entwicklung und Wachstum von *Lymantria dispar*, keine Wirkung (FLEISCHMANN 1929); Entwicklung von *Vanessa io* und *Tenebrio molitor*, keine Wirkung (HAHN 1929); Wachstum, Metamorphose und Artcharaktere von *Anthrenus muscorum* und *Dixippus morosus* während dreijähriger Versuche, keine Wirkung (JANDA 1930), und schließlich *Thyroxin* auf Entwicklung von *Drosophila*, keine Wirkung (KOLLER 1932).

Die Versuche mit einer Verfütterung von Insektenlarven mit Thyreoidea haben also in den allermeisten Fällen ein negatives Ergebnis ergeben, wenn auch BRANNON (1934) bei *Lucilia serrata* unter gleichartigen Versuchsbedingungen einen beschleunigenden Einfluß auf die Metamorphose erzielte und ZAVREL (1930/31) bei Verfütterung von sowohl Thyreoidea als Thymus bei Chironomidenlarven einen positiven Einfluß auf Entwicklung und Wachstum beobachtete. ZAVREL hält aber die beobachtete Wirkung für unspezifisch, weil sie sowohl mit Thyreoidea- als mit Thymusextrakten erhalten wurde. Ganz anders waren die Wirkungen der untersuchten verschiedenen Hormonpräparate auf *Paracentrotus*-Eier, wobei sämtliche die Entwicklung hemmten (dieselbe verzögernde Wirkung von Thyroxin auf die Teilungen befruchteter Eier von *Arbacia* wurde von BUTLER 1928 und eine ähnliche Hemmung jüngerer Entwicklungsstadien von *Paracentrotus lividus* von HYKES 1931 gefunden); die Hemmung war aber in den Versuchen von ZAVREL (1929) quantitativ verschieden. Die Wirkung von Thymus und Hypophysenvorderlappen war am stärksten, von Thyreoidea und Thyroxin geringer. ZAVREL meint deshalb, daß unter den wirbellosen Tieren nur das Plasma der mit den Vertebraten verwandten *Deuterostomia* fähig ist, spezifisch auf die Hormone der Wirbeltiere zu reagieren. Eine gewisse Stütze könnte diese Anschauung vielleicht dadurch erhalten, daß WEISS (1930) die Metamorphose der Larven von *Ciona intestinalis* durch Schilddrüsensubstanz beschleunigen konnte; in diesem Zusammenhang ist es von Interesse, daß die Ascidien nicht nur das Homologon der Schilddrüse in dem Endostyl, sondern auch das Homologon der Hypophyse in der sog. Neuraldrüse besitzen, die nach BUTCHER (1929/30) und BACQ-FLORKIN (1935) nicht nur vergleichend-anatomisch mit der Hypophyse identifiziert, sondern auch hormonphysiologisch mit dem hinteren Hypophysenlappen verglichen werden kann.

WASICKY-BRANDNER-HAUKE (1933) haben neuerdings gezeigt, daß tierische Hormone, wie Ovarialhormone, Testishormon, Extrakte des Vorderlappens der Hypophyse und im allgemeinen auch die Thyreoidea und das Thyroxin, unzweifelhaft das Aufblühen der Pflanzen beschleunigen [1]. Obgleich die genannten Autoren warnen, in dieser Tatsache eine spezifische Hormonalreaktion der untersuchten Stoffe bei den Pflanzen zu sehen, und obgleich die Warnung natürlich zuweilen auch bei positiven Versuchsergebnissen mit Wirbeltierhormonen an wirbellosen Tieren berechtigt ist, so häufen sich doch neue Untersuchungen, die zeigen, wie Wirbeltierhormone unzweifelhaft auf Wirbellose verschiedener Gruppen (nicht nur auf Deuterostomen) wirken können. Solche sind 1. *Thyroxin:* Steigerung des Gasstoffwechsels bei Puppen von *Vanessa io, V. atalanta* und *Papilio podalirius* (ROMEIS-WÜST 1929, 1932), ebenfalls erhöhte Intensität des Gasstoffwechsels bei Odonatenlarven (KOCIAN 1931); *Thyreoidea (Verfütterung):* Förderung des Wachstums der Larven von *Dermestes* (DOBKIEWIECZ 1928); 2. *Hypophyse (Verfütterung):* Förderung der Größe des Falters von *Deilephila euphorbiae* (ABDERHALDEN 1919; aber verzögernd auf Wachstum und Metamorphose bei Larven von *Bombyx mori* nach THOMPSON 1929); *Hypophyse (Injektion des Hinterlappenhormones):* Reifung der Ovarien von *Blatta* (IWANOFF-MESTSCHERSKAJA 1935); 3. *Nebennierenrinde (Verfütterung):* stark fördernd auf Wachstum, Fortpflanzung und Widerstandskraft bei *Daphnia* und *Limnaea* (VAN HERWERDEN 1923) und erhöhte Fruchtbarkeit, Vergrößerung der Larvenformen und geringere Sterblichkeit bei *Artemia salina* (CIABETTI-FLORIS 1930); 4. *Adrenalin:* Beschleunigung der Kontraktion der pulsierenden Elemente des Blutgefäßsystems der Anneliden (GASKELL 1920, vgl. S. 146 und 222), Expansion der Chromatophoren, Erweiterung der Pupille, Steigerung der motorischen Tätigkeit bei Cephalopoden (SERENI 1928); Frequenzsteigerung und verstärkte Kontraktion des Herzens bei den Mollusken *Pterotrachea mutica* und *Physa fontinalis* (HYKES 1929); Beschleunigung der Herzschläge und Erhöhung des Muskeltonus bei decapoden Crustaceen, nämlich *Maia, Cancer* und *Carcinus* (BAIN 1929); fördernde Wirkung der Schläge bei herausgeschnittenen Herzen von *Helix* (HABERLANDT 1930); positiv chronotrope

[1] Auch bei den Wirbellosen gibt es Beispiele von ähnlichen Wirkungen, indem KROPP-CROZIER (1934) und NAVEZ-KROPP (1934) in Extrakten von Augenstielen von Crustaceen *(Palaemonetes vulgaris)* Stoffe gefunden haben, die den Zuwachs von dekapitierten Koleoptilspitzen von *Avena* beschleunigen, aber den Zuwachs dekapitierter Wurzeln von *Lupinus* verlangsamen, ganz wie die Auxine der Pflanzen.

Wirkung auf das Herz von *Chironomus* (Hykes 1932) und schließlich Erhöhung des Muskeltonus und der Anzahl der Kontraktionen bei verschiedenen, automatisch beweglichen isolierten Organen von *Loligo pealii* (Bacq 1934) und des Herzens von *Sepia officinalis* (Kruta 1935). Endlich hat Haberlandt (1930) gezeigt, 5. daß ein aus Rinderherz hergestelltes Hormonpräparat auf das ruhende isolierte Herz von *Helix* und *Aplysia* genau so pulsbeschleunigend und verstärkend wirkt wie auf ein Wirbeltierherz (vgl. S. 178); Parhon-Derevici (1932) fanden, 6. daß die Kalkkonkremente im Magen von *Astacus fluviatilis* nach Injektionen von Parathormon aus der Parathyreoidea zwar leichter wurden, aber relativ mehr Ca enthielten; und 7. expandiert das Intermedin der Hypophyse die Melanophoren der Crustaceen *Crangon* (Böttger 1935) und *Uca* (Abramowitz 1936) gleich wie die der Vertebraten (vgl. auch Hanström 1937!).

Umgekehrt gibt es auch jetzt wirklich einige, zwar noch nicht zahlreiche Beispiele von Wirkungen von Wirbellosenhormonen auf Wirbeltiere (oder wenigstens hormonähnlichen Wirkungen von Wirbellosenstoffen), von denen hier die folgenden, die zum großen Teil die Sexualorgane betreffen, erwähnt werden. Auf diesem Gebiet zeigten Biedl (1912) und Gaskell (1920), daß in den Bauchganglien von *Hirudo medicinalis* eine Substanz, nach Biedl sogar Adrenalin selbst, vorhanden sei, das jedenfalls dieselben physiologischen Eigenschaften wie das Adrenalin der Vertebraten hat (vgl. S. 222); Steidle (1930) fand, daß Extrakte aus Band-, Spul- und Regenwürmern, Bienen, Spinnen, Skorpionen, *Aplysia*, Cephalopoden und Gonadenzellen von Seeigeln nach Injektion zu Brunst bei Säugetieren führten, Schwerdtfeger (1931), daß wässerige Auszüge aus *Actinia equina*, Drüsen und Stachel der Hornisse und alkoholische Auszüge aus Spinnen oestruswirksame Stoffe an kastrierten weiblichen Mäusen enthalten, Stefani (1931), daß in Raupen und Puppen von *Bombyx mori* Stoffe vorhanden sind, die morphogenetisch auf das Corpus luteum gravidum der Säuger einwirken und Bauer (1932), daß sogar Alkoholextrakte von Einzelligen *(Colpoda steini)* bei kastrierten weiblichen Mäusen Vollbrunst hervorrufen. Gleich wie das Intermedin der Hypophyse auf die Chromatophoren der Crustaceen einwirken kann, ist es auch schließlich gelungen, die Melanophoren von Fischen *(Mustelus, Ameiurus nebulosus)*, Amphibien *(Rana pipiens)* und Reptilien *(Anolis carolinensis)* und auch die Erytrophoren von Fischen *(Chrosomus erythrogaster)* mit Augenstielextrakten von Crustaceen *(Palaemonetes vulgaris)* zu expandieren (Abramowitz 1936), welche Extrakte das Farbwechselhormon der Crustaceen enthalten.

Die hier gegebene Zusammenstellung zeigt, daß es schon in mehreren Fällen gelungen ist, Wirbeltierhormone auf Wirbellose mit positivem Ergebnis und in einzelnen Fällen auch Hormone von Evertebraten auf Vertebraten erfolgreich zu applizieren. Dabei ist sicherlich die gleichartige Wirkung des Adrenalins bei verschiedenen, nicht näher verwandten Tiergruppen und die Ähnlichkeit in der Wirkung des Intermedins der Vertebraten und des Farbwechselhormons der Crustaceen von besonderer Bedeutung. Zweifellos wird es mit der Zeit möglich sein, zwar innerhalb gewisser Grenzen, aber sehr viel öfter als jetzt der Fall ist, Hormone erfolgreich zwischen verschiedenen Stämmen des Tierreichs auszutauschen; es scheint auch kein allzu kühner Traum zu sein, daß Hormone der Wirbellosen, die nur noch in ihren physiologischen Wirkungen mangelhaft bekannt sind, einmal für wichtige experimentell-physiologische, vielleicht sogar pharmakologische Zwecke bei den Vertebraten, inklusive *Homo*, verwertet werden können.

Literatur.

ABDERHALDEN: Weitere Studien über die von einzelnen Organen hervorgebrachten Substanzen mit spezifischer Wirkung. II. Mitt. Pflügers Arch. **176** (1919).

ABRAMOWITZ: (1) Action of Crustacean Eye-Stalk Extract on Melanophores of Hypophysectomized Fishes, Amphibians, and Reptiles. Proc. Soc. exper. Biol. a. Med. **34** (1936).

— (2) The Action of Intermedin on Crustacean Melanophores and of the Crustacean Hormone on Elasmobranch Melanophores. Proc. nat. Acad. Sci. U.S.A. **22** (1936).

BACQ: Réactions de divers tissus isolés du Calmar *(Loligo pealii)* à l'adrénaline, à l'acetylcholine, à l'ergotamine. C. r. Soc. Biol. Paris **115** (1934).

BACQ-FLORKIN: Mise en évidence, dans le complexe »ganglion nerveux-glande neurale« d'une ascidie *(Ciona intestinalis)*, de principes pharmacologiquement analogues à ceux du lobe postérieur de l'hypophyse des Vertébrés. Arch. int. Physiol. Liège-Paris **40** (1935).

BAIN: The Action of Adrenaline and of certain drugs upon the isolated Crustacean Heart. Quart. J. exper. Physiol. **19** (1929).

BANTA: Control of sex in Cladocera. Proc. nat. Acad. Sci. U.S.A. **15** (1929).

BAUER: (1) Die Wirkung von Histamin und Adrenalin auf Protozoen und Leukozyten. Verh. dtsch. zool. Ges. **1926**.

— (2) Über weibliche Sexualhormone bei einzelligen Tieren. Arch. f. exper. Path. **163** (1932).

BIEDL: Über das Adrenalgewebe bei Wirbellosen. Verh. 8. internat. Zool.-Kongr. Graz **1910** (1912).

BÖTTGER: Über einen neuen Intermedintest und die Intermedinreaktion der Elritze. Z. vergl. Physiol. **21** (1935).

BRANNON: Observations on the Blow-Fly *Lucilia serrata* MEIG. J. of Parasitol. **20** (1934).

BRAY: A proposito di effetti di ormoni di Vertebrati su Invertebrati. Atti Soc. Cul. Sci. Med. Nat. Cagliari, N. s. VIII **35** (1933).

BUTCHER: (1) The Pituitary Gland of the Ascidians. Anat. Rec. **44** (1929/30).

— (2) The Pituitary in the Ascidians *(Molgula manhattensis)*. J. of exper. Zool. **57** (1930).

BUTLER: The thyroid and the rate of cell division. Proc. Soc. exper. Biol. a. Med. **26** (1928).

CIABETTI-FLORIS: Influenza die vari estratti endocrini, e in particolare di corteccia surrenale, sull'*Artemia salina*. Scritti biol. **5** (1930).

DOBKIEWIECZ: (1) Der Einfluß der Schilddrüsenfütterung auf Entwicklung, Wachstum und Fortpflanzung der Taufliege *(Drosophila melanogaster)*. Arch. Entw.mechan. **113** (1928).

Dobkiewiecz: (2) Der Einfluß der Schilddrüsenfütterung auf Entwicklung, Wachstum und Fortpflanzung des Speckkäfers (*Dermestes Frischii* Kg.). Arch. Entw.mechan. **114** (1928).
Fleischmann: Zur Frage der Beeinflussung Wirbelloser durch Wirbeltierinkrete. Pflügers Arch. **221** (1929).
Fox-Smith: Growth stimulation of Blow-Fly larvae fed on fatigued Frog muscle. J. of exper. Biol. **10** (1933).
Gaskell: Adrenalin in Annelids. J. gen. Physiol. **2** (1920).
Haberlandt: Über ein Hormon der Herzbewegung. Versuche an Wirbellosen. Pflügers Arch. **225** (1930).
Hahn: Über den Einfluß von Schilddrüsenfütterung auf die Metamorphose von *Vanessa io* und *Tenebrio molitor*. Arch. Entw.mechan. **115** (1929).
Hanström: Vermischte Beobachtungen über die pigmentaktivierenden Substanzen der Augenstiele der Crustaceen und des Kopfes der Insekten. Kgl. Fysiogr. Sällsk. Handl., Lund **47** (1937).
Herwerden, van: (1) Der Einfluß der Nebennierenrinde des Rindes auf Gesundheit und Wachstum verschiedener Organismen. Biol. Zbl. **42** (1923).
— (2) Der Einfluß der Nebennierenrinde auf das Wachstum und die Fruchtbarkeit von *Daphnia pulex*. Arch. mikrosk. Anat. **98** (1923).
— (3) Der Einfluß von kleinen Quantitäten Nebennierenrinde des Rindes auf das Wachstum der Süßwasserschnecke *Limnaea*. Arch. mikrosk. Anat. **98** (1923).
Huxley: Chemical regulation and the hormone concept. Biol. Rev. Cambridge philos. Soc. **10** (1935).
Hykes: (1) Adrenalin und das Weichtierherz. Biol. Listy (tschech.) **14** (1929).
— (2) Influence de la thyroxine sur le développement des Oursins. C. r. Soc. Biol. Paris **106** (1931).
Iwanoff-Mestscherskaja: Die physiologischen Besonderheiten der geschlechtlich unreifen Insektenovarien. Zool. Jb., Abt. allg. Zool. **55** (1935).
Janda: Über den Einfluß der Schilddrüsenfütterung auf das Wachstum, Metamorphose und Artcharaktere von *Anthrenus muscorum* und *Dixippus morosus*. Acta Soc. ent. Cechoslov. **1930**.
Kocian: Thyroxin und Atmung. Zool. Jb., Abt. Physiol. **50** (1931).
Koller: (1) Die innere Sekretion bei wirbellosen Tieren. Biol. Rev. Cambridge philos. Soc. **4** (1929).
— (2) Der Einfluß chemisch reinen Thyroxins auf die Entwicklung von *Drosophila melanogaster*. Arch. Entw.mechan. **125** (1932).
Kropp-Crozier: The production of the crustacean chromatophore activator. Proc. nat. Acad. Sci. U.S.A. **20** (1934).
Kruta: Sur l'action, de l'adrenaline, de l'ergotamine et du pipéridinométhylbénzodioxane sur le cœur de la Seiche. C. r. Soc. Biol. Paris **119** (1935).
Lerma: Organi e fenomeni incretori negli Invertebrati. Riv. Fis. mat. Sci. nat. **8** (1934).
Navez-Kropp: The growth-promoting action of crustacean eye-stalk extract. Biol. Bull. Mar. biol. Labor. Wood's Hole **67** (1934).
Parhon-Derevici: L'hormone parathyroidi enne agit-elle chez les Invertébrés? C. r. Soc. Biol. Paris **110** (1932).
Patterson: Growth and development of Flesh Flies as influenced by the feeding of hypophysis (pituitary gland). Arch. Entw.mechan. **113** (1928).
Pugliese: Enzimi, ormoni, vitamine. Scientia (Milano) **53** (1933).
Resnicenko: Zur Frage der spezifischen Wirkung der Schilddrüse und Ca- und K-Ionen auf die Entwicklung von *Drosophila melanogaster*. Trudy Labor. èksper. Biol. moskov. Zooparka **3** (1927).

ROMEIS-DOBKIEWIECZ: (1) Experimentelle Untersuchungen über die Wirkung von Wirbeltierhormonen auf Wirbellose. I. Arch. Entw.mechan. **47** (1920).
— (2) Die Wirkung von Thyroxin auf den Gasstoffwechsel von Schmetterlingspuppen. III. Arch. Entw.mechan. **125** (1932).
ROMEIS-WÜST (1): Die Wirkung von Thyroxin auf den Gasstoffwechsel von Schmetterlingspuppen. Arch. Entw.mechan. **118** (1929).
— (2) Die Wirkung von Thyroxin auf den Gasstoffwechsel von Schmetterlingspuppen. II. Arch. Entw.mechan. **125** (1932).
SCHWERDTFEGER: Beiträge zum Vorkommen und zur Wirkung der weiblichen Sexualhormone. Naunyn-Schmiedebergs Arch. **163** (1931).
STEFANI: Equivalenza e specificità degli ormoni morfogenetici. Policlinico, sez. med. **38** (1931).
SUSAETA: La influencia de extractos del tiroides y del lóbulo posterior de la hipófisis sobre los primeros estados del desarollo del Molusco *Barnea candida*. Bol. r. Soc. españ. Hist. Nat. Madrid **30** (1930).
STEIDLE: Über die Verbreitung des weiblichen Sexualhormons. Naunyn-Schmiedebergs Arch. **157** (1930).
THOMPSON: Effects of feeding Silkworms on extract of the anterior lobe of the pituitary gland. Arch. Entw.mechan. **114** (1929).
THOMSON: Evolution of hormones. Nature (Lond.) **130** (1932).
TORRY: Thyroxin as a depressant of cell division, its effect on the cleavage and early development of sea urchin and ascidian. Endocrinology **12** (1928).
UVAROV: Insect nutrition and metabolism. Trans. entol. Soc. Lond. **76** (1928).
WASICKY-BRANDNER-HAUKE: Beiträge zur Erforschung der Hormonwirkungen. Biol. generalis (Wien) **9** (1933).
WEISS: (1) Experimentelle Untersuchungen über die Metamorphose der Ascidien. I. Biol. Zbl. **48** (1928).
— (2) Metamorphosestudien an Manteltieren. Forschgn u. Fortschr. **6** (1930).
ZAVREL: (1) Note préliminaire sur l'influence de quelques glandes endocrines sur l'évolution des oeufs d'Oursins. 10. Congr. internat. Zool. 1929.
— (2) Untersuchungen über den Einfluß einiger Organextrakte auf Wachstum und Entwicklung der Chironomiden. Arch. Entw.mechan. **121** (1930).
— (3) Können Wirbeltierhormone das Wachstum und die Entwicklung der Wirbellosen beeinflussen? Arch. Zool. ital. **16** (1931).

I. Sexualhormone. Wirkungen von parasitärer und experimenteller Kastration bei den Wirbellosen.

1. Würmer.

Wie KOLLER (1929) in der ersten existierenden Zusammenstellung über die innere Sekretion der Wirbellosen hervorgehoben hat, war es das Problem der Korrelation zwischen den Keimdrüsen und den sekundären Geschlechtscharakteren, das zuerst zu der Hypothese des Vorkommens von inkretorischen Funktionen bei den Evertebraten führte. Dieses Problem hängt intim mit der Frage der Ursachen des Entstehens der Intersexe und mit den Folgen einer seit langem bekannten parasitären (z. B. durch parasitierende Rhizocephalen verursachten Kastration der Crustaceen) und später experimentell hervorgerufenen Kastration zusammen.

Bei gewissen *Nematoden* sind Intersexe so gewöhnlich (STEINER 1923, COBB-STEINER-CHRISTIE 1927, COMAS 1927, CAULLERY-COMAS 1928,

Goldschmidt 1931), daß nach Steiner keine andere Tiergruppe bekannt wäre, in der diese Erscheinung normalerweise gleich häufig sei. Dabei treten die Männchen, Weibchen und Intersexe unter sehr eigenartigen Bedingungen auf; bei *Paramermis contorta*, die in Larven von *Chironomus thummi* parasitiert, ist nämlich die weit überwiegende Anzahl der Tiere, wenn zahlreiche (mehr als 5) Individuen in demselben Wirt vorkommen, Männchen — kommt aber nur ein einziger Parasit in dem Wirt vor, war dieser in 255 von 272 Fällen ein Weibchen. Wenn die Anzahl der Parasiten in einem Wirt geringer als 5 ist, treten unter den normalen Weibchen und Männchen zahlreiche Intersexe auf (Caullery-Comas 1928). Ob in diesem Falle die Intersexualität rein phänotypisch bedingt ist und dabei auch hormonähnliche Reaktionen vorliegen, ist noch nicht entschieden.

Während in einigen Fällen von parasitärer Kastration bei *Turbellarien* und *Nemertinen* (*Leptoplana*; *Lineus obscurus*; Giard 1888) keine Veränderung der sekundären Geschlechtsmerkmale beobachtet wurde, geht trotzdem nach Vandel (1920, 1921) eine hormonale, die sekundären Geschlechtsmerkmale beeinflussende Nebenwirkung von den Gonaden der Turbellarien aus, indem nämlich nach verschiedenen operativen Eingriffen die Regeneration des Kopulationsapparates von den Testes abhängig ist. Es gibt aber unter den Würmern einen anderen, viel mehr diskutierten Fall der Geschlechtsentwicklung, der teilweise mit hormonähnlichen Reaktionen verbunden ist, nämlich das *Bonellia*-Problem (Spengel 1879; Baltzer 1914—1933; Goldschmidt 1920, 1926, 1931; Herbst 1929, 1932, 1935; Michel 1930; Glaus 1933; Nowinski 1934; Heydenreich 1935; Mutscheller 1935).

Der Unterschied zwischen den beiden Geschlechtern von *Bonellia viridis* ist bekanntlich ein gewaltiger, indem der Körper des Weibchens pflaumengroß ist und einen meterlangen Rüssel besitzt, während das Männchen ein wenige Millimeter langes Zwergmännchen ist (Abb. 1). Von den Larven, die zunächst alle gleich sind, setzen sich manche nach kurzer Zeit an den Rüssel eines Weibchens; hier bleiben sie drei Tage haften und entwickeln sich dann nach Loslassen in wenigen Tagen zu den Zwergmännchen, während die freilebenden Larven nach einiger Zeit zu Boden sinken und (meistens) zu Weibchen werden. Wenn nun einerseits die am Rüssel des Weibchens festsitzenden Larven vor dem Ende der normalen drei Tage gewaltsam losgelöst werden, entstehen Intersexe — andererseits kann die Einwirkung des Festsitzens durch Behandlung mit Rüsselextrakt oder auch Extrakten von anderen Teilen des erwachsenen Weibchens ersetzt werden. Baltzer nimmt deshalb an, daß vom Weibchen vermännlichende Stoffe an die festsitzenden Larven abgegeben werden, die ihre weitere Entwicklung bestimmen. Nun können zwar freilebende indifferente Larven sich nach Behandlung mit verschiedenen chemischen Agenzien zu Männchen entwickeln (Herbst 1928, 1929, 1932, 1935; Heydenreich 1935; Mutscheller

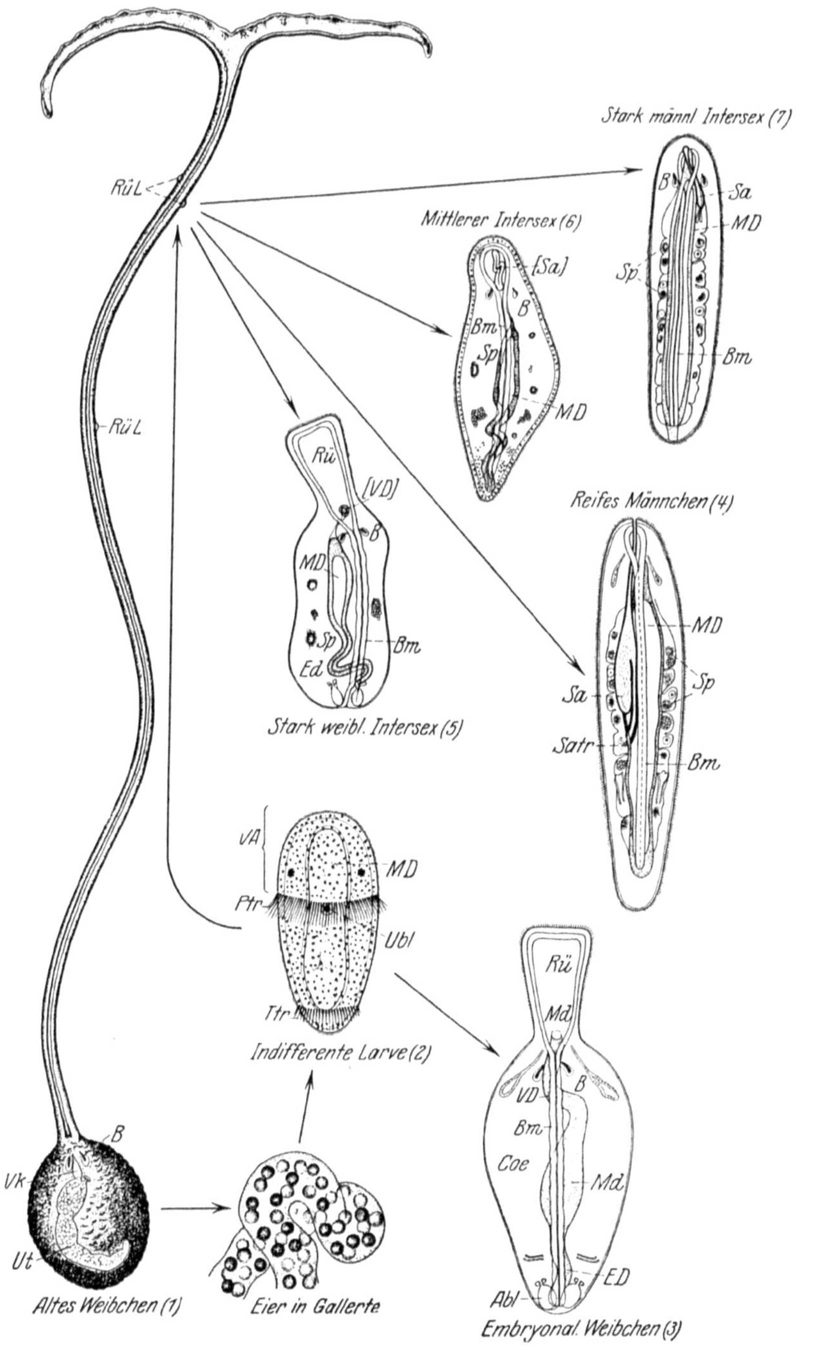

Abb. 1. Die Entwicklung von *Bonellia viridis*. *Abl* Analblasen; *B* Borsten; *Bm* Bauchmark; *Coe* Cölom; *Ed* Enddarm; *MD* Mitteldarm; *Md* Mund; *Ptr* vorderer Wimperkranz; *Rü* Rüssel; *RüL* parasitierende Rüssellarven; *Sa* Spermiensack; *Satr* Spermientrichter; *Sp* Spermatogenesestadien; *Ttr* hinterer Wimperkranz; *Ut* Uterus; *VA* vorderer Abschnitt der indifferenten Larve; *VD* Vorderdarm; *Vk* Vorkammer des Uterus. (Nach Baltzer aus Goldschmidt.)

1935); dies verhindert aber nicht (Baltzer 1932, 1933; Glaus 1933; Nowinski 1934), daß ein vom Weibchen stammender, in gewissen Hinsichten hormonähnlicher Stoff die Entwicklung der sich festsetzenden Larven bestimmt. Die Geschlechtsentwicklung kann nämlich nach Baltzer (1932) bei *Bonellia viridis* in drei oder vier verschiedenen Weisen bedingt sein: 1. eine genetisch weiblich bestimmte Entwicklung; 2. eine genetisch männlich bestimmte Entwicklung (die männlich bestimmenden Erbfaktoren sollen erheblich schwächer sein als die weiblich bestimmenden); 3. eine in Männchenrichtung durch den Rüsselparasitismus angeregte Entwicklung, da außer den männlich bestimmenden genetischen Faktoren auch die Rüsselstoffe in Männchenrichtung wirken; und 4. eine durch Umweltfaktoren angeregte männliche Entwicklung. Die von Baltzer (1932) hervorgehobenen Ähnlichkeiten in der Wirkung der Rüsselstoffe und der Hormone der Wirbeltiere erfordern aber unter allen Umständen eine Erweiterung des gewöhnlichen Hormonbegriffes, und die Schlüsse Baltzers betreffs der sog. genetisch bestimmten Spätmännchen scheinen Hartmann-Huth (1936), die mit der Geschlechtsbestimmung vor *Ophyotrocha* arbeiteten, nicht zwingend zu sein. In beiden Fällen, schreiben Hartmann-Huth, ,,handelt es sich um rein phänotypische Geschlechtsbestimmung, und zwar ist in beiden Fällen der Jugendzustand männlich bestimmend, der erwachsene weiblich bestimmend. Die Parallele geht sogar noch weiter, indem in beiden Fällen neben anderen Bedingungen von den Weibchen ausgeschiedene Stoffe in vermännlichender Richtung wirken''.

Bei den *Regenwürmern* wie bei so manchen anderen Wirbellosen kommt eine parasitäre Kastration vor, die hier offenbar auch die sekundären Geschlechtscharaktere, in diesem Falle die Entwicklung des Clitellums, beeinflußt und deshalb einen guten Beweis der Existenz von Gonadenhormonen bei den Würmern liefert. So fand Sollas (1911; vgl. auch Hessel 1909!) mehrere freilebende *Lumbricus herculeus*, die kein Clitellum hatten, während die Hoden (aber nicht die Ovarien) durch parasitierende Monocystideen zerstört waren. Dieses Verhältnis stimmt gut mit den Beobachtungen von Harms (1912) überein, der die Einwirkung der Exstirpation der Gonaden auf die Entwicklung des zyklisch als Geschlechtsorgan auftretenden Clitellums untersuchte. Das Clitellum der zwitterigen Regenwürmer steht bekanntlich im Dienste der Begattung und liefert außerdem die Kokonhüllen der Eier. Durch Exstirpation derjenigen Segmente von *Lumbricus herculeus*, die die Hoden enthalten, zeigte Harms, daß die operierten Tiere selbst nach einem Jahr kein Clitellum entwickelten, während andererseits Entfernung der Ovarien keinen Einfluß auf die Größe und Gestalt des Clitellums hatte.

Die Schlüsse von Harms wurden aber von Avel (1928) verneint, der bei *Allolobophora terrestris* und *caliginosa* die Entwicklung der Gonaden und des Clitellums studierte und jede Abhängigkeit der

Entwicklung des Clitellums von den Gonaden bestritt. Die einander widersprechenden Angaben von HARMS und AVEL werden von HEUMANN (1931) überbrückt, die feststellen konnte, daß die Oogenese keinen Einfluß auf die Clitellumbildung hatte, die sich in zwei Phasen vollzieht. Von diesen steht die erste in Beziehung zum Beginn der Spermiogenese am Anfang der Geschlechtsperiode, während die zweite, die zur Bildung des äußerlich ohne weiteres auffälligen Clitellums führt, unabhängig von der Spermiogenese ist. Nach HEUMANN könnte die erste Phase der Clitellumbildung und die Spermiogenese auf einen übergeordneten Faktor im Sinne AVELs zurückgeführt werden, während die zweite Phase durch einen hormonalen Einfluß der reifen Spermien bedingt wäre. Dies wird auch von STIEVE-BEYKIRCH (1934) bestätigt, nach welchen Autoren weder in den Hoden noch in den Samenblasen von *Lumbricus herculeus* und *terrestris* Elemente gefunden werden können, die den Zwischenzellen der Vertebraten entsprechen; die inkretorische Wirkung der Keimdrüsen muß folglich von den Samenbildungszellen selbst stammen.

2. Echinodermen und Mollusken.

Über eine mehr oder weniger ausgesprochene Verkümmerung der Gonaden bei *Echinodermen* bei Anwesenheit von Parasiten berichten u. a. FEWKES (1888), GIARD (1888), FISHER (1911—1930) und BRATTSTRÖM (1936). Wenn die in *Echinocardium cordatum* parasitierenden Exemplare der neuentdeckten Ascothoracide *Ulophysema öresundense* groß sind, verkümmern nach BRATTSTRÖM alle oder einige der Gonaden des Wirtes. Trotzdem, daß die Mehrzahl der Echinodermen und auch *Echinocardium* normal getrenntgeschlechtlich ist, kommen keine sekundären Geschlechtsmerkmale vor, und eine hormonale Wirkung der Gonaden kann also nicht in dieser Hinsicht beobachtet werden.

Obgleich nach früheren Angaben über parasitäre Kastration bei *Mollusken* (*Paludina*, *Limnaea* und *Planorbis*; GIARD 1888) kein Einfluß auf die äußeren Geschlechtsmerkmale bemerkt wurde, scheint ein solcher jedoch bei *Littorina littorea* nach LINKE (1934) vorhanden zu sein. Nach Infektion durch Trematoden werden nämlich die Gonaden reduziert, und in diesem Zusammenhang erfolgt ein Schwund des übrigen Genitalapparates, einschließlich des Penis, was auf einen hormonalen Einfluß der Gonaden deutet. Diese Beziehung zwischen Gonaden und dem übrigen Genitalapparat kann auch während des normalen Geschlechtsrhythmus von *Littorina* beobachtet werden, da die Entwicklung des Penis und der Drüsen parallel mit der der evolutiven und involutiven Phasen der Gonaden während des Jahres geht. Auch die sekundären Geschlechtsmerkmale der *Cephalopoden* (der Hectocotylus) sind, wie durch experimentelle Kastration gezeigt ist, hormonal bedingt (SERENI 1929).

3. Crustaceen.

Eine parasitäre Kastration der Crustaceen kommt gewöhnlich unter dem Einfluß von Rhizocephalen vor, kann aber auch nach Infektion von Acanthocephalen stattfinden. So gibt le Roux (1931) an, daß er bei *Gammarus pulex* in der Leibeshöhle parasitierende *Polymorphus minutus* gefunden habe, die die Entwicklung der Ovarien der infizierten Weibchen hemmen und besonders die Dotterbildung unterdrücken. Diese Weibchen pflanzen sich nicht fort, und ihre Oostegiten tragen keine Randborsten, die bei den normalen Weibchen vorkommen. Ob dieses Verhältnis eine Folge des gestörten allgemeinen Stoffwechsels oder der Entwicklungshemmung der Ovarien darstellt, wurde nicht mit Bestimmtheit von dem Verfasser entschieden (vgl. aber S. 159!).

Die Bedeutung der nach der parasitären Kastration von Rhizocephalen gefundenen Veränderung der sekundären Geschlechtscharaktere bei den decapoden Krebsen wird ausführlich in einigen Arbeiten der letzteren Jahre diskutiert, nämlich in den von Koller (1929), Goldschmidt (1931), Tucker (1931) und auf Grund neuer Originaluntersuchungen der früher wenig bekannten Rhizocephalen *Lernaeodiscus Ingolfi*, *Triangulus munidae* und *Triangulus Boschmai* von Brinkmann (1936); im übrigen haben zahlreiche Forscher diesem Gebiet ihr Interesse gewidmet, so u. a. Giard (in einer Reihe von Arbeiten 1886 bis 1904), Smith (1906, 1910), Potts (1906), Guerin-Ganivet (1911), Robson (1912), Courrier (1921), Harms (1926), Nilsson-Cantell (1926), Perez (1927, 1933), Salt (1927), van Oordt (1928, 1929), Tucker (1931), Turner (1933), Day (1935) und Okada-Miyashita (1935).

Nach Giard ist es bekannt, daß männliche Brachyuren, die mit Rhizocephalen infiziert sind, sich durch Änderungen der Scherenfüße, der Pleopodien und des Abdomens in weiblicher Richtung verändern, während die Hoden gleichzeitig mehr oder weniger vollständig atrophieren (Abb. 2). Giard erklärt diese Tatsache als eine Entwicklungshemmung, die auf die Nahrungsentnahme der Parasiten zurückgeführt werden könne. Nach Smith sollte bei Decapoden eine männliche und eine weibliche „sexualformative" Substanz vorhanden sein, die sowohl die Entwicklung der Gonaden als die der sekundären Geschlechtsmerkmale beeinflußt, so daß die letztgenannten nicht von der Funktion der Gonaden abhängig sind. Die sexualformative Substanz sollte vermittels der im Blut und der Leber vorkommenden Fette wirken, wobei *Sacculina* gleich wie die normale Eireife der Krabbenweibchen eine Erhöhung des Fettgehaltes bei den befallenen Männchen bewirken und deshalb auch einen verweiblichenden Einfluß auf diese ausüben würde. Goldschmidt betrachtet schließlich alle die durch die Rhizocephalen bei den decapoden Crustaceen erzeugten Umbildungen als Intersexe, deren Gestalt von der Wirkung der „formativen Sexualstoffe" abhängig sind, die seinerseits von den Geschlechtsgenen gebildet werden. Die sog. *zygotische Intersexualität* entsteht nach Goldschmidt, wenn auf Grund einer abnormen

Genkonstitution die Sexualstoffe des anderen Geschlechtes überhandnehmen; die *parasitäre,* wenn der Parasit den Wirt in einer solchen Weise schädigt, daß der Einfluß der Sexualstoffe abnorm verändert wird. Hierbei stützt sich GOLDSCHMIDT auf die ziemlich allgemein anerkannte Abwesenheit von Gonadenhormonen bei Insekten und behauptet, daß trotz der Ausführungen VAN OORDTs (der die Existenz eines

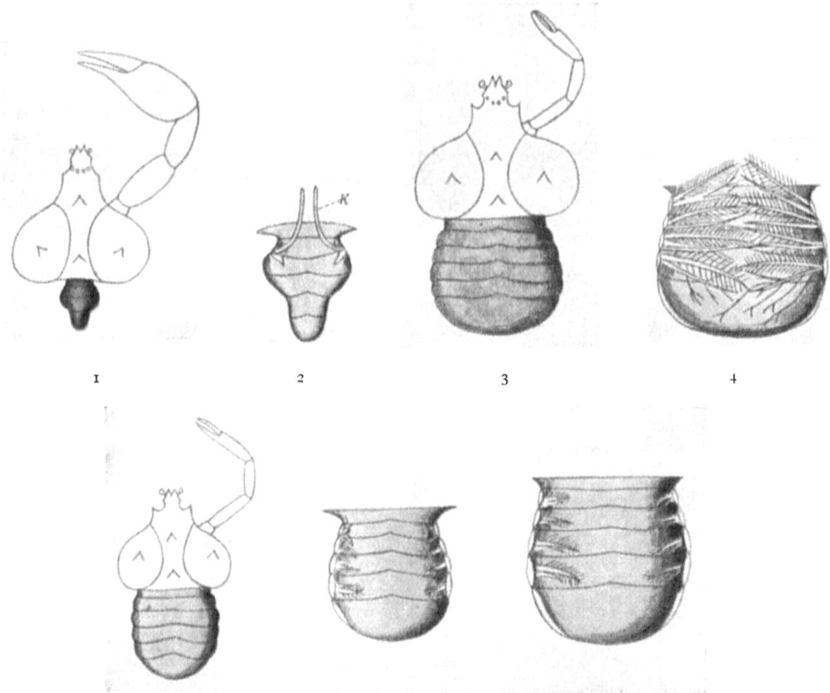

5—7

Abb. 2. Die Krabbe *Inachus.* Oben: 1 normales Männchen mit kurzem, kleinem Hinterleib und breiter Schere; 2 Hinterleib des Männchens von unten; 3 normales Weibchen mit breitem Hinterleib und schmaler Schere; 4 Hinterleib des Weibchens von unten mit behaarten Spaltfüßen. Unten: 5 von Schmarotzern befallenes Männchen mit weiblichem Äußeren, schmaler Schere und breitem Hinterleib; 6 Hinterleib des befallenen Männchens von unten mit weiblichen Anhängen; 7. Hinterleib eines von Schmarotzern befallenen Weibchens. (Nach SMITH, aus GIERSBERG: „Hormone". Verständliche Wissenschaft. Bd. 32. Berlin 1936.)

direkten physiologischen Zusammenhanges zwischen Gonaden und sekundären Geschlechtsmerkmalen voraussetzt; vgl. auch LIPSCHÜTZ 1924 und MEISENHEIMER 1930!) keine Sexualhormone bei den Crustaceen vorhanden wären.

Nun zeigen die letzten experimentellen Untersuchungen auf dem hier behandelten Gebiet (S. 158), daß wirkliche Gründe vorliegen, das Vorhandensein von Gonadenhormonen bei den Crustaceen anzunehmen, eine Auffassung, der sich BRINKMANN (1936) auf Grund seiner Untersuchungen über die durch Rhizocephalen verursachten Veränderungen der sekundären Geschlechtscharaktere der nordischen *Munida*-Arten anschließt. Von den drei untersuchten Rhizocephalen ruft *Triangulus munidae* eine totale Atrophie der Gonaden hervor, also eine wahre Kastration, während *Lernaeodiscus Ingolfi* (Abb. 3) eine morphologisch partielle Atrophie verursacht und *Triangulus Boschmai* eine nur geringere Produktion von Eiern und Samenzellen bei infizierten Tieren zur Folge hat. Auf *Munida Sarsi* wirkt nun eine Infektion mit *Triangulus munidae* in der Weise, daß bei den Männchen, bei denen die Pleopodien 1—2 bei der Kopulation fungieren und deshalb kräftig entwickelt sind, diese Anhänge rudimentär werden, während die Pleopodien 3—5, die bei normalen Männchen funktionslos und deshalb unbedeutend entwickelt sind, sich wie bei den Weibchen entwickeln, wo sie normalerweise die Brut tragen (Abb. 3 und 4). Diese Tatsachen erklärt nun BRINKMANN, indem er die Einwendungen von GOLDSCHMIDT (1931) beseitigt, durch die Annahme eines männlichen Gonadenhormones, „dessen Vorkommen eine Weiterentwicklung der Pleopodien in weibliche Richtung unterdrückt und dessen Fehlen sie erlaubt. Das totale Bild der Änderungen erfordert noch, daß ein mehr oder weniger ausgesprochener Zustand von Unterernährung, mit Ausbildung der Pleopodien als Kümmerorgane, durch die Nahrungsentnahme der Parasiten entsteht. Das postulierte männliche Hormon, das beim Männchen die Metamorphose der Pleopodien 3—5 in weiblicher Richtung unter normalen Verhältnissen verhindert, fehlt beim Weibchen. Die Atrophie der Ovarien übt daher keinen Einfluß auf diese Pleopodien aus, sie metamorphosieren wie normal, aber auch hier machen sich die Ernährungsschwierigkeiten bemerkbar. Die Metamorphose wird stark verlangsamt, und die Pleopodien entwickeln sich zu Kümmerorganen, wodurch sie eine sehr große Ähnlichkeit mit den metamorphosierten, aber auch als Kümmerorgane entwickelten, entsprechenden Pleopodien der infizierten männlichen Individuen erreichen".

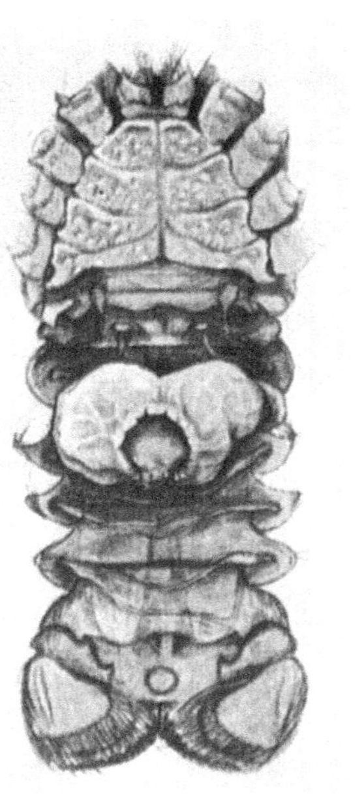

Abb. 3. Erwachsenes Individuum von *Lernaeodiscus Ingolfi* auf einem Männchen von *Munida Sarsi*. Auf der Abbildung sind die unveränderten Pleopodien 1—2, sowie die in weiblicher Richtung umgebildeten Pleopodien 3—5 sichtbar. (Nach BRINKMANN.)

Die Einwirkung von *Lernaeodiscus Ingolfi* auf *Munida Sarsi* bietet im Prinzip dasselbe Bild wie die von *Triangulus munidae*, während *Triangulus Boschmai*, der größte der untersuchten Rhizocephalen, dessen Nahrungsbedarf entsprechend groß sein muß, aber nicht kastrierend wirkt, keine Veränderungen der sekundären Geschlechtsmerkmale bei *Munida Sarsi* hervorruft. Nicht nur die Nahrungsentziehung der Parasiten, wie sie von TUCKER im Anschluß an SMITH als der wichtigste Faktor betrachtet wird, kann also als verantwortlich für die Veränderungen der infizierten Wirtstiere angesehen werden — man muß auch das Vorhandensein von Einwirkungen anderer Art annehmen. Bei den von der Rhizocephaleninfektion hervorgerufenen Veränderungen handelt es sich demnach nach BRINKMANN um drei Erscheinungen, die zusammen oder einzeln auftreten oder auch fehlen können. Die erste ist die Kastration des Wirtes, die nur durch Stoffe verursacht werden kann, die von dem Parasiten dem Blute zugeführt, auf die Gonaden des Wirtes

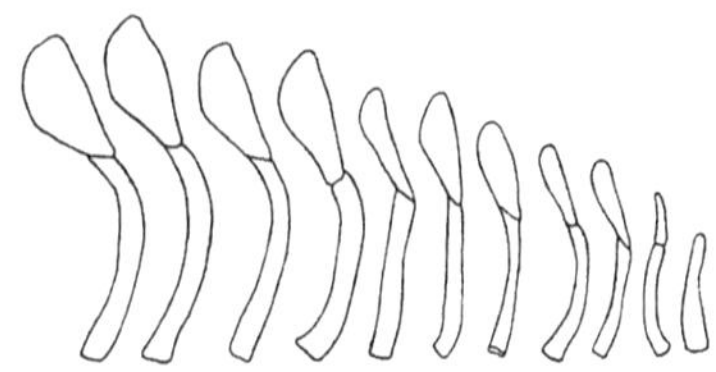

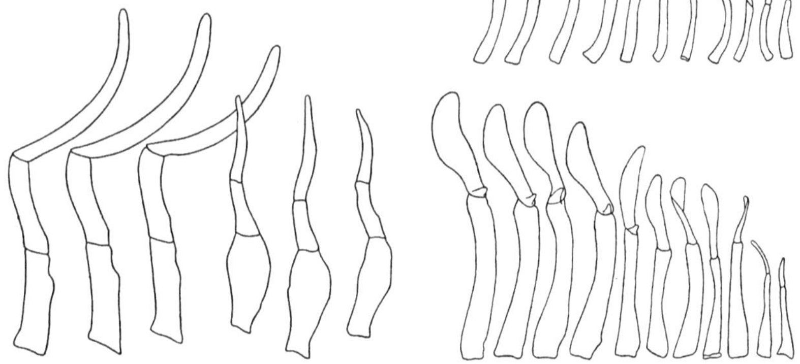

A B

Abb. 4. A Nach links die Pleopodien 3—5 eines normalen Weibchens von *Munida Sarsi*, nach rechts dieselben Pleopodien eines Männchens der gleichen Art, das mit *Lernaeodiscus Ingolfi* infiziert war. B Nach unten Pleopodium 1, nach oben Pleopodium 2 von männlichen *Munida Sarsi*. Die Figuren links in beiden Reihen sind die Pleopodien 1—2 eines normalen Tieres. Die zehn anderen Figuren sind Tieren entnommen, die mit *Triangulus munidae* infiziert waren. (Nach BRINKMANN.)

wirken. Die zweite Erscheinung ist die Folge der Unterernährung des Wirtes und die dritte die oben erwähnte, infolge der Kastration fehlende Wirkung der Gonadenhormone des Wirtes, die nur beim Männchen nachgewiesen worden ist, da die beim infizierten Weibchen beobachteten Veränderungen gerade als Folgen der Unterernährung verstanden werden können. Die Pleopodien 3—5 der Männchen, die ja funktionslos sind und normal auf dem Stadium der nicht geschlechtsreifen Tiere verharren, entwickeln sich dagegen nach der Testikelatrophie in weibliche Richtung. Durch das Zusammenspiel des Wegfallens eines männlichen Gonadenhormones, das männliche Charaktere befördert und weibliche hemmt, und mehr oder weniger ausgesprochener Folgen von Unterernährung können nach BRINKMANN alle bis jetzt beschriebenen Erscheinungen der von Rhizocephalen verursachten parasitären Kastration erklärt werden.

Bei der japanischen Wollhandkrabbe, *Erocheir japonicus*, haben Okada-Miyashita (1935) indessen neuerdings einen Fall von sehr ausgedehnten Folgen einer parasitären Kastration beschrieben, die von *Sacculina gregaria* veranlaßt wird. In extremen Fällen gibt es bei den verweiblichten Exemplaren von *Eriocheir japonicus* keine Spur des Gonopodiums, während 4 Paare von vollentwickelten weiblichen Pleopodien vorhanden sind. Dazu kommt noch, daß Okada-Miyashita bei einigen der infizierten Männchen „eine zweifellose Geschlechtsumkehr" gefunden haben, indem in gewissen Fällen die ursprünglich männlichen Gonaden zu äußerlich erkennbaren Ovarien werden, die mit großen dotterreichen Eiern prall gefüllt sind. Da nun nach den beiden japanischen Autoren die Gonaden der nicht infizierten Individuen von *Eriocheir japonicus* keine Zwittergonaden sind (sonst sind normalzwitterige Decapoden nicht so selten, wie früher angenommen wurde; vgl. Brinkmann 1936!), soll die parasitäre Intersexualität von *Eriocheir* „ganz analog der genetischen Intersexualität der Insekten" sein und „im Lichte des Zeitgesetzes der Intersexualität erklärbar". Trotzdem sollen aber „unter dem Tatsachenkomplex der sog. parasitären Kastration mindestens teilweise auch wirkliche Kastrationserscheinungen vorkommen", denn bei dem von Miyashita (1933) beschriebenen, durch einen anderen Parasiten aus der Familie der Entonisziden befallenen Weibchen blieb der Schwanz trotz der Größe des Tieres immer auf einem jugendlichen Stadium, während die Ovarien gleichzeitig ganz unentwickelt waren. „Demnach ist es wahrscheinlich, daß in diesem Falle die Erweiterung des Abdomens von der Reifung der Keimdrüse abhängig ist" (Okada-Miyashita 1935).

Zuverlässige experimentelle Untersuchungen über die Beziehung zwischen den Gonaden und den sekundären Geschlechtscharakteren bei den Crustaceen haben jetzt auch ein positives Ergebnis gehabt. Mori (1933) konnte zwar nach Kastration der Männchen von *Daphnia magna* durch Radiumstrahlen keine Wirkung auf die Ausbildung der sekundären Geschlechtsmerkmale feststellen; beim Weibchen hindert aber die gleiche Kastration die Ausbildung des Brutraumes, was freilich nicht mit Sicherheit auf das Fehlen von Sexualhormonen zurückgeführt werden kann, da die Radiumbestrahlung gleichzeitig infolge somatischer Erkrankung ungünstige Bedingungen herbeiführt. Bestimmt haben aber Haemmerli-Boveri (1926) und le Roux (1931, 1933), der letztere im Anschluß an seine früher (S. 154) erwähnte Arbeit über den bei *Gammarus pulex* parasitierenden *Polymorphus minutus* (vgl. auch Legeux 1924, Vandel 1924 und Archangeli 1932!), nach Radiumbestrahlung eine deutliche Beziehung zwischen der Atrophie der Ovarien und der Ausbildung der sekundären Geschlechtscharaktere feststellen können.

Nach Haemmerli-Boveri gibt es bei der weiblichen Wasserassel, *Asellus aquaticus*, einen geregelten Geschlechtszyklus, dessen Hauptphasen die folgenden sind: Eientwicklung, Brutsackbildung, Eiablage und Brutpflege — dazu kommen noch gesetzmäßige Häutungen, wobei im Zusammenhang mit einer Befruchtung der Brutsack gebildet wird. Bei der Radiumbestrahlung der geschlechtsreifen Weibchen wurde zwar der ganze Körper den Strahlen ausgesetzt, aber die mikroskopische Untersuchung ergab, daß nur die Ovarien angegriffen wurden. Im Zusammenhang mit der Degeneration der Ovarien ging aber die Fähigkeit der Brutsackbildung vollständig verloren. Zu ähnlichen Resultaten kam LE ROUX (1931, 1933) nach Radiumbestrahlung von Gammaridenweibchen. Bei *Gammarus duebeni* treten die ersten Anlagen der Oostegiten nach der 9. Häutung auf, wachsen bis zur 13. Häutung und legen dann Borsten an, die zum Halten der Eier im Brutsacke dienen, nachdem zwischen der 12. und 13. Häutung zum erstenmal Dotter im Ovar gefunden wird. Nach der letzterwähnten Häutung werden auch die Eier abgelegt. Wenn nun die Tiere vor der Anlage der Oostegiten und dann wieder vor der Dotterbildung mit Radium behandelt wurden, wird kein Dotter und an den Oostegiten keine Borsten angelegt. Bestrahlung nach der Eiablage gibt bei der folgenden Häutung borstenlose Oostegiten unter Einstellung der Eiablage. Die Ovarien werden indessen nicht durch die Behandlung zerstört, sondern nur gehemmt, denn wenn die Bestrahlung eingestellt wurde, erholten sich die Gonaden, und nach einigen Häutungen wurden neue Bruten und beborstete Oostegiten gebildet. Die Borstenbildung hängt offenbar von der Dotterbildung ab, bei welcher spezifische Stoffe (Hormone) in das Blut abgegeben werden.

Nur durch die Annahme der Existenz von Hormonen, die den Zuwachs der als sekundäre Geschlechtsmerkmale asymmetrisch entwickelten Scheren von *Uca pugilator* und *Crangon armillatus* regulieren, konnte schließlich DARBY (1934, 1935) die Intersexe von *Uca* und die Resultate einer experimentellen Regeneration der Scheren von *Crangon* erklären. Das Vorhandensein von Sexualhormonen bei den Crustaceen scheint also nach den hier referierten neueren Untersuchungen verschiedener Art sichergestellt zu sein.

4. Insekten.

Wie bei den Crustaceen ist eine parasitäre Kastration auch bei den Insekten bekannt, die in einer gewaltigen Literatur behandelt ist, von der hier nur wenige Arbeiten berücksichtigt werden können. Von größtem Interesse ist in diesem Zusammenhang die von Strepsipteren verursachte Kastration der aculeaten Hymenopteren (u. a. PEREZ 1886; PERKINS 1892, 1918, 1919; PIERCE 1909, 1918; WHEELER 1910; ULRICH 1927; SALT 1927; KOLLER 1929; GOLDSCHMIDT 1931; VANDEL 1933). Die Veränderungen, die bei verschiedenen Hymenopteren verschieden kräftig sind — bei *Polistes* gibt es keinen oder wenigstens keinen deutlichen Einfluß der Stylopisation auf die sekundären

Geschlechtsmerkmale — betreffen bei *Andrena* u. a. den Pollensammelapparat der Weibchen (Abb. 5), die Antennen und den Clypeus. Wenn die Tiere stylopisiert werden, kann bei beiden Geschlechtern das Verhalten sich dem des anderen Geschlechts nähern. Bei den Zikaden kommt eine parasitäre Kastration bei *Euacanthus* unter dem Einfluß einer Dipterenlarve vor, deren Wirkungen auch gewissermaßen in der Ausbildung der sekundären Geschlechtsmerkmale ersichtlich ist (Buchner 1925). Während nun Buchner (1925) und Koller (1929) das Vorhandensein von Sexualhormonen bei *Andrena* und *Euacanthus* nicht für unwahrscheinlich halten, sehen mehrere Autoren (u. a. Wheeler 1910, Salt 1927, Goldschmidt 1931, Vandel 1933) in der Ausprägung der sekundären Geschlechtscharaktere der in dieser Hinsicht durch parasitäre Infektion veränderten Insekten eine genetisch bedingte Intersexualität. So schreibt Goldschmidt (1930): „Für alle drei Fälle" (es gilt außer den stylopisierten Hymenopteren auch für die von Wespenlarven angegriffene Zikade *Thelia bimaculata* und die durch *Sacculina* kastrierten decapoden Crustaceen; vgl. S. 154) „ist bewiesen, daß der Grad der Intersexualität proportional der früheren zeitlichen Lage des Befallenwerdens mit dem Parasiten ansteigt. Das Eintreten einer vom Parasiten ausgehenden Wirkung ist also identisch mit dem Drehpunkt bei zygotischer Intersexualität."

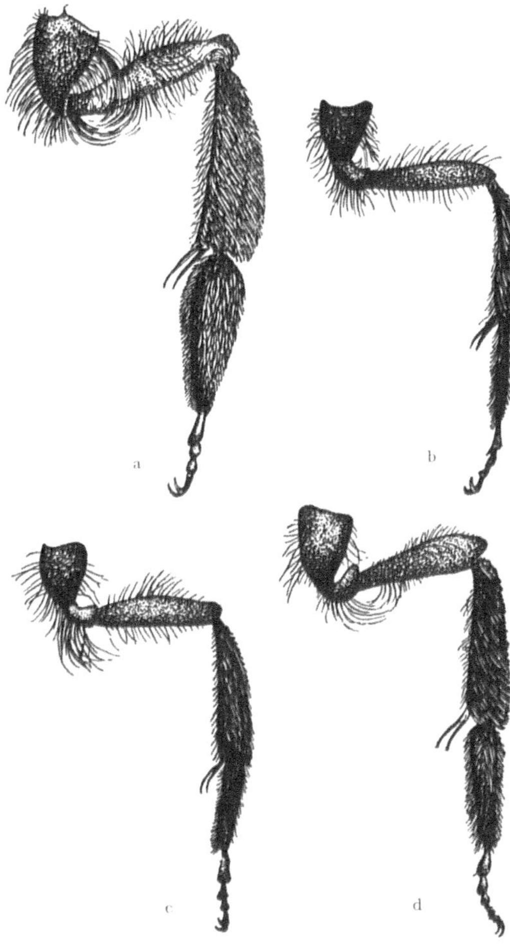

Abb. 5. Hinterbeine von *Andrena hirticincta*. a Normales Weibchen. b Normales Männchen. c Stylopisiertes Männchen. d Stylopisiertes Weibchen. (Nach Salt aus Goldschmidt.)

Es kann auch nicht verneint werden, daß bei den Insekten die Bedeutung der Gonaden für die Ausprägung der sekundären Geschlechtscharaktere offenbar in den meisten Fällen sehr gering ist und daß die genannte Tiergruppe sich in dieser Hinsicht nicht nur von den Vertebraten, sondern auch von den ziemlich nahe verwandten Crustaceen unterscheiden. Schon die ersten Kastrationsversuche von OUDEMANS (1898) an *Lymantria dispar*, einem Schwammspinner mit ausgeprägtem Geschlechtsdimorphismus (Abb. 6), zeigten, daß die Kastration keinen Einfluß auf die Ausbildung der sekundären Geschlechtscharaktere (u. a. Form und Farbe der Flügel, Form der Antennen) und auch keinen auf den Geschlechtstrieb hatte, so daß die Männchen die Copula ohne Vorhandensein von Spermien vollzogen usw. Zu ganz ähnlichen Resultaten kamen KELLOG (1904, 1905), MEISENHEIMER (1907 bis 1924) und KOPEĆ (1908 bis 1924) an verschiedenen Schmetterlingen und REGEN (1909, 1910) an *Gryllus campestris*, wobei diese Autoren nicht nur die Keimdrüsen exstirpierten, sondern auch transplantierten. Das Ergebnis war immer dasselbe — die Kastraten unterschieden sich nicht von den normalen Schmetterlingen, und ursprüngliche Männchen, die keine Hoden, aber transplantierte funktionsfähige Ovarien hatten, besaßen in der Körperform, Flügelfärbung und der Gestalt der Antennen ein vollständig männliches Aussehen. In ähnlicher Weise fand auch GEIGY (1931) nach Kastration durch ultraviolette Bestrahlung, daß *Drosophila melanogaster* frühzeitig somatisch und sexuell determiniert ist und daß keine von den Gonaden ausgehenden Hormone auf die Ausbildung der sekundären Geschlechtscharaktere wirken. In Übereinstimmung mit den schon erwähnten Resultaten stehen auch die Versuche von GEYER (1913) u. a., wobei gezeigt wurde, daß die beiden Geschlechter mehrerer Insekten eine sexuell-spezifische Hämolymphe besitzen, deren Verschiedenheit weder durch Kastration, noch durch Gonadentransplantation beeinflußt wird.

Abb. 6. Oben Weibchen, unten Männchen von *Lymantria dispar*. (Nach GOLDSCHMIDT.)

Gegen die übereinstimmenden, oben referierten Arbeiten, die alle für die Abwesenheit von solchen Gonadenhormonen bei den Insekten sprechen, die auf die Ausbildung der sekundären Geschlechtsmerkmale einwirken, kann tatsächlich kaum mehr als eine einzige positive

Beobachtung angeführt werden. Bei Kastrations- und Transplantationsversuchen mit dem Grasspinner, *Cosmotriche potatoria*, erhielt nämlich Prell (1915) in der Flügelfarbe der Männchen eine Annäherung an die weibliche Farbe, die schon bei den kastrierten Männchen vorkam, aber noch deutlicher bei den mit Ovarien versehenen operierten männlichen Tieren beobachtet werden konnte. Wenn also solche Gonadenhormone, die einen Einfluß auf die Ausbildung der sekundären Geschlechtscharaktere ausüben, nach der weit überwiegenden Anzahl der Forscher auf diesem Gebiet bei den Insekten entweder gar nicht vorkommen oder jedenfalls eine sehr untergeordnete Rolle spielen, ist es doch wahrscheinlich, daß die Gonaden andere hormonale Funktionen zu verrichten haben. So fand selbst Goldschmidt (1931), daß bei der Umwandlung von intersexuellen *Lymantria dispar* — wenn die Hoden sich in Ovarien und die Ovarien sich in Hoden umzuwandeln beginnen — „embryonale Hormone zweiter Ordnung" von ausschlaggebender Bedeutung sind. Diese Hormone sind teils männliche, die von der Gonadenkapsel ausgehen, teils weibliche, die von den Eiröhrenstielen herstammen, und bedingen die männliche oder weibliche Differenzierung.

Über einen anderen Fall von hormonaler Tätigkeit der Insekten, die aber nicht an die Gonaden gebunden ist und als eine Art von *genhormonaler* Funktion bezeichnet werden kann, berichten Caspari (1933, 1936), Plagge (1935, 1936), Kühn (1936) und Kühn-Caspari-Plagge (1935). Bei der Mehlmotte, *Ephestia kühniella*, gibt es eine schwarzäugige Rasse mit gefärbten Hoden und eine rotäugige Rasse mit farblosen Hoden. Wenn nun die Hoden der schwarzäugigen Rasse in ein Tier der rotäugigen Rasse transplantiert wurden, färbten sich die ursprünglich roten Augen des Wirtes dunkler bis zu Schwarz, in einigen Fällen nur bis zu Kaffeebraun, während die Hoden auch dunkel wurden. Auch eingepflanzte Ovarien und Gehirne der schwarzäugigen Rasse wirken bei der rotäugigen färbend auf die Augen. Es gelten also in diesen Fällen keine gewöhnlichen Gonadenhormone, sondern Hormone, die sowohl von den Geschlechtsdrüsen als von dem Gehirn ausgehen können, wenn diese Organe nur das Gen besitzen, das die Pigmentierung der Augen und Hoden bedingt. Über andere Experimente, bei welchen die Gonaden selbst unter Einfluß von der Umgebung funktionell oder strukturell verändert werden, berichten Dobzhansky (1931) und Bytinski-Salz (1933); in diesen Fällen ist das Vorkommen von hormonalen Reaktionen wenn nicht bewiesen, so jedoch sehr wahrscheinlich (vgl. S. 172).

Wie Harms (1914, 1926), von Buddenbrock (1928) und Koller (1929) hervorgehoben haben, ist es zum Schluß nicht ganz ausgeschlossen, daß trotz der in dieser Hinsicht negativen Ergebnisse von Kopeć (1922), die wegen des unbedeutenden Materiales kaum beweiskräftig sind, die sekundären Geschlechtscharaktere der Insekten von einer inkretorischen Drüse beeinflußt werden können, die von den Gonaden räumlich getrennt ist und deshalb nicht bei der Exstirpation derselben in den obenerwähnten Versuchen von OUDEMANS, KELLOG, MEISENHEIMER, KOPEĆ (1912—1914), REGEN und GEYER getroffen wurde. Zu einem ähnlichen Ergebnis ist SPETT (1930) bei seiner Untersuchung der postembryonalen Entwicklung der sekundären Geschlechtsmerkmale bei *Chorthippus parallelus* gekommen, die in den früheren Altersstadien unbedeutend entwickelt sind, aber beim Übergang zur erwachsenen Form plötzlich durch einen Sprung in der Entwicklung ihr Maximum erreichen. Bei diesem Sprung ist SPETT geneigt, an eine erhöhte hormonale Wirkung zu denken, die aber nicht mit Notwendigkeit von den Gonaden ausgehen müßte. Und von anderen, hormonal tätigen Organen, deren Funktion noch nicht entschieden ist, kennt man bei den Insekten schon mehrere (vgl. S. 170, 172 und 219!).

Literatur.

ARCHANGELI: L'ermafroditismo negli Isopodi terrestri. Arch. Zool. ital. **17** (1932).

AVEL: (1) Nutrition et sexualité chez les lombriciens. C. r. Acad. Sci. Paris **186** (1928).

— (2) La castration chez les lombriciens n'empêche pas l'évolution des caractères sexuels secondaires, anatomiques et physiologiques. C. r. Acad. Sci. Paris **187** (1928).

BALTZER: (1) Entwicklungsmechanische Untersuchungen an *Bonellia viridis*. Rev. Suisse Zool. Genève **38** (1931).

— (2) Über die ohne Rüsselparasitismus entstehenden Spätmännchen (genetische Männchen) der *Bonellia viridis*. Rev. Suisse Zool. Genève **39** (1932).

— (3) Demonstration von männlichen *Bonellia*-Larven. Rev. Suisse Zool. Genève **40** (1933).

— (4) Echiurida. KÜKENTHALs Handbuch der Zoologie, Bd. 2/II. 1928—34.

BENNATI-MOUCHET: Castration parasitaire de l'*Eupagurus prideauxi* par le *Peltogaster curvatus*. Trav. Stat. biol. Roscoff **12** (1934).

BOSCHMA: Über europäische Formen der Gattung *Sacculina*. Zool. Jb., Abt. System. **54** (1927).

BRATTSTRÖM: *Ulophysema öresundense* n. gen. et sp., eine neue Art der Ordnung *Cirripedia Ascothoracica*. Ark. Zool. (schwed.) **28** A (1936).

BRINKMANN: Die nordischen Munidaarten und ihre Rhizocephalen. Bergens Mus. Skr. **1936**, Nr 18.

BUCHNER: Studien an intracellulären Symbionten V. Z. Morph. u. Ökol. Tiere **4** (1925).

BUDDENBROCK, V.: Grundriß der vergleichenden Physiologie. Berlin 1928.

BYTINSKI-SALZ: Untersuchungen an Lepidopterenhybriden. 2. Arch. Entw.-mechan. **129** (1933).

CASPARI: (1) Über die Wirkung eines pleiotropen Gens bei der Mehlmotte *Ephestia kühniella* ZELLER. Arch. Entw.mechan. **130** (1933).

— (2) Zur Analyse der Matroklinie der Vererbung in der a-Serie der Augenfarbenmutationen bei der Mehlmotte, *Ephestia kühniella*. Z. Abstammgslehre **71** (1936).

CAULLERY-COMAS: Le déterminisme du sexe chez un Nématode *(Paramermis contorta)*, parasite des larves de Chironomies. C. r. Acad. Sci. Paris **186** (1928).

COCKAYNE: On the relation between the secondary sexual characters and the gonads. Trans. entomol. Soc. Lond. **1916**.
COMAS: Sur l'intersexualité de *Paramermis contorta*. Bull. biol. France et Belg. **61** (1927).
COURRIER: Sur le déterminism des caractères sexuels secondaires chez les arthropodes. C. r. Acad. Sci. Paris **173** (1921).
CUNNINGHAM: The heredity of secondary sexual characters in relation to hormones. Arch. Entw.mechan. **26** (1908).
DARBY: (1) The mechanism of assymmetry in the Alpheidae. Carnegie Inst. Wash. Publ. **1934**, Nr 435.
— (2) Intersexuality in the Crustacea. Carnegie Inst. Wash. Publ. **1935**, Nr 452.
— (3) The mechanism of chela differentiation in the Crustacea. Carnegie Inst. Wash. Publ. **1935**, Nr 452.
DAY: The life-history of *Sacculina*. Quart. J. microsc. Sci. **77** (1935).
DOBZHANSKY: Interaction between female and male parts of Gynandromorphs of *Drosophila simulans*. Arch. Entw.mechan. **123** (1931).
FISHER: Asteroidea of the North Pacific and adjacent waters. Smiths Inst. U.S. nat. Mus. Bull. **76** (1911—30).
FEWKES: On the development of the calcareous plates of *Amphiura*. Bull. Mus. comp. Zool. Harvard Univ. **13** (1888).
GEIGY: Action de l'ultra-violet sur le pôle germinal dans l'œuf de *Drosophila melanogaster*. Rev. Suisse Zool. Genève **38** (1931).
GEYER: Untersuchungen über die chemische Zusammensetzung der Insektenhämolymphe und ihre Bedeutung für die geschlechtliche Differenzierung. Z. Zool. **105** (1913).
GIARD: (1) La castration parasitaire. Bull. Sci. Dép. Nord **2** (1887).
— (2) La castration parasitaire (Nouvelles recherches). Bull. Sci. Dép. Nord **3** (1888).
— (3) Sur la castration parasitaire chez les genres *Palaemon* et *Hippolyte*. C. r. Acad. Sci. Paris **106** (1888).
— (4) Comment la castration agit-elle sur les caractères sexuels secondaires? C. r. Acad. Sci. Paris **56** (1904).
GLAUS: Erzeugung, Organisation und Entwicklungsmechanik der Rüsselzucht-Intersexe von *Bonellia viridis*. Pubbl. Staz. zool. Napoli **13** (1933).
GOLDSCHMIDT: (1) Mechanismus und Physiologie der Geschlechtsbestimmung. Berlin 1920.
— (2) Bemerkungen zum Problem der Geschlechtsbestimmung bei *Bonellia*. Science (N. Y.) **64** (1926).
— (3) Die sexuellen Zwischenstufen. Berlin 1931.
— (4) Neue Untersuchungen über die Umwandlung der Gonaden bei intersexuellen *Lymantria dispar*. Arch. Entw.mechan. **124** (1931).
GUÉRIN-GANIVET: Contribution à l'étude systématique et biologique des Rhizocephales. Trav. Sci. Labor. zool. phys. mar. Concameau **3** (1911).
HAEMMERLI-BOVERI: Über die Determination der sekundären Geschlechtsmerkmale (Brutsackbildung) der weiblichen Wasserassel durch das Ovar. Z. vergl. Physiol. **4** (1926).
HARMS: (1) Überpflanzung von Ovarien in eine fremde Art. I. Versuche an Lumbriciden. Arch. Entw.mechan. **34** (1912).
— (2) Experimentelle Untersuchungen über die innere Sekretion der Keimdrüsen und ihre Beziehung zum Gesamtorganismus. Jena 1914.
— (3) Kastration bei wirbellosen Tieren. Handbuch der normalen und pathologischen Physiologie, Bd. 14. 1916.
— (4) Körper und Keimzellen. Berlin 1926.
— (5) Die Plastizität der Tiere. Rev. Suisse Zool. Genève **42** (1935).

HARTHMANN-HUTH: Untersuchungen über Geschlechtsumwandlung von *Ophryotrocha puerilis*. Zool. Jb., Abt. allg. Zool **56** (1936).
HERBST: Untersuchungen zur Bestimmung des Geschlechts. I. Sitzgsber. Heidelberg. Akad. Wiss., Math.-naturwiss. Kl., 2. Abh. **1928**.
— (2) Untersuchungen zur Bestimmung des Geschlechts. II. Sitzgsber. Heidelberg. Akad. Wiss., Math.-naturwiss. Kl., 16. Abh. **1929**.
— (3) Untersuchungen zur Bestimmung des Geschlechts. III. Naturwiss. **20** (1932).
— (4) Untersuchungen zur Bestimmung des Geschlechts. IV. Arch. Entw.-mechan. **132** (1935).
HESSEL: Contribution a l'étude des Monocystidées des Oligochaetes. Archives de Zool., V. s. **3** (1909).
HEUMANN: Vergleichend-histologische Untersuchungen über Geschlechtsorgane und Clitellum der Regenwürmer. Z. Zool. **138** (1931).
HEYDENREICH: Untersuchungen zur Analyse der vermännlichenden Wirkung von mit Salz-, Schwefel- oder Kohlensäure versetztem Seewasser auf indifferente *Bonellia*-Larven. Arch. Entw.mechan. **132** (1935).
KELLOG: (1) Influence of the primary reproduction organs on the secondary sexual characters. J. of exper. Zool. **1** (1904).
— (2) Influence of the primary reproductive organs. J. of exper. Zool. **1** (1905).
KLATT: Keimdrüsentransplantation beim Schwammspinner. Z. Abstammgslehre **22** (1919).
— (2) Beiträge zur Sexualphysiologie des Schwammspinners. Biol. Zbl. **40** (1920).
KOPEĆ: (1) Untersuchungen über Kastration und Transplantation bei Schmetterlingen. Arch. Entw.mechan. **33** (1912).
— (2) Nochmals über die Unabhängigkeit der Ausbildung sekundärer Geschlechtscharaktere von den Gonaden bei Lepidopteren. Zool. Anz. **43** (1913/14).
— (3) Physiological self-differentiation of the winggerms grafted on caterpillars of the opposite sex. J. of exper. Zool **36** (1922).
— (4) Untersuchungen über Kastration und Transplantation. Arch. Entw.-mechan. **1924**.
KOLLER (1929): l. c. S. 148.
KÜHN: Weitere Untersuchungen über den Gen-A-Wirkstoff bei der Mehlmotte, *Ephestia kühniella*. Z. Ges. Wiss. Göttingen **2** (1936).
KÜHN-CASPARI-PLAGGE: Über hormonale Genwirkungen bei *Ephestia kühniella*. Z. Ges. Wiss. Göttingen **1** (1935).
LEGUEUX: Caractère sexuel temporaire chez *Gammarus duebenii* LILJ. C. r. Soc. Biol. Paris **178** (1924).
LINKE: Über die Beziehungen zwischen Keimdrüse und Soma bei Prosobranchiern. Verh. dtsch. zool. Ges. **36** (1934).
LIPSCHÜTZ: The internal secretion of the sex glands. Cambridge 1924.
MEISENHEIMER: (1) Ergebnisse einiger Versuchsreihen über Exstirpation und Transplantation der Geschlechtsdrüsen bei Schmetterlingen. Zool. Anz. **32** (1907/08).
— (2) Über Flügelregeneration bei Schmetterlingen. Zool. Anz. **33** (1908).
— (3) Über den Zusammenhang von Geschlechtsdrüsen und sekundären Geschlechtsmerkmalen bei den Arthropoden. Verh. dtsch. zool. Ges. **1908**.
— (4) Die Flügelregeneration bei Schmetterlingen. Verh. dtsch. zool. Ges. **1909**.
— (5) Über die Beziehungen zwischen primären und sekundären Geschlechtsmerkmalen bei den Schmetterlingen. Naturwiss. Wschr., N. s. **1909 I**.

Meisenheimer (6) Äußere Geschlechtsmerkmale und Gesamtorganismus in ihren gegenseitigen Beziehungen. Verh. dtsch. zool. Ges. **1913**.
— (7) Experimentelle Studien zur Soma- und Geschlechtsdifferenzierung. Jena 1924.
— (8) Geschlecht und Geschlechter. Jena 1930.
Mercier-Poisson: Altération de certains caractères sexuels secondaires du mâle de *Pinnotheres pisum* parasité par un Entoniscien. Bull. Soc. zool. France **54** (1929).
Michel: Über die Larve und die Entwicklung des Männchens der *Bonellia fuliginosa* Rol. Pubbl. Staz. zool. Napoli **10** (1930).
Miyashita: Remarks on the secondary sexual characters of Brachyura. Annot. zool. Jap. **14** (1933).
Mori: (1) Kastrationsversuche bei Cladoceren. 1. Z. Zool. **144** (1933).
— (2) Kastrationsversuche bei Cladoceren. 2. Z. Zool. **144** (1933).
Mutscheller: Experimentelle Untersuchung der Organe der Weibchen von *Bonellia viridis*, deren Extrakte vermännlichend wirken, auf das Vorkommen von Schwermetallen, insbesondere von Kupfer. Biol. Zbl. **55** (1935).
Nilsson-Cantell: Über die Veränderungen der sekundären Geschlechtsmerkmale bei Paguriden durch die Einwirkung von Rhizocephalen. Ark. Zool. (schwed.) **18**a (1926).
Nowinski: Die vermännlichende Wirkung fraktionierter Darmextrakte des Weibchens auf die Larven der *Bonellia viridis*. Pubbl. Staz. zool. Napoli **14** (1934).
Okada-Miyashita: (1) Sacculinization in *Eriocheir japonicus* de Haan, with remarks on the occurrence of complete sex-reversal in parasitized male crabs. Mem. Coll. Sci. Kyoto Imp. Univ. B **10** (1935).
— (2) Über die vollständige Geschlechtsumkehr bei den mit *Sacculina* infizierten Männchen der japanischen Wollhandkrabbe, *Eriocheir japonicus*. Biol. Zbl. **55** (1935).
Oordt, van: (1) Über die Abhängigkeit der Geschlechtsunterschiede von der Geschlechtsdrüse bei der Krabbe *Inachus*. Zool. Anz. **76** (1928).
— (2) Notiz zu meinem Aufsatz über die Abhängigkeit der Geschlechtsunterschiede von der Geschlechtsdrüse bei der Krabbe *Inachus*. Zool. Anz. **85** (1929).
Oudemans: Falter aus kastrierten Raupen, wie sie aussehen und wie sie sich benehmen. Zool. Jb., Abt. System. **12** (1899).
Padoa: Il determinismo dei caratteri sessuali secondari. Attalità zool. **1** (1933).
Perez: Des effets du parasitisme des *Stylops* sur les Apiaires du genre *Andraena*. Soc. Linn. Bordeaux **13** (1886).
Perkins: Stylopized bees. Entomol. monthly Mag. (2) **3** (1892).
— (2) The pairing of *Stylops* and assembling of the males. Proc. entomol. Soc. Lond. **1918**.
— (3) Synopsis of British Strepsiptera of the genera *Stylops* and *Halictoxenus*. Entomol. monthly Mag. **54** (1918).
— (4) *Andrena dorsata* K. and *Andrena similis* Sm. stylopized. Entomol. monthly Mag. **55** (1919).
Pierce: (1) A monographic revision of the twisted winged insects comprising the order *Strepsiptera* Kirby. Bull. U.S. nat. Mus. **1909**, Nr 66.
— (2) The comparative morphology of the order *Strepsiptera* together with records and description of insects. Proc. U.S. nat. Mus. **54** (1918).
Plagge: (1) Die Pigmentierung der Imaginal- und Raupenaugen der Mehlmotte *Ephestia kuehniella* Zeller bei verschiedenen Rassen, Transplantatträgern und Rassenkreuzungen. Arch. Entw.mechan. **132** (1935).

PLAGGE: (2) Der zeitliche Verlauf der Auslösbarkeit von Hoden- und Imaginalaugenfärbung durch den A-Wirkstoff bei *Ephestia*. Z. Abstammgslehre **72** (1936).
POTTS: (1) The modification of the sexual characters in the hermit crab, caused by the parasite *Peltogaster*. Quart. J. microsc. Sci. **50** (1906).
— (2) Observations on the changes in the common shore-crab caused by *Sacculina*. Proc. Cambridge philos. Soc. **15** (1910).
PRELL: (1) Über den Einfluß der Kastration auf den Antennenbau des Eichenspinners. Zool. Anz. **44** (1914).
— (2) Über die Beziehungen zwischen den primären und sekundären Sexualcharakteren bei Schmetterlingen. Zool. Jb., Abt. allg. Zool **35** (1915).
REGEN: Kastration und ihre Folgeerscheinungen bei *Gryllus campestris*. Zool. Anz. **34**; **35** (1909/10).
ROBSON: Effect of *Sacculina* upon the fat metabolism of its host. Quart. J. microsc. Sci. **57** (1912).
ROUX, LE: (1) Castration parasitaire et caractères sexuels secondaires chez les Gammariens. C. r. Soc. Biol. Paris **192** (1931).
— (2) La castration expérimentale des femelles de Gammariens et sa répercussion sur l'évolution des oostégites. C. r. Soc. Biol. Paris **193** (1931).
— (3) Recherches sur la sexualité des Gammariens. Croissance, reproduction, déterminisme des caractères sexuels secondaires. Bull. biol. France et Belg. **16**, Suppl. (1933).
SALT: A further study of the effects of stylopisation on Wasps. J. of exper. Zool. **59** (1931).
SERENI: Correlazioni umorali nei Cefalopodi. Amer. J. Physiol. **90** (1929).
SHIINO: Studies on the modification of sexual character in *Eupagurus samuelis* caused by a Rhizocephalon parasite *Peltogaster* sp. Mem. Coll. Sci. Kyoto B **7** (1931).
SMITH: (1) Rhizocephala. Fauna und Flora des Golfes von Neapel, Mon. 29. 1906.
— (2) Mr J. T. CUNNINGHAM on the heredity of secondary sexual characters. Arch. Entw.mechan. **27** (1909).
— (3) Studies in the experimental analysis of sex. II. Quart. J. microsc. Sci. **54** (1910).
— (4) Studies in the experimental analysis of sex. III. Quart. J. microsc. Sci. **55** (1910).
— (5) Sexual changes in the blood and liver of *Carcinus maenas*. Quart. J. microsc. Sci. **57** (1912).
SOLLAS: Note on parasitic castration in the earthworm *Lumbricus herculeus*. Ann. Mag. nat. Hist. **7** (1911).
SPENGEL: Beiträge zur Kenntnis der Gephyreen. Mitt. zool. Stat. Neapel **1** (1879).
SPETT: Entwicklung der sekundären Geschlechtsmerkmale in der Ontogenese des *Chorthippus parallelus* ZETT (Orthoptera). Arch. Entw.-mechan. **122** (1930).
STECHE: Beobachtungen über Geschlechtsunterschiede der Hämolymphe von Insektenlarven. Verh. dtsch. zool. Ges. **1912**.
STEINER: Intersexes in Nematodes. J. Hered. **14** (1923).
STIEVE-BEYKIRCH: Das Zwischengewebe in den Hoden und Samenblasen des Regenwurms *(Lumbricus herculeus* und *terrestris)*. Z. mikrosk.-anat. Forsch. **35** (1934).
TUCKER: On the effects of an Epicaridian parasite, *Gyge branchialis*, on *Upogebia littoralis*. Quart. J. mircrosc. Sci. **74** (1930).
TURNER (1): The aberrant secondary sex characters of the Crayfishes of the genus *Cambarus*. Amer. Midl. Notre Dame **16** (1935).

TURNER (2): Studies on the secondary sexual characters of crayfishes: X. The annulus ventralis in true intersexes of *Cambarus*. Biol. Bull. Mar. biol. Labor. Wood's Hole **69** (1935).
ULRICH: Strepsiptera. Biologie der Tiere Deutschlands. Berlin 1927.
VANDEL: (1) Le développement de l'appareil copulateur des Planaires est sous la dépendance des glandes génitales. C. r. Acad. Sci. Paris **170** (1920).
— (2) Recherches expérimentales sur les modes de reproduction des Planaires triclades paludicoles. Bull. biol. France et Belg. **55** (1921).
— (3) Le déterminisme du développement des oostégites des Isopodes, et des caractères sexuels secondaires temporaire des Crustacès. C. r. Acad. Sci. Paris **178** (1924).
— (4) Un cas d'inversion sexuelle parasitaire produit chez *Odynerus innumerabilis* SAUSS. par un Strepsiptère du genre *Pseudoxenus*. Bull. biol. France et Belg. **67** (1933).
VOÛLE: Der Einfluß von *Ageniaspis sp.* auf ihren Wirt *Phyllocnistis citrella* unter verschiedenen mikroklimatischen Verhältnissen. Arch. néerl. Zool. **1** (1935).
WEYER: (1) Die rudimentären Keimdrüsen im Lebenslauf der Arbeiter von *Formica rufa* und *Camponotus ligniperda* mit Berücksichtigung der übrigen sozialen Hymenopteren. Zool. Anz. **74** (1927).
— (2) Untersuchungen über die Keimdrüsen bei Hymenopterenarbeiterinnen. Z. Zool. **131** (1928).
WHEELER: The effects of parasitic and other kinds of castration in insects. J. of exper. Zool. **8** (1910).

II. Häutungs- und Metamorphosehormone der Insekten. Hautdrüsen (Oenocyten, Synoenocyten und Versondrüsen), Fettkörper, Corpora cardiaca und Corpora allata.

Die hormonellen Beziehungen im postembryonalen Entwicklungsgeschehen der Insekten sind neulich von BODENSTEIN (1936) in den Ergebnissen der Biologie (Bd. 13) behandelt, weshalb ich unter Verweis auf diese Arbeit über die hormonalen Reaktionen der Insekten im Zusammenhang mit den Häutungen und der Metamorphose nur in aller Kürze berichte.

Die Metamorphosehormone werden von BODENSTEIN in larvale, pupale und imaginale eingeteilt. Daß im Blut sich häutender Sphingidenraupen Stoffe vorkommen, die den Häutungsvorgang anregen, wurde durch VON BUDDENBROCK (1928, 1930, 1931) wahrscheinlich gemacht. Eine frühzeitige Häutung konnte nämlich nach Einspritzen von Blut von häutungsreifen Raupen mit einer gewissen Wahrscheinlichkeit auch bei Raupen erzielt werden, die in dieser Hinsicht noch nicht reif waren. Ohne Existenz hormonaler Faktoren läßt sich auch das Ergebnis der Transplantationsversuche BODENSTEINs (1933) nicht erklären; ein Raupenbein von *Vanessa urticae* des vierten Stadiums in eine andere Raupe des gleichen, aber älteren Stadiums transplantiert, vollzieht die Häutung zu demselben Zeitpunkt wie der Wirt, also früher als normal. Transplantationen zwischen verschiedenen Arten ergaben dasselbe Resultat, das ohne Annahme von im Blut zirkulierenden Häutungshormonen nicht erklärt werden kann. Die Quelle dieser Häutungshormone (bei *Rhodnius*) befindet sich nun nach WIGGLESWORTH (1934) im Kopf. Durch Köpfungen der Larvestadien von *Rhodnius prolixus* zu verschiedenen Zeitpunkten nach den Häutungen konnte WIGGLESWORTH nämlich zeigen, daß das Vorhandensein des Kopfes während einer gewissen Zeit nach einer Häutung zur nachfolgenden Häutung notwendig ist. Wird der Kopf bevor dem kritischen Zeitpunkt entfernt, können die kopflosen Larven zwar lange Zeit leben — sie häuten sich aber nicht. Larven, deren Köpfe nach dem kritischen Zeitpunkt abgeschnitten werden, häuten sich dagegen normal. Durch Verschmelzen von geköpften Larven verschiedener Stadien zeigte WIGGLESWORTH auch, daß der Eintritt der Häutung auch bei *Rhodnius* von im Blut

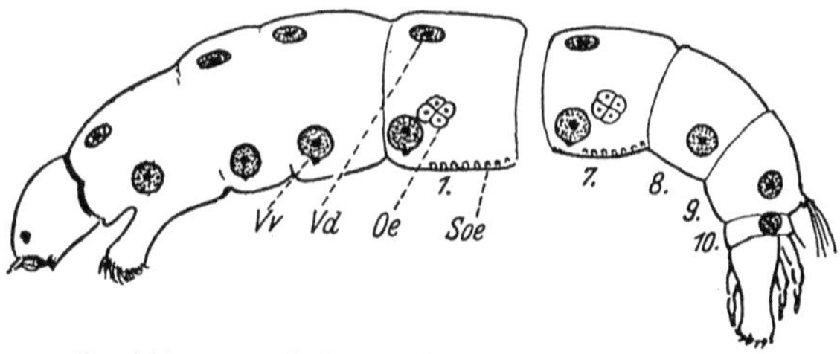

Abb. 7. *Syndiamesa Branicki*, metamerische Anordnung der ventralen (*Vv*) und dorsalen (*Vd*) Versondrüsen und der Oenocyten (*Oe*) einer reifen Weibchenlarve; *Soe* die Synoenocyten; 1—10 Nummern der Abdominalsegmente (halbschematisch). (Nach ZAVREL.)

befindlichen Stoffen reguliert wird; nach einer mündlichen Mitteilung hat WIGGLESWORTH aber entgegen früheren Vermutungen nach seinen letzten Experimenten keine überzeugenden Beweise dafür erhalten, daß die larvalen Häutungshormone von den Corpora allata stammen sollten.

Auch beim Eintritt des Puppenstadiums der Insekten sind Hormone tätig. Durch Teilung von zur Verpuppung bereiten Insektenlarven *(Lymantria dispar, Ephestia kühniella, Calliphora erythrocephala, Drosophila)* mittels einer Ligatur zeigten KOPEČ (1922), FRAENKEL (1934, 1935), BODENSTEIN (1936) und KÜHN-PIEPHO (1936), daß — wenn die Operation genügend früh stattfindet — nur die Vorderteile der Larven sich verpuppen; findet sie später statt, verpuppen sich auch die Hinterteile. Die Verpuppung der Hinterteile im letzten Falle wird nach FRAENKEL auch vollzogen, wenn die nervöse Verbindung zwischen Vorder- und Hinterkörper unterbrochen wurde, was auf ein im Vorderteil des Körpers befindliches inkretorisches Organ hinweist. Nach gewissen Autoren (KOPEČ 1922, TIRELLI 1934) sollte das „Verpuppungszentrum" gerade im Gehirn liegen, nach FRAENKEL (1935) wenigstens in der unmittelbaren Nähe des „Ganglions" von *Calliphora* und nach KÜHN-PIEPHO (1936) „im Gehirn oder einer ihm anliegenden Gruppe von Drüsenzellen mit innerer Sekretion", während VON BUDDENBROCK (1930) die „großen Zellen" der VERSONschen Drüsen als verantwortlich für die Produktion der Verpuppungshormone hält. Die VERSONschen

Drüsen gehören zu einer Gruppe von Organen, die Hautdrüsen sind und zuerst von WIELOWIEJSKI (1886) und VERSON (1890) bei Chironomiden und *Bombyx mori* als dreierlei Sorten von Hautdrüsen unterschieden wurden, die in der neuen Übersichtsarbeit von ZAVREL (1935) als *Oenocyten, Synoenocyten* und *Versondrüsen* genannt werden (Abbild. 7 und 8). Insbesondere die Versondrüsen werden allgemein in Beziehung zu den Häutungen gesetzt, wobei schon ANGLAS (1901) und VERSON (1911) an eine inkretorische Funktion derselben glauben. Das Vorhandensein einer solchen Funktion wird auch in den letzten Arbeiten auf diesem Gebiet sowohl für die eigentlichen Oenocyten (die „larvalen Oenocyten"; ALBRO 1930, ZAVREL 1935) und die Synoenocyten (ZAVREL 1935) als für die Versondrüsen (HOOP 1933, ZAVREL 1935) behauptet, obgleich SCHÜRFELD (1935) das Ergebnis und die Hypothese BUDDENBROCKs verneint; nach ihm ist die große Zelle der Versondrüse nur eine Häutungsdrüse ohne innere Sekretion, die zur Abscheidung des Häutungswassers zwischen der alten und neuen Hypodermis dient. Nach WIGGLESWORTH (1934: 1) produziert die Versondrüse dabei Substanzen („proteinase" und „chitinase"), die die alte Kutikula digerieren.

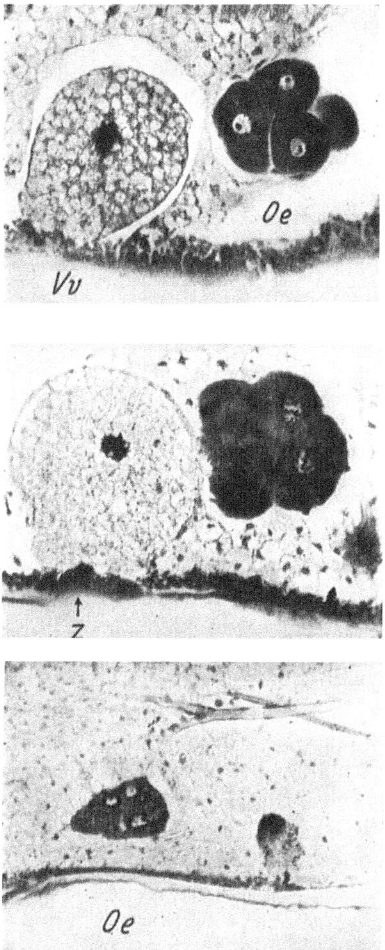

Abb. 8. Drei nacheinanderfolgende Stadien der ventralen Versondrüsen (*Vv*) und Oenocyten (*Oe*) von *Syndiamesa Branicki* während der Nymphose. Nach unten schon schlüpfende Puppe. (Nach ZAVREL.)

Früher als bei den Schmetterlingen und Fliegen ist das Geschehen der Metamorphose wiederum bei den Hemipteren *(Rhodnius)* von WIGGLESWORTH (1934, 1936) klargelegt. Gleich wie bei den Larvenhäutungen von *Rhodnius* konnte WIGGLESWORTH zeigen, daß auch die letzte Häutung, die „Metamorphosehäutung", von einem Faktor im Kopf abhängig ist. Dekapitation von *Rhodnius* innerhalb der ersten Tage nach der den Zeitpunkt der Metamorphosehäutung bestimmenden Fütterung verhindert diese Häutung, eine später stattgefundene

Dekapitation dagegen nicht. Wird ferner eine Larve z. B. von dem 1. Stadium mit einer zur Metamorphosehäutung bereiten Larve des 5. Stadiums in einer solchen Weise vereinigt, wie von der Abb. 9 gezeigt wird, vollzieht die erstgenannte junge Larve keine gewöhnliche Larvenhäutung, sondern eine Metamorphosehäutung, und ein Zwergimago wird gebildet. Die Metamorphosehäutung wird also von im Blut befindlichen Stoffen verursacht und beruht nicht auf einem bestimmten Zustand der Larvenzellen — der metamorphosebedingende Faktor muß auch ein anderer sein als der, welcher die gewöhnlichen Larvenhäutungen bedingt. Durch eine Reihe von sinnreichen Versuchen zeigte WIGGLESWORTH weiter, „daß im Blut aller Larvenstadien ein Faktor vorhanden ist, der Metamorphose auslöst. Die Larvenhäutung kommt aber zustande, indem ein zweiter Faktor in Wirksamkeit tritt, der den ersten, den Metamorphosefaktor, unterdrückt. Nur im letzten Larvenstadium fehlt dieser Hemmungsfaktor, so daß nun die Metamorphose ausgelöst wird" (BODENSTEIN 1936). Die Produktion des Metamorphosehormones bei *Rhodnius* wird von WIGGLESWORTH auf das Corpus allatum zurückgeführt. Schließlich hat WIGGLESWORTH nach mündlicher Mitteilung in noch nicht veröffentlichten Versuchen gezeigt, nicht nur, daß das Häutungshormon nicht artspezifisch ist, sondern auch, daß erwachsene Insekten (die sich normal nicht häuten) eine überzählige Häutung vollziehen, wenn sie durch Vereinigung mit Larven genügende Mengen des Häutungshormones erhalten. Das Blut von *Rhodnius*-Larven verursacht also eine überzählige Häutung bei erwachsenen *Cimex*.

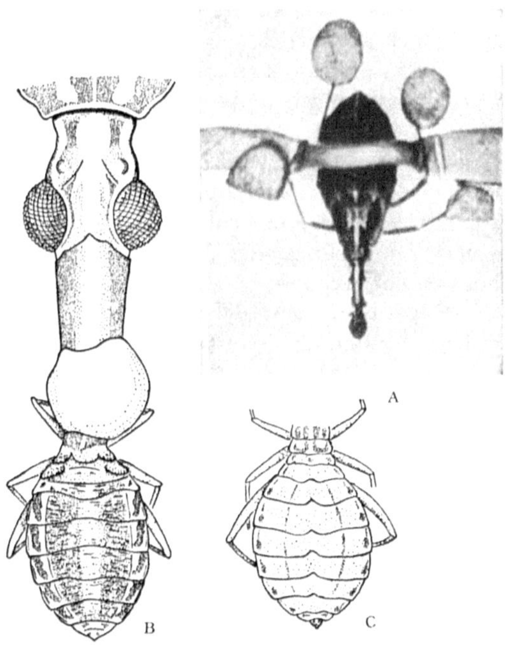

Abb. 9. A Vereinigung einer *Rhodnius*-Larve des 1. Stadiums mit einer solchen des 5. Stadiums. B Aus dieser Vereinigung entstandener Zwergimago, verglichen mit C einer normalen Larve des 2. Stadiums. (Nach WIGGLESWORTH aus BODENSTEIN.)

Daß auch bei den holometabolen Lepidopteren Häutungs- und Verpuppungshormone verschieden sind, geht mit großer Wahrscheinlichkeit aus einem Experiment von BODENSTEIN (1933) hervor. Ein Raupenbein des letzten Stadiums, das also zur Verpuppung bereit war, wurde in das vorletzte Stadium transplantiert und vollzog hier synchron mit dem Wirt eine überzählige Larvenhäutung, also keine ihm eigentlich zukommende Verpuppungshäutung. Schließlich sind bei der Differenzierung der Puppe zum Imago ebenfalls Hormone tätig, die nach HACHLOW (1931) und BODENSTEIN (1936) im Vorderteil des Körpers ihre Quelle haben sollten, nach HACHLOW wahrscheinlich ventral im Thorax. Während der postembryonalen Entwicklung der Insekten gibt es demnach eine ganze Reihe von ineinandergreifenden hormonalen Reaktionen, die teils die larvalen Häutungen, teils die Puppen- und Metamorphosehäutungen regulieren.

Von möglichen inkretorischen Organen der Insekten sind außer den Corpora allata schon die Oenocyten, Synoenocyten und Versondrüsen erwähnt (S. 170). Dazu kommen noch die *Fettkörper (das Corpus adiposum)*, die nach IWANOFF-MESTSCHERSKAJA (1935) Stoffe enthalten, die nicht artspezifisch sind und unreife Ovarien physiologisch in reife zu verwandeln vermögen, eine Verwandlung, die nicht mit Extrakten von reifen Ovarien der Insekten, wohl aber auch mit Hinterlappenhormon der Hypophyse erzielt werden konnte. Mit diesem Ergebnis kann das Experiment von BYTINSKI-SALZ (1933) zusammengestellt werden, welche Autoren die Ovarien einer Sphingidenhybridenpuppe, die infolge ihrer genetischen Konstitution die Entwicklung im Puppenstadium beendigen, in die Puppe der normalen Elternart transplantierten. Unter dem Einfluß des Körpers des Wirtes bildete sich das unentwickelte Ovar normal aus.

Die *Fettkörper* entstehen aus Anlagen, die sich von der Ventralwand der Coelomsäckchen abgliedern und deshalb ursprünglich segmental angeordnet sind. Später verschmelzen die Anlagen und die Fettkörper werden in einer visceralen und einer parietalen Schicht gefunden (SCHMIEDER 1928, WEBER 1933). Die Zellen der Fettkörper bilden oft Synzytien, sie zeigen insbesondere bei den holometabolen Insekten tiefgreifende Veränderungen während der Entwicklung, enthalten außer Fetttröpfchen mehrere andere Arten von Einschlüssen (Glykogen, Eiweiß) und haben zuweilen einen sehr unregelmäßig gestalteten Kern, dessen Form mit der lebhaften sekretorischen Tätigkeit in Beziehung gesetzt werden kann.

Auf Grund von anatomisch-histologischen Erwägungen betrachtet ferner DE LERMA (1933; vgl. BERLESE 1908!) die *Pharyngealkörper* „corpi faringei") der Orthopteren, die sonst meistens als Ganglien aufgefaßt werden *(„Pharyngealganglien")*, als inkretorische Bildungen, eine Auffassung, die durch PFLUGFELDERs (1937) Untersuchungen über dieselben Organe der Hemipteren gestützt wird. Nach PFLUGFELDER kommen nämlich in den sog. Pharyngealganglien der genannten Insekten keine Ganglienzellen, sondern Zellen mit sekreterfüllten Vakuolen vor. Da diese Organe ferner mit dem Dorsalgefäß intim verbunden sind, werden sie von PFLUGFELDER die *„Corpora cardiaca"* genannt.

Die Corpora cardiaca werden nach demselben Autor gemeinsam mit den Corpora allata von einem Nerv versorgt, dessen Neurone im Pars inter-

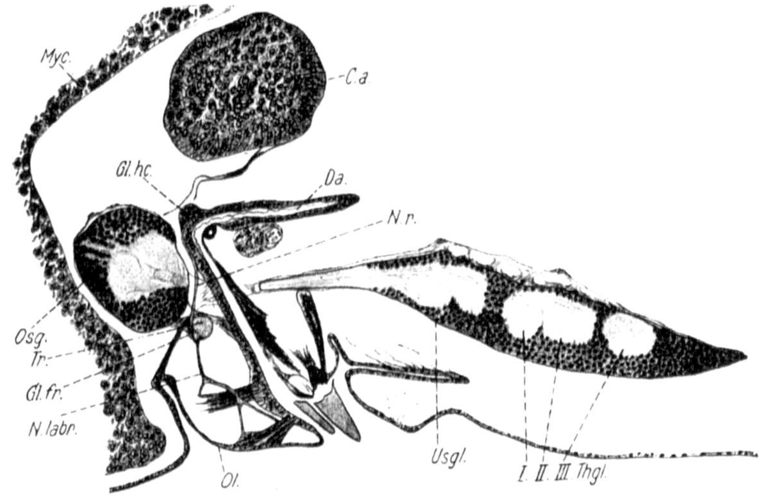

Abb. 10. Sagittalschnitt durch das Nervensystem eines Weibchens von *Lecanium*. *C. a.* Corpus allatum; *Da.* Darm; *Gl. fr.* Ganglion frontale; *Gl. hc.* Ganglion hypocerebrale; *Myc.* Mycetom; *N. labr.* Labralnerv; *Ol.* Oberlippe; *Tr.* Tritocerebrum; *Usgl.* Unterschlundganglion; *I. III. Thgl.* I.—III. Thorakalganglion. (Nach PFLUGFELDER.)

cerebralis des Protocerebrums liegen. Nach BADEN (1936) werden die Pharyngealganglien durch Evagination von dem Stomodeum gebildet.

Am besten bekannt unter den möglichen oder erweißlichermaßen inkretorischen Organen der Insekten sind gerade die *Corpora allata*, die nach PFLUGFELDER (1937) bei den Cocciden paarig sind, einen ausgeprägten Geschlechtsdimorphismus zeigen und sogar bei den Weibchen größer als das Gehirn werden (Abb. 10 und 11). Die Entwicklung der Corpora allata wurde von HEYMONS (1895 bis 1899) beschrieben, die Morphologie und Histologie eingehend von NABERT (1913; vgl. auch BERLESE 1908, STRINDBERG 1913, HOLMGREN 1916, ILO 1918, LERMA 1932, WIGGLESWORTH 1934, MELLANBY 1936 und GRAICHEN 1936!). Nach HEYMONS und NABERT sind die Corpora allata folgendermaßen zu definieren: sie nehmen ihren Ursprung an der Ventralfläche der Maxillenbasis in Form zweier Einstülpungen, die später dorsalwärts

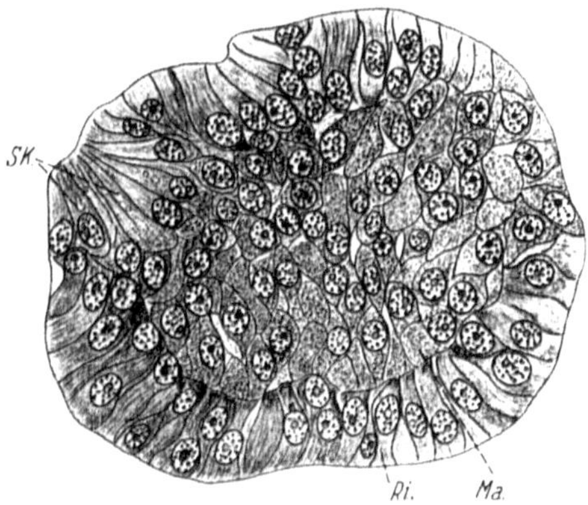

Abb. 11. Corpus allatum eines Weibchens von *Lecanium*. *Ma.* Mark; *Ri.* Rinde; *Sk.* Sekretkapillaren. (Nach PFLUGFELDER.)

rücken und sich schließlich der Aorta und dem Schlunde anlegen (bestätigt bei *Rhodnius* von MELLANBY 1936). Da indessen die Embryologie der als Corpora allata beschriebenen Bildungen nur in wenigen Fällen bekannt ist, kann es bezweifelt werden, daß alle Organe, die NABERT in seiner ausführlichen und gründlichen Untersuchung behandelt, wirklich wahre Corpora allata sind (HOLMGREN 1916).

Die Corpora allata können entweder paarig oder unpaar sein (bei *Rhodnius* und anderen Landwanzen unpaar; PFLUGFELDER 1937), wobei die Paarigkeit den ursprünglichen Zustand bildet. Sie kommen immer in der Nähe der paarigen sympathischen Ganglien (der Pharyngealganglien, bzw. lateralsympathischen Ganglien oder Corpora cardiaca) vor und zeigen auch immer eine intime Lagebeziehung zu trachealen Bestandteilen und zu der Aorta. Die Lage ist eine asymmetrische, im Kopf, im Hals oder im vorderen Teil des Thorax. In der Größe lassen sich Altersschwankungen und, wie besonders WIGGLESWORTH gezeigt hat, zyklische, mit den Häutungen verbundene Veränderungen beobachten. Die Corpora allata sind durch ihre intensive Färbbarkeit, durch Vakuolen, chromatinreiche Kerne und eine gewöhnlich synzytiale Struktur ausgezeichnet. Sie werden von Nerven versorgt, die nach älteren Angaben von den paarigen sympathischen Ganglien ausgehen (bei *Rhodnius* durch unpaare Bildung ersetzt). Nach PFLUGFELDER (1937) stellt aber der Nerv der Corpora allata nur einen Zweig des gemeinsamen Hauptnerven dar, der sowohl zu den Corpora cardiaca (den „paarigen sympathischen Ganglien") als auch zu den Corpora allata zieht.

Im Corpus allatum hat nun WIGGLESWORTH (1934, 1936) das während der postembryonalen Entwicklung von *Rhodnius* tätige Metamorphosehormon lokalisiert. Dazu kommt aber noch, daß nach demselben Autor (1935, 1936) das Corpus allatum auch bei den erwachsenen Tieren wirksam ist, indem reife Weibchen, bei denen Gehirn und Corpus allatum exstirpiert sind, keine reifen Eier entwickeln, während Weibchen ohne Gehirn, aber mit funktionierendem Corpus allatum, normale Eier erzeugen. In Übereinstimmung damit stimuliert Blut von Tieren mit dem Corpus allatum (auch von anderen Arten) die Eientwicklung in Tieren, bei denen dieses Organ exstirpiert war. Das Corpus allatum ist ferner notwendig für die normale Tätigkeit der akzessorischen Geschlechtsdrüsen der Männchen. Dagegen gelang es WIGGLESWORTH nicht, mit dem Häutungshormon die Eibildung zu stimulieren, und auch nicht, mit dem Eibildungshormon die Häutung zu befördern. Das kleine Corpus allatum von *Rhodnius* muß demnach wahrscheinlich wenigstens zwei Hormone erzeugen, das Metamorphosehormon und das gonadotrope Hormon. Dieses Verhältnis erinnert an die Produktion von mehreren verschiedenen Hormonen in den Augenstielen der Crustaceen (vgl. S. 206!), in welchem Zusammenhang erwähnt werden kann, daß auch im Kopf der Insekten (zuweilen ebenfalls im Thorax) Stoffe produziert werden (S. 185), die physiologisch an die

Farbwechselhormone der Crustaceen erinnern und auf die Bewegungen der Chromatophoren dieser Tiere einwirken.

Literatur.

ALBRO: A cytological study of the changes occurring in the oenocytes of *Galerucella nymphaeae* LINN. during the larval and pupal periods of development. J. Morph. a. Physiol. **50** (1930).

ANGLAS: Observations sur les métamorphoses internes de la Guêpe et de l'Abeille. Bull. Sci. France et Belg. **34** (1901).

BADEN: Embryology of the nervous system in the grasshopper *Melanoplus differentialis* (Acridiae, Orthoptera). J. of Morph. **60** (1936).

BERLESE: Gli Insetti. 1908.

BODENSTEIN: (1) Experimentell erzeugte Doppelbildungen von Lepidopterenbeinen. Zool. Anz. **102** (1933).

— (2) Beintransplantationen an Lepidopterenraupen. I. Arch. Entw.mechan. **128** (1933).

— (3) Beintransplantationen an Lepidopterenraupen. II. Arch. Entw.mechan. **130** (1933).

— (4) Zur Frage der Bedeutung hormoneller Beziehungen bei der Insektenmetamorphose. Naturwiss. **21** (1933).

— (5) Untersuchungen zur Analyse des Häutungsproblemes. Forschgn u. Fortschr. **10** (1934).

— (6) Beintransplantationen bei Lepidopterenraupen. III. Arch. Entw.-mechan. **133** (1935).

— (7) Das Determinationsgeschehen bei Insekten mit Ausschluß der frühembryonalen Determination. Erg. Biol. **13** (1936).

BUDDENBROCK, VON: (1) Beitrag zur Histologie und Physiologie der Raupenhäutung mit besonderer Berücksichtigung der VERSONschen Drüsen. Z. Morph. u. Ökol. Tiere **18** (1930).

— (2) Über das Vorkommen innersekretorischer Drüsen bei Insekten. Forschgn u. Fortschr. **6** (1930).

— (3) Untersuchungen über die Häutungshormone der Schmetterlingsraupen. II. Z. vergl. Physiol. **14** (1931).

BYTINSKI-SALZ (1933): l. c. S. 163.

FRAENKEL: (1) Pupation of Flies initiated by a Hormone. Nature (Lond.) **133** (1934).

— (2) A Hormone causing Pupation in the Blowfly *Calliphora erythrocephala*. Proc. roy. Soc. Lond. B **118** (1935).

GRAICHEN: Das Zentralnervensystem von *Nepa cinerea* mit Einschluß des sympathischen Nervensystems. Zool. Jb., Abt. Anat **61** (1936).

HACHLOW: Zur Entwicklungsmechanik der Schmetterlinge. Arch. Entw.-mechan. **125** (1931).

HEYMONS: Über bläschenförmige Organe bei den Gespenstheuschrecken. Sitzgsber. Akad. Wiss. Berlin **1899**.

HOLMGREN: Zur vergleichenden Anatomie des Gehirns von Polychaeten, Onychophoren usw. Kgl. Sv. Vetensk. Handl. **56** (1916).

HOOP: Häutungshistologie einiger Insekten. Zool. Jb., Abt. Anat. **57** (1933).

ILO: On the glandular nature of the corpora allata of the Lepidoptera. Bull. Imp. Tokyo Sericult. Coll. **1** (1918).

IWANOFF-MESTSCHERSKAJA (1935): l. c. S. 148.

KEMPER: Beiträge zur Biologie der Bettwanze *(Cimex lectularius)*. II. Über die Häutung. Z. Morph. u. Ökol. Tiere **22** (1931).

KOLLER (1929): l. c. S. 148.

Kopeć (1922): (1) l. c. S. 165.
— (2) Studies on the necessity of the brain for the inception of insect metamorphosis. Biol. Bull. Mar. biol. Labor. Wood's Hole **42** (1922).
— (3): The influence of the nervous system on the development and regeneration of muscles and integument in insects. J. of exper. Zool. **37** (1923).
Korschelt: Regeneration und Transplantation. Berlin 1931.
Kühn-Piepho: Über hormonale Wirkungen bei der Verpuppung der Schmetterlinge. Ges. Wiss. Göttingen, Nachr. Biol. **2** (1936).
Lerma: (1) Osservazioni sui corpora allata del *Grillotalpa*. Arch. Zool. ital. **17** (1932).
— (2): I corpi faringei degli ortotteri. Prova sicura della esistenza di glandole endocrine negli atropodi. Rend. Sci. Fis., Mat., Nat. Accad. Lincei Roma, VI. s. **17** (1933).
Mellanby: The later embryology of *Rhodnius prolixus*. Quart. J. microsc. Sci. **79** (1936).
Millot: Le tissu réticulé du cephalo-thorax des Aranéides et ses dérivés: néphrocytes et cellules endocrines. Archives Anat. microsc. **26** (1930).
Murray-Tiegs: The metamorphosis of *Calandra orytzae*. Quart. J. microsc. Sci. **77** (1935).
Nabert: Die Corpora allata der Insekten. Z. Zool. **104** (1913).
Pflugfelder: Vergleichend-anatomische, experimentelle und embryologische Untersuchungen über das Nervensystem und die Sinnesorgane der Rhynchoten. Zoologica (Stuttgart) **34** (1937).
Schmieder: Observation on the fat-body in Hymenoptera. J. Morph. a. Physiol. **45** (1928).
Schürfeld: Die physiologische Bedeutung der Versondrüsen, untersucht in Zusammenhang mit ihrem feineren Bau. Arch. Entw.mechan. **133** (1935).
Steopoe-Dornesco: Études sur le système nerveux des insectes pendant la métamorphose. La gaine périganglionnaire. Archives de Zool. **78** (1936).
Strindberg: Embryologische Studien an Insekten. Z. Zool. **106** (1913)
Tirelli: Le attuali conoscenze fisiologiche sulla olometabolia degli Insetti. Riv. Biol. **16** (1934).
Verson: (1) Postlarvale Neubildung von Zelldrüsen beim Seidenspinner. Zool. Anz. **15** (1892).
— (2) Beitrag zur Oenocytenliteratur. Zool. Anz. **23** (1900).
— (3) Observations on the structure of the exuvial glands and the formation of the exuvial fluid in insects. Zool. Anz. **25** (1902).
— (4) Zur Kenntnis der Drüsenzellen (sog. innerer Sekretion), welche in den Blutlakunen der Insekten vorkommen. Zool. Anz. **38** (1911).
Weber: Lehrbuch der Entomologie. Jena 1933.
Wielowiejski: Über das Blutgewebe der Insekten. Z. Zool. **43** (1886).
Wigglesworth: (1) The physiology of the cuticle and of ecdysis in *Rhodnius prolixus* (Triatomidae, Hemiptera); with special reference to the function of the oenocytes and of the dermal glands. Quart. J. microsc. Sci. **76** (1934).
— (2) The physiology of ecdysis in *Rhodnius prolixus* (Hemiptera). II. Factors controlling moulting and „Metamorphosis". Quart. J. microsc. Sci. **77** (1934).
— (3) Insect Physiology. London 1934.
— (4) Functions of the Corpus allatum of Insects. Nature (Lond.) **136** (1935).
— (5) The Function of the Corpus Allatum in the Growth and Reproduktion of *Rhodnius prolixus* (Hemiptera). Quart. J. microsc. Sci. **79** (1936).
Zavrel: Endokrine Hautdrüsen von *Syndiamesa branicki* Now. (Chironomidae). Publ. Fac. Sci. Univ. Masaryk **1935**.

III. Internephridialorgan von Physcosoma. „Herzhormone“ der Mollusken.

Ein sehr interessantes Organ der Wirbellosen, das mit dem Interrenalorgan der Vertebraten mehrere Analogien darbietet, ist von HARMS (1919) beschrieben. Bei dem zu den Gephyreen gehörenden Wurm *Physcosoma* gibt es nur ein Paar Nephridien; diese sind nach HARMS wahrscheinlich aus ursprünglich zwei Segmentalorganen verschmolzen, von dem eines das Nephrostom und den Flimmerkanal, das andere den Endschlauch, die Endblase und den Ausführungsgang geliefert hat. Der Endschlauch hat innen ein hohes Nierenepithel mit exkretorischer

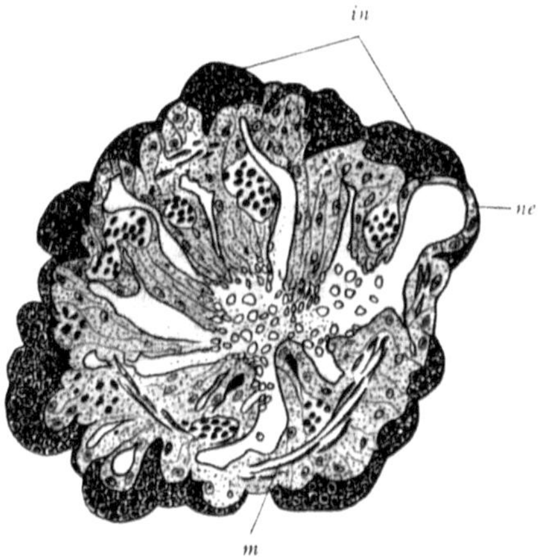

Abb. 12. Schnitt durch den Nephridienschlauch mit Internephridialorgan von *Physcosoma lanzarotae*. *in* Internephridialorgan; *ne* Nierenepithel; *m* Muskulatur. (Nach HARMS.)

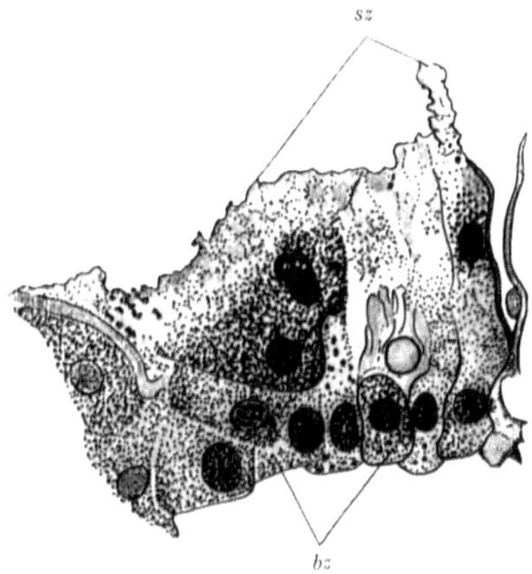

Abb. 13. Zellen des Internephridialorganes von *Physcosoma* im Stadium der Sekretion. *bz* basale Zellen des Organes; *sz* in die Blutflüssigkeit sezernierende Zellen. (Nach HARMS.)

Funktion; es enthält auch einzelne Muskelfasern. In dem Teil des Schlauches, der die Endblase direkt fortsetzt, wird das Nephridium von einem zarten Peritonealepithel überzogen, und die letzten zwei Drittel des Schlauches enthalten zwischen diesem und dem Nierenepithel das Internephridialorgan (Abb. 12). Die Zellen des Internephridialorganes umkleiden in mehrfacher Schicht die Nierenacini, sind polygonal gestaltet und mit einem Sekret angefüllt, das feinkörnig ist und sich je nach der Reife verschieden verhält. Das reife Sekret besteht zum kleineren Teil aus lipoiden Kugeln, die sich mit Sudan III färben und mit Osmium schwärzen lassen, in Äther und Chloroform löslich sind und sich also ähnlich wie die Lipoide des Interrenalorgans der Vertebraten verhalten. Die meisten Granula des Internephridialorganes sind dagegen stark lichtbrechend und nicht in den genannten Chemikalien löslich, färben sich intensiv mit Heidenhain, Safranin und Säurefuchsin und sollen aus einem nucleinähnlichen Stoff bestehen. Die gereiften Sekretgranula werden an der Außenseite des Schlauches in die Leibeshöhle direkt ins Blut entleert (Abb. 13).

Durch zweckmäßige Operationen gelang es HARMS (1919, 1921) zu zeigen, daß das Internephridialorgan von *Physcosoma* eine lebenswichtige Funktion besitzt. Nach Entfernung des Endschlauches beider Nephridien, soweit das Internephridialorgan sich erstreckt, gehen die operierten Tiere in wenigen Tagen zugrunde. Entfernt man aber einen Endschlauch mit dem Internephridialorgan vollständig, während man am anderen ein kleines Stückchen beläßt, erholen sich die Tiere bald, und das restierende Internephridialorgan hypertrophiert. Werden schließlich beide Schläuche mit dem betreffenden Organ entfernt und ein Stückchen desselben transplantiert, so erholen sich die Tiere, falls die Transplantation gelungen war. Auch Tiere, bei denen die beiden Internephridialorgane exstirpiert waren und die dann mit einem normalen Tier parabiotisch vereinigt wurden, blieben am Leben. Wie HARMS schreibt, scheint es demnach über allen Zweifeln erhaben zu sein, daß wir wirklich in dem Internephridialorgan von *Physcosoma* einen Fall von innerer Sekretion haben, „wie man sie klarer sich nicht gut vorstellen kann".

In diesem Zusammenhang können füglich die von HABERLANDT (1930) ausgeführten Untersuchungen über das Vorkommen von „Herzbewegungshormonen" bei Mollusken referiert werden. Ein isoliertes Herz von *Helix pomatia*, das in Ringerlösung zum Stillstand gekommen war, blieb im Extrakt von Sohlenmuskel fortdauernd schlaglos, begann aber mit rhythmischer Schlagfolge in einem alkoholischen oder wässerigen Extrakt von Schneckenherzen. Auch ein aus Rinderherzen gewonnenes „Herzhormonpräparat" wirkte in Verdünnungen von 1:1 Milliarde auslösend, beschleunigend und verstärkend auf den Puls. Verdünnte Adrenalinlösungen vermochten ebenfalls schwache Konktraktionen auszulösen; das „Herzhormon" sollte aber nicht mit Adrenalin identisch sein, obgleich dieser Stoff auch bei den Wirbellosen vorkommen wird (S. 223). In derselben Weise wie das Herz von *Helix* schlugen ganze isolierte Herzen von *Aplysia* in Leibesflüssigkeit nur kurze Zeit, begannen aber rhythmisch und spontan zu pulsieren, wenn sie in einen Extrakt eines großen Aplysienherzens übertragen wurden, der mit Leibesflüssigkeit hergestellt war. Das auslösende Moment für die Herzbewegung ist also nach HABERLANDT (1930) auch bei den Wirbellosen der chemische Reiz eines Herzerregungsstoffes.

Literatur.

HABERLANDT: (1) Herzhormon-Untersuchungen bei Wirbellosen. Anz. Akad. Wiss. Wien, Math.-naturwiss. Kl. **1930**, Nr 12.

— (2) Herzhormon-Untersuchungen an Wirbellosen. Münch. med. Wschr. **77** (1930).

— (3) Herzhormon-Untersuchungen an wirbellosen Tieren. Forschgn u. Fortschr. **6** (1930).

— (4) Über ein Hormon der Herzbewegung. Versuche an Wirbellosen. Pflügers Arch. **225** (1930).

HARMS: (1) Experimentell-morphologische Untersuchungen über ein neues nebennierenrindenähnliches Organ bei einem Wirbellosen (*Physcosoma* sp.) im Vergleich zum Interrenalorgan der niederen Wirbeltiere. Sitzgsber. Ges. Beförd. ges. Naturwiss. Marburg **1919**, Nr 8.
— (2) Morphologische und kausal-analytische Untersuchungen über das Internephridialorgan von *Physcosoma lanzarotae* nov. spec. Arch. Entw.-mechan. **47** (1921).

IV. Der Farbwechsel und die hinteren Speicheldrüsen der Cephalopoden. Das Corpus branchiale und die Pericardialdrüse der Cephalopoden.

Seitdem PARKER (1931) gezeigt hat, daß die Angabe VON UEXKÜLLs (1896) über das Vorhandensein eines physiologischen Farbwechsels unter dem Einfluß wechselnder Beleuchtung bei den Echinodermen (*Arbacia punctulata*, bzw. *A. pustulosa*) nicht korrekt sein könne, ist ein solcher Farbwechsel bei folgenden Gruppen von wirbellosen Tieren bekannt geworden: Hirudineen, Cephalopoden, Crustaceen und Insekten. Bei den Hirudineen (z. B. *Piscicola geometra, Glossosiphonia complanata*), die ja nur niedrig entwickelte Augen, aber dennoch einen Farbensinn besitzen (DENZER 1935), kommt keine Anpassung an die Farbe des Untergrundes vor, sondern die Chromatophoren sind einfach im Lichte expandiert, im Dunkeln kontrahiert (JANZEN 1932, 1933; WELLS 1932); die die Pigmentströmungen regulierenden Kräfte sind übrigens nicht näher untersucht. Die Farbzellen der Crustaceen und Insekten sind nicht innerviert, sondern werden hormonal reguliert (vgl. S. 182 und 186!), während die der Cephalopoden einen ganz besonderen Bau haben und außerdem allein unter den bisher untersuchten Chromatophoren der Wirbellosen mit Nerven versorgt werden.

Das Charakteristische der Chromatophoren der Cephalopoden ist die Tatsache, daß sie Säckchen darstellen, die mit braunem, rotem oder gelbem Pigment angefüllt und selbst nicht zu aktiven Gestaltsveränderungen befähigt sind. Die Expansion und Kontraktion der Chromatophoren wird dadurch möglich, daß eine Anzahl von Muskelzellen an der Peripherie der Farbsäckchen haften, welche Zellen radial und parallel der Oberfläche der Haut angeordnet sind und durch ihre Kontraktion die Chromatophoren in einer ebenen Fläche expandieren (Abb. 14). Wenn die Muskelfasern erschlaffen, nehmen die Chromatophoren infolge der Elastizität ihrer Hülle wieder eine kugelige Form an (BOZLER 1928, 1931). Vom Zentralnervensystem kommende Nervenfasern innervieren die genannten Muskelfasern ohne Zwischenschaltung eines Nervenplexus (HOFMANN 1907, 1910). Durch verschiedene Experimente zeigte BOZLER (1928, 1931), daß die Muskelzellen der Cephalopodenchromatophoren doppelt innerviert sind, und zwar von einer tetanuserregenden und einer tonushemmenden Nervenfaser. Die Chromatophorenexpansion beruht auf einer tetanischen, vom Zentralnervensystem ausgelösten Kontraktion der Muskelfasern.

Soweit die hier gegebene kurze Beschreibung des Baues und der Funktion der Cephalopodenchromatophoren reicht, gibt es keine Veranlassung, diese Organe in Verbindung mit einer Zusammenfassung über hormonale Reaktionen bei den Wirbellosen zu behandeln. Nach einer langen Reihe von Abhandlungen von Sereni (1927—1931) über die Wirkungen von verschiedenen Giften auf die Chromatophoren der Cephalopoden ist dies jedoch der Fall. Die Bewegungen der Chromatophoren sollen nämlich durch drei Arten von nervösen Zentren reguliert werden: 1. die motorischen Zentren (B-Zentren), die wahrscheinlich in den verschiedenen Unterschlundganglien liegen; 2. das übergeordnete

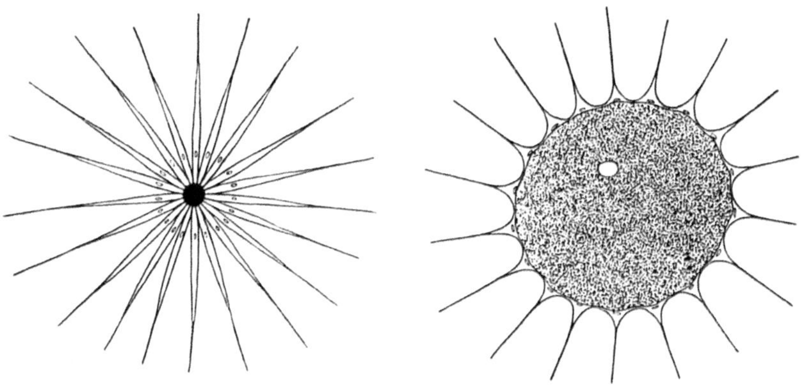

a b

Abb. 14a und b. Chromatophoren der Cephalopoden mit ansitzenden Muskelfasern. In a sind diese erschlafft, in b maximal kontrahiert. (Nach Bozler.)

allgemeine Zentrum der Färbung (A-Zentrum), das wahrscheinlich in den zentralen Ganglien liegt, und 3. ein Zentrum, das die Färbung hemmt (C-Zentrum), das seinerseits wahrscheinlich in den Cerebralganglien seinen Platz hat. Die Chromatophoren sind also der regulierenden Wirkung von antagonistischen erregenden und hemmenden Zentren unterworfen, wobei aber der Tonus dieser Zentren und auf diesem Wege der Expansionsgrad der Chromatophoren von im Blut zirkulierenden Stoffen beeinflußt werden. Eines dieser Stoffe, das Tyramin (Henze 1905, 1913), ist ein normales Produkt des Stoffwechsels der hinteren Speicheldrüse (der „Giftdrüse"), wird auch im Blut angetroffen und wirkt erregend auf die B-Zentren oder auf die Endigung derjenigen Fasern, die ihnen von dem A-Zentrum zulaufen. In dieser Hinsicht muß auch die genannte hintere Speicheldrüse zu den inkretorischen Organen gerechnet werden.

Außer der schon erwähnten hinteren Speicheldrüse gibt es bei den Cephalopoden eine ganze Reihe von anderen Organen, die mit größerer oder kleinerer Berechtigung als inkretorische Organe bezeichnet worden sind. Es sind dies die Gonaden (S. 153), das Ganglion stellatum (S. 221), das Corpus subpedunculare (S. 220), das Corpus branchiale oder die „Kiemenmilz", bzw. die Kiemenbanddrüse, und die Pericardialdrüse.

Das *Corpus branchiale* (HUTCHINSON 1928, SERENI 1930) wird bei allen dibranchiaten Cephalopoden gefunden, liegt unter der Kieme und besteht aus Bindegewebe und wahrscheinlich synzytialen Zellen mit Vakuolen und eosinophilen Granula; es wird reichlich mit Kapillaren versorgt und besitzt keinen Ausführungsgang. Nach Wegnahme des einen Paarlings werden keine Ausfallserscheinungen bemerkt, aber die verbliebene Drüse hypertrophiert. Werden dagegen beide Organe entfernt und die Tiere die Operation überleben, so sistiert das Wachstum. Das Corpus branchiale soll also für das normale Wachstum nötig sein.

Auch die *Pericardialdrüse* der Cephalopoden, die mikroskopisch den Bau einer Drüse besitzt und einen Anhang des Kiemenherzens darstellt, scheint ein inkretorisches Organ zu sein (KESTNER 1931). Sie kommt bei den Mollusken allgemein vor, ist aber nur bei *Sepia officinalis* und Verwandten zu einem isolierten Organ zusammengezogen, das somit exstirpiert werden kann. Wird dann die Drüse beiderseitig entfernt, gehen die Tiere in längstens 4mal 24 Stunden zugrunde; exstirpiert man nur ein Organ, wird die Lebensdauer verlängert. Die Einspritzung von Extrakten der Pericardialdrüse scheint dabei nützlich zu sein.

Literatur.

BACQ: (1) Actions des ions potassium sur la musculature des chromatophores des Céphalopodes. C. r. Soc. Biol. Paris **111** (1932).

— (2) Action de l'ergotamine sur les muscles des chromatophores des Céphalopodes. C. r. Soc. Biol. Paris **111** (1932).

BOZLER: (1) Über die Tätigkeit der einzelnen glatten Muskelfaser bei der Kontraktion. II. Die Chromatophorenmuskeln der Cephalopoden. Z. vergl. Physiol. **7** (1928).

— (2) Über die Tätigkeit der einzelnen glatten Muskelfaser bei der Kontraktion. III. Registrierung der Kontraktionen der Chromatophorenmuskelzellen von Cephalopoden. Z. vergl. Physiol. **13** (1931).

DENZER: Helligkeits- und Farbensinn bei deutschen Süßwasseregeln. Zool. Jb., Abt. allg. Zool. **55** (1935).

HENZE: (1) Chemisch-physiologische Studien an den Speicheldrüsen der Cephalopoden. Zbl. Physiol. **19** (1905).

— (2) p-Oxyphenyläthylamin, das Speicheldrüsengift der Cephalopoden. Hoppe-Seylers Z. **87** (1913).

HOFMANN (1): Histologische Untersuchungen über die Innervation der glatten und der ihr verwandten Muskulatur der Wirbeltiere und der Mollusken. Arch. mikrosk. Anat. **70** (1907).

— (2) Gibt es in der Muskulatur der Mollusken periphere, kontinuierlich leitende Nervennetze bei Abwesenheit von Ganglienzellen? 2. Mitt. Pflügers Arch. **118** (1910).

HUTCHINSON: The branchial gland of the Cephalopoda: a possible endocrine organ. Nature (Lond.) **121** (1928).

JANZEN: (1) Der Farbwechsel von *Piscicola geometra* L. I. Beschreibung des Farbwechsels und seiner Elemente. Z. Morph. u. Ökol. Tiere **24** (1932).

— (2) Über das Vorkommen eines physiologischen Farbwechsels bei einigen einheimischen Hirudineen. Zool. Anz. **101** (1933).

KESTNER: Die Pericardialdrüse von *Sepia officinalis*. Z. vergl. Phyiol. **15** (1931).

Kühn: Über Farbensinn und Anpassung der Körperfarbe an die Umgebung bei Tintenfischen. Nachr. Ges. Wiss. Göttingen **1930**.
Parker: (1) Chromatophores. Biol. Rev. Cambridge philos. Soc. **5** (1930).
— (2) The color changes in the Sea-Urchin *Arbacia*. Proc. nat. Acad. Wash. **17** (1931).
Sereni (1): Ricerche sui cromatofori dei Cefalopodi. Boll. Soc. Biol. sper. **2** (1927) (und in Atti Accad. Lincei, Roma Rend. **6**).
— (2) Ulteriori ricerche sui cromatofori dei Cefalopodi. Boll. Soc. Biol. sper. **2** (1927).
— (3) Sui cromatofori dei Cefalopodi. I. Azione di alcuni veleni in vivo. Z. vergl. Physiol. **8** (1928).
— (4) Sulla innervazione dei Cefalopodi. Boll. Soc. Biol. sper. **3** (1928).
— (5) Correlazioni umorali nei Cefalopodi. Amer. J. Physiol. **90** (1929).
— (6) Sul meccanismo d'azione della veratrina. Boll. Soc. Biol. sper. **4** (1929).
— (7) Sulla funzione delle ghiandole salivari posteriori dei Cefalopodi. Boll. Soc. Biol. sper. **4** (1929).
— (8) Sui cromatofori dei Cefalopodi. II. Azione della Betaina e della Arecolina. Arch. Farmacol. sper. **47** (1929).
— (9) Sui cromatofori dei Cefalopodi. III. Azione di alcuni veleni in vitro. Z. vergl. Physiol. **12** (1930).
— (10) The Chromatophores of Cephalopods. Biol. Bull. Mar. biol. Labor. Wood's Hole **59** (1930).
— (11) Sull'analisi fisiologica del sistema nervoso dei Cefalopodi. Arch. Zool. ital. **16** (1932).
— (12) Sulla funzione del corpi branchiali dei Cefalopodi. Arch. Zool. ital. **16** (1932) [und in Boll. Soc. Biol. sper. **5** (1930)].
Wells: Colour Response in a Leech. Nature (Lond.) **129** (1932).

V. Der inkretorisch bedingte Farbwechsel der Insekten.

Manche Insekten zeichnen sich durch schöne Farben aus, die entweder chemisch bedingte Pigmentfarben oder physikalisch bedingte Strukturfarben sind (Weber 1933). Von ihnen sind in diesem Zusammenhang nur die ersterwähnten von Interesse. Die Pigmentfarben treten entweder in der Kutikula, der Epidermis oder subepidermal auf, wobei die kutikularen gewöhnlich die Hauptrolle spielen. Sie gehören zu den Melaninen, die auch nach dem Tode des Tieres beständig sind, sich meistens ganz oder teilweise nach jeder Häutung unter der Wirkung von Oxydasen durch Sauerstoffaufnahme bilden und außer in der Kutikula auch in der Gestalt von Granula in den Epidermiszellen abgelagert werden können. Die Epidermiszellen enthalten aber auch oft Pigmente anderer Abstammung, die weniger beständig sind, deshalb rasch nach dem Tode ausbleichen, gelb, grün, orange oder rot sind und als Granula oder Tröpfchen auftreten.

Wie bei den Crustaceen kann man auch bei den Insekten einen langsameren morphologischen und einen schnelleren physiologischen Farbwechsel unterscheiden, der bei den Crustaceen immer und bei den Insekten gewöhnlich nach optischen Reizen über die Augen und das Nervensystem abläuft (andere *nur* durch Nahrung, Temperatur oder Feuchtigkeit bedingte Farbenveränderungen werden hier nicht berücksichtigt). Beispiele von solchen Farbwechseln, die in Anpassungen an die Farben des Untergrundes oder in Veränderungen im Anschluß an die Untergrundfarben bestehen, gibt es bei den Orthopteren (FAURE 1932), Phasmiden (ATZLER 1931, GIERSBERG 1928, PRIEBATSCH 1933, JANDA 1935), Lepidopterenlarven (BRECHER 1925, GIERSBERG 1929) und Culiciden (MARTINI-ACHUNDOW 1929).

Bei den Culicidenlarven gibt es nicht nur einen typischen morphologischen, sondern wenigstens bei *Corethra* auch einen schnellen physiologischen Farbwechsel, der indessen in diesem Falle nur die Pigmentzellen der Luftsäcke betrifft (MARTINI-ACHUNDOW 1929). Gleich wie bei den Crustaceen ist die dauernde Einwirkung eines dunklen Raumes auf *Anopheles maculipennis* nicht dieselbe wie die der Haltung auf einem

Abb. 15a—d. a Pigmentverteilung auf einem Luftsack der *Corethra*-Larve auf dunklem Grund. b Übergangszustand nach Überführungen auf weißen Grund. c Endzustand der Pigmentverteilung auf weißem Grund. d Übergangszustand nach Überführung von weißem auf schwarzen Grund. (Nach MARTINI-ACHUNDOW.)

dunkelfarbigen Untergrund. Im letzteren Falle erhielt man Dunkelfärbung der Larven und Puppen, im vorigen ganz hellbraune Exemplare. Auch *Culex pipiens* zeigt eine Farbanpassung an den Untergrund, falls man von ganz jungen Larven aus züchtet, während *Corethra*-Larven auf weißem Grund gezüchtet glashell, auf schwarzem „rauchig-schwärzlich" werden. Dazu kommt bei dieser Gattung eine sehr schnelle Veränderung der auf den Luftsäcken liegenden schwarzen Pigmentzellen, die auf dunklem Untergrund gleichmäßig verteilt und expandiert sind, sich aber rasch nach Überführen auf hellen Grund nicht nur zusammenballen, sondern sogar ihre Lage durch amöboidale Bewegung verändern, so daß sie alle schließlich auf der einen Seite der Luftsäcke konzentriert liegen (Abb. 15). Daß Lichtreize durch die Augen hierbei regulierend eingreifen, ist offenbar; die Versuche von MARTINI-ACHUNDOW machen auch einen Einfluß vom Gehirn mutmaßlich, während eine hormonale Regulation keineswegs ausgeschlossen ist und im Lichte der bei anderen Insekten und den Crustaceen vorkommenden Farbwechselreaktionen wahrscheinlich vorkommt. Eine Innervierung der Farbzellen der Insekten ist nämlich noch nicht nachgewiesen.

Durch verschiedene Versuche (PRZIBRAM 1922; BRECHER 1924, 1925; GIERSBERG 1929) wurde gezeigt, daß Schmetterlingsraupen eine hoch ausgebildete Fähigkeit besitzen, ihre Puppen in bestimmter Weise im

Anschluß an die Farbe der Umgebung zu färben und daß die Augen dabei eine entscheidende Rolle spielen. Werden die Augen durch Ausbrennen oder durch Abschnürung des ganzen Kopfes ausgeschaltet, ergeben solche Raupen in allen Umgebungen die gleichen Puppen wie in Finsternis; werden die Augen von *Pieris brassicae* mit einer durchsichtigen gelben oder blauen Lackfarbe bedeckt, entstehen Puppen von derselben Farbe (grün bzw. dunkel), wie wenn die Raupe sich in gelber oder blauer Umgebung verpuppt hätte (Brecher 1924, 1925). Die Mitwirkung eines im Kopf gelegenen Zentrums ist auch hier gegeben, denn „Kälteformen" werden erzeugt, wenn bei Temperaturversuchen der Kopf kalt, der Leib warm gehalten wird, und umgekehrt. Es kommt also nicht auf die Wärmemenge, sondern auf die Beeinflussung des Kopfes an (Giersberg 1929).

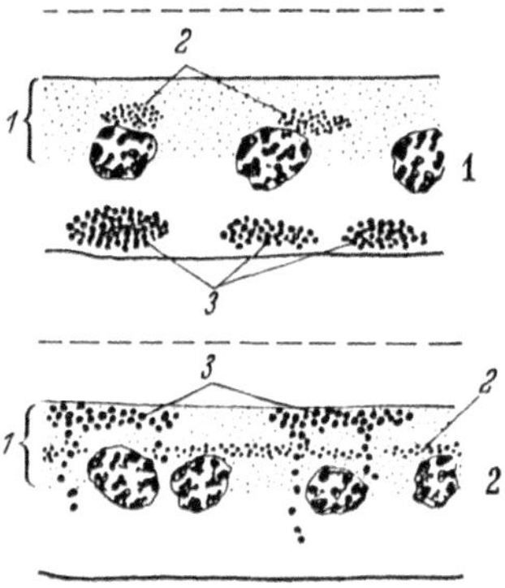

Abb. 16. *1* Hellstellung des Pigmentes von *Dixippus morosus:* 1 Lage des grünen und gelben, 2 des orangeroten, 3 des braunen Pigmentes. *2* Dunkelstellung: 1 Lage des grünen und gelben, 2 des orangeroten, 3 des braunen Pigmentes. Der orangerote Farbstoff hat sich horizontal ausgebreitet, der braune ist horizontal und vertikal gewandert. (Nach Giersberg.)

Bei den Wanderheuschrecken *(Locusta migratoria* und *pardalina)* findet man teils einen individuellen Farbwechsel im Anschluß an die Farbe des Untergrundes, teils einen eigentümlichen und ausgeprägten Unterschied in der Färbung zwischen der solitären, nicht wandernden und der bekannten, in großen Scharen wandernden Phase. Die größere Aktivität der Muskeln und anderer Organe der letztgenannten Phase soll nach Faure (1932) Stoffe („Locustin") produzieren, die die intensivere und dunklere Farbe der „Gregaria-Phase" veranlassen. Ob diese Erscheinungen mit hormonalen Reaktionen verbunden sind, ist noch nicht ernstlich diskutiert, scheint aber gar nicht unwahrscheinlich zu sein.

Bei den den Heuschrecken nahestehenden Phasmiden treten die meisten Autoren der letzten Jahre (Giersberg 1928, 1932; Atzler 1931; Priebatsch 1933; Janda 1935) entschieden für eine hormonale Regulation des bei diesen Insekten vorkommenden morphologischen und physiologischen Farbwechsels ein. *Dixippus morosus* hat in der Hypodermis ein dunkelbraunes, ein orangerotes und ein grünes Pigment (Schleip 1911), wozu noch ein gelbes kommt (Giersberg 1928). Von diesen wandern bei dem physiologischen Farbwechsel die beiden erstgenannten in charakteristischer Weise, während das grüne und das gelbe Pigment eine konstante Lage besitzen (Abb. 16). Die Wanderung des braunen und roten Pigmentes ist von der Belichtung abhängig, so daß die Tiere nachts dunkel, am Tage hell werden, welche Periodizität auch im konstanten Dunkeln sich rhythmisch wiederholt. Bei konstanter Luftfeuchtigkeit und im Licht wirken weiße und hellgelbe Untergrundfarben als helle Flächen, schwarze und rote als dunkle Flächen, weshalb *Dixippus* auf den vorigen hell, auf den letzteren dunkel wird. Bei dem physiologischen Farbwechsel bewirkt Feuchtigkeit in 30—60 Minuten Verdunkelung, Trockenheit in 1—2 Stunden Aufhellung. Wärme bedingt ebenfalls Aufhellung, Kälte Verdunkelung. Äther wirkt verdunkelnd, ebenso Druck- und Wundreize, während Injektion von destilliertem Wasser Verdunkelung, von 2%iger Kochsalzlösung Aufhellung verursacht. Bei Ausschaltung der Augen erlischt der Farbwechsel (PRIEBATSCH 1933), ebenfalls nach Anlegung einer Ligatur in der Partie des Körpers, die hinter dieser liegt (JANDA 1935). Bei dem morphologischen Farbwechsel greifen ebenfalls Lichtreize, die Nahrung und die Temperatur regulierend ein, wobei der morphologische und der physiologische Farbwechsel „zwei Seiten eines Vorganges sind, der abhängig ist von Veränderungen des Stoffwechsels, und zwar höchstwahrscheinlich von einem Wechsel des Hormongehaltes im Blut, von einem Auftreten und Verschwinden von Reizstoffen, die den Apparat des Farbwechsels in Gang setzen" (GIERSBERG 1932).

Bei dem physiologischen Farbwechsel von *Dixippus* sind Temperatur, osmotische, Druck- und Wärmereize direkte, vom Zentralnervensystem unabhängige Reize, die meistens nur lokal wirken, während optische und Feuchtigkeitsreize indirekte Reize sind, die über das Zentralnervensystem ihre Wirkungen ausüben. Verschiedene operative Eingriffe von GIERSBERG (1928) und ATZLER (1930) (dagegen PRZIBRAM-SUSTER 1931, die behaupten, daß durch die Operation ATZLERs die Tiere nur die Fähigkeit verloren, die optischen Reize weiterzuleiten) zeigen, daß im Kopf ein Zentrum für den Farbwechsel liegt, wobei nach ATZLER im „Dritthirn" ein Zentrum für die das Farbwechselhormon ausscheidende Drüse vorkomme und diese Drüse durch das Gewebe dorsal vom Ganglion frontale repräsentiert werden würde. Das Reflexschema für Druck- und Lichtreize sollte dann lauten: Nervensystem—hormonale Drüse—Blutbahn, und für Feuchtigkeitsreize, die mit Hilfe der Tracheenluft perzipiert werden, Tracheenluft—Nervenbahn—hormonale Drüse—Blutbahn.

Da mehrere der letzten Untersuchungen über den Farbwechsel der Insekten vermuten lassen, daß im Kopf dieser Tiere ein Zentrum für die genannte Funktion liegt, ist es in diesem Zusammenhang von Interesse, daß Extrakte der Köpfe verschiedener Insektenarten, in Garneelen injiziert, die dunklen Pigmente dieser Tiere zu kontrahieren vermögen (HANSTRÖM 1936, 1937), wobei diese Fähigkeit besonders bei den Heuschrecken und Phasmiden gut ausgebildet ist und auch bei *Dixippus morosus* vorkommt. Extrakte des Thorax und des Abdomens geben dagegen entweder nur eine schwache oder gar keine pigmentkonzentrierende Reaktion.

Literatur.

ATZLER: Untersuchungen über den morphologischen und physiologischen Farbwechsel von *Dixippus morosus*. Z. vergl. Physiol. **13** (1930).

BRECHER: (1) Die Puppenfärbungen des Kohlweißlings, *Pieris brassicae* L. VIII. Die Farbanpassung der Puppen durch das Raupenauge. Arch. mikrosk. Anat. **102** (1924).

BRECHER: (2) Die Puppenfärbungen der Vanessiden *(Vanessa io, V. urticae)*. Arch. mikrosk. Anat. **102** (1924).
— (3) Physico-chemische und chemische Untersuchungen am Raupen- und Puppenblute *(Pieris brassicae, Vanessa urticae)*. Z. vergl. Physiol. **2** (1925).
FAURE: The Phases of Locusts in South Africa. Bull. entomol. Res. Imp., Inst. Entomol. Lond. **23** (1932).
GIERSBERG: (1) Über den morphologischen und physiologischen Farbwechsel der Stabheuschrecke *Dixippus morosus*. Z. vergl. Physiol. **7** (1928).
— (2) Die Färbung der Schmetterlinge. I. Z. vergl. Physiol. **9** (1929).
— (3) Über den Zusammenhang von morphologischem und physiologischem Farbwechsel. Nach Untersuchungen an Insekten und Fischen. Arch. Zool. ital. **16** (1932).
HANSTRÖM: (1) Über eine Substanz im Insektenkopf, die zusammenballend auf das Pigment der Garneelenchromatophoren wirkt. Vorläufige Mitteilung. Kgl. Fysiogr. Sällsk. Förh. Lund **6** (1936).
— (1937): (2) l. c. S. 148.
JANDA: Contribution à l'etude des changements périodiques de la coloration chez *Dixippus morosus*. Mem. Soc. Sci. Bohéme, Cl. Sci. **1934**. Pragué 1935.
MARTINI-ACHUNDOW: Versuche über Farbanpassung bei Culiciden. Zool. Anz. **81** (1929).
MEISSNER: Die Veränderlichkeit der Puppenfärbung und daran anschließende Bemerkungen. Entomol. Anz. **15** (1935).
PRIEBATSCH: Der Einfluß des Lichtes auf Farbwechsel und Phototaxis von *Dixippus morosus*. Z. vergl. Physiol. **19** (1933).
PRZIBRAM: Verpuppung kopfloser Raupen von Tagfaltern. Arch. Entw.-mechan. **50** (1922).
PRZIBRAM-BRECHER: Die Farbmodifikationen der Stabheuschrecke *Dixippus morosus*. Arch. Entw.mechan. **50** (1922).
PRZIBRAM-SUSTER: Fühler- und Beinregeneration bei Phasmiden. VII. Einflußlosigkeit des Fühlerganglions nach Versuchen an *Dixippus morosus*. Anz. Akad. Wiss. Wien, Math.-naturwiss. Kl. **68** (1931).
SCHLEIP: (1) Der Farbwechsel von *Dixippus morosus*. Zool. Jb., Abt. allg. Zool. **30** (1911).
— (2) Über die Frage nach der Beteiligung des Nervensystems beim Farbwechsel von *Dixippus*. Zool. Jb., Abt. allg. Zool. **35** (1914).
— (3) Über den Einfluß des Lichtes auf die Färbung von *Dixippus* und die Frage nach der Erblichkeit des erworbenen Farbkleides. Zool. Anz. **52** (1921).
VLADIMIRSKII: Wirkt tatsächlich die Farbe des Substrates auf die Puppen durch die Augen der Raupe? Trans. Dynam. Develop. **10** (1935).
WEBER (1933): l. c. S. 176.

VI. Die Sinusdrüse des Auges und der hormonal bedingte Farbwechsel der Crustaceen.

Unter zahlreichen höheren Crustaceen, Isopoden, Amphipoden, Mysidaceen und Decapoden (besonders Garneelen) kommt ein oft erstaunlich schneller und kräftiger Farbwechsel vor. Er besteht meistens wie bei *Palaemonetes vulgaris* (PERKINS 1928; BROWN 1933—1935) und *Crangon vulgaris* (KOLLER 1925—1930) darin, daß die Tiere sich an die Farbe ihrer Umgebung durch Expansion gewisser, Kontraktion anderer Chromatophoren anpassen, anders bei einigen Garneelen, z. B. *Hippolyte varians*

(KEEBLE-GAMBLE 1900—1904; MINKIEWICZ 1908) und *Leander squilla* (HANSTRÖM 1937: 5): hier äußert sich der Farbwechsel darin, daß nachts größtenteils kontrahierte, am Tage unabhängig von Beleuchtung und der Farbe des Untergrundes expandierte Chromatophoren vorhanden sind. Im letzteren Falle gibt es also einen Tag-Nachtrhythmus.

Als erster im Druck beschriebener Fall eines Farbwechsels unter den Crustaceen gilt die Gattung *Hippolyte* (KRÖYER 1842); die erste Beschreibung der Chromatophoren einer Crustaceenart behandelt *Mysis* (SARS 1867). Die Chromatophoren der Crustaceen enthalten mehrere Kerne und sind nach DEGNER (1912) synzytiale Bildungen. Nach MATZDORFF (1883) sollten die Verzweigungen der Chromatophoren amöboidale und vollständig temporäre Bildungen sein, die zufällig bei der Expansion des Pigmentes gebildet werden würden. Unter anderem durch die Arbeiten von KEEBLE-GAMBLE (1900), FRÖHLICH (1910), FRANZ (1910), PERKINS (1928), und vor allem durch DEGNER (1912) wurde gezeigt, daß die Pigmentverschiebungen der Chromatophoren auf intrazellularer Körnchenströmung beruhen und längs präformierter Bahnen (der Chromorhizen) ablaufen (Abb. 17).

Nach Überstreichen der Augen oder nach doppelseitiger Blendung durch Abschneiden der Augen verlieren die Crustaceen vollständig die Fähigkeit, sich an die Farbe der Umgebung anzupassen, was zuerst von POUCHET (1872) gezeigt wurde. Man muß also annehmen, daß optische Reize in irgendeiner Weise die Expansion und Kontraktion der Chromatophoren beeinflussen, und glaubte im Anfang, daß die Chromatophoren der Crustaceen wie die der Cephalopoden und wenigstens der Mehrzahl der Vertebraten innerviert seien. Obgleich POUCHET (1876) selbst an die Innervation der Crustaceenchromatophoren glaubte, gelang es ihm nicht, die Farbwechselfunktion nach Durchschneidung der Nerven zu stören. Zu demselben Ergebnis kamen MEYER (1879), MATZDORFF (1883), FRÖHLICH (1910), MENKE (1911), DEGNER (1912), KOLLER (1925, 1927) und PERKINS (1928). Dabei versuchte DEGNER das Problem auch histologisch zu lösen, weil RETZIUS (1890) als der erste (und bisher einzige) behauptete, daß er vermittels der Methylenblaumethode Nervenendigungen an den Chromatophoren der Crustaceen gefunden hätte. MAYER glaubte nun, wie POUCHET, fest an die Innervation der Chromatophoren — er schreibt sogar: „Daß eine Innervierung vorhanden ist, wird durch die Versuche mit geblendeten Tieren evident erwiesen." Bei seinen Kontrollversuchen mit der auch von RETZIUS verwendeten Methylenblaumethode konnte MAYER aber gar keine nach den Chromatophoren gehenden Nervenfasern finden. Die Chromorhizen der Uropoden begleiten zwar die Nervenstränge von *Leander (Palaemon) squilla* auf weite Strecken, aber es scheint nach MAYER „nur eine reine Lagebeziehung zwischen Nerven und Chromatophoren zu bestehen, aus der man um so weniger auf funktionelle Verbindung schließen darf, als die hier in Betracht kommenden Nerven nachweislich in die Tastborsten der Uropoden gehen".

Koller (1925, 1927) machte an *Crangon* wie früher Menke (1911) an Idotheen mehrere Durchschneidungsversuche des Nervensystems, indem er die Bauchganglienkette des Abdomens an beliebigen Stellen durchschnitt, wobei aber auch die Partien des Körpers, die hinter dem Schnitt lagen, einen ungestörten Farbwechsel zeigten. Ebensowenig führten Durchschneidungen des peripheren Nervensystems zur verminderten Anpassungsfähigkeit der dabei getroffenen Körperteile. Koller schloß daraus, daß wahrscheinlich in der Körperflüssigkeit befindliche Stoffe die Expansion und Kontraktion der Chromatophoren veranlassen und erbrachte durch Bluttransfusionen zum ersten Male den Beweis dafür, daß der Farbwechsel der Crustaceen hormonal bedingt ist. „Nach den geschilderten Versuchen", schreibt Koller (1929), „müßten also — wenigstens mit der allergrößten Wahrscheinlichkeit — inkretorische Organe angenommen werden, die auf den von den Sehelementen aufgenommenen und wahrscheinlich über das Zentralnervensystem auf nervösem Wege zugeleiteten Reiz hin spezifische Stoffe (Hormone) absondern. Diese gelangen auf dem Blutwege zu den Chromatophoren und lösen dort die Pigmentbewegungen aus."

Schon früher wurde die Bezeichnung „innere Sekretion" im Zusammenhang mit den Chromatophorenfunktionen verwendet, nämlich von Doflein (1910), der dabei aber die Bildung des blauen Pigmentes der Garneelen meinte. Dieses blaue Pigment wird aus dem roten bei der Kontraktion der roten oder rotgelben Chromatophoren gebildet, tritt aus den Chromatophoren ins umgebende Gewebe hinaus, wird da farblos und verschwindet. Betreffs dieses blauen Pigmentes schreibt Doflein: „Die Untersuchungen von Gamble und Keeble haben diese Autoren zu der Ansicht geführt, daß die Pigmente der höheren Crustaceen im Stoffwechsel mit Notwendigkeit auftretende Substanzen sind, Sekreten vergleichbar, die Chromatophoren sind bis zu einem gewissen Grade mit Drüsen zu vergleichen. Ich kann mich dieser Arbeit nur anschließen. Ja, man kann sogar sagen, daß die Bildung des blauen Pigmentes und dessen Übertritt in das Gewebe einen direkt der Beobachtung zugänglichen Fall von innerer Sekretion darstellt."

Die Bluttransfusionen von Koller wurden so ausgeführt, daß Blut eines „Dunkeltieres", das auf dunklem Untergrund durch Expansion der dunklen Chromatophoren schwarzadaptiert war, einem „Weißtier" injiziert wurde, das auf hellem Untergrund durch Kontraktion der dunklen Pigmente weißadaptiert war. Nach der Injektion wurde das Weißtier wieder in seine helle Umgebung gesetzt, war aber in 10—20 Minuten trotz der Umweltbedingungen ganz dunkel geworden. Als Kontrollversuch wurde Blut eines Weißtieres in ein Weißtier injiziert, wobei aber das farbige Pigment keine Expansion zeigte. Der umgekehrte Versuch gelang aber bei *Crangon* nicht: Blut eines Weißtieres einem Dunkeltier injiziert, das in der dunklen Umgebung belassen wurde, konnte nicht eine Aufhellung desselben herbeiführen.

Durch teilweise verschiedene Methoden konnte PERKINS (1928) zeigen, daß der Farbwechsel von *Palaemonetes vulgaris* auch von einer Substanz abhängig ist, die mit dem Blut zirkuliert. Verschiedene Nervdurchschneidungen waren erfolglos, soweit nicht gleichzeitig das dorsale Blutgefäß geschädigt wurde. Wenn dieses oder Seitenzweige desselben abgeschnitten wurden, konnte PERKINS sogleich eine Expansion der dunklen Chromatophoren solcher Körperteile beobachten, deren Blutzufuhr verhindert wurde. Bei zufälligem Abklemmen der dorsalen Abdominalarterie wurden auch die hinter dem Eingriff gelegenen Partien des Abdomens dunkel, um dann wieder hell zu werden, wenn die Zirkulation ungestört war. Schließlich gelang es PERKINS (1928) durch Extraktion verschiedener Organe des Körpers zu zeigen, daß in den Augenstielen von *Palaemonetes* eine Substanz vorhanden ist, die bei Injektionen in Dunkeltiere die Kontraktion der farbigen Chromatophoren auch entgegen den Umweltbedingungen verursacht. Das Vorkommen einer solchen „chromatophoraktivierenden" Substanz, die die dunklen Chromatophoren der bisher untersuchten Garneelen kontrahiert (betreffs ihrer Wirkung auf die Chromatophoren der Taschenkrebse vgl. S. 195!) ist später bei zahlreichen anderen Decapoden, Mysidaceen und Stomatopoden von KOLLER (1929), KOLLER-MEYER (1930), SMITH (1930), PERKINS-KROPP (1932), KROPP-PERKINS (1933), HOSOI (1934), HANSTRÖM (1935, 1937), CARLSON (1935, 1936) und ABRAMOWITZ (1936) bestätigt worden.

Während einige Autoren glauben, daß die Chromatophoren der Crustaceen direkt durch Licht, Wärme oder Kälte reizbar sind (GAMBLE-KEEBLE 1900, MEGUSAR 1912, BAUER-DEGNER 1913, SMITH 1930, GIERSBERG 1931), behaupten andere (MATZDORFF 1883, TAITE 1910, KOLLER 1927; PERKINS 1928; PARKER 1930), daß dies nicht der Fall sei. SMITH (1930) fand, daß die Chromatophoren von *Macrobrachium acanthurus* sich immer, unabhängig von der Farbe des Untergrundes, expandieren, wenn das Tier in Wasser von einer Temperatur zwischen 6—15° und 35—40° C gehalten wird. Zwischen 15 und 35° C expandieren sich dagegen die Chromatophoren von *Macrobrachium* am Tage auf einem dunklen Untergrund und kontrahieren sich auf einem hellen. SMITH bereitete nun Extrakte von Augenstielen, teils von Tieren, die durch warmes Wasser, teils von Tieren, die durch kaltes Wasser dunkel geworden waren, und injizierte diese Extrakte in dunkle *Macrobrachium*, die bei normaler Temperatur gehalten wurden. Da nun die letztgenannten danach ihre Chromatophoren kontrahieren, schloß SMITH, daß die Reaktionen der Chromatophoren von *Macrobrachium* auf Wärme und Kälte direkt sein sollten, weil die Tiere fortwährend eine chromatophorkontrahierende Substanz in den Augenstielen besaßen. Dieser Schluß ist aber nicht bindend, da die pigmentaktivierende Substanz sehr wohl in der inkretorischen Drüse der Augenstiele vorhanden sein kann, aber dennoch nicht in die Zirkulation gelangt, wenn die Tätigkeit des entsprechenden Nerven gehemmt wird. Mit anderen Worten, der Effekt der hohen oder niedrigen Temperatur kann darin liegen, daß dasjenige nervöse Zentrum, das die Tätigkeit der pigmentaktivierenden Drüse reguliert, durch Hemmung die Absonderung des Sekretes ins Blut verhindert. Auch in diesem Falle wäre also eine hormonale Regulation und keine direkte Reizbarkeit der Chromatophoren vorhanden.

Auch in der Funktionsweise der weißen Chromatophoren von geblendeten *Palaemonetes vulgaris* wäre es möglich, eine direkte Reizwirkung

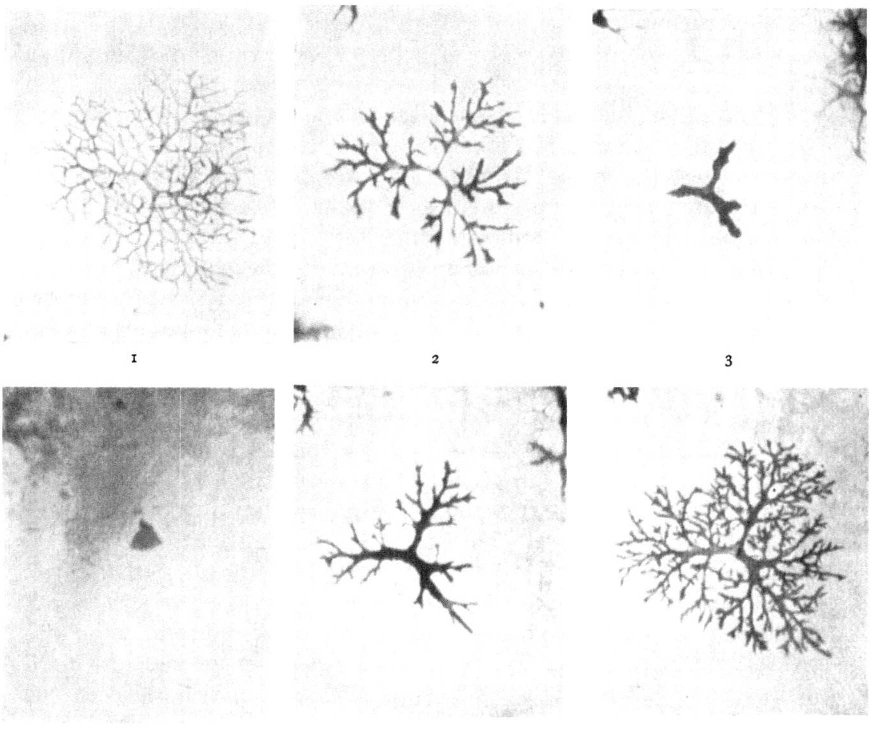

1 2 3 4 5 6

Abb. 17. Sechs verschiedene Stadien der Pigmentwanderung in einer weißen Farbzelle von *Palaemonetes vulgaris*. 1 nach mehreren Stunden auf einem weißen Untergrund; 2, 3, 4 dieselbe Zelle nach 5, 30 und 120 Minuten auf einem schwarzen Untergrund; 5, 6 dieselbe Zelle 20, bzw. 180 Minuten nach erneuter Überführung auf einen weißen Untergrund. (Nach Brown.)

des Lichtes zu sehen. Bei Augentieren von dieser Art werden die weißen Chromatophoren gewöhnlich im Licht auf einem dunklen Untergrund kontrahiert, auf einem hellen expandiert (Abb. 17). Bei Fortnahme der Augen expandieren sich die farbigen Chromatophoren von *Palaemonetes* unabhängig von Beleuchtung und Farbe des Untergrundes maximal (Abb. 22 A), während die weißen wenigstens bei der Hälfte der Experimenttiere eine vollständige Funktionstüchtigkeit beibehalten. Es gibt bei diesen keine andere Verschiedenheit von dem Verhalten der normalen Augentiere als das Wegfallen der Untergrundadaptation. Die weißen

Chromatophoren dieser augenlosen Tiere werden also nicht, wie bei normalen Tieren, auf einem dunklen Untergrund im Lichte kontrahiert, sondern der allein ausschlaggebende Faktor bei ihren Bewegungen ist die Lichtintensität. Unabhängig von der Farbe des Untergrundes expandieren sie sich bei hoher Lichtintensität und kontrahieren sich bei niedriger oder im Dunkeln, als ob sie eine Art von unabhängigen Effektoren (PARKER 1919) wären, die von dem Licht direkt gereizt werden (bei *Leander serratus* sollen die weißen Chromatophoren auch bei Augentieren im Licht expandiert, im Dunkeln kontrahiert sein; STEPHENSON 1934). Nun ist es aber so, daß BROWN (1935) sowohl in den Augenstielen als im Vorderteil des Cephalothorax von *Palaemonetes* Substanzen gefunden hat, die die weißen Chromatophoren kontrahieren. In derselben Partie des Cephalothorax gibt es aber auch bei erwachsenen Tieren ein wahrscheinlich funktionstüchtiges Naupliusauge, weshalb optische Reizungen über das Gehirn auch in diesem Falle möglicherweise nach demjenigen Organ im Cephalothorax fortgepflanzt werden können, das eine die weißen Chromatophoren kontrahierende Substanz erzeugt. Auch nach Wegnahme der Komplexaugen könnte solchenfalls eine hormonale Regulation der Bewegungen der weißen Chromatophoren auf optische Reize hin angenommen werden (HANSTRÖM 1937).

Die in bezug auf ihren Farbwechsel und dessen hormonale Regulierung am besten untersuchten Crustaceen sind *Crangon vulgaris* (aus Europa) und *Palaemonetes vulgaris* (aus Nordamerika). Bei *Crangon* (KOLLER 1925 bis 1930) gibt es in den Chromatophoren vier Pigmente: Sepiabraun, Weiß, Gelb und Rot, die in der Reihenfolge entsprechenden Mengenverhältnissen vorkommen. Sämtliche vier Pigmente können in ein und derselben Chromatophore vorhanden sein, während monochromatische Chromatophoren stets Sepiabraun (= Melanin, VERNE 1921) enthalten. Durch Experimente mit verschiedenfarbigen Untergründen und mit Untergründen von verschiedenen Helligkeitsstufen zeigte KOLLER, daß *Crangon* sich durch Konzentration gewisser Pigmente und Expansion anderer an weiße, schwarze, gelbe, orangefarbene und rote Umgebung anzupassen vermag, und daß dabei die Wellenlänge des von der Umgebung ausstrahlenden Lichtes im Gegensatz zur Beleuchtungsstärke von ausschlaggebender Bedeutung ist.

Durch die schon erwähnten Bluttransfusionen zeigte KOLLER ferner, daß ein Weißtier, dem das Blut eines Schwarztieres injiziert und das dann wieder auf hellen Untergrund versetzt wurde, trotz der optimalen Bedingungen für Hellanpassung eine dunkle Farbe annahm. In Übereinstimmung damit wird ein Weißtier auf hellem Boden nach Injektion von Blut eines gelb angepaßten Tieres trotz seines Verbleibens in weißer Schale gelblich. Diese Versuche wie auch die Tatsache, daß *Crangon* sich an mehrere, verschieden gefärbte Untergründe anzupassen vermag, spricht nach PARKER (1930) dafür, daß mehrere verschiedene Stoffe die Bewegungen der verschiedenen Pigmente der Garneelenchromatophoren regulieren. Dabei soll nach KOLLER (1929, 1930) bei *Crangon* nicht nur (wie es PERKINS 1928 bei *Palaemonetes* gefunden hat) ein hauptsächlich pigmentkonzentrierendes Organ in den Augenstielen liegen, sondern auch ein pigmentexpandierendes Organ in der Rostralgegend vorhanden sein (Abb. 18). Bei Injektion von Extrakten der Augenstiele von *Crangon* erhielt nämlich KOLLER eine heftige Ballung von Melanin und Gelb, aber gleichzeitig eine deutliche Ausbreitung von Weiß. Das erwähnte Verhalten des weißen Pigmentes steht indessen damit in Widerspruch, daß nach Ausbrennen einer dorsomedialen Partie des Augenstieles in der Nähe der Basalmembran des Auges (wo nach KOLLER das „Weißorgan" liegen sollte) sowohl das Melanin als das weiße Pigment in den Zustand der Ausdehnung übergeht. Das in der Rostralgegend (nach vorn, medial und dorsal) gelegene „Schwarzorgan" soll nach Injektionsversuchen das schwarze und rote Pigment expandieren.

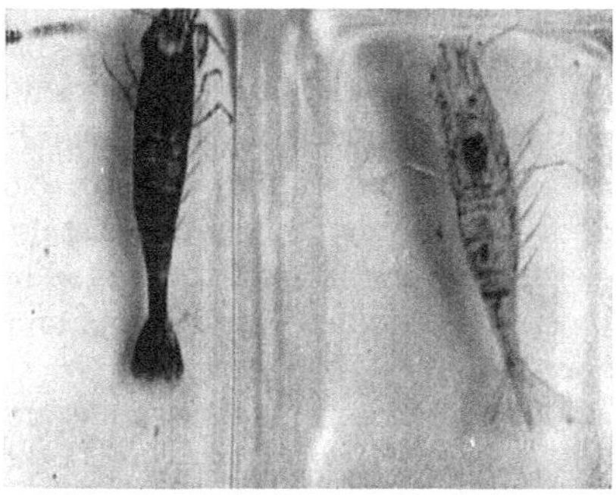

Abb. 18. *Crangon vulgaris.* Links Kontrolltier, rechts Versuchstier, dem das „Schwarzorgan" zerstört wurde. Beide Tiere nach mehrstündigem Aufenthalt auf schwarzem Grunde aufgenommen. (Nach KOLLER.)

Auch betreffs der physikalisch-chemischen Natur der pigmentkonzentrierenden Stoffe des Augenstieles geben die Untersuchungen von KOLLER (1929, 1930) an *Crangon* die ersten Aufschlüsse. Diese Substanzen behalten nämlich nach Übertragung per os ihre spezifische Wirksamkeit, sie sind (wie KOLLER 1929 zuerst zeigte) weder art-, noch gattungseigen, sie werden nicht durch Kochen zerstört, und sie sind schließlich auch nach großer Verdünnung (mindestens 1:100000) wirksam. Man kann hinzufügen, daß die Augenstiele der Crustaceen gemäß mehrerer Autoren lange Zeit getrocknet aufbewahrt werden können, ohne dabei ihre pigmentaktivierende Fähigkeit einzubüßen, sogar mehr als jahrelang (HANSTRÖM 1937). Schließlich hat CARLSON (1936) nach Untersuchungen an *Palaemonetes* gezeigt, daß die chromatophoraktivierende Substanz durch eine Cellophanmembran diffundiert, daß sie wahrscheinlich nicht in Äther, aber in Alkohol löslich und weiter sehr stabil ist, da sie mit verdünnter HCl und NaOH gekocht werden kann, ohne zerstört zu werden. Daß diese Substanz als ein Hormon bezeichnet werden muß, ist demnach über allen Zweifel erhaben.

Palaemonetes vulgaris hat in den Chromatophoren drei verschiedene Pigmente, Rot, Gelb und Weiß, von denen die beiden ersteren meistens in denselben Chromatophoren, aber als selbständige Pigmenthaufen vorkommen, während das Weiße allein in gewissen Chromatophoren eingeschlossen liegt (PERKINS 1928, BROWN 1933—1935). Die gefärbten Chromatophoren sind ziemlich gleichmäßig über den ganzen Körper verteilt, während die weißen Chromatophoren in Gruppen auftreten, von welchen die größten über dem Herz und am Hinterende der Abdominalsegmente liegen. Die Bewegungen des weißen Pigmentes sind weniger regelmäßig (vgl. S. 190!), während die roten und gelben Pigmente im Licht auf dunklem Untergrund expandiert, im Licht auf hellem Untergrund und im vollständigen Dunkeln kontrahiert sind (PERKINS 1928). Nach Betäubung der Tiere mit Äther, Chloroform usw. und nach Fortnahme der Augen tritt eine vollständige Expansion der farbigen Chromatophoren ein, während sie sich nach Überstreichen der Augen wie im vollständigen Dunkeln kontrahieren (PERKINS 1928). Ein Überstreichen der ventralen Augenhälfte führt aber im Licht unabhängig von der Farbe des Untergrundes zur Expansion des roten und gelben Pigmentes, während beim Überstreichen der dorsalen Augenhälfte die farbigen Chromatophoren sich auf dunklem Untergrund im Licht expandieren, auf hellem Untergrund (im Licht) kontrahieren (HANSTRÖM 1937). Die ventrale Augenhälfte ist demnach bei diesen Reaktionen von ausschlaggebender Bedeutung. Außer den roten, gelben und weißen Pigmenten kommt auch bei *Palaemonetes* ein blaues Pigment vor, das dann auftritt, wenn ein „Schwarztier" von dunklem auf hellen Untergrund versetzt wird. Dabei tritt aus den sich kontrahierenden farbigen Chromatophoren ein blaues Pigment aus, das wahrscheinlich in genetischer Beziehung zu dem roten Pigment stehen soll (PERKINS 1928, BROWN 1933—1935); es fließt dann diffus unter den Geweben umher und verschwindet allmählich (vgl. S. 188!). Chemisch soll das rote Pigment von *Palaemonetes* mit Astacin, das gelbe mit Pflanzenkarotin identisch sein (BROWN 1934).

Gleich wie KOLLER an *Crangon* arbeitete auch BROWN (1935) an *Palaemonetes* mit verschiedenfarbigen Untergründen und erhielt prinzipiell dieselben Resultate (Abb. 19). Das rote, das gelbe, das weiße und das blaue Pigment konzentrieren und expandieren sich nach BROWN selbständig und unabhängig voneinander, wie die untenstehende Zusammenstellung zeigt:

Farbe des Untergrundes	Rotes Pigment	Gelbes Pigment	Weißes Pigment	Blaues Pigment zwischen den Chromatophoren
Weiß	konz.	konz.	exp.	abwesend
Grün	konz.	konz.	exp.	vorhanden
Rot (1)	konz.	exp.	exp.	abwesend
Rot (2)	exp.	exp.	exp.	abwesend
Blau	konz.	konz.	konz.	vorhanden
Dunkelgrau	exp.	konz.	konz.	vorhanden
Schwarz	exp.	exp.	konz.	vorhanden

BROWN schloß daraus, daß verschiedene Hormone die Bewegungen der verschiedenen Pigmente von *Palaemonetes* regulieren. Er untersuchte weiter das Verhalten der Pigmente nach wochenlangem Aufenthalt auf einem Untergrund von bestimmter Farbe. Dabei fand er, wie früher

MEGUSAR (1912), daß die Farbanpassung der Garneelen zwei Momente einschließt: 1. die schnelle Pigmentbewegung innerhalb der Chromatophoren, die höchstens eine Zeitdauer von 24 Stunden braucht (mit anderen Worten den *physiologischen* Farbwechsel), und 2. eine Veränderung der Menge der verschiedenen Pigmente, also eine Neubildung von gewissen, einen Abbau von anderen Pigmenten in Beziehung zu der Farbe des Untergrundes, was einen langsamen, mehrere Wochen dauernden Prozeß

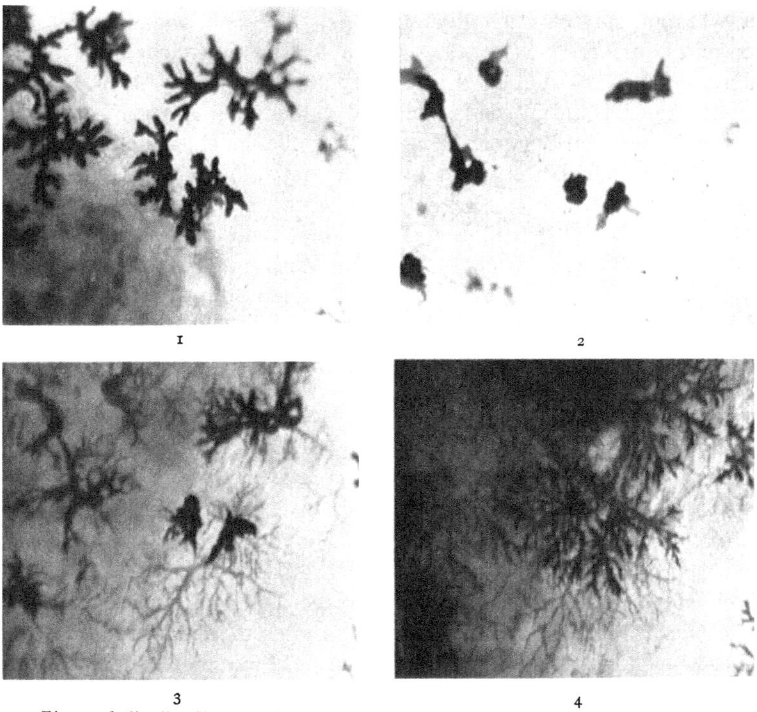

Abb. 19. Eine und dieselbe Chromatophorenpartie von *Palaemonetes vulgaris* nach 2 Tagen auf einem dunkelgrauen Untergrund (1), einem Tage auf einem weißen Untergrund (2), einem Tage auf einem roten Untergrund (3) und einem Tage auf einem schwarzen Untergrund (4). (Nach BROWN.)

darstellt (den *morphologischen* Farbwechsel). Dabei wurde bestätigt, daß Pigmente, die sich auf einem gewissen Untergrund in Expansion befinden, gleichzeitig an Menge zunehmen, während Pigmente, die auf demselben Untergrund konzentriert sind, an Menge abnehmen (KEEBLE-GAMBLE 1904, BABAK 1913, REMANE 1931, ODIORNE 1933). BROWN hält deshalb für möglich, daß dieselben Hormone, die die Pigmentbewegungen innerhalb der Chromatophoren (den physiologischen Farbwechsel) regulieren, auch bei der Bildung und dem Abbau der Pigmente (bei dem morphologischen Farbwechsel) tätig sind (vgl. S. 185).

Während die meisten Crustaceen und besonders die Garneelen (jedoch mit Ausnahme von *Hippolyte varians:* MINKIEWICZ 1908) bei der Augenamputation (Abb. 22 A) infolge maximaler oder beinahe maximaler Expansion der farbigen Pigmente dunkel werden (PARKER-BROWN-ODIORNE 1935, CARLSON 1936), nimmt die Mehrzahl der bisher in dieser Hinsicht untersuchten Brachyuren (Abb. 20) nach der Augenamputation eine hellere Farbe an (MEGUSAR 1912; ABRAMOWITZ 1935; CARLSON 1935, 1936). Am ausführlichsten wurde dabei *Uca pugilator* untersucht, welche Art schwarze (wahrscheinlich Melanophoren), rote, gelbe und weiße Chromatophoren besitzt. Nach der Entfernung der Augen wird nun *Uca* hell, weil die schwarzen und roten Pigmente sich kontrahieren. In Übereinstimmung damit werden Tiere, die augenlos sind, bei Injektion von Augenextrakt derselben Art dunkler, weil die schwarzen und roten Pigmente sich dann wieder expandieren (CARLSON 1936). Auch *Uca pugnax, Ovalipes ocellatus*, *Ocypode albicans* und *Portunus anceps* werden im Gegensatz zu dem Verhalten der meisten anderen Crustaceen nach Augenamputation hell.

A

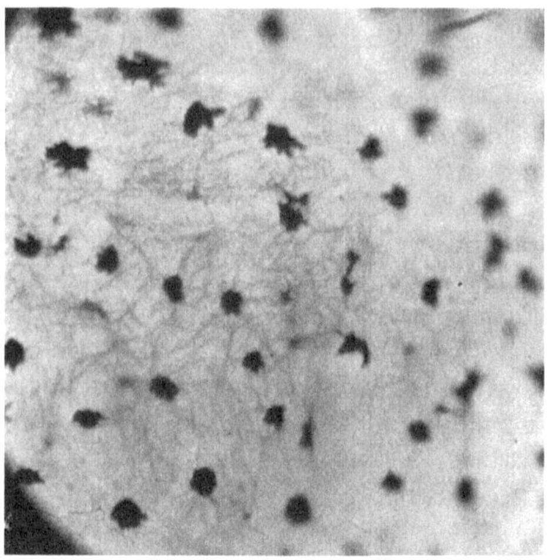

B

Abb. 20 A und B. A Normal expandierte dunkle Chromatophoren von *Uca pugilator*. B Kontrahierte dunkle Chromatophoren bei augenlosen *Uca pugilator*. (Nach CARLSON aus HANSTRÖM.)

CARLSON (1936) zeigte weiter, daß ein Extrakt der Augenstiele von *Uca pugilator* nach Injektion in augenlose, dunkle *Palaemonetes vulgaris* und *Crangon (Crago) vulgaris* wie Extrakte der Augenstiele anderer Decapoden eine Kontraktion der dunklen Chromatophoren hervorruft (Abb. 22 B) und daß die Extrakte der Augen einer Anzahl verschiedener Decapoden, in augenlose, helle *Uca pugilator* injiziert, immer eine Expansion der schwarzen und roten Pigmente zur Folge hatten. Obgleich auch an andere Erklärungen gedacht werden kann, ist es am einfachsten, anzunehmen, daß dieselben Augenstielhormone, welche die roten und gelben Pigmente von augenlosen *Palaemonetes* konzentrieren, die schwarzen und roten Pigmente von augenlosen *Uca* expandieren. Von großem Interesse ist es schließlich, daß das Intermedin der Hypophyse der Vertebraten ebenfalls die Melanophoren und die roten Chromatophoren von *Uca* expandiert (Abramowitz 1936; vgl. Hanström 1937!)[1].

Nachdem Perkins (1928) gezeigt hatte, daß im Augenstiel von *Palaemonetes vulgaris* Stoffe produziert werden, die die farbigen Pigmente derselben Art kontrahieren, wies Brown (1935: 4) nach, daß ebensolche Stoffe, obgleich in geringerer Konzentration, in den Bauchganglien vorhanden sind, und weiter, daß eine Substanz, die die weißen Chromatophoren von *Palaemonetes* kontrahiert, sowohl in dem Augenstiel als in dem Vorderteil des Cephalothorax vorkommt. Seitdem die pigmentaktivierenden Substanzen der Augenstiele auch bei anderen Decapoden gefunden waren, machten Koller (1930) an *Crangon vulgaris* und Hosoi (1934) an *Penaeus japonicus* die ersten Versuche zu einer näheren Abgrenzung der hormonproduzierenden Partie des Augenstieles. Beide fanden dabei, daß Extrakte des distalen Teils des Augenstieles, also die Augenkalotte, keine pigmentaktivierende Fähigkeit besitzen. Nach Hosoi sollte weiter das hormonproduzierende Organ im mittleren Teil des Augenstieles liegen, während Koller nach Kauterisation mit Hilfe eines Punktbrenners ein bestimmtes Organ, „die Blutbildungszellen mit großen Kernen" in der Nähe der Basalmembran, als verantwortlich für die Hormonproduktion ansah. Wie ich (1935, 1937) und Carlson (1935, 1936) gezeigt haben, gibt es aber Anlaß anzunehmen, daß die von mir 1933 entdeckte Sinusdrüse (oder „Blutdrüse") diejenigen Hormone produziert, die die roten und gelben Pigmente von *Palaemonetes* konzentrieren und die schwarzen und roten Pigmente von *Uca* expandieren.

Wenn *Palaemonetes* zuerst durch Augenamputation einseitig geblendet und dann auch die anderseitige Augenkalotte entfernt wird, werden „Weißtiere" dauernd weiß, während „Schwarztiere" ihre farbigen Chromatophoren kontrahieren. Wenn aber statt dessen die zwei distalen Drittel des Augenstieles des zuerst einseitig geblendeten Tieres abgeschnitten werden, tritt eine vollständige Expansion der farbigen Pigmente ein, wie bei beiderseits vollständig geblendeten *Palaemonetes*. In Übereinstimmung damit sind Extrakte der Augenkalotte in bezug auf die Pigmentbewegungen inaktiv, während Extrakte der beiden distalen Drittel des Augenstieles ebenso kräftig die farbigen Chromatophoren von maximalexpandierten *Palaemonetes* kontrahieren wie Extrakte der ganzen Augenstiele. Die (bei *Palaemonetes*) pigmentkonzentrierende

[1] Nach noch nicht veröffentlichten Versuchen von Abramowitz bewirken auch Extrakte der Subneuraldrüse der Ascidien *(Molgula)* eine Expansion der Melanophoren von *Uca*.

Drüse muß folglich in dem mittleren Teil des Augenstieles liegen. In dieser Partie kommt sie auch bei *Uca pugilator* vor, welche Art nach einseitig vorgenommener vollständiger Augenamputation *hell* wird, wenn dazu die beiden distalen Drittel des anderen Auges entfernt werden,

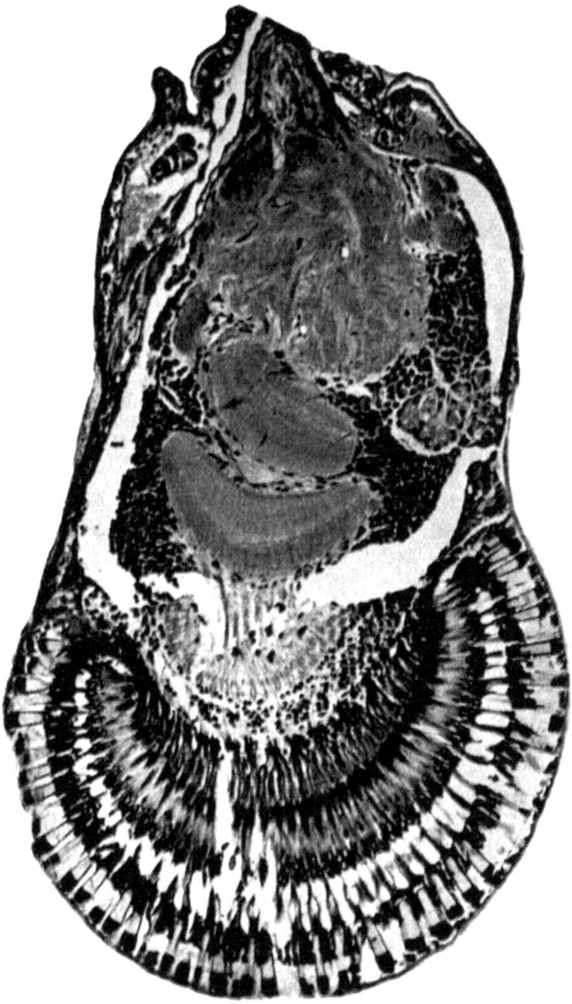

Abb. 21. Längsschnitt durch den Augenstiel von *Palaemonetes vulgaris*. Nach links das Auge, dann von links nach rechts die Nervenzentren: Lamina ganglionaris, Medulla externa, Medulla interna und Medulla terminalis. In der letztgenannten ventral und an die untere Wand des Augenstiels grenzend das X-Organ. (Nach Hanström.)

während das Abschneiden der Augenkalotte eines einäugigen dunklen Tieres von keiner Kontraktion der dunklen Chromatophoren gefolgt wird (Carlson 1936). In der mittleren Partie des Augenstieles (Abb. 21) liegt nun bei *Palaemonetes* von möglichen inkretorischen Bildungen außer der schon erwähnten Sinusdrüse (Abb. 24A) auch das von mir 1931 entdeckte X-Organ (vgl. S. 214!), bei *Uca* zwar eine Sinusdrüse, aber jedenfalls kein wohlentwickeltes X-Organ und wahrscheinlich überhaupt kein X-Organ. Da außerdem mit Sicherheit kein X-Organ in den Augenstielen von *Cambarus sp.*, *Astacus vulgaris*, *Sesarma cinereum* und *Aratus pisoni* vorhanden ist, bei welchen Arten trotzdem eine pigmentaktivierende Substanz nach Extraktions- und Injektionsexperimenten nachgewiesen wurde (Abb. 22A, B), und keine anderen Organe des Augenstieles der Decapoden in Betracht kommen können, muß die Sinusdrüse als diejenige Bildung angesehen werden, deren Hormone die roten

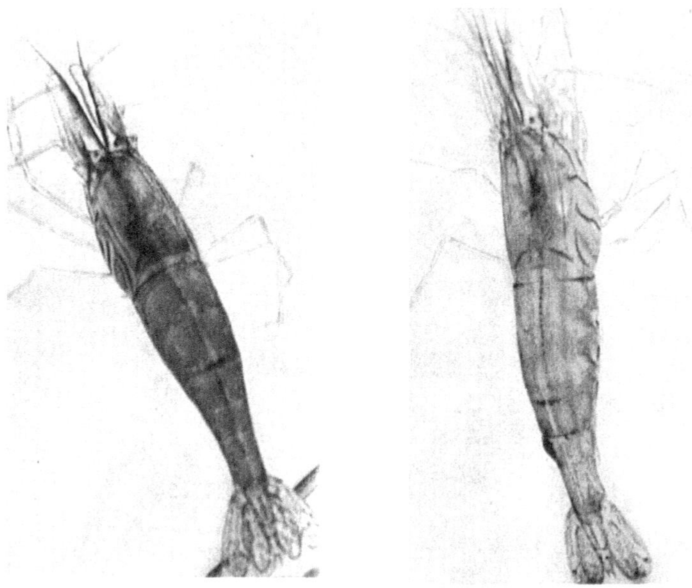

A B

Abb. 22. A und B. Zwei augenlose *Palaemonetes vulgaris*, von denen A vor 30 Minuten mit 0,1 ccm Meerwasser, B vor 30 Minuten mit derselben Menge eines gekochten Augenextraktes von *Cambarus* injiziert war. Die verschiedene Farbe der beiden Tiere kann viel deutlicher bei den lebenden Tieren beobachtet werden. (Nach Hanström.)

und gelben Pigmente von *Palaemonetes* konzentrieren und die schwarzen und roten Chromatophoren von *Uca* expandieren (Hanström 1937).

Die Sinusdrüse der Crustaceen wurde von mir 1933 entdeckt und später von Sjögren (1934) und mir (1937) in Details bei zahlreichen Crustaceen beschrieben; dabei fand ich dieses Organ zuerst bei den Decapoden und Stomatopoden und 1937 auch bei den Mysidaceen.

Die Sinusdrüse der *Mysidaceen* ist bisher bei *Boreomysis artica* und *Eucopia sp.* gefunden. Sie liegt an der lateroventralen Seite des Augenstieles (bei nach vorn gerichteten Augenstielen) und stellt ganz einfach eine verdickte Scheibe an dem Neurilemm der Nervenmasse des Augenstieles dar. Bei *Eucopia* kommt die verdickte Partie an der inneren Seite des Neurilemms vor, so daß die Drüse hier von Ganglienzellen umgeben wird; nach außen grenzt sie an den Blutsinus des Augenstieles

(Abb. 23). Die Wand hat radiäre Saftkanälchen, die mit eosinophilen Tröpfchen gefüllt sind und sich nach außen gegen den Sinus öffnen. An der inneren Seite des sekretorischen Gewebes liegen einige große Kerne. Die Sinusdrüse empfängt von hinten einen Nerv, dessen Zentrum in der Medulla terminalis liegt.

Es ist über allen Zweifel erhaben, daß die Sinusdrüse auch bei den *Decapoden* ursprünglich intim mit dem Neurilemm des Lobus opticus zusammenhängt, obgleich sie sich bei mehreren Arten davon emanzipiert

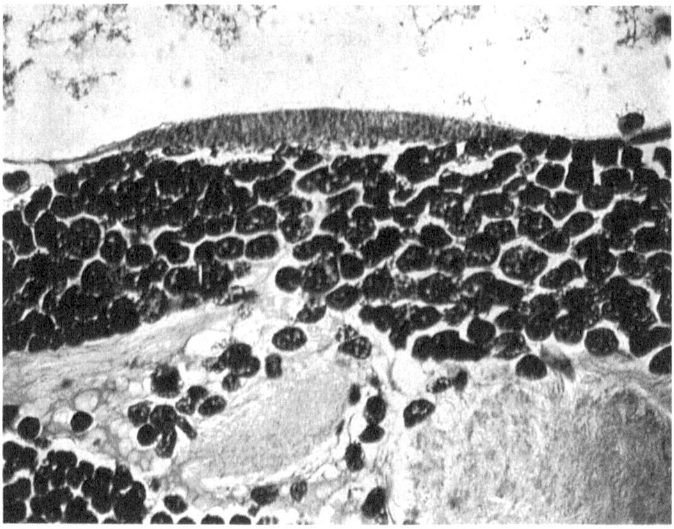

Abb. 23. Querschnitt durch die einfach gebaute Sinusdrüse von *Eucopia*. Über der Drüse der Blutsinus des Auges, nach unten Ganglienzellen der Medulla interna und der Medulla terminalis. (Nach HANSTRÖM.)

hat und nur an der Wand des Blutsinus liegt. Bei manchen Garneelen, wie bei *Palaemonetes vulgaris*, behält sie aber die primitive Lage an dem Neurilemm und wird nur dadurch in ihrem Bau kompliziert, daß die ursprüngliche Scheibe von einem Blutgefäß durchbohrt wird (Abb. 24A). Gewöhnlich liegt die Sinusdrüse der Decapoden wie die der Mysidaceen in dem Augenstiel; bei mehreren Anomuren mit mehr oder weniger reduzierten Augen trifft man sie aber im Kopf neben dem Gehirn.

Das Auge der Decapoden wird nach BOUVIER (1891), BERNHARDS (1916) und BALSS (1927) von der Arteria optica und der Arteria oculomotoria versorgt, die Blut nach den Muskeln und dem Nervengewebe des Augenstieles abgeben. Nach BRODY-PERKINS (1930) kommt aber bei *Palaemonetes* nur eine Arteria ophthalmica vor, die von einem unpaaren Gefäß der Rostralgegend stammt. Außerdem gibt es nach SJÖGREN (1934) zwei radiäre, innerhalb des Neurilemms des Zentralnervensystems gelegene innere Gefäßsinuse, die in der Gegend zwischen der Medulla externa und der Medulla interna dorsomedial bzw. ventromedial liegen. Diese führen das Blut nach dem ausgedehnteren äußeren Sinussystem, das zwischen den optischen Ganglien und der Medulla terminalis einerseits, der Wand des Augenstieles andererseits vorkommt. Die gewöhnliche Lage der Sinusdrüse der Decapoden ist nun die Stelle, wo der dorsolaterale innere Sinus in den großen äußeren Sinus mündet. Hier befindet sich auch die Sinusdrüse von *Palaemonetes vulgaris,* die sich becherförmig sowohl über das angrenzende Neurilemm als über die Wand der runden Mündung des dorsolateralen inneren Gefäßsinus ausdehnt (Abb. 24A). Sie stellt also nur eine weitere Entwicklung und Differenzierung der Wand des Blutsinus und des Neurilemms dar, die bei gewöhnlicher Färbung als eine strukturlose Membran mit einzelnen plattgedrückten Kernen hervortritt. An der Stelle, wo die Neurilemm- und Sinuswand als Sinusdrüse ausgebildet ist, nimmt sie indessen eine synzytiale Struktur an und wird erheblich verdickt, während die Kerne kugelrund werden und ihre Anzahl gleichzeitig bedeutend zunimmt. Die strukturlose Membran wird aber an der peripheren Seite beibehalten, während die innere, dem Nervengewebe zugekehrte Seite, wo die Kerne liegen, nicht scharf abgegrenzt ist. Die dicke Wand der Drüse enthält perpendikulär verlaufende Safträume und kleinere und größere Tropfen, die sich mit Säurefuchsin und Eosin

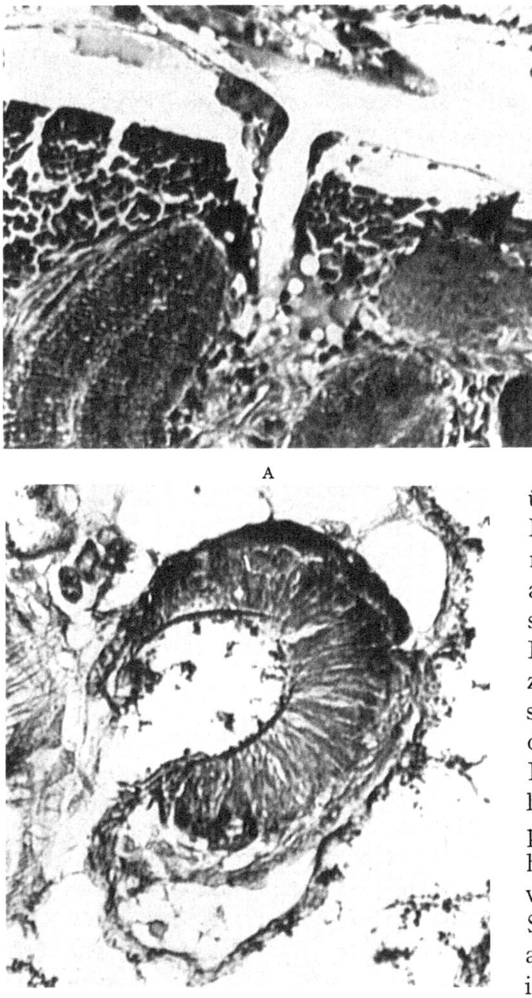

A

B

Abb. 24 A und B. A Becherförmige Sinusdrüse von *Palaemonetes vulgaris* (nach links unten Medulla externa, nach rechts Medulla interna). B Inverse Sinusdrüse von *Acanthephyra.* (Nach HANSTRÖM.)

tiefrot und mit Lichtgrün hellgrün färben. Der Nerv stammt, wie bei den Mysidaceen, von der Medulla terminalis.

Eine höhere morphologische Ausbildung der Sinusdrüse kommt bei einigen Garneelen, wie bei *Acanthephyra purpurea,* dadurch zustande, daß sie sich von dem unmittelbaren Zusammenhang mit dem Neurilemm emanzipiert, während die Wand durch Einbuchtung eine rundliche Gestalt annimmt, die die strukturlose Membran nach innen, an der dem Drüsenlumen zugekehrten Seite trägt (Abb. 24B). Fortwährend öffnet sich die Drüse indessen einerseits in den großen äußeren Sinus, andererseits in ein kleines Gefäß, das dem radiären dorsolateralen inneren Sinus entspricht. Eine weitere Komplikation der Gestalt gewinnt die Sinusdrüse der Decapoden, besonders bei größeren Arten, wenn der erwähnte dorsolaterale innere Sinus sich unmittelbar neben seiner Mündung verzweigt. Hierbei breitet sich die Drüse über den Anfang der gröberen Zweige aus, wobei sie selbst eine verzweigte Gestalt annimmt, aber noch wie bei den meisten Brachyuren einen Hohlraum umgibt, der an die strukturlose Membran grenzt. Wenn die erwähnten Verzweigungen aber, wie bei *Homarus americanus* und besonders bei *Cambarus,* ungewöhnlich reichlich vorkommen, wird der innere Hohlraum vollständig zersplittert und die Drüse erhält eine kompliziert gefaltete Gestalt, indem gewisse Partien in den äußeren Sinus hervorragen, andere den Anfang der gröberen Gefäße des inneren dorsolateralen Sinus umgeben. Bei mehreren Anomuren schließlich, die zurückgebildete Augen haben, liegt die Sinusdrüse nicht mehr in den Augenstielen, sondern im Kopf neben dem Gehirn. Bei diesen (z. B. Arten von *Hippa, Emerita, Gebia, Gebiopsis, Calocaris* und *Callianassa*) ist die Gestalt wahrscheinlich sekundär vereinfacht, indem die Drüsenwand zwar mit dem Neurilemm des Gehirns zusammenhängt und an einen Kopfsinus grenzt, aber keine Verbindung mit einem inneren Sinus besitzt (Abb. 25). In diesem Falle gibt es auch keinen inneren Hohlraum in der „haubenförmigen" Drüse, sondern die strukturlose Membran und die drüsige Wand liegen nach außen und schließen in ihrem Inneren nur lockeres Bindegewebe und den Sinusdrüsennerv ein. Ich habe (1937) diesen letztgenannten, bei den erwähnten Anomuren vorkommenden Typus der Sinusdrüse als *evers* bezeichnet, weil die strukturlose Membran hier nach außen gewendet ist, während ich den bei den meisten Garneelen und Brachyuren vorkommenden Typus als *invers* genannt habe, da dieselbe Membran hier an einen zentral gelegenen Hohlraum der Drüse grenzt.

Wenn die einfache scheibenförmige Sinusdrüse der Mysidaceen (S. 198) als Ausgangspunkt für die verschiedenen Sinusdrüsentypen der Decapoden genommen wird, kommen die inversen Typen dadurch zustande, daß die peripheren Teile einer primitiven scheibenförmigen Drüse sich nach außen gegen den äußeren Sinus zuerst becher- und dann kugelförmig wölben, dabei einen Teil des ursprünglichen Sinusraumes umwachsend, wobei die strukturlose Membran nach innen angebracht wird und der Nerv sich von außen über die Drüse ausbreitet. Bei dem eversen Typus dagegen wird die zentrale, nicht die periphere Partie der ursprünglichen scheibenförmigen Drüse nach außen vorgewölbt, die strukturlose Membran begrenzt das Drüsengewebe nach außen und der Nerv verzweigt sich von innen über das Drüsengewebe. Da das Vorhandensein der von Sjögren (1934) beschriebenen inneren Gefäßsinuse außerdem mit dem Vorkommen von gut entwickelten Sehzentren intim verbunden ist und diese Sinuse bei den erwähnten Anomuren mit mehr oder weniger reduzierten Augen nicht existieren, erhält der everse Sinusdrüsentypus eine beim Vergleich mit dem inversen Typus sehr vereinfachte Gestalt. Wegen der reichlichen Verzweigung des inneren dorsolateralen Sinus bei solchen Formen wie *Homarus americanus* und *Cambarus* und der damit zusammenhängenden gefalteten Gestalt der Sinusdrüse dieser Arten kann sie weder als typisch invers, noch als typisch evers bezeichnet werden.

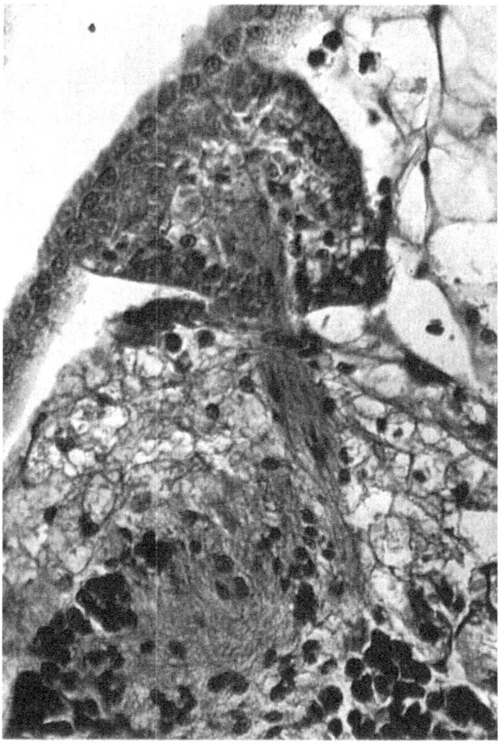

Abb. 25. Everse Sinusdrüse von *Hippa talpoida*. Im Inneren der Drüse ihr Nerv; nach unten die Medulla terminalis des Gehirns. (Nach Hanström.)

Bei *Callinectes sapidus* konnten die sekretorischen Elemente der (inversen) Sinusdrüse besser als bei anderen Decapoden beobachtet werden. Die Wand der Drüse ist sehr dick, und die Kerne liegen in derselben Ebene in einer Reihe nacheinander, die sich ungefähr mitten im Drüsengewebe befindet. Zwischen den zu den verschiedenen Zellenkernen gehörenden Partien der Wand können mit gewöhnlichen Farbenmethoden keine Zellengrenzen wahrgenommen werden; dicht nebeneinander liegen indessen die Saftkanäle, die bei *Callinectes* ein abgerundetes dickeres äußeres Ende besitzen, nach innen verjüngt werden, deshalb flaschenförmig sind und deutlich auf der inneren strukturlosen Membran münden, wo die Drüsenmündungen an Flächenschnitten als feine Punkte beobachtet werden können. Das Sekret wird also nach innen ausgeschieden, wovon aber eine gute Verbindung mit dem äußeren Sinus existiert.

Auch bei sämtlichen, bisher in dieser Hinsicht untersuchten *Stomatopoden* gibt es eine Sinusdrüse, die prinzipiell wie der inverse Typus der Decapoden gebaut ist. Von der Lateralseite der Medulla terminalis geht nämlich der mächtige Sinusdrüsennerv nach der Wand eines unter dem Auge liegenden mächtigen Blutsinus, deren zwischen der Medulla externa und der Medulla interna gelegene Partie als Sinusdrüse ausgebildet ist. Bei der Mehrzahl der Arten, z. B. *Squilla mantis,* hat die Sinusdrüse dabei keine direkte Verbindung mit dem Neurilemm, sondern breitet sich nur über die Wand des Sinus und der Gefäße aus. Die feinere Struktur der Drüse gleicht der der Decapoden (HANSTRÖM 1937). Nach einer noch nicht veröffentlichten Arbeit von STÅL kommt eine Sinusdrüse schließlich auch bei den *Isopoden* vor, was von besonderem Interesse ist, da KLEINHOLZ (1937) gefunden hat, daß der Kopf von *Ligia* eine chromatophoraktivierende Substanz enthält.

Literatur.

ABRAMOWITZ: (1) Color changes in Cancroid Crabs of Bermuda. Proc. nat. Acad. Sci. Wash. **21** (1935).

— (1936): (2) l. c. S. 147.

BABAK: Über den Einfluß des Lichtes auf die Vermehrung der Hautchromatophoren. Pflügers Arch. **13** (1913).

BALSS: Decapoda. KÜKENTHALS Handbuch der Zoologie, Bd. 3/I. 1927.

BAUER-DEGNER: Über die allgemein-physiologischen Grundlagen des Farbwechsels bei dekapoden Krebsen. Z. allg. Physiol. **15** (1913).

BERNHARDS: Der Bau des Komplexauges von *Astacus fluviatilis.* Z. Zool. **116** (1916).

BOUVIER: Recherches anatomiques sur le système artériel des crustacés décapodes. Ann. des Sci. natur. **11** (1891).

BRODY-PERKINS: The arterial system of *Palaemonetes.* J. Morph. a. Physiol. **50** (1930).

BROWN: (1) The controlling mechanism of chromatophores in *Palaemonetes.* Proc. nat. Acad. Sci. Wash. **19** (1933).

— (2) The chemical nature of the pigments and the transformations responsible for color changes in *Palaemonetes.* Biol. Bull. Mar. biol. Labor. Wood's Hole **67** (1934).

— (3) Color changes in *Palaemonetes.* J. Morph. a. Physiol. **57** (1935).

— (4) Control of pigment migration within the chromatophores of *Palaemonetes.* J. of exper. Zool. **71** (1935).

CARLSON: (1) The color changes in *Uca pugilator.* Proc. nat. Acad. Sci. U.S.A. **21** (1935).

— (2) Color changes in Brachyura Crustaceans, especially in *Uca pugilator.* Kgl. Fysiogr. Sällsk. Förh. Lund **6** (1936).

DEGNER: (1) Über Bau und Funktion der Chrusterchromatophoren, eine histologisch-biologische Untersuchung. Z. Zool. **102** (1912).

— (2) Weitere Beiträge zur Kenntnis der Crustaceenchromatophoren. Z. Zool. **102** (1912).

Doflein: Lebensgewohnheiten und Anpassungen bei decapoden Krebsen. Festschr. Hertwig, 3. 1910.
Franz: Zur Struktur der Chromatophoren der Crustaceen. Biol. Zbl. **30** (1910).
Fröhlich: Farbwechselreaktionen bei *Palaemon*. Arch. Entw.mechan. **29** (1910).
Gamble: The relation between light and pigment formation in *Crenolabrus* and *Hippolyte*. Quart. J. microsc. Sci. **55** (1910).
Gamble-Keeble: (1) *Hippolyte varians*, a study in colour change. Quart. J. microsc. Sci. **43** (1900).
— (2) The colour physiology of higher crustacea. Philosophic. Trans. roy. Soc. Lond. B **196** (1904).
Giersberg: Über Farbwechsel der Tiere. Jber. schles. Ges. vaterl. Kultur **103** (1930).
Hanström (1): Neue Untersuchungen über Sinnesorgane und Nervensystem der Crustaceen. I. Z. Morph. u. Ökol. Tiere **23** (1931).
— (2) Neue Untersuchungen über Sinnesorgane und Nervensystem der Crustaceen. II. Zool. Jb., Abt. Anat. **56** (1933).
— (3) Preliminary report on the probable connection between the Blood Gland and the Chromatophore Activator in Decapod Crustaceans. Proc. nat. Acad. Sci. U.S.A. **21** (1935).
— (4) Die Sinusdrüse und der hormonal bedingte Farbwechsel der Crustaceen. Kgl. Sv. Vetensk. Handl., III. s. **16** (1937).
— (5) l. c. S. 148.
Hosoi: Chromatophore-activating substance in the shrimps. J. Fac. Sci. imp. Univ. Tokyo **3** (1934).
Keeble-Gamble: (1) The colour physiology of *Hippolyte varians*. Proc. roy. Soc. Lond. **65** (1899).
— — (2) The colour physiology of higher crustacea. Proc. roy. Soc. Lond. **71** (1903).
— — (3) The colour physiology of higher crustacea. II. Philosophic. Trans. roy. Soc. Lond. B **189** (1904).
— — (4) On the presence of mobile fat in the chromatophores of crustacea. Zool. Anz. **27** (1904).
— — (5) The colour physiology of higher crustacea. III. Proc. roy. Soc. Lond. B **76** (1905).
Kleinholz: Color Changes and Diurnal Rhythm in *Ligia baudiniana*. Biol. Bull. Mar. biol. Labor. Wood's Hole **72** (1937).
Koller: (1) Über den Farbwechsel bei *Crangon vulgaris*. Verh. dtsch. zool. Ges. **1925**.
— (2) Über Chromatophorensystem, Farbensinn und Farbwechsel bei *Crangon vulgaris*. Z. vergl. Physiol. **5** (1927).
— (3) Versuche über die inkretorischen Vorgänge beim Garneelenfarbwechsel. Z. vergl. Physiol. **8** (1929).
— (4) Weitere Untersuchungen über Farbwechsel und Farbwechselhormone bei *Crangon vulgaris*. Z. vergl. Physiol. **12** (1930).
Koller-Meyer: Versuche über den Wirkungsbereich von Farbwechselhormonen. Biol. Zbl. **50** (1930).
Kropp: The Crustacean Chromatophore Activator and the Gonads of the Rat. Proc. nat. Acad. Sci. Wash. **18** (1932).
Kropp-Crozier: l. c. S. 148.
Kropp-Perkins: The Occurrence of the Humoral Chromatophore Activator among Marine Crustaceans. Biol. Mar. biol. Labor. Wood's Hole **64** (1933).

KRÖYER: Monographisk fremstilling af slaegten *Hippolytes* nordiske arter. Kgl. Danske Videnskap. Selsk. **9** (1842).
MATZDORFF: Über die Färbung von *Idothea tricuspidata*. Jena. Z. Naturwiss. **16** (1883).
MAYER: Über Farbenwechsel bei Isopoden. Mitt. zool. Stat. Neapel **1** (1879).
MEGUSAR: Experimente über den Farbwechsel der Crustaceen. Arch. Entw.-mechan. **33** (1912).
MENKE: Periodische Bewegungen und ihr Zusammenhang mit Licht und Stoffwechsel. Pflügers Arch. **140** (1911).
MINKIEWICZ: Étude expérimentale du synchromatisme de *Hippolyte varians*. Bull. Acad. Sci. Cracovie **1908**.
NAVEZ-KROPP: l. c. S. 148.
ODIORNE: Degeneration of Melanophores in *Fundulus*. Proc. nat. Acad. Sci. Wash. **19** (1933).
PARKER: (1) The Elementary Nervous System. Philadelphia and London 1919.
— (2) The Chromatophores. Biol. Rev. Cambridge philos. Soc. **5** (1930).
PARKER-BROWN-ODIORNE: The Relation of the Eyes to Chromatophoral Activities. Proc. amer. Acad. Arts. a. Sci. **69** (1935).
PERKINS: Color Changes in Crustaceans, especially in *Palaemonetes*. J. of exper. Zool. **50** (1928).
PERKINS-KROPP: The Occurrence of the Humoral Chromatophore Activator among Marine Crustaceans, and its effect upon the Chromatophores of Crustaceans, Fishes and Amphibia. Mount Desert Isl. Labor. Rep. **1932**.
PERKINS-SNOOK: (1) Control of Pigment Migration in the Chromatophores of Crustaceans. Proc. nat. Acad. Sci. Wash. **17** (1931).
— (2) The Movement of Pigment within Chromatophores of *Palaemonetes*. J. of exper. Zool. **61** (1932).
POUCHET: (1) Sur les rapides changements de coloration provoqués expérimentellement chez les crustacés. J. Anat. et Physiol. **8** (1872).
— (2) Note sur les rapides changements de coloration provoqués experimentellement chez les crustacés. C. r. Acad. Sci. Paris **1872**.
— (3) Les changements de coloration sous l'influence des nerfs. J. Anat. et Physiol. **12** (1876).
REMANE: Farbwechsel, Farbrassen, Farbanpassung bei der Meerassel *Idothea tricuspidata*. Zool. Anz. **5**, Suppl. (1931).
RETZIUS: Zur Kenntnis des Nervensystems der Crustaceen. Biol. Unters., N. F. **1** (1890).
SARS: Historie naturelle des Crustacés d'eau douce de Norvège. Christiania 1867.
SJÖGREN: Die Blutdrüse und ihre Ausbildung bei den Decapoden. Zool. Jb., Abt. Anat. **58** (1934).
SMITH: The Effects of Temperature Changes upon the Chromatophores of Crustaceans. Biol. Bull. Mar. biol. Labor. Wood's Hole **58** (1930).
STEPHENSON: (1) Colour Changes in Crustacea. Nature (Lond.) **130** (1932).
— (2) Control of Chromatophores in *Leander serratus*. Nature (Lond.) **133** (1934).
TAITE: Color change in the isopod *Ligia oceanica*. J. of Physiol. **40** (1910).
VERNE: (1) Les métabolismes pigmentaires chez les crustacés — et un procédé de conservation des couleurs. Bull. Soc. France **1921**.
— (2) Les pigments tégumentaires des Crustacés Décapodes. Introduction à l'etude histochimique des pigments animaux. Paris 1921.

VII. Andere hormonale Wirkungen der Augenstielorgane der Crustaceen. Hormonal bedingte Adaption der Augenpigmente. Auxinähnliche Substanzen und eventuelle Beziehung zu dem Calciumhaushalt des Körpers.

Von den beiden bisher identifizierten inkretorischen Organen des Augenstieles der decapoden Crustaceen, dem X-Organ (S. 214) und der Sinusdrüse (S. 198), kommt das erstgenannte allgemein, aber nicht konstant vor, indem es bei einer *Cambarus*-Art, *Astacus vulgaris, Sesarma cinereum, Aratus pisoni* und wahrscheinlich auch bei *Uca pugilator* nicht gefunden werden konnte. Die Sinusdrüse wurde aber überall entdeckt, wo ernstlich nachgeforscht wurde, so bei littoralen Formen, wie *Palaemonetes vulgaris,* bei oberflächlich pelagischen, wie den Sargassogarneelen *Leander tenuicornis* und *Latreutes fucorum,* bei ausgeprägten Tiefseegarneelen, wie *Acanthephyra purpurea,* bei im Meer lebenden Arten gleich wie bei Brackwasser- und Süßwassertieren *(Cambarus, Astacus, Macrobrachium),* bei sehenden und bei blinden Decapoden *(Lepidopa, Eryoneicus),* und schließlich auch bei solchen Decapoden, bei denen ein Farbwechsel nicht nachgewiesen worden ist *(Homarus americanus, Hippa talpoida, Libinia dubia, Cancer irroratus),* und bei solchen, die erweißlichermaßen keine Chromatophoren besitzen, wie den Pasiphaeiden und *Anchistioides antiguensis.* Dabei wurde das Vorhandensein der gewöhnlichen pigmentaktivierenden Hormone in den Augenstielen der soeben erwähnten Arten von *Homarus, Hippa, Libinia* und *Cancer,* bei denen die Sinusdrüse alle Zeichen einer lebhaften sekretorischen Tätigkeit zeigt, durch Injektionsexperimente an anderen Crustaceen bestätigt. Dies macht wahrscheinlich, daß die Sinusdrüse außer dem Farbwechsel andere und vielleicht wichtigere Funktionen zu verrichten hat (Hanström 1937).

Eine hormonal bedingte Funktion, die an die Augenstiele der Decapoden gebunden ist, obgleich wir noch nicht wissen, ob sie etwas mit der Sinusdrüse zu tun hat, ist die Pigmentadaption des Komplexauges. Das Komplexauge der Decapoden enthält zuweilen nicht weniger als drei verschiedene Pigmentzellenarten, die wenigstens zum Teil unabhängig voneinander im Licht und Dunkeln charakteristische Bewegungen vollziehen. Exner beschrieb als der erste 1889 die Pigmentadaption eines zusammengesetzten Arthropodenauges, nämlich die des Insektenauges, während er 1891 ausführlich die Physiologie der Komplexaugen der Insekten und Crustaceen behandelte und Parker (1897) zum erstenmal eine detaillierte Untersuchung der Pigmentwanderungen des Crustaceenauges veröffentlichte. In dem letztgenannten versucht Parker die Natur der Bewegungen der drei verschiedenen Pigmentzellen in dem Auge von *Palaemonetes vulgaris* und ihre Beziehung zum Zentralnervensystem auseinanderzusetzen.

Nicht nur in bezug auf das Chromatophorensystem, sondern auch in bezug auf den Bau und die Physiologie des Auges ist also *Palaemonetes vulgaris* die am genauesten untersuchte Crustaceenart. Das Komplexauge von *Palaemonetes* enthält (PARKER 1891, 1897; WELSH 1930, 1932) viereckige Corneafacetten, die aus zwei unterliegenden Hypodermiszellen gebildet werden; dann folgt der Kristallkegel, der aus vier Kegelzellen besteht, deren Kerne distal liegen, und weiter nach innen das Rhabdom, das von acht Sehzellen ausgeschieden wird, von denen aber eine rudimentär ist (Abb. 26, 27). Die Kristallkegel werden von zwei distalen Pigmentzellen (Iris- oder Retinapigmentzellen, „distal pigment cells") umgeben, die einen Mantel um die Kegel bilden. Ihre distalen Fortsätze reichen bis zu der Cornea, die proximalen scheinen direkt mit den Sehzellen zusammenzuhängen. Die letztgenannten sind ebenfalls pigmentiert und werden deshalb von den amerikanischen Autoren „proximal pigment cells" genannt; ihre Kerne liegen in derselben Höhe wie die proximalen Spitzen der Kristallkegelzellen, und ihre eigenen proximalen Partien ziehen als Sehzellenfasern durch die Lamina basilaris nach der Lamina ganglionaris des Nervensystems des Augenstieles. Die Tapetumzellen („reflecting pigment cells") liegen in der Nähe der Lamina basilaris und können proximalwärts nach der Lamina ganglionaris wandern oder sich distalwärts in die Sehzellenschicht vorschieben. Wahrscheinlich gibt es von Tapetumzellen nur ein oder zwei in jedem Ommatidium. Das Pigment der distalen und proximalen Pigmentzellen, das eine schwarze Farbe hat, ist Melanin (PARKER 1932), das der Tapetumzellen, das gewöhnlich im reflektierten Licht weiß ist, Guanin (WELSH 1932).

Unter den drei soeben erwähnten Pigmentzellentypen ist die Funktion der Irispigmentzellen die am besten bekannte. In der Lichtstellung hat das Pigment dieser Zellen eine proximale Lage und grenzt an das der Sehzellen, im Dunkeln dagegen ist es distal zwischen den Kristallkegeln konzentriert. Im vorigen Falle wirkt das Auge wie ein Appositionsauge, im letzteren wie ein Superpositionsauge (EXNER 1891). Die Bewegungen des Augenpigmentes adaptiert also das Komplexauge für Licht- und Dunkelsehen. Die Pigmentwanderung selbst findet aber bei verschiedenen decapoden Crustaceen in zwei verschiedenen Weisen statt, indem die ganzen Irispigmentzellen bei gewissen Arten, wie *Palaemon* und *Palaemonetes*, beweglich sind, während sie bei anderen, wie *Astacus, Cambarus* und *Pagurus*, eine fixierte Lage haben, während das Pigment in ihrem Inneren ähnliche Wanderungen ausführt. Die Funktion der Irispigmentzellen des ersterwähnten Typus wurde von PARKER (1897) als eine kombinierte muskulöse-amöboide Bewegung, von TROJAN (1913) und MOSSLER (1915) als eine protoplasmatische Strömung gedeutet. Nach WELSH (1930) sollen aber bei *Palaemonetes* eigentümliche, als Myofibrillen gedeutete Elemente innerhalb der Irispigmentzellen dabei funktionieren, die sich von der Kernschicht der

Sehzellen nach außen bis zu den distalen Teilen der Kristallkegel erstrecken und in derselben Anzahl wie die funktionierenden Sehzellen (also 7) vorhanden sind (Abb. 26). Wenn die Hauptpartien der Irispigmentzellen sich unter dem Einfluß des Lichtes von der distalen nach der proximalen Lage versetzen, beruht dieses Verhältnis nach WELSH auf der Kontraktion der erwähnten Fibrillen, deren Dimensionen dabei nach depigmentierten Präparaten mehrmals an Dicke zunehmen. Die entgegengesetzte Erscheinung, d. i. die distalwärts gerichtete Wanderung der Irispigmentzellen im Dunkeln, ist noch nicht befriedigend erklärt — dabei kann entweder eine primitiv-muskulöse oder eine amöboide Funktion der distalen fadenförmigen Partien der Irispigmentzellen, die nach der Cornea reichen, vorausgesetzt werden (PARKER 1932).

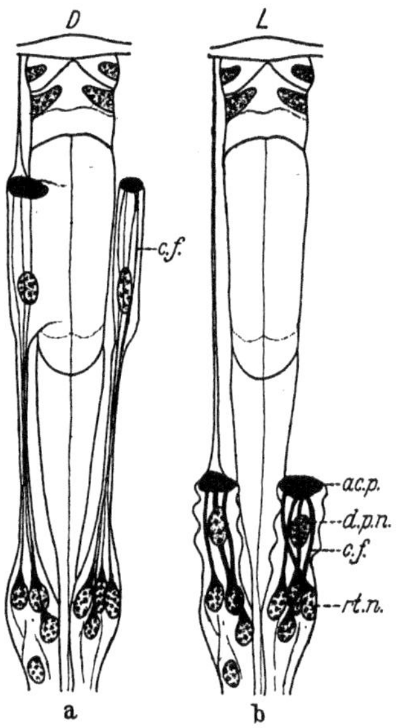

Abb. 26a u. b. Längsschnitte durch zwei Ommatidien von depigmentierten Augen von *Palaemonetes vulgaris*. Die Abbildungen zeigen den kontraktilen Apparat der Irispigmentzellen, welcher in der linken Abbildung expandiert, in der rechten kontrahiert ist. *ac.p.* („accessory pigment") ein isolierter Ballen von Tapetumpigment, das distal von dem Irispigment und weit von dem eigentlichen Tapetumpigment entfernt liegt (vgl. Abb. 27!); *c.f.* kontraktile Elemente; *d.p.n.* Kerne der Irispigmentzellen; *rt.n.* Kerne der Sehzellen. (Nach WELSH.)

In dem zweiten, z. B. bei *Astacus* vorkommenden Typus der Adaption der Irispigmentzellen behalten die Zellen selbst eine bestimmte Lage, und nur die eingeschlossenen Pigmentkörnchen wandern im Licht proximalwärts innerhalb der fadenförmigen, nach der Schicht der Sehzellenkerne reichenden proximalen Partien der Irispigmentzellen, um im Dunkeln wieder nach den distalen Hauptpartien derselben Zellen zurückzukehren. Die beschriebene Bewegung der Pigmentkörnchen soll auf einer protoplasmatischen Strömung beruhen.

Das Pigment der Sehzellen ist, unabhängig von dem Bewegungstypus des Irispigmentes, in der Lichtstellung gewöhnlich über den ganzen Zellkörper ausgebreitet und umhüllt also das Rhabdom. In der Dunkelstellung wird dagegen dieses Pigment nach der Gegend unter der Basalmembran zurückgezogen, so daß das Irispigment und das Sehzellenpigment (das distale und das proximale Pigment) sich im Licht einander nähern, sich im Dunkeln voneinander entfernen. Die Bewegung soll eine protoplasmatische sein.

Auch das Pigment der Tapetumzellen führt regelmäßige Bewegungen aus (TROJAN 1913, MOSSLER 1915, WELSH 1932), indem es in der Lichtstellung hauptsächlich proximal von der Basalmembran des Auges, in der Dunkelstellung hauptsächlich distal von derselben vorkommt.

Die Bewegung der Pigmentkörnchen soll zum Teil protoplasmatisch, zum Teil amöboidal bedingt sein (WELSH 1932).

Daß die Pigmentzellen der Augen in irgendeiner Weise vom Licht beeinflußt werden, ist ohne weiteres selbstverständlich. Ob diese Abhängigkeit von Lichtreizen direkt ist oder nicht, war aber lange Zeit eine nicht entschiedene Frage. Wenn die Augenpigmente direkt vom Licht reizbar sind und gleichzeitig nicht von anderen Reizen getroffen werden, sollten die Pigmentbewegungen der beiden Augen unabhängig voneinander sein. Gewisse Forscher (PARKER 1897, CASTLE 1927) glaubten eine solche Unabhängigkeit der beiden Augen dargelegt zu haben, wenn ein Auge dem Licht ausgesetzt wurde, während das andere lackiert war, wobei einseitige Licht- und Dunkelstellung des Pigmentes hervorgerufen werden würde. Andere Forscher (DEMOLL 1910, 1911, 1917; TROJAN 1913; BENNITT 1924) wollten dagegen eine nervöse Kontrolle der Pigmentbewegungen voraussetzen, während noch andere, wie VON FRISCH (1908), keine bestimmten Beweise einer nervösen Regulation finden konnten. Gegen das Vorhandensein einer nervösen Regulation spricht indessen die Tatsache, daß die Histologen bisher gar keine nach dem Auge ziehenden efferenten Nervenfasern gefunden haben.

Die ziemlich spät entdeckte Tatsache, daß die Augenpigmente mancher Crustaceen rhythmische Bewegungen ausführen, so daß sie unabhängig von der Beleuchtung am Tage die Lichtstellung, nachts die Dunkelstellung einnehmen, ist in diesem Zusammenhang von großer Bedeutung. WELSH zeigte 1930, daß das Pigment der Irispigmentzellen von *Macrobrachium* bei künstlicher Beleuchtung nachts nach außen wandert, als ob das Tier sich im Dunkeln befand, und am Tage wieder nach innen zurückkehrt, auch wenn das Tier jetzt ins Dunkle versetzt wird. Später wurde eine ähnliche periodische und von Lichtreizen unabhängige Wanderung des Pigmentes der Sehzellen (des proximalen Pigmentes) von BENNITT (1932) bei *Cambarus* und von WELSH (1935) bei *Penaeopsis goodei* gefunden, während WELSH (1936) bei *Anchistioides antiguensis* eine rhythmische Wanderung des Pigmentes nicht nur bei den Irispigmentzellen, sondern auch bei den Tapetumzellen entdeckte, nachdem er schon 1935 denselben Tag-Nachtrhythmus des Tapetumpigmentes bei *Latreutes fucorum, Leander tenuicornis* und *Leander affinis* festgestellt hatte.

Das Vorkommen einer offenbar nicht ungewöhnlichen Rhythmizität in den Pigmentbewegungen des Crustaceenauges verhindert die Annahme, daß das Licht dabei eine direkte und entscheidende Rolle zu spielen habe. Spätere Untersuchungen von BENNITT (1929, 1932) zeigten weiter, daß eine gewisse Abhängigkeit der Pigmentbewegungen in den beiden Augen desselben Tieres bei *Cambarus, Cancer, Carcinides (Carcinus), Libinia* und *Homarus* tatsächlich existieren, weshalb entweder eine nervöse oder eine durch das Blut vermittelte Regulation der betreffenden Erscheinung angenommen werden muß. BENNITT erwähnt selbst 1924 zum erstenmal die Möglichkeit einer hormonalen Beeinflussung der Bewegungen der Augenpigmente der Crustaceen, aber betrachtete sie damals als weniger wichtig, während Parker (1932) vorsichtig und Welsh (1930, 1936) mehr entschieden die hormonale Hypothese hervorheben. Daß im Blut zirkulierende Substanzen, die wahrscheinlich Hormone sind, an der Regulierung der Pigmentwanderungen im Komplexauge von *Palaemonetes vulgaris* teilnehmen, wurde schließlich von Kleinholz (1934, 1936) endgültig bewiesen.

Exemplare von *Palaemonetes,* die im Licht die Tagestellung des Irispigmentes angenommen hatten, wurden von Kleinholz mit einem Augenextrakt derselben Art injiziert, das von Tieren mit ausgeprägter Dunkelstellung des Pigmentes bereitet war. Dabei ist es von Bedeutung, daß bei *Palaemonetes vulgaris* keine rhythmischen Bewegungen der Augenpigmente vorhanden sind. Bei dem erwähnten Experiment erhielt Kleinholz aber keine Reaktion; die Lichtstellung der Irispigmentzellen wurde unverändert beibehalten. Wenn aber ein Augenextrakt von Tieren mit Lichtstellung der Augenpigmente bereitet und im Dunkeln Tieren mit Dunkelstellung derselben injiziert wurde, wanderte das Irispigment in proximale Richtung und nahm trotz des umgebenden Dunkels die Lichtstellung an (Abb. 27). Gleichzeitig wanderte das Pigment der Tapetumzellen nach außen und nahm also ebenfalls die Lichtstellung an; das Pigment der Sehzellen zeigte dagegen keine Veränderungen. Von Interesse ist ferner, daß Extrakte von anderen Organen von *Palaemonetes* keine Wirkung auf die Augenpigmentbewegungen hatten, daß aber Augenextrakte von *Cancer irroratus, Libinia dubia, Uca pugilator* und *Carcinides maenas,* in *Palaemonetes* eingespritzt, dieselben Reaktionen wie der Augenextrakt von *Palaemonetes* selbst hervorriefen. Unverständlich ist aber vorläufig die Tatsache, daß Kleinholz keine Wirkung des Augenextraktes von *Callinectes sapidus* erzielen konnte.

Obgleich die von Kleinholz (1934, 1936) nachgewiesene Hormonwirkung, die die Bewegung des Iris- und Tapetumpigmentes reguliert, ihre Quelle in den Augenstielen hat, kann sie aber kaum auf dieselben Substanzen zurückgeführt werden, die die Kontraktionen der farbigen Chromatophoren von *Palaemonetes* beeinflussen (S. 196). Die letztgenannten Bildungen werden nämlich im Licht auf einem dunklen Untergrund expandiert, im Licht auf einem hellen Untergrund konzentriert, während das Iris- und Tapetumpigment in beiden Fällen die Lichtstellung annehmen. Die Bewegungen der Augenpigmente und die der farbigen Chromatophoren werden also selbständig reguliert und müssen deshalb von verschiedenen Hormonen beeinflußt werden (Hanström 1937). Kleinholz fand weiter, daß Augenextrakte von Tieren mit Dunkelstellung der Augenpigmente, in dunkeladaptierte *Palaemonetes* injiziert, nur halb so aktiv sind wie Extrakte, die von lichtadaptierten Tieren stammen. Eine ähnliche Verschiedenheit der Augenextrakte, die von „Tag- und Nachttieren" stammen, ist bisher (allerdings nicht mit Sicherheit) für die Chromatophorenreaktionen nachgewiesen (HANSTRÖM 1937). Schließlich muß bemerkt werden: obgleich diejenige Substanz, welche die Pigmentadaption der Augen von *Palaemonetes* reguliert, deutlich von den Augen stammt, weiß man noch nicht,

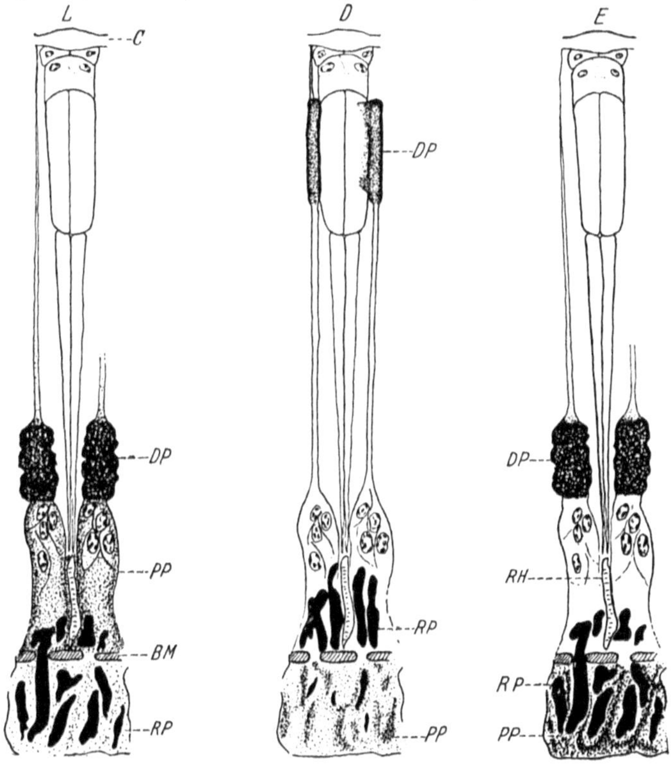

Abb. 27. Ommatidien des Auges von *Palaemonetes vulgaris* mit verschiedener Lage der Pigmente. *L* Lichtstellung; *D* Dunkelstellung; *E* von einem Versuchstier, das ursprünglich dunkeladaptiert war, aber mit einem Extrakt injiziert wurde, das von Augen lichtadaptierter Tiere bereitet war. *C* Cornea; *DP* Irispigment; *PP* Sehzellenpigment; *BM* Basalmembran; *RP* Tapetumpigment; *RH* Rhabdom. (Nach KLEINHOLZ.)

ob sie etwas mit der Funktion der Sinusdrüse oder der anderer Organe des Augenstieles zu tun hat.

Gewisse Experimente sprechen dafür, daß noch andere hormonale Wirkungen an die Augenstiele der Decapoden gebunden sind. NAVEZ-KROPP (1934) glauben nämlich gezeigt zu haben, daß im Augenstielextrakt von *Palaemonetes vulgaris* eine auxinähnliche Substanz zu finden ist, die den Zuwachs von dekapitierten Koleoptilspitzen von *Avena* beschleunigt, aber den Zuwachs dekapitierter Wurzeln von *Lupinus* verlangsamt, ganz wie die zuwachsregulierenden Hormone der Pflanzen (vgl. BOYSEN-JENSEN 1935 und WENT 1935!). Während weiterer Versuche auf demselben Gebiet fanden KROPP-CROZIER (1934), daß eine Verschiedenheit in der Wirkung von „Licht-" und „Dunkelextrakten" auf den Zuwachs von *Lupinus*-Wurzeln vorkommt. Der Lichtextrakt wurde von Augenstielen von *Palaemonetes*-Exemplaren bereitet, die während 36—48 Stunden der Wirkung des Lichtes ausgesetzt worden waren, der Dunkelextrakt von Augen, deren Besitzer während derselben Zeit im Dunkeln gehalten waren. Nach KROPP-CROZIER wirkte dabei der Lichtextrakt bedeutend kräftiger hemmend als der Dunkelextrakt. Eine solche Verschiedenheit zwischen den Wirkungen der Licht- und Dunkelextrakte auf die Chromatophorenreaktionen ist, wie soeben hervorgehoben wurde, noch nicht nachgewiesen worden (S. 211), und da die chromatophoraktivierenden und die auxinähnlichen Hormone der Augenstiele der Crustaceen auch in anderen Hinsichten verschieden sind (CARLSON 1936), können die erwähnten Substanzen nicht identisch sein.

Schon früh haben KEEBLE-GAMBLE (1905) eine eventuelle Beziehung zwischen dem Fetthaushalt des Körpers und den Chromatophorenfunktionen bei den Crustaceen diskutiert und MENKE (1911) die letztgenannten in Beziehung zu dem allgemeinen Stoffwechsel gesetzt. KOLLER (1930) exstirpierte nun mit Hilfe eines Punktbrenners das sog. Weißorgan von *Crangon vulgaris* (also wahrscheinlich die Sinusdrüse; HANSTRÖM 1937), dessen Inkret konzentrierend auf die Melanophoren wirkt, und konnte dann nach Feststellen der Kalkgewichte der abgeworfenen Häute bei normalen und operierten Tieren eine durchschnittlich geringere Kalkmenge in den Häuten derjenigen Tiere finden, dessen „Weißorgan" durch Ausbrennen zerstört war. Wie KOLLER (vgl. auch STEPHENSON 1932!) selbst hervorhebt, kann man vorläufig nicht entscheiden, ob bei den operierten Garneelen eine Verminderung der Kalkablagerung in der Haut stattgefunden hat oder ob nicht eine stärkere Rückresorption des im Panzer befindlichen Calciums eingetreten ist. Eine eventuelle Beziehung zwischen der Funktion der Sinusdrüse und dem Calciumhaushalt des Körpers kann aber jedenfalls aus den KOLLERschen Versuchen herausgelesen werden. Sowohl die Untersuchungen über das Vorkommen von auxinähnlichen Substanzen in den Augenstielen als die über die Regulierung des Calciumhaushaltes von denselben Organen, die alle die ersten auf ihrem Gebiet sind, sollten indessen von anderer Seite bestätigt werden.

Literatur.

BENNITT: (1) The migration of the retinal pigment in crustaceans. J. of exper. Zool. **40** (1924).

— (2) Physiological interrelationship in the eyes of decapod crustacea. Anat. Rec. **44** (1929).

— (3) Physiological interrelationship in the eyes of decapod crustacea. Physiologic. Zool. **5** (1932).

— (4) Diurnal rhythm in the proximal pigment cells of the crayfish retina. Physiologic. Zool. **5** (1932).

BOYSEN-JENSEN: Die Wuchsstofftheorie. Jena 1935.
BUDDENBROCK, VON: Die Physiologie des Facettenauges. Biol. Rev. Cambridge philos. Soc. **10** (1935).
CARLSON (1936): l. c. S. 203
CASTLE: The interrelation of the eyes of *Palaemonetes* as concerns retinal pigment migration. Proc. nat. Acad. Sci. Wash. **13** (1927).
DEMOLL: (1) Die Physiologie des Facettenauges. Erg. Zool. **2** (1910).
— (2) Über die Wanderung des Irispigments im Facettenauge. Zool. Jb., Abt. allg. Zool. **30** (1911).
— (3) Die Sinnesorgane der Arthropoden, ihr Bau und ihre Funktion. Braunschweig 1917.
EXNER (1): Durch Licht bedingte Verschiebungen des Pigmentes im Insektenauge und deren physiologische Bedeutung. Sitzgsber. Akad. Wiss. Wien, Math.-naturwiss. Kl. **98** (1889).
— (2) Die Physiologie der facettierten Augen von Krebsen und Insekten. Leipzig und Wien 1891.
FRISCH, VON: Studien über die Pigmentverschiebung im Facettenauge. Biol. Zbl. **28** (1908).
HANSTRÖM (1937): l. c. S. 204.
HORSTMANN: Die tagesperiodischen Pigmentwanderungen im Facettenauge von Nachtschmetterlingen. Biol. Zbl. **55** (1935).
KEEBLE-GAMBLE (1905): l. c. S. 204.
KLEINHOLZ: (1) Eye-stalk hormone and the movement of distal retinal pigment in *Palaemonetes*. Proc. nat. Acad. Sci. Wash. **20** (1934).
— (2) Crustacean eye-stalk hormone and retinal pigment migration. Biol. Bull. Mar. biol. Labor. Wood's Hole **70** (1936).
KOLLER (1930): l. c. S. 204.
KROPP-CROZIER (1934): l. c. S. 148.
MENKE (1911): l. c. S. 205.
MOSSLER: Die Pigmentwanderung im Auge von *Palaemon squilla*. Denkschr. Akad. Wiss. Wien, Math.-naturwiss. Kl. **91** (1915).
NAVEZ-KROPP (1934): l. c. S. 148.
PARKER: (1) The compound eyes in crustaceans. Bull. Mus. comp. Zool. Harvard Univ. **21** (1891).
— (2) Pigment migration in the eyes of *Palaemonetes*. Zool. Anz. **19** (1896).
— (3) Photomecanical changes in the retinal pigment cells of *Palaemonetes*, and their relation to the central nervous system. Bull. Mus. comp. Zool. Harvard Univ. **30** (1897).
— (4) The movements of the retinal pigment. Erg. Biol. **9** (1932).
STEPHENSON (1932): l. c. S. 205.
TROJAN: Das Auge von *Palaemon squilla*. Denkschr. Akad. Wiss. Wien, Math.-naturwiss. Kl. **88** (1913).
UCHIDA: Color changes in the eye of a long-horned Grasshopper, *Homorocoryphus lineosus*, in relation to light. J. Fac. Sci. Univ. Tokyo Zool. **3** (1934).
UMBACH: Entwicklung und Bau des Komplexauges der Mehlmotte *Ephestia kühniella* nebst einigen Bemerkungen über die Entstehung der optischen Ganglien. Z. Morph. u. Ökol. Tiere **28** (1934).
LAPICQUE, M.: Chronaxie de subordination chez la Tortue. C. r. Soc. Biol. Paris **117**, 583—586 (1934).
WELSH: (1) The mechanics of migration of the distal pigment cells in the eyes of *Palaemonetes*. J. of exper. Zool. **56** (1930).
— (2) Diurnal rhythm of the distal pigment cells in the eyes of certain crustaceans. Proc. nat. Acad. Sci. Wash. **16** (1930).

WELSH: (3) The nature and movement of the reflecting pigment in the eyes of certain crustaceans. J. of exper. Zool. **62** (1932).
— (4) Further evidence of a diurnal rhythm in the movement of pigment cells in eyes of crustaceans. Biol. Bull. Mar. biol. Labor. Wood's Hole **68** (1935).
— (5) Diurnal movements of the eye pigments of *Anchistioides*. Biol. Bull. Mar. biol. Labor. Wood's Hole **70** (1936).
WENT: The investigations on growth and tropisms carried on in the Botanical Laboratory of the University of Utrecht during the last decade. Biol. Rev. Cambridge philos. Soc. **10** (1935).

VIII. Neurosekretorische Organe unbekannter Funktion.

Gerade während der letzten Jahre hat man speziell bei den Wirbeltieren zahlreiche, mehr oder weniger sichere Fälle von neurosekretorischer Wirksamkeit entdeckt, nämlich sekretorisch tätige Ganglienzellen im Rückenmark der Fische (SPEIDEL 1919, 1922) und im Diencephalon und Mesencephalon der Fische, Amphibien, Reptilien und Säugetiere, einschließlich des Menschen (SCHARRER, ERNST 1932—1935), was unter anderem in Verbindung mit den neuen Anschauungen über den sog. „Neurohumoralismus" (PARKER 1932, 1936; LOEWI 1935) von Interesse ist, da es ein Beispiel von einer Beziehung zwischen nervöser und sekretorischer Tätigkeit darstellt. Ähnliche Bildungen bei den Wirbellosen, für die man bisher keine andere Deutung als eine inkretorische Funktion finden kann, sind bei Crustaceen (HANSTRÖM 1931, 1934, 1937), Insekten (WEYER 1935, HANSTRÖM 1936), Opistobranchiern (BERTA SCHARRER 1935, GAUPP-ERNST SCHARRER 1935) und Cephalopoden (YOUNG 1936, THORE 1936) gefunden.

1. Das X-Organ der Crustaceen.

Das gewöhnlich in dem Augenstiel der höheren Crustaceen gelegene X-Organ ist bisher bei den folgenden Ordnungen gefunden: den Leptostracen (nach einer noch nicht veröffentlichten Untersuchung von STÅL), Anaspidiaceen (HANSTRÖM 1934), Mysidaceen (DOHRN 1906; HANSTRÖM 1933, 1937), Decapoden (HANSTRÖM 1931, 1933, 1934, 1937; BORÄNG 1933) und Stomatopoden (HANSTRÖM 1931, 1934). Dabei tritt es in zwei ziemlich verschiedenen Gestalten auf, einer kompakteren, bei der Mehrzahl der untersuchten Arten vorkommenden, und einer blasenförmigen, bisher nur bei den Mysidaceen nachgewiesenen. In beiden Fällen steht das X-Organ in intimer Lagebeziehung zu der sog. Augenpapille, bzw. der Sinnespore, und ihren Nerven.

Bei den Decapoden ist das X-Organ am besten bekannt. Es kommt bei der weit überwiegenden Anzahl der untersuchten Arten vor; bei einigen, wie *Cambarus sp., Astacus vulgaris, Sesarma cinereum* und *Aratus pisoni,* gibt es aber ganz bestimmt keine Spuren desselben. Normalerweise liegt das X-Organ der Decapoden in den Augenstielen; bei *Gebia affinis, Gebiopsis deltura, Hippa talpoida* und *Emerita analoga* ist es wie mehrere andere, gewöhnlich in den Augenstielen gelegene Organe sekundär nach dem Gehirn im Cephalothorax zurückgewandert.

Das X-Organ besteht bei den Garneelen (Abb. 21, 28, 29) aus mehreren Lappen, die traubenförmig dem von der Medulla terminalis ausgehenden Nerv aufsitzen. Das Organ wird von demselben Bindegewebe umgeben, das auch die Nervenmasse des Augenstieles einschließt; es bildet eine dünne Hülle mit platten Kernen um jede einzelne Traube des Organes. Die Kerne der X-Zellen, von denen mehrere zu jeder Traube gehören, sind ganz rund und gleichen sehr Ganglienzellenkernen; sie haben einen

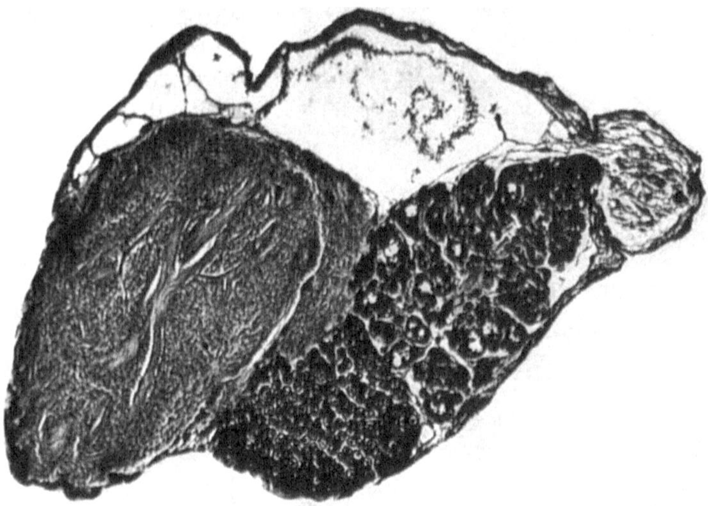

Abb. 28. Nach links Corpus hemiellipsoidale (gehört zu den Corpora pedunculata in der Medulla terminalis nach rechts das X-Organ und der Nerv der Augenpapille von *Acanthephyra*. (Nach HANSTRÖM.)

großen Nucleolus und zahlreiche Chromatinkörner. Die inkretorische Funktion des X-Organes wird durch das Vorkommen verschiedener Sekretionsprodukte bewiesen, die teils kleine eosinophile und fuchsinophile runde Tröpfchen, teils größere, mehr unregelmäßig geformte Ballen darstellen, die eine konzentrische Schichtung zeigen. Die Schichtung scheint wenigstens oft auf dem Vorhandensein einer Anzahl von feinen Fäden zu beruhen, die entweder spiralig aufgerollt oder konzentrisch angeordnet die Schichtung verursachen. Zuweilen enthalten die drüsigen Elemente des Organes große leere Vakuolen, so daß sie außerdem nur einen exzentrisch gelegenen Kern mit einem dünnen umgebenden Protoplasmastreifen einschließen. Es ist wahrscheinlich, daß alle die erwähnten Bildungen der X-Zellen nur verschiedene Entwicklungsstadien eines und desselben Sekretes darstellen, das in verschiedenen Phasen seiner Entwicklung oder unter verschiedenen physiologischen Zuständen sich verschieden chemisch verhält, daß die kleinen

Tröpfchen also die Vorstufe zu den wie konzentrisch geschichtete Schollen oder wie konzentrisch gewundene feine Fäden auftretenden größeren Bildungen sind, welche Stoffe andererseits unter gewissen Umständen entweder im Leben verbraucht oder während der Behandlung der Präparate ausgelöst werden. Dabei treten die leeren Vakuolen am deutlichsten an Bouin-fixierten Präparaten auf, während sie an Flemming- und Zenker-fixierten von einem gefärbten, im Leben wahrscheinlich flüssigen Inhalt gefüllt sind.

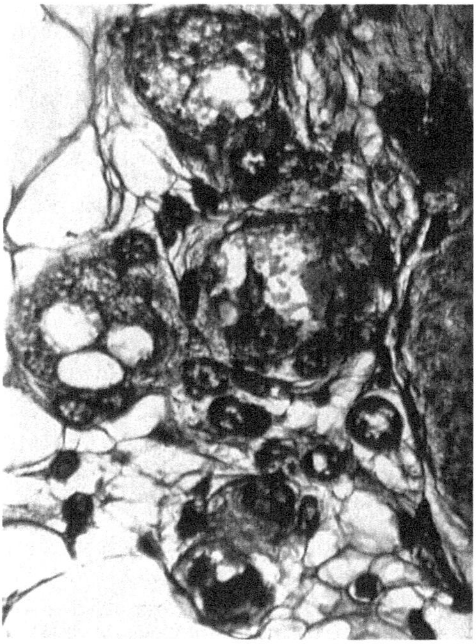

Abb. 29. Partie des X-Organes von *Acanthephyra* bei stärkerer Vergrößerung. In dem Plasma Vakuolen und eosinophile Tröpfchen. (Nach HANSTRÖM.)

Bei den Garneelen reicht das X-Organ oft nach der Peripherie des Augenstieles (Abb. 21) bis zur Basis der Augenpapille oder bis zu der verdünnten Chitinpartie, der Sinnespore, die die Augenpapille vertritt. Bei denjenigen Anomuren, bei denen ein X-Organ bisher gefunden ist, und bei den Brachyuren liegt das X-Organ mehr zentral unmittelbar neben der Medulla terminalis des Gehirns und erreicht nicht die Haut. Wenn eine Sinnespore vorhanden ist, zieht aber der Nerv derselben immer zusammen mit dem Nerv des X-Organes in die Medulla terminalis ein (Abbildung 28). In derselben Weise verhält sich das X-Organ der Stomatopoden, das aber ganz innerhalb der Ganglienzellenschicht der Nervenmasse des Augenstieles eingeschlossen liegt und durch zahlreiche, sehr große und leuchtend rot mit Eosin gefärbte Sekrettröpfchen ausgezeichnet ist. Ungefähr wie bei Garneelen ohne Augenpapille verhält sich das X-Organ der Leptostracen und Anaspidiaceen.

Das X-Organ der Mysidaceen (die sog. „Papillenblase") hat eine sehr eigenartige Gestalt; erst wenn auch eine echte Sinusdrüse (vgl. S. 198) bei den Mysidaceen gefunden wurde, konnte die Papillenblase mit Gewißheit mit dem X-Organ der Decapoden und Stomatopoden homologisiert werden (HANSTRÖM 1937). Die Papillenblase der Mysidaceen wurde zuerst von DOHRN (1906) beschrieben, der dieses Organ auf Grund seiner Lage unmittelbar unter der Augenpapille als das „Ganglion" der Papille auffaßte. Die Papillenblase grenzt unmittelbar an einen großen Blutsinus des Augenstieles, ist ganz geschlossen und hat eine Wand, die aus einem einreihigen abgeplatteten Epithel besteht (Abb. 30). Das Zellenplasma ist unscharf gegen das Blasenlumen abgegrenzt, so daß plasmatische Stränge als Anzeichen der Sekretion in den Hohlraum hineinziehen und mit dem körnigen Koagulum verbunden sind, das sonst zusammen mit leeren Vakuolen die Höhlung des X-Organes der *Eucopia*-Arten füllt. Bei *Boreomysis arctica* dagegen enthält das Innere der Papillenblase wie bei gewissen Garneelen dichte, sich intensiv mit Eosin färbende, durcheinander gewundene Fäden, was zusammen mit anderen Tatsachen beweist, daß die Papillenblase der Mysidaceen mit dem X-Organ anderer Crustaceen homolog ist (HANSTRÖM 1937).

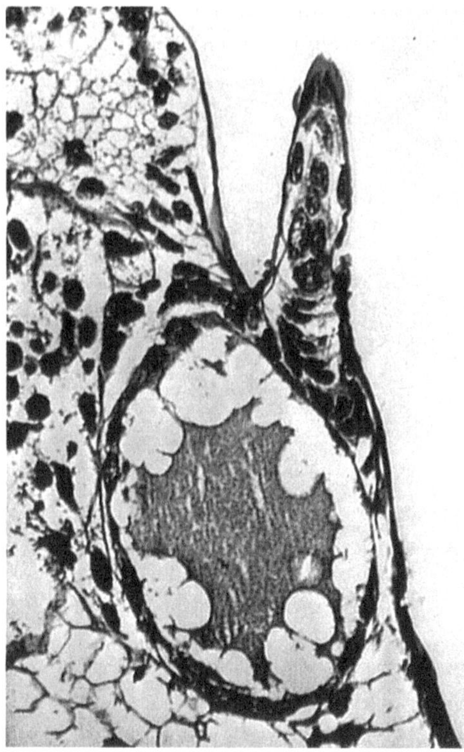

Abb. 30. Längsschnitt durch die Augenpapille und die Papillenblase (das X-Organ) von *Eucopia*. In dem X-Organ ein Koagulum und Vakuolen. (Nach HANSTRÖM.)

Trotz der nahen Lagebeziehungen zwischen der Augenpapille, bzw. der Sinnespore, und dem X-Organ bezweifelte ich 1933 aus verschiedenen Gründen, daß die erwähnten beiden Bildungen vergleichend-anatomisch etwas miteinander zu tun hätten, obgleich ich bei *Acantephyra (Acanthecephyra)* einen Zweig des Augenpapillennerves fand, der in das X-Organ hineinzieht und sich mit seinem Nerv vereinigt, was eine ursprüngliche Zusammengehörigkeit der beiden Organe andeutet. Dazu kommt aber jetzt, daß ich 1937 bei *Homarus americanus* ein X-Organ von einer nicht früher bekannten Gestalt entdeckt habe, das in diesem Zusammenhang von besonderem Interesse ist.

Das X-Organ von *Homarus americanus* ist weit ausgedehnt und reicht von der Medulla terminalis nach unten längs des Nervenstranges, der von der Medulla nach der Sinnespore zieht (Abb. 31). Es besteht bei dieser Art aus zwei verschiedenen Elementen, indem seine Hauptmasse von den gewöhnlichen vakuolhaltigen Zellen gebildet wird, die vorzüglich in der Nähe der Medulla terminalis ihre Lage haben. Am distalen Ende des X-Organes sitzt aber wie eine Haube eine große Gruppe von kleineren Zellen, von denen gewisse sich tiefrot mit Eosin färben, während andere, scheinbar ähnliche Zellen nur die gewöhnliche hellrote Farbe annehmen. Keine „Haubenzellen" besitzen aber Vakuolen, während sie wie die normalen Zellen des X-Organes von einem Zweig des zugehörenden Nerves innerviert werden. Neben dem X-Organ ziehen zwei oder drei kleine Nervenbündel nach der Sinnespore, die bei *Homarus* mit keinen anderen Zellen als der hier beschriebenen haubenförmigen Gruppe von X-Zellen verbunden ist.

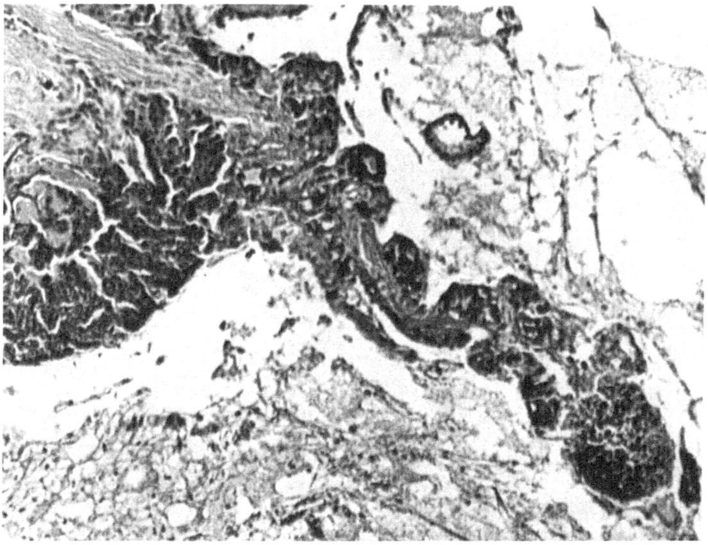

Abb. 31. Nach links oben die Medulla terminalis mit normalen Ganglienzellen, nach rechts das X-Organ von *Homarus americanus*. In dem letztgenannten proximal sekretorische Zellen, nach rechts unten die „haubenförmige" Gruppe von kleineren, nicht vakuolhaltigen Zellen. (Nach HANSTRÖM.)

Wie ich in einer anderen Arbeit von 1937 hervorgehoben habe, kann die Lage und Struktur der Zellen der „haubenförmigen" Partie des X-Organes von *Homarus americanus* von Bedeutung bei der vergleichend-anatomischen Diskussion der Herkunft des X-Organes sein. Es scheint nämlich berechtigt, die genannten Zellen als noch nicht ausgebildete X-Zellen zu betrachten, deren sekretorische Funktion zwar in gewissen Fällen durch die leuchtend rote Eosinfärbung angedeutet, in anderen aber gar nicht bekundet wird. Sie nehmen in der Lage und in der Struktur eine Übergangsstellung zwischen den Sinneszellen, die in der Augenpapille mancher Garneelen, wie z. B. *Parapasiphae sulcatifrons,* vorkommen, und den wahrhaft sekretorischen, vakuolhaltigen X-Zellen ein. Mit Rücksicht auf das Vorhandensein dieser früher unbekannten Zwischenstufe zwischen den mehr oder weniger zurückgebildeten Sinneszellen der Augenpapille bzw. der Sinnespore, und den X-Zellen und die konstant bei den Mysidaceen (Abb. 30) und Decapoden gefundene anatomische Verbindung zwischen den genannten Sinnesorganen und dem X-Organ scheint es berechtigt anzunehmen, daß das X-Organ nicht aus Gehirnzellen, sondern aus umgewandelten Sinneszellen der Augenpapille phylogenetisch entstanden ist. Da nun die Augenpapille der höheren Crustaceen wahrscheinlich das laterale paarige Frontalorgan der niederen Crustaceen (und die paarigen Polychätenantennen) vertritt (HANSTRÖM 1931, 1933) und man auch bei dem unpaaren medialen Frontalorgan in gewissen Fällen (bei Stomatopoden, wie *Squilla mantis,* und Decapoden, wie *Emerita analoga* und *Hippa talpoida*; HANSTRÖM 1931, 1937) dieselbe Verwandlung von einem Sinnesorgan in ein sekretorisches Organ mutmaßen kann, haben wir wahrscheinlich in diesen Organen ein Beispiel von derselben Umwandlung, die man bei dem Pinealorgan der Vertebraten gefunden hat, das als ein ursprüngliches Sinnesorgan betrachtet wird, welches später unter Einbuße des peripheren Sinnesapparates sich in der proximalen Partie progressiv entwickelt und inkretorische Bedeutung erwirbt (NOWIKOFF 1934, 1935; YOUNG 1935). Die Versuche, das auf Grund der Struktur unzweideutig inkretorisch tätige X-Organ zu dem Farbwechsel der Crustaceen in Beziehung zu bringen (HANSTRÖM 1937), waren indessen bisher vergebens; möglicherweise wird es später gelingen, dasselbe mit irgendeinem der anderen mit den Augenstielorganen verbundenen Hormonfunktionen der Crustaceen (S. 206) zu verknüpfen.

2. Eventuelle neurokrine Organe des Gehirns der Insekten und Opisthobranchier und des Gehirns und des Stellarganglions der Cephalopoden; chromaffine Zellen des Hirudineenbauchmarks.

Bei den Insekten sind wahrscheinlich drüsenartige Bildungen im *Pars intercerebralis des Gehirns* bei Hymenopteren *(Apis mellifica)* und Hemipteren *(Lygaeus equestris)* beschrieben. Die betreffenden Zellen der Honigbiene sind unzweifelhaft Nervenzellen, aber diese Zellen unterscheiden sich von den gewöhnlichen Ganglienzellen des Gehirns dadurch, daß ihr Cytoplasma mit deutlichen sekretartigen Tropfen beladen sind, die ihnen das charakteristische Aussehen von Drüsenzellen verleihen (WEYER 1935). Die Tropfen färben sich mit gebräuchlichen Kernfarbstoffen intensiv, mit Plasmafarbstoffen weniger gut. Ungefähr in derselben Lage gibt es im Protocerebum von *Lygaeus equestris* einen gewaltig entwickelten *Lobus dorsomedialis,* der wahrscheinlich mit den Stirnaugenbahnen in Verbindung steht und der noch nicht bei anderen Hemipteren gefunden worden ist (HANSTRÖM 1936). Während die Kerne der wahren Ganglienzellen der Insekten sonst an der Oberfläche des Neuropils eine gleichmäßige Lage bilden, liegen sie im Lobus dorsomedialis von *Lygaeus* im Inneren eines wahrscheinlich synzytialen neuropilähnlichen Gewebes, sind ungeheuer groß, unregelmäßig geformt und enthalten zahlreiche Chromatinkörner und zuweilen konzentrisch geschichtete Bildungen, die wohl als Nucleolen zu deuten sind.

Während die histologischen Andeutungen einer sekretorischen Funktion des Lobus dorsomedialis von *Lygaeus* experimentell bestätigt werden müssen, gibt es im *Gehirn* und auch in anderen *Ganglien der Opisthobranchier,* wie *Aplysia limacina* und *Pleurobranchea meckeli,* Gruppen von Ganglienzellen, deren zytologische Struktur genügend eine sekretorische, und dann wahrscheinlich inkretorische Funktion bekunden (Berta Scharrer 1935, Gaupp-Ernst Scharrer 1935). Das Sekret tritt teils in Gestalt von kleinen Tröpfchen, teils als größere kolloidale, in blasigen Vakuolen gelegene Bildungen auf (Abb. 32, 33);

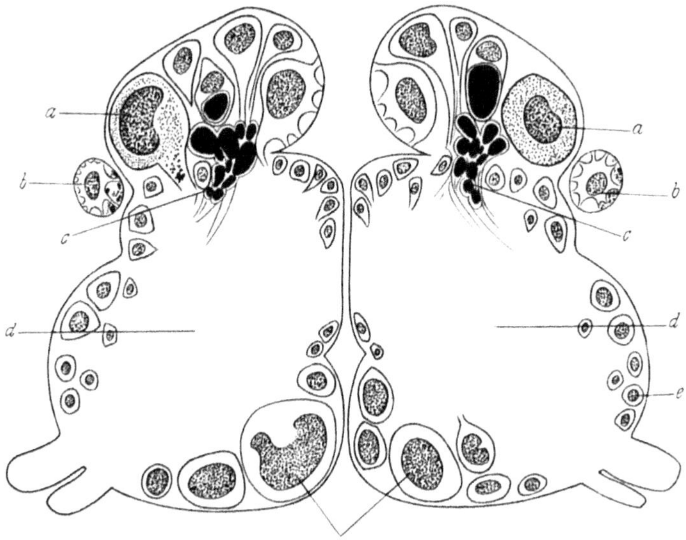

Abb. 32. Schematisierter Schnitt durch das Cerebralganglion von *Pleurobranchaea meckeli*. *a* Riesenzellen, angefüllt mit roten Körnchen. Kernmembran teilweise aufgelöst. *b* Ganglienzellen mit Sekrettröpfchen in der Umgebung. *c* Gruppe geschichteter Konkremente in sekretorischen Ganglienzellen. *d* Neuropil. *e* Ganglienzellen. (Nach Berta Scharrer.)

es wird in Form kleiner Körnchen im Zellplasma gebildet, um als größere Tropfen auf dem Wege des Nervenfortsatzes abtransportiert zu werden. Die physiologische Bedeutung des Sekretes bei diesen Mollusken und des der ähnlichen Bildungen der Vertebraten (Abb. 33b, c) ist noch völlig unbekannt.

Als den *Corpus subpedunculatum* hat Thore (1936) einen hauptsächlich unter dem Pedunculus lobi optici des Cephalopodengehirns gelegenen Körper beschrieben, der teilweise in das Augenganglion eindringt, aus kleinen basophilen Zellen besteht, von Blutgefäßen reichlich versorgt wird und wahrscheinlich von sekretorischer Bedeutung ist. Viel deutlicher tritt aber die sekretorische Struktur in dem *Corpus epistellatum* derselben Tiergruppe zutage, in dem man wahrscheinlich eines der besten bisher bekannten Beispiele einer Verwandlung von Nervenzellen in Drüsenzellen bei den Wirbellosen erblicken kann.

Bei den decapoden Cephalopoden gibt es ein System von Riesennervenfasern, die wahrscheinlich mit der Fluchtreaktion unter Ausstoßen des Inhaltes des Tintenbeutels verbunden sind. Die Riesenfasern des Stellarnerven (Abb. 34) sind nun in eigentümlicher Weise von synzytialer Struktur, indem sie nicht von einzelnen Riesenzellen stammen, sondern von zahlreichen kleinen Ganglienzellen des Stellarganglions, deren Ausläufer verschmelzen (YOUNG 1936). Bei *Sepia* liegen diese Zellen in der Ganglienzellenschicht des Stellarganglions zerstreut, nehmen aber bei *Loligo forbesi* einen bestimmten Platz am Hinterende des Ganglions ein, wo 300 bis 1500 Zellen ihre Ausläufer

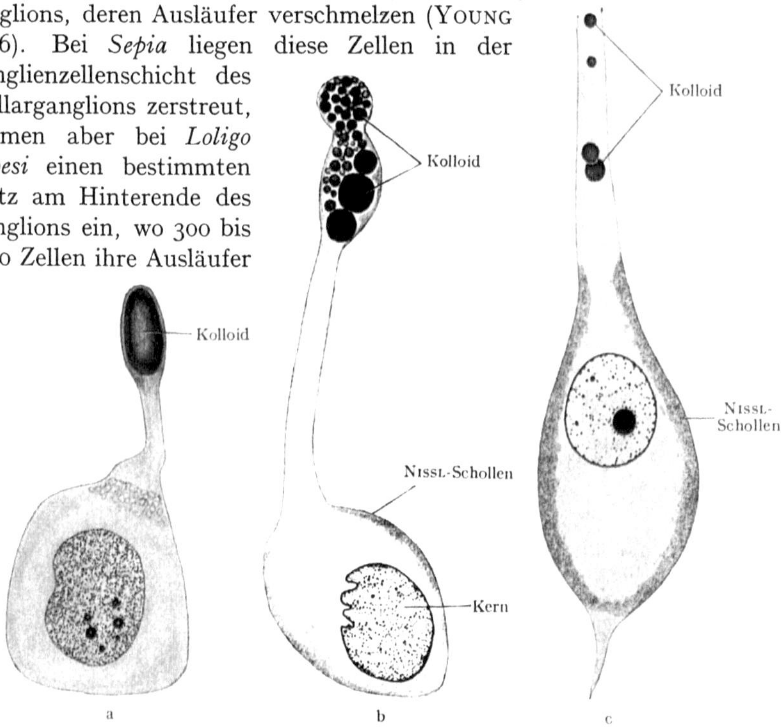

Abb. 33 a—c. Aus der Zelle abwanderndes Kolloid im Nervenfortsatz. a Cerebralganglion der marinen Schnecke *Pleurobranchaea meckeli*. b Nucleus praeopticus eines Süßwasserfisches, *Tinca vulgaris*. c Nucleus paraventricularis des Menschen. (Nach GAUPP-ERNST SCHARRER.)

zu Riesenfasern vereinen. Bei den octopoden Cephalopoden gibt es keine Riesenfasern, aber an demselben Platz, wo der Riesenfaserlappen des Stellarganglions von *Loligo* liegt, einen wahrscheinlich damit homologen *Epistellarkörper* in der Gestalt einer geschlossenen Blase, deren Inhalt individuell und vielleicht mit der Jahreszeit wechselt (Abb. 35). In einigen Fällen gibt es im Blasenlumen eine optisch homogene Substanz, die sich mit Nigrosin und Anilinblau, aber nicht mit Eosin, Orange G, Säurefuchsin oder basischen Farbstoffen färbt. Die Wand der Blase enthält neurosekretorische Elemente, die Nervenzellen gleichen, deren Ausläufer aber im Inneren der homogenen Substanz der Blase blind enden. Diese Zellen werden von einem kleinen Nerv versorgt, der von dem Mantelkonnektiv stammt. Nach Entfernung der beiden

Epistellarkörper bei einer Anzahl von *Eledone moschata* wurde der allgemeine Muskeltonus herabgesetzt, und die operierten Tiere wurden hell gefärbt, was von der Herabsetzung des Muskeltonus abhängen

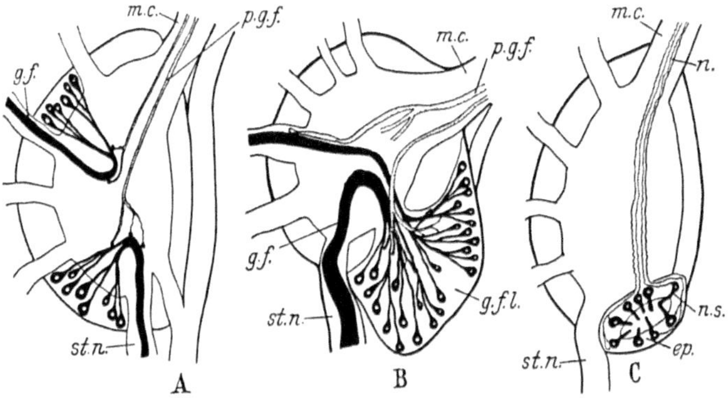

Abb. 34 A—C. Schema des Ganglion stellatum der Cephalopoden. Bei *Sepia* (A) liegen die Mutterzellen der Riesenfasern in dem Ganglion zerstreut, bei *Loligo* (B) sind sie zu einem besonderen Lappen konzentriert. Bei den Octopoden (C) gibt es keine Riesenfasern, aber an dem Platz der Mutterzellen derselben bei *Loligo* liegt der sekretorische Epistellarkörper. *ep.* Epistellarkörper; *g.f.* „postganglionare" Riesenfasern; *g.f.l.* Riesenfaserlappen bei *Loligo*; *m.c.* Mantelkonnektiv (Pallialnerv); *n.s.* neurosekretorische Zellen; *p.g.f.* „präganglionare" Riesenfasern; *st.n.* Stellarnerv. (Nach YOUNG.)

soll, da die Expansion und Kontraktion der Chromatophoren der Cephalopoden von Muskeln reguliert werden (S. 179).

Schon LEYDIG (1857) betrachtete gewisse in den Ganglien verschiedener Wirbelloser *(Mermis, Pontobdella, Paludina)* gefundene

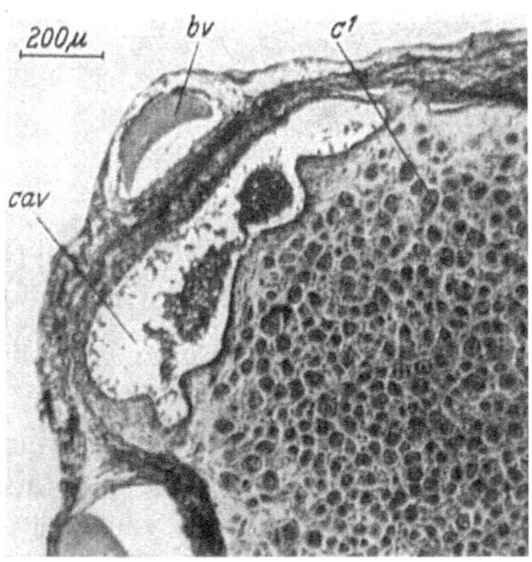

Abb. 35. Sagittalschnitt durch den Epistellarkörper von *Eledone moschata*. *bv* Blutgefäß; *c* gewöhnliche Ganglienzellen; *cav* Hohlraum des Epistellarkörpers. (Nach YOUNG.)

Zellen mit gelbkörnigem Inhalt als Analoga des Adrenalteils der Nebennieren der Vertebraten. Später haben POLL-SOMMER (1903), POLL (1909), BIEDL (1912) und GASKELL (1920) in den Bauchganglien mehrerer Anneliden *chromaffine Zellen* entdeckt, wobei BIEDL und GASKELL auch das Vorhandensein einer Substanz in diesen Ganglien feststellten, die dieselben physiologischen Wirkungen wie Adrenalin hatte und nach BIEDL (1912) sogar mit Adrenalin chemisch identisch sei. Nach dieser Auffassung kommen also bei den Anneliden echte Ganglienzellen vor, die selbst Adrenalin produzieren. Nach GASKELL sollten sogar die kontraktilen muskulösen Elemente des Blutgefäßsystems von denselben chromaffinen Zellen innerviert werden (was aber histologisch bestätigt werden muß), so daß also das sympathische Nervensystem und die adrenalinproduzierenden Zellen hier im Gegensatz zu den Verhältnissen bei den Vertebraten eine anatomische Einheit bilden würden. Es ist nämlich in diesem Zusammenhang von Interesse, daß das Adrenalin der Vertebraten von dem Nebennierenmark produziert wird, das aus den Anlagen der sympathischen Ganglien stammt, und daß eine Substanz, die mit Adrenalin identisch oder wenigstens nahe verwandt ist, von den sympathischen Nervenendigungen der Wirbeltiere während ihrer Tätigkeit, unter anderem im Herzen, gebildet wird („humorale Transmission"; LOEWI 1935). Da nun die wirbellosen Tiere in allen bisher untersuchten Fällen (bei Anneliden, Mollusken und Arthropoden; vgl. S. 145!) spezifisch für das Adrenalin der Vertebraten reagieren, können Adrenalin selbst oder Adrenalin und nahe damit verwandte Substanzen mit einer nicht unbedeutenden Wahrscheinlichkeit als die ersten universell im Tierreich wirksamen Hormone bezeichnet werden.

Literatur.

BIEDL: Über das Adrenalingewebe bei Wirbellosen. Verh. 8. internat. Zool.-Kongr. Graz **1910**. Jena 1912.

BORÄNG: Über den Bau des Gehirns von *Athanas nitescens* (LEACH). Ark. Zool. (schwed.) **25** A (1933).

DOHRN: Die Nervenendigung in Sinneszellen eines Schizopoden. Zool. Anz. **29** (1906).

GASKELL: Adrenalin in Annelids. J. gen. Physiol. **2** (1920).

GAUPP-SCHARRER, ERNST: Die Zwischenhirnsekretion bei Mensch und Tier. Z. Neur. **153** (1935).

HANSTRÖM (1931): (1) l. c. S. 204.

— (1933): (2) l. c. S. 204.

— (3) Neue Untersuchungen über Sinnesorgane und Nervensystem der Crustaceen. III. Zool. Jb., Abt. Anat. **58** (1934).

— (4) Neue Untersuchungen über Sinnesorgane und Nervensystem der Crustaceen. IV. Ark. Zool. (schwed.) **26** A (1934).

— (5) Über das Organ X, eine inkretorische Gehirndrüse der Crustaceen. Psychiatr. Bl. (holl.) **1934**.

— (6) Ein eigenartiges Rhynchotengehirn. Opusc. Entomol. **1** (1936).

— (1937): (7) l. c. S. 148.

LEYDIG: Lehrbuch der Histologie der Menschen und der Tiere. Frankfurt 1857.

LOEWI: The Ferrier Lecture on Problems connected with the Principle of Humoral Transmission of nervous Impulses. Proc. roy. Soc. Lond. B **118** (1935).

NOWIKOFF: (1) Zur Frage der morphologischen Beziehungen zwischen Sehorganen und Drüsen. Z. Morph. u. Ökol. Tiere **29** (1934).
— (2) Über den Bau und die physiologische Bedeutung der Parietalorgane. Biol. generalis (Wien) **11** (1935).
PARKER: (1) Humoral agents in nervous activity. Cambridge 1932.
— (2) Color changes of animals in relation to nervous activity. Philadelphia 1936.
POLL: Gibt es Nebennieren bei Wirbellosen? Ges. naturforsch. Freunde Berl. 1908; Sitzgsber. preuß. Akad. Wiss., Physik.-math. Kl. **36** (1909).
POLL-SOMMER: Über phäochrome Zellen im Zentralnervensystem. Verh. physik. Ges. Berlin **1902/03**.
SCHARRER, BERTA: Über das HANSTRÖMsche Organ X bei Opisthobranchiern. Pubbl. Staz. zool. Napoli **15** (1935).
THORE: Cephalopodstudien. I. Beiträge zur Kenntnis der sog. weißen Körper nebst Mitteilung über ein neues Organ bei *Octopus vulgaris*. Kgl. Fysiogr. Sällsk. Lund Förh. **6** (1936).
WEYER: Über drüsenartige Nervenzellen im Gehirn der Honigbiene, *Apis mellifica*. Zool. Anz. **112** (1935).
YOUNG: (1) The photoreceptors of lampreys. II. The functions of the pineal complex. J. of exper. Biol. **12** (1935).
— (2) The giant nerve fibres and epistellar body of Cephalopods. Quart. J. microsc. Sci. **78** (1936).

Physiologie des Zentralnervensystems der Reptilien.

Von J. TEN CATE, Amsterdam.

Mit 9 Abbildungen.

Inhaltsübersicht.

I. Vorwort.

Die vorliegende Arbeit, welche eine Fortsetzung der in diesen Ergebnissen erschienenen Abhandlungen über die Physiologie des Zentralnervensystems der Fische und Vögel darstellt, beabsichtigt, wie auch jene, eine möglichst sachgetreue und vollständige Übersicht der auf dem Gebiet der Physiologie des Zentralnervensystems der Reptilien erzielten Resultate zu geben. Wie in den vorigen Arbeiten sollen auch in dieser die Funktionen der einzelnen Abschnitte des Zentralnervensystems, soweit wie möglich, gesondert besprochen werden.

II. Das Rückenmark.

Das Rückenmark der Reptilien zeigt makroskopisch sehr verschiedene Formen, je nach der untersuchten Unterklasse. Dabei tritt der Einfluß der verschiedenen Körperentwicklung deutlich zutage. Eidechsen und Krokodile, welche eine entwickelte Rumpf- und Extremitätenmuskulatur besitzen, zeigen ein überall gut entwickeltes Mark mit Zervikal- und Lumbalanschwellungen. Bei den Schlangen, bei welchen nur eine Rumpfmuskulatur vorhanden ist, findet man keine Anschwellungen des Rückenmarks, wie bei den erstgenannten Unterklassen. Schließlich erscheint das Rückenmark der Schildkröten, bei welchen keine thorakale Rumpfmuskulatur vorkommt, in der Thorakalregion auffallend dünn.

Für ein besseres Verständnis der Versuche, von welchen weiter die Rede sein wird, ist es wichtig, zu wissen, daß das Rückenmark der Reptilien sich durch den ganzen Wirbelkanal erstreckt und es hier somit zu keiner Bildung einer Cauda aequina oder eines erheblichen Filum terminale kommt (A. KAPPERS).

Dem Plane meiner vorigen Abhandlungen entsprechend, will ich auch die Beschreibung der Physiologie des Rückenmarks der Kriechtiere mit den einfachsten Leistungen desselben beginnen. Zu denselben gehört ohne Zweifel die segmentale Innervation der rezeptorischen und effektorischen Organe.

1. Segmentale Innervation der Haut.

Die Frage über die segmentale Innervation der Haut ist bei den Kriechtieren kaum angeschnitten worden, obwohl gerade bei den verschiedenen Vertretern dieser Tierklasse, welche einen so abweichenden Körperbau aufweist, gewiß manche sehr interessante Tatsachen gefunden werden können.

Die *segmentale Innervation* der Haut ist systematisch bis jetzt nur an den Eidechsen von v. TRIGT (1917) untersucht worden. Die segmentale Innervation der Haut bei der Eidechse *(Lacerta viridis)* wurde von v. TRIGT nach der Isolierungsmethode untersucht. Seine Versuche haben gezeigt, daß am Rumpf in einiger Entfernung von den Extremitäten das Dermatom die Form eines Rechtecks hat. Die Breite des Dermatoms in der dorsalen Mittellinie beträgt $3^1/_2$ Wirbel; die gegenseitige Überdeckung etwa $^2/_3$ der Dermatombreite. In der Nähe der Extremitäten findet eine *Verschiebung der Dermatome* statt. Dieselbe Erscheinung wird auch bei den Hals- und Schwanzdermatomen beobachtet, wobei die ersteren mehr nach dem Kopf, die Schwanzdermatome in der Richtung der Schwanzspitze verlagert erscheinen.

Nach v. TRIGT wird die Form, die Lage und die Verschiebung der Wurzelfelder am Hals, Rumpf und Schwanz von der Entwicklung des Schädels, der Extremitätenpaare und des Schwanzes beherrscht.

Eine noch bedeutendere Verschiebung der Dermatome findet man in den beiden Extremitätenpaaren; hier wird auch eine starke *Überdeckung* gefunden. Während sich beim Frosch alle Extremitätendermatome bis zu den beiden Mittellinien erstrecken, ist dies bei der Eidechse nicht mehr der Fall. Bei dieser liegen die Dermatome entweder längs den Mittellinien oder längs den Achsenlinien angeordnet. Interessant ist ferner, daß die Anzahl der Dermatome nicht der Länge der Extremität entspricht. Während die Unterextremitäten bei der Eidechse länger als die Vorderextremitäten sind, ist die Anzahl der bedeckenden Dermatome für beide gleich. An der Vorderseite der Extremitäten befindet sich eine größere Anzahl Dermatome als an der Hinterseite.

Gelegentlich anderer Versuche an den *Ringelnattern* konnte ich (1936) mit der Isolationsmethode SHERRINGTONs ebenfalls eine Überdeckung der einzelnen Hautfelder bei diesen Tieren feststellen. Diese Überdeckung beträgt bei der Natter etwa $^1/_2$ der Dermatombreite.

2. Tonische Innervation der Skeletmuskeln.

Der Frage der Abhängigkeit des Tonus der Skeletmuskulatur vom Rückenmark bei den Reptilien ist, meines Wissens, nur von SERGI (1905) nähergetreten worden. SERGI legte bei *Testudo graeca* den M. semimembranosus des einen Hinterbeines frei, ohne die normalen Innervationsverhältnisse zu stören. Dieser Muskel wurde mit dem Schreibhebel verbunden und hierauf wurden seine willkürlichen Bewegungen registriert.

SERGI erhielt unregelmäßige periodische Kontraktionserscheinungen, wobei auf den Kurven langsam verlaufende *Tonusschwankungen* deutlich von den schnellen Kontraktionen unterschieden werden konnten. Die schnellen Kontraktionen konnten ohne Veränderungen des Tonus auftreten, oder sie waren diesen letzteren aufgesetzt. Die beiden Kontraktionsarten sind somit bis zu einem gewissen Grade unabhängig voneinander.

In einer anderen Arbeit konnte SERGI (1905) dieselben Erscheinungen bei der spinalen Schildkröte erhalten. Diese beiden Kontraktionsarten der Extremitätenmuskulatur traten bei der spinalen Schildkröte sowohl automatisch als auch reflektorisch auf.

Auf Grund dieser Beobachtungen kommt SERGI zu dem Schlusse, daß das Rückenmark das Hauptorgan des nervösen Tonus ist, der sich sowohl im ruhenden wie auch im kontrahierenden Muskel manifestiert. Dieser Rückenmarkstonus ist reflektorischer Natur.

Diese beiden mehr oder weniger voneinander unabhängigen Kontraktionsarten der Schildkrötenmuskeln scheinen mir interessant zu sein in Zusammenhang mit der von KULCHITSKY (1924) beschriebenen doppelten Innervation der Muskeln der Schlangen *(Python)*.

3. Innervation der Chromatophoren.

Auf die älteren Untersuchungen über die Bedeutung des Rückenmarks für das Chromatophorenspiel bei den Reptilien werde ich hier nicht eingehen. Eine ausführliche Besprechung dieser Frage findet man bei v. RIJNBERK (Erg. Physiol. 1906) und bei FUCHS (WINTERSTEINs Handbuch der vergleichenden Physiologie). Es sei hier nur erwähnt, daß von den älteren Forschern sich ganz besonders BRÜCKE, BERT und zum Teil auch KRUKENBERG um die Entwicklung der Frage der Innervation der Chromatophoren verdient gemacht haben. Ich beginne die Besprechung der Versuche über die Innervation der Chromatophoren bei den Reptilien durch das Rückenmark mit den Versuchen CARLTONs

(1904). Dieser Forscher hat seine Versuche an *Anolis carolinensis,* dem sog. Florida-Chamäleon, angestellt. CARLTON konnte feststellen, daß nach Zerstörung des hinteren Rückenmarksabschnittes noch das ganze Tier den üblichen Farbenwechsel zeigt; es wird grün im Dunkeln und braun bei Licht. CARLTON schließt aus diesen Versuchen, daß die Innervationszentra für die Chromatophoren nicht im Rückenmark, sondern im Sympathicus, und zwar in den Ganglien des Grenzstranges, sich befinden. Dies wurde durch die Versuche mit Nikotin bestätigt. Nach Injektion einer Nikotinlösung, welche nach den Befunden LANGLEYs die sympathischen Ganglien außer Tätigkeit setzt, findet CARLTON ein sofortiges Grünwerden des braunen Tieres. Daß dies Nikotin keine direkte Wirkung auf die Chromatophoren besitzt, glaubt CARLTON daraus schließen zu können, daß ein abgelöstes Hautstück, das gewöhnlich grün ist, nach mechanischen Reizen dunkel wird, sowohl bei mit Nikotin vergifteten als auch normalen Tieren.

Solange die Tiere sich im Lichte befinden, werden die Chromatophoren durch den Sympathicus tonisch erregt; es tritt eine Ausbreitung der Melanophoren ein; in der Dunkelheit sinkt der Sympathicustonus, und die Chromatophoren retrahieren sich.

Die Versuche CARLTONs haben somit gezeigt, daß die Kolorationsbahnen durch die sympathischen Ganglien, in welchen sie eine Unterbrechung erfahren, verlaufen. CARLTON glaubt, daß der bei *Anolis* gefundene Farbenwechsel hauptsächlich unter dem Einflusse der Lichtwirkung steht. Weitere Untersuchungen von PARKER und STARRAT (1905/06) haben aber gezeigt, daß auch der Temperaturwirkung eine größere Bedeutung zukommt. Dies ist in der neueren Zeit von SMITH (1929) vollkommen bestätigt worden.

REDFIELD (1918) hat die Innervation der Chromatophoren bei der Eidechse, *Phrynosoma cornutum,* eingehend untersucht. REDFIELD wollte ermitteln, wie die *Innervation der Melanophoren* bei den Eidechsen zustande kommt. Vor ihm haben BRÜCKE und KELLER gefunden, daß die Melanophoren sich unter dem Einflusse der Nervenimpulse zusammenballen, während CARLTON bei *Anolis* zu anderen Ergebnissen kam: er konnte eine Expansion der Melanophoren unter dem Einflusse der Nervenerregung feststellen.

REDFIELD konnte in seinen Versuchen nachweisen, daß sich der tonische Zustand der Melanophoren bei *Phrynosoma* fortwährend unter dem Einflusse des Nervensystems befindet. Die *koloratorischen Zentren* befinden sich bei diesen Tieren im thorakalen Abschnitt des Rückenmarks vom 8. bis 13. Wirbel. Die koloratorischen Nervenfasern verlaufen aus dem Rückenmark nach den sympathischen Strängen und endigen entweder direkt in den Melanophoren oder in den *Nebennieren* und anderen Adrenalin produzierenden Drüsen, oder aber findet sowohl das eine wie das andere statt. Die Impulse aus dem Rückenmark zu den Melanophoren verursachen eine Zunahme des Tonus und somit eine Aufhellung der Haut. Impulse, die nach den Adrenalindrüsen geleitet werden, verursachen eine Sekretion von Adrenalin, das mit dem Blute in den Bereich der Pigmentzellen gebracht wird und ebenfalls eine Tonuszunahme derselben bewirkt. Die Nervenimpulse werden von den Augen aus geregelt, so daß sich das Tier an die Umgebung anpassen kann.

Aber auch schädliche Reize, welche auf die Haut einwirken, können ein Zusammenballen der Melanophoren verursachen. Neben diesen nervösen Wirkungen auf die Chromatophoren, konnte REDFIELD auch eine direkte Wirkung des Lichtes und der Temperatur auf dieselben feststellen. Helligkeit und Kälte vermindern den Tonus der Melanophoren, Dunkelheit und Wärme verstärken den Tonus derselben.

REDFIELD findet in seinen Versuchen, daß die Reizung der Nerven eine Zusammenballung der Melanophoren bewirkt, im Gegensatz zu den Befunden CARLTONs bei *Anolis*. REDFIELD glaubt, daß, wenn die Versuche CARLTONs richtig sind, man 2 Arten von Nervenfasern, welche antagonistisch die Melanophoren bei *Anolis* innervieren, annehmen muß. Dies ist aber keinesfalls bewiesen.

Interessante Versuche mit *Anolis carolinensis*, welche zur Klärung der Frage der Innervation der Chromatophoren bei den Reptilien von Bedeutung sind, hat MAY (1924) angestellt. MAY transplantierte Hautstücke autoplastisch und homoplastisch. Die *autoplastischen Transplantate* heilten leicht ein. Wird ein Stück der pigmentierten Rückenhaut in die pigmentlose Bauchhaut übergepflanzt, dann bleibt es die erste Zeit grün, wie jedes Stück denervierter Haut, und beteiligt sich auch nicht am Farbenwechsel des Tieres. Nach etwa 30 Tagen beginnt das Transplantat in seiner weißen Umgebung am Farbenwechsel der Rückenseite teilzunehmen.

Histologisch ist die Innervation der Melanophoren bei *Anolis* noch nicht festgestellt. Der plötzliche Übergang von Braun in Grün bei der Freipräparierung der Haut und das Verhalten der frisch transplantierten Hautstücke, welche am Farbenwechsel nicht teilnehmen, weist auf eine Durchtrennung der versorgenden Nerven hin. Dies wird durch die später auftretende Wiederherstellung des Farbenwechsels noch mehr bestätigt. Die Nervenversorgung der Melanophoren einer Hautstelle geschieht wahrscheinlich durch Nerven, die aus der Unterlage heraufkommen und nicht durch einen Plexus, der alle Hautstellen verbindet. Denn nach der Umschneidung eines Hautstückes, wobei es mit der Unterlage in Verbindung bleibt, wird der Farbenwechsel nicht aufgehoben; wird aber ein Stück Haut von der Unterlage getrennt, dann färbt es sich direkt grün.

MAY konnte ferner zeigen, daß der Farbenwechsel bei *Anolis* unter der Kontrolle des *sympathischen Nervensystems* steht. Die *Adrenalininjektion* bewirkt sofort ein Grünwerden des braunen Tieres, dagegen wird ein isoliertes und durch mechanische Reizung in braune Färbung gebrachtes Stück Haut, das mit Adrenalin behandelt wird, nicht grün. Tiere mit zerstörtem Rückenmark reagieren auf Adrenalininjektion wie normale; sie werden grün. MAY kommt auf Grund dieser Versuche zu dem Schlusse, daß das Adrenalin nur indirekt über das sympathische Nervensystem auf die Melanophoren wirken kann.

HOGBEN und MIRVISH (1928) haben die Innervation der Melanophoren bei dem *südafrikanischen Chamäleon (Chameleo pumibis)* untersucht. In ihren Versuchen machten sie Querschnitte durch das Rückenmark und die Seitenstränge und hielten die Tiere danach wenigstens während einer Woche am Leben.

HOGBEN und MIRVISH konnten feststellen, daß bei den Tieren, bei welchen ein *Querschnitt durch das Rückenmark* vor dem 10. oder 11. Wirbel gemacht war, bei der Reizung der Haut des Kopfes eine Blässe der vorderen Körperhälfte bis zum Querschnitt erzielt wurde, während die hinter dem Schnitte gelegene Körperhälfte unverändert blieb. Wenn der Querschnitt durch das Rückenmark hinter dem 11. und 12. Wirbel geführt war, trat nach der Reizung des Kopfendes eine Blässe des ganzen Körpers mit Ausnahme eines ganz kleinen Abschnittes am Schwanzende auf.

Wurden zugleich mit dem Rückenmark auch die *beiden sympathischen Seitenstränge* durchtrennt, dann erhielt man bei der Reizung des Mundendes ebenfalls eine Blässe der Haut der vorderen Körperhälfte, welche vor den Querschnitten lag. In 2 Fällen, wobei der Schnitt durch das Rückenmark in Höhe des 12. und 13. Wirbels, derjenige durch die beiden Seitenstränge aber in Höhe des 16. Wirbels geführt war, erstreckte sich die Blässe der Haut des Vordertieres bis zu den Schnitten durch die Seitenstränge.

Wenn zugleich mit dem Querschnitt durch das Rückenmark hinter dem 12. Wirbel noch nur *ein Seitenstrang* durchtrennt wurde, konnte man einen deutlichen Unterschied in der Ausbreitung der Blässe der Haut von beiden Seiten feststellen. Auf derjenigen Seite, auf der auch der Seitenstrang durchtrennt war, bleib die Haut hinter dem Schnitte durch den Seitenstrang dunkel, wenn das Vordertier gereizt wurde. Auf der Seite, an welcher der Seitenstrang intakt geblieben war, breitete sich die Blässe der Haut auf den ganzen Körper mit Ausnahme des Schwanzendes aus.

Nach einer Durchtrennung des Seitenstranges tritt bei der Reizung des Kopfes eine Blässe des ganzen Körpers ein. Wenn aber nur ein sympathisches Ganglion exstirpiert wurde, dann blieb ein dunkler Streifen in der Haut, der dem Segment von dem das Ganglion exstirpiert war, entsprach.

Diese Versuche von HOGBEN und MIRVISH deuten ganz unzweideutig darauf hin, daß die *Blässe der Haut,* welche auf Reizungen derselben eintritt, einen *nervösen Ursprung* hat. Es mußte aber noch die Frage gelöst werden, ob die Blässe der Haut durch eine direkte Wirkung des Zentralnervensystems auf die Chromatophoren verursacht wird, oder ob man es mit einer sekundären Erscheinung zu tun hat, welche etwa durch eine starke Verengerung der Blutgefäße und den eventuell damit verbundenen Sauerstoffmangel bedingt wird. Versuche mit einer Aufhebung der Durchblutung der Haut, wobei die Blässe der Haut noch erzielt werden konnte, weisen auf eine direkte Nervenwirkung auf die Melanophoren hin.

Die efferenten Reize verlaufen längs den sympathischen Bahnen. Die postganglionären Nerven sind mit den präganglionären segmental verbunden. Aus den 10 bis 12 Rückenmarksegmenten verlaufen präganglionäre Fasern, welche sich in den Seitensträngen kaudalwärts bis kurz vor das Schwanzende ausbreiten. In kranialer Richtung breiten sich dagegen keine präganglionären Fasern aus.

HOGBEN und MIRVISH schließen aus diesen Versuchen, daß die Chromatophoren bei den Chamäleonen direkt vom Zentralnervensystem innerviert werden und daß die Blässe der Haut, welche bei der Reizung entsteht, reflektorisch zustande kommt. Die Reaktionen der Chromatophoren auf Licht und Wärme sollen nicht vollkommen vom Zentralnervensystem unabhängig sein. Das Chromatophorenzentrum im Gehirn befindet sich stets in einem tonischen Zustande und sorgt, daß die Chromatophoren sich in einem tonischen Kontraktionszustande befinden. Durch äußere Reize wird dieser tonische Zustand des Chromatophorenzentrums unterbrochen.

HOGBEN und MIRVISH halten es für durchaus unwahrscheinlich, daß das Adrenalin beim Zustandekommen der Hautblässe eine Rolle spielt. Sie konnten sich nämlich überzeugen, daß Adrenalin nur in größeren, unphysiologischen Dosen eine Blässe der Haut bewirkt; nach Exstirpation der Nebennieren kann man durch Reizung eine Blässe der Haut erzielen, wenn nur die Seitenstränge bei der Operation nicht beschädigt sind.

Strychnin und Koffein erhöhen die Erregbarkeit der Chromotophorenzentren und verursachen dadurch eine Blässe der Haut. Kurare und Atropin heben die Wirkung der Nerven auf die Chromataphoren auf, indem sie die Nervenendigungen paralysieren. Auch diese Wirkung der genannten pharmakologischen Mittel spricht für den nervösen Charakter der Blässe, welche bei den Chamäleonen durch äußere Reize erhalten wird.

Den großen Unterschied in den Ergebnissen ihrer Versuche von denjenigen REDFIELDs, können HOGBEN und MIRVISH nicht näher erklären.

VERRIER und PANN (1929), welche die Blaufärbung der unteren Fläche des Kopfes und der Seitenpartien des Rumpfes bei den Agamiden *(Agama inermis* und *Agama Tournewillii)* untersuchten, berichten ganz kurz über die reflektorische Hervorrufung der Blaufärbung. Die Farbe wie auch die Temperatur der Umgebung ist ohne Einfluß. Auch die Nahrung scheint keinen direkten Einfluß auszuüben. Somit wird das Auftreten der Blaufärbung, welche außer der Paarungszeit auch beim Reizen der Tiere auftritt, weder von den Nn. optici und Nn. trigemini aus, noch durch die thermische Reizung der sensiblen Nerven des Körpers bewirkt, sondern entweder durch die Erregung des Sympathicus durch Sexualhormone oder durch äußere Reize.

Die strittigen Ergebnisse der Versuche von REDFIELD an *Phrynosoma* und HOGBENs und MIRVISHs an Chamäleonen veranlaßten HADLEY (1931) zu weiteren Versuchen über die *Bedeutung des Nervensystems bei der Hormonenwirkung* auf die Melanophoren. HADLEY konnte feststellen, daß abgetrennte Haut noch deutliche Veränderungen der Melanophoren bei Dunkelheit und Beleuchtung zeigt. Bei der Einwirkung von Pituitrin und Adrenalin auf die abgetrennte Haut von *Anolis* konnte ein Unterschied von der Wirkung auf die normal innervierte Haut festgestellt werden. Pituitrin hat auf die Melanophoren der abgetrennten Haut dieselbe Wirkung wie bei der Injektion am normalen Tiere. Adrenalin dagegen bewirkt keine Aufhellung der isolierten Haut, wie beim normalen Tiere, sondern eine Verdunklung. Wenn somit Adrenalin direkt auf die Melanophoren wirkt, dann tritt eine Expansion derselben auf, wenn es dagegen dem normalen Tiere injiziert wird, bewirkt es eine Retraktion der Chromatophoren. Im letzten Falle wirkt das Adrenalin wahrscheinlich längs dem nervösen Wege. Durch diesen Nachweis der indirekten und direkten Wirkung des Adrenalins auf die Chromatophoren können die strittigen Resultate der Versuche von HOGBEN und MIRVISH einerseits und REDFIELDs andererseits erklärt werden.

In den letzten Jahren sind 2 Arbeiten von ZOOND erschienen, welche sich teilweise auch mit der Frage der Innervation der Chromatophoren bei den Chamäleonen beschäftigen. Zusammen mit EYRE konnte ZOOND (1934) die Bedeutung der dermalen und retinalen Photorezeptoren für den Farbenwechsel bei *Lophosaura pumila* feststellen.

Diese Versuche zeigten, daß sich beim Chamäleon die Melanophoren in einem Zustande fortwährender tonischer Kontraktion befinden. Diese tonische Kontraktion wird durch die nervösen Impulse unterhalten, welche längs den pigmentomotorischen Nervenfasern, die dem autonomen System angehören, vom Zentralnervensystem nach den Melanophoren verlaufen.

In seiner zweiten Arbeit, welche ZOOND mit BOKENHAM ausführte, berichtet ersterer (1935) über weitere Details, welche er bei der Reizung dermaler und retinaler Photorezeptoren im Verhalten der Melanophoren feststellen konnte.

In demselben Jahre ist ein Essay von der Hand SANDs (1935) erschienen, in dem eine Übersicht vom gegenwärtigen Stande der Lehre vom Farbenwechsel der Reptilien und Fische gegeben wird.

SAND vergleicht die Reaktionen der Melanophoren bei den *Fischen und Reptilien* und findet weitgehende Übereinstimmungen. Vergleicht man die Innervation der Melanophoren bei der Elritze, wie VON FRISCH sie beschrieben hat, mit der Innervation bei den Chamäleonen, wie sie aus den Versuchen von HOGBEN und MIRVISH hervorgeht, dann kann man eine auffallende Übereinstimmung konstatieren. Aus dem beistehenden Schema ist dies deutlich ersichtlich (Abb. 1).

Die Melanophoren werden sowohl bei der Elritze wie beim Chamäleon vom autonomen Nervensystem innerviert, wobei auch der Verlauf der pigmentomotorischen Fasern eine große Ähnlichkeit zeigt. Bei beiden Tieren verursacht die Reizung der pigmentomotorischen Nerven Kontraktionen, die Durchschneidung eine Expansion der Melanophoren. Die Anpassung an den Untergrund ist nur bei intakten Augen möglich. Im Dunkeln tritt Aufhellung infolge der Kontraktion der Melanophoren ein.

Die Koordination der nervösen Vorgänge beim Farbenwechsel, die durch Änderungen des Untergrundes, wie auch durch die Einwirkung des Lichtes auftreten, glaubt SAND in ähnlicher Weise, wie ZOOND, erklären zu können. Er glaubt ebenfalls, daß die Melanophoren fortwährend nervöse Impulse vom Zentralnervensystem erhalten, welche sie in einem bestimmten Kontraktionszustande halten. Bei Belichtung tritt eine Hemmung dieser Nervenimpulse ein, welche bei der Elritze durch die Erregung des Scheitelflecks, beim Chamäleon durch Reizung der Haut durch das Licht verursacht wird.

Die Hemmung der erwähnten Nervenimpulse soll ferner durch die Wirkung des dunklen Untergrundes auf die Retina verstärkt werden, während die Reizung der Retina durch den hellen Untergrund im Gegenteil die Hemmung aufheben soll. Auf diese Weise soll die Expansion,

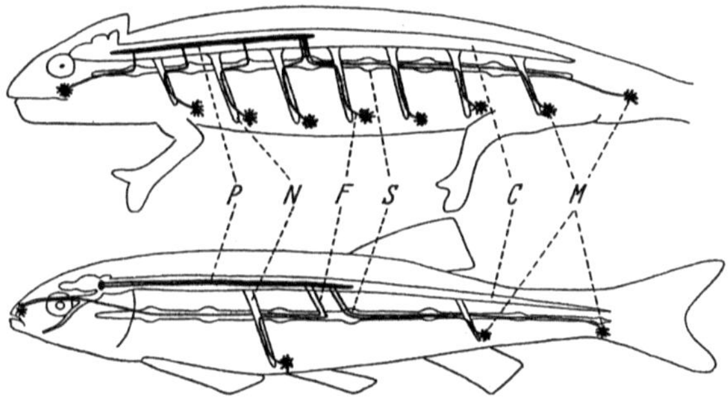

Abb. 1. Schema der Innervation der Melanophoren bei der Elritze (nach VON FRISCH) und beim Chamäleon. *C* Rückenmark; *F* pigmentomotorische Fasern; *M* Melanophoren; *N* spinale Nerven; *P* pigmentomotorische Zentren; *S* Sympathicus. (Nach SAND.)

wie auch die Retraktion der Melanophoren sowohl beim Chamäleon wie auch bei der Elritze beeinflußt werden.

4. Monosegmentale Reflexe.

Spezielle Untersuchungen nach dem Bestehen monosegmentaler Rückenmarksreflexe sind meines Wissens bei den Reptilien nicht gemacht worden. Das dieselben sehr wahrscheinlich bestehen, kann man aus den Versuchen VOLKMANNs schließen, der feststellen konnte, daß kleine Stücke einer Blindschleiche noch reflektorische Bewegungen ausführen können (VAN RIJNBERK).

5. Plurisegmentale Reflexe.

Plurisegmentale Reflexe, d. h. Reflexe, welche sich auf eine größere Anzahl Rückenmarksegmente oder das ganze Rückenmark erstrecken, können bei den verschiedenen Vertretern der Reptilien leicht ausgelöst werden.

Bewegungen geköpfter Schlangen sind wohl gelegentlich vom primitiven Menschen beobachtet worden. In der wissenschaftlichen Literatur scheint die *älteste Mitteilung* über Bewegungen *dekapitierter Schlangen* von BOYLE (1663) zu stammen. BOYLE konnte feststellen, daß bei dekapitierten Nattern noch 3 Tage nach der Operation durch Reizung Bewegungen des Körpers ausgelöst werden können. Viel später berichtete CALMEIL (1828), daß *geköpfte Eidechsen* sich vom Bauch auf den Rücken und wieder zurückdrehen, wenn ihnen durch Feuer Schmerzen bereitet werden.

Mehr systematisch hat MARSHALL HALL (1833) die reflektorische Tätigkeit des vom Gehirn gelösten Rückenmarks bei Schlangen und Schildkröten untersucht. Nach der *Durchtrennung des Rückenmarks* zwischen dem 2. und 3. Wirbel fand HALL, daß die Schlangen *(Coluber natrix)* nur auf Reize Bewegungen ausführen. Durch Reizung des Rumpfes mit brennender Kerze konnte eine Biegung des entsprechenden Körperabschnittes bei Schlangen bewirkt werden. Am empfindlichsten erwies sich dabei die Schwanzspitze.

Nach *Durchtrennung des Rückenmarks* in derselben Höhe konnte HALL bei *Schildkröten* lebhafte Bewegungen der Extremitäten und des Schwanzes auslösen. Wenn durch einen weiteren Schnitt die Hinterextremitäten mit dem Schwanz abgetrennt waren, dann konnten sowohl in dem Hinterabschnitt wie auch im Vorderabschnitt verschiedene reflektorische Bewegungen, unter anderen auch tonische Kontraktionen des Sphincter cloacae, beobachtet werden.

VOLKMANN (1838), welcher in Anschluß an die Versuche MARSHALL HALLs sich mit derselben Frage beschäftigt hat, berichtet ganz kurz, daß reflektorische Bewegungen auch an *geköpften Schlangen* und selbst Teilen derselben noch ausgelöst werden können, solange das Rückenmark intakt bleibt.

Während MARSHALL HALL und VOLKMANN Bewegungen an dekapitierten Reptilien nur bei Reizungen beobachteten, berichtet VALENTIN (1839) über Bewegungen, welche scheinbar spontan auftraten. VALENTIN schnitt *bei Eidechsen den Schwanz* oder Teile desselben vom Rumpfe ab und fand, daß derselbe fortwährend Bewegungen ausführte, sogar dann, wenn man ihn an einem Ende frei hält, so daß die Haut mit keinem Gegenstande in Berührung kommt.

Auch KÜRSCHNER (1840) konnte feststellen, daß *geköpfte Schlangen* wie auch *abgetrennte Schwänze von Eidechsen* eine Reihe von Bewegungen ausführen, wenn man sie schwebend in die Höhe hält. KÜRSCHNER, der diese Bewegungen auf periphere Reize zurückführte, glaubte, wie vor ihm M. HALL, VALENTIN u. a., daß diese Bewegungen auf periphere Reize zurückgeführt werden müssen.

Gegen diese Auffassung wandte sich PFLÜGER (1853). Er wiederholte die Versuche mit *abgetrenntem Eidechsenschwanz*. Er konnte sich ebenfalls davon überzeugen, daß derselbe, in der Luft schwebend aufgehängt und sich selbst überlassen, Bewegungen ausführt, dieselben sind aber nicht unaufhörlich, sondern durch Zwischenpausen, während welchen der Schwanz ganz ruhig hängt, unterbrochen. Beim Nähern von Feuer wendet sich der zuvor ruhig hängende Schwanz immer vom Reize ab.

PFLÜGER konnte ferner zeigen, daß ein von der Haut entblößter Schwanz einer Blindschleiche, in der Luft hängend, Bewegungen ausführt. Auf Grund dieser Versuche kam, wie bekannt, PFLÜGER zu der Auffassung, daß diese Bewegungen spontan entstehen.

SCHIFF (1858/59) beschreibt *reflektorische Bewegungen des Schwanzes und der Füße bei Eidechsen,* denen das Gehirn mit der Medulla oblongata entfernt war. Wurde ein weiterer Querschnitt durch das Rückenmark im Bereiche der Nerven für die vorderen Extremitäten gemacht, dann blieben diese unbeweglich, aber ein schwacher Reiz brachte den Schwanz und die Hinterfüße zu stärkeren Bewegungen als vorher. Wird der Querschnitt gleich hinter der Lendenanschwellung geführt, dann werden die Reflexbewegungen des Schwanzes sehr heftig und dauern recht lange. Ähnliche Beobachtungen machte SCHIFF auch an Nattern.

Am isolierten Eidechsenschwanz erzielte SCHIFF bei Annäherung eines brennenden Zündhölzchen „S"-förmige Biegungen. Traf der Reiz die Schwanzspitze, dann wurde dieselbe von ihm entfernt; wurde dagegen in der Nähe der Wurzel gereizt, dann wurde dieselbe dem Reize genähert.

OSAWA und TIEGEL (1878) haben die *reflektorischen Bewegungen an geköpften japanischen Schlangen,* wie auch solchen, deren Rückenmark an einer bestimmten Stelle durchtrennt war, untersucht. Dabei konnten sie feststellen, daß schwache Reize peitschende Bewegungen des Schwanzendes verursachen. Ist der Reiz stark, so treten außer den erwähnten peitschenden Bewegungen noch kriechende Bewegungen des ganzen Rumpfes auf. Schwache, auf den Rumpf applizierte Reize bewirken ein Ausbiegen desselben gegen das reizende Objekt hin. Starke Reize auf den Rumpf (glühende Kohle) bewirken Ausbiegen desselben, wie bei schwachen Reizen, und Bewegungen im hinter der gereizten Stelle liegenden Teile, die am Schwanze beginnen. Unter allen Umständen sollen die vor der gereizten Stelle liegenden Teile in Ruhe bleiben. Ungefähr dieselben Resultate wurden auch dann erhalten, wenn die geköpften Schlangen aufgehängt waren.

Bemerkenswert ist es, daß in allen diesen Versuchen OSAWA und TIEGEL sowohl auf schwache wie auf starke Reize stets ein Beugen des Rumpfes nach der gereizten Seite hin erhielten. Diese interessante Tatsache ist meines Wissens von niemand nochmals untersucht worden.

Weiter heben OSAWA und TIEGEL hervor, daß die geköpften Schlangen mit großer Geschicklichkeit sich um den Arm, wie auch um ein lebendes Kaninchen wickelten, und zwar so schnell, daß das Kaninchen nicht entfliehen konnte. Daß die Schlange ohne Kopf um den Arm sich windet, folgt nach OSAWA und TIEGEL unmittelbar daraus, daß sie sich gegen den Reizträger hin wölbt. Die erst berührte Stelle wölbt sich vor und bringt dadurch eine benachbarte mit dem Arm in Berührung, die nun ihrerseits gereizt sich vorwölbt, wieder neue Teile reizt usw.

Gekreuzte Reflexe der Extremitäten, welche eine Abweichung von den bekannten PFLÜGERschen Gesetzen darstellen, hat LUCHSINGER (1880) an geköpften Tritonen, Eidechsen und Schildkröten beobachtet. Reizung eines Vorderbeines ruft nach LUCHSINGER eine Schreitbewegung des diagonalen Hinterbeines hervor und umgekehrt. LUCHSINGER führte diese Erscheinung auf die eigentümliche Lokomotion (Trabgehen) dieser Tiere zurück.

An geköpften Blindschleichen konnte LUCHSINGER die an Schlangen gemachten Beobachtungen OSAWAs und TIEGELs bestätigen. Beim Nähern eines glühenden Körpers trat eine Vorwölbung des Körpers, also ein gekreuzter Reflex, ein. Am Schwanz wurde dagegen ein Zuwenden mit derselben Reizung erzielt, was ebenfalls den Gesetzen PFLÜGERs nicht entsprach.

Die Bewegungen des vom Körper abgetrennten Schwanzes bei der Eidechse fesselte auch weiter die Aufmerksamkeit vieler Forscher; dabei trat auch die Frage, wie das Entstehen dieser Bewegungen zu erklären ist, in den Vordergrund. Bewegungen des Schwanzes, welche denen eines normalen Tieres ähnlich waren, beobachtete MARTIN (1893) sofort nach der Abtrennung desselben vom Körper. Er glaubt, daß durch die Abtrennung die hemmende Wirkung des Gehirns aufgehoben wird und die *Autonomie des Schwanzmarks* hervortreten kann.

Etwas später konnte DUBOIS (1893) beweisen, daß *die Bewegungen des abgetrennten Schwanzes* gerade durch den *Schnitt* verursacht werden. Wenn er nämlich zuvor das Schwanzmark mit Äthylchlorid betäubte und an dieser Stelle durchtrennte, bleibt der Schwanz unbeweglich. Durchschnitt er dagegen tiefer, dann traten sofort Bewegungen auf.

Ähnliche rhythmische Pendelbewegungen des Schwanzes beschrieb auch TARCHANOFF (1895) nach der Durchtrennung des Rückenmarks oberhalb der Lendenanschwellung. Diese Bewegungen des Schwanzes werden durch Reizung des Hinterbeines sofort zum Stillstand gebracht und begannen nach Beendigung der Reizung von neuem.

Versuche mit der *Querdurchtrennung des Rückenmarks* bei kleinen *Sumpfschildkröten* stellte BICKEL (1897) an. Nach der Durchtrennung des Rückenmarks vom verlängerten Mark bleiben die Schildkröten mit eingezogenen Extremitäten liegen; nur selten treten spontane Bewegungen der einzelnen Beine und des Schwanzes auf. Bei der elektrischen Reizung der weichen Teile konnten Lokomotionsbewegungen hervorgerufen werden; sie waren aber meistenteils unregelmäßig. Im Wasser schwammen die operierten Tiere nicht. Bei Reizung der Analgegend wurden mit den Hinterbeinen Wischbewegungen ausgeführt.

War der Querschnitt durch das Rückenmark hinter den 4 Wurzelpaaren, welche den Plexus brachialis bilden, geführt, dann konnten kräftige *Abwehr- und Wischbewegungen der Hinterextremitäten* bei der Reizung der Analgegend hervorgerufen werden. Im Wasser führten nur die Vorderextremitäten Schwimmbewegungen aus, bei der Fortbewegung des Vordertieres auf dem Lande führten auch die Hinterextremitäten Lokomotionsbewegungen aus, die aber mit den Bewegungen der Vorderextremitäten nicht koordiniert waren. Auf den Rücken gelegt, versuchten die Tiere mit den Kopf und den Vorderbeinen sich umzudrehen. Bei der Entfernung der Exkremente wurden die Hinterbeine gestreckt und der Schwanz nach oben gehoben, in derselben Weise, wie bei intakten Schildkröten. Durch Einführung eines Fremdkörpers konnte diese Defäkationshaltung leicht erzielt werden.

Ein ähnliches Verhalten wurde auch nach Schnitten, welche mitten zwischen der brachialen und lumbalen Anschwellung geführt waren, beobachtet. Nur war die Erregbarkeit des Rückenmarks hinter dem Querschnitte kleiner als in den vorigen Fällen.

Nach Querschnitten durch das Rückenmark kurz vor der ersten Wurzel, welche an der Bildung des Plexus ischiadicus teilnimmt, waren die Bewegungen der Hinterextremitäten, welche bei der Lokomotion des Vordertieres hervorgerufen wurden, schwach und unregelmäßig. Der Defäkationsreflex konnte nur durch starke Reizungen des Rectums hervorgerufen werden.

Durch Querschnitte, welche noch mehr kaudal durch das Rückenmark geführt waren, wurden die Bewegungen der Hinterextremitäten und des Schwanzes mehr beeinträchtigt.

In diesen Versuchen kommt Bickel zu dem Schlusse, daß, um den gleichen *Defäkationsreflex* bei den verschiedenen Schildkröten zu erzeugen, um so stärkere Reize angewandt werden müssen, je weiter kaudal die Querschnitte durch das Rückenmark angelegt waren.

Auch bei *Eidechsen* fand Bickel (1898), daß bei gleicher Reizstärke, gleichem Reizort und gleicher Reflexzuckung die Zeit zwischen Reizeintritt und Muskelreaktion der Hinterextremitäten bei den Tieren mit einem Querschnitt kranial vom Armplexus viel kürzer war als bei den Eidechsen, welchen das Rückenmark dicht oberhalb des Beinplexus durchschnitten war.

Weitere Versuche am Rückenmark der Reptilien, nämlich der *Schildkröten,* findet man in der Arbeit Sergis (1905). Dieser Forscher, der, wie oben erwähnt, bei der griechischen Schildkröte 2 Sorten Muskelkontraktionen beschrieben hat, konnte im Gegensatz zu den Befunden Fanos (s. S. 247) *automatische Bewegungen der Extremitäten* auch bei *spinalen Schildkröten* feststellen. Diese automatischen Bewegungen sind in den Vorderbeinen komplizierter und manigfaltiger als in den Hinterbeinen.

Sergi nimmt auf Grund seiner Versuche an, daß sich im Rückenmark automatische Zentren für die Bewegungen der einzelnen Beine befinden, während die Koordination dieser Bewegungen von der Medulla oblongata besorgt wird. Sergi hat seine Versuche in folgender Weise angestellt: Die Tiere wurden mittels einer Zange in horizontaler Lage fixiert. Jede durch ein leichtes Gewicht nach unten gestreckte Extremität wurde mit einem Schreibhebel verbunden. Wie Baglioni (1907) mit Recht bemerkt, enthält die ganze Versuchsaufstellung eine Reihe von Reizquellen, welche reflektorisch Abwehrbewegungen auslösen konnten. Deshalb erscheint die Deutung der oben beschriebenen Bewegungen als automatische nicht überzeugend zu sein.

In demselben Jahre erschien eine Arbeit von Philippson (1905), der die *Bewegungen des isolierten Schwanzes der Blindschleiche* untersuchte.

Wie bekannt, tritt bei der Blindschleiche leicht eine *Autotomie* des Schwanzes ein, wobei derselbe lebhafte Bewegungen ausführt. Die biologische Bedeutung dieser Bewegungen ist nach PHILIPPSON in einer Täuschung des Feindes zu sehen.

Bei Schnittversuchen treten die Bewegungen des hinteren Körperendes erst dann ein, wenn der Schnitt in der Nähe der Kloake geführt wird. PHILIPPSON meint die Bewegungen des abgetrennten Schwanzes ähnlich, wie MARTIN durch die Aufhebung einer dauernden Hemmung, welche von den höhergelegenen Abschnitten des Zentralnervensystems ausgeht, erklären zu können.

Den nervösen Mechanismus der *Bewegungen des abgeworfenen Eidechsenschwanzes* hat vor kurzem MARX (1935) näher untersucht. Dazu wurden Versuche mit abgeschnittenen und autotomierten Schwänzen von *Lacerta agilis* und *Lacerta vivipara* angestellt; auch wurden Teile des Rückenmarks exstirpiert kurz vor dem Schwanze. MARX konnte auch an Schwanzregeneraten, wenn sie proximal von der Regenerationsgrenze abgetrennt waren, lange andauernde, schlängelnde Bewegungen beobachten.

MARX versuchte auch den Entstehungsmechanismus der schlängelnden Bewegungen des abgetrennten Schwanzes der Eidechsen näher zu bestimmen. Er glaubt, daß diese Bewegung durch rhythmische alternierende Impulse, welche in automatischen Rückenmarkszentren entstehen, hervorgerufen werden. Diese Zentren sollen sich im Rückenmark des Schwanzes und des kaudalen Rumpfabschnittes befinden. Zu dieser Auffassung kommt MARX auf Grund seiner Versuche, in welchen er feststellen konnte, daß nicht die Durchtrennung der Haut oder der Muskeln, sondern nur des Rückenmarks die andauernden Schlängelbewegungen des Schwanzes verursacht. Sie lassen sich auch nicht durch Sektion des Schwanzes an einer Stelle, an der das Rückenmark zuvor exstirpiert war, hervorrufen. Auch die Möglichkeit, typische Schlängelbewegungen durch chemische Reizung des freigelegten Rückenmarks hervorzurufen, spricht für diese Annahme.

Vor kurzem habe ich (1936) Versuche mit der griechischen *Schildkröte* angestellt, um die *reflektorische Tätigkeit des Rückenmarks* näher zu untersuchen. Wenn man einen Querschnitt durch das Rückenmark mitten zwischen der zervikalen und lumbalen Anschwellung führt, kann man am Hintertier eine Anzahl von Reflexen auslösen. Hält man eine solche Schildkröte in der Hand, so daß alle Extremitäten frei in der Luft hängen, dann kann man *direkte und gekreuzte Beuge-* und *Streckreflexe* der Hinterextremitäten auslösen. Diese Reflexe, welche hauptsächlich von SHERRINGTON bei Säugern beschrieben sind, können somit auch bei der Schildkröte erhalten werden.

Der gekreuzte Streckreflex der Hinterbeine kann leicht in alternierende Bewegungen der beiden Hinterextremitäten übergehen. Dieselben sind meistenteils gut koordiniert und ähneln sehr den normalen Lokomotionsbewegungen.

Bei der mechanischen Reizung des Schwanzes und ganz besonders des Analgebietes treten leicht *Abwehrbewegungen* auf. Außer diesen typischen Reflexen werden noch verschiedene andere Schutzreflexe gelegentlich beobachtet.

Befinden sich dieselben Schildkröten in normaler Lage, also auf dem Boden, dann treten wieder andere Reflexe mehr in den Vordergrund; schon bei der Anwendung von ganz schwachen mechanischen Reizen konnten gleich alternierende Bewegungen der beiden Hinterextremitäten ausgelöst werden. Infolgedessen konnten die oben beschriebenen Beuge- und Streckreflexe in dieser Lage viel schwieriger erhalten werden.

Bei der Reizung des Analgebietes wurde in dieser Lage bei den operierten Tieren eine eigentümliche starke *tonische Streckung der beiden Hinterpfoten* hervorgerufen, wodurch der Hinterkörper vom Boden hochgehoben wird und gleichsam auf Stelzen steht.

Nach einem Querschnitt durch das Rückenmark oberhalb der zervikalen Anschwellung können verschiedene Reflexe an den *Vorderextremitäten* und am Hals ausgelöst werden. Obwohl die Zahl der Reflexe welche an den Vorderextremitäten ausgelöst werden können, geringer ist, als nach der Isolierung des hinteren Rückenmarksabschnittes, konnten gekreuzte Streck- und zuweilen auch Beugereflexe erhalten werden. Leicht konnte auch durch mechanische Reizung der Vorderpfote eine Lokomotionsbewegung ausgelöst werden, an der nicht nur die Vorder-, sondern auch die Hinterextremitäten sich beteiligen konnten.

Wurde die *Haut des Halses* hinter dem Querschnitt durch das Rückenmark bei solchen Tieren gereizt, dann wurde der Kopf eingezogen. Wird das Zurückziehen des Kopfes zwischen die Schilde verhindert und dabei die Haut des Halses gereizt, dann erhält man den *Wischreflex,* an dem sich die eine oder beide Vorderpfoten beteiligen.

An der Schildkröte mit durchtrenntem Rückenmark kann man somit ungefähr alle Reflexe erhalten, die aus der Physiologie des Frosches und der Säuger bekannt sind.

6. Lokomotionsbewegungen der Rückenmarkstiere.

Berichte über die Lokomotion enthaupteter Kriechtiere findet man zuerst bei REDI (1689). Dieser Forscher berichtet, daß Schildkröten während einer längeren Zeit herumkrochen, nachdem er ihnen den Schädel geöffnet und die Schädelhöhle vollständig von Gehirn gereinigt hatte.

FONTANA hat 1781 diese Versuche REDIs wiederholt und bestätigt. Dagegen war ROLANDO (1828) nicht imstande, dieselben zu wiederholen. Weitere Beobachtungen über *Lokomotionsbewegungen* der Reptilien, deren Rückenmark vom Gehirn getrennt war, sind erst viel später von TIEGEL und OSAWA angestellt worden.

OSAWA und TIEGEL (1878), welche bei *japanischen Schlangen* das Rückenmark durchschnitten, beobachteten in keinem Falle eine koordinierte Fortbewegung beider Abschnitte der Tiere. Wenn der Vorderabschnitt der Schlange kroch, dann schleppte er mit Mühe den Hinterabschnitt nach sich. Andererseits konnten OSAWA und TIEGEL durch starke Reize kriechende Bewegungen des ganzen Hintertieres erzielen.

Die negativen Resultate dieser Autoren sind wohl dadurch zu erklären, daß sie ihren Schlangen wahrscheinlich schwere Läsionen beibrachten; wie sie berichten, durchtrennten sie zugleich mit dem Rückenmark auch die Wirbelsäule. Daß sie das FRIEDLÄNDERsche Phänomen nicht beobachten konnten, ist wahrscheinlich darauf zurückzuführen, daß sie die Schnitte zu weit nach vorn machten, weshalb das Vordertier, wie sie selbst berichten, nur mit Mühe das Hintertier nach sich ziehen konnte.

Weitere Versuche zur Lösung der Frage, ob das Rückenmark der Reptilien imstande ist Lokomotionsbewegungen zu unterhalten, hat STEINER (1886) an *Eidechsen* angestellt. STEINER konnte feststellen, daß große Exemplare von *Lacerta virdis* nach der Köpfung *keine lokomotorischen Bewegungen* mehr zeigen. Trägt man nun ganz grob mit der Schere von dem Rumpf nach und nach Stücke von 1—$1^1/_2$ cm ab, so tritt etwa im Beginn der hinteren Hälfte des Rumpfes die merkwürdige Erscheinung auf, daß das *Hinterteil,* welches aus Becken, hinteren Extremitäten und dem Schwanz besteht, anscheinend spontan, *regelmäßige Bewegungen* ausführt, deren Charakter als Lokomotion, wie sie das ganze Tier macht, durchaus anerkannt werden muß.

Dekapitierte Eidechsen führen, wie erwähnt, in den Versuchen STEINERs keine Bewegungen aus; wenn er sie aber in ein 2—3% Pikrinsäurebad brachte, führten die Extremitäten Bewegungen aus, welche den lokomotorischen sehr ähnlich waren. STEINER, der an das Bestehen eines *besonderen Lokomotionszentrums,* das den Rückenmarkszentren superponiert ist, glaubt, gibt zu, daß im hinteren Teile des Rückenmarks ein besonderer automatischer Mechanismus für die Fortbewegung besteht, der durch den mechanischen Reiz bei der Durchtrennung des Rückenmarks in Tätigkeit gesetzt wird.

Die Versuche TIEGELs und OSAWAs wurden von EXNER (1894) an europäischen Schlangen *(Tropidontus natrix)* wiederholt. EXNER neigt der Auffassung zu, daß die einzelnen Bewegungsformen im Rückenmark als mehr oder weniger *starre Systeme* vorgebildet sind. Aus der Tatsache, daß geköpfte Schlangen sich auch um eine brennende Kohle ringeln, obwohl sie sich dabei verbrennen, schließt EXNER, daß dieser Fall im Rückenmark nicht vorgesehen ist; für solche komplizierte Verhältnisse soll das Gehirn notwendig sein.

Andererseits gibt aber EXNER mit Recht zu, daß Veränderungen in den Vorgängen des Zentralnervensystems infolge der veränderten äußeren Umstände auftreten können. So windet sich z. B. eine in die Luft gehobene geköpfte Schlange um den Arm des Experimentators, wenn sie ihn berührt, während sie auf dem Boden am berührenden Körper vorwärts kriecht. Diese Veränderungen im Zentralnervensystem beruhen nach

EXNER auf dem Ausfall jener Tastempfindungen, welche normalerweise durch die Berührung mit dem Boden verursacht werden.

Wie oben (S. 236) schon zum Teil erwähnt war, hat BICKEL (1897) nach der Durchtrennung des Rückenmarks zwischen der zervikalen und lumbalen Anschwellung bei Schildkröten *(Emys) lokomotorische Bewegungen der Hinterextremitäten* bei der Fortbewegung des Vordertieres beobachtet, BICKEL hebt hervor, daß die Bewegungen der Hinterextremitäten mit denen der Vorderbeine nicht koordiniert waren.

WIEDEMANN (1932), der die *Ortsbewegung der Schlangen und Schleichen* untersuchte und verschiedene Bewegungstypen und Bewegungsprinzipien feststellen konnte, studierte die Bewegungen auch an geköpften Tieren. Darüber berichtet er ganz kurz das folgende: Geköpfte Schlangen, auf den Rücken gelegt, können sich wieder umdrehen, um in der normalen Lage weiterzukriechen. Auf ein seitliches Berühren reagiert die Schlange sofort mit dem Bewegungsprinzip, welches sie beim Umkriechen fester Punkte anwendet. In Wasser gebracht, beginnen die geköpften Schlangen zu schlängeln. Eine dekapitierte Äskulapnatter klettert an einer Mauer mit derselben Sicherheit wie eine gesunde, nur langsamer. Überhaupt bewegen sich die geköpften Schlangen und Schleichen genau so wie normale Tiere.

Im Anschluß an die von BETHE aufgeworfene Frage der *Anpassungsfähigkeit (Plastizität) des Nervensystems* untersuchte THORNER (1932), ob die *Verkürzung des Rückenmarks* bei Schlangen eine qualitative Veränderung der Leistungen dieses Organs nach sich zieht. Die Schlangen, welche einen streng segmentalen Aufbau aus fast gleichwertigen Segmenten zeigen, verbunden mit einer großen Körperlänge, waren dazu sehr geeignet. Durch Kneifen mit einer Pinzette an der Schwanzspitze wurden an geköpften Ringelnattern, die senkrecht aufgehängt waren, lebhafte Windungen des Körpers ausgelöst. Bei einer hohen Durchtrennung des Rückenmarks bildet sich die erste Windung etwa 6—10 cm von der Schwanzspitze entfernt, danach entstehen noch weitere Windungen weiter kranial.

Werden neue Rückenmarksdurchschneidungen kaudal von der ersten angelegt, dann kann man feststellen, daß die unterste Windung jetzt kaudaler bei der Reizung der Schwanzspitze auftritt; sie wird deutlich zierlicher. Der Bewegungsablauf bleibt der gleiche. Es tritt somit bei der Verkürzung des Rückenmarks eine deutliche Abnahme in der Größe der Windungen ein; dieselbe entsteht dadurch, daß sich weniger Segmente an der Bildung der Windungen beteiligen.

Gleiche Resultate wurden auch an horizontal liegenden Präparaten erhalten, obwohl unter diesen Bedingungen die Zahl der entstehenden Wellen größer ist als im Hängen. Auch beim Anlegen von Bandschlingen in verschiedenen Entfernungen von der Schwanzspitze, wodurch das vordere Körperstück fixiert wurde, konnte an Rückenmarkstieren eine deutliche Verkleinerung der Bogenlänge der Windungen in einer direkten Anhängigkeit von der Tiefe der Fesselung konstatiert werden.

Nach einer *vollständigen Zertrennung der Schlange* kann der hintere Körperabschnitt völlig koordinierte Schlängelungen ausführen und auf diese Weise sich fortbewegen, sogar auf einer glatten Fläche. Bemerkenswert ist, daß das Kopfende vom Boden abgehoben getragen wird, wie es auch eine normale Schlange mit dem Kopfe zu tun pflegt. Dabei ist es gleichgültig, wieviel vom vorderen Körperabschnitt entfernt ist. EXNER, der die gleichen Beobachtungen an dekapitierten Schlangen gemacht hatte, glaubte dies als eine Besonderheit des vorderen Rückenmarksabschnittes ansehen zu müssen. Wie aus den Versuchen THORNERs hervorgeht, scheint jeder Teil des Rückenmarks, wenn er das vordere Ende des Präparates darstellt, die erwähnte Haltung zu sichern.

THORNER hat eine *Abnahme der Wellenlänge* auch am *Mitteltier*, d. h. an von Kopf und Schwanz nervös isolierten Rückenmarkspräparaten nach Verkürzung und Fesselung des Präparates beobachtet. Am Mitteltier konnte THORNER durch leichte Berührung ein Zurückweichen der gereizten Stelle erzielen, während kranial und kaudal von derselben eine entgegengesetzte Bewegung eintrat. Diese Beobachtung widerspricht den Befunden von OSAWA, TIEGEL und EXNER, nach welchen die Schlangen die gereizte Stelle vorwölben sollten. Diese Untersucher haben starke Reize angewandt, nach welchen auch THORNER außer dem Zurückweichen auch eine Vorwölbung der gereizten Stelle beobachten konnte.

Wurde der Reiz nicht an der Seite, sondern in der Mittellinie am Rücken angesetzt, dann suchte die gereizte Stelle durch eine lordotische Verbiegung sich vom Reize zu entfernen. Oft traten gleichzeitig „schreitende" Bewegungen der Rippen auf. Die Resultate der Reizung sind am Mitteltier verschieden, je nach dem Reizort. Auf Reize am kaudalen Ende entsteht eine charakteristische „S"-Figur, die sich bei Wiederholung der Reize immer mehr vergrößert. Erst wenn sie maximale Größe erreicht hat, schlägt sie nach der anderen Seite um. Auf Reize am kranialen Ende entsteht keine so charakteristische Figur. Reize in der Mitte haben neben der lordotischen Einbiegung eine seitliche Windung, deren Drehpunkt der Reizort ist, zur Folge.

Auf einer glatten Unterlage kann sich eine normale Schlange schnell fortbewegen. Dabei macht der Körper wellenförmige Bewegungen, die am Kopf beginnen und schwanzwärts verlaufen. Die Zahl dieser Wellen ist sehr konstant und beträgt je nach der Bewegungsphase 2 bis 3. Diese Zahl ist nicht von der Größe des Tieres abhängig. Auch eine Schlange, die durch einen Querschnitt verkürzt ist, zeigt dieselbe Zahl der Windungen, wie eine normale; nur ist eine Verminderung der Länge und der Amplitude zu konstatieren.

Eine quer zerteilte Schlange verhält sich annähernd wie eine ganze, aber kleinere Schlange, und nicht wie ein Teil einer größeren. Diese Wahrnehmungen führen THORNER zu der Meinung, daß ein Zusammenhang zwischen der Koordination der Muskelelemente der Schlange und der Größe des Ausbreitungsgebietes der Erregungen besteht. Diese Tatsachen sprechen für die *Plastizität des Zentralnervensystems* (BETHE) und gegen die Annahme anatomischer und physiologischer Präformierung gewisser Bewegungskombinationen. Die Erregungen breiten sich bei den Schlangen über das ganze Rückenmark aus; es bestehen somit keine festen Koppelungen der einzelnen Segmente untereinander.

An den verkürzten Schlangen wurde, wie an normalen, beobachtet, daß die Wellen am Schwanzende sich annähernd zur Kreisform schließen. Hier hat man somit mit derselben Erscheinung zu tun, wie es das Tragen des vom Boden abgehobenen Vorderendes ist, das auch an geköpften Schlangen beobachtet wurde. Gelegentlich wurden auch Rückwärtsbewegungen der verkürzten Ringelnattern beobachtet, wobei das Hinterende ähnliche Bewegungen ausführte, wie sonst das Vorderende. THORNER schließt aus diesen Beobachtungen, daß sich an jedem Teil der Ringelnatter das eigentümliche Verhalten der natürlichen Endteile (Kopf- und Schwanzteile) hervorrufen lasse.

Die *Lokomotionsbewegungen der Schlangen* habe ich (1936) von einem ganz anderen Standpunkte aus untersucht. Mich interessierte die Frage, wie die Lokomotionswellen, welche bei der Fortbewegung längs dem Körper der Schlangen diesen durchlaufen, zustande kommen.

Wenn man bei einer *Ringelnatter (Tropidontus natrix)* einen Querschnitt führt, welcher sich auf das Rückenmark, die Wirbelsäule und die ganze Muskulatur erstreckt, so daß der Hinterabschnitt mit dem Vorderabschnitt *nur durch die Haut und die Eingeweide miteinander verbunden ist,* dann zeigt der Hinterabschnitt lokomotorische Bewegungen, wenn der Vorderabschnitt sich fortbewegt. Die lokomotorischen Bewegungen des Hinterabschnittes treten aber bei diesen Tieren erst allmählich auf. Im ersten Augenblick, wenn der Vorderabschnitt der Natter sich fortzubewegen beginnt, bleibt der Hinterabschnitt inaktiv und wird passiv mitgeschleppt. Die lokomotorischen Wellen des Vorderabschnittes gehen ganz allmählich auf den hinteren Abschnitt über; sie sind erst schwach und mit denen des Vorderabschnittes nicht koordiniert. Sie werden aber stets stärker und können zuletzt dieselbe Stärke wie die des Vorderabschnittes erreichen und mit denselben vollkommen koordiniert sein.

Ganz anders ist es bei den Ringelnattern, bei welchen *nur das Rückenmark* zwischen zwei Wurzelpaaren schonend durchtrennt wurde. Bei solchen Schlangen gehen die lokomotorischen Wellen vom Vorderabschnitt auf den Hinterabschnitt sofort beim Anfang der Fortbewegung des Tieres über. Die Koordination der lokomotorischen Wellen erscheint gleich von Anfang an vollkommen. Da die lokomotorischen Wellen sich an der Grenze zwischen dem Vorder- und Hinterabschnitt nicht zu unterbrechen scheinen, unterscheidet sich die Fortbewegung solcher Tiere nicht von derjenigen einer normalen Schlange.

Die Tiere mit durchtrenntem Rückenmark können sich weiter in einen Klumpen zusammenballen, ungefähr wie es normale Nattern tun; bei den Schlangen, bei welchen auch die ganze Muskulatur durchtrennt war, nahm nur der Vorderkörper bis zur Schnittfläche an dieser Reaktion teil.

Um den Unterschied im Übergange der Lokomotionswellen in beiden angeführten Fällen zu begreifen, muß man annehmen, daß in dem Falle der bloßen Durchtrennung des Rückenmarks die Bewegungen des hinteren Körperabschnittes, außer durch den mechanischen Zug, den der Vorderabschnitt auf ihn ausübt, noch durch eine direkte Übertragung der Erregung vom Vorder- auf das Hintertier dank der *Überdeckung der dorsalen Wurzel* zustande kommen, wie ich dies schon bei den Haifischen beschrieben habe.

In der Tat konnte ich, wie oben schon erwähnt, bei den Ringelnattern eine deutliche Überdeckung der sensiblen Wurzeln an der

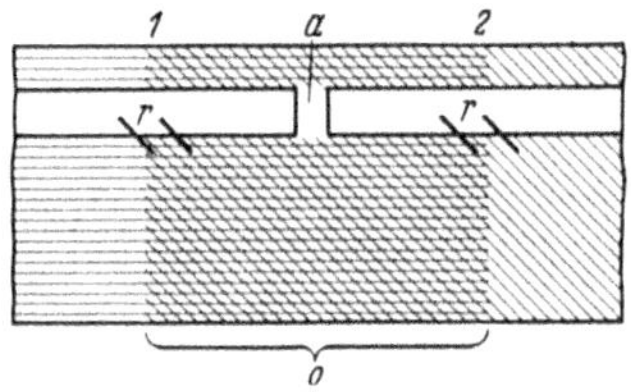

Abb. 2. Schema „A", Das Rückenmark (*a*) ist zwischen zwei Wurzelpaaren (*r*) durchtrennt. Die Überdeckung (*o*) der beiden Hinterwurzeln bleibt dabei erhalten.

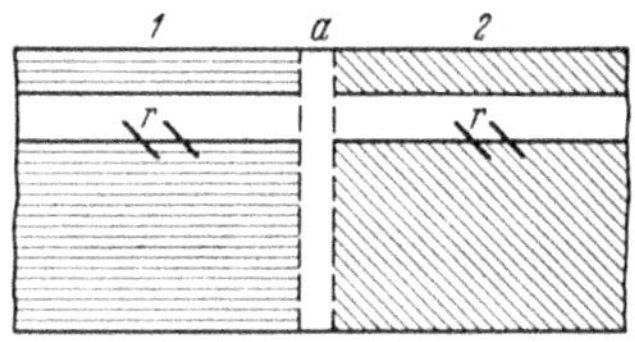

Abb. 3. Schema „B", Der Querschnitt (*a*) ist durch den ganzen Körper geführt. Die Überdeckung der Wurzeln (*r*) ist gänzlich aufgehoben.

Hautoberfläche konstatieren. Im Falle der bloßen Durchtrennung des Rückenmarks zwischen zwei aufeinanderfolgenden Wurzelpaaren kann die Erregung, welche im vorderen Abschnitt bei der Fortbewegung entsteht, sich sofort auf den Hinterabschnitt dank der Überdeckung ausbreiten, wie aus dem Schema „A" ersichtlich ist (Abb. 2).

Anders sind die Verhältnisse in den Fällen, wobei auch die ganze Körpermuskulatur quer durchtrennt ist. In diesen Fällen werden *alle Nervenverbindungen* zwischen dem Vorder- und Hinterabschnitt zugleich mit der Muskulatur durchschnitten; die Überdeckung wird aufgehoben (vgl. Schema „B"). Infolgedessen wird keine Erregung, welche bei der Fortbewegung im Vorderabschnitte entsteht, mehr durch die Nerven nach dem Hinterabschnitt geleitet. Die Lokomotionswellen im Hinterabschnitt können bei solchen Tieren nur durch mechanischen Zug ausgelöst werden; deshalb treten sie auch im Hinterabschnitt erst allmählich auf (Abb. 3).

Daß bei den Schlangen die Übertragung der Erregung dank der Überdeckung der sensiblen Wurzeln in der Haut von Körperteil zu Körperteil auch wirklich stattfindet, zeigen die Versuche von ALMEIDA und DE FIALHO (1924). Diese Untersucher entfernten bei Schlangen die Haut einige Zentimeter breit in der Mitte des Körpers und konnten danach eine Aufhebung der Koordination der Bewegungen in dem von der Haut entblößten Körperteile feststellen.

7. Das Rückenmark als Leitungsorgan.

Nach ARIENS KAPPERS findet man im Rückenmark der Reptilien eine weitere Entwicklung der Verbindungen dieses Organs mit den höher liegenden Teilen des Gehirns. Neben der *spinozerebellären* Bahn, welche im Vergleich zu den niederen Vertebraten an Größe zunimmt, und dem *Tractus spino-mesencephalicus* EDINGERs, der der Projektion des Temperatur-, Schmerz- und einfachen Tastsinnes dient, findet man bei den Reptilien *Hinterstränge*, welche eine Zephalisation dank einer medialen Schleife aufweisen. Bei den Reptilien findet man eine deutliche Andeutung eines GOLLschen und BURDACHschen Kernes.

Die Verbindungen, welche dem Rückenmark aus frontalen Abschnitten zuströmen, entstammen vornehmlich dem verlängerten Marke und dem Kleinhirn. Die von der Oblongata kommenden vestibulo-spinalen Fasern verlaufen in Vorder- und Vorderseitenstrang. Die retikulären Zellen der Oblongata übermitteln auf Grund anatomischer Verhältnisse dem Rückenmark optische, trigeminale und Geruchsreize, welche niemals direkt das Rückenmark erreichen (ARIENS KAPPERS).

Physiologisch ist das Rückenmark der Reptilien als Leitungsorgan nur von CARLSON (1904) untersucht worden. CARLSON bestimmte die *Geschwindigkeit der Nervenleitung im Rückenmark* verschiedener Schlangen *(Pitonphis, Thamnophis)* nach der Methode HELMHOLTZ'. Er fand, daß die Fortpflanzungsgeschwindigkeit des zentrifugalen Erregungsvorganges im Rückenmark der untersuchten Schlangen sehr verschieden ist; ihr Mittelwert beträgt ungefähr 16 m per Sekunde. Die Untersuchungen der zentrifugalen Rückenmarksleitung führten CARLSON zu der Schlußfolgerung, daß es lange motorische Bahnen im Schlangenmarke gibt.

Um die Lage dieser Bahnen festzustellen, wurden partielle Durchtrennungen des Rückenmarks ausgeführt und danach dasselbe elektrisch gereizt. CARLSON konnte auf Grund dieser Versuche zu folgenden Schlußfolgerungen kommen: Die physiologisch direkten oder kürzesten motorischen Bahnen des Schlangenmarks funktionieren nur homolateral; diese Bahnen liegen etwas dorsal in den Seitensträngen, d. h. in der Region der Pyramidenbahnen und absteigenden Kleinhirnbahnen der Säuger. Diese motorischen Bahnen sind wahrscheinlich aus leitenden Elementen zusammengesetzt, welche sich als ein einziges Nervenfasersystem durch die ganze Rückenmarkslänge erstrecken.

Wie aus der angeführten Übersicht ersichtlich, ist die Innervation der Haut wie auch der Muskulatur durch das Rückenmark bei den Reptilien noch sehr wenig untersucht worden. Eine Ausnahme machen die Versuche über die Innervation der Chromatophoren, worüber gerade in der neueren Zeit einige interessante Untersuchungen erschienen sind. Die dabei erzielten Resultate sind jedoch keineswegs übereinstimmend. Zwar finden die strittigen Resultate der Versuche REDFIELDs einerseits und HOGBENs und MIRVISHs andererseits durch die

Untersuchungen HADLEYs teilweise eine Erklärung. Endgültig ist aber die Frage über die Innervation der Chromatophoren bei den Reptilien noch keineswegs gelöst. Es scheint mir gewagt, sich jetzt schon zugunsten der Versuche HOGBENs und MIRVISHs auszusprechen, wie es SAND tut, da die Versuche HADLEYs, wie diejenigen REDFIELDs für die Wirkung des Adrenalins und anderer Hormone auf die Chromatophoren bei den Reptilien sprechen.

Viel ausführlicher ist das Rückenmark als Reflexorgan bei den Reptilien untersucht worden. Hierüber findet man zahlreiche ältere Beobachtungen, welche zum größten Teile nichts von ihrem Werte eingebüßt haben. Auch in den letzten Jahren sind Arbeiten erschienen, welche zu einer weiteren Vertiefung unserer Kenntnisse auf diesem Gebiete beitrugen.

III. Das verlängerte Mark.

Arbeiten auf dem Gebiete der Physiologie des verlängerten Marks der Reptilien sind verhältnismäßig zahlreich; sie beschäftigen sich vornehmlich mit den Funktionen des hier gelegenen Atmungszentrums und der Zentren der Nn. vagi.

PAUL BERT (1870) war der erste, der sich mit der Frage der *Innervation der Atmungsorgane* bei den Reptilien beschäftigte. Er hat auch zuerst die Kontraktionen der Lungen beschrieben, welche nach der Eröffnung des Thorax bei verschiedenen Vertretern dieser Tierklasse beobachtet werden.

PAUL BERT konnte auch feststellen, daß diese Bewegungen der Lungen von den Nn. vagi innerviert werden. BERT konnte ferner zeigen, daß bei der Ringelnatter deutliche Veränderungen der Atmungsbewegungen durch Reizung des zentralen Vagusstumpfes erzielt werden können. Er berichtet, daß schwache Reizung eine Beschleunigung, eine starke Reizung eine Verlangsamung und endlich einen Stillstand der Respiration herbeiführt.

Von einem ganz anderen Standpunkt aus behandeln FANO und STEINER die Physiologie des verlängerten Markes bei den Reptilien.

FANO (1884) hat bei Sumpfschildkröten *(Emys europaea)* das Gehirn bis auf das verlängerte Mark entfernt und die Tiere danach bis 3 Wochen beobachtet. Er konnte bei allen operierten Tieren fortwährende oder *periodische Lokomotionsbewegungen* beobachten. Diese Lokomotionsbewegungen sind viel ausgiebiger und energischer als die der normalen Tiere. Meistens sind die Vorderextremitäten viel aktiver als die hinteren, zuweilen war es aber auch umgekehrt. Der Kopf wird beim Laufen hochgehalten (Abb. 4).

Nach der Abtragung der vorderen Zweidrittel des verlängerten Markes hören diese Bewegungen nicht auf; daher wird von FANO in in der Oblongata, und zwar etwa im hinteren Drittel, ein *automatisches Bewegungszentrum* angenommen. Zu dieser Auffassung kam er auf Grund seiner Wahrnehmungen, daß die Lokomotionsbewegungen der dezerebrierten Schildkröten vollkommen spontan auftreten können. Durch Kälte, Anämie kann die Tätigkeit dieses Lokomotionszentrums beeinflußt werden. Gegen die Annahme, daß die Lokomotionsbewegungen durch das Trauma der zurückgebliebenen Gehirnteile erklärt werden können, spricht nach FANO die Tatsache, daß dieselben bis 3 Wochen nach der Operation beobachtet werden.

Die Beobachtung, daß dezerebrierte Schildkröten eine längere Zeit unbeweglich liegenbleiben, wenn man sie auf den Rücken legt oder mit Gewalt schüttelt oder stößt, führt FANO zu der Annahme eines Vermögens, Eindrücke und Empfindungen zu verwerten, das auch der Medulla oblongata eigen ist.

In einer weiteren Arbeit kommt FANO (1885) nochmals auf die Frage der Bedeutung der Medulla oblongata für die Fortbewegung der Schildkröten zurück. Er sucht nach weiteren Beweisen, die Automatie des Bewegungszentrums in der Oblongata festzustellen. FANO findet, daß Schildkröten, bei denen die Medulla oblongata mit dem Rückenmark in Verbindung gelassen ist, Lokomotionsbewegungen ausführen, welche von äußeren und inneren Reizen unabhängig sind und nur von der Metabolie dieses Zentrums abhängen.

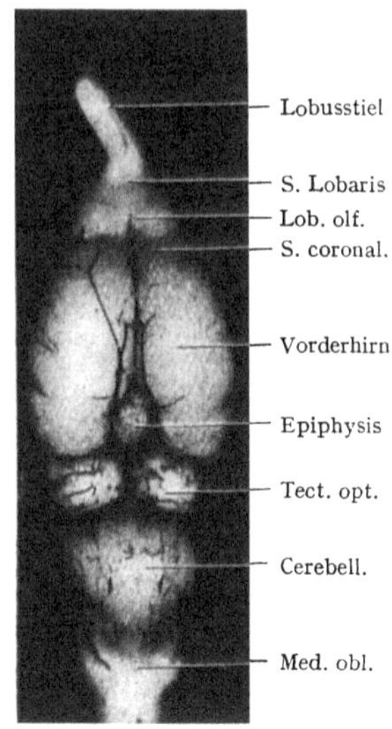

Abb. 4. *Chelone imbricata* von oben. (Nach ARIENS KAPPERS.)

Zu einer ähnlichen Auffassung kommt auch STEINER (1886). Nach der Abtragung des Nackenmarks vor der Kleinhirnleiste, um die Atmung nicht zu schädigen, hört nach STEINER alle Lokomotion bei der Eidechse auf und es bleiben nur Reflexbewegungen auf Reize der Hautoberfläche.

1891 erschienen die „Kleineren Mitteilungen zur Atmungslehre" von LANGENDORFF. In denselben berichtet dieser Forscher, daß er bei Eidechsen nach Durchschneidung des Rückenmarks dicht unterhalb der Medulla oblongata stundenlang rhythmische Atmungsbewegungen des Thorax wahrnehmen konnte. Er schreibt diese Erscheinung dem Bestehen *spinaler Zentren* zu, welche ohne Hilfe des Kopfmarks imstande sind, automatisch zu funktionieren und die Atmung zu unterhalten. Diese Beobachtung LANGENDORFFs ist aber kurz darauf von SIEFERT in Abrede gestellt worden, dessen ausgezeichnete Untersuchungen ich etwas später besprechen werde.

Entsprechend der chronologischen Folge unserer Besprechungen, muß ich kurz wieder zu den Versuchen FANOs (1894), welche er mit FASOLA anstellte, zurückkehren. Diese Untersucher beschreiben *tonische Schwankungen des Lungenvolumens* bei Schildkröten *(Emys europaea)* und versuchen, die Innervation desselben sicherzustellen. Sie finden, daß der Lungentonus zum Teile von den Nn. vagi herrührt, zum Teile aber auch peripheren Ursprungs ist, da er nach vollständiger Isolierung der Lungen nicht vollständig verschwindet.

SIEFERT wiederholte auch die Versuche PAUL BERTs mit der Reizung des zentralen Vagusstumpfes; er konnte aber diese Versuche nur zum Teile bestätigen; er sah nur gelegentlich nach der Vagusreizung die Pausen zwischen den einzelnen Atembewegungen ausgeprägter werden. Auch die Bemühungen SIEFERTs, die von HERING und BREUER bei den Säugern beschriebene Selbststeuerung der Atmung bei den Reptilien ebenfalls zu finden, führten zu keinen eindeutigen Resultaten.

SIEFERT hat den *Einfluß sensibler Nerven auf die Tätigkeit des Atmungszentrums* untersucht. Bei ruhig und regelmäßig atmenden Eidechsen rufen leichte Hautreize eine momentane Steigerung der Atemtätigkeit hervor, wobei besonders die Exspirationen verstärkt erscheinen. Fällt der Reiz zu Beginn einer Pause, dann wird dieselbe stets kupiert. Stärkere Reize (Kneifen der Haut) führen bisweilen zu reflektorischer Hemmung der Atmung. Bei häufigerer Wiederholung der Reize stumpft sich die Empfindlichkeit für dieselben allmählich ab. Dieselben Resultate erhält man bei der Reizung des zentralen Ischiadicusstumpfes. Somit konnte SIEFERT nachweisen, daß man bei den Reptilien von allen Hautstellen des Rumpfes und der Extremitäten gleiche respiratorische Wirkungen erhalten kann.

Weiter berichtet SIEFERT, daß plötzliche Beschattung der Augen bei Eidechsen eine Verlangsamung, plötzliche Beleuchtung eine Beschleunigung der Atemfrequenz verursacht. Da dieses Phänomen nur bei Vorhandensein des Vorderhirns auszulösen ist, scheint es psychoreflektorisch bedingt zu sein. Akustische Reize wirken schwächer als optische.

Sehr charakteristisch ist die atmungshemmende Wirkung der Reizung der Endausbreitungsgebiete des N. trigeminus in den Anfangsteilen des Respirationstraktes. Wird die Schauze mit kaltem Wasser bespült, so tritt sofort ein Stillstand der Atmung auf, der von langer Dauer sein kann. Ähnlichen Erfolg hat auch Einatmen von Chloroform und Äther. Reizungen der Schleimhaut des Rachens und der Mundhöhle bewirken ebenfalls längeren Stillstand der Atmung.

SIEFERT hebt in der Beschreibung seiner Versuche hervor, daß die bei den Reptilien charakteristischen Kehlbewegungen sich reflektorisch im allgemeinen leichter auslösen lassen als Veränderungen in den Atmungsbewegungen. Er kommt zu dem Schlusse, daß das Zentrum, welches die Kehlbewegungen regelt, im allgemeinen ein leichter erregbares sein muß als das eigentliche Atmungszentrum.

SIEFERT hat bei der Eidechse Querschnitte durch die Medulla oblongata geführt, um eine *Lokalisation des Atmungszentrums durchzuführen.* In diesen Versuchen kam er zu dem Schlusse, daß „die Reptilien ein in der Gegend des Calamus scriptorius befindliches, automatisch tätiges und in sehr träger Rhythmik arbeitendes, respiratorisches Zentralorgan besitzen. Letzteres besteht aus zwei koordinierten physiologischen Systemen, einem exspiratorisch und einem inspiratorisch wirkenden, die beide ein anatomisch einheitliches Ganzes darzustellen scheinen, da derselbe Schnitt stets die Funktion beider aufhebt". Beide Systeme stehen gewissermaßen in assoziativen Beziehungen zueinander.

SIEFERT konnte in seinen Versuchen das Bestehen von sekundären Atmungszentren im Rückenmark, wie es LANGENDORFF beschrieben hat, nicht bestätigen. Nach der Durchtrennung des Rückenmarks hinter der Medulla oblongata dauern nur die rhythmischen Bewegungen des Kehlkopfes fort, während die Thoraxmuskulatur keine rhythmischen Bewegungen mehr ausführt. Das von LANGENDORFF beschriebene Phänomen beruht auf rhythmischen Kontraktionen der Lungen.

Nach Entfernung des Vorder- und Mittelhirns, wie auch doppelseitiger Vagotomie, tritt bei den Eidechsen nach den Beobachtungen SIEFERTs eine dauernde Herabsetzung der Atemfrequenz ein. SIEFERT glaubt, daß es sich dabei um eine wahre Ausfallerscheinung handelt.

SIEFERT hat auch die Frage der *Blutregulation der Atembewegungen* bei den Reptilien untersucht. Er konnte bei der Erstickung bei seinen Tieren keine erhöhte Atemzentrumstätigkeit entdecken und zog den Schluß, daß dem Atemzentrum der Reptilien dyspnoische zentrale Reizwirkungen überhaupt fehlen oder sich wenigstens nicht merkbar äußern.

Die Bedeutung des *verlängerten Marks für die reflektorische Tätigkeit* versucht BICKEL (1901) zu ermitteln, indem er das Verhalten der Schildkröten mit durchtrenntem Rückenmark mit solchen, bei denen die Medulla oblongata mit dem Rückenmark in Zusammenhang gelassen war, vergleicht. Bei den Rückenmarkstieren findet BICKEL eine sehr bedeutende Erhöhung der Reflexerregbarkeit am Hinterkörper. Ganz besonders leicht werden die Abwischbewegungen der Hinterextremitäten ausgelöst. Spontane Fortbewegung besteht nicht mehr; durch Reizung der Weichteile des Hinterkörpers kann manchmal geradlinige Fortbewegung erzielt werden. Die Extremitäten werden koordiniert bewegt, aber die Bewegung der einzelnen Extremitäten ist hastig, äußerst plump und ungeschickt; Rückwärtsgang kann nicht ausgelöst werden.

Auf Grund dieser Beobachtungen kommt BICKEL zu dem Schlusse, daß das verlängerte Mark auf das Rückenmark einen reflexhemmenden Einfluß hat. Die Verbindung des Rückenmarks mit dem verlängerten Mark ist unbedingt notwendig für das Zustandekommen der spontanen Ortsbewegungen der Tiere.

Mit einer ähnlichen Frage beschäftigt sich FANO in einer weiteren Arbeit, welche 1902 erschien. FANO konnte bei *Emys europaea* feststellen, daß die *Nervenzentren des Rückenmarks periodische Veränderungen* ihrer Erregungs- und Leistungsfähigkeit zeigen. Er bestimmte eingehend den Verlauf der Spinalreflexe und konnte Schwankungen der Reflexzeit und des Umfanges der motorischen Reaktion konstatieren.

Diese Veränderungen der spinalen Funktionen, welche einen periodischen Charakter haben, sind von der Medulla oblongata abhängig. Wenn man nämlich das Mittelhirn entfernt, das auf die Oblongata einen hemmenden Einfluß ausübt, dann übertreffen die erwähnten Schwankungen bei weitem diejenigen, welche unter normalen Bedingungen beobachtet werden. Nach Durchtrennung des Rückenmarks nehmen diese Schwankungen merkbar ab. Die Medulla oblongata übt somit nach FANO einen periodischen Einfluß auf die untergeordneten spinalen Zentren aus.

In demselben Jahre erschien eine Arbeit über die Atmung der Reptilien von KAHN (1902). Dieser Forscher kommt auf die von LANGENDORFF beschriebenen rhythmischen Atmungsbewegungen des Thorax bei den Eidechsen nach der Durchtrennung des Rückenmarks zurück. Er kommt auf Grund seiner Versuche zu dem Schlusse, daß die von LANGENDORFF beobachteten Atmungsbewegungen des Thorax der Eidechsen auf den schon von PAUL BERT beschriebenen rhythmischen Kontraktionen der Lungen beruhen.

FRANÇOIS-FRANCK (1908), der seit 1906 eine Reihe von Untersuchungen zur Frage über die vergleichende Physiologie der Atmung publiziert hat, bespricht in seinem ersten Essai unter anderem auch die *Innervation der Lungenbewegungen* durch die Nn. vagi bei den Schildkröten. Er findet, daß die Nn. vagi und nicht die sympathischen Nerven die Kontraktionen der Lungen beherrschen. Jede Lunge wird vom gleichseitigen N. vagus innerviert. Die Reizung des peripheren Vagusstumpfes hat eine Kontraktion der gleichseitigen Lunge zur Folge, welche sich von der Kontraktion auf direkte Reizung nicht unterscheidet. Durch elektrische oder mechanische Reizung des zentralen Vagusstumpfes konnte FRANÇOIS-FRANCK reflektorische Kontraktionen der anderen Lungen erhalten, wenn der andere Vagus intakt gelassen war.

Nach der Durchtrennung des Rückenmarks von der Medulla oblongata, wonach das Rückenmark zerstört wurde, traten rhythmische Kontraktionen der Lungen auf. Dieselben verschwanden, wenn das verlängerte Mark zerstört oder die beiden Nn. vagi durchschnitten wurden. Die rhythmischen Bewegungen der Lungen werden somit durch Einflusse, welche in den medullären Zentren entstehen, verursacht.

1909 erschien eine Arbeit von PREVOST und SALOZ, in welcher sie die *Innervation der Bronchialmuskulatur* bei verschiedenen Tieren, unter anderen auch bei der griechischen Schildkröte, untersuchten. Sie beschreiben eine Reihe von reflektorischen Veränderungen des Lumens der Lungen, die sie den Kontraktionen der Bronchialmuskulatur zuschreiben. Sie fanden eine Kontraktion der Lungen bei der mechanischen Reizung der Ränder der Schilder, der Vorder- und Hinterbeine, des Schwanzes und des Anus. Alle diese reflektorischen Wirkungen versagen, wenn die Nn.vagi durchtrennt werden. Aus dieser Tatsache schließen PREVOST und SALOZ, daß die Bronchialmuskulatur bei den Schildkröten von den Nn. vagi innerviert wird.

Die Blutregulierung der Tätigkeit des Atemzentrums bei den Reptilien, welche schon von SIEFERT kurz berührt wurde, ist von BABÁK (1914) an Leguanen *(Ctenosaura acanthura)* und an drei Alligatoren *(Alligator mississippiensis)* und einem Nilkrokodil *(Crocodilus vulgaris)* ausführlich untersucht. Im Gegensatz zu SIEFERT findet BABÁK, daß sowohl der Sauerstoffmangel wie auch Kohlendioxydanhäufung im Blute bei den Leguanen sehr bald erregend auf das Atemzentrum wirken. Dabei tritt eine ausgesprochene Intensitätsdyspnoe ein, während sich die Frequenz der Atembewegungen weniger verändert.

Bei der Einwirkung des Sauerstoffmangels zeigt der Thorax in den nacheinanderfolgenden Atemkurven eine deutliche Inspirationstendenz, während bei der Kohlendioxydeinwirkung meistens eine Exspirationstendenz überwiegt.

Bei Kombination des Sauerstoffmangels mit Kohlendioxydanhäufung ist die Erregung des Atemzentrums viel stärker als in Versuchen, in welchen nur einer dieser Faktoren wirkt.

BABÁK konnte ferner zeigen, daß durch geeignete Versuchsanordnungen bei den Leguanen auch apnoeartige Zustände infolge reicher Versorgung des inneren Mediums mit Sauerstoff erzielt werden können.

Bei den Alligatoren und Krokodilen konnte BABÁK einige Abweichungen im Vergleich zu den Eidechsen in der Erregung des Atemzentrums längs der Blutbahn feststellen.

Der Sauerstoffmangel ruft eine dyspnoische Erregung des Atemzentrums hervor, welche aber stets kleiner ist als bei den Leguanen. Durch Kohlendioxydgehalt der Atemluft wird bei diesen Tieren gar keine Dyspnoe hervorgerufen, weder durch kleine noch durch starke Konzentrationen, sondern es erfolgen nur Hemmungserscheinungen. Dies steht im Gegensatz zu den Versuchen an den Leguanen, bei welchen eine äußerst feine Beeinflußbarkeit des Atemzentrums festgestellt werden konnte. Das Atemzentrum der Alligatoren scheint durch Kohlendioxyd dyspnoisch nicht beeinflußt zu werden, auch wenn es vorher durch Sauerstoffmangel erregt wurde, während bei den Leguanen der Sauerstoffmangel das Atemzentrum für die erregende Kohlendioxydeinwirkung geradezu sensibilisiert.

Ein medulläres Zentrum für die Magenmotilität konnte ROGERS (1918) bei den Schildkröten feststellen. Er durchtrennte bei Schildkröten das Rückenmark in Höhe des 3. Zervikalwirbels, ohne die Nn. vagi zu lädieren, noch die Blutzirkulation im Kopfe zu schädigen. Bei der Injektion einer Pikrotoxinlösung 1:1000 in die Art. carotis traten heftige tetanische Kontraktionen der Magenmuskulatur auf. Waren beide Nn. vagi durchtrennt, dann traten diese Kontraktionen nicht auf. Auch die elektrische Reizung des Bodens des 4. Ventrikels verursachte ähnliche Kontraktionen des Magens.

Auf die *Innervation der Lungenkontraktionen* kommt HELEN COOMBS (1919) wieder zurück. Sie konnte in ihren Versuchen an Schildkröten zeigen, daß ganz schwache faradische Reizung der Lobi optici, wie auch der Medulla oblongata Kontraktionen der Lunge zur Folge hat. COOMBS konnte nachweisen, daß die motorischen Fasern nach den Lungen ausschließlich längs den Nn. vagi verlaufen.

In Anschluß an die Versuche FRANÇOIS-FRANCKs wurden von CARLSON und LUCKHARDT eine Reihe von Untersuchungen angestellt, in welchen sie eingehend die Frage der *Innervation der Lungenbewegungen* bei den Reptilien untersuchten. CARLSON und LUCKHARDT (1920) untersuchten die Lungenbewegungen bei den Schildkröten *Chrysemys elegans* und *Malacoclemmys Lesneurii* und bei der Schlange *Eutenia elegans*. Sie finden, daß das *medulläre Zentrum, das den Tonus und die Kontraktionen der Lungen beherrscht, nicht mit dem Respirationszentrum identisch ist.* Doch sind beide Zentren eng miteinander verbunden, so daß die Impulse vom Atmungszentrum hauptsächlich auf das motorische Lungenzentrum erregend oder hemmend wirken. Bei Asphyxie werden beide Zentren in gleicher Weise beeinflußt. Doch können beide Zentren auch gesondert funktionieren.

CARLSON und LUCKHARDT konnten weiter feststellen, daß unter normalen Verhältnissen das Atmungszentrum einen hemmenden Einfluß auf den Lungentonus ausübt. Die aktiven Lungenkontraktionen sind von den Zentren der Nn. vagi abhängig. Die aktiven Lungenkontraktionen sind von den Zentren der Nn. vagi abhängig; nach der Vagotomie hören die Kontraktionen der Lungen, welche mit den äußeren Atmungsbewegungen verbunden sind, auf. Bei Durchschneidung des einen Vagus hören die Kontraktionen nur in der gleichseitigen Lunge auf; in der kontralateralen werden sie nur vorübergehend infolge der Reizung des medullaren Zentrums gehemmt. Dieses medullare Zentrum wird ferner bei der Reizung des zentralen Vagusstumpfes, des N. laryngeus inferior und der Lungenfasern des Vagus gehemmt. Trauma des Körpers verursacht einen tiefen Shock des motorischen Zentrums der Lungen.

Reflektorisch können Lungenkontraktionen, wie auch unvollkommene Lungentetani durch Reizung der sensiblen Nerven des Respirationstraktes und der Lungen hervorgerufen werden. Dadurch wird eine hormonische Tätigkeit des motorischen Lungenzentrums mit dem Atmungszentrum bewirkt.

Auch von den meisten visceralen Organen (Magen-Darmkanal, Urogenitalsystem) wird die Tätigkeit des motorischen Lungenzentrums beeinflußt. Desgleichen auch bei der elektrischen oder mechanischen Reizung der Hautnerven, sowie der Cornea und der zentralen Stümpfe des N. ischiadicus und des N. brachialis.

Schwache rhythmische Tonusschwankungen der Lungen werden auch nach der Durchschneidung der beiden Vagi beobachtet; es müssen also neben den Zentren im verlängerten Mark noch periphere Mechanismen bestehen.

In einer anderen Arbeit untersuchten LUCKHARDT und CARLSON (1921) die Wirkung verschiedener *pharmakologischer Mittel* auf das motorische Lungenzentrum wiederum bei den Schildkröten und Schlangen.

Sie finden, daß Pikrotoxin eine erregende Wirkung auf den motorischen Lungenmechanismus ausübt, und zwar zentral, da nach der Durchschneidung der Nn. vagi diese Wirkung ausbleibt. Zugleich wird auch die reflektorische Erregbarkeit dieses Zentrums erhöht.

Kurare und Nikotin haben eine hemmende Wirkung auf das motorische Lungenzentrum. Adrenalin, das die Atmungsbewegungen der Schildkröte beschleunigt und gleichzeitig schwächt, verursacht eine Zunahme der Frequenz der Lungenkontraktionen, wobei die Amplitude derselben kleiner wird. Adrenalin wirkt direkt auf beide Zentren im verlängerten Marke.

In einer dritten Arbeit, welche in demselben Jahre erschien, berichten CARLSON und LUCKHARDT (1921) über ihre Versuche an Fröschen und Schildkröten; sie besprechen hierbei die *durch die Reizung visceraler Organe ausgelösten Herz- und vasomotorischen Reflexe.*

Normale Atmung beeinflußt bei den Schildkröten nicht die Herztätigkeit; bei stärkerer Atmung kann diese entweder beschleunigt oder gehemmt werden. Dabei gehen vom Atmungszentrum nach den Herzzentren Impulse über, welche die Herztätigkeit verändern. Besonders läßt sich dies bei Asphyxie deutlich feststellen. Die Aufblähung und das Zusammenfallen der Lungen üben ebenfalls eine Wirkung auf den Herzschlag aus, und zwar beobachteten CARLSON und LUCKHARDT eine vorübergehende Hemmung der Herztätigkeit, aber nur bei starken Entleerungen der Lungen. Direkte Reizung des zentralen Lungenvagusstumpfes führte stets zur Beschleunigung des Herzschlages; waren beide Herzvagi durchtrennt, dann verursachte eine solche Reizung eine vorübergehende Erhöhung des Blutdruckes.

Spontane Kontraktionen des leeren Magens haben keine Wirkung auf das Herz und den Blutdruck. Starke Blähung des Magens oder direkte Reizung der Magenvagusäste hatten eine Beschleunigung der Herztätigkeit und Erhöhung des Blutdruckes zur Folge. Waren die Herzvagi durchschnitten, dann trat nur die Blutdruckerhöhung ein.

Reizung des Dünn-, Dickdarmes, der Harnblase und der Kloake verursachte meistensteils eine Hemmung des Herzschlages und ein Abfallen des Blutdruckes. Bei Schildkröten, die zuvor kurarisiert waren, trat meistens bei der Wirkung derselben Reize eine Beschleunigung der Herztätigkeit und Erhöhung des Blutdruckes auf. Reizung des zentralen Stumpfes des Halssympathicus hatte bei den Schildkröten fast immer eine Herzschlagbeschleunigung und Erhöhung des Blutdruckes zur Folge.

Diese Versuche von CARLSON und LUCKHARDT beweisen ganz unzweideutig, daß bei den Schildkröten die *regulierenden Zentren des Herzens* in der Medulla oblongata *von den meisten visceralen Organen reflektorisch beeinflußt werden können.*

LUCKHARDT und CARLSON (1921), welche bei den Schildkröten (im Gegensatz zu KROGH, der eine sympathische Innervation annahm) fanden, daß die Lungengefäße vom Vagus mit vasomotorischen Fasern versehen werden, konnten auch einige *Vasomotorenreflexe* bei diesen Tieren feststellen. Sie erhielten vasokonstriktorische Reflexe in den Lungenblutgefäßen bei der elektrischen Reizung des zentralen Vagusstumpfes.

An dezerebrierten Schildkröten untersuchten CARLSON und LUCKHARDT die *Wirkung der Reizung der visceralen Organe auf die Skeletmuskelreflexe.* Bei der mechanischen oder elektrischen Reizung der Lungen, der Gallenblase, des Herzens, des ganzen Magen-Darmkanals und der Harnblase konnten diese Untersucher reflektorische Abwehrbewegungen der Extremitäten und des Kopfes auslösen. Die mechanischen Reize haben eine bessere Wirkung als die elektrischen. Da diese Reflexe auf Reizung enterozeptiver Nerven auch nach der Durchtrennung des Rückenmarks von der Medulla oblongata, wenn auch etwas schwächer, erhalten werden können, glauben CARLSON und LUCKHARDT, daß sie wenigstens zum Teil spinal bedingt sind. Tiere mit intaktem Gehirn zeigen viel ausgesprochenere Skeletmuskelreflexe auf Reizung der visceralen Organe; dies hängt wohl mit Schmerzempfindungen zusammen, welche in diesen Fällen eintreten können.

Auf die Frage des Vorhandenseins eines *atomatischen Zentrums für die Lokomotion in der Medulla oblongata* kommt FANO (1921) wiederum zurück. Durch Abkühlen und Betupfen des verlängerten Marks mit Kokainlösungen konnte FANO die Wirkung dieses Zentrums aufheben und als Resultat hiervon eine Bewegungslosigkeit der Tiere herbeiführen.

Durch Applikation von Strychnin auf das verlängerte Mark wurde zwar die reflektorische Tätigkeit der Tiere erhöht; aber die Bewegungen wurden nicht beeinflußt. Dies spricht nach der Ansicht FANOs gegen die Meinung, nach welcher die Fortbewegungen der Oblongata-Rückenmarkschildkröte auf reflektorischem Wege ausgelöst werden.

LUMSDEN (1924), der eine *genaue Lokalisation des Atmungszentrums* bei den Säugern durchführte, versuchte dasselbe auch bei den Schildkröten. Die normale Atmung erfolgt nach LUMSDEN bei den Schildkröten durch die seitliche Muskulatur der Körperhöhle. Auf die Inspiration folgt eine $^1/_2$—5 Minuten dauernde Atempause, welche von einer schnellen und tiefen Exspiration gefolgt wird.

Wird bei einer Schildkröte der Hirnstamm oberhalb der Mitte des 4. Ventrikels durchschnitten, dann verändert sich die Atmung nicht. Bei Durchtrennung des Hirnstammes kaudal von der eben genannten Grenze erlischt zunächst der Tonus der Inspiration und treten nur Exspirationen auf. Ein Schnitt durch den Hirnstamm gerade oberhalb des Calamus scriptorius hebt die exspiratorischen Bewegungen auf. Dabei tritt noch eine Zeitlang Gähnen auf; danach hören alle Atmungsbewegungen auf, wahrscheinlich auch infolge des Blutverlustes. Die Schildkröte wird jetzt zu einem Rückenmarkstier, dessen Reflexe erhöht erscheinen; die Atembewegungen sind aber gänzlich verschwunden. Nichts deutet auf das Bestehen spinaler Atmungszentren hin.

Somit kann man bei der Schildkröte nach LUMSDEN, wie bei den Säugern ein *Gähnzentrum* in der Nähe der Spitze des Calamus scriptorius, ein *Exspirationszentrum* oberhalb des letzteren und ein *Inspirationszentrum* gleich hinter der Mitte des 4. Ventrikels unterscheiden. In den letzten Jahren ist von einigen Seiten das Bestehen dieser Zentren bei den Säugern bezweifelt worden; inwieweit dies auch für die Schildkröten berechtigt ist, steht noch dahin.

Bei der Einwirkung von Chloroform tritt eine Atmungsbeeinträchtigung in derselben Reihenfolge wie bei Durchtrennungen des Hirnstammes ein. Durch Chloral werden die Atmungspausen kürzer und die Atmung wird periodisch, wie im Winterschlaf.

Reizungen des Vagus verursachten eine Hemmung der In- und Exspiration. Vagotomie ist ohne Einfluß auf Frequenz und Tiefe der Atmung; somit über die Nn. vagi keine tonische regulierende Wirkung auf die Atmung der Schildkröte aus.

Einatmung von Stickstoff führt zunächst zu Beschleunigung der Atmungsbewegungen; nach mehreren Stunden erlischt die aktive Inspiration; es treten Exspirationskrämpfe auf und zuletzt auch Gähnen. Durch CO_2-Überschuß in der eingeatmeten Luft wird die Frequenz und Tiefe der Atmungsbewegungen verstärkt.

Wenn das zum Gehirn fließende Blut seine Temperatur ändert, so hat dies sofort eine Wirkung auf die Atmung, auch, wenn die rektale Temperatur unverändert bleibt. Die *Temperatureinflüsse* auf das Atmungszentrum sind von größerer Bedeutung, als die Wirkung der *Gaszusammensetzung* der eingeatmeten Luft. Die Temperatur wirkt direkt auf das Atmungszentrum und nicht über den veränderten Stoffwechsel. Der respiratorische Rhythmus wird somit viel mehr durch die Temperatur des Blutes, das das Atmungszentrum in der Oblongata durchströmt, als durch die Metabolie beeinflußt. Bei gleichbleibender Temperatur ist aber auch die Zusammensetzung der Atmungsluft, bzw. der CO_2-Gehalt des Blutes, ein wichtiger Faktor in der Regulierung der Atmungsbewegungen.

Versuche, welche einen Beitrag zu der Frage der Tätigkeit der *Herzvaguszentren in der Medulla oblongata* liefern, beschreiben COUVREUR und DUCULTY (1924). Diese Untersucher haben bei Krokodilen einen medialen Sympathicusstrang beschrieben, welcher vom 3. bis zum 7. Spinalwurzelpaare an der ventralen Fläche der Wirbelsäule verläuft. Die faradische Reizung dieses sympathischen Stranges hat stets einen reflektorischen Stillstand des Herzens in der Diastole zur Folge. Die afferenten sensiblen Fasern für diesen Reflexakt, welche dem Depressor der Säuger entsprechen, verlaufen somit in diesem sympathischen Strang nach den Vaguszentren für das Herz in der Medulla oblongata. Merkwürdigerweise konnten COUVREUR und DUCULTY eine Blutdruckerniedrigung als Folge einer Vasodilatation nicht beobachten.

Eine interessante Beobachtung, welche fraglos Nachforschung verdient, haben BAGLEY und LANGWORTHY (1926) beschrieben. Diese Untersucher beobachteten nach Querschnitten durch das Gehirn gleich an der kaudalen Grenze des Mittelhirns bei Alligatoren eine *stark ausgedehnte Extension aller Gliedmaßen.* Bei der Bewegung des operierten Alligators werden die Gliedmaßen immer mehr gestreckt, bis die Extension so groß wird, daß das Tier wie auf Stelzen steht und jegliche Progressivbewegung unmöglich wird. Das Tier bleibt unbeweglich mit gestrekten Extremitäten liegen; auch eine Nackensteifheit ist meistenteils vorhanden. Passive Bewegungen des Kopfes haben Veränderungen in der Haltung des Körpers zur Folge, ähnlich wie dies von SHERRINGTON bei dezerebrierten Katzen beschrieben ist.

Zum Schlusse muß ich noch die Arbeit FREDERICQs (1931) besprechen, welcher die Erregbarkeit der Nn. vagi bei *Testudo graeca* nach der Chronaxiemethode untersuchte. Diese Versuche, welche auch auf die Vaguszentren in der Medulla oblongata Bezug haben, verdienen entschieden hier erwähnt zu werden.

Schon LAPICQUE und MEYERSON (1912) haben den mittleren Wert für die Chronaxie der negativ chronotropen Vaguswirkung auf das Herz der Schildkröte bestimmt und dieselbe durchschnittlich 20 gefunden. FREDERICQ bestimmte nun die Chronaxie nicht nur für negativ chronotrope, sondern auch für die negativ inotrope Wirkung des Herzvagus. Er findet für beide Funktionen des Vagus vollkommen gleiche Chronaxiewerte. FREDERICQ kommt daher zu der Schlußfolgerung, daß entweder die negativen chronotropen und inotropen Impulse längs denselben Vagusfasern geleitet werden, oder aber, daß der Durchmesser der chronotropen und inotropen Fasern des Vagus derselbe ist. Nach LAPICQUE haben nämlich Nervenfasern von gleichem Durchschnitte die gleiche Chronaxie.

Neben den rein physiologischen Arbeiten über das verlängerte Mark der Reptilien, will ich hier noch einige *pharmakologische Untersuchungen an Reptilien* anführen, welche eine große Bedeutung für die Physiologie haben.

GREENE und PEELER (1915) haben bei der Schildkröte zuerst den Kopf von der allgemeinen Blutzirkulation isoliert, ohne die Nn. vagi zu beschädigen. Durch die Art. carotis wurde das Gehirn mit einer Ringerflüssigkeit durchströmt, welche aus einer Vena jugularis abgeleitet wurde. Unter solchen Bedingungen blieb das Gehirn eine lange Zeit reaktionsfähig. GREENE und PEELER untersuchten an solchen Präparaten die Wirkung von Digitalis auf die Herzvaguszentren in der Medulla oblongata. Sie fanden, daß dieser Stoff eine direkte Wirkung auf die Vaguszentren ausübt.

Interessante Versuche stellte in demselben Jahre HEINEKAMP (1920) mit Schildkröten an, um die *direkte Wirkung des Adrenalins auf die Herzvaguszentren* im verlängerten Mark kennenzulernen. Er durchtrennte das Rückenmark gleich hinter der Oblongata. Der Kopf wurde von der Blutzirkulation ausgeschaltet und durch die Karotiden mit

Ringerflüssigkeit durchströmt. HEINEKAMP fand, daß das Adrenalin eine direkte Wirkung auf die Zentren des Herzvagus ausübt und somit die Herztätigkeit hemmt. Leider sind diese Versuche HEINEKAMPs nicht ganz einwandfrei, wie CARLSON und LUCKHARDT dies auch bemerken, da bei seinen Schildkröten leicht eine Asphyxie entstehen konnte. Dieselbe verursacht aber bei der Schildkröte eine Hemmung der Herztätigkeit, sowohl durch Wirkung auf die Vaguszentren in der Medulla oblongata wie auch durch direkte Wirkung auf das Herz selbst.

Nach HEINEKAMP hat BUSH (1920) die Wirkung des Adrenalins auf die Vaguszentren der Medulla oblongata bei der Schildkröte untersucht. Die Versuchsanordnung war dieselbe, doch kam BUSH zu vollkommen negativen Resultaten; er konnte keine Wirkung des Epinephrins, womit er das Gehirn durchströmte, auf die Vaguszentren feststellen.

HEINEKAMP hat (1922) seine Versuche wiederholt und die Technik verbessert. Er schreibt, daß für diese Versuche *Pseudomys troosti* gebraucht werden muß, da andere Schildkröten anders reagieren. HEINEKAMP findet auch in diesen Versuchen, daß die Durchströmung des Gehirns mit Ringerlösung, welcher Adrenalin hinzugefügt ist, eine Erregung der herzhemmenden Zentren in der Oblongata zur Folge hat.

An Schildkröten *(Emys orbicularis)*, bei welchen der Kopf vom Körper getrennt war, die Nn. vagi intakt gelassen wurden und das Gehirn von den Art. carotis communis aus mit Ringerflüssigkeit nach der Methode HEYMANs durchströmt wurde, untersuchte VAN DER LINDEN (1934) die *Herzvaguszentren auf die Wirkung verschiedener pharmakologischer Stoffe* näher. In diesen Versuchen konnte VAN DER LINDEN feststellen, daß die Sistierung der Durchströmung des Kopfes, wie auch ein Übermaß an Kalium oder ein Fehlen des Kalziums in der Durchströmungsflüssigkeit nach einer langen latenten Periode zu einer Bradykardie führt, welche auf Reizung der Vaguszentren beruht.

Eine ähnliche Wirkung haben verschiedene pharmakologische Stoffe, wie Nikotin, Veratrin, Pilocarpin, Acetylcholin und andere, die der Durchströmungsflüssigkeit beigefügt werden. Nach der Hinzufügung von Atropin und Adrenalin zu der Ringerlösung beobachtete VAN DER LINDEN dagegen keine Bradykardie.

Da jede Wirkung der genannten Stoffe auf das Herz durch die Versuchsanordnung ausgeschlossen war, so muß die beobachtete Bradykardie ausschließlich auf Reizung der Vaguszentren in der Medulla oblongata beruhen. Es war nur noch eine Möglichkeit auszuschließen, nämlich eine reflektorische, durch Reizung der sensiblen Apparate in den Arterien selbst. Doch konnte VAN DER LINDEN bei der Schildkröte keine Hinweise auf das Bestehen von Sino-caroticus-Reflexen finden. Somit müssen die oben beschriebenen Wirkungen der verschiedenen pharmakologischen Stoffe in das Gehirn lokalisiert werden.

Wie aus der oben angeführten Übersicht zu schließen ist, haben sich die meisten Forscher, welche Versuche am verlängerten Marke angestellt haben, mit der Frage über die Bedeutung der Oblongata für die Atmung bei den Reptilien beschäftigt. Während die älteren Forscher sich mit der Feststellung und der Lokalisation des Atmungszentrums in der Oblongata begnügten, versuchte LUMSDEN das Atmungszentrum bei den Reptilien in Unterabschnitte zu verteilen. Wie aber schon oben erwähnt war, bedürfen diese Versuche einer Nachprüfung. Die Beeinflussung des Atmungszentrums durch das Blut ist nur von SIEFERT und BABÁK untersucht und bedarf weiterer Ausarbeitung. Die reflektorische Beeinflussung des Atmungszentrums ist mehrfach untersucht worden, wobei manche interessante Tatsachen sichergestellt wurden.

Die Bedeutung des verlängerten Marks als Innervationszentrum des Herzens, des Magens und anderer visceraler Organe ist von einigen Forschern ebenfalls untersucht. Dabei verdienen die Arbeiten CARLSONs und LUCKHARDTs ganz besonders unsere Aufmerksamkeit, obwohl ich gleich bemerken muß, daß die von diesen Forschern beschriebene Wirkung der Reizung visceraler Organe auf die Skeletmuskulatur bei Nachprüfung an *Testudo graeca* von mir nicht bestätigt werden konnten.

Die Behauptung FANOs, daß in der Oblongata ein besonderes Bewegungszentrum vorhanden ist, was mit der Lehre STEINERs übereinstimmt, wird man jetzt wohl anders auffassen müssen; dies schließt nicht aus, daß diese Beobachtungen auch jetzt noch von Wert sind.

IV. Das Kleinhirn.

Das Kleinhirn der Reptilien zeigt in den verschiedenen Unterklassen einen großen Unterschied im Bau auf, wie dies schon EDINGER betont hat. Bei den Eidechsen stellt das Kleinhirn eine nach vorn umgeklappte Lamelle dar. Bei den Schlangen ist das Kleinhirn am einfachsten gebaut und bildet eine flache Querlamelle, welche den 4. Ventrikel überbrückt. Bei Schildkröten und Krokodilen erreicht das Kleinhirn eine weitere Entwicklung, wobei bei Krokodilen auch Furchen am Kleinhirnkörper unterschieden werden können, welche denselben in drei Unterabschnitte teilen. Die Aurikeln sind bei den Reptilien viel schwächer entwickelt als der Kleinhirnkörper; dies wird von ARIENS KAPPERS auf das gänzliche Fehlen von Lateralnerven und eine vermehrte Zufuhr von spino-zerebellaren Fasern zurückgeführt. Die stärkere Entwicklung der spino-zerebellaren Fasern wird nach ARIENS KAPPERS auf die geänderten statischen Verhältnisse der Tiere beim Landleben zurückgeführt, wobei die propriozeptiven Eindrücke für die Orientierung des Gleichgewichtes des Körpers von größerer Bedeutung werden.

Physiologische Versuche am Kleinhirn der Reptilien, das, wie oben erwähnt, bei den einzelnen Unterklassen einen großen Unterschied in der Entwicklung und somit auch in der funktionellen Bedeutung zeigt, sind noch äußerst spärlich angestellt worden.

PAUL BERT (1875) hat versucht, in die *Regulierung des Farbenwechsels* bei den Chamäleonen auch das Kleinhirn einzubeziehen. Nach BERT soll die Exstirpation des Kleinhirns den spontanen Farbenwechsel bei diesen Tieren aufheben, der reflektorische bleibt dagegen unverändert.

1884 berichtet FANO über die Resultate seiner Versuche am Kleinhirn der Schildkröten. Er exstirpierte bei seinen Tieren das eine Mal das Kleinhirn zugleich mit den übrigen Teilen des Gehirns, welche vor der Medulla oblongata liegen, das andere Mal ließ er das Kleinhirn mit der Oblongata unversehrt und entfernte die übrigen Teile des Gehirns. Auch exstirpierte er bei einigen Tieren nur das Kleinhirn.

Ganz besonders untersuchte FANO seine operierten Schildkröten auf die von LUCIANI beschriebenen Veränderungen, doch konnte er in allen

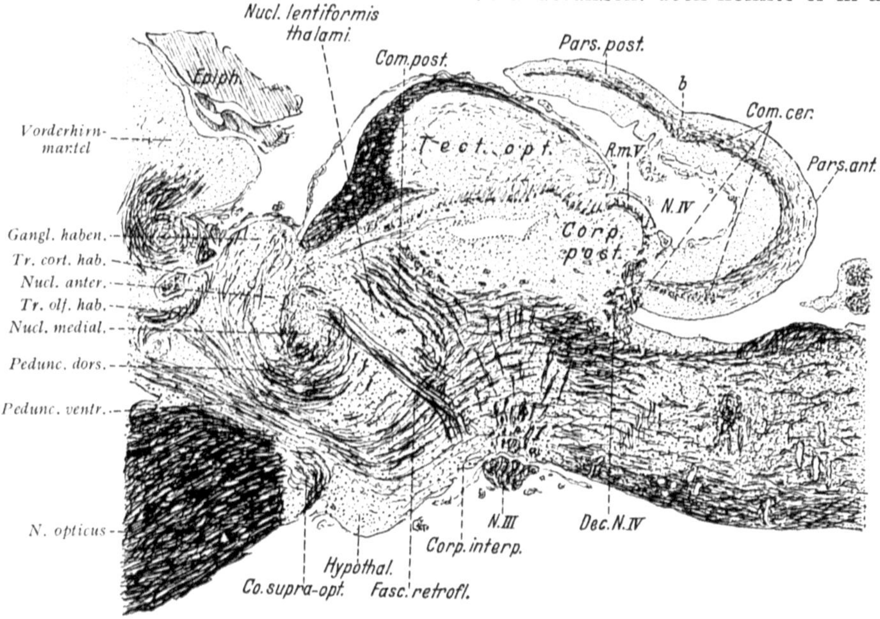

Abb. 5. Sagittalschnitt durch das Kleinhirn, Mittelhirn und Zwischenhirn einer Eidechse, *Varanus Salvator*. (Nach ARIENS KAPPERS.)

diesen Versuchen keinerlei Abweichungen weder im Verhalten, noch in den Bewegungen der Tiere feststellen.

STEINER (1886) führte ebenfalls *Exstirpationen des Kleinhirns*, aber bei Eidechsen *(Lacerta viridis)*, aus. Diese Exstirpationen führten zu keinerlei Störungen, obwohl STEINER zugibt, daß es nicht ausgeschlossen ist, daß feinere Störungen vorhanden waren.

Auch BICKEL (1901), der Exstirpationen am Kleinhirn der Schildkröten ausführte, konnte bei seinen operierten Tieren keine Abweichungen von der Norm feststellen.

In der neueren Zeit wurde die Frage der funktionellen Bedeutung des Kleinhirns bei den Reptilien von LEBLANC wieder aufgeworfen.

LEBLANC (1923) exstirpierte bei verschiedenen Eidechsen *(Utromastix acanthinurus, Varanus griseus* und *Chamaeleo vulgaris)* das Kleinhirn ganz und beobachtete danach bei den meisten Tieren *ausgesprochene*

Gleichgewichtsstörungen. Die Eidechsen schwankten beim Laufen hin und her und drehten sich oft um ihre Längsachse. Auch eine Ataxie, Adynamie der Extremitäten, aber keine Paralyse wurden bei den operierten Tieren beobachtet. Oft wurde eine Streckung des Kopfes konstatiert.

Merkwürdigerweise konnte bei einem *Varanus* keinerlei Abweichungen von der Norm konstatiert werden, obwohl bei der anatomischen Untersuchung eine vollkommene Exstirpation des Kleinhirns ohne Nebenverletzungen gefunden wurde. Wie VAN RIJNBERK mit Recht bemerkt, wird durch diesen Umstand ein berechtigter Zweifel rege, ob die in den anderen Fällen beobachteten Störungen nicht auf Nebenverletzungen beruhen.

Bei einer Eidechse, bei welcher bei der mikroskopischen Untersuchung des Gehirns ein *Tumor des Kleinhirns* gefunden wurde, hat VAN VALKENBURG (1926) während des Lebens eine Reihe Abweichungen festgestellt. Das Tier war nach rechts stark gekrümmt; der Kopf war nach rechts gewendet

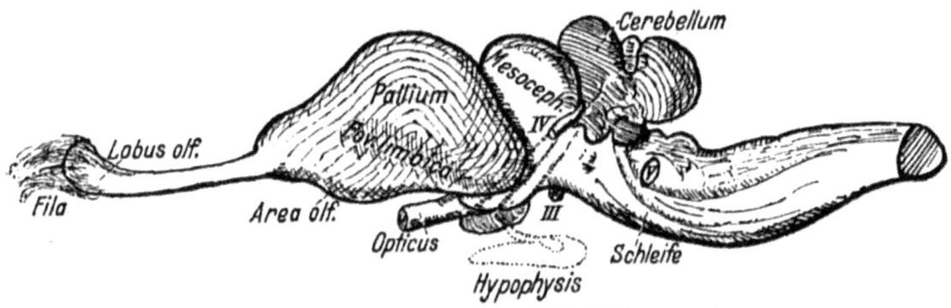

Abb. 6. *Crocodilus africanus.* (Nach EDINGER.)

und tordiert, derart, daß das linke Auge oben lag. Die Beine der rechten Seite waren adduziert, die der linken Seite abduziert. Bei der Bewegung wurden Mangebewegungen nach rechts ausgeführt.

Der Schwanz behielt, wie kataleptisch, jede ihm passiv gegebene Stellung bei. Wurde das Tier am Schwanz emporgehoben, so krümmte sich der Körper nach links, die Unterbeine streckten sich, das rechte Vorderbein wurde adduziert, das linke gestreckt; dann machten alle vier Strampelbewegungen. Wieder auf den Tisch gelegt, wandte das Tier den Kopf sofort nach rechts mit derselben Drehung; auch die Beine nahmen ungefähr die frühere Haltung an. Der Schwanz blieb fast 1 Minute in einer Haltung stehen, die 45° von der Horizontalen abwich.

Diese Veränderungen in der Haltung und in den Bewegungen des Tieres könnten auf die Zerstörung des Kleinhirns durch den Tumor zurückgeführt werden, wenn nicht eine Auswucherung desselben auch auf die Oblongata vorliegen würde. Infolge derselben ist es leider schwer zu entscheiden, inwiefern die beschriebenen Symptome auch wirklich auf den Ausfall des Kleinhirns bezogen werden können.

Schließlich ist die Frage der *Funktion des Kleinhirns bei den Reptilien* von neuem von ANNA HACKER (1931) untersucht worden. Sie stellte ihre Versuche an der schlangenähnlichen, extremitätenlosen Eidechse *Ophisaurus apus* und der dalmatischen *Lacerta viridis*, an. Die Exstirpationen des Kleinhirns wurden mikroskopisch kontrolliert.

Nach der Kleinhirnentfernung findet HACKER die Fortbewegung beider Tierarten gestört. Der fußlose *Ophisaurus* schleift seinen Körper nicht mehr in geordneten Schlängelungen dahin, sondern krümmt ihn in ungeordneter Weise. Der Vorderkörper hat die sichere Führung verloren, was aus dem Pendeln desselben deutlich erkennbar ist. Bei *Lacerta viridis* wird das gleichmäßige Schreiten, das für diese Eidechse besonders charakteristisch ist, nach der Operation vermißt; die Extremitäten werden zu weit oder nicht weit genug vorgesetzt. Auch wurde ein Zittern der Extremitäten bemerkt.

HACKER beobachtete bei ihren Tieren eine Schlaffheit der Muskeln, welche aber durch starke Anspannungen, besonders beim Fluchtversuch, unterbrochen wurden. Zwangsbewegungen traten meistens nicht auf. Nur bei einem *Ophisaurus* wurden Rollbewegungen beobachtet. Das Rückwärtsgehen wird bei diesen Tieren auch im normalen Zustande beobachtet; deshalb konnte diese Erscheinung wohl kaum mit Gewißheit für eine Zwangsbewegung angesehen werden.

Bei einer *Lacerta viridis* mit unvollständig entferntem Kleinhirn, die keine Störungen ihrer Gehbewegungen zeigte, wurde ein Vorbeischnappen beim Haschen nach Mehlwürmern beobachtet.

Auf Grund dieser Beobachtungen kommt die Verfasserin zu dem Schlusse, daß das Reptilienkleinhirn Anteil an der Regulierung der Bewegungen hat. Es hat Einfluß auf die Orientierung des Körpers im Raume, die von dem geordneten Zusammenarbeiten der Muskeln abhängig ist.

HACKER ist eine Anhängerin der Theorie LEWANDOWSKYs und hält daher das Kleinhirn für ein Organ des Muskelsinnes, durch welches die Koordination der Bewegungen, wie auch der Tonus der Extremitäten- und Rumpfmuskeln gesichert werden.

Während die vergleichend-anatomischen und hodologischen Untersuchungen des Kleinhirns es sehr wahrscheinlich machen, daß diesem Organe eine wichtige Rolle bei der Innervation der Bewegungen und der Orientierung des Gleichgewichtes zukommt, sind die Resultate der physiologischen Forschung, welche noch ganz spärlich sind, noch wenig überzeugend. LEBLANC und HACKER beschreiben eine Reihe von Störungen nach Exstirpationen des Kleinhirns bei den Reptilien, doch sind die Ergebnisse dieser Versuche zum Teil widersprechend und es fehlt eine mikroskopische Kontrolle; daher ist es nicht ausgeschlossen, daß ein Teil der beschriebenen Erscheinungen auf Nebenverletzungen zurückgeführt werden müssen.

V. Das Mittel- und Zwischenhirn.

Die physiologischen Arbeiten über das Mittel- und Zwischenhirn muß ich zusammen in einem Kapitel besprechen, da sich die Versuche aller Forscher gleichzeitig auf beide genannten Abschnitte des Gehirns erstrecken. Nur sehr wenige Untersucher versuchten eine schärfere Trennung zwischen den Funktionen des Mittel- und Zwischenhirns durchzuführen. Dies ist auch begreiflich. Die anatomischen Verhältnisse machen eine makroskopische Abgrenzung äußerst schwierig. Wie DE LANGE, der sich speziell mit der

Anatomie des Reptiliengehirns beschäftigt hat, angibt, ist das Zwischenhirn bei diesen Tieren von allen Seiten von den anderen Gehirnteilen bedeckt. An der oberen Seite, welche bei den Operationen am meisten in Betracht kommt, ragt das Vorderhirn nach hinten und das Tectum opticum nach vorn über das Zwischenhirn hin. Von den Seiten wird das Zwischenhirn von den breiten Strahlungen des N. opticus, der zum Tectum opticum emporsteigt, bedeckt.

Das Mittelhirn, das sich dem Zwischenhirn anschließt, ist bei dieser Tierklasse gut entwickelt und zeigt größere Variationen bei den einzelnen Ordnungen. Bei den Schlangen erscheint das Dach des Mittelhirns vierhügelig, während bei den anderen Reptilien die Corpora bigemina posteriora ganz oder fast ganz vom Tectum opticum bedeckt sind (ARIENS KAPPERS). Kaudal geht das Mittelhirn in das verlängerte Mark über.

Die ersten Untersuchungen am Mittelhirn sind wahrscheinlich von PAUL BERT (1874/75) angestellt worden. Dieser Forscher stellte fest, daß nach der Exstirpation der Lobi optici, sowie des Zwischenhirns (isthme de l'encephale) der spontane Farbenwechsel bei dem Chamäleon aufgehoben wird.

KRUKENBERG (1880) beobachtete nach Durchschneidung der Pedunculi optici ein Hellerwerden des Chamäleons. Werden die zentralen Stümpfe der Pedunculi mit schwachen Strömen gereizt, dann tritt ein Dunkelwerden ein, das sich meistens auf den ganzen Körper erstreckt.

Mit einer ganz anderen Fragestellung hat sich FANO (1884) beschäftigt, als er seine Versuche an Schildkröten anstellte. In das *Mittelhirn* der Sumpfschildkröte *(Emys europaea)* lokalisiert FANO ein *Hemmungszentrum*, das die automatischen Bewegungszentren im verlängerten Marke hemmt. Wenn nämlich das Mittelhirn mit dem verlängerten Mark in Verbindung gelassen wird, dann bleiben die operierten Schildkröten die ganze Zeit bewegungslos; entfernt man nach einigen Tagen auch das Mittelhirn, dann tritt eine große, fortwährende Beweglichkeit auf. Entfernung der Lobi optici, wobei der basale Teil des Mittelhirns intakt bleibt, hat keine Enthemmung zur Folge. FANO glaubt, daß das Hemmungszentrum im basalen Mittelhirnabschnitte, und zwar im pedunkularen, zu lokalisieren ist.

FANO stellte auch Versuche an, in welchen er nur die *Lobi optici* bei den Schildkröten entfernte. In allen Fällen traten merkbare Veränderungen im Verhalten der Tiere auf. Eine normale Schildkröte zieht den Kopf und die Extremitäten ein, wenn man sie reizt; nach der Exstirpation der Lobi optici tritt diese Reaktion nicht mehr ein; die Tiere sind sehr beweglich und reagieren auf Reize mit Bewegungen. Hier befinden sich also auch Hemmungszentren, was mit den Befunden SETSCHENOWs am Frosche gut übereinstimmt. Diese Lobi optici sollen nach FANO auch auf das psychische Leben der Schildkröten von Einflusse sein, da sie die Empfindungen und auch die motorischen Impulse regulieren können.

Elektrische Reizung der Lobi optici mit ganz schwachen Strömen hat ein kräftiges Einziehen des Kopfes und der Extremitäten zur Folge.

Steiner (1886) entfernte das *Vorderhirn* unter Schonung des darunterliegenden Thalamus bei Eidechsen *(Lacerta viridis)*. Nach diesem Eingriff führten die Tiere keine willkürlichen Bewegungen aus; auf Reize machten sie aber ganz normale Lokomotionsbewegungen und konnten alle Hindernisse gut vermeiden. Auf drohende Gebärden reagierten sie nicht mehr. Das lebhafte Augenspiel, das beim normalen Tier beobachtet wird, war verschwunden; die Tiere hielten ihre Augen meistens geschlossen. Spontane Nahrungsaufnahme fehlte ganz. Steiner konnte ferner feststellen, daß nach der Entfernung der Decke des Vorderhirns die Tiere sich wie normale verhalten. Die Funktionen, welche nach der Entfernung des Vorderhirns aufgehoben werden, müssen also in die Basis des Vorderhirns lokalisiert werden.

In weiteren Versuchen exstirpierte Steiner bei Eidechsen das *Zwischenhirn und Mittelhirn*. Nach der Abtragung des Zwischenhirns, wobei auch das übergelagerte Vorderhirn ebenfalls entfernt wurde, bewegten sich die Tiere nur auf Reize, wobei sie sowohl laufen als auch springen konnten. Ähnliche Resultate bekam Steiner, wenn er zugleich mit dem Vorder- und Zwischenhirn auch das Mittelhirn entfernte. Er hebt hervor, daß in den Fällen, in welchen nur der Vorderabschnitt des Mittelhirns abgetragen wurde, leicht eine retrograde Lokomotion ausgelöst werden konnte.

Die Entfernung der Decke des Mittelhirns hat keinen Einfluß auf die Bewegungen der Tiere. Hindernisse werden vermieden, auf Drohungen reagieren die Eidechsen aber nicht mehr. Wird zugleich mit der Abtragung der Decke des Mittelhirns auch das Vorderhirn entfernt, dann erhält man dieselben Resultate, wie nach der Abtragung der Decke allein.

Die Funktion des Zwischenhirns bei der Schildkröte zu ermitteln versuchte Bickel (1901), indem er das eine Mal das Vorderhirn, das andere Mal das Vorder- und Zwischenhirn entfernte und das Verhalten der operierten Tiere verglich. Bei der Abtragung des Zwischenhirns werden die Sehnerven durchschnitten; die Tiere sind somit blind. Trotzdem können sie sich auffallend gut im Raum orientieren, dank der ausgezeichneten Verwertung der Tasteindrücke. Die Lauf- und Schwimmbewegungen sind gut erhalten; es kann aber eine gewisse Gleichgültigkeit gegen die Lage der Glieder im Raum festgestellt werden. Die Spontaneität der Orientierung ist im Vergleich zu den großhirnlosen Tieren sehr eingeschränkt. Klettern können die operierten Schildkröten sehr gut; sie vermögen auch rückwärts zu gehen. Eine Veränderung in der Reflexerregbarkeit ließ sich bei den zwischenhirnlosen, wie auch vorderhirnlosen Schildkröten nicht mit Sicherheit feststellen.

Das Zwischenhirn besitzt nach Bickel vor allem einen bewegungsanregenden Einfluß; ferner sollen sich in ihm sensorische Erregungen, welche das Zentralorgan über die Lage der Glieder im Raume orientieren, Geltung auf die motorische Regulation verschaffen.

Um die Bedeutung des Mittelhirns zu ermitteln, hat BICKEL bei Schildkröten das Mittelhirn zugleich mit dem Vorder- und Zwischenhirn exstirpiert. Da er zuvor die Funktion des Vorder- und Zwischenhirns durch Exstirpation dieser Abschnitte kennengelernt hatte, konnte er die Resultate des Verlustes des Mittelhirns ebenfalls ermitteln. Er findet, daß nach der Exstirpation des Mittelhirns oder der Basis desselben ein auffälliger Bewegungsdrang bei den operierten Tieren konstatiert werden kann. Die Tiere kriechen und schwimmen rastlos umher ohne jede direkt nachweisbare äußere Veranlassung. Die Bewegungen sind vollkommen normal. Vielleicht besteht eine größere Neigung zum Rückwärtsgehen. Manegebewegungen werden nur dann beobachtet, wenn die Gehirnabtragung nicht symmetrisch ausgeführt war. Diese Schildkröten unterscheiden sich aber von den normalen dadurch, daß ihre Bewegungen vollkommen zufällig sind. Aber auch die Bewegungen der Extremitäten unterscheiden sich von denen eines normalen Tieres. Die Füße werden beim Gang zu hoch gehoben, zu weit ausgestreckt und bald zu weit seitlich oder zu weit medial auf den Boden aufgesetzt; daher schwankt der Panzer bei der Lokomotion hin und her. Das Klettern ist gestört. Beim Beklopfen des Rückens ergreifen diese Schildkröten die Flucht, während eine normale oder großhirnlose den Kopf und die Extremitäten einzieht. Das Mittelhirn hat nach BICKEL, abgesehen von seinen Beziehungen zum Seh- und Hörakt, in besonderem Maße eine bewegungshemmende und bewegungsregulierende Funktion; dasselbe bezieht sich besonders auf die Lokomotion, den Fluchtreflex, weniger auf die Rückenmarksreflexe im engeren Sinne.

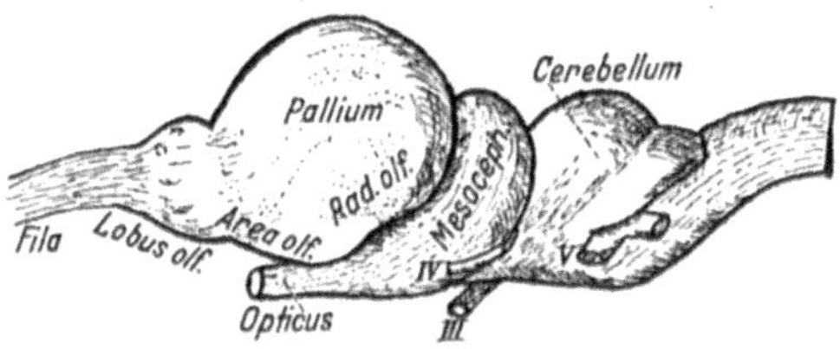

Abb. 7. *Chelone midas.* (Nach EDINGER.)

Nach der Exstirpation des Vorderhirns und der Lobi optici bei den griechischen Schildkröten findet SERGI (1905), daß die motorische Tätigkeit der Extremitäten, welche in der oben beschriebenen Weise (s. S. 227) registriert wurde, verschiedenartige periodische Formen zeigt. Die automatischen Bewegungen sind minder kompliziert, als bei der normalen Schildkröte; sie überwiegen in den Vorderextremitäten. Schluckbewegungen folgen dauernde tonische Kontraktionen der Vorderextremitäten. Die reflektorischen Reaktionen unterscheiden sich von den automatischen Bewegungen und stören nicht deren Ablauf. Die reflektorischen Bewegungen haben in den Hinterbeinen einen mehr tonischen Charakter. Nach Abtragung der Mittelhirndecke wurde eine erhöhte motorische Tätigkeit beobachtet. Die Mitentfernung des Kleinhirns blieb ohne Einfluß (Abb. 7).

COOMBS (1919) findet, daß bei Schildkröten schwache *faradische Reizung der Lobi optici* Kontraktionen der Lungen verursacht, wobei keine hemmende Wirkung auf das Herz zutage tritt. Sie schließt daraus, daß die Nervenbahnen, welche längs den Vagi zu den Lungen verlaufen, einen anderen Ursprung haben wie die Nervenfasern, welche zum Herzen ziehen. Da ferner nach der Exstirpation der Lobi optici die Lungenbewegungen sehr schwach werden oder ganz aufhören, glaubt COOMBS, daß in diesem Hirnabschnitt Hilfskerne vorhanden sind, welche auf die Atmungszentren in der Oblongata einen Einfluß ausüben und bei der normalen Atmung eine Rolle spielen.

In seinen früheren Arbeiten hatte FANO gefunden, daß *das Mittelhirn eine hemmende Wirkung auf das automatische Bewegungszentrum in der Oblongata* bei den Schildkröten ausübt. In einer neueren Arbeit versucht FANO (1921), diese Ansicht durch weitere Versuche zu bestätigen. Er appliziert auf das Mittelhirn (Tectum mesencephali) Kokainlösung oder kühlt es ab und findet, daß diese Eingriffe dieselben Resultate haben wie die Exstirpation dieses Gehirnteils, nämlich eine Erhöhung der Beweglichkeit der Tiere. Nur sind diese Erscheinungen in diesen Versuchen vorübergehend. Wurde dagegen Kokain auf den Tractus peduncularis appliziert, dann hat dies keine hemmende Wirkung auf die Bewegungen.

Die Abhängigkeit der Erregbarkeit des Herzvagus von den höher gelegenen Abschnitten des Zentralnervensystems bei *Emys europaea* untersuchte SERENI (1928). Er bestimmte zunächst die Schwelle für die Wirksamkeit faradischer Reize auf die freigelegten Nn. vagi. Wenn sich die Schwelle für die eben merkbare negativ chronotrope Wirkung des Vagus bei wiederholter Reizung als konstant erwies, wurde das Vorderhirn mit oder ohne Thalami optici exstirpiert und aufs neue die Schwelle für die Vagusreizung bestimmt. Nach der Exstirpation dieser Gehirnteile steigt die Erregbarkeit der Nn. vagi für einige Stunden, worauf sie später wieder langsam steigt.

In anderen Versuchen wurde der eine Vagus bei der Schildkröte durchschnitten und sein peripherer Stumpf gereizt. In vielen Fällen fand SERENI auch an dem von seinem Zentrum abgetrennten Nerven die beschriebenen Erregbarkeitsänderungen nach Entfernung der obengenannten Gehirnabschnitte. Er glaubt auf Grund dieser Beobachtungen, daß die erregbarkeitsändernden Einflüsse sich längs den intakten Vagus auch auf die kardialen Vagusganglien erstrecken.

Diese Versuche bestätigen die von FANO geäußerte Meinung, daß bei der Schildkröte von den Lobi optici aus hemmende Einflüsse auf die tiefer liegenden Teile des Nervensystems ausgehen.

BARD, BROOKS und LOWRY (1932) konnten die *Bedeutung des Mittelhirns beim Alligator für das Zustandekommen der Stell- und Springreaktionen* feststellen. Bei der Katze und der Ratte konnten diese Forscher die Abhängigkeit der erwähnten Reaktionen von der Großhirnrinde zeigen. Beim Alligator bleibt die Stell- und Springreaktion dagegen nach der Exstirpation der Gehirnmasse kranial vom Mesencephalon unverändert. Wenn aber außer der eben genannten Operation noch die eine Hälfte des Mittelhirns entfernt wird, nehmen die gegenüberliegenden Extremitäten an diesen Reaktionen nicht mehr teil. Ist das ganze Mittelhirn entfernt, dann sind die erwähnten Reaktionen beim Alligator nicht mehr auslösbar. Die Entfernung des Tectums allein bleibt dagegen ohne Einfluß.

MARCELLE LAPICQUE (1934) bestimmte die Subordinationschronaxie bei den Schildkröten: *Emys lutaria* und *Testudo mauribnica*. Er findet, daß die Chronaxie der Beuger und Strecker der Vorder- und Hinterextremitäten bei diesen Tieren unter dem Einfluß der höher gelegenen

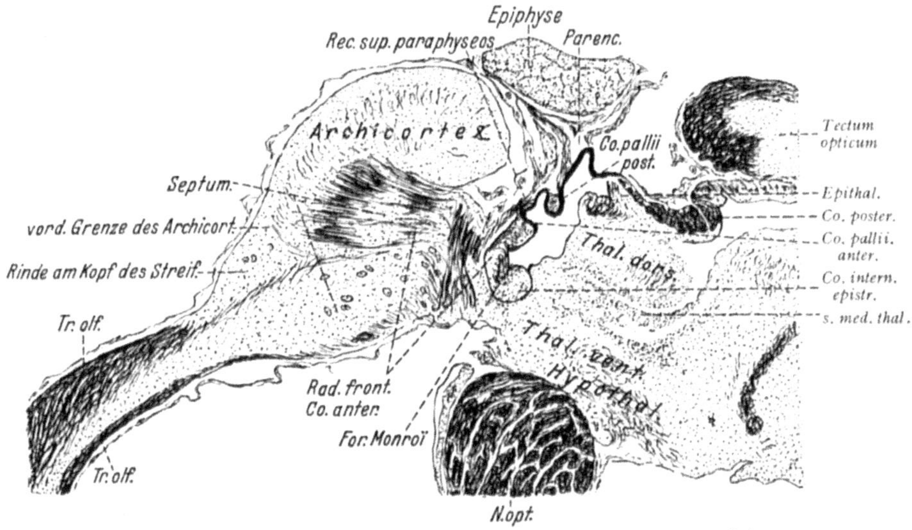

Abb. 8. Paramedianer Sagittalschnitt durch das Zwischenhirn und Vorderhirn von *Varanus Salvator*. (Nach ARIENS KAPPERS.)

Zentren vermindert erscheint. Nach der Dekapitation wird sie nämlich größer. Die Abtragung des Vorderhirns bleibt ohne Wirkung auf die Chronaxie der peripheren Nerven: Nach der Durchtrennung der Nerven beim Rückenmarkstier verändert die Chronaxie ebenfalls nicht. Auf Grund dieser Befunde glaubt LAPICQUE dem Thalamus eine bestimmte Wirkung auf die Chronaxie der peripheren Nerven zuschreiben zu können; einen Beweis dafür hat er aber nicht erbracht.

Schließlich konnte ich (1936) in meinen Versuchen mit Schildkröten zeigen, daß dem *Mittelhirn beim Zustandekommen* der charakteristischen *Schutzreaktion eine große Bedeutung zukommt*. Nach der Durchtrennung des Rückenmarks gleich hinter dem verlängerten Marke kann bei *Testudo graeca*, wie oben erwähnt, eine große Anzahl spinaler Reflexe hervorgerufen werden, welche beim normalen Tiere nur mit Mühe oder gar nicht auszulösen sind. Dies kommt dadurch, daß alle diese spinalen Reflexe beim normalen Tiere von der dominierenden Schutzreaktion, welche im Zurückziehen des Kopfes und der Extremitäten zwischen die beiden Schilde besteht, unterdrückt werden. Daher erscheint die normale Schildkröte so reflexarm. Die *dominierende Schutzreaktion*, welche mit der Entwicklung der Schilde in Zusammenhang gebracht werden muß, wird von höheren Zentren beherrscht und dem Rückenmark aufgedrängt. In Übereinstimmung mit FANO und BICKEL konnte ich durch Exstirpationsversuche zeigen, daß sich die Zentren für die Schutzreaktion im Mittelhirn befinden. Nach der Exstirpation des Vorderhirns blieb die Schutzreaktion unverändert, während sie nach der Entfernung des Mittelhirns regelmäßig verschwand.

Die Versuche FANOs, STEINERs, BICKELs und SERGIs weisen alle auf das Vorhandensein eines Hemmungszentrums für die Bewegungen im Mittelhirn hin. Meine Versuche, in welchen die Bedeutung des Mittelhirns für das Zustandekommen der sog. Schutzreaktion nachgewiesen werden konnte, wie auch die Versuche SERENIs bestätigten diese Befunde. Ferner scheint das Mittelhirn bei den Reptilien, wie auch bei den höheren Wirbeltieren beim Zustandekommen der Stell- und der Springreaktionen und vielleicht auch anderer komplizierter Bewegungen eine Rolle zu spielen, wie dies die Versuche BARDs, BROOKs und LOWRYs zeigen.

Wenn wir von der Funktion des Mittelhirns bei den Reptilien auch nur dieses Wenige wissen, so sind unsere Kenntnisse über die Funktion des Zwischenhirns doch noch viel weniger ausreichend.

VI. Das Vorderhirn.

Das Vorderhirn der Reptilien erreicht im Vergleich zu den anderen Abschnitten des Gehirns eine bedeutende Größe. Bei den Reptilien findet man zuerst die Hirnrinde als eine wohlgeordnete Schicht (EDINGER). Es können an der Oberfläche der Rinde nach DE LANGE einige Furchen festgestellt werden. Auch das Striatum ist stark entwickelt. Bei den verschiedenen Vertretern dieser Tierklasse zeigt die Entwicklung dieses Gehirnabschnittes ziemlich große Unterschiede. Am primitivsten erscheint das Vorderhirn bei den Schildkröten; bei den Eidechsen und Krokodilen erreicht das Vorderhirn eine viel größere Entwicklung. Bei den Reptilien weist das Vorderhirn noch sehr enge Beziehungen zum Riechapparat auf, der ebenfalls stark entwickelt ist (Abb. 9).

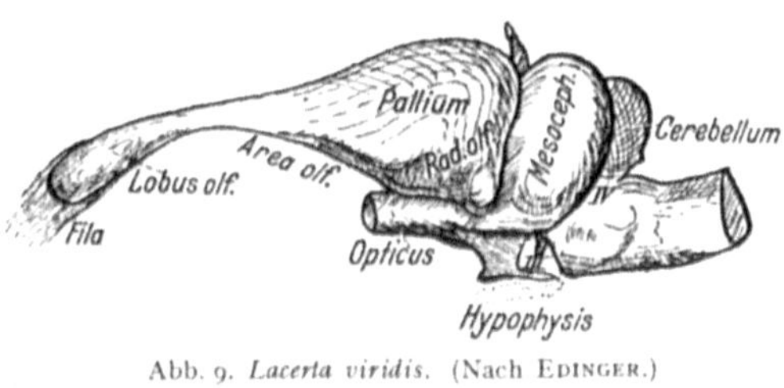

Abb. 9. *Lacerta viridis*. (Nach EDINGER.)

1. Die sensorische und motorische Funktion des Vorderhirns.

In seinen „Expériences sur les fonctions du système nerveux" berichtet ROLANDO (1823) über die Versuche FONTANAs, der ungefähr zu derselben Zeit seine Versuche anstellte. FONTANA beschrieb nämlich eine Schildkröte, der das ganze Gehirn entfernt war und die nach diesem Eingriff noch 6 Monate lebte, wobei sie sich wie zuvor fortbewegte und fraß. ROLANDO schreibt nun, daß er viele Male diese Versuche FONTANAs wiederholte, stets aber mit negativem Resultate. Er hebt hervor, daß jedesmal, wenn das verlängerte Mark mit beschädigt wurde, die Schildkröten in 24 bis 48 Stunden eingingen. Da alle diese Versuche negativ ausfielen, entfernte ROLANDO bei den Schildkröten nur die beiden Hemisphären des Vorderhirns. Nach diesem Eingriff lebten die Tiere sehr lange Zeit, sie konnten sich fortbewegen, führten aber Bewegungen nur selten aus, vornehmlich wenn sie gereizt wurden.

Zwei Jahre später berichtet DESMOULINS (1825), er habe nach der *Exstirpation der beiden Hemisphären* bei Reptilien und Fischen keine Störungen in der Lokomotion beobachtet.

1874/75 suchte PAUL BERT die Bedeutung des Vorderhirns für den Farbenwechsel der Chamäleone zu ermitteln. Er findet, daß nach der *Exstirpation beider Hemisphären* die Tiere keinen spontanen, wohl aber reflektorischen Farbenwechsel zeigen. Das Hellwerden im Schlaf und in der Narkose wird von PAUL BERT ebenfalls auf die Ausschaltung des Großhirns zurückgeführt. Nach Abtragung einer Hemisphäre, wobei das gegenüberliegende Auge verlorengeht, kann man eine Verlangsamung des Farbenwechsels auf der kontrolateralen Seite wahrnehmen, welche auch etwas dunkler erscheint, als die mit der erhaltenen Hemisphäre verbundenen Seite. Nach Abtragung des anderen Auges bleibt diese Erscheinung unverändert. PAUL BERT kommt auf Grund dieser Versuche zu dem Schlusse, daß jede Hemisphäre zwar koloratorische Einflüsse auf beide Körperhälften ausübt, daß aber die Wirkung auf der gleichen Seite hauptsächlich eine Zusammenballung, auf der gegenüberliegenden eine Expansion der Chromatophoren zur Folge hat. Jede Hemisphäre soll ferner vom Auge der gegenüberliegenden Seite erregt werden.

FANO (1884) hat bei den Schildkröten *(Emys europaea)* die beiden Hemisphären entfernt, wobei das Zwischenhirn und die Nn. optici verschont blieben. Die operierten Tiere verhielten sich wie normale, obwohl sie sich spontan nur selten bewegten. Sie vermieden Hindernisse und antworten vollkommen zweckmäßig auf applizierte Reize. Nur waren diese Reaktionen träger.

FANO reizte auch die Oberfläche der Hemisphären mit elektrischen Strömen; diese Reizungen hatten aber keine unmittelbaren Bewegungen zur Folge. Erst $^1/_2$—1 Minute später traten lokomotorische Bewegungen auf, die ziemlich lange anhalten konnten. Einseitige Abtragung der Hemisphären blieb bei den Schildkröten scheinbar ohne Erfolg, denn FANO konnte keine deutlichen Störungen nach diesem Eingriff feststellen.

Interessante Beobachtungen an des Vorderhirns beraubten Nattern findet man bei SCHRADER (1892), der die Funktionen des Großhirns bei den verschiedenen Unterklassen der Wirbeltiere untersuchte. Bei den *Exstirpationen des Vorderhirns* wurden die Nn. optici durchschnitten oder stark beschädigt, so daß alle Tiere SCHRADERs blind waren. Die operierten Nattern führten spontan viele Bewegungen aus, wobei sie sich sehr geschickt mittels der Zunge als Tastorgan orientierten.

Auf eine geglättete Holzstange mit dem Kopf- oder Schwanzende aufgehängt, erklettern die operierten Schlangen dieselbe und bewegen sich sehr geschickt und sicher auf derselben. Läßt man die Stange schwingen, so wissen die Schlangen mit größter Sicherheit das Gleichgewicht zu erhalten. Diese Versuche zeigen den hohen Grad von Verwertung der Tastempfindungen nebst der ungestörten Funktion aller auf die Erhaltung des Gleichgewichtes und den Gebrauch der Muskulatur bezüglichen Apparate. Daneben kann man aber auch nach SCHRADER einen tiefgreifenden Unterschied gegenüber dem Verhalten der normalen Tiere konstatieren. Eine normale Natter flieht nämlich unter den genannten Verhältnissen, dasselbe tut auch eine blinde Schlange.

Bei normalen Tieren findet man Ausdrucksbewegungen — „Furcht", „Wut" —, welche bei den entgroßhirnten Schlangen nicht mehr anzutreffen sind. Die Ausdrucksbewegungen sind somit eine Funktion des Vorderhirns und werden von SCHRADER als Bewußtseinsvorgänge gedeutet. Zu einer bestimmten Zeit des Winterschlafes verhalten sich die Ringelnattern mit intaktem Gehirn in den erwähnten Versuchen wie Tiere ohne Vorderhirn. Auf der Drehscheibe führten die Ringelnattern mit exstirpiertem Vorderhirn sehr schön typische Kopfbewegungen aus, welche auf eine ungestörte Funktion der halbkreisförmigen Kanäle weisen.

Exstirpationen des Vorderhirns hat BICKEL (1901) bei Schildkröten ausgeführt. Nach der Operation führten die Tiere viel seltener spontane Ortsbewegungen aus, obwohl diese Bewegungen vollkommen normal blieben. Es konnte auch ein vollkommen normales Abwechseln von Lauf- und Schwimmbewegungen festgestellt werden, wenn der Wasseraufenthalt mit einem Landaufenthalt vertauscht wurde. Spontane Nahrungsaufnahme scheint verlorengegangen zu sein. Auf Lichtreize reagierte die großhirnlose Schildkröte normal; Hindernisse konnte sie sehr geschickt vermeiden. Beim Nähern der Hand duckte sie jedesmal den Kopf und zog ihn in die Panzerhöhle zurück. Alle Reflexe konnte man bei der großhirnlosen Schildkröte in gleicher Weise wie bei einer normalen auslösen.

Die *elektrische Reizung der beiden Hemisphären* mit schwachen Strömen löste keinerlei Bewegungen aus. Nur bei der Anwendung von sehr starken Strömen traten allgemeine Abwehrbewegungen des Tieres, Veränderungen der Atmung auf; dieselben sind aber gewiß auf Stromschleifen zurückzuführen. Die Applikation von verdünnter Essigsäure, Karbolsäure, konzentrierter Kreatinlösung auf die Oberfläche der Hemisphären blieb ebenfalls ohne Effekt. BICKEL schreibt dem Vorderhirn einen bewegungsanregenden Einfluß zu. Eine Bedeutung für die Regulation der Bewegungen scheint dagegen das Vorderhirn nicht zu besitzen.

Sergi (1905) findet nach der Exstirpation des Vorderhirns bei *Testudo graeca* keine so absolute Bewegungslosigkeit, wie die Fano für *Emys europaea* beschrieb. Die Beweglichkeit kann stark vermindert sein, zuweilen auch ganz fehlen, dies ist aber nicht die Regel. Die raschen und langsamen Bewegungen können in den verschiedenen Beinen abwechselnd auftreten. Die reflektorische Erregbarkeit ist stets erhöht.

In der späteren Zeit haben einige Forscher versucht, durch elektrische Reizung der verschiedenen Teile des Vorderhirns eine bestimmte funktionelle Lokalisation in demselben durchzuführen.

So untersuchte Johnston (1916), der in der Rinde der Schildkröte einen rostralen Teil, welcher sich im mikroskopischen Bau von den anderen Abschnitten auszeichnet, unterscheidet, die *Erregbarkeit der Rinde für die elektrischen Ströme* bei den Schildkröten *(Chelydra serpentina, Cistudo carolina* und *Chrysemys marginata)* und bei der Eidechse *(Gerrhonotus)*. Bei der elektrischen Reizung des vorderen Abschnittes des Palliums, und zwar an der dorsalen und lateralen Fläche, konnte Johnston bei den Schildkröten Bewegungen der Augen, der Kiefer, des Halses, der Extremitäten und des Schwanzes beobachten. Auch von der dorsalen Fläche der Bulbi olfactorii konnte er eine Retraktion des Halses, eine Streckung der Beine und Bewegungen der Augen feststellen. Ebenso bewirkte die Reizung der Areae striatae ebenfalls verschiedene Bewegungen. Von allen anderen Abschnitten des Vorderhirns konnten keinerlei Muskelbewegungen erzielt werden.

Johnston glaubt, daß nur der Vorderabschnitt des Palliums, der einen besonderen Bau hat und von ihm als die motorische Zone angesehen wird, erregbar ist. Wenn er bei der elektrischen Reizung der Areae striatae und der Bulbi olfactorii ebenfalls Bewegungen beobachtete, so glaubt er dies auf Stromschleifen zurückführen zu müssen.

Eine motorische Zone im Pallium konnte Johnston auch bei den Eidechsen *(Gerrhonotus)* und einem Alligator feststellen. Bei der elektrischen Reizung dieser Zone wurden Bewegungen des Kopfes, der Beine, wie auch der Rumpfmuskulatur beobachtet. Johnston hebt in dieser Arbeit hervor, daß die Effekte der Reizung bei tiefer Anästhesie viel deutlicher waren als bei der leichten Narkose.

Da die Narkotika die höheren Zentren gewöhnlich viel früher paralysieren, so ist auch bei der Reizung der motorischen Zone Johnstons eine Wirkung von Stromschleifen nicht ausgeschlossen.

In seiner ersten Arbeit, welche Bagley mit Richter (1924) ausgeführt hat, beschreibt er ein Feld an der Oberfläche des Vorderhirns bei Alligatoren, dessen *elektrische Reizung Bewegungen der Extremitäten und des Schwanzes verursacht.* Dieses Feld liegt im vorderen dorsalen Abschnitt des Vorderhirns; es unterscheidet sich somit von dem motorischen Felde, welches Johnston bei den Eidechsen und Schildkröten beschrieben hat. Es entspricht auch nicht einem besonderen Abschnitte, in die auf Grund der Cytoarchitektonik das Vorderhirn der

Alligatoren eingeteilt wird. Die Tiere können sich aber auch ohne das Vorder- und Mittelhirn und den vorderen Abschnitt des Hinterhirns fortbewegen. Für die Lokomotion ist dieses Feld im Vorderhirn also nicht notwendig. Ist das ganze Hirn entfernt, dann führen die Beine und der Schwanz noch Bewegungen aus; dieselben unterscheiden sich aber von den Progressivbewegungen.

In einer zweiten Arbeit, die BAGLEY mit LANGWORTHY (1926) ausführte, wurden bei der elektrischen Reizung des obenerwähnten Feldes an der Oberfläche Schreit- und Schwimmbewegungen der Alligatoren erzielt. Dieselben Bewegungen wurden auch bei der Reizung der medialen Teile des Vorderhirns erhalten. Die Reizung des Corpus striatum ergab keinen Effekt. Im Tectum opticum konnte ein Feld festgestellt werden, welches sich als viel empfindlicher als das des Vorderhirns erwies.

Narkose hatte in allen Fällen eine deutliche Wirkung auf die Reizbarkeit des Vorderhirns; bei tiefer Narkose waren die Resultate nicht deutlich.

KOPPÁNYI und PEARCY (1925) haben ebenfalls die *elektrische Reizbarkeit des Vorderhirns bei verschiedenen Tieren,* unter anderem bei Schildkröten und einem Alligator, untersucht. Die bipolare Reizung der Rinde ergab bei den Schildkröten keinen Effekt; wurden die Elektroden tiefer eingeführt und das Corpus striatum gereizt, dann traten rhythmische Schwimmbewegungen aller vier Extremitäten auf. Derselbe Effekt wurde bei der Reizung der Pedunculi cerebri erhalten. Nicht selten wurde in den vorderen Extremitäten nach der Reizung ein „extensor after discharge“, in den Hinterextremitäten ein Tremor beobachtet. Die Entfernung der Lobi optici bleibt ohne Einfluß auf die genannten Phänomene. Nach beiderseitiger Durchtrennung der Pedunculi wurde die Reizung des Vorderhirns unwirksam. Die Reizung des Vorderhirns des Alligators mit elektrischen Strömen blieb stets ohne Effekt.

Weitere Versuche mit der elektrischen Reizung der Hemisphären bei Schildkröten *(Glemmys japonica)* haben TUGE und YAZAKI (1934) angestellt. Bei der *monopolaren Reizung der Hemisphärenoberfläche* mit ganz schwachen Strömen konnten diese Forscher im Zentrum der Hemisphärenfläche ein Areal feststellen, dessen Reizung Kontraktionen einer homolateralen Muskelgruppe im Nacken und Hebung des Kopfes zur Folge hatte. Medial und nasal konnte ein anderes Areal gefunden werden, dessen Reizung eine Kopfhebung bewirkte. Noch weiter nasal wurde ein kleines Areal festgestellt, von dem aus die Öffnung des Maules prompt hervorgerufen wurde. Dieses laterale Areal von etwa 1 mm Durchmesser konnte aber nicht bei allen Tieren festgestellt werden.

TUGE und YAZAKI konnten die Versuche JOHNSTONs, welcher gefunden hatte, daß bei den Reptilien die elektrische Reizung der Lobi olfactorii wirksam sei, nicht bestätigen. Sie konnten von den Lobi olfactorii keinen motorischen Effekt erzielen. TUGE und YAZAKI sind aber nicht davon überzeugt, daß die von ihnen beobachteten motorischen

Reaktionen rein kortikalen Ursprungs sind, da die subkortikalen Verbindungen der erregbaren Gebiete unbekannt sind.

2. Bedingte Reflexe, Dressurversuche, sowie deren Abhängigkeit vom Vorderhirn.

Bedingte Reflexe auf Lichtreize sind bei den Schildkröten *(Emys orbicularis)* von PARSCHIN (1929) hervorgerufen worden. Kurz darauf hat POLIAKOFF (1930) bei derselben Schildkrötenart bedingte Reflexe auf verschiedene Riechstoffe und Töne bekommen. Beiden Untersuchern ist es gelungen, zu zeigen, daß die verschiedenen Töne, Riechstoffe und Lichtreize von den Schildkröten unterschieden und somit differenziert werden.

Ähnliche Resultate erhielten HASRATJAN und ALEXANJAN (1933), welche ebenfalls *bedingte Abwehrreflexe* bei den Schildkröten bildeten. Diese Untersucher konnten sich überzeugen, daß die Bildung der bedingten Reflexe bei den Schildkröten sich wenig von derjenigen bei den höheren Tieren unterscheidet. Dagegen sollen die Hemmungsprozesse viel schwächer ausgedrückt sein.

In demselben Jahre erschienen die Arbeiten von WAGNER (1933) und WOJTUSIAK (1933) aus dem Laboratorium KÜHNs, die sich mit dem Farbenunterscheidungsvermögen der Reptilien beschäftigen. Es wurde dazu die *Dressurmethode* angewandt. WOJTUSIAK, der seine Versuche mit *Emys orbicularis* und *Clemmys caspica* anstellte, konnte bei diesen Tieren eine *Assoziation bestimmter Farben* mit der Fütterung erzielen. Obwohl die Zeitdauer dieser Assoziationen nicht näher bestimmt wurde, glaubt WOJTUSIAK, daß die Schildkröten ein gut entwickeltes Gedächtnis haben. Zu den gleichen Resultaten kam auch WAGNER, der seine Versuche mit den Eidechsen *Lacerta agilis* und *Lacerta viridis* anstellte. Auch diese Tiere konnten auf bestimmte Farben dressiert werden.

Es entsteht nun die Frage, ob bei den Reptilien die Bildung der beschriebenen bedingten Reflexe und Assoziationen ausschließlich an das Vorderhirn gebunden ist, oder ob auch andere Abschnitte des Gehirns diese vermitteln können. Eine Antwort auf diese Frage findet man in der Arbeit von HASRATJAN und ALEXANJAN (1933). Diese Untersucher bildeten bei drei Schildkröten bedingte Reflexe auf die mechanische Reizung des Schildes. Nach der Entfernung des Vorderhirns blieben die bedingten Reflexe bei diesen Tieren erhalten. Als aber nach einiger Zeit auch das Zwischenhirn exstirpiert wurde, verschwanden die bedingten Reflexe.

Bei drei anderen Schildkröten entfernten HASRATJAN und ALEXANJAN zuerst das Vorderhirn und versuchten danach, bedingte Reflexe bei diesen Tieren zu bilden. Dies gelang auch jetzt. Aber die gebildeten bedingten Reflexe verschwanden auch bei diesen Schildkröten sofort nach der Entfernung des Zwischenhirns.

Somit scheint bei den Reptilien, wenigstens bei den Schildkröten, mit welchen Versuche in dieser Richtung angestellt wurden, *das Vorderhirn keine so große Rolle bei der Bildung von verschiedenen Assoziationen* zu spielen, wie bei den höheren Vertebraten.

Wie aus dem Vorhergehenden ersichtlich ist, bleiben unsere Kenntnisse über die Funktion des Vorderhirns der Reptilien hauptsächlich auf die Ergebnisse der Versuche FANOs, SCHRADERs und BICKELs angewiesen, welchen wiederum die alten Beobachtungen ROLANDOs und DESMOULINs zugrunde liegen. Die Befunde PAUL BERTs über die Innervation der Chromatophoren, welche mit den modernen Ansichten nicht mehr vollkommen übereinstimmen, wurden hier dennoch angeführt, da wir über keine anderen Untersuchungen verfügen.

In der neuen Zeit hat man hauptsächlich die elektrische Erregbarkeit der Rinde des Vorderhirns bei den Reptilien untersucht. Im Gegensatz zu den älteren Befunden BICKELs werden von den amerikanischen und japanischen Untersuchern Bewegungen verschiedener Körperteile bei der Reizung der Rinde beschrieben. Einige Forscher versuchen sogar eine motorische Zone in der Rinde abzugrenzen. In allen diesen Versuchen wurden aber meistenteils recht widerspruchsvolle Resultate erhalten; auch die Lokalisation und die Abgrenzung der erregbaren Fläche der Rinde wird sehr abweichend von den einzelnen Forschern beschrieben. Um über diese wichtige Frage ein endgültiges Urteil zu bekommen, müssen weitere Versuche abgewartet werden.

Ein verhältnismäßig neues Gebiet der Physiologie des Vorderhirns bilden die bedingten Reflexe. Hierher gehören auch die Dressurversuche, wie sie bei den Reptilien von der Schule KÜHNs angestellt wurden. Doch sind in dieser Richtung noch zu wenig Versuche angestellt, um sich ein bestimmtes Urteil über die Brauchbarkeit dieser Methode für das Studium der Funktion des Vorderhirns bilden zu können.

VII. Versuche am isolierten Kopfe der Reptilien.

Schon bei MARSHALL HALL (1840) findet man, daß ein rumpfloser Kopf einer Schildkröte eine Zeitlang Respirationsbewegungen ausführt. KURSCHNER (1840) berichtet, er habe diese Befunde MARSHALL HALLs an Schildkröten und Eidechsen bestätigen können. Einige weitere Angaben über das Vermögen eines vom Rückenmark abgetrennten Gehirns, bestimmte Funktionen auszuführen, findet man bei CARLSON (1904). Dieser Forscher beobachtete bei Schlangen (*Pituophis* und *Thamnophis*), bei denen das Gehirn vom Rückenmark getrennt war, daß dieses Organ noch $2^1/_2$ Stunden nach der Operation allem Anschein nach fähig ist, normale Funktionen auszuführen.

Wenn man die Hand oder sonst irgendein Objekt dem Kopf einer solchen Schlange nähert, öffnet das Tier den Rachen und streckt es die Zunge hervor. Diese Bewegungen gleichen sehr denjenigen eines normalen Tieres, sie sind nur langsamer. Auch tritt diese Reaktion nicht immer auf die optischen Reize ein. Nachdem ein Präparat einige Male reagiert hat, bleibt es gewöhnlich bewegungslos bei weiteren Reizungen; nach einer längeren Pause reagiert es aber wieder. Genau so verhält sich auch eine normale Schlange. Aus diesen Tatsachen, sowie auch aus dem Verschwinden dieser Reaktion bei leichter Äthernarkose, lange ehe der Pupillenreflex aufhört, schließt CARLSON, daß diese Reaktionen keine Reflexe sind, sondern bewußte Gehirnfunktionen.

Die Frage über das Vermögen des Gehirns der Reptilien, vom Rückenmark getrennt noch eine Zeitlang zu funktionieren, wurde von LEON FREDERICQ nochmals geprüft.

In einer kurzen Mitteilung berichtet LEON FREDERICQ (1926), daß ein vom Körper isolierter Kopf der Landschildkröte noch bis zu einer halben Stunde Bewegungen zeigt. Es treten nämlich, kurz nachdem der Kopf abgetrennt ist, rhythmische Bewegungen des Halses und der Unterkiefer auf; der Mund wird weit geöffnet und die Zunge hervorgestreckt. Nach Zerstörung des verlängerten Marks hören diese Bewegungen auf; daher meint FREDERICQ, daß sie durch den asphyktischen Zustand des Atmungszentrums verursacht werden. Dieselben Erscheinungen werden an einer normalen Schildkröte beobachtet, wenn diese sich in einer CO_2-reichen Luft befindet.

VIII. Schlußbetrachtungen.

Wenn man diese Übersicht, welche, wie oben erwähnt, sich zum Ziel stellte, eine möglichst sachgetreue Wiedergabe der Errungenschaften der Physiologie des Zentralnervensystems der Reptilien zu geben, am Ende nochmals übersieht, ist man überrascht, wie verhältnismäßig wenig unsere Kenntnisse auf diesem Gebiet der vergleichenden Physiologie gerade in der neueren Zeit durch neue Untersuchungen bereichert worden sind. Viel mehr, als dies bei den Fischen und Vögeln der Fall war, ist man bei der Zusammenfassung der Ergebnisse der Forschung am Zentralnervensystem der Reptilien auf ältere Untersuchungen angewiesen. Glücklicherweise haben dieselben in den meisten Fällen nur wenig von ihrer Bedeutung eingebüßt.

Überblickt man die Arbeiten aus der letzten Zeit, dann findet man meistenteils nur Fortsetzungen und Erweiterungen der Versuche der älteren Forscher. Neue Ideen werden verhältnismäßig nur selten angetroffen. Auffallend wenig werden neuere Methoden, wie z. B. die Chronaxiemetrie, zur Erforschung der Funktionen des Zentralnervensystems bei den Reptilien angewandt.

Diese Erwägungen haben eben mich veranlaßt, eine Übersicht der bis jetzt bekanntgewordenen Tatsachen auf dem Gebiet der Physiologie des Zentralnervensystems der Reptilien zusammenzufassen. Ich hoffe, damit gezeigt zu haben, wie dürftig unsere Kenntnisse hierin noch sind und welch ein breites Feld für weitere vergleichend-physiologische Forschungen hier noch brach liegt.

Literatur.

ALMEIDA, M. O. DE et B. A. FIALHO: Sur les effets des ablations partielles et totales de la peau chez les serpents. C. r. Soc. Biol. Paris **91**, 880—882 (1924).

ARIENS KAPPERS, C. U.: Die vergleichende Anatomie des Nervensystems der Wirbeltiere und des Menschen. Haarlem 1920.

BABÁK, E.: (1) Über die Atembewegungen und ihre Regulation bei den Eidechsen (Leguanen). Pflügers Arch. **156**, 531—571 (1914).

BABÁK, E.: (2) Über die Atembewegung und ihre Regulation bei den Panzerechsen(Krokodiliern). Pflügers Arch. **156**, 572—601 (1914).
— (3) Die Mechanik und Innervation der Atmung. Handbuch der vergleichenden Physiologie, herausgeg. von H. WINTERSTEIN, Bd. 1/II. 1921.
BAGLEY, CH. and O. B. LANGWORTHY: The forebrain and midbrain of the alligator with experimental transections of the brainstem. A study of electrically excitable regions. Arch. of Neur. **16**, 154—166 (1926).
— and C. P. RICHTER: Electrically excitable region of the forebrain of the alligator. Arch. of Neur. **11**, 257—263 (1924).
BAGLIONI, S.: (1) Zur Analyse der Reflexfunktion. Wiesbaden: J. F. Bergmann 1907.
— (2) Zur vergleichenden Physiologie der Atembewegungen der Wirbeltiere. Erg. Physiol. **11**, 526—597 (1911).
BARD, PH., M. CH. BROOKS and TH. LOWRY: Cerebral localisation of "hopping" and "placing" reactions in cats, rats and alligators. Amer. J. Physiol. **101**, 3, 4 (1932).
BERT, PAUL: (1) Des mouvements respirations chez les batraciens et les reptiles. J. Anat. et Physiol. **6**, 113 (1869).
— (2) Leçons sur la physiologie comparée de la réspiration. Paris 1870.
— (3) Sur le mécanisme et les causes des changements de couleur chez le caméléon. C. r. Acad. Sci. Paris **81**, 938—991 (1875).
BICKEL, A.: (1) Recherches sur les fonctions de la moelle épinière chez les tortues. Rev. méd. Suisse rom. **17**, 295—302 (1897).
— (2) Beiträge zur Rückenmarksphysiologie der Amphibien und Reptilien. Diss. Bonn 1898.
— (3) Beiträge zur Gehirnphysiologie der Schildkröte. Arch. Physiol. **1901**, 52—80.
BORUTAU, H.: Innervation der Atmung. Erg. Physiol. **1/II**, 403—408 (1902).
BOYLE, R.: Some considerations teaching the experimental natural philosophy. Oxford 1663. In: MILLARS Ausgabe des BOYLEschen Werkes. I, S. 467. London 1744.
BRÜCKE, E.: (1) Über den Farbenwechsel des Chameleon. Sitzgsber. Akad. Wiss. Wien, Math.-naturwiss. Kl. **7**, H. 6—10 (Juni—Dez. 1851).
— (2) Untersuchungen über den Farbenwechsel des afrikanischen Chameleon. Denkschr. der Akad. Wiss. Wien., Math.-naturwiss. Kl. **4**, 179—210 (1852).
BUSH, A. D.: Perfusion of the medulla of the turtle. III. Epinephrin. J. of Pharmacol. **15**, 297—300 (1920).
CALMEIL: (1) Recherches sur la structure, les fonctions et le ramollisement de la moelle épinière. Zit. nach v. RIJNBERK.
— (2) Traité d'anat. et physiol. de sysrème nerveux, p. 136. Bruxelles 1840.
CARLSON, A. J.: Beiträge zur Physiologie des Nervensystems der Schlangen. Pflügers Arch. **101**, 23—50 (1904).
— and A. B. LUCKHARDT: (1) Studies on the visceral sensory nervous system. III. Lung Automatism and Lung Reflexes in Reptilia (Turtles: *Chrysemys elegans* and *Malacoclemmys Lesueurii*; Snake: *Eutenia elegans*). Amer. J. Physiol. **54**, 261—306 (1920/21).
— — (2) Visceral sensory nervous system. V. Cardiac and vaso-motor reflexes induced by visceral stimulation in Amphibia and Reptilia. Amer. J. Physiol. **55**, 31—52 (1921).
— — (3) Studies on the visceral sensory nervous system. VII. Skeletal reflexes induced by stimulation of visceral afferent nerves in the frog and the tartle. Amer. J. Physiol. **55**, 366—384 (1921).
CARLTON, F. C.: The colour changes of the skin of the so-called Florida chameleon. Proc. amer. Acad. Arts. a. Sci. **39**, 257—276 (1904).

CATE, J. TEN: (1) La coordination des mouvements locomoteurs du tronc chez les vertebrés inferieurs. Proc. XV. interant. Physiol. Congr. Leningrad-Moscow **1935**.
— (2) Rückenmarksreflexe bei Schildkröten. Acta brevia neerl. Physiol. **6**, 5, 6 (1936).
— (3) La coordination des mouvements locomoteurs après la section transversale de la moelle épinière chez les couleuves. Arch. néerl. Physiol. **21**, 195—201 (1936).
— (4) Die reflektorische Tätigkeit des Rückenmarks der Schildkröte und ihre Abhängigkeit von den höher gelegenen Gehirnteilen. Arch. néerl. Physiol. **22** (1937).
COOMBS, HELEN, C.: Some aspects of the neuromuscular respiratory mechanism in chelonians. Amer. J. Physiol. **50**, 511—519 (1919/20).
COUVREUR, E. et J. DUCULTY: L'innervation cardiaque chez les crocodiliens. Arch. internat. Physiol. **24**, 104—111 (1924).
DESMOULINS, A.: Anatomie des systèmes nerveux des animaux vertébrés appliqué à la Physiologie et à la Zoologie. Paris: Méquignon-Marirs 1825.
DUBOIS, R.: Sur les mouvements de la queue coupée du lézard anéstésié. C. r. Soc. Biol. Paris **45**, 915—917 (1893).
DUCCESCHI, V.: Zone olfactive cérébrale et centres respiratoires bulbaires. Arch. ital. de Biol. (Pisa) **53**, 195, 196 (1910).
EDINGER, L. (1): Untersuchungen über die vergleichende Anatomie des Gehirns. Neue Studien über das Vorderhirn der Reptilien. Abh. senckenberg. naturforsch. Ges. **19**, 313—386 (1896).
— (2) Untersuchungen über die vergleichende Anatomie des Gehirns. 4. Studien über das Zwischenhirn der Reptilien. Abh. senckenberg. naturforsch. Ges. **20**, 161—197 (1903).
EXNER, S.: Entwurf zu einer physiologischen Erklärung der psychischen Erscheinungen, S. 113. Leipzig 1894.
FANO, G.: (1) Sulla respirazione periodica e sulla cause del ritmo respiratorio. Sperimentale, **51**, 561—597 (1883).
— (2) Recherches expérimentales sur un nouveau centre automatique dans le tractus bulbo-spinal. Arch. ital de Biol. (Pisa) **3**, 365—368 (1883).
— (3) Saggio sperimentale sul meccanismo dei movimenti volontari nella Testuggine palustre *(Emys europaea)*. Pubbl. Ist. Stud. Super. Firenze **1884**.
— (4) Beiträge zur Gehirnphysiologie der Schildkröte. Arch. f. Physiol. **1901**.
— (5) Contributo allo studio dei riflessi spinali. Mem. Accad. Lincei **1902**, 468—498.
— (6) Inhibition et volonté. Rev. gén. Sci. **30**, 1—26 (1920, Okt.).
— (7) Nouvelles recherches sur les fonctions de l'encephale de l'*Emys europaea*. Arch. internat. Physiol. **18**, 535—548 (1921).
— et G. FASOLA: Sur la contractilité pulmonaire. Arch. ital. de Biol. (Pisa) **21**, 338 (1894).
FONTANA: Trattato sul veleno della vipera. Firenze 1781.
FRANÇOIS-FRANCK, CH. A.: (1) Études critiques et expérimentales sur la mécanique respiratoire comparée des reptiles. I. Cheloniens (Tortue greque). Archives de Zool., IV. s. **9**, 31—187 (1908).
— (2) Études critiques et expérimentales sur la mécanique respiratoire comparée des reptiles. II. Lacertiens fissilingues (Lézard ocellé). Archives de Zool., IV. s. **10**, 547—615 (1909).
FREDERICQ, H.: Les chronaxies de l'effet inotrope et de l'effet chronotrope du pneumogastrique cardiaque de la torture. C. r. Soc. Biol. Paris **106**, 1232—1235 (1931).
— L.: Mouvements rythmés de la tête isolée de la tortue terrestre. Arch. internat. Physiol. **27**, 112 (1926).

FUCHS, R. F.: Der Farbenwechsel und die chromatische Hautfunktion der Tiere. Handbuch der vergleichenden Physiologie von H. WINERSTEIN. Jena 1914.
GREENE, C. W. and J. O. PEELER: The central action of digitalis as tested by the cardio-inhibitory center. J. of Pharamacol. **7**, 591—600 (1915).
HACKER, ANNA: Zur Physiologie des Reptilienkleinhirnes. Z. vergl. Physiol. **15**, 679—692 (1931).
HADLEY, CH. E.: Color changes in excised and intact reptilian skin. J. of exper. Zool. **58**, 321—331 (1931).
HALL, MARSHALL: (1) Abhandlungen über das Nervensystem. Deutsche Ausgabe. Marburg 1840.
— (2) On the reflex-function of the medulla oblongata and medulla spinalis. Philos. Transact. **1833**, 635.
HASRATJAN, E. u. A. ALEXANJAN: (1) Beiträge zur Frage über die bedingten Reflexe bei Schildkröten. Fiziol. Ž. U.S.S.R. **16**, 451—456 (1933).
— — (2) Bedingtreflektorische Tätigkeit bei Schildkröten mit entfernten Großhirnhemisphären und Zwischenhirn. Fiziol. Ž. U.S.S.R. **16**, 887 bis 891 (1933).
HEINEKAMP, W. J. R.: (1) The action of adrenalin on the heart. I. Action on the turtle heart. J. of Pharmacol. **14**, 17—24 (1920).
— (2) Perfusion of the medulla of the terrapin *(Pseudomys troosti)* with adrenalin. J. of Pharmacol. **19**, 131—134 (1922).
HOGBEN, L. T. and L. MIRVISH: The pigmentary effector system. V. The nervous control of excitement pallor in reptiles. Brit. J. exper. Biol. **5**, 295—308 (1928).
JOHNSTON, J. B.: Evidence of a motor pallium in the forebrain of reptiles. J. comp. Neur. **26**, 475—480 (1916).
KAHN, R. H.: Zur Lehre von der Atmung der Reptilien. Arch. f. Physiol. **1902**, 29—52.
KELLER, R.: Über den Farbenwechsel des Chameleons und einiger anderen Reptilien. Pflügers Arch. **61**, 123—168 (1895).
KOPPÁNYI, TH. and F. PEARCY: Comparative studies on the excitability of the forebrain. Amer. J. Physiol. **71**, 339—343 (1925).
KRUKENBERG, C. J. W.: Über die Mechanik des Farbenwechsels bei *Chameleo vulgaris*. Vergl. physiol. Studien, Bd. 1, Abt. 3, S. 23—65. Heidelberg 1880—82.
KULCHITSKY, N.: Nerve endings in muscles. J. of Anat. **58**, 152—169 (1924).
KÜRSCHNER, G.: MARSHALL HALLs Abhandlungen über das Nervensystem. Aus dem Englischen mit Erläuterungen und Zusätzen. Marburg 1840.
LANGE, S. J. DE: (1) Das Vorderhirn der Reptilien. Fol. neuro-biol. **5**, 548 bis 597 (1911).
— (2) Das Zwischenhirn und das Mittelhirn der Reptilien. Fol. neuro-biol. **7**, 67—138 (1913).
LANGENDORFF, O.: Kleine Mitteilungen zur Atmungslehre. I. Untersuchungen zum Atemmechanismus und zur Atmungsinnervation bei einigen Reptilien. Arch. f. Physiol. **1891**, 486—498.
LAPICQUE, L. et J. MEYERSON: Recherches sur l'excitabilité du pneumogastrique, première approximation de la chronaxie des fibres d'arrêt du cœur. C. r. Soc. Biol. Paris **72**, 63—66 (1912).
LAPICQUE, M. Chronaxie de subordination chez la Tortue. C. r. Soc. Biol. Paris. **117**, 583—586, (1934).
LEBLANC, E.: L'acérébellation expérimentale chez les Lézards. C. r. Acad. Sci. Paris **76**, 1182—1184 (1923).
LINDEN, P. VAN DER: Recherches sur la physiologie et la pharmacodynamie du centre cardiorégulateur vagal de la tortue. Arch. internat. Pharmacodynamie **47**, 45—74 (1934).

LUCHSINGER, B.: (1) Ein neuer Versuch zur Lehre von der direkten Reizbarkeit des Rückenmarks. Pflügers Arch. **22**, 169—179 (1880).

— (2) Über gekreuzte Reflexe. Pflügers Arch. **22**, 179, 180 (1880).

LUCKHARDT, A. B. and A. J. CARLSON: (1) Visceral sensory nervous system. IV. The action of certain drugs on the lung motor mechanisms of the reptilia (turtle, snake). Amer. J. Physiol. **55**, 13—30 (1921).

— — (2) Visceral sensory nervous system. VIII. On the presence of vasomotor fibres in the vagusnerve to the pulmonary vessels of the Amphibian and the Reptilian lung. Amer. J. Physiol. **56**, 72—112 (1921).

LUMSDEN, T.: Chelonian Respiration (Tortoise). J. of Physiol. **58**, 259—266 (1924).

MARTIN, H.: Sur les mouvements produits par la queue du lésard, après anésthesie. C. r. Soc. Biol. Paris **1893**, 854—856.

MARX, J.: Über den nervösen Mechanismus der Bewegungen des abgeworfenen Eidechsenschwanzes. Diss. Leipzig 1935.

MAY, R. M.: Skin grafts in the lizard, *Anolis carolinensis* CUV. Brit. J. exper. Biol. **1**, 539—555 (1924).

OSAWA, K. u. E. TIEGEL: Beobachtungen über die Funktionen des Rückenmarks der Schlangen. Pflügers Arch. **16**, 90—100 (1878).

PARKER, G. H.: The influence of light and heat on the mouvement of the melanophore pigment especially in the lizard. J. of exper. Zool. **3**, 401 bis 414 (1906).

— and S. A. STARRAT: The effect of heat on the colour changes in the skin of *Anolis carolinensis*. Proc. amer. Acad. Arts. a. Sci. **40**, 457—466 (1905).

PARSCHIN, A. N.: Bedingte Reflexe bei Schildkröten. Pflügers Arch. **222**, 328—333 (1929).

PHILIPPSON, M.: L'autonomie et la centralisation dans le système nerveux des animaux. Etude de physiologie expér. et compar. Bruxelles 1905.

POLIAKOFF, K.: Zur Physiologie des Riech- und Höranalysators bei der Schildkröte, *Emys orbicularis*. Russ. J. of Physiol. **13**, 161—178 (1930).

PREVOST, J. L. et J. SALOZ: Contribution à l'étude des muscles bronchiques. Arch. internat. Physiol. **8**, 327—355 (1909).

REDFIELD, A. C.: The physiology of the melanophores of the Hornedtoad *Phrynosoma*. J. of exper. Zool. **26**, 275—323 (1918).

REDI, FR.: Osservazioni intorno agli animali viventi che si trovano negli animali viventi. Opere. Vol. III, p. 335. 1689. Milano 1810.

RIJNBERK, G. VAN: (1) Über den durch Chromatophoren bedingten Farbenwechsel der Tiere. Erg. Physiol. **5**, 347—571 (1906).

— (2) Bausteine zu einer Segmentalphysiologie. Erg. Physiol. **12**, 660—764 (1912).

ROGERS, F. T.: On the stimulation of the vagogastric medullary centers by drugs. Proc. amer. physiol. Soc. Amer. J. Physiol. **45**, 553—554 (1918).

ROLANDO, L.: (1) Expériences sur les fonctions du système nerveux. J. Physiol. expér. et path. **3**, 95—113 (1823).

— (2) Saggio sopra la vera struttura del cervello e sopra le funzioni del sistema nervoso, Vol. II, p. 192. Torino 1828.

SAND, A.: The comparative physiology of colour response in reptiles and fishes. Biol. Rev. Cambridge philos. Soc. **10**, 361—382 (1935).

SCHIFF, J. M.: Lehrbuch der Physiologie des Menschen. I. Muskel- und Nervenphysiologie, S. 201, 221. 1858/59.

SCHRADER, M. E. G.: Über die Stellung des Großhirns im Reflexmechanismus des zentralen Nervensystems der Wirbeltiere. Arch. f. exper. Path. **29**, 55—118 (1892).

SERENI, E.: (1) Alcune variazioni dell'eccitabilitá del vago cardiaco nella testuggine. Arch. di Farmacol. sper. **40**, 144—145 (1925).
— (2) Eccitabilità del vago e centri nervosi. Arch. di. Sci. biol. **12**, 359—372 (1928).
SERGI, S.: (1) Sull'attività muscolare volontaria nella testudo graeca. Arch. di Farmacol. sper. **4**, 179—192 (1905).
— (2) Il sistema nervoso centrale nei movimenti della testudo graeca. Arch. di Farmacol. sper. **4**, 474—515 (1905).
SIEFERT, E.: Über die Atmung der Reptilien und Vögel. Pflügers Arch. **64**, 321—506 (1896).
SMITH, D. C.: The direct effect of temperature changes upon the melanophores of the lizard *Anolis equetris*. Proc. nat. Acad. Sci. U.S.A. **15**, 48—56 (1929).
STEINER, J.: Die Funktionen des Zentralnervensystems und ihre Phylogenese. IV. Abt. Reptilien. Braunschweig 1900.
TARCHANOFF, J.: Mouvements forcés des canards décapités. C. r. Soc. Biol. Paris **1895**, 454—458.
THORNER, H.: Die harmonische Anpassungsfähigkeit des verkürzten Nervensystems, untersucht an Schlangen. Pflügers Arch. **230**, 1—15 (1932).
THILENIUS, G.: Der Farbenwechsel von *Varanus griseus*, *Uromastix acanthinurus* und *Agame inermis*. Schwalbes Morphol. Arb. **7**, 515—544 (1897).
TRENDELENBURG, W.: Vergleichende Physiologie des Rückenmarks. Erg. Physiol. **10**, 454—530 (1910).
TRIGT, H. VAN: (1) La dermatomerie du lézard. Arch. néerl. Physiol. **2**, 51—176 (1917/18).
— (2) Een theoretische beschouwing over de dermatomerie bij de vertebraten naar aanleiding van een onderzoek naar de metamere huidinnervatie bij de hagedis. Nederl. Tijdschr. Geneesk. **2**, 829 (1928).
TUGE, H. and M. YAZAKI: Experimental note on the presence of electrically excitable areas in the reptilian cerebral hemisphere: *Clemmys japonica*. Sci. Rep. Tôhoku Univ. IV, **9**, 79—85 (1934).
VALENTIN, G.: De functionibus nervorum cerebralium et nervi sympathici. Libri quattuor. Bernae et Sangalii Helvetiorum, p. 97. 1839.
VALKENBURG, C. T. VAN: Zur Frage nach einer Funktionsteilung im Eidechsenkleinhirn und ihrer Lokalisation. Psychiatr. Bl. (holl.) **1926**, 83—90.
VERRIER, M. L. et A. PANU: Sur le pigment et les variations chromatiques de quelques reptiles du groupe des Agamidae. C. r. Acad. Sci. Paris **189**, 205—208 (1929).
VOLKMANN, A. W.: Über Reflexbewegungen. Arch. Anat., Physiol. u. wiss. Med. **1838**, 15—43.
WAGNER, H.: Über den Farbensinn der Eidechsen. Z. vergl. Physiol. **18**, 378—392 (1933).
WIEDEMANN, E.: Zur Ortsbewegung der Schlangen und Schleichen. Zool. Jb., Abt. allg. Zool. u. Physiol. **50**, 557—596 (1932).
WOJTUSIAK, R. J.: Über den Farbensinn der Schildkröten. Z. vergl. Physiol. **18**, 393—436 (1933).
ZOOND, A. and N. A. H. BOKENHAM: Studies in reptilian colour response. II. The role of retinal and dermal photoreceptors in the pigmentory activity of the chameleon. J. of exper. Biol **12**, 39—43 (1935).
— and J. EYRE: II. Studies in Reptilian Colour Response. I. The Bionomics and Physiology of the Pigmentary Activity of the Chameleon. Philos. Trans. roy. Soc. Lond. B **223**, 27—55 (1934).

Brutpflege und Nestbau bei Säugetieren.

Von **W. WUNDER**, Breslau.

Mit 43 Abbildungen.

Inhaltsübersicht.

Einführung.

Während bei den niederen Wirbeltieren die Fälle zu den Ausnahmen zählen, in denen eine Brutpflege erfolgt, ist allen Säugetieren eine außerordentlich weitgehende Fürsorge für die Nachkommen eigentümlich. Sie ist so charakteristisch, daß ja die Bezeichnung Säugetiere nach dieser Brutfürsorge gewählt wurde. Wir können bei den Säugetieren überhaupt keine Vertreter finden, welche gewisse Formen der Brutpflege vermissen lassen. Trotzdem ist aber innerhalb der Säugetierreihe eine verschiedene Ausbildung der Fürsorge für die Nachkommen festzustellen.

Wenn man die allgemeinen Betrachtungen bei den zusammenfassenden Darstellungen über Nestbau und Brutpflege bei Fischen, Amphibien und Reptilien vergleicht (s. WUNDER), so würde man annehmen, daß die Säugetiere mit ihrer intensiven Brutpflege nur eine geringe Anzahl von Nachkommen aufweisen. Es scheint ja in der Tierreihe ein allgemein gültiges Gesetz zu sein, daß Lebewesen, die sich nicht um ihre Nachkommen bekümmern, eine sehr große Anzahl von Jungen haben. Im Gegensatz dazu konnte bei brutpflegenden Tieren eine Verminderung der Zahl der Nachkommen festgestellt werden.

Bei den Säugetieren sind die *Fortpflanzungszellen* zunächst in überraschend großer Zahl anzutreffen. Was die männlichen Geschlechtszellen anlangt, so finden wir bei SCHMALTZ (1) folgende Angaben. Nach LODE enthält 1 cmm Sperma beim Mann über 60000 Samenfäden. Für den ganzen Samenerguß (durchschnittlich 3 ccm) ergibt sich die Zahl von rund 200 Millionen Spermatozoen.

Nach AMENTEA sind beim Hund in 1,7—19 ccm Sperma 38—680 Millionen Spermien enthalten.

BERNHARDT gibt für den Hengst an, daß in 1 cmm Spermaflüssigkeit 102000—329000 Spermien enthalten sind. In einem Samenerguß (50 bis 150 ccm) wären mindestens 10 Milliarden Spermatozoen anzutreffen.

Diese Zahlen für die männlichen Fortpflanzungszellen bei den Säugetieren muten geradezu verschwenderisch an. Man muß aber immer bedenken, daß aus verschiedensten Gründen die Aussichten für die Befruchtung eines Säugetiereies recht ungünstig sind.

Auch die weiblichen Fortpflanzungszellen sind bei Säugetieren im Ovar in recht großer Zahl vorhanden. FRAENKEL (1) macht darüber folgende Angaben. Im menschlichen Eierstock sind vorhanden 300000 bis 400000 Primordialfollikel. Davon könnten heranreifen, wenn man die Zeugungsfähigkeit des menschlichen Weibes mit 30 Jahren annimmt, 30×12, d. i. 360 Follikel. FRAENKEL (1) kommt zu dem Schluß, daß also nur rund der tausendste Teil der vorhandenen Eier zur Reife kommt.

Zu einer etwas anderen Zahl für den Menschen gelangt MIKULICZ-RADECKI. Er nimmt an, daß in einem Jahr 13 Eier heranreifen bei einer 28tägigen Menstruationsfolge. Die Zeit der Geschlechtstätigkeit setzt dieser Autor mit 33 Jahren ein. Bei dieser Art der Berechnung reifen beim Weibe noch nicht 500 Eier vollständig heran.

Nun haben wir es beim Menschen aber mit einem Lebewesen zu tun, das eine geringe *Fruchtbarkeit* aufweist. Meistens wird nur ein Kind geboren, Zwillingsgeburten treten verhältnismäßig selten auf. Nur ganz ausnahmsweise hat eine Frau während ihres ganzen Lebens 10 Kinder oder mehr. Diese Nachkommenzahl ist verhältnismäßig gering. Immerhin muß aber betont werden, daß viele Säugetiere in der Regel bei einer Geburt nur ein Junges haben. Dies gilt z. B. für das Pferd, bei dem Zwillingsgeburten ähnlich selten sind wie beim Menschen. Manche Säugetiere zeichnen sich durch eine außerordentlich geringe Vermehrung aus. HANSTEIN gibt an, daß der Elefant erst mit 30 Jahren fortpflanzungsfähig wird und daß er in seinem ganzen Leben, das 90 Jahre dauern soll, kaum mehr als 6 Junge wirft.

Im Gegensatz dazu zeichnen sich andere Säugetiere durch eine recht starke Vermehrung aus. Eine besonders große Zahl von Nachkommen bringt nach GERHARDT (2) der Borstenigel von Madagaskar *(Centetes ecaudatus)* hervor, der auf einmal bis 21 Junge erzeugt. Die Fruchtbarkeit des Hausschweines und besonders diejenige des Kaninchens und der Mäuse ist auch sehr groß. Nach HANSTEIN bringt die Hausmaus jährlich 5—6mal je 4—6 Junge, im ganzen Jahr also 30—40 Junge hervor. Da diese bereits nach wenigen Wochen selbst fortpflanzungsfähig werden, so würde die Zahl der Nachkommen eines Weibchens bei ungestörter Vermehrung in wenigen Jahren in die Millionen gehen. Für das Kaninchen hat man berechnet, daß die günstigstenfalls mögliche Nachkommenschaft in 4 Jahren $1^1/_4$ Million betragen kann.

Man könnte nun daran denken, daß Säugetiere mit geringer Nachkommenzahl eine intensivere Brutpflege betreiben als Säugetiere mit großer Nachkommenzahl. Dies ist aber nicht richtig. In diesem Sinn können wir keine Gesetzmäßigkeit feststellen. Es scheint vielmehr so zu sein, daß die Zahl der Nachkommen sich nach der Vernichtungsziffer richtet. Tiere, die, wie die Mäuse und Kaninchen, von zahlreichen Feinden verfolgt werden und diesen zum Opfer fallen, haben zahlreiche Nachkommen. Wehrhafte Säugetiere, die nur wenigen Feinden ausgesetzt sind, können mit einer geringen Nachkommenzahl die Art auf gleichem Stande erhalten.

Fürsorgeeinrichtungen für die Erhaltung der Art sind gegeben in den Instinkten, welche die beiden Geschlechter zur *Brunstzeit* zusammenführen. Die meisten Säugetiere weisen jährlich nur eine Brunstzeit auf, und sie bringen auch jährlich nur einmal Junge zur Welt. Der Laie stellt sich vielfach vor, daß die Brunstzeit in den Frühling fallen müsse. Dies trifft aber im allgemeinen keineswegs zu. Mit Ausnahme des Hasen liegt in keinem Fall die Brunstzeit im Frühling. Wir können vielmehr feststellen, daß die Zeit der Begattung in einem bestimmten Abstand vor der Geburt zu beobachten ist und daß sie z. B. beim Hirsch im Spätherbst liegt, beim Wildschwein bis in den Winter herein reicht und bei vielen Raubtieren mitten in den Winter fällt. Die Begattungszeit liegt entsprechend der verschiedenen Länge der Trächtigkeit für jede einzelne Tierart eine bestimmte Zeit vor der Geburt der Jungen. Man hat nun den Eindruck, daß die Einrichtungen in der Natur so getroffen sind, daß die Jungen zu einer günstigen Jahreszeit das Licht der Welt erblicken. Die Eltern müssen zu dieser Zeit reichlich Nahrung für sich und die Jungen vorfinden, und die klimatischen Verhältnisse müssen für die empfindlichen Jungtiere günstig sein. Wenn wir daraufhin das Verhalten der wildlebenden Säugetiere prüfen, so ist übereinstimmend festzustellen, daß die Zeit des Gebärens im Frühjahr oder im Sommer liegt, so daß die Jungen nicht nur genügend ernährt werden können und unter günstigen Außenbedingungen heranwachsen, sondern, daß sie auch bis zum Eintritt der kalten Jahreszeit genügend widerstandsfähig geworden sind, um die ungünstige Zeit des Winters gut durchzumachen.

Es ist nun festzustellen, daß unter günstigen Außenbedingungen die Fortpflanzung eine Abänderung erfahren kann. So wissen wir z. B., daß der skandinavische Schneehase *Lepus timidus* L. unter den ungünstigen Temperaturverhältnissen im Norden nur dreimal im Jahr Junge wirft, während unser Hase zahlreichere Vermehrungszeiten aufweist. Für das Eichhörnchen wird angegeben, daß es in England nur einmal im Jahr Junge hat, während es in Nordafrika mehrmals in der gleichen Zeit Nachkommen erzeugt. Säugetiere, welche vom Menschen in Pflege genommen werden, zeigen oft das ganze Jahr hindurch eine Fortpflanzungsfähigkeit unter den günstigen Lebensbedingungen. SCHMALTZ (1) macht die Angabe, daß in den Waldungen des Fürsten Pleß in Schlesien gehaltene, aus Rußland (Bialowicz) stammende Auerochsen[1] nach einer persönlichen Mitteilung des Forstmeisters Blankenburg während des ganzen Jahres Brunstzeiten aufweisen, und daß viele im Winter geborene Kälber zugrunde gehen. Da die Auerochsen im Urwald von Bialowicz diese Eigentümlichkeiten nicht zeigen, sondern nach BREHM nur im August oder September brunften, so müssen die unmittelbar aus jenem Stamm entnommenen Plesser Tiere eine Veränderung erlitten haben. Sie werden zwar im freien Wald gehegt, doch derartig gefüttert, daß ihre Haltung schon etwas an diejenige von Haustieren erinnert. Es scheint also in diesem Fall das Geschlechtsleben der Tiere durch die andersartigen Außenbedingungen in diesem Sinne beeinflußt zu sein.

Merkwürdige Verhältnisse, was die Fortpflanzungszeit anlangt, treffen wir bei den Fledermäusen. Es steht nach den Untersuchungen von VAN BENEDEN fest, daß zwar die Begattung schon im Herbst stattfindet, daß aber zu dieser Zeit die Eier noch nicht herangereift sind. Den ganzen Winter hindurch verbleiben die lebensfähigen, aber unbeweglichen Spermatozoen im weiblichen Geschlechtsapparat, um erst im Frühjahr bei der Eireife die Befruchtung auszuführen. FRIES und BENNECKE bestätigten ebenso wie EIMER die Beobachtungen VAN BENEDENS. Nach neueren Untersuchungen hauptsächlich von CAFFIER und KOLBOW und ebenso nach den Beobachtungen von EISENTRAUT (4) scheint es so zu sein, daß nicht alle Weibchen schon im Herbst begattet werden. Auch findet man im Frühjahr zahlreiche begattungsfähige Männchen mit großen Mengen von Samenfäden. Es ist deshalb wahrscheinlich, daß auch noch im Frühjahr eine Begattung erfolgen kann und daß dann gleichzeitig die Eireifung und Befruchtung eintritt. EISENTRAUT (4) macht dazu folgende Ausführungen:

„Es steht zunächst einwandfrei fest, daß Begattung im Herbst stattfindet, und daß die Ovulation im Frühjahr erfolgt. Die auffallend lange Verzögerung derselben ist als eine sekundäre Anpassung an klimatische Verhältnisse anzusehen, durch die verhindert wird, daß die Entwicklung vor dem Winter beginnt. Der Modus der Herbstbegattung ist zweifellos der primäre. Über die Frage, wieweit auch im Frühjahr Begattung stattfindet, gehen die Ansichten auseinander. Wir können aber nicht umhin, auf Grund der im Frühjahr beobachteten Begattungsversuche und der

[1] Es sind wohl Wisente gemeint.

Tatsache, daß die Samenblasen der Männchen bis zum Frühjahr gefüllt, die Männchen also begattungsbereit bleiben, ein wirkliches Vorkommen von Frühjahrsbegattung anzunehmen. Die von CAFFIER und KOLBOW ausgesprochene Vermutung, daß Tiere innerhalb ihres Verbreitungsgebietes je nach den verschiedenen Klimabedingungen sich verschieden verhalten, daß in wärmeren Gegenden die Herbstbegattung, in kälteren die Frühjahrsbegattung vorherrscht, daß aber auch die Tiere in Jahren mit verschiedenen Witterungsbedingungen sich verschieden verhalten, hat sehr viel Wahrscheinlichkeit für sich. Es würde sich dann um eine Verlängerung der Brunstzeit handeln, die als Sicherung für Befruchtung sämtlicher Weibchen anzusehen ist."

Merkwürdige Verhältnisse liegen beim Reh vor. Die Brunst erfolgt hier schon im August, das Gebären aber erst im nächsten Mai. Während die etwa gleich große Ziege nur etwa 5 Monate Tragzeit aufweist, beträgt sie beim Reh 9—10 Monate. Dies ist auffallend lang. Es wurde nun durch die Untersuchungen von BISCHOFF und von VELTHEIM nachgewiesen, daß das Ei auf einem frühen Entwicklungszustand vom August bis zum Dezember stehen bleibt, und daß es erst dann die normale Entwicklung weiter durchläuft. Es kommt gelegentlich vor, daß eine Ricke erst im Oktober oder November brunftet. Auch in diesem Fall kann noch rechtzeitig geboren werden, da dann einfach die Zeit des Entwicklungsstillstandes ausbleibt. Zunächst war man der Auffassung, daß das Verhalten des Rehes eine Ausnahme darstelle. Die Beobachtungen von PRELL (1—8) machen es jedoch wahrscheinlich, daß bei einer ganzen Reihe von Säugetieren eine sog. doppelte Brunstzeit und eine verlängerte Tragzeit zu beobachten ist. PRELL (8) bezeichnet die Zeit vom Augenblick der Befruchtung bis zum Beginn der normalen Entwicklung als Vortragezeit. Das befruchtete Ei bleibt, wie man früher annahm, auf einem frühen Entwicklungsstadium stehen, oder es macht vielmehr, wie dies der heutigen Auffassung entspricht, während dieser Zeit nur außerordentlich langsam die normalen Entwicklungsvorgänge durch. Beim Reh würde die Vortragezeit vom August bis in den Dezember hinein dauern. Anschließend kommt dann nach PRELL (8) die sog. Austragezeit, d. h. die Zeit der eigentlichen Entwicklung. Sie dauert beim Reh vom Dezember bis zur Geburt im Mai.

Nach PRELL (8) weisen sehr viele Säugetiere eine sog. doppelte Ranzzeit und eine verlängerte Tragezeit auf. PRELL (8) unterscheidet zwischen der Hauptranzzeit, welche auf den frühesten Termin fällt und der eigentlichen Zeit der Begattung entspricht, und zwischen der Nebenranzzeit, zu der sich die Tiere zwar ähnlich verhalten sollen wie zur Zeit der Begattung, zu der aber keine Befruchtung mehr eintreten soll. Zwischen der Hauptranzzeit und zwischen der Nebenranzzeit bleibt ebenfalls wie beim Reh das Ei bei diesen Tieren auf der Entwicklung stehen oder diese ist außerordentlich verlangsamt. PRELL (8) gibt für folgende Tiere eine verlängerte Tragezeit und doppelte Ranzzeit an: Dachs, Baummarder, Steinmarder, Fichtenmarder, Zobel, Braunbär, Alaska-Braunbär, Graubär, Schwarzbär, Eisbär, Fischotter, Kegelrobbe, Sattelrobbe.

Es scheint also kein Zweifel zu bestehen, daß bei einer ganzen Reihe von Säugetieren eine doppelte Brunstzeit und verlängerte Tragezeit vorliegt. Schwierigkeiten bestehen jedoch für die Deutung dieser Verhältnisse. Während wir bei den Fledermäusen einen Zusammenhang mit der Biologie beobachten, versagt diese Deutung bei den meisten anderen Säugetieren. Wir würden z. B. annehmen, daß die Brunstzeit beim Reh ebensogut in den November oder Dezember fallen könnte, als in den August. PRELL (8) versucht die Verhältnisse so zu erklären, daß die verlängerte Tragezeit möglicherweise ein biologisches Relikt aus früherer Zeit sei. Huftiere und Raubtiere mit verlängerter Tragezeit sind geologisch sehr alt. Sie zeigen eine lange Lebensdauer, geringe Zahl von Jungen und Neigung zur Winterruhe oder zum Winterschlaf. Wir müssen also nach der Deutung, welche PRELL (8) gibt, annehmen, daß früher einmal die lange Tragzeit biologisch bedingt war.

Ein Beispiel für ein Tier mit außerordentlich langer Tragezeit soll hier noch gegeben werden. NEHRING macht genauere Angaben über die Verhältnisse bei Seehunden. Während beim Wolf und beim Hund die Trächtigkeitsdauer nur 9 Wochen beträgt, ist sie bei Seehunden mindestens 9 Monate, für *Halichoerus* werden sogar $11^1/_2$—$11^3/_4$ Monate angegeben. Die Tiere bekommen nur ein Junges, das schon sehr weit entwickelt und sehr groß ist. Die Milchzähne werden schon im Mutterleib gewechselt. Bei *Phoca annelata* und *Halichoerus grypus* bleibt das embryonale Lanugohaarkleid wegen der großen Kälte noch etwa 6 Wochen in Tätigkeit. Man hat den Eindruck, daß die ungünstigen klimatischen Außenbedingungen bei den Seehunden die lange Tragzeit zur Folge haben und daß wiederum entsprechend den Außenbedingungen bei den kleinen Tieren ein guter Kälteschutz vorliegt.

Die eigenartigen Verhältnisse, welche bei der Brunstzeit und Tragezeit der Säugetiere vorliegen, sollten hier nur kurz Erwähnung finden. Im allgemeinen können wir feststellen, daß die Trächtigkeitsdauer bei den Säugetieren einmal abhängt von dem Reifezustand, in welchem die jungen Tiere geboren werden. Wie noch später zu erwähnen sein wird, dauert vielfach die Tragezeit bei den Beuteltieren nur 7—11 Tage und das Junge ist bei der Geburt noch ganz unvollkommen entwickelt. Dann ist aber auch festzustellen, daß Säugetiere von beträchtlicher Körpergröße eine längere Tragezeit aufweisen, als solche von geringer Größe. Als Beispiel sei hier angeführt, daß die Ratte eine Trächtigkeitsdauer von 3 Wochen zeigt, während der Elefant eine solche von 22 Monaten aufweist. Abweichungen von dieser Regel stellen lediglich die oben erwähnten Tiere mit verlängerter Tragezeit dar.

A. Brutpflege bei Säugetieren.

I. Brutpflegeeinrichtungen im Innern des mütterlichen Körpers.

Bei den Säugetieren finden wir einige wenige Vertreter, welche noch den Reptilien außerordentlich nahestehen, insofern, als sie große dotterreiche Eier ablegen, welche mit einer pergamentartigen Schale versehen sind. Dies ist der Fall bei den Kloakentieren (Monotremen). Der Schnabeligel *(Echidna)* und das Schnabeltier *(Ornithorhynchus)*, die in Australien leben, zeigen ein solches Verhalten (Abb. 1). SEMON hat eingehend die Fortpflanzung von *Echidna* studiert, nachdem HAACKE zum erstenmal 1884 die merkwürdige Tatsache beschrieben hat, daß diese Säugetiere große Eier legen. In neuerer Zeit hat BURRELL (1) eine Monographie über das Schnabeltier veröffentlicht und dabei wiederum eingehend die merkwürdigen Fortpflanzungsverhältnisse untersucht. *Echidna* und

Abb. 1. Nest des Schnabeltieres *(Ornithorhynchus)* mit zwei Eiern. (Aus BURRELL.)

Ornithorhynchus sind die einzigen Säugetiere, bei denen keine Brutpflegeeinrichtungen im Innern des mütterlichen Körpers vorhanden sind. Das Ei eines Schnabeligels, welches HAACKE untersuchte, hatte eine Länge von 15 mm und eine Dicke von 13 mm. Es sah aus etwa wie ein Reptilienei. SEMON macht darauf aufmerksam, daß nach seinen Untersuchungen das Ei der Monotremen eine Größenzunahme noch innerhalb des Eileiters und später im Beutel aufweist. Er glaubt darin einen Unterschied gegenüber dem Verhalten der Reptilieneier zu sehen.

Wir können sagen, daß bei den Monotremen die einzige Fürsorge für das Junge im weiblichen Geschlechtsapparat darin besteht, daß in Form von Dotter reichlich Nährmaterial mitgegeben wird. Der weibliche Geschlechtsapparat hat in seinen ausführenden Gängen lediglich die Aufgabe übernommen das Ei abzuleiten.

Bei den Beuteltieren (Marsupialiern) sind schon die Vorgänge der Brutpflege angebahnt, welche wir bei den übrigen Säugetieren in immer weitergehender Vervollkommnung beobachten können. Die Beuteltiere nehmen eine Zwischenstufe zwischen den Monotremen und den höheren Säugetieren ein. Ihre Eier sind ebenfalls noch verhältnismäßig groß und dotterreich. Trotzdem halten sich nach der Befruchtung die Eier der

Beuteltiere noch einige Zeit im weiblichen Geschlechtsapparat auf, und ihre Entwicklung wird hier durch besondere Einrichtungen in dem zur Gebärmutter (Uterus) umgebildeten Teil des weiblichen Geschlechtsapparates ermöglicht. Allerdings werden ja die Beuteltiere noch auf ganz unreifem Zustand geboren, um in den Beutel aufgenommen zu werden. Auf diese besondere Form der Brutpflege wird noch später einzugehen sein. Die große Anzahl der höheren Säugetiere hat derartig vervollkommnete Brutpflegeeinrichtungen schon im Innern des weiblichen Geschlechtsapparates ausgebildet, daß oft ein neugeborenes Junges schon kurze Zeit nach der Geburt neben der Mutter in vollkommen entwickeltem Zustand herlaufen kann. Die Brutpflegeeinrichtungen im Innern des weiblichen Geschlechtsapparates sollen hier unter folgenden Gesichtspunkten betrachtet werden:

1. Einrichtungen, welche die Schwangerschaft vorbereiten.
2. Einrichtungen während der Schwangerschaft.
3. Einrichtungen, welche die Geburt ermöglichen.

Es wird dabei so vorzugehen sein, daß innerhalb der Säugetierreihe die Verhältnisse vergleichend besprochen werden. Wir können eine Vervollkommnung der Einrichtungen feststellen, und in dieser Stufenfolge wird die Besprechung durchgeführt.

1. Einrichtungen, welche die Schwangerschaft vorbereiten.

Bei vielen Säugetieren ist nur zu bestimmter Zeit im Jahr eine Fortpflanzung möglich. Für den Maulwurf wird angegeben, daß außerhalb der Brunstzeit die Scheide vollkommen verschlossen ist. Auch bei der Maus sollen Epithelien zu dieser Zeit einen Verschluß herbeiführen. Zur Brunstzeit dagegen ist der weibliche Geschlechtsapparat bereit für die Begattung. Bei vielen Tieren klafft der Eingang in die Scheide. Das Epithel ist schwammig aufgelockert und die Schleimhaut ist feucht und gerötet. Das Organ ist also für die Begattung vorbereitet. Auch für das männliche Geschlecht wissen wir, daß außerhalb der Brunstzeit bei vielen Säugetieren gar keine beweglichen Spermatozoen gebildet werden. Die Hoden sind klein, und der ganze Geschlechtsapparat befindet sich sozusagen in Ruhe. Auch fehlt der Fortpflanzungstrieb. Zur Brunstzeit dagegen sind typische Organveränderungen in der Vergrößerung der Hoden und der Ausbildung großer Mengen von Spermatozoen festzustellen. Der Fortpflanzungsinstinkt führt dann die Geschlechter zusammen.

Der weibliche Geschlechtsapparat bei den Säugetieren erfährt nun offenbar regelmäßig eine Veränderung, welche als Vorbereitung der Schwangerschaft zu deuten ist. Zum Teil fällt diese Vorbereitung in die Zeit der Brunst. Wenn wir uns die Zusammenhänge klarzumachen versuchen, so strebt ja durch die Brunst die Natur die Befruchtung eines Eies an, dessen weitere Entwicklung vom Organismus sorgfältig betreut werden soll. Wir treffen im Ovar schon Einrichtungen, welche mit der Vorbereitung der Schwangerschaft in Beziehung stehen. Das Ei der Säugetiere ist ja im allgemeinen winzig klein. Es reift in dem GRAAFschen Follikel im Eierstock heran. Dort befindet es sich in einem mit Flüssigkeit gefüllten Bläschen. Bei der Eireifung platzt der Follikel (Follikelsprung, Ovulation) und das Ei wird wohl zum Teil durch die Follikelflüssigkeit in der Leibeshöhle zur Tubenöffnung gespült. Ein zottenartiger Fortsatz an der Eileiteröffnung (die sog. Fimbria ovarica) liegt dicht dem Ovar an und fängt das Eichen auf. Innerhalb des Eileiters (Ovidukt, Tube) wird dann die weitere Fortbewegung auch das bewimperte Epithel und durch die Kontraktionen der glatten Muskulatur der Tube bewirkt. Das Ei, welches nun in die Gebärmutter (Uterus) gelangt, findet hier schon Vorbereitungen vor, welche seine Festsetzung und Ernährung im mütterlichen Körper ermöglichen.

Wir wissen heute, daß die Beziehungen zwischen dem Ovar und dem Uterus innersekretorisch geregelt sind. Auch spricht immer mehr dafür, daß wir bei den Hormonen des Ovars zwei verschiedene Stoffe zu unterscheiden haben. Das eine Hormon, das Follikulin, ist in der Follikelflüssigkeit im Ovar enthalten und hat außer den Brunsterscheinungen den Aufbau der mütterlichen Gebärmutterschleimhaut als Schwangerschaftsvorbereitung zur Folge. Wir können kurz das Hormon als Brunsthormon bezeichnen. Der Aufbau der Gebärmutterschleimhaut wird aber besonders geregelt und die weiteren Vorbereitungen für die Ernährung des Eies werden getroffen, wenn nach dem Follikelsprung eine Befruchtung und Festheftung des Eies erfolgt ist (Abb. 2). Für diese zweiten typischen Schwangerschaftsveränderungen ist verantwortlich ein sog. Schwangerschaftshormon. Dieses wird in dem Gelbkörper gebildet (Corpus luteum), der sich nach dem Follikelsprung durch Epithelwucherung im Innern des Bläschens bildet. Erfolgt keine Befruchtung, dann ist der Gelbkörper nur von kurzer Dauer (Corpus luteum spurium), während er bei eingetretener Schwangerschaft lange Zeit fortbesteht (Corpus luteum verum). Wir müssen die einzelnen Vorgänge möglichst klar auseinanderzuhalten versuchen. Die Brunst kann zu einer Zeit erfolgen, zu der zunächst noch kein reifes Ei vorhanden ist. Die Spermatozoen, welche bei der Begattung bei der Fledermaus z. B. im Herbst in den mütterlichen Körper aufgenommen wurden, führen erst im Frühjahr nach der Eireifung die Befruchtung aus. Es können aber auch schon im Augenblick der Begattung befruchtungsfähige Eier im weiblichen Geschlechtsapparat vorhanden sein. Das würde heißen, daß in diesem Fall die Follikel schon geplatzt sind, und daß die Eier in der Leibeshöhle, im Eileiter oder im Uterus liegen. Meistens befinden sich die Eier vor der Befruchtung längere Zeit im Eileiter. Bei manchen Säugetieren erfolgt ein Follikelsprung offenbar nur nach stattgehabter Begattung. Beim Kaninchen, beim Frettchen und bei der Katze liegen derartige Verhältnisse vor. Durch die Paarung ist vermutlich in diesem Fall der

Anreiz zur endgültigen Reifung des Follikels gegeben. Der Follikelsprung erfolgt aber nicht, wie von mancher Seite fälschlich angenommen wird, im Augenblick der Begattung, sondern nach KELLER erfolgt er beim

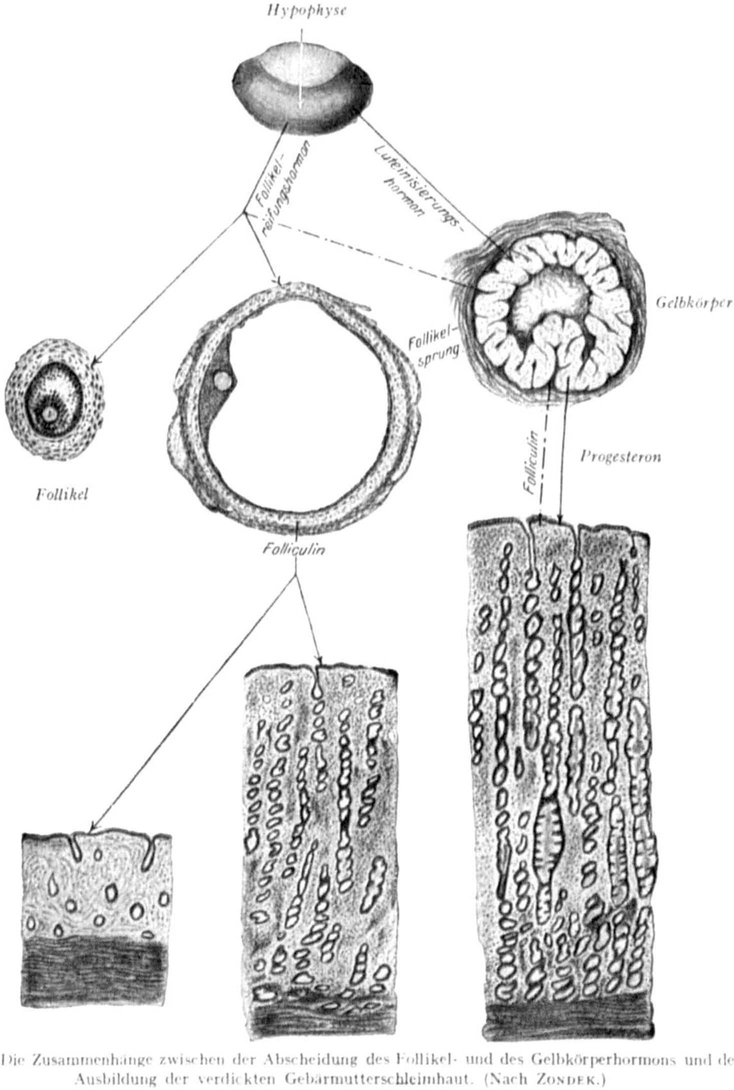

Abb. 2. Die Zusammenhänge zwischen der Abscheidung des Follikel- und des Gelbkörperhormons und der Ausbildung der verdickten Gebärmutterschleimhaut. (Nach ZONDEK.)

Kaninchen etwa 10 Stunden, bei der Katze bis zu 2 Tagen später. Es kommt dabei nicht darauf an, daß befruchtungsfähige Spermatozoen in den weiblichen Geschlechtsapparat gelangen. Ist z. B. beim Kaninchen ein Bock sterilisiert, so löst seine Begattung in gleicher Weise die Ovulation beim Weibchen aus. Erfolgt bei Kaninchen, Frettchen und Katze während der Zeit der Brunst keine Begattung, so unterbleibt die Eireifung und die Follikel werden rückgebildet. Bei den meisten übrigen Säugetieren einschließlich des Menschen erfolgt jedoch die Ausstoßung des reifen Eies unabhängig von der Begattung. Das Ei hält sich einige Tage in befruchtungsfähigem Zustand in den Tuben auf und wird, wenn keine Befruchtung erfolgt, nach außen abgestoßen.

Worin bestehen nun die Vorbereitungen für die Schwangerschaft? Die Gebärmutter ist das Organ, welches das befruchtete Ei aufnehmen soll. Ihre Schleimhaut wird durch lebhaftes Wuchern des Epithels aufgelockert. Zugleich ist sie stärker durchblutet und feucht. Durch die Gefäßwände diffundiert seröse Flüssigkeit in die Lücken zwischen den Zellen. Die Wandung des Uterus ist mit zahlreichen schlauchförmigen Drüsen versehen. Wenn die Vorbereitung für die Schwangerschaft einsetzt, werden diese Drüsenschläuche außerordentlich verlängert und verdickt. Die Gebärmutterschleimhaut zeigt auf diese Weise ein vollkommen verändertes Aussehen. In ihrem oberen Abschnitt ist sie noch verhältnismäßig kompakt, und sie führt hier auch die Bezeichnung kompakte Schicht. Der untere Abschnitt dagegen ist schwammartig aufgelockert, weshalb man diese Schicht auch als Spongiosa bezeichnet. Gegenüber dem Ruhezustand weist die für die Schwangerschaft vorbereitete Gebärmutterschleimhaut beim Menschen etwa die vierfache Dicke auf (s. Abb. 3 und 4).

Innerhalb der ganzen Säugetierreihe wird die Vorbereitung der Gebärmutterschleimhaut für die Schwangerschaft vom Ovar aus durch den Follikel und das Corpus luteum geregelt.

Durch die Untersuchungen von Fraenkel (3) wissen wir hauptsächlich viele Einzelheiten über den Gelbkörper in der Säugetierreihe. Der Gelbkörper ist eine innersekretorische Drüse, welche verschiedene Entwicklungszustände aufweist. Bei der Katze ist sein Durchmesser 3 mm, beim Hund 5 mm, beim Schaf bis 10 mm, beim Schwein bis 15 mm, beim Rind bis 20 mm, beim Menschen kann er die Größe einer Kirsche aufweisen. Robert Meyer unterscheidet 4 verschiedene Stadien in der Entwicklung des Corpus luteum:

1. Proliferation (Mitosen, Längenwachstum der Granulosazellen, Hyperämie der Theca interna).
2. Vaskularisation (Luteinzellen, Platzen der Kapillaren der Theca interna, Vorwachsen von Gefäßendothelien in die Blutstraßen).
3. Blüte (Luteinsaum legt sich in Falten, zentraler Bluterguß organisiert).
4. Rückbildung (Fältelung des Luteinsaumes nimmt zu, Luteinzellen degenerieren, Bindegewebsfibrillen, narbig, hyalin).

Innerhalb der Säugetierreihe sind nun die Vorbereitungen für die Schwangerschaft verschieden weitgehend. Bei den Beuteltieren können wir Brunsterscheinungen und Verdickung der Gebärmutterschleimhaut beobachten. Die Veränderungen an der Gebärmutter werden jedoch ohne Schwierigkeiten wieder rückgebildet, wenn die Brunst vorüber ist und keine Befruchtung eintrat. Bei den meisten Säugetieren sind zwar die Vorbereitungen der Gebärmutterschleimhaut für die Aufnahme des

Eies weitergehend. Die Verdickung ist beträchtlicher, die Drüsen nehmen lebhafter an der Veränderung teil. Aber auch hier macht der Abbau und die Umgestaltung zum Ruhezustand keine Schwierigkeiten. Lediglich beim Menschen und bei den Affen sind die Veränderungen der Gebärmutterschleimhaut bei der Vorbereitung für die Schwangerschaft so weitgehend, daß eine Rückbildung nicht mehr erfolgen kann, und daß die ganze aufgebaute Schleimhaut bei nicht erfolgter Befruchtung des Eies als sog. hinfällige Haut oder Decidua unter Absonderung von Blut aus dem Geschlechtsapparat bei der Menstruation abgestoßen wird. Die Menstruation ist also in der Säugetierreihe eine Besonderheit des Menschen und der Affen. Sie hängt zusammen mit der extrem ausgebildeten Vorbereitung der Gebärmutterschleimhaut für die Schwangerschaft. Man hat eine Zeitlang die Brunst mancher Haustiere mit der Menstruation verwechselt, und zwar deshalb, weil bei der Brunst gelegentlich auch Absonderung von Blut aus den Genitalien weiblicher Tiere erfolgen kann. Diese Erscheinung hat aber nichts mit dem Abbau der Gebärmutterschleimhaut zu tun, sondern sie ist offenbar nur eine Folge der starken Hyperämie, wobei gelegentlich Zerreißungen kleinerer Gefäße vorkommen können. Brunst und Menstruation liegen an ganz verschiedener Stelle im Geschlechtszyklus. Bei der Brunst wird auch die besondere Gestaltung des weiblichen Geschlechtsapparates und durch den Instinkt eine Begattung und somit die Befruchtung eines reifen Eies angestrebt. Gleichzeitig sind bei der Brunst schon einige Vorbereitungen für die Aufnahme des befruchteten Eies getroffen, die weitergeführt werden, sobald das Ei befruchtet ist. Bei der Menstruation wird bereits der Abbau der Einrichtungen vollzogen,

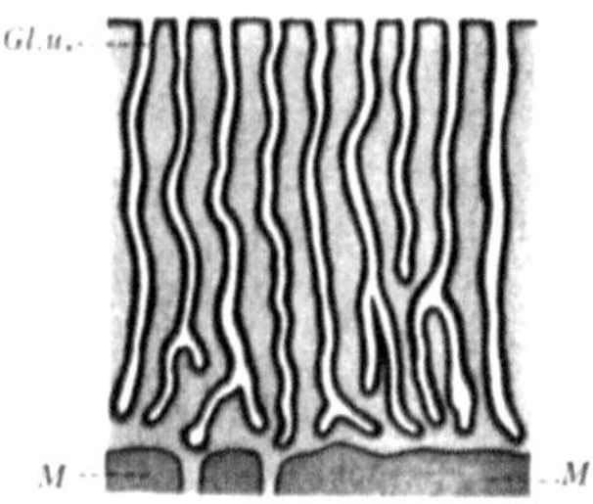

Abb. 3.

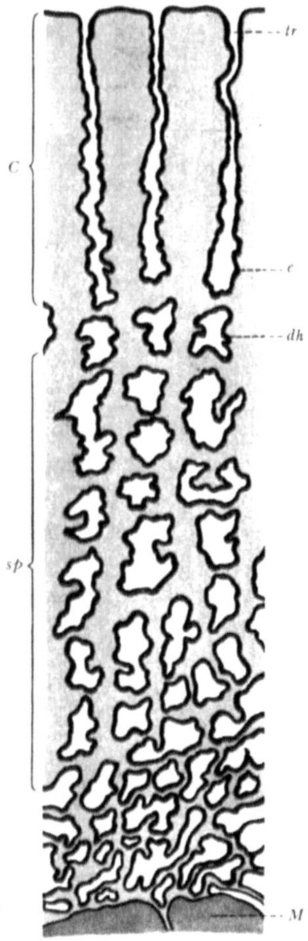

Abb. 4.

Abb. 3. Querschnitt durch die Schleimhaut der Gebärmutter. Schema nach KUNDRAT und ENGELMANN. *Gl.u.* Uterindrüsen; *M* Muskelschicht der Gebärmutter.

Abb. 4. Querschnitt durch die Schleimhaut einer Gebärmutter am Beginn der Schwangerschaft. Schema nach KUNDRAT und ENGELMANN. *C* kompakte Schicht; *sp* spongiöse Schicht; *M* Muskulatur der Gebärmutter; *tr* trichterförmige Ausmündung der Uterindrüsen; *e* erweiterte Stelle; *dh* durch Schlängelung und Ausbuchtung der wuchernden Drüsen entstandene Ampullen.

welche eine Schwangerschaft vorbereiten sollten. Voraussetzung ist bei der Menstruation, daß die Befruchtung eines herangereiften Eies unterblieben ist, und daß dadurch der Abbau der Schleimhaut notwendig wird. Beim menschlichen Weibe kennen wir eine Erscheinung, welche wir der Brunst gleichsetzen könnten, im allgemeinen nicht. Wir müssen aber, nach den biologischen Vorgängen urteilend, die Brunst in die Zeit zwischen zwei Menstruationen verlegen.

Nach allem, was wir über die Fortpflanzungsverhältnisse beim Menschen wissen, ist anzunehmen, daß die Ovulation etwa zwischen 2 Menstruationen erfolgt. Es muß hier kurz auf die Möglichkeit der Befruchtung des menschlichen Eies eingegangen werden. Nach der Auffassung, welche MIKULICZ-RADECKI vertritt, ist eine Befruchtung beim Menschen nur zwischen dem 11. und 15. Tag nach der Menstruation möglich, weil nur zu dieser Zeit ein befruchtungsfähiges Ei vorhanden ist. Auch nach den sehr ausgedehnten Untersuchungen und Beobachtungen, welche FRAENKEL (3) bei Operationen beim Menschen angestellt hat, wäre die Zeit der Ovulation etwa in diesem Sinne festzulegen. FRAENKEL (3) gibt an, daß manche Frauen den Follikelsprung zwischen zwei Menstruationen spüren. Diese Erscheinung wird als Mittelschmerz bezeichnet. Wir müssen also annehmen, daß beim Menschen nur wenige Tage in der Zeit zwischen zwei Menstruationen ein befruchtungsfähiges Ei vorhanden ist. Allerdings ist auch zu berücksichtigen, daß nicht nur eine Begattung zu dieser Zeit zu einer Befruchtung eines Eies führen kann, sondern daß die Spermatozoen mehrere Tage innerhalb des weiblichen Geschlechtsapparates lebensfähig bleiben.

Erfolgt keine Befruchtung eines Eies, so erfährt der Gelbkörper eine schnelle Rückbildung. Man bezeichnet ihn dann beim Menschen und bei den Affen als Corpus luteum menstruationis bzw. bei den Tieren ohne Menstruation als Corpus luteum spurium. Es besteht zwischen der Anwesenheit des Gelbkörpers bzw. zwischen der Ovulation und der Menstruation eine enge Beziehung. Der Gelbkörper einerseits hat den Aufbau der Uterusschleimhaut zur Folge. Das unbefruchtete Ei (oder besser das Unterbleiben der Festsetzung des Eies) bewirkt die Rückbildung des Gelbkörpers. Ohne Ovulation gibt es keine Menstruation. In pathologischen Fällen ist jedoch eine Ovulation ohne Menstruation möglich. Das würde heißen, daß in diesem Fall der Organismus zwar ein Ei heranreifen läßt und ausstößt, daß aber die Fürsorgeeinrichtungen für seine weitere Entwicklung ausbleiben.

2. Einrichtungen während der Schwangerschaft.

Das heranreifende Ei wird zunächst innerhalb des flüssigkeitsgefüllten Follikel ernährt und beim Follikelsprung durch den Liquor folliculi nach außen befördert. Der Follikel sorgt dann durch seine Umbildung zum Gelbkörper weiter für das reife Ei. Die Befruchtung findet beim Menschen und wohl auch bei allen Säugetieren gewöhnlich im oberen Teil des Eileiters statt. Wir wissen aber, daß in Ausnahmefällen auch eine Befruchtung schon in der Leibeshöhle erfolgen kann. Die Spermatozoen wandern also im Verlauf von vielen Stunden und Tagen nach der Begattung soweit aufwärts. Für den Menschen nimmt man an, daß sie meistens bei der Begattung im oberen Scheidengewölbe beim Uterushals abgegeben werden. Auch die Beobachtungen bei den Haustieren sprechen in dem Sinn, daß wohl meistens im Augenblick der Begattung die Spermien nicht in das Innere des Uterus gelangen. KELLER macht diese Angaben. Diese Ausführungen stehen in einem gewissen Widerspruch zu den eigenartigen morphologischen Verhältnissen, welche wir nach GERHARDT (1) bei den Begattungsorganen mancher männlicher Haustiere vorfinden. Man hat den eigenartigen Fortsatz am Schweinepenis als Einrichtung deuten wollen, welche das Sperma in das Innere des Uterus leitet. Die Ansichten darüber sind aber geteilt. Jedenfalls gelangt dann normalerweise das befruchtete Ei in den Uterus, woselbst es sich festsetzt.

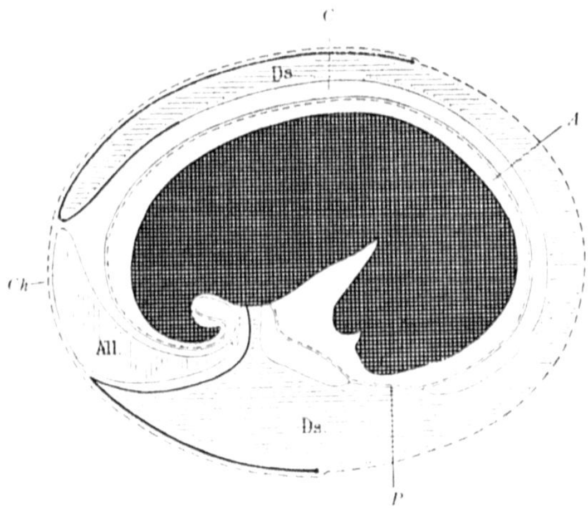

Ds Dottersack; *All* Allantois; *A* Amnionhöhle; *P* Proamnionrest; *C* Coelom; *Ch* Chorion.

Innerhalb der Säugetierreihe geht nun die Versorgung des Eies durch den mütterlichen Körper im Uterus verschieden weit. Bei den meisten Beuteltieren und bei sehr vielen Säugetieren ist die Gebärmutterschleimhaut lediglich erhöht und aufgelockert, und das Ei sitzt verhältnismäßig lose der Uterusschleimhaut auf. An der Eioberfläche bilden sich Zotten, welche in Vertiefungen und Drüsen der Gebärmutterschleimhaut hereinragen. Zwischen den Zotten und dem mütterlichen Gewebe bilden abgeschilferte Epithelien und Serum die sog. Uterusmilch, durch welche der Nahrungsstrom diffundiert. Die Zotten an der Eioberfläche ermöglichen eine bessere Haftung, und sie dienen zur Atmung und Ernährung des Fetus. Bei den Beuteltieren ist im allgemeinen festzustellen, daß die Ernährungseinrichtungen noch am unvollkommensten sind. Hier erfolgt zunächst die Entwicklung des Embryo in der Hauptsache auf Kosten des Dotters, der in großer Menge dem Ei mitgegeben ist. Der embryonale Körper wird bei allen Tieren, die außerhalb des Wassers ihre Entwicklung durchmachen, in einen flüssigkeitsgefüllten Raum, in das Amnion, eingeschlossen. Im Innern des Amnion senkt sich der Embryo bei den Beuteltieren in die Dottermasse ein, wie es aufs deutlichste die Abb. 5 von SEMON zeigt. Im Laufe der weiteren Entwicklung wird zwar an der Oberfläche des Eies eine Zottenhaut (Chorion) gebildet, die die Verbindung mit dem mütterlichen Körper aufgreift. Bei den meisten Beuteltieren geschieht dies aber auf dem Umweg über die Blutgefäße des Dottersackes, welche infolge der großen Bedeutung des Dotters sehr gut entwickelt sind. Es kommt zur Ausbildung eines Mutterkuchens (Placenta), doch ist dieses Organ im Gegensatz zu der Placenta der Säugetiere als Dottersackplacenta zu bezeichnen. SELENKA (2) vertritt auf Grund seiner Studien an verschiedenen Beuteltieren die Auffassung, daß schon wegen der Dottermenge eine gewisse Schwierigkeit des Stoffaustausches zwischen Mutter und Kind gegeben sei, und er spricht von einer noch wenig vollkommenen Einrichtung. Schon innerhalb der Reihe der Beuteltiere kennen wir Vertreter, welche die zweite Form der Placenta aufweisen. Hier tritt die Fortsetzung der Harnblase, welche durch einen Stiel (Urachos) mit dem embryonalen Körper in Verbindung steht und diesem als Harnsack (Allantois) anhängt, in Verbindung mit dem Chorion. Auf diese Weise wird die in ihrer Funktion weit vollkommenere Allantoisplacenta gebildet (Abb. 6). Unter den Beuteltieren tritt uns zwar diese Einrichtung noch wenig differenziert entgegen. Immerhin treffen wir sie bereits an. Solche Verhältnisse treten uns z. B. beim Beuteldachs entgegen. Die ganzen Einrichtungen bei den Beuteltieren sind aber nur als eine Art Vorstufe dessen zu verstehen, was wir dann bei den höheren Säugetieren kennenlernen. Es ist ja so, daß die Entwicklung im Uterus bei den Beuteltieren nur sehr kurze Zeit dauert. Für die Beutelratte *Didelphys* gibt SELENKA (2) an, daß das Ei nicht ganz 13 Tage im mütterlichen Körper verbleibt. 12 Tage und 20 Stunden nach der Begattung erfolgt die Geburt. Die Dauer der eigentlichen Trächtigkeit umfaßt sogar nur $7^5/_6$ Tage. Selbst große Beuteltiere, wie z. B. ein mannshohes Riesenkänguruh, sind nur etwa 1 Monat trächtig. Das Junge wird in diesem Fall nackt und winzig klein geboren und ist beim Riesenkänguruh nicht größer als ein kleiner

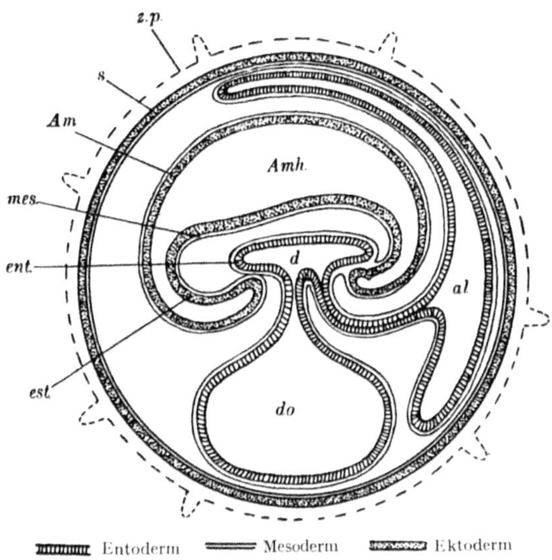

Abb. 6. Schematische Darstellung eines jungen Säugetierembryos in seinen Hüllen.
al Allantois; *Am* Amnion; *Amh* Amnionhöhle; *d* Darmhöhle des Embryos; *do* Dottersack; *est* Ektoderm; *ent* Entoderm; *mes* Mesoderm; *s* Serosa-Chorionhülle; *Z.p.* Zona pellucida (= Prochorion), früh abfallende vom Chorion ersetzte Eihülle. [Nach SCHIMKEWITSCH. (Aus HESSE-DOFLEIN: Tierbau und Tierleben, Bd. 2).]

Finger. Wegen der Unvollkommenheit der Ernährungseinrichtungen im Innern des Uterus folgt ja bei den Beuteltieren noch eine besondere Fürsorge für die Jungen durch die Einrichtungen im Beutel.

Innerhalb der Reihe der Säugetiere können wir wiederum eine typische Stufenfolge der Ernährungseinrichtungen im Uterus feststellen. Bei den primitivsten Vertretern bleiben während des ganzen Aufenthalts im Uterus ähnliche Verhältnisse bestehen, wie sie sonst nur zur Zeit der frühesten Entwicklung gegeben sind. Es wird lediglich die Oberfläche stark vergrößert, an der der Stoffaustausch sich vollzieht. Der Embryo liegt im Innern des flüssigkeitsgefüllten Amnion (Abb. 6). Durch die Blutgefäße des Nabelstranges wird die Verbindung zur Allantois hergestellt, welche an der ganzen Oberfläche der Fruchtblase in die Zottenhaut (bis dahin Prochorion) vorwächst und sie dadurch zum Chorion umbildet. Der Dottersack, dessen Inhalt schon nach kurzer Zeit verbraucht ist, wird zum bedeutungslosen Gebilde. Es besteht nun das Bestreben, den gesamten Fruchtsack (wie man den Embryo mit seinen Hüllen nennt) so zu vergrößern, daß eine möglichst große Oberfläche für den Stoffaustausch zur Verfügung steht. Beim Schaf wächst die Fruchtblase zu

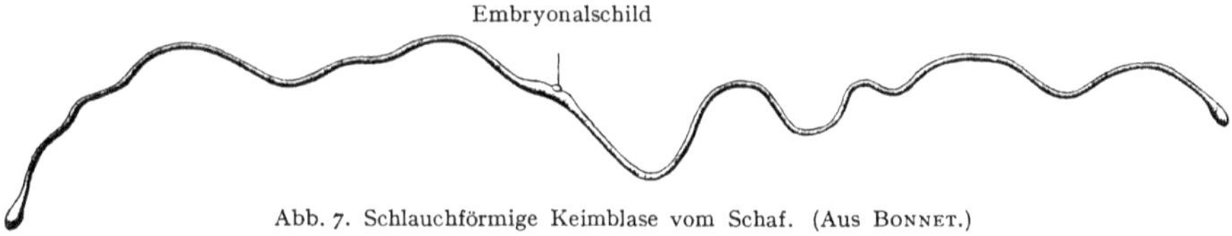

Abb. 7. Schlauchförmige Keimblase vom Schaf. (Aus Bonnet.)

einem ungeheuer langen Gebilde aus (Abb. 7). Der Uterus besitzt bei diesem Tier zwei Hörner. Ist nur ein Horn trächtig, so erstreckt sich ein Fortsatz der Fruchtblase auch noch in das zweite Horn. An der Oberfläche der Fruchtblase sind winzig kleine Zotten weit verteilt anzutreffen. Man spricht in diesem Fall von einer diffusen Placenta. Ähnliche Verhältnisse treten uns beim Pferd entgegen. Bei diesen Tieren findet während des ganzen embryonalen Lebens die Ernährung nur durch eine Absonderung der mütterlichen Schleimhaut statt, welche man als Uterinmilch oder Embryotrophe bezeichnet (Abb. 8). Die Zotten sind mit einem Epithel von beträchtlicher Höhe umkleidet. Das mütterliche Epithel weist ebenfalls eine große Höhe auf. Eine starke Durchblutung der Gebärmutterschleimhaut ist meistens nicht festzustellen. Auch ist die Verdickung nur verhältnismäßig gering. Im Laufe der Embryonalentwicklung wird sogar die Wand des Uterus durch die beträchtliche Größenzunahme des Embryo außerordentlich verdünnt.

An der mütterlichen Gebärmutterschleimhaut sind in diesem Fall nur verhältnismäßig geringfügige Veränderungen durch die Schwangerschaft festzustellen. Es kommt gar nicht zur Bildung einer hinfälligen Haut oder Membrana decidua. Alle Säugetiere, bei denen die Abstoßung einer Decidua unterbleibt, bezeichnet man als Adeciduaten.

In diese Gruppe gehören auch noch Säugetiere wie das Rind und das Reh und viele andere, bei denen an der Oberfläche des Fruchtsackes die Zotten in Form von Gruppen auftreten. Man spricht in diesem Fall von einer Cotyledonenplacenta. Man bezeichnet eine Zottengruppe als

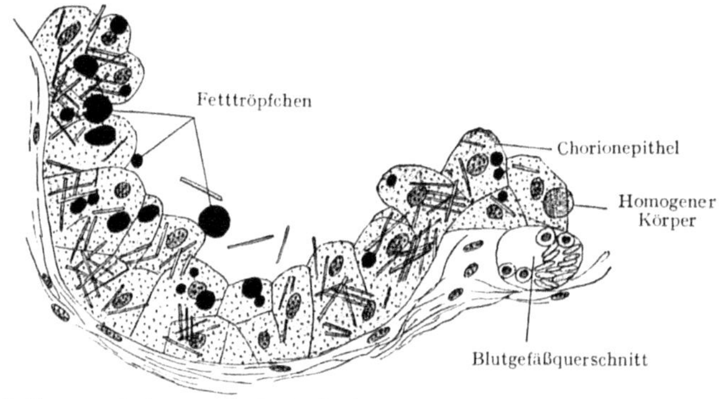

Abb. 8. Abscheidung von Embryotrophe durch die Gebärmutterschleimhaut beim Schaf. (Aus BONNET.)

Cotyledo (Abb. 9). Sie ragt in eine besonders ausgebildete Vertiefung der mütterlichen Gebärmutterschleimhaut, welche als Karunkel bezeichnet wird. Je ein Cotyledo, als kindlicher Anteil, und eine Karunkel, als mütterlicher Anteil, bilden zusammen in ihrer Funktion ein Ganzes, das man als Placentom zu bezeichnen pflegt. Bei den Wiederkäuern liegt in den Placentomen zweifellos schon eine vervollkommnete Einrichtung vor.

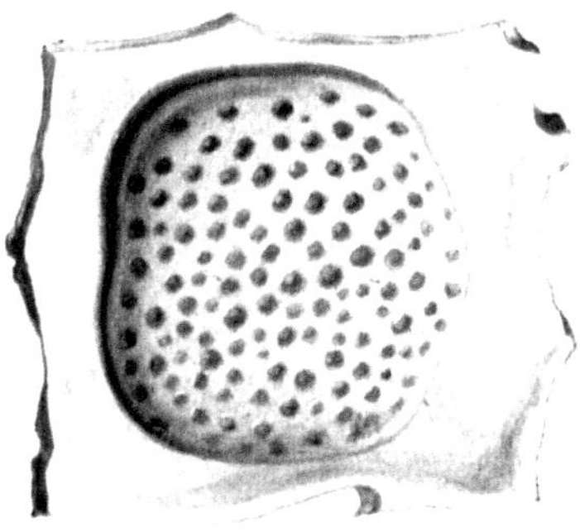

Abb. 9a.

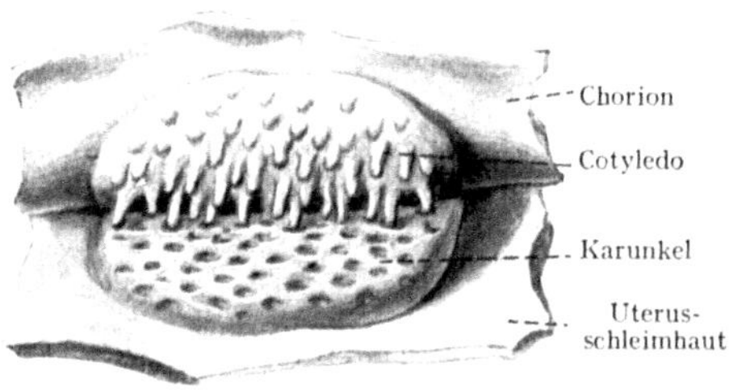

Abb. 9b.

Abb. 9a. Karunkel der Kuh.
Abb. 9b. Placentom, d. h. Verbindung zwischen einem Cotyledo und einer Karunkel der Kuh. (Nach SCHMALTZ: Geschlechtsleben der Haussäugetiere.)

Für die einzelnen Wiederkäuerarten ist die Ausbildung, die Zahl und die Anordnung der Placentome nach den Untersuchungen von STRAHL (2), GROSSER (1) und ANDRESEN charakteristisch. An Hand einiger Abbildungen sollen die typischen Unterschiede vor Augen geführt werden. ANDRESEN fand, daß entsprechend der Gefäßversorgung des zweihörnigen Uterus die Placentome in typischer Anordnung auftreten. Schon vor der Schwangerschaft sind Vorstufen der Karunkeln festzustellen, die sich jedoch erst auf den vom Cotyledo ausgehenden Reiz zur vollen Größe entfalten (Abb. 11). Bei der Geburt lassen sich die Zotten der einzelnen Cotyledonen aus den Karunkeln herausziehen. Bei den einzelnen Tierarten ist die Form der Placentome recht verschieden. Die Zottenlänge und Zottenzahl sowie die Größe und Gestalt der Karunkeln ist charakteristisch (Abb. 10). Beim Schwein z. B. sind die Placentome knopfförmig. Es ist charakteristisch für die Cotyledonenplacenta, daß auch hier die Ernährung durch Embryotrophe erfolgt, welche im Innern eines Placentoms zwischen den kindlichen und mütterlichen Zotten

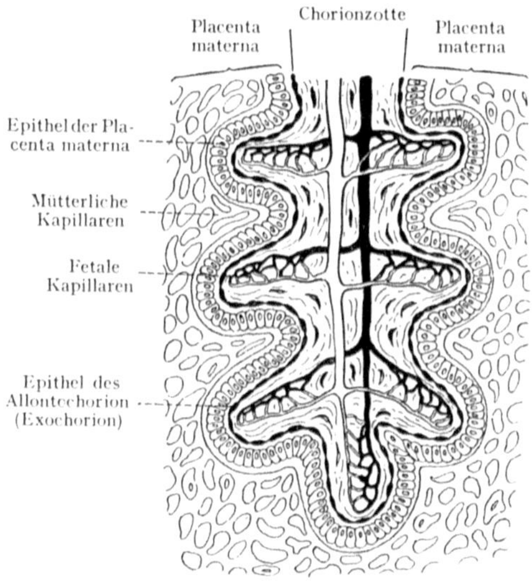

Abb. 10. Schema einer Chorionzotte. (Nach TURNER.)

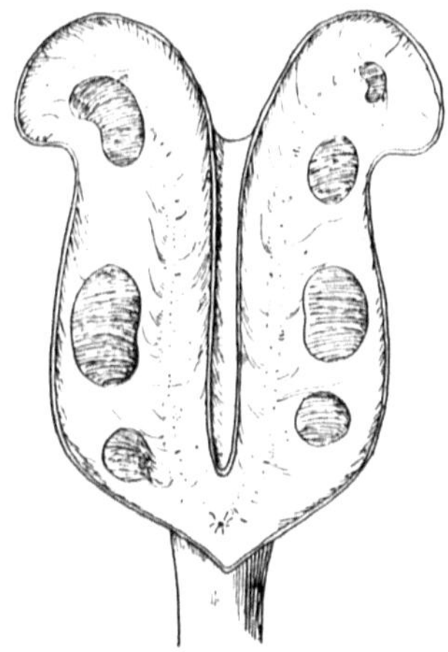

Abb. 11. Schema eines schwangeren Uterus vom Hirsch. (Aus ANDRESEN.)

abgeschieden wird. Trotz der besonderen Differenzierungen in Form der Karunkeln wird bei der Geburt keine Abstoßung einer Decidua vorgenommen. Man faßt die bisher besprochenen Ernährungsformen auch so zusammen, daß man von einer Semiplacenta oder Halbplacenta bei den Adeciduaden spricht.

Ein viel engerer Anschluß zwischen Mutter und Kind erfolgt bei der Bildung der echten Placenta, die uns in zwei Ausbildungsformen, nämlich als Gürtelplacenta (Placenta zonaria) (Abb. 13) und als Scheibenplacenta (Placenta discoidalis) (Abb. 14), entgegentritt. Bei den Deciduaden sind die Veränderungen im Uterus während der Schwangerschaft so weitgehend, daß nach der Geburt in Form eines Mutterkuchens (Placenta) mütterliches und kindliches Gewebe abgestoßen werden muß, das die Atmung und Ernährung des Embryo ermöglichte. Hier verhält sich auch das Ei bei seiner Festsetzung ganz anders. Es ist an seiner Oberfläche mit einer Zellage versehen, die wir als Trophoblast bezeichnen. Diese Zellschicht sondert eiweißverdauende (tryptische) Fermente ab, mit deren Hilfe sich das Ei in die Uterusschleimhaut einfrißt (Abb. 15). Durch die

Untersuchungen von GRAEFENBERG und CAFFIER wissen wir, daß die menschlichen Eihüllen Eiweiß verflüssigen. Bei Nagetieren hat Graf VON SPEE das Eindringen des befruchteten Eies durch ein Loch des Oberflächenepithels in die Gebärmutterschleimhaut direkt beobachtet. An der Eioberfläche entsendet der Plasmoditrophoblast amöboid bewegliche Fortsätze. Nach GRAEFENBERG liefert die Uterusschleimhaut eiweißlösende antitryptische Fermente besonders in den tieferen Schichten (CAFFIER), die als Abwehrmaßnahmen dagegen anzusehen sind.

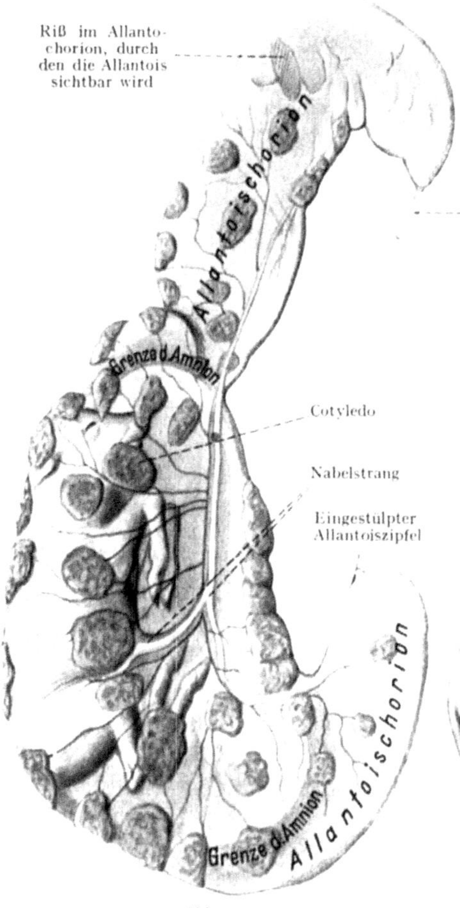

Abb. 12 a.

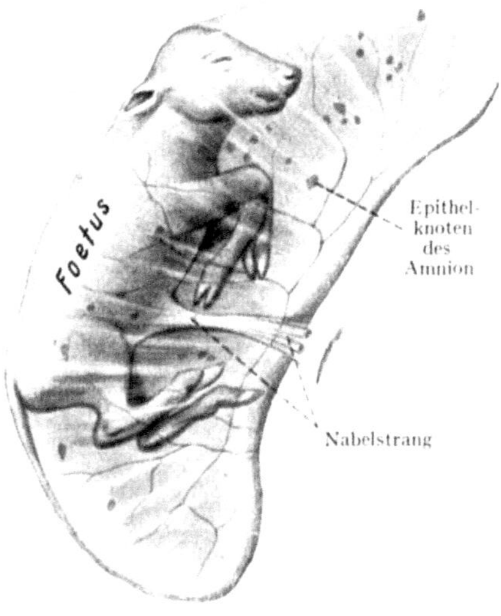

Abb. 12 b.

Abb. 12a. Kalbsfetus, etwa 4 Monate alt in allen Fruchthüllen. Nach der Natur gezeichnet, auf ein Sechstel verkleinert.
Der ganze langgestreckte Sack ist das Allantochorion. Durch ihn schimmert das den Fetus unmittelbar umhüllende Amnion durch. Der Zipfel des Chorion ist von der Allantois allein ausgefüllt. Das obere Ende des Allantochorionsackes, bis zu der verengten und eingefalteten Stelle herab, hat in dem „unbefruchteten" Uterushorn gelegen. (Nach SCHMALTZ: Geschlechtsleben der Haussäugetiere.)

Abb. 12b. Derselbe Fetus im Amnion nach Entfernung des Allantochorion und der Allantois. (Nach SCHMALTZ: Geschlechtsleben der Haussäugetiere.)

daß das Ei bis in die Spongiosa oder noch tiefer eindringt. Dadurch wird das Eiwachstum auf die oberflächliche Kompaktaschicht beschränkt. Wenn der Trophoblast gewebsauflösende Fermente abscheidet, so ist das Ei festheftungsfähig (nidationsfähig) geworden. Wir wissen genau, daß durch diese Eigenschaft das befruchtete Ei den mütterlichen Körper aufs schwerste schädigen kann, wenn es sich zur Zeit der Abscheidung von Verdauungsfermenten außerhalb des Uterus befindet. Um dies noch besser zu verstehen, brauchen wir bloß an die schweren Gefahren zu erinnern, welche bei der Schwangerschaft am falschen Ort (bei der ektopischen Schwangerschaft) gegeben sind. Innerhalb der Leibeshöhle oder in der Tube kann ein befruchtetes Ei bei der Festsetzung nicht nur durch seine Verdauungsfermente die umliegenden Gewebe stark schädigen, sondern es kann auf diese Weise Blutgefäße eröffnen, so daß es unter Umständen zu einer inneren Verblutung der Mutter kommen kann.

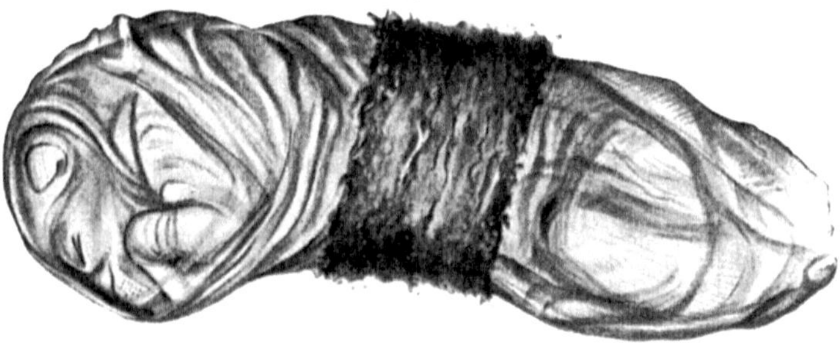

Abb. 13. Gürtelplacenta (*Pl*) des Iltis. Original nach der Natur. Nach Objekt des Anatomischen Instituts in Freiburg i. Br. (Aus HESSE-DOFLEIN: Tierbau und Tierleben, Bd. 2.)

FRAENKEL (3) gibt an, daß nach seinen eigenen Beobachtungen bei Tubenschwangerschaft sich Frauen aus feinen Öffnungen von knapp Stecknadelkopfgröße vollkommen oder nahezu vollkommen verbluteten. Wir ersehen also, daß das Ei auf diesem frühen Entwicklungszustand ähnlich wie ein Schmarotzer aktiv vorgeht und sich durch Verdauung mütterlichen Gewebes ein Lager und Nahrung verschafft. An der Stelle jedoch, wo sich normalerweise das Ei festsetzt, ist alles vorbereitet. Die Einsenkung durch die oberen Gewebsschichten kann erfolgen. Die tieferen Schichten sind durch Abgabe von Gegenfermenten gesichert. Es wird auf diese Weise ein Zustand geschaffen, der in idealstem Maß die Versorgung des Eies ermöglicht. Auch das histologische Bild, welches bei der Einsenkung von Eiern auf frühem Entwicklungszustand in die mütterliche Gebärmutterschleimhaut festzustellen ist, zeigt mit aller Deutlichkeit, daß ein Angriff und eine Auflösung mütterlichen Gewebes durch den Embryo erfolgt. Als Beispiel sei hier angeführt eine Abbildung nach der Untersuchung von BRYCE und TEACHER (Abb. 15). Es kommt bei der Festsetzung des Eies in der mütterlichen Gebärmutterschleimhaut auch zur Eröffnung von Blutgefäßen und zur Bildung von Blutgerinnseln. Bei vielen Nagetieren sind regelmäßig umfangreiche Blutklumpen, sog. Hämatome, neben der Placenta zu finden. An dem Beispiel des Frettchens sei dies nach einer Abbildung von MURR (3) erläutert. In diesem Fall begnügt sich der Embryo nicht damit, zerfallendes mütterliches Gewebe aufzulösen und als Nahrung zu verbrauchen, sondern er bewirkt umfangreiche Blutergüsse durch Gefäßzerstörung. Das geronnene Blut wird dann ebenfalls vom Embryo aufgelöst und als Nahrung verbraucht.

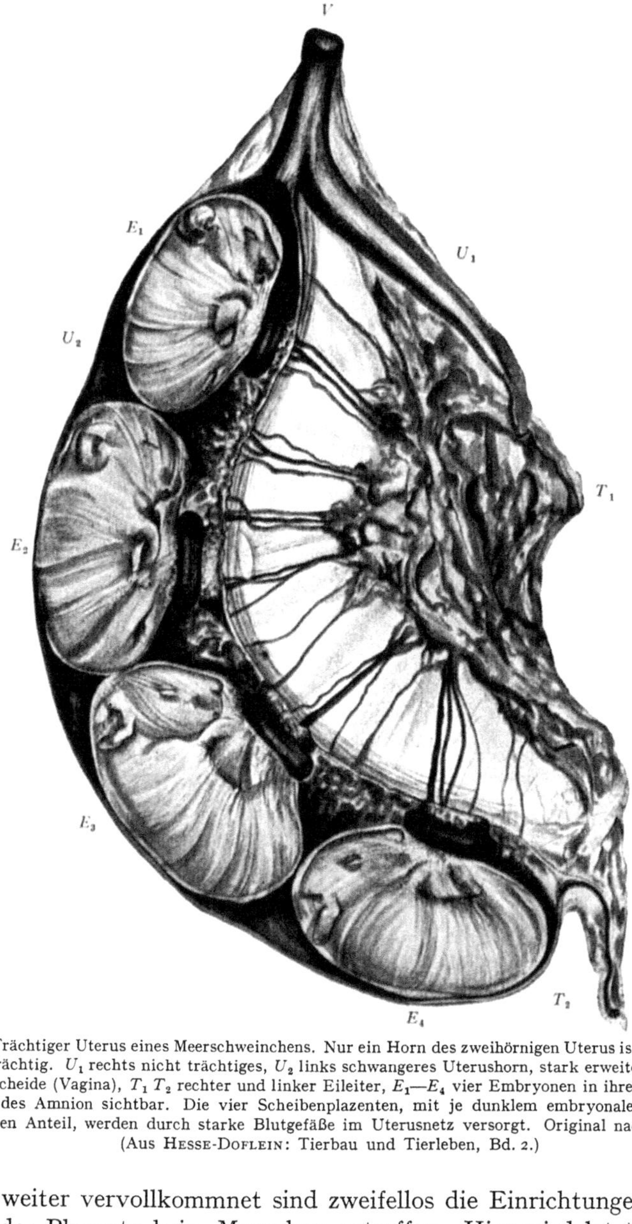

Abb. 14. Trächtiger Uterus eines Meerschweinchens. Nur ein Horn des zweihörnigen Uterus ist mit vier Embryonen trächtig. U_1 rechts nicht trächtiges, U_2 links schwangeres Uterushorn, stark erweitert, blutgefäßreich, V Scheide (Vagina), T_1 T_2 rechter und linker Eileiter, E_1—E_4 vier Embryonen in ihrer Fruchthülle, innerhalb des Amnion sichtbar. Die vier Scheibenplazenten, mit je dunklem embryonalen und hellem mütterlichen Anteil, werden durch starke Blutgefäße im Uterusnetz versorgt. Original nach der Natur. (Aus HESSE-DOFLEIN: Tierbau und Tierleben, Bd. 2.)

Etwas weiter vervollkommnet sind zweifellos die Einrichtungen, welche wir in der Placenta beim Menschen antreffen. Hier wird letzten Endes eine außerordentlich vollkommene Einrichtung der Fürsorge für den

Embryo geschaffen. Eine sehr große Anzahl dünnwandiger Zotten mit einer außerordentlich großen Gesamtoberfläche taucht in Blutseen, welche vom mütterlichen Blut aus ständig gespeist werden (Abb. 16). Es besteht auch hier natürlich kein direkter Zusammenhang zwischen mütterlichem und kindlichem Blutgefäßsystem. Immerhin sind aber beide nur durch außerordentlich dünne Wandungen voneinander getrennt. Für die menschliche Placenta hat man die Oberfläche der Zotten nach ZUNTZ

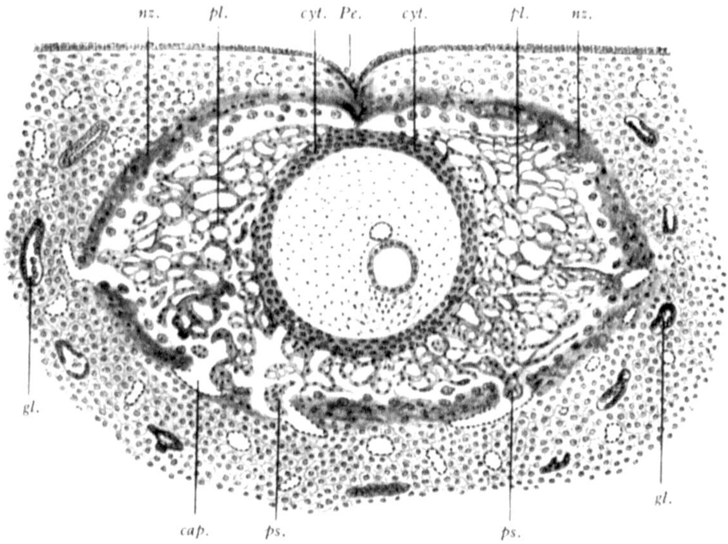

Abb. 15. Schema der Eikammer eines menschlichen Eies im Alter von 13—14 Tagen. (Nach TEACHER u. BRYCE.) Vergr. 50:1.
Pe. Stelle, von der aus sich das Ei eingenistet hat mit Fibrinpfropf; *cyt.* in Zellen zerlegbare Schicht des Chorionektoderms (Cytotrophoblast); *pl.* oberflächliche Schicht des Chorionektoderms, die in ein Syncytium umgewandelt ist und durch Wucherung die Trophoblastschale des Eies gebildet hat (Plasmoditrophoblast). Chorionsyncytium; *nz.* in Zerstörung begriffene Zone der Dezidua; *gl.* Drüse; *cap.* Kapillare; *ps.* vakuolisierte Massen des Syncytium, welche in Kapillaren eindringen. In der Keimblasenhöhle liegen zwei Epithelbläschen, von denen das größere als Amnion-, das kleinere als Dottersäckchen gedeutet wird. (Nach HERTWIG: Lehrbuch der Entwicklungsgeschichte des Menschen und der Wirbeltiere.)

und LÖWY auf 15 qm und nach RECH gar auf 20 qm berechnet. Diese Fläche ist außerordentlich groß, wenn man bedenkt, daß die Gesamtoberfläche des menschlichen Körpers mit 4 qm angegeben wird. Nach HINSELMANN müßte eine Zotte von 0,113 mm Durchmesser 18 km lang sein, um die gesamte Zottenfläche aufzunehmen. Da die Zotten aber meist nur 0,03—0,06 mm dick sind, müßte eine solche Zotte 36—72 km lang sein. Aus dem mütterlichen Blut diffundiert durch die Zottenwandung der Sauerstoff, und er wird durch die kindlichen Blutgefäße dem Embryo zugeführt. Die Kohlensäure andererseits gelangt durch das Zottenepithel in das mütterliche Blut. Auf dem gleichen Weg werden Exkretstoffe vom Embryo abgegeben. Auch innersekretorisch wirksame Stoffe gelangen auf diesem Weg aus dem Körper der Mutter in denjenigen des Kindes. Es sei nur daran erinnert, daß das Neugeborene kurze Zeit nach der Geburt eine Milchsekretion aufweist, die durch Hormone des mütterlichen Körpers hervorgerufen ist.

Das Zottenepithel in der Placenta muß aber auch eine vielseitige Verdauungsfunktion ausüben. ABEL wies nach, daß durch die Zellen der Chorionzotten eine Aufnahme von Aminosäuren und eine individualspezifische Eiweißsynthese erfolgt, wie sonst durch andere Zellen der Mutter. BOHR und HASSELBACH erbrachten durch Bestimmung des respiratorischen Quotienten für den Säugetierfetus den Nachweis, daß dieser seine Lebensvorgänge zum großen Teil durch die Verbrennung

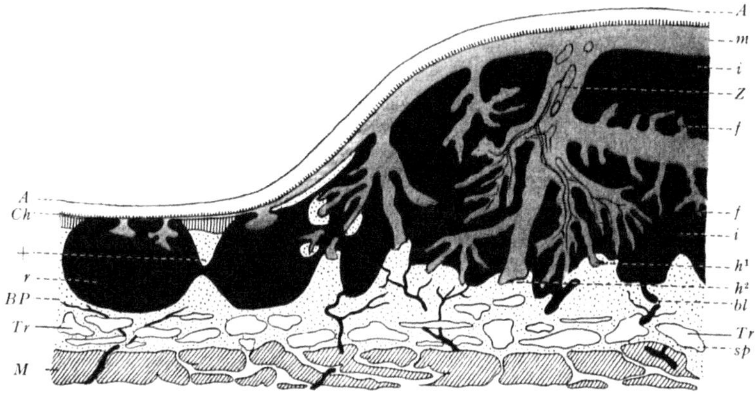

Abb. 16. Schematischer Querschnitt durch die menschliche Placenta aus der Mitte des 5. Monats. Auf die Muskulatur der Gebärmutter (*M*) folgt die spongiöse Schicht der Decidua basalis (*sp*), in welcher bei der Geburt die Abtrennung der Placenta an der mit zwei Strichen (*Tr*) bezeichneten Trennungslinie vor sich geht, daran schließt sich die kompakte Schicht, welche als Placenta uterina bei der Geburt abgestoßen wird. Sie besteht aus der Basalplatte (WINKLER) *BP*; + Schlußplatte; *i* intervillösen Bluträumen; *bl* den zuführenden Arterien; *r* dem Randsinus. In die Placenta uterina ist die Placenta foetalis hineingewachsen, bestehend aus der Membrana chorii (*m*) und den von ihr ausgehenden Zotten (*Z*), an denen man die Haftwurzeln h^1 und h^2 und die freien Ausläufer (*f*) unterscheidet. Das Chorion ist nach innen noch vom Amnion (*A*) überzogen. (Nach HERTWIG: Lehrbuch der Entwicklungsgeschichte des Menschen und der Wirbeltiere.)

von Kohlehydraten bestreitet. Nimmt man den Sauerstoffverbrauch für einen 3 kg schweren Fetus mit 11 ccm pro Minute an, so entspricht dies einer Zuckerverbrennung von 0,015 g. Bei einem Blutzuckergehalt von 0,1% sind 0,015 g Zucker in 15 ccm Blut enthalten. Die Zuckermenge eines kleinen Bruchteiles des mütterlichen Blutes würde also bei völligem Übertritt die Lebensvorgänge des Fetus unterhalten können. Es ist sehr wahrscheinlich, daß auch Fette durch die Oberfläche der Zotten aufgespalten und ähnlich wie im Darmepithel wieder aufgebaut werden. Fettspaltende Fermente sind in der Placenta nachgewiesen.

Zweifellos stellt die Placenta, wie wir sie beim Menschen und bei den Affen als Scheibenplacenta vorfinden, die vollkommenste Ernährungseinrichtung in der Säugetierreihe dar.

Betrachten wir nach STRAHL (1 und 2) und GROSSER (1) nochmals in Form einer Übersicht die Placentarverhältnisse bei den Säugetieren. Bei den primitivsten Einrichtungen müssen die Nahrungsstoffe auf dem

Wege vom mütterlichen in das fetale Blut nacheinander folgende Gewebe durchlaufen:

1. mütterliches Gefäßendothel, 2. mütterliches Bindegewebe, 3. mütterliches Uterusepithel, 4. Uteruslumen zwischen mütterlichem und kindlichem Gewebe, 5. kindliches Chorionepithel, 6. kindliches Chorionbindegewebe, 7. kindliches Gefäßendothel.

Auch bei den höchsten Formen sind am Beginn der Entwicklung sämtliche mütterlichen Scheidewände vorhanden und die fetalen werden schrittweise ausgebildet. Während nun diese stets erhalten bleiben, gehen im Laufe der Phylo- und Ontogenie die mütterlichen Scheidewände schrittweise verloren, und das Chorionepithel dringt immer weiter gegen die Quelle der Nahrungsstoffe, das mütterliche Blut, vor. Das Vordringen kann bei jedem einzelnen mütterlichen Gewebe haltmachen und danach läßt sich der Bau der Placenta und auch der Name des Typus festlegen. Es wird dasjenige mütterliche Gewebe genannt, mit dem das Chorion in Berührung steht. Am Anfang der Reihe steht eine Placenta, wie wir sie beim Schwein antreffen. Sämtliche mütterlichen Scheidewände sind erhalten. Das Chorionepithel berührt das Uterusepithel. Wir sprechen von einer *Placenta epithelio-chorialis*. Wenn das mütterliche Epithel fehlt oder wenigstens zum großen Teil vermißt wird, wie bei der Mehrzahl der Wiederkäuer, und wenn nun das Chorionepithel an das mütterliche Bindegewebe grenzt, so haben wir eine *Placenta syndesmo-chorialis* vor uns. Schwindet auch das Bindegewebe, dann gerät das mütterliche Gefäßendothel in Berührung mit dem Chorionepithel wie bei den Raubtieren. Wir bezeichnen nun die Placenta als

Tabelle aus GROSSER.

Bezeichnung		Scheidewände zwischen mütterlichem und fetalem Blut									
		mütterlich (Uterusschleimhaut)			Uteruslumen	fetal (Chorion)			Makroskopische Placentarform	Typische Vertreter	Einteilung nach dem Verhalten der Schleimhaut
nach STRAHL (1)	eigene	Endothel	Bindegewebe	Epithel		Epithel	Bindegewebe	Endothel			
Semiplacenta	Placenta epithelio-chorialis	+	+	+	+	+	+	+	diffusa	Schwein, Pferd	Adeciduata
Semiplacenta	Placenta syndesmo-chorialis	+	+	—	—	+	+	+	multiplex (zum Teil)	Wiederkäuer (zum Teil)	Übergangsformen
Placenta vera	Placenta endothelio-chorialis	+	—	—	—	+	+	+	zonaria	Raubtiere	Deciduata
Placenta vera	Placenta haemo-chorialis	—	—	—	—	+	+	+	discoidalis	Nager, Insektenfresser, Affen, Mensch	Deciduata

Placenta endothelio-chorialis. Geht auch noch das mütterliche Endothel verloren, so wird das Chorionepithel direkt vom mütterlichen Blut umspült und wir haben als höchstmögliche Stufe die *Placenta haemo-chorialis* vor uns. GROSSER (1), der diese Einteilung nach eigenen Untersuchungen und nach denjenigen von STRAHL (1), trifft, gesteht zu, daß, abgesehen von dem ersten und letzten Typus, keine ganz reinen Formen vorhanden sind. Die Grenze ist vielmehr schwankend und je nach der Tierart zeigen sich gewisse Unterschiede. Auch ist ja zu betonen, daß zu Beginn der Festsetzung des Eies die Beziehungen am wenigsten eng sind, und daß erst im Laufe der Entwicklung ein engerer Anschluß erzielt wird.

Es war schon die Rede von dem Einteilungsprinzip, bei dem eine diffuse Placenta, eine Cotyledonenplacenta, eine Gürtelplacenta und eine Scheibenplacenta unterschieden wurde. STRAHL (1) trifft bei der Scheibenplacenta nochmals die Unterteilung in Labyrinthplacenten, bei denen das mütterliche Blut in kapillarähnlichen Bahnen strömt, und in Topfplacenten (Placentae olliformes), bei denen das mütterliche Blut in einen großen Blutsinus (einen Topf) ergossen wird, dessen Seitenwand und Boden von der Basalplatte gebildet wird, während der Deckel aus der Chorionplatte besteht. Von dieser aus hängen die Zotten in den Blutraum (den sog. „intervillösen Raum") hinein. Zwischen Labyrinth- und Topfplacenta kommen offenbar keine richtigen Übergänge vor.

Die menschliche Placenta ist eine sog. Placenta vera (conjugata homulata) discoidalis olliformis oder nach GROSSERs Einteilung eine Placenta haemochorialis discoidalis olliformis, welche die höchste Ausbildung ihres Typus darstellt.

Die Placenta ist ein Organ von außerordentlich komplizierter Funktion. Wir sind noch weit davon entfernt, alle Lebensvorgänge dieses Gebildes zu verstehen. Wir können zusammenfassend sagen, daß sie als Atmungs-, als Ernährungs- und als Ausscheidungsorgan, als Organ mit innerer Sekretion und als Durchtrittsstelle für die verschiedensten Stoffe von der Mutter zum Kind und umgekehrt funktioniert.

Innerhalb des Uterus treffen wir nun noch eine ganze Reihe von Einrichtungen, welche die Entwicklung und das Wachstum des Fetus begünstigen. Es wurde schon kurz auf die flüssigkeitsgefüllte Blase des Amnion verwiesen, in deren Innerem der Embryo ruht. Von hier können die wachsenden Gewebe die nötige Flüssigkeit ständig aufnehmen. Die Flüssigkeitsmenge wird ständig vom mütterlichen Körper aus ergänzt und vergrößert. Innerhalb dieser Flüssigkeit schwimmend ist aber auch der embryonale Körper außerordentlich gut gegen Druck und Stoß geschützt. Darüber hinaus hat die Amnionflüssigkeit noch eine wichtige Aufgabe bei der Geburt zu erfüllen, die später besprochen werden soll.

Die Allantois erfüllt noch zum Teil ihre ursprüngliche Aufgabe Exkretstoffe außerhalb des embryonalen Körpers zu speichern. Darüber hinaus hat sie aber die neue Funktion übernommen, durch Vermittlung ihrer Blutgefäße in der Placenta engere Beziehungen zwischen Mutter und Kind zu schaffen.

Auf einige Besonderheiten soll hier noch verwiesen werden. Man darf die Aufgabe des schwangeren Uterus nicht unterschätzen (Abb. 17). Er muß besonders bei Mehrlingsgeburten oder bei vollkommen ausgebildeten Jungen eine ganz bedeutende Vergrößerung durchmachen. Es sollen hier einige Zahlen zunächst für Haustiere genannt werden. Das Gewicht eines neugeborenen Fohlens oder Kalbes beträgt 8—10 % des Gewichtes der Mutter nach der Geburt. Die Nachgeburt wiegt etwa 1 %. Das Gewicht des neugeborenen Schweines beträgt etwa 1 % des Körpergewichtes der Mutter, wobei 8—10 Ferkel geworfen werden. Erstaunlich groß ist die Leistung des mütterlichen Körpers beim Hund. Bei großen Hunderassen beträgt das Gewicht eines Jungen 1—2 %, bei Zwerghunden 4—8 % des Muttergewichtes. Das Gesamtgewicht aller Jungen kann bis zu 30 % des Muttergewichtes betragen. Unter den Haustieren ist dies die größte Leistung. Für die Katze gibt KELLER, von dem auch die obigen Angaben stammen, an, daß das einzelne Junge 3 % und der Gesamtwurf 10—15 % des Muttergewichtes betragen kann.

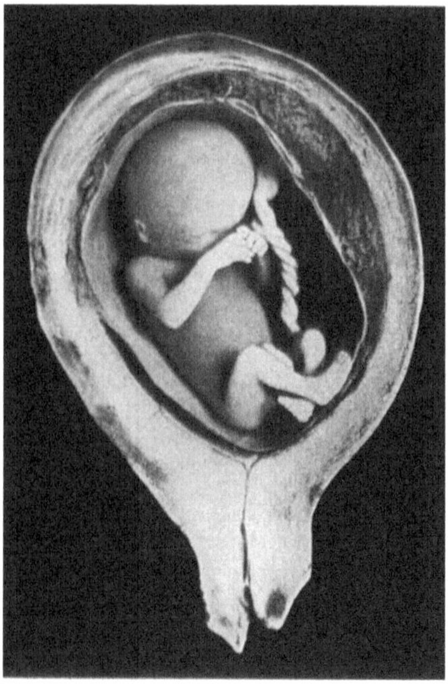

Abb. 17. Schwangere Gebärmutter des Menschen im 4. Monat. (Nach STRAHL.)

Entsprechend dieser gewaltigen Leistung und der beträchtlichen Größe der Jungen zeigt der Uterus bei den einzelnen Haustieren eine bedeutende Vergrößerung. KELLER gibt an, daß der Uterus beim Pferd auf die 4—6fache und beim Rind auf die 6—12fache Größe während der Trächtigkeit heranwächst. Bei diesen Tieren ist die trächtige Gebärmutter dann ein dünnwandiger Sack. Beim Pferd beträgt die Wanddicke beim nichtschwangeren Uterus 6 mm und beim schwangeren Uterus 4 mm, beim Rind nimmt die Dicke der Gebärmutterwand von 3—7 mm bis zu 3 mm ab. Bei kleinen Wiederkäuern beträgt die Wanddicke des trächtigen Uterus gar nur etwa 1 mm.

Für den Menschen macht FRAENKEL (3) folgende instruktive Angaben: Der nichtschwangere Uterus hat die Größe einer kleinen Birne. Im Augenblick der Festheftung des befruchteten Eies entspricht die Uterusgröße etwa einem kleinen Apfel. Nach 3wöchiger Schwangerschaft ist der Uterus so groß wie ein größerer Apfel. Nach 6 Wochen entspricht die Größe einem Gänseei; nach 9 Wochen einer Billardkugel; nach 12 Wochen einem Kindskopf; nach 15 Wochen einer Ananasfrucht; nach 18 Wochen einer kleinen Melone; nach 21 Wochen einem Frauenkopf; nach 24 Wochen einem Männerkopf und nach 40 Wochen einem großen Kürbis. Die Vergrößerung des Organs kommt hauptsächlich durch die Zunahme der Muskelfasern an Größe, aber nicht an Zahl zustande. Jede einzelne Muskelfaser schwillt auf das 20- bis

50fache an. Die Vergrößerung des Organs erfolgt aber nach den Untersuchungen von BAYER außerdem besonders dadurch, daß eine weitgehende Auseinanderschälung der verfilzten Muskelschichten, -blätter und -lamellen sich vollzieht. Außerdem vermehren und vergrößern sich hauptsächlich die Gefäße, besonders die Venen. Das ganze Organ wird mit seröser Flüssigkeit durchtränkt. Die Zunahme der Lymphbahnen und das Wachstum des Bindegewebes führen ebenfalls zu einer Vergrößerung des Organs. Auch nehmen in der ersten Hälfte der Schwangerschaft die elastischen Fasern nach WOLTKE zu. Später soll dann eine Verminderung an elastischen Fasern eintreten.

Es ist von größtem Interesse darauf hinzuweisen, daß der sich ständig vergrößerende Inhalt der Gebärmutter nicht etwa unter zunehmendem Druck einer extrem ausgedehnten Muskelschicht sich befindet. Die Einrichtungen sind vielmehr so getroffen, daß durch das Wachstum der Muskelfasern und die Dehnung und Verschiebung der einzelnen Gewebe der Uteruswand das Organ eine ständige Vergrößerung erfährt, wobei jedoch der Druck auf den Inhalt stets gleich bleibt.

Während der Schwangerschaft bereiten sich die einzelnen Organe des Embryo der Reihe nach auf ihre spätere Funktion vor. Zum Teil sind sie noch durch embryonale Organe ersetzt. So wurde ja schon oben erwähnt, daß die Atmung, Verdauung und die Exkretion von der Placenta insbesondere von dem Chorionepithel durchgeführt wird. Auch das Nervensystem und die Sinnesorgane haben noch keine Gelegenheit, sich richtig zu betätigen. Gewisse reflexartige Bewegungen werden aber sozusagen zur Übung von der Muskulatur durchgeführt. Das embryonale Herz beginnt schon sehr frühzeitig zu schlagen und es muß während des Embryonallebens eine andere Aufgabe vollbringen, als in der Zeit nach der Geburt.

3. Einrichtungen, welche die Geburt ermöglichen.

Im Innern des mütterlichen Körpers wächst das Junge zu einer recht beträchtlichen Größe heran. Der mütterliche Körper ist durch diese Last oft recht schwerfällig geworden. Durch verstärkte Nahrungsaufnahme und durch die Ruhe, welche sich die Mutter instinktiv gönnt, wird das Wachstum der Jungen und das Heranreifen bis zur Geburt begünstigt. Vor der Geburt lassen sich nun schon bestimmte Veränderungen am mütterlichen Körper feststellen, welche den Geburtsvorgang zum Teil erst ermöglichen. Beim Menschen ebenso wie bei den meisten Säugetieren müssen die Jungen durch das Becken nach außen gelangen. Der Knochenring, welcher aus dem Kreuzbein, dem Darmbein und dem Schambein gebildet wird, zeigt nun eine Auflockerung kurz vor der Geburt. Sowohl die Gelenke zwischen Kreuzbein und Darmbein als auch die Symphysenfuge zwischen beiden Schambeinen lockert sich, so daß auf diese Weise der knöcherne Beckenring beträchtlich vergrößert wird. GRANZOW hat vergleichend-physiologische Untersuchungen über den Geburtsvorgang beim Meerschweinchen angestellt, und er hat durch sehr instruktive Röntgenaufnahmen und Gefrierschnitte gezeigt, wie außerordentlich durch Lockerung der Bänder das knöcherne Becken bei diesem Tier vergrößert wird. Nach der Geburt wird dann wieder etwa im Verlauf von 10 Tagen das Becken fast genau so eng wie vorher. GRANZOW hat auch festgestellt, daß durch die starke Lockerung der einzelnen Beckenknochen das hochträchtige Meerschweinchen in seiner Fortbewegung behindert ist.

Die Frucht muß bei den Säugetieren vielfach kurz vor der Geburt eine andere Lage im Uterus einnehmen, so daß sie leichter den verhältnismäßig engen Geburtskanal durchwandern kann. Bei den meisten Säugetieren findet am häufigsten die Geburt in Kopflage statt, d. h. der Kopf, meistens der umfangreichste Teil der Frucht, wird zuerst geboren. Bei den Wiederkäuern sind etwa 95% aller Geburten Kopfgeburten. Beim Pferd werden gar von RENNER 99% Kopfgeburten angegeben. Auch beim Menschen ist ja die Kopfgeburt die Regel.

Man hat nun bei Tieren beobachtet, daß sich der Embryo kurz vor der Geburt in eine typische Lage begibt (Abb. 18 und 19). Es liegt nicht nur der Kopf am weitesten nach außen gekehrt, sondern das zu gebärende Tier stellt sich so ein beim Pferd und beim Rind, daß seine Wirbelsäule der Wirbelsäule der Mutter zugekehrt ist, daß also sein Rücken nach oben und sein Bauch nach unten zeigt. Aber auch die Extremitäten, welche vorher gebeugt und zusammengekrümmt waren, strecken sich nun in typischer Weise aus. Während z. B. das Pferd längere Zeit vor der Geburt bestrebt war, durch eine Zusammenkrümmung seines Leibes durch seine ganze Lage einen möglichst kleinen Raum einzunehmen, zeigt es nun in der Strecklage eine besonders günstige Form für die Geburt. Auch beim Menschen kennt man ja die typische Einstellung der Frucht in den Geburtskanal. Hier nimmt der Fetus eine Form ein, welche SELLHEIM als Fruchtwalze bezeichnet hat. Dieser Forscher glaubt, daß bis zu einem gewissen Grade rein mechanisch nach den ganzen räumlichen Verhältnissen des Geburtsschlauches diese Form und Stellung eingenommen werden muß, und daß außerdem während der Geburt von der Frucht eine charakteristische Schraubendrehung ausgeführt wird. SELLHEIM hat verschiedene Modelle konstruiert, an denen der Mechanismus der Geburt und die zwangsmäßige Einstellung der Frucht unter normalen Verhältnissen studiert werden kann. Bei manchen Säugetieren hat man beobachtet, daß bis zu einem gewissen Grade aktiv von dem Jungen im Uterus die typische Geburtseinstellung vorgenommen wird. Außer dem Verhalten von Pferd und Rind, das nicht gut als mechanische Einstellung gedeutet werden kann, weil sich die Tiere der Schwerkraft entgegen in eine besondere Lage begeben, soll hier erwähnt werden, daß GRANZOW beim Meerschweinchen eine aktive Einstellung und lebhafte Drehung und Wendung der Jungen kurz vor der Geburt beobachtet hat. Aus der Steißlage drehten sich während der Geburt die Jungen der Reihe nach in die Kopflage, wie durch Röntgenserienaufnahmen gezeigt werden konnte. GRANZOW glaubt, daß die Jungen durch aktive Muskeltätigkeit ihre Drehung vollbringen und somit einen selbständigen Anteil am Geburtsvorgang haben. Er erklärt

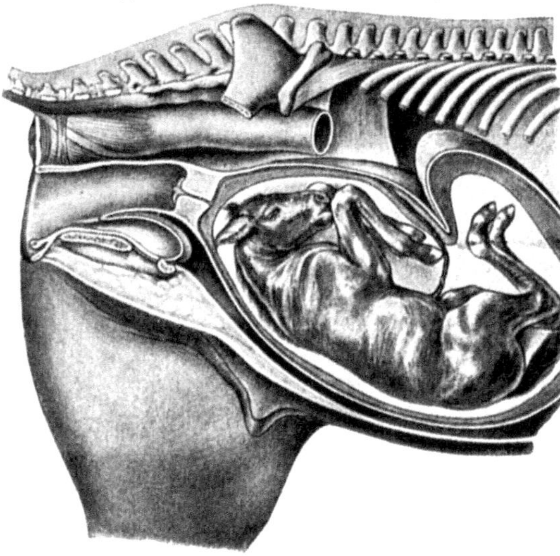

Abb. 18. Normale intrauterine Lage, Stellung und Haltung des Fohlens nach ALBRECHT. (Aus KRONACHER.)

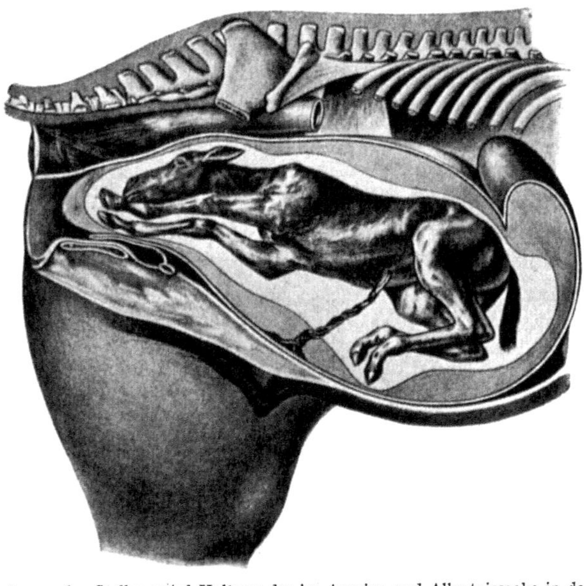

Abb. 19. Änderung der Stellung und Haltung des im Amnion und Allantoissacke in der Kopfendlage befindlichen Fohlens. (Aus KRONACHER.)

sich die Vorgänge so, daß die Jungen durch die Wehen und die Bauchpressenwirkung in dem wasserarmen Eisack gedrückt werden und daß sie daraufhin versuchen, dem unangenehmen Druck in der Richtung des geringsten Zwanges — also scheidenwärts — zu entgehen. Ihrer kräftigen Skeletmuskulatur dürfte der minimale Widerstand der am Ende der Tragzeit papierdünnen Uteruswand außerhalb der Wehe kein Hindernis für die Umdrehung bedeuten. Neugeborene Meerschweinchen zeigen sehr bald eine ausgesprochene Fluchtreaktion. Sie suchen bei Störungen mit der gestreckten Schnauze voran sich in ein schützendes Loch zu zwängen. Dieselbe Reaktion veranlaßt nach der Ansicht von GRANZOW im Uterus die Feten ihre spitze Schnauze nach dem Gebärmutterhals hin zu wenden, wo sie den einzigen Ausweg aus der Bedrängnis durch die mütterlichen Geburtskräfte finden können.

Der Uterus hat während des Heranwachsens der Frucht die Aufgabe, diese geschützt aufzubewahren. Während dieser Zeit ist der Gebärmutterhals (die sog. Cervix uteri) durch kräftig ausgebildete Ringmuskulatur weitgehend verschlossen. Bei der Einleitung der Geburt bereitet nun neben der Erweiterung des knöchernen Beckens vor allem die Öffnung des Gebärmutterhalses große Schwierigkeiten. Auf schonendste Weise wird im Laufe längerer Zeit die Cervix uteri dadurch erweitert, daß der flüssigkeitsgefüllte Fruchtsack durch die Tätigkeit der Wehen und der Bauchpresse nach außen vorgetrieben wird. Die treibenden Kräfte bei der Geburt sind ja einesteils in den Wehen, d. h. in der Kontraktion der glatten Muskulatur des Uterus, und dann in der Kontraktion der quergestreiften Muskulatur der Bauchwand gegeben. Die Wehen setzen ja unabhängig vom Willen ein, und sie sind mehr oder weniger schmerzhaft. Der Geburtsschmerz ist zweifellos eine biologisch sehr wichtige und bedeutungsvolle Einrichtung. Er veranlaßt je nach Bedarf eine verschieden starke Mithilfe der Mutter bei der Austreibung der Frucht durch die Betätigung der Bauchpresse. Es sei hier nur nebenbei erwähnt, daß ja heute die Geburtshelfer viel weniger als früher eine schmerzlose Geburt herbeiführen. Es geschieht dies einmal deshalb, weil viele Betäubungsmittel nicht nur das Nervensystem und das Herz von Mutter und Kind auf eine Probe stellen, sondern weil eben die aktive „naturgewollte“ Beteiligung der Mutter bei dem Gebärvorgang auf diese Weise ausbleibt. Jedenfalls ist festzustellen, daß bei wildlebenden oder in günstigen Lebensbedingungen stehenden Säugetieren der Geburtsvorgang keine großen Schwierigkeiten zu machen pflegt. Viele Herdentiere bleiben nur etwas hinter den wandernden Artgenossen zurück, um das Junge zu werfen, das dann schon gleich neben der Mutter herläuft. Auch für wilde Völkerstämme beim Menschen werden ja Angaben über leichte Geburten gemacht. Bei Haustieren dagegen und bei den Menschen mit zunehmender Kultur erfolgt eine Zunahme der Störungen und der Schwierigkeiten bei der Geburt.

Wenn wir den normalen Geburtsvorgang betrachten, dann können wir für den Menschen eine typische Anordnung der Uterusmuskulatur in Form von Schlingen feststellen (Abb. 20). Durch diese Muskelschlingen wird der Körper der Gebärmutter umgriffen, und sein Inhalt wird nach außen gepreßt. In ähnlichem Sinn dürfte auch die Muskulatur der Gebärmutter bei den Säugetieren wirken. Allerdings ist hier die Wanddicke vielfach außerordentlich gering und sicherlich kommt der Bauchpresse eine außerordentlich wichtige Bedeutung bei der Geburt zu. Ein wichtiger Vorgang bei der Geburt ist das rechtzeitige Einsetzen der Atmung. Atmet nämlich der Fetus zu früh, so muß er in dem Fruchtwasser ersticken. Atmet er andererseits zu spät, so muß er zugrunde gehen, weil durch die Blutgefäße des Nabelstranges zu einem gewissen Zeitpunkt kein Sauerstoff mehr zugeführt wird. Man hat das Einsetzen der Atmung

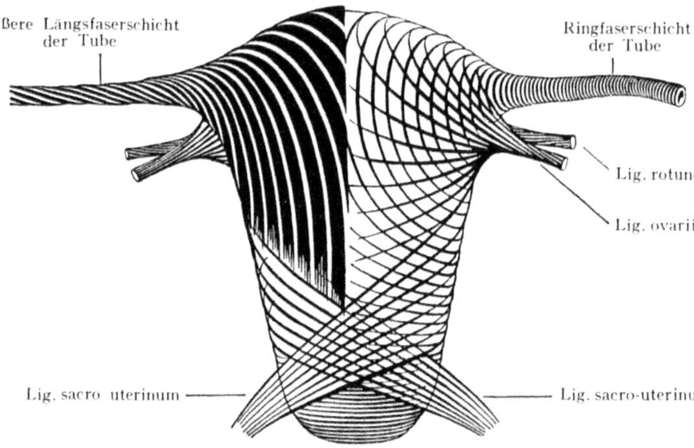

Abb. 20. Uterusmuskulatur des Menschen. (Nach Bumm.)

darauf zurückgeführt, daß durch Kohlensäureanreicherung im Blut das Atemzentrum im verlängerten Mark gereizt wird.

Mit zu den merkwürdigsten und wunderbarsten Einrichtungen bei der Geburt gehört die Umstellung des Blutkreislaufes und des Herzens von dem fetalen Zustand auf denjenigen des Neugeborenen (Abb. 21). Das arterielle Blut wird ja in der Vena umbilicalis im Nabelstrang von der Placenta her dem Fetus im Mutterleib zugeführt. Durch den Ductus venosus Arantii gelangt es an der Leber vorbei zur rechten Herzvorkammer durch die Vena cava inferior. Im Herzen besteht noch keine Trennung zwischen rechter und linker Hälfte. Das Blut kann vielmehr an verschiedenen Stellen herüber und hinüber gelangen. Einmal ist eine Öffnung durch das ovale Fenster zwischen beiden Herzabteilungen gegeben. Dann besteht aber noch eine zweite Verbindung zwischen der Arteria pulmonalis und der Aorta durch den Ductus arteriosus Botalli. Das Blut, welches arteriell durch die rechte Herzvorkammer in die rechte Kammer gelangt, würde auf dem Weg durch die Arteria pulmonalis der Lunge zugeführt werden, wenn die oben erwähnten Verbindungen zur linken Herzseite nicht bestehen würden. Die embryonale Lunge betätigt sich noch nicht, und sie hat infolgedessen nur einen sehr geringen

Bedarf an arteriellem Blut. In der Hauptsache strömt dieses deshalb durch die Fenestra ovalis und durch den Ductus arteriosus Botalli in die Aorta, um dem sauerstoffbedürftigen Körper des Fetus zugeführt

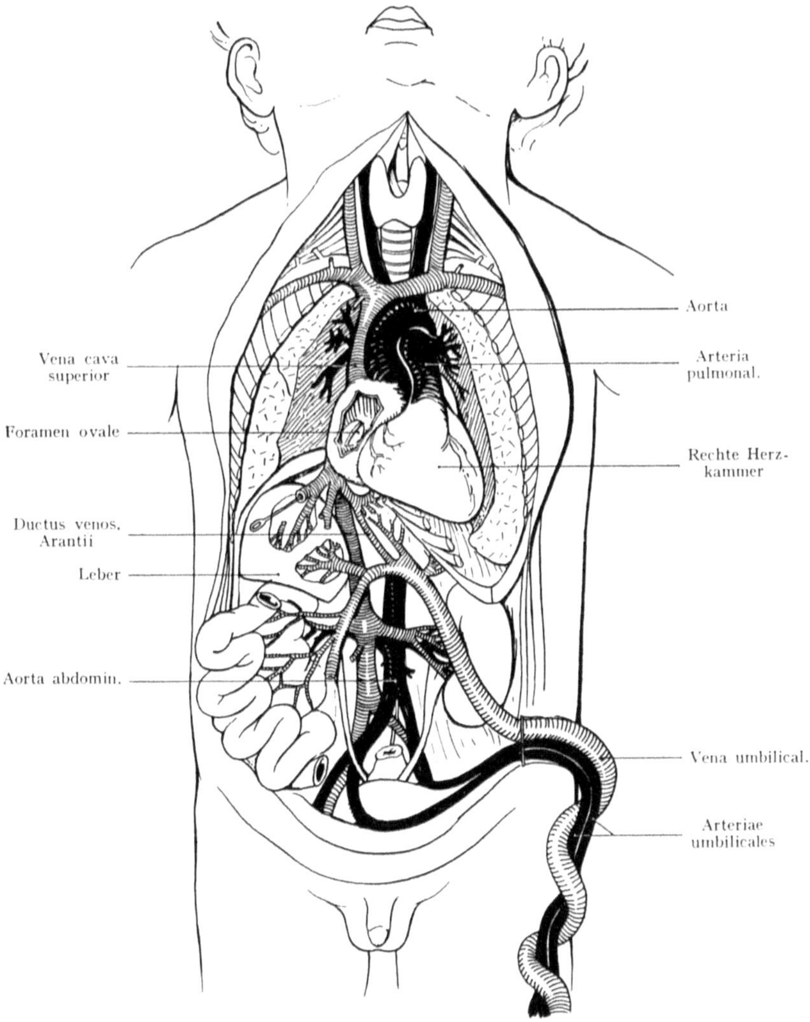

Abb. 21. Zirkulationsorgane des Fetus von vorn (zum Teil nach LUSCHKA).
(Aus RAUBER-KOPSCH.)

zu werden. Das venöse Blut gelangt zum größten Teil durch die beiden Arteriae umbilicales in den Nabelstrang und von dort zur Placenta, von wo es durch die Vena umbilicalis wiederum mit Sauerstoff angereichert zum kindlichen Herzen gebracht wird. Ein Teil des venösen kindlichen Blutes vermischt sich allerdings durch die Vena cava inferior und superior zur rechten Herzvorkammer gelangend mit dem arteriellen Blut. Ebenso vermischt sich die geringe Menge venösen Blutes mit dem arteriellen Blut, welche durch die Arteriae pulmonales von der Lunge zur linken Herzvorkammer gelangt. Wir müssen sagen, daß zweifellos das fetale Blut gemischt ist. Der Sauerstoffgehalt genügt aber vollständig zur Durchführung des fetalen Lebens.

Der Sauerstoffbedarf des Fetus ist entsprechend seinem geringen Energieverbrauch recht gering. Dietrich berechnet ihn für einen menschlichen Fetus von 3 kg Gewicht am Ende der Schwangerschaft auf etwa 10—12 ccm pro Minute. Der Sauerstoffverbrauch der Placenta wird von Rech nach Durchströmungsversuchen mit 0,71 ccm pro Kilogramm und Minute gegenüber 3mal 6 ccm der Körpersubstanz angegeben.

Im Augenblick der Geburt erhöht sich der Sauerstoffverbrauch des Kindes sehr stark, und er muß durch die eigene Atmung und die Umstellung des Blutkreislaufes gedeckt werden. Das Blut strömt beim ersten Atemzug durch die Arteria pulmonalis in verstärktem Maß zur Lunge. In der Lunge findet die Anreicherung des vorher gemischten Blutes mit Sauerstoff statt und es gelangt nunmehr auf dem Weg über die Venae pulmonales zur linken Herzvorkammer. Somit stellt sich der normale Blutkreislauf ein, wie wir ihn dann auch beim erwachsenen Säugetier vorfinden. Aus der linken Herzkammer wird das arterielle Blut durch die Aorta dem Körper zugeführt. Die Verbindungen zwischen der venösen rechten und der arteriellen linken Herzseite müssen aufgegeben werden. Bei der Fenestra ovalis hat sich schon vor der Geburt eine bindegewebige Membran gebildet, welche im Augenblick der Lungenfunktion einen weitgehenden Verschluß herbeiführt. Aber auch der Ductus arteriosus Botalli hat seine Aufgabe erfüllt, und durch Verdickung der Wandung wird der Durchtritt des Blutes immer mehr erschwert. Zum Schluß wird er zum Ligamentum arteriosum Botalli. Eine Zeitlang kann noch etwas Blut von einer Herzseite in die andere übertreten, bis die Verteilung der Funktion entsprechend vonstatten gegangen ist und die Druckverhältnisse ausgeglichen sind. Die beiden Herzhälften hatten ja während des fetalen Lebens die gleiche Aufgabe. Beide Herzkammern weisen zu dieser Zeit gleiche Wanddicke auf. Sie unterstützen sich gegenseitig bei der nicht unbeträchtlichen Arbeitsleistung, das Blut durch den kindlichen Körper, zur Placenta und wieder zurück zu bewegen.

Nach der Geburt übernimmt die rechte Herzhälfte die kleinere Aufgabe das venöse Blut zur Lunge zu pressen, und sie zeigt dementsprechend nach einiger Zeit eine geringere Wanddicke als die linke Herzkammer, welche die schwere Aufgabe zu erfüllen hat, das arterielle Blut dem gesamten Körper zuzuführen.

Als besondere Anpassungen des fetalen Körpers an die Geburt soll hier noch erwähnt werden die Verschieblichkeit der flachen Schädelknochen gegeneinander durch die Bildung der bindegewebigen Fontanellen. Auf diese Weise wird der Kopfumfang wesentlich verkleinert. Außerdem haben wir auch in der Ausbildung und in der Anordnung der

Fettpolster beim Neugeborenen zweifellos eine Einrichtung zu sehen, welche der Frucht eine glattere Oberfläche und einen Schutz vor Druck verleiht. Es war schon die Rede davon, daß die Geburtswege durch Mithilfe der wassergefüllten Fruchtblase aufs schonendste erweitert werden. Schon vor der Geburt sind die Gewebe des Geburtskanals stark durchfeuchtet und erweicht, so daß sie ebenfalls ein leichteres Gleiten der Frucht durch den Geburtsweg gestatten. Dazu kommt noch, daß im Augenblick der Geburt die Fruchtblase platzt und die wässerige Flüssigkeit wie eine Art Schmierflüssigkeit funktionieren kann. Aber auch im Anschluß an die Geburt laufen noch einige Vorgänge ab, welche von größtem biologischem Interesse sind. Durch die Abstoßung der Eihäute entsteht bei den Indeciduaten keine große Wunde und vielfach setzt schon gleich anschließend an die Geburt die nächste Brunst und Befruchtung eines Eies ein. Bei den Deciduaten dagegen ist mit der Abstoßung der Placenta die Bildung einer großen offenen Wundstelle im Innern des Uterus verbunden. Große Gefäße werden abgeschnürt durch Bildung einer Fibrinmembran und der Wundverschluß wird herbeigeführt durch eine starke Kontraktion des gesamten Uterus. Die Loslösung der durch zahllose blutstrotzende Gefäße mit der Gebärmutter verbundenen Placenta erfolgt ohne nennenswerten Blutverlust. Man muß sogar annehmen, daß zur Regulierung des mütterlichen Blutkreislaufes und zur Zurückführung auf den normalen Zustand eine gewisse Blutabscheidung, sozusagen ein Aderlaß, notwendig ist. Man braucht ja bloß daran zu denken, daß nach der Geburt des Kindes die vermehrte Blutzufuhr zum Uterus wegfällt. Ein gewisser Ausgleich findet im mütterlichen Körper zu dieser Zeit zwar dadurch statt, daß die Milchdrüsen eine erhöhte Blutversorgung benötigen. Trotzdem ist aber nach der Auffassung von FRAENKEL (3) die Abscheidung einer gewissen Blutmenge durch den mütterlichen Körper bei der Geburt sozusagen physiologisch bedingt.

STÖCKEL gibt für den Menschen den Blutverlust bei der Geburt folgendermaßen an: 200—500 g Blut normal, bis 1000 g Blut stark, über 1500 g Blut lebensbedrohlich.

Das Blutminus in der Nachgeburtsperiode entspricht bei normaler Geburt dem Blutplus in der Schwangerschaft (300—400 g bei 50—70 kg Körpergewicht).

BAISCH betont, daß die Nachgeburt noch eine besondere biologische Funktion zu erfüllen hat. Sie bewirkt nämlich, daß die ausgedehnte Wunde des Geburtskanals glatt ausheilt, ohne eine Infektion zu erfahren. Dabei ist vor allem zu betonen, daß in nächster Nähe dieser Wunde ein bakterienreiches Gebiet liegt. Die hauptsächlichste und für die Infektion gefährlichste Wundfläche, welche bei der Geburt durch die Ablösung der Placenta entsteht, liegt sehr geschützt an der von der Oberfläche des Körpers und der keimhaltigen Vagina entferntesten Stelle im Fundus des Uterus. Bis die Keime aus der Scheide heraufwandern, was während des Wochenbettes geschieht, sind bereits in Form von Granulationen

Verheilungen eingetreten, welche das Eindringen von Bakterien verhindern.

BAISCH erläutert die Verhältnisse folgendermaßen: „Dieser unter normalen Verhältnissen fast fehlerlos arbeitende Selbstschutz ist vielleicht die wunderbarste biologische Erscheinung beim Geburtsvorgang. Unter der Geburt wird die faltenreiche Vagina zu einem glatten, faltenlosen Rohr erweitert und von der Placenta bei deren Ausstoßung wie mit einem großen weichen Schwamm gesäubert, so daß tatsächlich am ersten und zweiten Tag nach der Geburt die Scheide nahezu keimfrei ist. Die kleinen Scheiden- und Dammrisse besitzen infolge des Blut- und Säftereichtums dieser Gewebe eine außerordentlich große Heilungstendenz. So wirken mechanische und biologische Einrichtungen zusammen, um auch die Gefahr der Wundinfektion bei spontanen, normalen Geburten fast vollkommen auszuschließen."

Während im allgemeinen die Nachgeburt nach außen abgestoßen wird, gibt es auch einige Beispiele dafür, daß im Innern des mütterlichen Körpers eine langsame Resorption der Placenta erfolgen kann.

Auf eine biologische Funktion der Nachgeburt soll noch verwiesen werden. Viele Säugetiermütter, darunter auch Pflanzenfresser wie die Ziege oder das Kaninchen, haben einen ganz ausgesprochenen Trieb, den Fleischklumpen der Nachgeburt aufzufressen. Die einzelnen Autoren nehmen dazu verschieden Stellung. SCHMALTZ (1) z. B. glaubt, daß man unbedingt die Mütter daran verhindern müsse, weil sie sonst bei der unnatürlichen Nahrung Verdauungsbeschwerden bekommen könnten oder weil sie sich auch dann sehr leicht an ihren Jungen vergreifen könnten. Es mehren sich aber die Ansichten der Autoren, nach denen anzunehmen ist, daß bei manchen Tieren durch das Fressen der Nachgeburt die Milchsekretion innersekretorisch eingeleitet oder zum wenigsten begünstigt wird. Es soll aber betont werden, daß sich die einzelnen Säugetierarten in dieser Hinsicht verschieden verhalten. Für manche Säugetiere, wie z. B. für Affen und für den Ameisenbär, wird angegeben, daß das Junge noch längere Zeit nach der Geburt den Nabelstrang und die Placenta mit sich herumträgt, bis sie endlich vertrocknen und abfallen. Meistens ist es aber so, daß entweder schon beim Geburtsvorgang das zu Boden gleitende Junge bei der Kürze des Nabelstranges diesen durchreißt oder daß bei langem Nabelstrang die Mutter mit ihren Zähnen das Gebilde durchbeißt. In Ausnahmefällen, wie z. B. beim Pferd, ist nach SCHMALTZ (1) ein besonderer kräftiger Muskelring ausgebildet, der den Körpernabel umschnürt. Meistens jedoch fehlt bei den Säugetieren eine solche Einrichtung. Dagegen zeichnen sich die Nabelgefäße durch einen eigenartigen Mechanismus aus, der jedoch nur dann in Tätigkeit tritt, wenn sie zerrissen werden. Beim Durchschneiden unterbleibt dieser Verschluß. Nach dem Zerreißen des Nabelstranges kontrahiert sich, wie schon VIRCHOW ausgesprochen hat, die Gefäßwandung und führt einen Verschluß und eine Blutstillung herbei. Nach den Untersuchungen von HAUPTMANN am Nabelstrang des Pferdes haben die Nabelarterien eine besonders starke Ringmuskulatur, welcher innen und außen noch längs-

und schraubig verlaufende Muskelschichten aufliegen. Die Kontraktion ist deshalb besonders stark. Dabei wird die dicke Intima gefaltet und in streifenförmigen Polstern in das Lumen gedrängt, so daß es vollständig ausgefüllt wird. Diese Schlußkissen sind ähnlich denjenigen, wie sie uns in den Rankenarterien im Corpus penis begegnen. Bei Wiederkäuern hat man eine erhebliche Verkürzung des Gefäßes durch Kontraktion der Längsmuskulatur beobachtet. Dadurch wird die Polsterbildung außerordentlich verstärkt. Vor allem aber wird beim Zerreißen die Gefäßwand aufgefasert, und die Fetzen werden durch die Kontraktion förmlich ineinander verkeilt. Dieser eigenartige biologische Verschluß der Gefäße wird durch die Dehnung beim Zerreißen in Tätigkeit gesetzt. Beim Zerschneiden bleibt der Verschlußmechanismus aus.

Es sei noch erwähnt, daß in der Placenta und im Nabelstrang keinerlei Nerven vorhanden sind, und daß also auch zwischen Mutter und Kind keine nervöse, sondern nur eine hormonale Verbindung besteht.

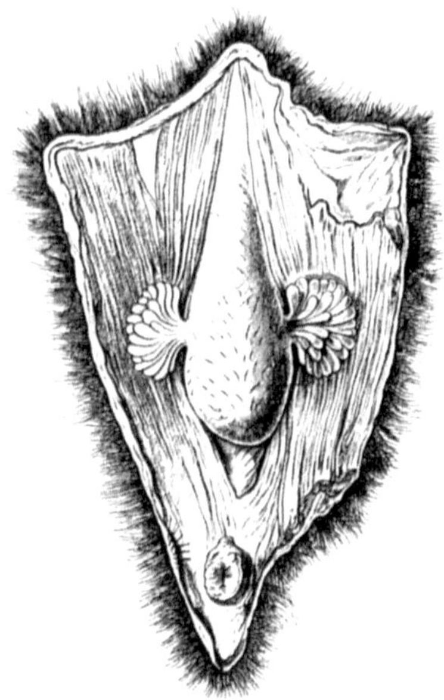

Abb. 22. Milchdrüsen des Schnabeligels, in den von der inneren Hautfläche gesehenen Brutbeutel einmündend. (Nach HAACKE.)

II. Besondere Einrichtungen für die Versorgung der Jungen im Beutel beim Schnabeligel und bei den Beuteltieren.

Bei niederen Säugetieren werden entweder Eier abgelegt, wie bei dem Schnabeltier *Ornithorhynchus* und dem Schnabeligel *Echidna,* oder die Jungen werden in ganz unvollkommen entwickeltem Zustand geboren und bedürfen in besonderem Maße der mütterlichen Pflege. Auf der Bauchseite des weiblichen Schnabeligels *Echidna* und seines Verwandten *Proechidna* wird zur Zeit der Fortpflanzung ein Beutel ausgebildet, in welchen Milchdrüsen einmünden. An Hand einer Abbildung von HAACKE sollen die Verhältnisse erläutert werden. Die Mutter steckt das abgelegte Ei in den Beutel, woselbst das Junge schlüpft und von dem Sekret der Milchdrüse ernährt wird (Abb. 22). Ähnlich wie bei Vögeln und bei Reptilien beobachten wir beim Embryo des Schnabeligels einen Eizahn, wie dies SEMON nachgewiesen hat. Der Beutel wird beim Schnabeligel ähnlich wie bei den Beuteltieren durch 2 Knochen gestützt, die als lange Spangen dem Becken aufsitzen. Das Sekret der Milchdrüsen tropft durch zahlreiche Öffnungen in das Innere des Beutels und es wird von dem Jungen aufgeleckt.

Bei den Beuteltieren sind die Einrichtungen im Beutel weit vollkommener ausgebildet. Wir kennen auch hier eine gewisse Stufenfolge. Es gibt unter den Marsupialiern Vertreter, welche nur zur Fortpflanzungszeit den Beutel ausbilden. Wie an Hand der Abbildungen von KRIEG (1 u. 2) (Abb. 23)

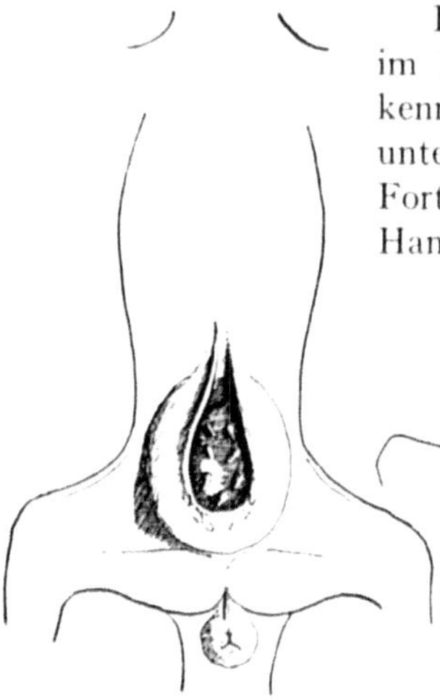

A

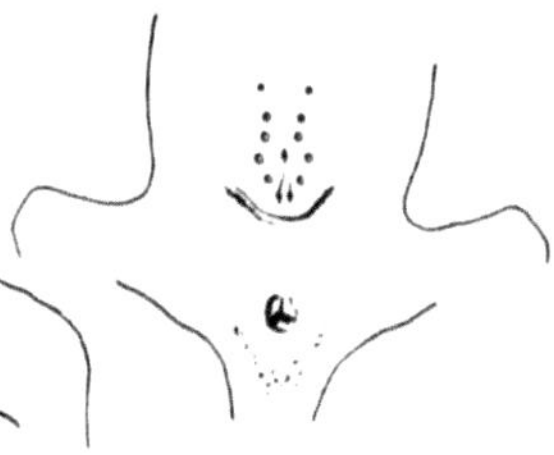

B

Abb. 23 A und B. Beutelregion: A von einem ausgewachsenen, B von einem halbwüchsigen Weibchen der Beutelratte *Didelphys paraguayensis*. (Aus KRIEG.)

Abb. 24. Beuteljunges an der Zitze. (Aus BREHMS Tierleben.)

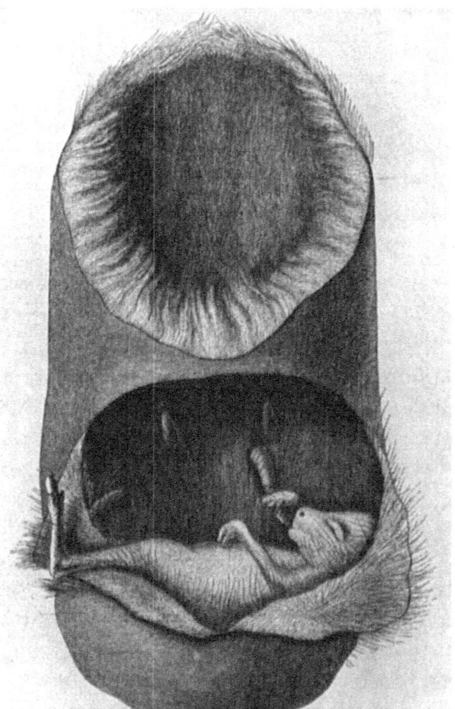

Abb. 25. Geöffneter Beutel mit Jungem an der Zitze (Känguruh). (Nach REICHERT.)

erläutert werden soll, stehen bei einem Weibchen vor der Fortpflanzung die Milchdrüsen frei auf der Bauchseite. Darunter befindet sich in geringem Abstand vor der Afteröffnung eine kleine halbmondförmige Falte der Bauchwand. Diese schließt sich bei der Beutelratte *Didelphys* während der Fortpflanzungszeit zu dem Beutel. Der Beutel ist durch die Beutelknochen und durch besondere Muskeln verstärkt, die sich mit der fortschreitenden Belastung während der Entwicklung der Jungen zunehmend kräftigen. Der Beutelknochen ist mit dem Schambein derart verbunden, daß er um mindestens 30° in sagittaler Richtung beweglich ist. Die Stellung des Beutelknochens wechselt je nach der Füllung des Beutels und nach der Spannung der Muskulatur. Durch Muskelkontraktion kann das Muttertier beim Gehen, Laufen und Klettern den Beutel hochraffen. Es kann sich auf diese Weise freier bewegen und auch die Jungen sind nicht so stark Beschädigungen ausgesetzt. Bei großen Beuteltieren, z. B. beim Känguruh, ist der Beutel sehr kräftig entwickelt. Im Innern ist er mit Fell ausgekleidet und er zeigt an der Bauchwand die Milchdrüsen. Das Junge ist warm und wohlgeborgen wie in einem Fußsack untergebracht.

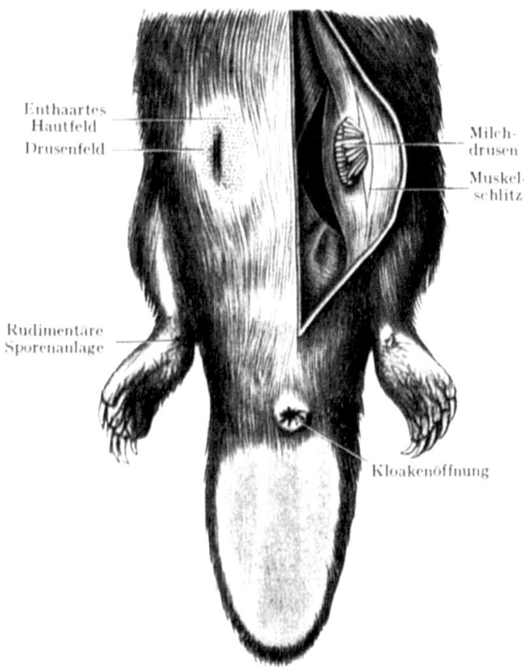

Abb. 26. Hintere Körperhälfte eines weiblichen *Ornithorhynchus*. (Nach KLAATSCH.)

Von besonderem Interesse sind noch einige Einrichtungen, denen wir bei neugeborenen Beuteljungen begegnen. Die Tiere wären noch nicht imstande selbständig die Milch aus den Zitzen der Milchdrüsen zu saugen. Sie sind dazu noch zu wenig kräftig gebaut. Stellen sie doch sozusagen nackte unvollkommen entwickelte Frühgeburten dar, die schon wenige Wochen nach der Befruchtung des Eies geboren werden. Das Beuteljunge wächst an der Zitze der Mutter fest (Abb. 24). Ober- und Unterkiefer tragen im Innern Vertiefungen, welche das etwas angeschwollene Zitzenende aufnehmen und die Kieferränder verwachsen seitlich. Die Milch wird durch eine besondere über der Milchdrüse verlaufende Muskulatur von der Mutter dem Kind in regelmäßigen Abständen in das Mäulchen gepreßt. Es würde sich aber ein so unvollkommen entwickeltes Junges ständig verschlucken, wenn nicht weitere Einrichtungen getroffen wären. Der Kehlkopf des Beuteljungen ragt in Form einer Röhre bis in die Rachennasengegend bei den Choanen empor. Die Milch kann also seitlich dieser Kehlkopfröhre vorbeifließen und in den Schlund gelangen, während gleichzeitig geatmet wird. Die Kreuzung zwischen Luftröhre und Speiseröhre ist also in einer so vollkommenen Weise durchgeführt, daß es nicht mehr zu einem Verschlucken kommen kann. Das Beuteljunge, das beim Riesenkänguruh nur 4—6 Wochen im Uterus eine Entwicklung durchgemacht hat, wird 6—8 Monate von der Mutter im Beutel umhergetragen. Es wächst sehr stark heran und löst sich von der Zitze

(Abb. 25). Beim Riesenkänguruh streckt es etwa 7 Monate nach der Empfängnis zum erstenmal den Kopf aus dem Beutel und verläßt nach 9 weiteren Wochen zum erstenmal den Beutel, um aber dann immer wieder bei Gefahr auch noch in den nächsten 9 Wochen dorthin zurückzukehren. In dem Beutel bietet die Mutter dem Jungen Wärme, Nahrung und Schutz vor Schädigungen aller Art. Er stellt zweifellos eine ebenso eigenartige wie zweckmäßige Brutpflegeeinrichtung dar. Allerdings stellt das Herumtragen der Jungen im Innern des Beutels an die Mutter recht große Anforderungen, wenn eine große Anzahl von Jungen in dieser Weise versorgt werden soll. Während wir bei vielen Beuteltieren nur 1 oder 2 Junge vorfinden, gibt es aber auch solche Vertreter, welche, wie die Beutelratten, 12—16 Jungen in dieser Weise versorgen können.

III. Die Ernährung der Jungen bei den Säugetieren durch die Milchdrüsen.

Wir hatten schon bei den Beuteltieren erwähnt, daß im Innern des Beutels Milchdrüsen angetroffen werden, deren Ausführungsgänge an der Spitze der Zitzen nach außen münden. Innerhalb der Säugetierreihe treffen wir Milchdrüsen in verschiedensten Gegenden des Körpers. Sie treten im allgemeinen entweder in großer Zahl in zwei Reihen angeordnet auf der Bauchseite in der Gegend zwischen Inguinalregion und Achselhöhle auf (Abb. 27), oder wir treffen nur wenige Zitzen je nach der Tierart bald in der Achselhöhle (Fledermäuse), bald in der Brustgegend (Affe, Mensch), bald in der Leistengegend (Wiederkäuer). Beim Rind sind die Ausführgänge der Milchdrüsen in Form von vier Hauptzitzen und einer Nebenzitze (Afterzitze) ausgebildet und zu dem sog. Euter vereint (Abb. 28). Die Milchdrüsen der Säugetiere stellen schweißdrüsenähnliche Bildungen dar, welche eine besondere Funktion übernommen haben. In der Anlage treffen wir sie im männlichen und im weiblichen Geschlecht schon vor der Geschlechtsreife an. Während der Brunst und beim menschlichen Weib kurz vor der Menstruation erfahren sie eine bessere Blutversorgung und eine Anschwellung des Drüsengewebes. Am Ende der Schwangerschaft wird die Milchdrüse bei den Säugetieren im besonderen Maße für ihre eigentliche Aufgabe vorbereitet. Sie schwillt nun an und scheidet auch bei leichtem Druck eine milchähnliche Flüssigkeit ab. Die mit Sekret gefüllte Drüse ruft das Gefühl einer Spannung und beinahe einer Entzündung hervor. Sie muß in regelmäßigen Abständen entleert werden, wenn nicht krankhafte Veränderungen auftreten sollen. Besonders bekannt ist es von Kühen, daß sie bei strotzend gefülltem Euter unruhig werden und solange brüllen, bis sie gemolken werden. Aber auch bei den anderen Säugetieren einschließlich des Menschen ist es zweifellos so, daß die gefüllten Milchdrüsen entleert werden müssen. Die Entleerung der Milchdrüsen erzeugt bei den Säugetieren offenbar angenehme Gefühle. Auch viele Frauen haben Wollustempfindungen, wenn ein Kind an der Brust trinkt. Wir haben hier zweifellos einen Naturtrieb vor uns, der eine wichtige biologische Aufgabe erfüllt. Andererseits ist bei den jungen Säugetieren mit als erster Sinn der Geruchssinn und der Geschmackssinn gut entwickelt. Auch blindgeborene Junge riechen die Nähe der Mutter und sie finden durch ihre Sinne die Milchdrüsen.

Abb. 27. Bauchansicht einer säugenden Ratte mit ihren Zitzenreihen. (Nach HENNEBERG.)

Die Fürsorge für das Junge bei der Ernährung geht aber viel weiter, als man vielleicht zunächst annimmt. Die Zusammensetzung der Milch wechselt nämlich in den verschiedenen Zeiten und sie ist jeweils so beschaffen, daß es dem Entwicklungszustand des Kindes weitgehend entspricht. Die Verhältnisse sind besonders eingehend für den Menschen untersucht und sie sollen deshalb auch als Beispiel mitgeteilt werden. Es kann aber kein Zweifel bestehen, daß sie in ganz ähnlichem Sinn für alle Säugetiere Geltung haben. Man bezeichnet das Abscheidungsprodukt der Brustdrüse im Anschluß an die Geburt als Colostrum. Das Colostrum wird von JASCHKE als eine ideale Nahrung bezeichnet, welche das neugeborene Kind in schonendster Weise von der parenteralen intrauterinen Ernährung zu der enteralen des extrauterinen Lebens überführt. Das Colostrum, das man auch als Vormilch bezeichnen kann, ist eine trübwässerige Flüssigkeit, welche aus der Brustdrüse auf Druck in Form von dicken Tropfen austritt. Man findet in der Mitte der Tropfen vielfach blaß- bis tiefgelbe, bald runde, bald unregelmäßig strahlen- oder sternförmige Körperchen. Der die gelben Massen umhüllende Tropfen ist oft wasserklar. Das Colostrum ist dicker und zäher als Milch. Bei Berührung fühlt es sich ausgesprochen klebrig, gelegentlich sogar fast schleimig und fadenziehend an. Im Colostrum des ersten Tages sind diese Eigenschaften immer deutlich feststellbar. An jedem folgenden Tage wird es blasser, weniger zäh und dünn. Sein spezifisches Gewicht ist wesentlich höher als bei Frauenmilch, die Viskosität ist größer. Das Colostrum gerinnt beim Kochen im Gegensatz zur Milch. Nach CZERNY sind die

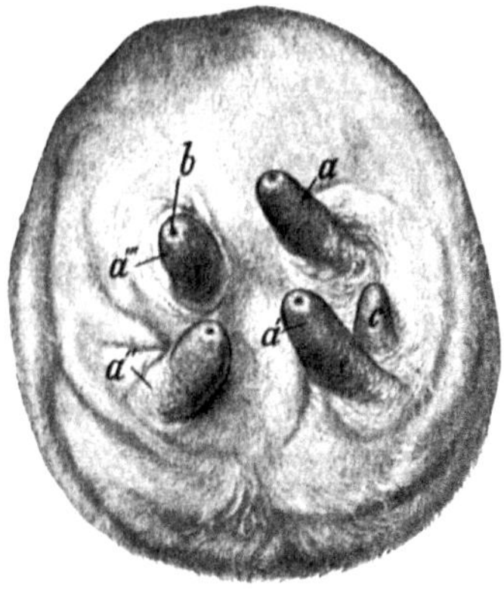

Abb. 28. Euter des Rindes. (Nach ELLENBERGER und BAUM.) a, a', a'', a''' die vier Hauptzitzen; b Ausführungsgang; c Afterzitze.

Colostrumkörperchen mit Fett beladene Leukozyten. Die Proteine des Colostrums sind außerordentlich nahe mit dem Serumeiweiß der Mutter verwandt. Colostrum und mütterliches Blutserum enthalten ferner fast genau gleich viel Eiweiß (8,15—8,41%), während Milch kaum 1% enthält. Albumine und Globuline des Colostrums sind im Gegensatz zum Milcheiweiß nicht artfremd und passieren unabgebaut die Darmwand. Immunkörper werden von der Mutter auf das Kind nur in der Colostralperiode übertragen. JASCHKE schreibt: „Das Colostrum ist nicht allein vermöge der biologischen Verwandtschaft seiner Eiweißkörper mit dem Bluteiweiß, sondern vor allem auch durch seine zelligen Elemente zu einer derartigen Übertragung von Schutzstoffen befähigt, während der Milch in dieser Hinsicht sehr wenig Bedeutung zukommt." Man kann folgende verschiedene Formen der Milch unterscheiden: 1. Colostrum oder Vormilch in den ersten 3—4 Tagen nach der Geburt, 2. Übergangsmilch, 3. Frühmilch, 4. Mittelmilch, 5. Spätmilch. Dabei ist noch zu betonen, daß die Milch am Morgen reicher ist an colostralen Bestandteilen als die Tages- und Abendmilch.

An Hand einer Tabelle von CRAMER und SÖLDNER, die aus JASCHKE entnommen ist, soll die chemische Zusammensetzung der verschiedenen Arten der Milch nochmals erläutert werden.

Alter des Sekretes	100 Teile Colostrum enthalten in Gramm					
	Gesamt-Stickst.	Fett	Lactose Anhydr.	Asche	Trocken-subst.	Eiweiß
Frühcolostrum						
a) Frau G., 26—51 Std. post. part.	**0,928**	4,04	**4,09**	**0,48**	16,04	**5,80**
b) Frau R., 26—48 Std. post. part.	0,336	1,67	5,20	0,36	10,32	—
Spätcolostrum						
a) Frau G., 56—61 Std. post. part.	0,508	3,92	5,48	0,41	14,12	3,17
b) Frau R., 48—68 Std. post part.	0,266	2,02	5,08	0,40	10,12	—
Übergangsmilch						
vom 5. und 6. Tage	0,327	2,89	5,75	0,34	11,69	2,04
Frühmilch						
8. und 9. Tag	0,247	2,75	6,75	0,24	12,21	1,54
11. Tag	0,279	3,80	6,35	0,25	13,00	1,74
Mittelmilch						
3.—10. Woche	0,180	2,66	7,31	0,18	11,59	1,13
Spätmilch						
nach der 10. Woche	**0,141**	3,35	**7,28**	**0,18**	11,68	**0,88**

Die Milch enthält so gut wie regelmäßig Bakterien. Nach JASCHKE sind nachgewiesen Staphylococcus pyogenes albus, Streptokokken und verschiedenste andere. Es handelt sich um harmlose Keime von saprophytärem Charakter. Keimbesiedlung des kindlichen Magendarmtraktus wird auf diese Weise herbeigeführt. An Fermenten sind vorhanden im Colostrum eine Peroxydase und Reduktase. In der Milch findet sich eine Katalase, eine Amylase und ein proteolytisches Ferment. Das Milchfett ist teilweise aus dem Körperfett der Mutter und teilweise aus dem Nahrungsfett aufgebaut.

Das Colostrum hat einen höheren Nährwert als die fertige Milch, wie dies aus der folgenden Gegenüberstellung zu ersehen ist.

	Kalorien pro Liter	N. %	Alb. %	Fett %	Zucker %	Asche %	Wasser %
Colostrum . .	1500—1100	0,93	5,8	4	4	0,48	84
Fertige Milch	etwa 700	0,14	0,9	4	7	0,18	88

Der hohe Nährwert des Colostrums wirkt dem Hungerzustand des Neugeborenen in den ersten Lebenstagen in denkbar glücklicher Weise entgegen.

Es besteht also kein Zweifel, daß bei den Säugetieren in der Muttermilch und besonders auch in ihrer Vorstufe, dem Colostrum, eine geradezu ideale Nahrung geschaffen ist. Die Zusammensetzung der Milch ist bei den einzelnen Säugetierarten verschieden. Auch werden die Jungen ganz verschieden lange Zeit von der Mutter genährt. Im allgemeinen ist es so, daß die Mutter, solange als sie Junge säugt, nicht aufs neue trächtig wird. Für den Menschen trifft dies ja meistens auch zu. Es gibt aber auch bei sehr fruchtbaren Tieren und besonders auch bei Tieren mit langer Trächtigkeitsdauer Ausnahmen von dieser Regel. Als Beispiele für den ersten Fall können die meisten Nagetiere dienen, bei denen gleich anschließend an die Geburt eine neue Brunst einsetzt. Man spricht von dem Postpartumoestrus. Als Beispiel für den zweiten Fall sei das Pferd angeführt, bei dem die Trächtigkeit sehr lange dauert. Wenn während der Säugezeit keine neue Schwangerschaft einsetzt, dann ist das so zu verstehen, daß in diesem Fall die ganzen Kräfte der Mutter für die Ernährung der Jungen in Anspruch genommen werden. Besonders wenn wir daran denken, daß vielfach recht große Junge geboren werden, welche lange Zeit durch den mütterlichen Körper ernährt werden müssen, ist diese Schonzeit verständlich, welche von der Natur gewährt wird. Nach KELLER ist das Walroß 1 Jahr trächtig und es säugt volle 2 Jahre seine Jungen, so daß es also erst nach 3 Jahren wieder brünstig wird.

IV. Das Umhertragen der Jungen durch die Mutter.

Von den Beuteltieren wurde schon berichtet, daß sie ihre Jungen auf ihrem eigenen Körper umhertragen. Während dies im allgemeinen in der Weise geschieht, daß die Jungen im Beutel Unterschlupf finden, kennen wir bei der Beutelratte *(Didelphys)* ein eigentümliches Verhalten, wenn die zahlreichen Jungen offenbar nicht mehr im Innern des Beutels Platz finden. Die Jungen klammern sich mit ihren Krallen an den Rücken der Mutter, und sie halten sich mit ihren Ringelschwänzen vielfach auch noch an dem Schwanz der Mutter fest (Abb. 29). Das Gesamtgewicht der Jungen übertrifft zum Schluß oft beträchtlich dasjenige der Mutter. Trotzdem vermag sie sich mit großer Gewandtheit in den Ästen der Bäume fortzubewegen. Zweifellos hängt das Umhertragen der Jungen auf dem Körper des Muttertieres mit der Lebensweise zusammen. Bei Klettertieren, wie bei den Faultieren und beim Ameisenbären, sowie bei den Halbaffen und Affen und bei fliegenden Säugetieren, wie bei den Fledermäusen und bei den fliegenden Hunden, wird das Umhertragen der Jungen auf dem mütterlichen Körper zur Notwendigkeit. Während die Beuteltiere offenbar mit Vorliebe ihre Jungen auf dem Rücken umhertragen, wenn sie klettern, wofür als Beispiel auch noch der Beutelbär *(Phascolarctus)* genannt sei (Abb. 30), schleppen andere Mütter ihre Jungen auf der Brust mit sich umher. Es sei hier erinnert an die jungen Affen und Halbaffen, welche sich an dem Fell der Mutter in der Brustgegend einkrallen und vielfach dabei an der Zitze festhalten. Besondere Einrichtungen

Abb. 29. Weibchen einer südamerikanischen Beutelratte mit Jungen. (Nach HUDSON.)

Abb. 30. Koala. Beutelbär, sein Junges auf dem Rücken tragend. (Aus BREHMS Tierleben.)

treffen wir bei den Fledermäusen. Hier müssen ja die Jungen sich an dem Körper der Mutter gut festhalten, weil sie beim Flug mit herumgetragen werden, und weil diese Tiere sie niemals in einem Nest unterbringen. Es ist von großem Interesse, die Verhältnisse etwas genauer zu betrachten. EISENTRAUT (4) konnte in mancher Hinsicht die Angaben früherer Autoren bestätigen. Die Fledermaus *(Plecotus auritus)* findet sich zur Zeit der Geburt in sog. Wochenstuben, d. h. daß in der Hauptsache nur weibliche Tiere, welche Junge erwarten, am gleichen Ort angetroffen werden. Die Jungen werden bei den meisten Fledermäusen durch eine besondere Stellung des Weibchens während der Geburt und durch Einkrümmung der Flughaut in der Schwanzgegend in einer Art „Schwanzflughauttasche" aufgefangen. Die blindgeborenen Jungen haben bei vielen Fledermausarten ein besonders gestaltetes Milchgebiß, das von EISENTRAUT (4) als Klammergebiß bezeichnet wird. Es hat die Aufgabe, das Junge am mütterlichen Körper festzuhalten. Bei anderen Fledermausarten dient dem gleichen Zweck der sehr gut entwickelte Saugmund. Auch die Krallen an den Hinterfüßen und an den Daumen sind bei den „Tragjungen" besonders gut entwickelt. Es gibt nun Fledermausarten, bei denen keine Schwanzflughaut ausgebildet ist. Für solche Formen wird angegeben, daß besondere Einrichtungen anzutreffen sind. Die plattnasigen Fledermausweibchen haben in der Nähe der Schamteile zwei kurze zitzenartige Anhängsel von drüsiger Beschaffenheit, an die sich die Jungen während der Geburt sofort ansaugen, um nicht auf die Erde zu fallen. Diese Fledermäuse bilden keine Tasche zum Auffangen der Jungen, sie schlagen vielmehr während der Geburt den Schwanz nach rückwärts um. Die Jungen kriechen dann später zu den Brustzitzen hinauf und saugen sich dort fest. LANDOIS beobachtete, daß solche Tragjungen zwar die meiste Zeit an der Zitze der Mutter festgesogen waren, daß sie aber mit ihren Krallen tief im Pelz der Mutter verankert auch in verschiedensten Stellungen auf ihr herumkrochen. Dabei wird besonders betont, daß die Jungen noch blind waren. Die

Abb. 31. Halsbandflughund, *Roussettus collaris* mit Jungem. (Aus BREHMS Tierleben.)

fliegenden Hunde tragen ebenfalls ihre Jungen auf ihrem Körper umher (Abb. 31). Verschiedene Angaben in der Literatur machen es wahrscheinlich, daß bei diesen Tieren möglicherweise auch das Männchen ein Junges mit sich herumträgt. Die fliegenden Hunde bringen gewöhnlich zwei Junge zur Welt. Es wird nun behauptet, daß auch bei männlichen Tieren die Milchdrüsen gut entwickelt seien und daß wahrscheinlich schon deshalb, weil zwei Junge für die Mutter zu schwer seien, das Männchen sich bei der Brutpflege mitbetätige. Die Angaben scheinen aber nicht ganz sicher zu sein. Die Unterscheidung der Geschlechter ist nämlich bei manchen Flattertieren schwierig und es ist durchaus möglich, daß hier Verwechslungen bei den Beobachtern vorgekommen sind. Während in der ersten Zeit nach der Geburt von den Fledermäusen die Jungen überall hin mitgenommen werden, hängen sie sich, wenn sie größer und selbständiger geworden sind, neben der Mutter fest und kriechen nur noch beim Säugen auf ihrem Körper umher. Nimmt man Fledermäuse, die ihre Jungen noch mit sich herumtragen, diese weg, so suchen sie überall nach ihnen. Legt man die Jungen dann ans offene Fenster, dann werden sie von den Müttern aufgesucht und weggetragen. Die einzelnen Mütter scheinen ihre Jungen zu kennen und auf große Entfernung hin wiederzufinden. Moseley berichtet für die amerikanische Fledermaus *(Nycterus borealis)*, daß einmal eine Mutter ihre Jungen aus einer Entfernung von einer halben Meile wiedergefunden habe. Für unsere einheimische Ohrenfledermaus *(Plecotus auritus)* berichtet Belz, daß zwei nahezu erwachsene Junge 80 Meter von ihrem Fundort entfernt von den beiden Müttern aufgefunden und im Fluge davongetragen wurden.

Abb. 32. Eichhörnchen, sein Junges tragend. (Nach Lang.)

Während wir bei Klettertieren und bei fliegenden Tieren, die keine Nester haben, ein regelmäßiges Herumschleppen der Jungen auf dem eigenen Körper der Mutter beobachten können, bringen die meisten Säugetiere ihre Jungen an geschützten Orten in Nestern unter. Nur in Ausnahmefällen bei Eintritt von Störungen sind sie dann genötigt, die neugeborenen Jungen an einen anderen geschützten Ort zu schleppen. Es dürften sich in dieser Hinsicht die meisten Säugetiere ähnlich verhalten. Am bekanntesten ist vielleicht das Benehmen von Katzen oder von Hunden, bei denen die Mutter bei eintretenden Störungen die Jungen einzeln der Reihe nach oft weite Strecken verschleppt. Sie packt dabei die oft noch blinden Tiere äußerst schonend, meist in der Nackengegend, und schleift sie, wenn sie zu schwer sind, auf dem Boden nach. Manche Säugetiere, deren Junge verhältnismäßig groß sind, haben bei dem Verschleppen einige Schwierigkeiten. Dies gilt vor allem für das Eichhörnchen und seine Verwandten. Von verschiedenen Autoren, so z. B. von LANG (Abb. 32), wurde festgestellt, daß das zentralamerikanische Eichhörnchen *(Sciurus hoffmanni)* sich dabei folgendermaßen verhält:

Abb. 33. Karawanenbildung bei *Crocidura leucodon*. Einfache Reihe. (Aus SCHULZE: Biologie der Tiere Deutschlands.)

Das Junge umgreift den Nacken der Mutter mit den Pfoten und preßt seinen Kopf an die Brust der Mutter. Den Schwanz legt es von einer Seite von unten her über Schulter und Rücken der Mutter. Die Mutter packt mit den Zähnen das Junge an der Haut in der Bauchgegend oder in der Nähe der Pfoten. Diese Tragart soll auch für das europäische Eichhörnchen *(Sciurus vulgaris)* und für *Sciurus carolinensis leucotis* gelten. Besondere Verhältnisse liegen bei schwimmenden Säugetieren vor, welche ihre Jungen verschleppen müssen. MILLS gibt für den amerikanischen Biber *(Myocastor)* an, daß die Jungen beim Schwimmen auch gelegentlich auf dem Rücken getragen werden. WARREN (2) berichtet, daß die Bisamratte *(Ondatra zibethica pallida)* ein Junges nach dem andern in der Weise im Wasser wegträgt, daß sie es bei der Bauchhaut packt und ihren Kopf hoch über Wasser trägt, um das Junge vor dem Ertrinken zu schützen.

Abb. 34. Karawanenbildung bei *Crocidura leucodon*. Doppelreihe. (Aus SCHULZE: Biologie der Tiere Deutschlands.)

Solange die Jungen noch ganz klein sind, macht es für die Mutter oft nicht so große Schwierigkeiten, sie an einen anderen Ort zu schleppen. Bei Mäusen und Ratten hat man beobachtet, daß manchmal beim Säugen der Jungen noch Tiere an den Zitzen hängenbleiben und von der Mutter, wenn sie es eilig hat, ein Stück mitgeschleppt werden. LATASTE gibt an, daß er bei *Mus decumanus* beobachtete, wie in diesem Falle die Mutter wieder ins Nest zurückkehrte, das Junge vorsichtig mit dem Maul packte, ablöste und auf das Lager zurücklegte. Ähnliche Angaben macht GERBE für *Microtus incertus.*

Bei den Spitzmäusen hat man beobachtet, daß sie ihre ganz kleinen Jungen unter Umständen an den Zitzen hängend mit sich herumschleppen. LANDOIS konnte ebenso wie SCHACHT und andere Autoren noch eine besonders merkwürdige Art der Beförderung der Jungen durch die Mutter beobachten. Die Mutter geht voraus und ein Junges hält sich mit dem Maul an ihrem Schwanz fest. Die weiteren Jungen marschieren im Gänsemarsch hintereinander und halten immer beim Fell oder beim Schwanz an. WAHLSTRÖM (2) (Abb. 33 und 34) gibt für *Crocidura leucodon* an, daß die Jungen entweder in einer Reihe oder in Doppelreihe in dieser Form einer Karawane an die Mutter gekoppelt marschieren können. Man kann den Vorgang, den LANDOIS scherzhafterweise als „In-den-Schwanzbeißungsgänsemarsch" bezeichnet hat, sofort auslösen, wenn man die Tiere stört. Die einzelnen Jungen sind psychisch vollkommen willenlos dem führenden Muttertier angegliedert. Bei plötzlicher Verlangsamung oder Beschleunigung richten sich alle Glieder der lebenden Tierkette augenblicklich nach der Führerin. Bei plötzlichem Anhalten stehen schlagartig sämtliche Jungen stocksteif still und sie halten sogar die sonst unausgesetzt schnüffelnde Nase völlig ruhig. Mit dem Muttertier lassen sich sogar die festgebissenen Jungen in die Höhe heben. Die eigenartige Erscheinung konnte bei *Crocidura leucodon* bis in die dritte Woche des Lebens beobachtet werden. Auf diese Weise braucht die Mutter die Jungen nicht einzeln im Maule fortzuschleppen.

V. Weitere Versorgung der Jungen durch die Mutter.

Schon von dem Augenblick der Geburt an beginnt bei den meisten Säugetieren eine eifrige Sorge der Mutter für das Kind. Sie erstreckt sich nicht nur auf die Ernährung und die Unterbringung an einem günstigen Ort, sondern sehr viele Mütter wärmen ihre Jungen im Nest durch ihren eigenen Körper. Darüber hinaus finden wir aber auch sehr viele andere Fürsorgeeinrichtungen. So leckt meistens die Säugetiermutter ihr Junges gleich nach der Geburt am ganzen Körper ab und sorgt auf diese Weise für die Entfernung der Feuchtigkeit, des Schleimes und des Blutes, daß sich eventuell auf dem Körper des Neugeborenen vorfindet. Nach SCHMALTZ (1) ist es für das neugeborene Kalb sehr wichtig, daß es von der Mutter geleckt wird. Es erfolgt dabei nicht nur eine Reinigung, sondern mit ihrer rauhen Zunge frottiert sozusagen die Mutter die Haut des Jungen. Wird das Kalb nicht von der Mutter beleckt, so muß durch Abwischen der Körperoberfläche mit Stroh und durch kräftiges Reiben die gleiche Wirkung erzielt werden. Aber auch später lecken die Mütter vielfach regelmäßig ihre Jungen ab, um sie zu reinigen. Daneben hat bei Raubtieren, z. B. beim Löwen, das Belecken der Jungen durch die Mutter noch eine besondere Bedeutung. Vor dem Säugen beleckt die Mutter den Säugling auf der Bauchseite und sie löst dadurch die Entleerung der Harnblase aus. Bei der Aufzucht von jungen Raubtieren in zoologischen Gärten muß man diesen Reiz dadurch ersetzen, daß man mit einem feuchten Schwamm über die Bauchseite der Jungtiere streicht. Unterbleibt dieser Reiz, so können die Tiere ihren Harn nicht entleeren und werden krank. Die Mütter scheinen für ihre Nestjungen noch vielfach dadurch in besonderem Maße für Reinlichkeit zu sorgen, daß sie bei ihnen Harn und Kot auflecken, solange sie von Muttermilch allein ernährt werden. Solche Angaben werden für Nagetiere gemacht, welche in russischen Steppen in Erdhöhlen leben. Die Nester waren infolgedessen immer in tadellos sauberem Zustand. SCHMIDT (6) macht für den sibirischen Zobel und den europäischen Baummarder die folgenden Angaben: „Fast 6 Wochen werden die Jungen nur gesäugt. Die Nester, das Nestmaterial und die Welpen blieben sauber und trocken, Nahrungsreste, Kot von den Welpen — den die Mutter ja nur solange aufleckt, als er von alleiniger Muttermilch herrührt — wurden im Nest nicht früher vorgefunden, als bis die Fähe Futter zutrug; dies geschah, wie gesagt, nicht vor Ende der 6. Woche. Die Jungen beginnen dann mit ihrem inzwischen entwickelten Milchgebiß an dem Futter der Mutter zu naschen." Bei vielen Säugetieren tragen die Mütter den weiter heranwachsenden Jungen schon Nahrung zu, welche sie mit ihrem allmählich in Tätigkeit tretenden Gebiß bearbeiten können. So findet langsam die Entwöhnung statt. Die Jungen gehen dann langsam selbständig auf Nahrungssuche. Für das Ziesel wird angegeben, daß die Mutter vielfach von einem benachbarten Bau aus das Tun und Treiben der Jungen beobachtet und sie bei drohender Gefahr durch warnende Pfiffe sichert. Daraufhin verschwinden dann die Jungen blitzartig in einer Röhre des Baues.

Viele Säugetiermütter müssen überhaupt von Anfang an ihre Jungen vor dem Vater verteidigen, der sie ohne weiteres mit großer Vorliebe auffrißt. Sie decken mit ihrem eigenen Körper die Jungen und verteidigen sie bis aufs äußerste. Von Raubtieren ist ja bekannt, daß Mütter mit Jungen besonders gefährlich werden können. Es sei nur an die Löwin erinnert, welche ja in diesem Fall den Menschen ohne weiteres in gereiztem Zustand angreift. Auch für die Bärin steht fest, daß sie, wenn sie ein Junges zu verteidigen hat, für den Menschen außerordentlich gefährlich werden kann. Ähnlich verhalten sich die meisten Säugetiermütter. Auch Tiere, die sonst furchtsam und keineswegs wehrhaft sind, setzen für ihre Jungen ihr Leben aufs Spiel. Für manche Säugetiere wird angegeben, daß die Weibchen die Angreifer von den Jungen abzulenken versuchen, dadurch, daß sie plötzlich lahm gehen und weit weg vom Nest laufen, um dann im geeigneten Augenblick im Vollbesitz ihrer Körperkräfte zu entfliehen. Wir haben also den Eindruck, daß die Natur die verschiedenen Säugetierarten mit einer ganzen Reihe von besonderen Instinkten ausgerüstet hat, welche einen weitgehenden Schutz der Jungen durch das Muttertier ermöglichen.

B. Nestbau bei Säugetieren.

Es gibt eine ganze Reihe von Säugetieren, welche keine Nester bauen. Dies hängt damit zusammen, daß sie, wie z. B. die Beuteltiere, ihre Jungen solange auf ihrem Körper mit sich herumtragen und so weitgehende Fürsorge dabei ausüben, daß die Jungen in vollkommen ausgebildetem und selbständigem Zustand den Körper der Mutter verlassen. So ist es zu erklären, daß wir nur ganz ausnahmsweise unter den Beuteltieren Vertreter kennenlernen, welche ein Nest bauen.

Auch bei den Klettertieren ist vielfach die Fürsorge für die Jungen so ausgebildet, daß die Mutter den Brustsäugling überallhin mit sich umherschleppt. Er ist am mütterlichen Körper gut gewärmt, geschützt und ernährt und vielfach erübrigt sich deshalb die Unterbringung in einem Nest.

In gleichem Sinne gilt dies für fliegende Säugetiere, die, wie die Fledermäuse oder wie die fliegenden Hunde, die Jungen, solange sie noch klein sind, überallhin mit sich umhertragen. Wir vermissen hier vollkommen einen Nestbau.

Aber auch bei Säugetieren, die vollkommen entwickelt sehend und weitgehend selbständig zur Welt kommen und die insbesondere bei Herdentieren schon gleich nach der Geburt ihrer Mutter zu folgen vermögen, können wir nicht erwarten, daß Nester gebaut werden.

Einige Säugetiere, bei denen die Jungen schon nach kurzer Zeit selbständig werden, bringen diese an geschützten Orten unter Umständen auch noch auf weicher Unterlage zur Welt. Von einem eigentlichen Nest können wir auch hier nicht sprechen. Wir wählen am besten die Bezeichnung Lager. Es soll dabei zum Ausdruck kommen, daß die Fürsorge des Muttertieres nur darin zu erblicken ist, daß für die Unterbringung der Jungen ein geeigneter Ort ausgewählt wurde. Beim Reh und beim Hasen ist dieses Lager oft recht primitiv und die Jungen sind von ihren ersten Lebenstagen an den Unbilden der Witterung vielfach stark ausgesetzt. DOFLEIN hat die Jungen der Säugetiere eingeteilt in Beutelsäuglinge, Brustsäuglinge, Laufsäuglinge und Lagersäuglinge. Bei den ersten drei Gruppen vermissen wir eine Unterbringung in einem eigentlichen Nest. Die Jungen verlassen in diesen Fällen in selbständigem Zustand den mütterlichen Körper.

Es gibt nun aber eine große Reihe von Säugetieren, bei denen dies nicht der Fall ist. Zunächst sei daran erinnert, daß ja das Schnabeltier *Ornithorhynchus* Eier legt und diese nicht in einem Brutbeutel versorgt. Wir treffen also bei diesen Tieren ein Nest, in dem die Jungen ausschlüpfen und von der Mutter gesäugt und gepflegt werden. Aber auch bei Insektenfressern, wie z. B. beim Maulwurf und beim Igel, sowie bei Nagetieren, wie bei Mäusen und Ratten oder beim Kaninchen, und weiterhin bei Raubtieren, wie beim Fuchs und bei der Katze, beobachten wir, daß die Jungen noch hilflos, nackt und blind geboren werden und daß sie in warmen, für sie eigens vorbereiteten Nestern vor Kälte geschützt von der Mutter untergebracht und betreut werden. Die Errichtung des Nestes an einem geschützten Ort und aus geeignetem Material und die Unterbringung und die Versorgung der Jungen dortselbst stellt einen wichtigen Teil der Fürsorge für die Nachkommen dar.

Es gibt innerhalb der Säugetierreihe eine so unendlich große Zahl von Arten, welche Nester bauen und ihre Jungen in dieser Weise versorgen, daß an dieser Stelle nur die Erläuterung an Hand einiger Beispiele durchgeführt werden kann.

Entsprechend der Lebensweise bei den verschiedenen Säugetieren finden wir Nester entweder in Höhlen im Innern der Erde oder in Schlupfwinkeln auf der Erde oder in besonders geschützter Lage in der Nähe des Wassers oder schließlich Nester über der Erde auf Sträuchern oder auf Bäumen. Diese vier verschiedenen Typen von Nestern sollen hier besprochen werden.

1. Nester in Höhlen in der Erde.

Säugetiere, welche Gänge in der Erde graben und auf diese Weise ihre Nahrung suchen, wie dies beim Maulwurf *(Talpa europaea)* der Fall ist, bringen natürlich auch ihre Jungen in solchen Höhlen unter der Erde zur Welt. Man darf nun aber nicht den Fehler begehen, die gesamte Anordnung der Röhren mit dem Nestbau in Beziehung bringen zu wollen. Nicht einmal jedes Nest hat mit der Brutpflege etwas zu tun. Auch einsam lebende Männchen bringen in ihren Gängen Erweiterungen an, in welche sie weiches Material tragen. Sie benutzen derartige Kessel als Ruheplätze, von denen aus sie ihre regelmäßigen Wanderungen durch die weitverzweigten Gänge zur Nahrungssuche antreten. Das Weibchen baut nun diesen Lagerplatz besonders aus. Es bringt gewöhnlich an einem geschützten Ort unter einem Strauch neben einer Mauer oder in der Nähe von Steinen die Erweiterung in einer Röhre an, in welche dann weiches Material für das Nest gebracht wird.

Der größte Maulwurfshaufen liegt entsprechend der Entfernung der größten Erdmenge über dem Nest. Hauchecorne hat in neuerer Zeit besonders eingehend die Maulwurfsbauten untersucht. Er kommt ebenso wie zahlreiche andere Forscher, wie z. B. Dahl und Rossinsky sowie Adams, zu einer Ablehnung der früher weitverbreiteten Auffassung von Blasius, daß die Maulwurfsburgen immer nach dem gleichen Schema gebaut seien. Blasius erläuterte an Hand einer Abbildung, daß sozusagen 2 Stockwerke von Rundgängen und querverbindenden Gängen um die mittlere Kammer gelegen seien (Abb. 35). Es kann jedoch gar keine Rede davon sein, daß jedes Maulwurfsnest in gleicher Weise in einer Burg mit derartigen Gängen untergebracht wäre. Es kommen vielmehr je nach den örtlichen Verhältnissen Röhren in verschiedener Zahl und Anordnung aus der Nestkammer. Nach oben führende Gänge sind zum Herausschaffen der Erde bestimmt. Der Ausgang liegt niemals vollkommen offen, sondern er ist immer mit Erde überdeckt und mündet gewöhnlich in der Mitte eines Maulwurfshaufens. Horizontal verlaufende Gänge dienen dem Maulwurf zum Fang seiner Nahrung.

Sie werden von ihm in großer Zahl angelegt und täglich mehrmals auf Nahrungstiere abgesucht. Einige kurze, senkrecht nach unten verlaufende Gänge dienen offenbar als Brunnen zum Ansammeln von Regenwasser, da das Tier Feuchtigkeit in großem Maße benötigt. Alle diese Gänge haben mit dem

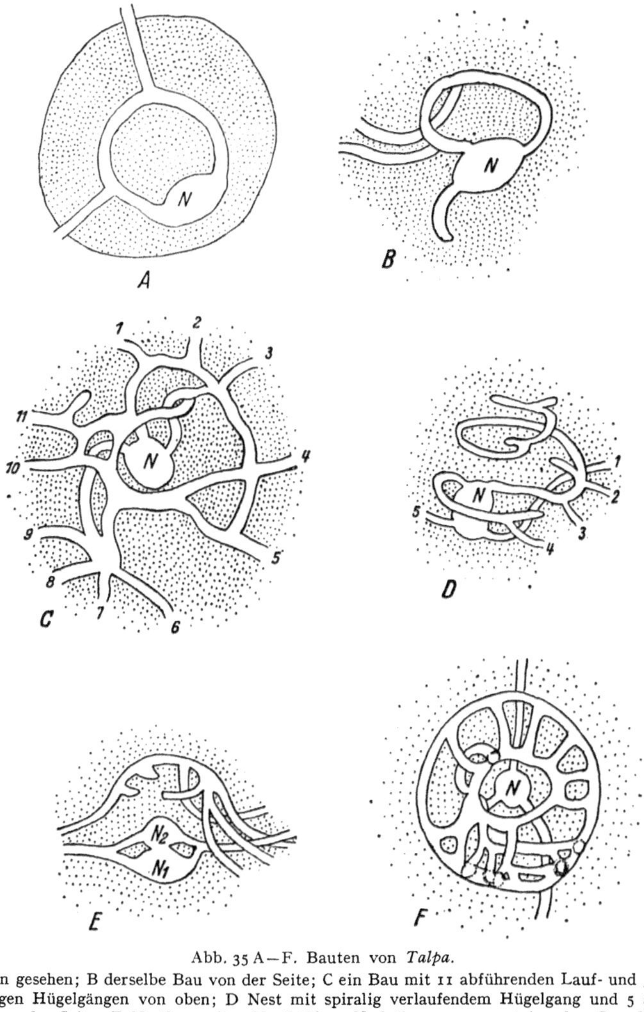

Abb. 35 A—F. Bauten von *Talpa*.
A von oben gesehen; B derselbe Bau von der Seite; C ein Bau mit 11 abführenden Lauf- und Jagdgängen, sowie einigen Hügelgängen von oben; D Nest mit spiralig verlaufendem Hügelgang und 5 abführenden Gängen, von der Seite; E Nestbau mit 2 Nesthöhlen; N_1 früheres, wegen steigenden Grundwassers verlassenes Nest, N_2 neues Nest. Von der Seite gesehen; F strahlenförmig angeordnete Gänge mit besonderer Verschlingung. (Nach ADAMS aus HESSE-DOFLEIN.)

Nestbau selbst nichts Direktes zu tun. Wir treffen sie ebenso bei allein lebenden Männchen vor. Wie schon erwähnt, ist das Nest, in welchem die Jungen untergebracht werden, nichts weiter als ein besser ausgebauter Lagerplatz. Hierhin wird weiches Polstermaterial in Form von Gras, getrockneten Blättern und dergleichen gebracht. Das Nestbaumaterial richtet sich ganz nach den örtlichen Verhältnissen. Eine gewisse Fürsorge scheint noch darin gegeben zu sein, daß das Nest verhältnismäßig hoch gelegen ist und bei Überschwemmungen spät erreicht wird, so daß auch zur Not sogar noch durch aufwärts führende Gänge die Jungen von den Weibchen gerettet werden können. Wir können den ganzen Maulwurfshaufen nur so verstehen, wenn wir bedenken, daß sein Bewohner ein Tier mit unterirdischer Lebensweise ist, das die verschieden eingerichteten Gänge als Fangkanäle und in verschiedenstem Sinn verwendet.

Hatten wir in dem Maulwurf einen Insektenfresser mit unterirdischer Lebensweise vor uns, so sollen nunmehr einige Nagetiere mit Erdbauten in ihrem Verhalten geschildert werden. Vor allem die Bewohner von Steppenlandschaften und von Wüstengebiet ziehen sich zum Schutz in Erdhöhlen zurück (Abb. 36—39). Ihre Nahrung suchen sie außerhalb dieser Gänge. Die Tiere entziehen sich durch den Aufenthalt in den Höhlen den Blicken ihrer zahlreichen Verfolger. Bei der vollkommen freien Steppe könnten sie natürlich besonders leicht gesehen werden. Meistens zeichnen sie sich durch eine ausgesprochene nächtliche Lebensweise aus, so daß sie genötigt sind, den größten Teil des Tages schlafend in ihren Höhlen zu verbringen. Es ist nun klar, daß wir auch bei diesen Nagetieren, z. B. bei dem Ziesel *(Citellus)*, eine Lagerstätte und einen kesselartig erweiterten Raum in den Höhlen der männlichen Tiere vorfinden. Ebenso zeichnen sich die Bauten der Männchen durch viele Einrichtungen aus, welche wir in gleicher Weise bei den Mutterbauten mit Jungen beobachten können. Zweifellos kommen aber solche Einrichtungen besonders auch den Jungen in einem derartigen Bau zustatten.

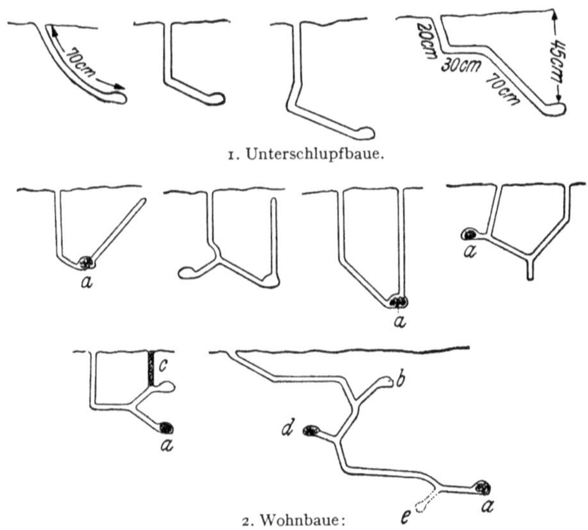

a Nest; *b* blinder Gang; *c* verstopfter Gang; *d* Vorratskammer; *e* Exkremente.

Abb. 36. Unterschlupfbaue und Wohnbaue des Ziesels. (Nach Calinescu.)

Es ergeben sich nun nach der Tierart recht große Unterschiede. Nach Calinescu müssen wir annehmen, daß beim Ziesel zu unterscheiden sind Unterschlupfbauten, in denen sich die Tiere nur rasch den Blicken ihrer Feinde entziehen können und die oft in großer Zahl zwischen Wohnbauten und der Futterstelle gelegen sind, und eigentliche Wohnbauten. Bei den Wohnbauten können wir Unterschiede feststellen, je nachdem, ob ein Männchen oder ein Weibchen dortselbst lebt und je nachdem, ob es sich um einen Sommerbau oder um einen Winterbau handelt. Vom Eingang führt bei einem Mutterbau eine Hauptröhre meistens nach einigen Windungen zu verschiedenen erweiterten Stellen, die man als Wohnkammern bezeichnen kann. Eine solche Wohnkammer wird

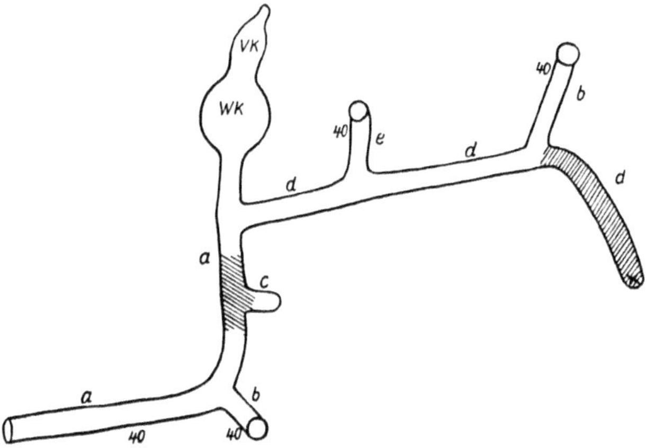

Abb. 37. Mutterbau eines Hamsters. (Aus EISENTRAUT.)
VK Vorratskammer; *WK* Wohnkammer; 1 Eingang; 2 fertige Ausgänge *b*; *b*; *e*; 2 noch nicht fertige Ausgänge *c* und *x*.

besonders gut mit weichem Nestmaterial versehen und zur Wochenstube auserwählt. Sie steht in Verbindung mit kurzen blinden Gängen, die teilweise nach abwärts führen und an ihrem Ende mit Exkrementen

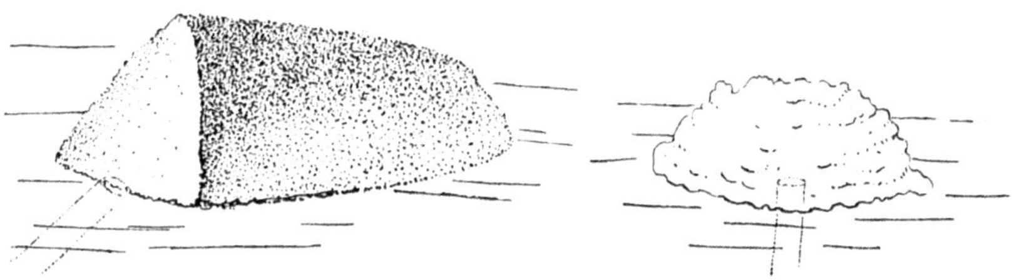

Tojo Maulwurf
Abb. 38. Tojo-Hügel und Maulwurfshügel. (Aus EISENTRAUT.)

versehen sind. Außerdem können sich in der Nähe des Nestes Vorratskammern vorfinden, die aber meistens erst vor dem Winter gefüllt werden. Dann sind vom Nest aus die verschiedenen Nebengänge leicht zu erreichen, welche entweder schräg nach oben führen und blind endigen oder welche an verborgener Stelle ins Freie münden. Man muß diese zuletzt genannten Gänge als Notausgänge deuten, welche bei Gefahr eine rechtzeitige Flucht gestatten, sei es, daß die Mutter mit den Jungen durch die verborgenen offenen Ausgänge entkommt oder daß sie die nach oben führenden blind endigenden Gänge noch schnell bis zur Oberfläche fertigstellt.

Die verschiedenen in der Steppe lebenden Nagetiere zeigen deutliche Unterschiede in der Anlage ihrer Baue. Bei manchen Formen wird die

a

b

c

Abb. 39 a—c. Zieselnest und Entwicklung der Jungen. (Aus SHAW.)
Die Jungen sind bei a neugeboren, nackt und blind, bei b sehend, behaart, noch unbeholfen; bei c fertig entwickelt.

Erde vor dem Eingang in den Bau zerstreut und der Eingang mit Sand verstopft. Bei anderen finden sich mehr oder weniger große Sandhaufen vor dem Eingang in die Röhren. Diese Sandhaufen liegen in verschiedenem Abstand von dem Eingang in den Bau. Manche Nagetiere verstopfen auf große Strecken den Eingang in den Bau. Vielfach können wir beobachten, daß bei Anwesenheit von Jungen im Nest die Zugänge zum Kessel verstopft werden. Die Einzelheiten im Verhalten beim Bau sind oft für bestimmte Nagerarten charakteristisch. Es soll hier nur noch das Verhalten des Hamsters kurz besprochen werden. Hier kommen zu den schon erwähnten Gängen noch senkrechte sog. Fallgänge, welche direkt von oben in die Vorratskammern führen. Diese Vorratskammern stehen allerdings mit der Brutpflege in keinem engeren Zusammenhang, da sie vor Beginn des Winters vor allem erst gefüllt werden und den Nahrungsvorrat für die ungünstige Jahreszeit bergen.

Als Nestbaumaterial wird von den Nagetieren in die Erdhöhlen trockenes Gras, Laubwerk und bei Gelegenheit auch Baumwolle geschleppt.

Vom Ziesel wird berichtet, daß die Mutter auch noch nach dem Schlüpfen der Jungen die Brut von einem Erdbau aus beobachtet und sich bei Gefahr zunächst säulenartig aufrecht stellt, um dann die Jungen durch laute Alarmpfiffe zu warnen und zum Aufsuchen des Erdnestes zu veranlassen.

Von unseren einheimischen Nagetieren errichtet das Kaninchen gewöhnlich Erdhöhlen, in denen es in einem weichen Nest seine Jungen unterbringt. In ausgesprochenem Maße verwendet das Kaninchen die Wolle seiner Bauchseite mit zum Nestbau. Man weiß von zahlreichen Säugetieren, daß trächtige Mütter kurz vor der Geburt einen Haarausfall aufweisen. Sogar beim Menschen ist häufig diese Erscheinung festzustellen. Beim Kaninchen hat zweifellos der Ausfall der Wolle auf der Bauchseite eine tiefere biologische Bedeutung. Es wird nicht nur ein weiches Baumaterial für das Nest auf diese Weise geliefert, sondern die Zitzen auf der Bauchseite werden für die Jungen leichter zugänglich gemacht. Tatsächlich sind die nackten und blinden jungen Kaninchen besonders weich und warm in ihrem Nest untergebracht. Wenn die Mutter den Bau verläßt, so verstopft sie die Zugänge zum Nest und sie kann die Kleinen ruhig lange Zeit warm und geborgen sich selbst überlassen. Das Kaninchen ist insofern für uns noch von besonderem Interesse, als es in manchen Gegenden Deutschlands dazu neigt, nicht mehr unter der Erde, sondern auf der Erde seine Nester unterzubringen. Demnach ist das wilde Kaninchen in der Gegenwart in einem Fortschritt vom Höhlenbewohner zum Freilandbewohner begriffen. Eine große Anzahl von Beobachtungen sprechen in dem Sinne, daß sich die Tiere außerordentlich den verschiedenen Umweltbedingungen anzupassen vermögen und unter Umständen auch auf der Erde in Schlupfwinkeln und Büschen ihre Nester unterbringen. In dieser Hinsicht ähneln sie zahlreichen anderen Nagetieren.

2. Nester auf der Erde.

Ähnlich wie das Kaninchen verhalten sich, was den Nestbau anlangt, vielfach Ratten und Mäuse. Haben sie Gelegenheit selbst unterirdische Bauten anzulegen, so bringen sie dort in Nestern ihre Jungen unter. Dabei tragen sie außer verschiedenstem anderen weichem Material gelegentlich auch Stoffteile und Papier in ihre Nester. Für manche im Hochgebirge lebende Mäuse müssen wir annehmen, daß sie zwischen Felsen in Schlupfwinkeln ihre Nester errichten.

Abb. 40. Nest der Wasserratte, *Arvicola schermann* SHAW. (Nach DATHE.)

Auf der Erde auf weichen Lagerplätzen hält sich z. B. auch das Wildschwein an geschützten Stellen auf. Für das Hausschwein hat es sich als zweckmäßig erwiesen, dem Muttertier nur kurzes Stroh für das Lager zur Verfügung zu stellen, da die Jungen zwischen langem Stroh leicht hängenbleiben und von der Mutter gedrückt oder getötet werden.

Im Rahmen dieser Zusammenstellung ist es unmöglich, auf die zahlreichen Säugetierarten genauer einzugehen, welche ein Lager oder ein einfaches Nest an einem geschützten Ort auf der Erde errichten. Es sei jedoch betont, daß im allgemeinen die Nester auf der Erde bei weitem nicht den vollkommenen Bau erkennen lassen, wie die Nester in Höhlen oder die nun zu besprechenden Nester am Wasser.

3. Nester am Wasser.

Viele gut schwimmende, am Wasser lebende Säugetiere bringen ihre Jungen am Wasser so unter, daß sie vor Landtieren geschützt sind. Dabei können sie auch so verfahren, daß sie fremde Nester für ihre eigenen Zwecke mit benützen. Als Beispiel sei hier die Wasserratte erwähnt, welche nach den Beobachtungen von DATHE (Abb. 40) in dem Nest eines Teichhuhns (*Gallinula chloropus* L.) ihre sechs nackten blinden Jungen untergebracht und mit einer Handvoll zerschlissenen Schilfes bedeckt hatte. Das Nest befand sich 2 m vom Ufer entfernt im Schilf direkt auf dem Wasser. Der obere Teil des Nestes, der die Jungen barg, war völlig trocken. Besonders erwähnenswert sind noch die Bauten am Wasser, welche der Fischotter errichtet. Er bringt seine Jungen in einer Erdhöhle so unter, daß der Zugang nur durch Tauchen unter Wasser erreicht werden kann. Die Jungen sind also auf diese Weise besonders gut vor Gefahren geschützt (Abb. 42).

Abb. 41. *Fiber sibethicus* beim Bau der Winterburg. (Nach MICHEL.)

Eigenartige und recht umfangreiche Bauten errichtet der Biber. Dieses Nagetier ist imstande, auch größere Bäume zu fällen. Es errichtet aus Baumstämmen und Zweigen Staudämme und schafft auf diese Weise seenartige Wasseranstauungen. Im Innern des Wassers wird dann aus Pflanzenmaterial eine Burg errichtet, welche das Nest mit den Jungen birgt. Es ist also das Wasser sozusagen zur Verteidigung des Nestes ausgenutzt.

Abb. 42. Schema eines Baues von *Lutra*. (Nach STRAUSS.)

In ähnlichem Sinn verfährt die Bisamratte, die ja auch auf Inseln von Teichen oder Seen ihre Bauten errichtet (Abb. 41).

4. Nester über der Erde auf Sträuchern und Bäumen.

Unter den Säugetieren kennen wir nur wenige Vertreter, welche über der Erde Nester bauen. Es hängt dies damit zusammen, daß Flug- und Klettertiere meistens ihre Jungen auf ihrem Körper mit sich herumtragen. Ausnahmen bilden in dieser Hinsicht die kletternden Mäuse, die Bilche und die Eichhörnchen. Bei den Affen, so z. B. bei dem Schimpansen, beobachten wir zwar gelegentlich eine Art Nestbau. Er hat aber nichts mit der Brutpflege zu tun. Es handelt sich dabei um primitive Nester, welche als sog. Schlafnester nur zum Übernachten und vielfach nur kurze Zeit benutzt werden. Kletternde Mäuse, Bilche und Eichhörnchen benutzen manchmal Vogelnester, welche sie lediglich für ihre Zwecke umbauen. Das Nest dieser Säugetiere hat kugelförmige Gestalt und es ist gewöhnlich mit einem Eingang und einem Ausgang versehen, die verstopft werden können. Auch die Marder benutzen gelegentlich außer Schlupfwinkeln in hohlen Bäumen Vogelnester und Nester von Eichhörnchen. Wenn sich die Zwergmaus und der Siebenschläfer ein

Abb. 43. Eichhörnchennest. (Aus STODDARD.)

Nest bauen, so benutzen sie dazu Gras, Moos, Blätter und Zweige, welche sie in kunstvoller Art zu kugelrunden Gebilden verarbeiten. Im Innern sind diese Nester besonders weich ausgepolstert. Das Nestmaterial besteht vielfach beim Eichhörnchen aus mehreren Lagen (Abb. 43). Durch Zuhilfenahme von Zweigen und Blättern sind die Ritzen so dicht verstopft, daß die Tiere trotz der gewaltigen Winterstürme in derartigen Nestern die kalte Jahreszeit überdauern können.

Es ist notwendig, noch etwas genauer auf das Baumaterial einzugehen, welches bei den verschiedenen Säugetieren zum Nestbau Verwendung findet. Obwohl bis zu einem gewissen Grade je nach der Lebensweise der Tiere für jede Art hauptsächlich von vornherein nur bestimmte Baustoffe in Frage kommen, darf man nicht annehmen, daß etwa das Nest einer Tierart stets gleich gebaut sei. Als Beispiel, was für verschiedene Stoffe beim Nestbau Verwendung finden, bringe ich hier eine Zusammenstellung von BURRELL (1), welche sich auf das Nest des Schnabeltieres bezieht. Als Baumaterial kommen hier in Frage, dünnes Gras,

Schilf, schmale und breite Pflanzenblätter, sowie Wurzelteile, die je nach den örtlichen Verhältnissen zum Nestbau bei dieser Tierart benutzt werden können. Bei manchen Tieren haben wir den Eindruck, daß grobes Material in der vorgefundenen Art benutzt wird. Andere Tiere dagegen verwenden sehr viel Sorgfalt und Mühe darauf, grobe Pflanzenteile erst weitgehend zu zerreißen und zu zerkleinern, bis sie ihnen geeignet erscheinen. Bei Nestern auf Bäumen wird oft beobachtet, daß Blätter von weit her auf diese Bäume getragen werden. Wenn das Nestmaterial meistens sehr trocken ist, so dürfte dies damit zusammenhängen, daß es schon in getrocknetem Zustand eingetragen wurde. Man hat früher behauptet, daß z. B. die Murmeltiere das Gras in die Sonne legen, wenden und sorgfältig trocknen würden, um es dann erst in ihren Bau zu bringen. Wahrscheinlich sind jedoch diese Behauptungen in das Bereich der Fabel zu verweisen. Wie schon erwähnt, sind viele Säugetiere keineswegs beschränkt in der Wahl ihrer Baustoffe. Bietet sich ihnen z. B. in Baumwolle, in Stoffstücken oder in Papier ein geeignetes Nestbaumaterial, so machen sie gerne davon Gebrauch. Vielfach zerfetzen und zerkleinern sie jedoch vorher die Baustoffe, wie dies z. B. beim Hamster beobachtet wurde, der sich in der Gefangenschaft große Mengen von Papier unter einen Schrank schleppte, um es vollkommen zu zerreißen und sich ein Nest daraus zu bauen. Im allgemeinen ist zu sagen, daß der Instinkt für den Nestbau keineswegs starr ist. Er paßt sich vielmehr in weitgehendstem Maße den gegebenen Umweltverhältnissen an.

C. Allgemeine Betrachtungen über Brutpflege und Nestbau bei Säugetieren.

Bei der Brutpflege der Säugetiere begegnen uns in großer Menge Einrichtungen, welche unabhängig von dem Willen und dem Bewußtsein eines mütterlichen Tieres im Innern seines Körpers im Dienste der Erhaltung der Art stehen. Vielfach ist es so, daß ein Vorgang anschließend eine Kette weiterer zwangsmäßig aufeinanderfolgender Vorgänge auslöst. Denken wir etwa an das Platzen des reifen Follikels, welches zur Folge hat, daß die aus dem Follikel sich entwickelnde innersekretorische Drüse die Veränderung zur Aufnahme des befruchteten Eies in der Gebärmutterschleimhaut hervorruft. Das sich festsetzende Ei andererseits bewirkt die Schaffung der eigenartigen Ernährungseinrichtungen in Form der Placenta. Kurz vor der Geburt wird durch innersekretorische Stoffe die Milchsekretion angeregt. Ebenso wird das knöcherne Becken erweitert und der Geburtskanal auf die Geburt vorbereitet. Die Geburt selbst ist aufzufassen als eine Reihe aufeinanderfolgender Einzelvorgänge, die nur in dieser vollkommenen Art zusammen wirken können, weil die betreffenden Organe bis ins einzelne für diese Aufgabe vorbereitet sind. Bedenken wir noch, daß eine besondere Verschlußeinrichtung für die Nabelstranggefäße nur in Tätigkeit tritt, wenn diese durchrissen werden und daß offenbar bei manchen Säugetieren die Milchsekretion nur in

Tätigkeit tritt, wenn die Nachgeburt gefressen wird und dadurch ihre Hormone zur Wirksamkeit kommen, so können wir uns ein Bild von diesem Ineinandergreifen der Einzelvorgänge machen.

Wir würden nun denken, daß also Organveränderungen hier vorliegen, welche wohl auch zwangsmäßig bestimmte Instinkte auslösen. Tatsächlich tritt ja durch Hormone geregelt die Füllung der Milchdrüse mit Sekret ein und die Mutter hat nun das Bestreben die Drüse zu entleeren. Sie hat ein angenehmes Gefühl beim Saugen des Kindes an der Brust. Man würde also schließen, daß die Organveränderung der Milchdrüse zwangsmäßig den Stillinstinkt auslöst. Auch bei manchen anderen Instinkten hat man den Eindruck, daß sie wohl für das Kind zweckmäßig sind, daß sie aber gleichzeitig der Mutter wohl angenehme Empfindungen bereiten. Wenn z. B. die Kuh das neugeborene Kalb beleckt, dann bereitet es ihr anscheinend angenehme Empfindungen. Wir können durch Aufstreuen von Salz auf das Kalb das Belecken noch intensiver gestalten. Wahrscheinlich sind es bestimmte Geschmacksstoffe, welche die Mutter zu dieser Tätigkeit veranlassen. Es spricht auch vieles dafür, daß z. B. der Zobel nur deshalb den Kot des Milchsäuglings aufleckt, weil dabei bestimmte Geschmacksstoffe diese Betätigung des Muttertieres veranlassen. Sobald das Junge Fleischnahrung aufnimmt, unterbleibt diese Form der Reinigung. Wir gewinnen also den Eindruck, daß das Muttertier keineswegs bewußt bei der Brutpflege handelt, sondern daß nun bis zu einem gewissen Grade ähnlich zwangsmäßig wie vorher im Innern seines Körpers zweckmäßige Betätigungen im Sinne der Brutpflege durch Instinkte geregelt, ablaufen, die anscheinend meistens der Mutter angenehme Empfindungen bereiten. In diesem Sinn ist es wichtig zu erwähnen, daß kastrierte Tiere keine Brutpflegeinstinkte mehr zeigen oder daß nach den Versuchen von STEINACH Männchen, denen weibliche Keimdrüsen in den Körper verpflanzt wurden, den Brutpflegeinstinkt des Säugens zugleich mit einer Vergrößerung und Funktion ihrer Milchdrüse erkennen lassen. Zweifellos werden also die Brutpflegeinstinkte in weitgehendem Maß durch Organveränderungen, insbesondere durch Betätigung innersekretorischer Organe, im mütterlichen Körper ausgelöst.

Man wollte von jeher die Sinnlosigkeit mancher Instinkte damit beweisen, daß man sagte, daß die Muttertiere ihre Jungen auffressen, wenn sie unter bestimmten Verhältnissen leben.

Wir dürfen nicht vergessen, daß ein solches Verhalten des Muttertieres immer die Ausnahme darstellt. Unter natürlichen Lebensbedingungen funktioniert zweifellos die von der Natur gegebene Einrichtung der Brutpflege ganz ausgezeichnet. Ja, wir müssen sagen, daß uns der außerordentlich komplizierte und in so unendlich vielen Fällen mit einer wunderbaren Präzision ablaufende Geburtsvorgang bei den Säugetieren und der Vorgang der Brutpflege durch das mütterliche Tier nur stets aufs neue überraschen kann. Wenn hier ein Versager an irgendeiner Stelle eintritt, so muß dies seine besondere Ursache haben. Die Tierzüchter haben nach SCHMALTZ (1) und ZELL längst erkannt, daß offenbar die Schweine nur dann ihre Ferkel fressen, wenn keine günstigen Lebensbedingungen gegeben sind. In ungeeignetem zu langem Stroh können die Jungen festgehalten und totgedrückt werden. Bei ungeeigneter Ernährung und auf zu engem Raum vergreift sich die Mutter an den Jungen. Es sind auch vollkommen unbiologische Bedingungen gegeben, wenn auf engstem Raum das Männchen mit der Mutter und den Jungen zusammengesperrt ist. Es ist nicht verwunderlich, wenn sich unter diesen Bedingungen der Vater so oft an den Kindern vergreift. Unter natürlichen Verhältnissen ist genügend Raum gegeben, so daß sich das Muttertier an einen stillen Ort absondern und dort die Jungen richtig betreuen kann. Ihr Instinkt läßt sie das richtige Material als Unterlage wählen. Es ist also eine vollkommen falsche Auffassung, die durch unbiologische Bedingungen verursachte Störung der sonst zweckmäßig ablaufenden Brutpflegebetätigung als Beweis für ihre Sinnlosigkeit oder für ihren Automatismus anführen zu wollen.

Bis zu einem gewissen Grade laufen natürlich die ganzen Brutpflegebetätigungen automatisch ab. Es gibt in dieser Hinsicht einige interessante Beispiele. Es wurde schon oben erwähnt, daß beim Kaninchen nur dann ein Ei heranreift und durch den Follikelsprung aus dem Ovar frei wird, wenn eine Begattung erfolgt ist. Unterbleibt die Begattung, so werden die Eier rückgebildet. Dabei kommt es nicht etwa auf eine richtige Befruchtung, sondern nur auf die Begattung an. Läßt man nun einen sterilisierten Bock die Begattung ausführen, so unterbleibt selbstverständlich die Befruchtung des Eies. Trotzdem tritt aber eine Scheinschwangerschaft auf, d. h. das Weibchen benimmt sich genau so, wie wenn es befruchtet worden wäre. Bei manchen Säugetieren kann die Scheinschwangerschaft soweit gehen, daß die Tiere bereits ein Lager für die Jungen herrichten und sich so benehmen, als ob sie in nächster Zeit werfen wollten. Es kommt also bei Tieren ganz ähnlich wie ja übrigens auch beim Menschen eine eingebildete Schwangerschaft vor. Solche Verhältnisse sind nach SCHMALTZ (1) besonders beim Hund beobachtet worden.

Wenn ein Tier trotz bestehender Geschlechtsreife keine Gelegenheit zur Fortpflanzung hat, so entstehen oft ähnliche Erscheinungen, wie wir sie beim Menschen beobachten. Einmal neigen kinderlose Weibchen sehr dazu fremde Junge anzunehmen und zu säugen. Auch bildet sich in diesem Fall auf den Saugreiz und auf die Betätigung des Brutpflegeinstinktes hin die Milchdrüse zur vollen Funktion aus, obwohl vorher keine Schwangerschaft vorausgegangen zu sein braucht. Am leichtesten natürlich nimmt eine Mutter fremde Säuglinge an, wenn sie ihre eigene Brut verloren hat.

Aber auch ähnliche Erscheinungen, wie wir sie als Hysterie beim Menschen kennen, beobachten wir infolge einer Störung des Geschlechtslebens und der normalen Brutpflegebetätigung bei Tieren. Es soll hier vor allem verwiesen werden auf das Verhalten von Pferden, welche nervös, überempfindlich, schreckhaft und unberechenbar werden, wenn ihr Geschlechtsleben gestört ist. Diese Erscheinungen verschwinden wieder vollständig, sobald normale Verhältnisse gegeben sind.

Überblickt man insgesamt die Verhältnisse bei der Brutpflege und dem Nestbau der Wirbeltiere, so kommt man zu der Feststellung, daß große Ähnlichkeiten bei den einzelnen Wirbeltierklassen gegeben sind. Eine innere durch Organveränderungen bewirkte Brutpflege wird oft abgelöst durch eine äußere von dem Tier selbst durch aktive Betätigung ausgeführte Versorgung der Jungen. Beide stehen in einem gewissen ursächlichen Zusammenhang. Auch der Brutpflegeinstinkt ist abhängig von der Anwesenheit und Veränderung bestimmter Organe, die vielfach innersekretorische Wirkungen auslösen.

Wenn somit auch kein Zweifel bestehen kann über einen bis zu einem gewissen Grade zwangsmäßigen Ablauf der Brutpflegebetätigungen, so dürfen wir in ihnen trotzdem nichts absolut Starres erblicken. Die Tiere passen sich als lebende Wesen in weitgehendem Maße ihren wechselnden Umweltbedingungen an. Mit Hilfe ihrer Sinnesorgane unterrichten sie sich über die Veränderungen und sie treffen in jedem Fall selbständig eine Entscheidung. Der Instinkt ist also nicht unabänderlich starr, sondern plastisch. Nur auf diese Weise kann die große Vollkommenheit in der Fürsorge für die Nachkommen erreicht werden.

Literatur.

ALVING, TH.: Flußpferdgeburt und andere Ereignisse im Zoo Kopenhagen. Zool. Gart. 5 (1932).

ANDRESEN, A.: Die Placentome der Wiederkäuer. Gegenbaurs Jb. 57 (1927).

ANTONIUS, O.: Einige bemerkenswerte Zuchterfolge in Schönbrunn im Jahre 1931. Zool. Gart. 5 (1932).

ARWIDSSON, I.: Sorkstudier. Naturens Liv, Nr. 47. Stockholm 1928.

ASCHEMEIER, C. R.: Beds of the Gorilla and Chimpanzee. J. of Mammal. 3 (1922).

ASCHNER, B.: Beziehungen der Drüsen mit innerer Sekretion zum weiblichen Genitale. HALBAN-SEITZ' Biologie und Pathologie des Weibes, Bd. 1. 1924.

AULMANN, G.: Geglückte Nachzucht eines Orang-Utan im Düsseldorfer Zoo. Zool. Gart. 5 (1932).

BELZ, FR.: Fledermäuse suchen und bergen ihre Jungen. Naturforscher 8 (1931/32).

BENECKE, B.: Über Reifung und Befruchtung des Eies bei den Fledermäusen. Zool. Anz. 2 (1879).

BESSAU, G.: Physiologie, Pflege und Ernährung des Neugeborenen; in W. STÖCKELs Lehrbuch der Geburtshilfe, 1935.

BISCHOFF, TH. L. W.: Entwicklungsgeschichte des Rehes. Gießen 1854.

BISHOP, SHERMAN C.: Note on the nest and young of the small brown weasel. J. of Mammal. 4 (1923).

BLANX, O. DE: Bemerkungen über die Haselmaus. Zool. Gart. 2 (1930).

BONNET, R.: Entwicklungsgeschichte. Berlin 1912.

BORGGREVE, H.: Anomales Werfen einer Löwin. Zool. Gart. 2 (1930).

BREHMS Tierleben der Säugetiere, 4. Aufl., Bd. 1—4. Neubearb. von HECK. Leipzig u. Wien 1912—1916.
BRESLAU, E.: Der Mammarapparat. Erg. Anat. **19** (1910).
BRONN, H. G.: Klassen und Ordnungen des Tierreichs, Bd. 6, 5. Abt. Säugetiere. Bearb. von GIEBEL u. LECHE. Leipzig 1874—1900.
BUNGARTZ, M. H.: „Kiboko", das achte junge Flußpferd unseres Zoologischen Gartens. Zool. Ztg Hamburg **1928**, Nr 8.
BURREL, H.: (1) The Platypus. Sydney 1927.
— (2) The Nest of a Chimpanzee. J. of Mammal. **4** (1923).
BURT, W. H.: Additional notes on the life history of the Goss Lemming Mouse. J. of Mammal. **9** (1928); Zool. Gart. **2** (1930).
CALINESCU, R. J.: Taxonomische, biologische und biogeographische Forschungen über die Gattung *Citellus* OKEN in Rumänien. Z. Säugetierkde **9** (1934).
CAFFIER, P.: Hormonale Schwangerschaftserzeugung bei der winterschlafenden Fledermaus. Zbl. Gynäk. **58** (1934).
— u. H. KOLBOW: Anatomisch-physiologische Genitalstudien an Fledermäusen zur Klärung der therapeutischen Sexualhormonwirkung. Z. Geburtsh. **108** (1934).
CORNELI, R.: Der Fischotter, dessen Naturgeschichte, Jagd und Fang Berlin 1885.
CRIDDLE, STUART: The Prairie Pocket Gopher, *Thomomys talpoides rufescens*. J. of Mammal. **1930**; Zool. Gart. **5** (1932).
DATHE, H.: Zur Fortpflanzungsbiologie der Wasserratte. Z. Säugetierkde **7** (1932).
DEMOLL, R.: Die Edelpelztierzucht. München 1928.
DOFLEIN, F.: Die Fortpflanzung, die Schwangerschaft und das Gebären der Säugetiere. Jena 1917.
DRAHN, F.: Der weibliche Geschlechtsapparat von Kaninchen, Meerschweinchen, Ratte und Maus. HALBAN-SEITZ' Biologie und Pathologie des Weibes, Bd. 1. 1924.
DUNCKER, G.: Gefangenschaftsbeobachtungen an *Myotis nattereri* KUHL. Zool. Gart. **4** (1931).
EDGE, ELTON R.: Seasonal activity and growth in the Douglas Ground Squirrel. J. of Mammal. **12**, H. 3 (1931).
EIMER: Über die Fortpflanzung der Fledermäuse. Zool. Anz. **2** (1879).
EIPPER, P.: Mutter und Kind im Tierreich. C. HAGENBECKS III. Tier- und Menschenwelt, Bd. 2, H. 8. 1928.
EISENTRAUT, M.: (1) Über die Baue und den Winterschlaf des Hamsters. Z. Säugetierkde **3** (1928).
— (2) Biologische Notizen über heimische Fledermäuse, insbesondere aus der Umgebung Berlins. Sitzgsber. Ges. naturforsch. Freunde Berl. **1932**.
— (3) Biologische Studien im bolivianischen Chaco. Z. Säugetierkde **8** (1933).
— (4) Zur Fortpflanzungsbiologie der Fledermäuse. Z. Morph. u. Ökol. Tiere **31** (1936).
ELLENBERGER u. BAUM: Handbuch der vergleichenden Anatomie der Haustiere. Berlin 1908.
FLYNN, T. THOMSON: The Problem of the Birth of the Kangarov. The Searchlight Series, H. 1. 1928.
FOX, G.: The Birth of two Anthropoid Apes. J. of Mammal. **10** (1929).
FRAENKEL, L.: (1) Keimdrüse, Reifung, Ovulation. Handbuch der normalen und pathologischen Physiologie. Berlin 1924.
— (2) Menstruation. Handbuch der normalen und pathologischen Physiologie. Berlin 1924.

FRAENKEL, L.: (3) Physiologie der weiblichen Genitalorgane. HALBAN-SEITZ' Biologie und Pathologie des Weibes, Bd. 1. 1924.
— u. J. GRANZOW: Gürtelplacenta. Arch. Gynäk. **128** (1926).
FRENZEL, P.: Der Biber, seine Gewohnheiten und seine Zucht. Dtsch. Pelztierzüchter **6** (1928).
FRIES, S.: Über die Fortpflanzung von *Meles taxus*. Zool. Anz. **3** (1880).
GÄRTNER, R.: Züchtungskunde. Tierzuchtbücherei, herausgeg. von ZORN. Stuttgart 1927.
GANDER, FRANK, F.: Experiences With Wood Rats, *Neotoma fuscipes maerotis*. J. of Mammal. **10** (1929).
GERBE, Z.: Observations pour servir à l'histoire de l'*Arvicola incertus* DE SELYS. Rev. et Mag. Zool., II. s. **6** (1854).
GERHARDT, U.: (1) Studien über den Geschlechtsapparat der weiblichen Säugetiere. I. Die Überleitung der Eier in die Tuben. Jena. Z. Naturwiss. **39** (1905).
— (2) Das Kaninchen. Leipzig 1909.
GIERSBERG, H.: Hormone. Berlin 1936.
GODLEWSKI, E.: Physiologie der Zeugung. Handbuch der vergleichenden Physiologie, herausgeg. von WINTERSTEIN, Bd. 3, II. Jena 1910—1914.
GRANZOW, J.: Zur vergleichenden Physiologie der Geburtsvorgänge. Röntgenologisch-anatomische Studien über das Gebärbecken bei Meerschweinchen. Arch. Gynäk. **139** (1929).
GROSSER, O.: (1) Vergleichende Anatomie und Entwicklungsgeschichte der Eihäute und der Placenta. Wien und Leipzig 1909.
— (2) Entwicklungsgeschichte des Menschen von der Keimzelle bis zur Ausbildung der äußeren Körperform. Vergleichende und menschliche Placentationslehre. HALBAN-SEITZ' Biologie und Pathologie des Weibes, Bd. 6, I. 1925.
GUGGISBERG, H.: Die Wehen. HALBAN-SEITZ' Biologie und Pathologie des Weibes, Bd. 6, II. 1925.
GVASS, H.: Von der indischen Elefantin Ellen und ihren drei in Gefangenschaft geborenen Jungen. Zool. Gart. **5** (1932).
HALL, RAYMOND E.: Notes on the life history of the Sage Brush Meadow Mouse *(Lagurus)*. J. of Mammal. **9** (1928).
HAMILTON, GR. WILLIAM J.: Breeding Habits of the Slort tailes Shrew, *Blarina brevieanda*. J. of Mammal. **10** (1929).
HANSTEIN, R. v. u. FR. HEMPELMANN: Biologie der Tiere. Leipzig 1929.
HARMS, W.: Brutpflege. Handwörterbuch der Naturwissenschaften, Bd. 2. Jena 1912.
HARRIS, W. P. and H. DU CHARME: Notes on Set Camera Work with Beavers in Northern Michigan. J. of Mammal. **9** (1928).
HARTMANN, C. G. u. O. L. TINKLEPAUGH: Weitere Beobachtungen über die Geburt beim Affen *Macacus rhesus*. Arch. Gynäk. **149** (1932).
HAUCHECORNE, F.: Studien über die wirtschaftliche Bedeutung des Maulwurfs *(Talpa europaea)*. Z. Morph. u. Ökol. Tiere **9** (1927).
HECK, L.: Die Säugetiere. BREHMS Tierleben. Leipzig u. Wien 1912—1916.
HEINRICH, G.: Über *Sylvaemus sylvaticus* L. und *flavicollis* MELCHIOR. Z. Säugetierkde **2** (1927/28).
HERBST, G.: Wann ranzt der Dachs. Aus dem Walde **1873**, H. 4.
HERTER, K.: (1) Zur Fortpflanzungsbiologie des Igels. Z. Säugetierkde **7** (1932).
— (2) Gefangenschaftsbeobachtungen an europäischen Igeln. 2. Z. Säugetierkde **8** (1933).
— (3) Gefangenschaftsbeobachtungen an europäischen Igeln. Zool. Jb., Abt. System. **65** (1933).

HERTWIG, O.: (1) Handbuch der vergleichenden Entwicklungslehre der Wirbeltiere. Jena 1906.
— (2) Lehrbuch der Entwicklungsgeschichte des Menschen und der Wirbeltiere. Jena 1915.
HESSE, ERICH: Bemerkungen zur Biologie einiger Säugetiere. Z. Säugetierkde 1 (1926).
HESSE-DOFLEIN: Tierbau und Tierleben, Bd. 2. Leipzig u. Berlin 1914.
HILZHEIMER, M.: Handbuch der Biologie der Wirbeltiere. Stuttgart 1913.
HORN, EVERETT E.: Some Notes concerning the breeding habits of *Thomomys townsendi*, observed near Vale, Malheur County, Oregon, during the spring of 1921. J. of Mammal. 4 (1923).
HOWELL, A. BRAZIER: Aquatic mammals. Their adaptions to life in the water. Baltimore 1930.
JETTMAR, H. M.: (1) Die Bauten einiger transbaikalischer Säugetiere in schematischer Darstellung. Z. Säugetierkde 1 (1926).
— (2) Biologische Beobachtungen über einige Nagetiere im südmandschurisch-mongolischen Grenzgebiet. Z. Säugetierkde 5 (1930).
JONES, FREDERIC WOOD: On the Habits of *Trichosurus vulpecula*. J. of Mammal. 2 (1921).
KAHMANN, H.: Beobachtungen an heimischen Nagern. Z. Säugetierkde 6 (1931).
KAMMERER, P.: Geschlecht, Fortpflanzung, Fruchtbarkeit. München 1927.
KAUDERS, O.: Keimdrüse, Sexualität und Zentralnervensystem. Berlin 1928.
KEIBEL, F. u. P. FRANKLIN MALL: Handbuch der Entwicklungsgeschichte des Menschen, Bd. 1. Leipzig 1910.
KEIBEL, FR.: (1) Normentafel zur Entwicklungsgeschichte des Schweines (*Sus scrofa domesticus*). 1. H. der Normentafeln zur Entwicklungsgeschichte der Wirbeltiere, herausgeg. von KEIBEL. Jena 1897.
— (2) Normentafeln zur Entwicklungsgeschichte der Wirbeltiere. 8. H. der Normentafeln zur Entwicklungsgeschichte des Menschen von KEIBEL u. ELZE. Jena 1908.
KELLER, KARL: Vergleichende Physiologie der weiblichen Sexualorgane bei den Säugetieren. HALBAN-SEITZ' Biologie und Pathologie des Weibes, Bd. 1. 1924.
KOZHANTSCHIKOV, L.: Ein Beitrag zur Kenntnis der Ökologie, Biologie und Geographie des Zobels (*Martes zibellina* L.). Z. Morph. u. Ökol. Tiere 19 (1930).
KRAINZ: Über die Reizwirkungen von Fremdkörpern auf die Uterusschleimhaut der Hündin. Arch. mikrosk. Anat. I. 84 (1914).
KRIEG, H.: (1) Beobachtungen an argentinischen Beutelratten. Z. Morph. u. Ökol. Tiere 1 (1924).
— (2) Biologische Reisestudien in Südamerika. III. Chilenische Beutelratten. Z. Morph. u. Ökol. Tiere 3 (1925).
— (3) Schwarze Brüllaffen (*Alouatta caraya* HUMBOLDT). Z. Säugetierkde 2 (1927/28).
— (4) Biologische Reisestudien in Südamerika. IX. Gürteltiere. Z. Morph. u. Ökol. Tiere 14 (1929).
— (5) Biologische Reisestudien in Südamerika. XV. Zur Ökologie der großen Nager des Gran Chaco und seiner Grenzgebiete. Z. Morph. u. Ökol. Tiere 15 (1929).
KRONACHER, C.: (1) Züchtungsbiologie. Berlin 1912.
— (2) Allgemeine Tierzucht, 4. Abt. Die Züchtung, 3. Aufl. Berlin 1927.
KRUMBIEGEL, INGO: Mammalia II. SCHULZEs Biologie der Tiere Deutschlands. 1931.

Kükenthal, W.: (1) Säugetiere. Handwörterbuch der Naturwissenschaften, Bd. 8. Jena 1913.
— (2) Untersuchungen an Walen (2. Teil). Jena. Z. Naturwiss. **51** (1914).
— (3) Über die Anpassungen von Säugetieren an das Leben im Wasser. Zool. Jb., Abt. System. **1891**.
Kummerlöwe, H.: Über das fetale Wachstum des Gorillas. Zool. Gart. **5** (1932).
Lang, H.: How squirrels and other rodents carry their young. J. of Mammal. **6** (1925).
Lataste, F.: Notes prises au jour le jour sur differentes espèces de l'ordre des Rongeurs observées en captivité. Actes Soc. Linn. Bordeaux, V. s. **1** (1887).
Lendenfeld, R. v.: Zur Brutpflege von *Echidna*. Zool. Anz. **9** (1886).
Mathes, J.: Vom Leben der gemeinen Fledermaus. Z. Morph. u. Ökol. Tiere **13** (1929).
Meisenheimer: Geschlecht und Geschlechter im Tierreich. Jena 1921.
Merriam, C. G.: A nest of the California Graz Squirrel (*Sciurus griseus*). J. of Mammal. **11** (1930).
Mertens, A.: Über den Begattungsakt des Bibers. Z. Säugetierkde **3** (1928).
Mikulicz-Radecki, F. v.: Die Befruchtung, Einbettung und Entwicklung des Eies. W. Stöckels Lehrbuch der Geburtshilfe. Jena 1935.
Mills, Enos A.: In beaver world. New York: Hougthon Mifflin Co. 1913.
Minot, Charles S. and Ewing Taylor: Normal Plates of the development of the rabbit (*Lepus cuniculus* L.). 5. H. der Normentafeln zur Entwicklungsgeschichte der Wirbeltiere, herausgeg. von Keibel. Jena 1905.
Mohr, E.: (1) Biologische Beobachtungen an gefangenen Feldmäusen. Schr. naturwiss. Ver. Schleswig-Holstein **18** (1927).
— (2) Biologische Untersuchungen in der Segeberger Höhle. Schr. naturwiss. Ver. Schleswig-Holstein **19** (1929).
— (3) Zur Lebensweise von *Spalax monticola* Mehring. Zool. Gart. **4** (1931).
— (4) Haltung und Aufzucht des Abendseglers (*Nyctalus noctula* Schreb). Zool. Gart., N. F. **5** (1932).
— (5) Materialien über die Hirschzuchten des ehemaligen Hamburger Zoo. Zool. Gart. **5** (1932).
Montané, L.: Histoìre d'une Famille de chimpanzés. Bull. Soc. Anthrop. Paris **9**, H. 1/3 (1928).
Müller, A. u. K.: Wohnungen, Leben und Eigentümlichkeiten der höheren Tierwelt. Leipzig 1869.
Murr, E.: (1) Beobachtungen über die Paarung des Frettchens. Zool. Gart. **4** (1931).
— (2) Aus der Fortpflanzungsbiologie des Frettchens (*Putorius furo* L.). Z. Säugetierkde **8** (1933).
— (3) Die Fortpflanzung des Frettchens. Z. Züchtg, B. Tierzüchtg u. Züchtgsbiol. **32** (1935).
Nakano, O.: Über die Verteilung des Glykogens bei den zyklischen Veränderungen in den Geschlechtsorganen der Fledermaus und über die Nahrungsaufnahme der Spermien in dem weiblichen Geschlechtswege. Fol. anat. jap. **6** (1928).
Nehrung, A.: Die Geburt eines Seehundes im Berliner Zoologischen Garten. Naturwiss. Wschr. N. F. **1902 I**.
Novak: Die Beziehungen zwischen Ovulation und Menstruation sowie die daraus sich ergebenden Folgerungen über die Altersbestimmung von Foeten und über die wahre Schwangerschaftsdauer. Biol. Zbl. **41** (1921).
Pedersen, A.: Neues von grönländischen Tieren. Zool. Gart. **4** (1931).
Peters, H.: Über die Einbettung des menschlichen Eies. Leipzig u. Wien 1899.

PHILIPPS, W. W. A.: A note on the habit of the Indian Pangolin *(Manis crassicaudata)*. Spolia Zeylan. **14** (1928).
POHL, L.: Zur Naturgeschichte des kleinen Wiesels (*Ictis nivalis* L.). Zool. Anz. **33** (1908).
PRAG, LEON L.: Opossum carries leaves with its tail. J. of Mammal. **2** (1921).
PRELL, H.: (1) Über doppelte Brunstzeit und verlängerte Tragzeit bei den einheimischen Arten der Mardergattung *Martes* PINEL. Zool. Anz. **74** (1927).
— (2) Die Fortpflanzungsbiologie des amerikanischen Fichtenmarders (*Martes americana* TURT.). Pelztierzucht **4** (1928).
— (3) Rollzeit und Tragzeit der echten Marder. Dtsch. Jäger **1928**.
— (4) Die verlängerte Tragzeit der einheimischen *Martes*-Arten. Ein Erklärungsversuch. Zool. Anz. **87** (1930).
— (5) Über doppelte Brunstzeit und verlängerte Tragzeit bei den europäischen Arten der Gattung *Ursus* LINNÉ. Biol. Zbl. **50** (1930).
— (6) Bärzeit und Tragzeit des Braunbären. Zool. Gart. **3**, H. 4—8 (1930).
— (7) Über die Fortpflanzungsbiologie des Fischermarders (*Martes pennanti* ERSCH.). Pelztierzucht **1930**.
— (8) Über die Tragzeitverhältnisse der arctoiden Raubtiere. Z. Säugetierkde **6** (1931).
REDENZ, E.: Das Verhalten der Säugetierspermatozoen zwischen Begattung und Befruchtung. Z. Zellforsch. **9** (1929).
ROLLINAT, R. et E. TRONESSART: (1) Sur la reproduction des Chiroptères. C. r. Soc. Biol. Paris **2** (1895).
— — (2) Sur la reproduction des Chauves-Souris. Bull. Soc. zool. France **20** (1895); Mem. Soc. Zool. **9** (1896).
ROSENBURG, A.: Über menstruelle, durch das Corpus luteum bedingte Mammaveränderungen. Frankf. Z. Path. **27**.
SAKURAI TSUNEJIRO: Normentafeln zur Entwicklungsgeschichte des Rehes *(Cervus capreolus)*, 6. H. der Normentafeln zur Entwicklungsgeschichte der Wirbeltiere, herausgeg. von FR. KEIBEL. Jena 1906.
SALVESEN, SIGVALD: The Beaver in Norway. J. of Mammal. **9** (1928).
SCHIMKEWITSCH, W.: Lehrbuch der vergleichenden Anatomie der Wirbeltiere. Stuttgart 1910.
SCHLEGEL, R.: Ein Beitrag zur Kleinsäugetierfauna des östl. Erzgebirges. Zool. Gart. **2** (1930).
SCHLOTT: Zur Fledermausforschung in Schlesien, 1928.
SCHMALTZ, R.: (1) Das Geschlechtsleben der Haussäugetiere, 3. Aufl. Berlin 1921.
— (2) Vergleichende Anatomie der weiblichen Geschlechtsorgane der Haussäugetiere. HALBAN-SEITZ' Biologie und Pathologie des Weibes, Bd. 1. Berlin u. Wien 1924.
— (3) Bau und Leben der Haussäugetiere. Berlin 1926.
SCHMIDT, FR.: (1) Die Ranzzeit der Marder. Pelztierzucht **4** (1928).
— (2) Unsere Gemsen. Mitt. Zool. Gart. Halle **25** (1930).
— (3) Vom Kurzkopfflugbeutler *(Petaurus breviceps)*. Mitt. Zool. Gart. Halle **25** (1930).
— (4) Verhalten, Fortpflanzung der Hallenser Gemsen. GRAUPNER. Zool. Gart. **4** (1931).
— (5) Einiges vom Leben, nach Literatur und eigenen Beobachtungen. GRAUPNER. Zool. Gart. **4** (1931).
— (6) Über die Fortpflanzungsbiologie vom sibirischen Zobel (*Martes zibellina* L.) und europäischen Baummarder (*Martes martes* L.). Z. Säugetierkde **9** (1934).
SCHNEIDER, K. M.: (1) Zwillingsgeburt beim Muffelwild. Zool. Gart. **5** (1932).
— (2) Zur Aufzucht eines Eisbären. Zool. Gart. **5** (1932).
— (3) Näheres zur Geburt eines Zwergflußpferdes. Zool. Gart. **5** (1932).

SCHNEIDER, K. M.: (4) Seelöwen-Geburten. Zool. Gart. **5** (1932).
SCHUBART, O.: Die Seehunde der Ostsee und ihr Fang. Zool. Gart. **1** (1929).
SCHULZE, P.: Biologie der Tiere Deutschlands. Mammalia II. Berlin 1931.
SCHUSTER, L.: (1) Ein Beitrag zur Frage der Brunft- und Setzzeiten der Säugetiere in den Tropen. Zool. Gart. **2** (1930).
— (2) Über den Nestbau des Eichhörnchens. Zool. Gart. **4** (1931).
— (3) Zur Rollzeit des Dachses. Zool. Gart. **4** (1931).
SEITZ, L.: Physiologische Biologie der Schwangerschaft. W. STÖCKELs Lehrbuch der Geburtshilfe. Jena 1935.
SELENKA, E.: (1) Studien zur Entwicklungsgeschichte der Tiere, H. 1. Keimblätter und Primitivorgane der Maus. Wiesbaden 1883.
— (2) Studien zur Entwicklungsgeschichte der Tiere. Das Opossum. H. 4. Wiesbaden 1887.
SEMON, R.: Zoologische Forschungsreisen in Australien und dem Malayischen Archipel, Bd. 2. Monotremen und Marsupialier. Jena 1894.
SENFFT, W.: (1) Die Wüstenspringmaus. Wschr. Aquar.-Terr.-Kde **26** (1929).
— (2) Wertvolle biologische Beobachtungen. Zool. Gart. **2** (1930).
SEREBRENNIKOW, M. K.: (1) Eversmanns Iltis (*Putorius eversmanni* LESS.) in den Wermut-Steppen des nördlichen Kasakstan. Z. Säugetierkde **4** (1929).
— (2) Album einiger osteuropäischer, westsibirischer und turkestanischer Säugetiere. Z. Säugetierkde **5** (1930).
— (3) Album einiger osteuropäischer, westsibirischer und turkestanischer Säugetiere II. Z. Säugetierkde **6** (1931).
— (4) Album einiger osteuropäischer, westsibirischer und turkestanischer Säugetiere III. Z. Säugetierkde **8** (1933).
SETON, E. TH.: Notes on the Breeding Habits of Captives Deermice. J. of Mammal. **1** (1919/20).
SHARP, N. DYCE: Notes on the Gorilla. Proc. zool. Soc. Lond. **4** (1927); **1** (1928).
SHAW, W. T.: (1) Alpine life of the heather vole (*Phenacomys olympicus*). J. of Mammal. **5** (1924).
— (2) Breeding and development of the columbian ground squirrel. J. of Mammal. **6** (1925).
SHERMAN, H. B.: Birth of the young of *Mytos anstroriparius*. J. of Mammal. **11** (1930).
SIMPSON, SUTHERLAND ERIC: The Nest and young of the sta-rnosed mole (*Condylura cristata*). J. of Mammal. **4** (1923).
SNYDER, L. L.: (1) A method by a black squirrel in carrying its young. J. of Mammal. **4** (1923).
— (2) Some details on the life history and behavicr of *Napaeozapus insignis abietorum* (PREBLE). J. of Mammal. **5** (1924).
SPIEGEL, A.: (1) Biologische Beobachtungen an Javamakaken. Zool. Gart. **2** (1930).
— (2) Beobachtungen über den Sexualzyklus, die Gravidität und die Geburt bei Javamakaken. Arch. Gynäk. **142** (1930).
— (3) Untersuchungen über die Fortpflanzung bei Javamakaken. Zbl. Gynäk. **1931**.
STEINHARDT, G.: Beobachtungen am Kaoko-Elefanten. Zool. Gart. **4** (1931).
STICHEL, W.: Einige Bemerkungen über *Lutreolina crassicaudata* DESM. Z. Säugetierkde **4** (1929).
STODDARD, H. L.: Nests of the Western Fox Squirrel. J. of Mammal. **1** (1919/20).
STÖCKEL, W.: Lehrbuch der Geburtshilfe. Jena 1935.
STRAHL, H.: (1) Plazenta und Eihülle. Erg. Anat. **1** (1891).
— (2) Die Embryonalhüllen der Säuger und die Placenta. Handbuch der Entwicklungslehre der Wirbeltiere, Bd. 1, 2. Teil. Jena 1906.

STROUHAL, H. u. M. BEIER: Beitrag zur Coleopterenfauna der Maulwurfsnester in der nächsten Umgebung Wiens. Z. Morph. u. Ökol. Tiere **12** (1928).
STRUTHERS, PARKE H.: Breeding habits of the Canadian Porcupire *Erethizon dorsatum*. J. of Mammal. **9** (1928).
SUMNER, F. B. and J. J. KAROL: (1) Notes on the burrowing habits of *Peromyscus polionotus*. J. of Mammal. **10** (1929).
— — (2) Feldbeobachtungen über die Bauten dieser Maus. Zool. Gart. **2** (1930).
SVIHLA, RUTH DOWELL: (1) A Family of Flying Squirrels. J. of Mammal. **11** (1930); Zool. Gart. **4** (1931).
— (2) Notes on the Golden Harvest Mouse. J. of Mammal. **11** (1930).
ULBRICH, J.: Die Bisamratte. Dresden: C. Heinrich 1930.
USINGER, A.: (1) „Iltisse". Wild u. Hund **34** (1928).
— (2) Aus dem Freileben unserer Marder. Pelztierzucht **4**, H. 10 (1928).
— (3) Aus der Wochenstube unseres Rot- und Rehwildes. Dtsch. Jäger **50** (1928).
VINOGRADOV, B. S. u. A. J. ARYROPULO: Zur Biologie der turkestanischen Springmäuse *(Dipodidae)*. Z. Säugetierkde **6** (1931).
VIRCHOW, H.: Das Dotterorgan der Wirbelthiere. Z. Zool. **53** (1892).
VÖLKER, O.: Normentafel zur Entwicklungsgeschichte des Ziesels *(Spermophilus citillus)*. 13. H. der Normentafeln zur Entwicklungsgeschichte der Wirbeltiere, herausgeg. von FR. KEIBEL. Jena 1922.
VOLČANEZKIJ, J. u. A. FURSSAJEV: Über die Ökologie von *Citellus pygmaeus* PALL. im pestendemischen Gebiete des westlichen Kasakstan. Z. Säugetierkde **9** (1934).
VOSS, H. E.: Der Postpartum-Oestrus der Nagetiere. Biol. generalis (Wien) **6** (1930).
VOSSELER, J.: Beitrag zur Kenntnis der Fossa (*Cryptoprocta ferox* BENN.) und ihrer Fortpflanzung. Zool. Gart. **2**, H. 1—3 (1929).
WAHLSTRÖM, A.: (1) Beiträge zur Biologie von *Sorex vulgaris*. Z. Säugetierkde **3** (1928).
— (2) Beiträge zur Biologie von *Crocidura leucodon* (HERM.). Z. Säugetierkde **4** (1929).
WALKER, E. P.: Evindence on the Gestation Period of Martens. J. of Mammal. **10**, H. 3 (1929).
WALTER: Der Sumpfbiber Nutria. München 1930.
WARREN, E. R.: (1) Notes on Wood Rat Work. J. of Mammal. **5** (1919/20).
— (2) A muskrat moves its young. J. of Mammal. **5** (1924).
WEBER, M.: Die Säugetiere, 2. Aufl., Bd. 1. Jena 1927.
WEINBERGER, K. H.: Edel- und Steinmarder, ihre Unterschiede und Eigenarten. Dtsch. Pelztierzüchter **9** (1928).
WENDNAGEL, A.: Beitrag zur Frage der Trächtigkeitsdauer des Edelmarders. Zool. Gart. **2** (1930).
WINIWARTER, H. D.: L'ovaire de Chauve-Souris pendant l'hibernation. C. r. Assoc. Anat. Genève **19** (1924).
WINOGRADOW, B.: Über eine neue Springmaus aus der Karakum-Wüste, Russisch-Turkestan. Z. Säugetierkde **2** (1927/28).
WUNDER, W.: (1) Brutpflege und Nestbau bei Fischen. Erg. Biol. **7** (1931).
— (2) Nestbau und Brutpflege bei Amphibien. Erg. Biol. **8** (1932).
— (3) Nestbau und Brutpflege bei Reptilien. Erg. Biol. **10** (1934).
ZECK, H.: Südamerikanische Nagetiere. C. HAGENBECKs illustr. Tier- und Menschenwelt, Bd. 2. 1927/28.
ZIEGLER, L.: Beobachtungen über die Brunst und den Embryo der Rehe. Hannover 1843.
ZIETSCHMANN: Über Funktionen des weiblichen Genitale bei Säugetier und Mensch. Arch. Gynäk. **1921**; Berl. tierärztl. Wschr. **1921**.
ZUCKERMANN, S.: The social life of Monkeys and Apes. London: Kegan Paul Freseh, Trubner & Co., Ldt. 1932. — Zool. Gart. **5** (1932).

Namenverzeichnis.

Kursiv gesetzte Zahlen geben die Seite der ausführlichen *Literaturangabe* wieder.

Sachverzeichnis.

Die *kursiv* gesetzten Zahlen beziehen sich auf die Seitenzahlen von *Abbildungen*.

Inhalt der Bände I—XIV.

I. Namenverzeichnis.

II. Sachverzeichnis.

GPSR Compliance

The European Union's (EU) General Product Safety Regulation (GPSR) is a set of rules that requires consumer products to be safe and our obligations to ensure this.

If you have any concerns about our products, you can contact us on ProductSafety@springernature.com

In case Publisher is established outside the EU, the EU authorized representative is:

Springer Nature Customer Service Center GmbH
Europaplatz 3
69115 Heidelberg, Germany

Batch number: 10682323

Printed by Printforce, the Netherlands